Joachim Kuch

TOYOTA

Seit 1936

Joachim Kuch

TOYOTA

Seit 1936

75th anniversary TOYOTA

Motorbuch Verlag

Einbandgestaltung: Luis dos Santos

Abbildungsnachweis: Toyota Deutschland GmbH, Toyota Motorsport GmbH, Toyota South Africa, Toyota Motor Corporation (Japan), Toyota Automobile Museum: TAM (Japan), Toyota Motor Sales (USA), Toyota Motor Europe TMME, Toyota Frey Austria GmbH, Subaru Deutschland GmbH, Gerd Gronefeld, Günther Molter, Archiv Kuch

Vielen Dank für die freundliche Unterstützung an Herrn Jürgen Stolze und sein Team von der Toyota-Presseabteilung, besonders an Thomas Heidbrink, Dirk Breuer und Sandra Tibor ohne deren emsige Hilfe dieses Buch nie hätte entstehen können.

Sie finden uns im Internet unter www.motorbuch-verlag.de

ISBN: 978-3-613-03347-4

Die Erstauflage dieses Buches erschien 2001
4. Komplett überarbeitete und ergänzte Neuauflage 2012

Ein Unternehmen der Paul Pietsch Verlage GmbH + Co.

Lektorat: Martin Gollnick
Innengestaltung: Medienfabrik
Druck und Bindung: Appel + Klinger, 96277 Schneckenlohe
Printed in Germany

INHALT

EINFÜHRUNG

8464
8388

Von Webstühlen zum Weltkonzern

Für manche Stadtbewohner von Tokio war Nagoya, die alte Residenzstadt mit der 1609 erbauten Burg, ein Synonym für tiefste Provinz. Menschen aus dieser Gegend galten als engstirnig, rückständig und wenig weltgewandt – was Japans größten Erfinder, Sakichi Toyoda nicht daran hinderte, genau dort den Grundstein für einen Weltkonzern zu legen.

Auch heute wird sein Unternehmen noch von dort aus regiert, obwohl es – natürlich – längst schon im glitzernden Tokio mit repräsentativen Bauten vertreten ist.

Der König der Erfinder: Sakichi Toyoda

Sakichi Toyodas Geburt im Februar 1867 fiel in eine Epoche des Wandels. Die Amerikaner hatten gut ein Dutzend Jahre zuvor die Öffnung der japanischen Häfen erzwungen, und Toyoda war noch keine zwei Jahre alt, als mit der Thronbesteigung des jungen Kaisers Meiji die Neuzeit anbrach. Dessen auch in der Verfassung festgehaltener, so genannter Meiji-Eid sollte zu einer Maxime in Sakichis Leben werden: „Wissen und Erkenntnis sollen überall in der Welt gesucht werden, um das Fundament der kaiserlichen Herrschaft zu stärken".

Toyoda wuchs in einem landwirtschaftlich geprägten Land auf. Es war in vielem rückständig, besaß aber einen ungeheueren Ehrgeiz, den Rückstand gegenüber dem Westen aufzuholen – und das mit Riesenschritten. Der Fortschritt kam aber zunächst über die Hauptstadt nicht hinaus. Von der ersten Eisenbahn über Häuser aus Ziegelmauersteinen bis hin zur ersten Stehbierhalle: Stets stand Tokio an erster Stelle, in der Provinz verrann das Leben noch im Takt vergangener Jahrhunderte.

König der Erfinder: Sakichi Toyoda (1867–1930)

In der Gegend um Yamaguchi in der Präfektur Shizuoka lebte praktisch jeder vom Baumwollanbau, wie auch die Familie Toyoda. Sakichis Vater hatte sich daneben als Zimmermann eine zweite Existenz aufgebaut, während die Mutter auf einem primitiven Handwebstuhl Baumwoll-Kimonos wob, um das Familieneinkommen aufzubessern. Damals besaß jede Familie so einen Webstuhl, es war Aufgabe der alten Frauen sie zu bedienen. Sakichi, ältester von drei Brüdern, wuchs auf wie so viele seiner Altersgenossen. Streng zur Erfurcht vor Kaiser, Ahnen und Traditionen erzogen, hatte er wohl – wie andere auch – den brennenden Wunsch, etwas zum Wohlstand seines Landes beizutragen. Zunächst aber ging es ihm in erster Linie darum, seiner Familie das Leben und seiner Mutter den Umgang mit dem Webstuhl zu erleichtern. Man darf annehmen, dass er während seiner Lehrjahre in der Nachbarschaft, tausendfach sinnend vor einem Webstuhl gestanden hatte, ohne dass ihn das einer Lösung näher gebracht hätte.

Eine erste Ahnung von technischen Dingen vermittelte ihm die Dritte Nationale Industrieausstellung in Tokio, 1890. Dort waren 1700 Exponate ausgestellt, die im Jahr zuvor noch auf der Weltausstellung in Paris für Aufsehen gesorgt hatten. Dem jungen Hinterwäldler muss das wie ein mechanisches Wunderland vorgekommen sein. Es gehört nicht viel Phantasie dazu, um ihn sich, große Augen, offener Mund, als staunenden Betrachter der Wunderwerke aus Eisen und Stahl vorzustellen. Tief beeindruckt kehrte er nach Hause zurück, wohl wissend, dass Japan und den industrialisierten Westen nicht Ozeane, sondern ganze Welten trennten. Vielleicht empfand er auch die Scham darüber, dass sein Vaterland so hoffnungslos im Hintertreffen war. Auf jeden Fall aber hatte er den festen Vorsatz, daran schnellstmöglich etwas zu ändern: „Ich werde alle ausländischen Waren aus Japan herauswerfen", hat er nach seiner Rückkehr angeblich gesagt und damit seiner Familie eine Verpflichtung auferlegt, die zu einem bestimmenden Motiv in der Firmengeschichte werden sollte: Fortschritte aus eigener Kraft, ohne fremde Hilfe, zu erzielen. In dieser Tradition erzog er auch seinen Sohn Kiichiro, der 1898 auf die Welt kam.

Dieser Ehrgeiz ließ ihn auch die folgenden Phasen seines Lebens überstehen. Wohl hatte er 1891 einen ersten Webstuhl zum Patent angemeldet, doch konnte das nicht mehr als ein erster Schritt sein. Versuch und Irrtum, das scheint in jener Zeit sein Lebensprinzip gewesen zu sein, im Privatleben – seine erste Ehe scheiterte, er heiratet 1897 erneut – wie als Erfinder, wo ihm 1897 der Durchbruch gelang: Toyoda hatte Japans ersten vollautomatischen Webstuhl aus Holz serienreif. Jetzt konnte ein Arbeiter mehrere Webstühle bedienen, damit hatte Sakichi die Voraussetzung für eine Massenproduktion geschaffen. Später entwickelte Sakichi noch eine Abschaltautomatik, die die Maschine anhielt, sobald ein Faden riss oder ausging: Eine große Fehlerquelle war damit schon im Ansatz behoben – ein wesentlicher Faktor auch beim legendären Toyota-Produktionssystem.

So weit es die Webstuhlindustrie betraf, eröffneten Toyodas Erfindungen den einheimischen Herstellern die Möglichkeit, sich gegenüber der britischen Konkurrenz zu behaupten. Diese beherrschte den Textilmarkt des Landes und verschlechterte die Handelsbilanz des Kaiserreichs. Überdies war der Toyoda-Webstuhl besser, haltbarer und leichter zu bedienen als die deutschen und französischen Importprodukte. Vor allem aber war er unschlagbar im Preis und hatte daher einen riesigen Erfolg: Auch das war eine Lektion, der sich seine Nachfahren später erinnern sollten.

Auf Drängen von Mitsui, schon damals eines der größten Handelshäuser, Toyoda-Großkunde und Finanzier, entstanden 1907 die Toyoda Loom Works, die Webstuhl-Fabriken. Sakichis jüngerer Bruder Heichahiro kümmerte sich um den Verkauf und eröffnete kurze Zeit später eine eigene Textilspinnerei. Dort wurden viele der Verbesserungen, die Sakichi vorgenommen hatte, erprobt.

Im Alter von 40 Jahren war Toyoda – und mit ihm seine Familie – ein gemachter Mann, der die außenpolitische Anerkennung, die Japan in jenen Jahren wiederfuhr, sicher mit großer Genugtuung zur Kenntnis nahm. Denn das Kaiserreich entwickelte sich

Erfolgsmodell: Sakichi meldete 1891 seinen ersten automatischen Holz-Webstuhl zum Patent an. In den folgenden Jahrzehnten verbesserte er ihn ständig. Die Rechte am automatischen Toyoda-Webstuhl wurden 1927 nach England verkauft.

zu einer gewichtigen Größe in Fernost. Im Boxeraufstand der Jahrhundertwende wie auch im Krieg gegen Russland 1904/05 hatten sich die kleinen, zähen Asiaten behauptet. Die kaiserliche Marine brachte dem zaristischen Russland eine empfindliche Niederlage bei – und traf damit auch Toyoda: Der Krieg forderte nämlich nicht nur viele Menschenleben, sondern auch viel Geld. Die Wirtschaft stagnierte, die folgende Rezession machte Zehntausende arbeitslos und führte beinahe auch zum Ruin der Toyoda Loom. Bestimmt litt Toyoda gleich mehrfach darunter, als patriotischer Japaner sicher noch mehr denn als Geschäftsmann. War er deprimiert, bereitete ihm das schlaflose Nächte? Sicher ist nur: Nicht zum ersten Mal in seinem Leben suchte er neue Perspektiven, und während er vor zwanzig Jahren in das für ihn unbekannte Tokio aufbrach und eine neue Welt entdeckte, bestieg er nun ein Schiff, um ferne Horizonte zu suchen. Seine Familie kümmerte sich um die Firma, während er sich auf den Weg machte, für sein Vaterland Wissen und Erkenntnis zu sammeln. An Neujahr 1911 legte sein Schiff wieder im Hafen von Yokohama an, ein Winken und Rufen: Sakichi war aus dem fernen Amerika wieder zurückgekehrt. Gut sah er aus, er sprühte vor Optimismus, denn er war überzeugt: So gut wie die dort allenthalben zu sehenden Northrop-Produkte waren seine Webstühle allemal. Und auch dieses Das-schaffen-wir-auch war eine Lektion, die er seinem Sohn Kiichiro mit auf den Lebensweg gab.

Mit Webstühlen zur Nummer eins

Zurück in Nagoya baute er sein Unternehmen neu auf. Dort stellte er eine große Anzahl seiner Webautomaten auf, zum Schluss mögen es 200 gewesen sein. Und als die verwendeten Garne seinen Ansprüchen nicht genügten, etablierte er 1914 mit Hilfe eines ihm gewogenen Mitsui-Managers seine eigene Garnspinnerei. Toyota Motor hielt es später ähnlich: Wenn die Qualität der gelieferten Komponenten nicht stimmte und keine besseren aufzutreiben waren, stieg man selbst in deren Produktion ein.

Der Nachfrageboom, den der Erste Weltkrieg auslöste, brachte für Toyodas Firma schließlich den Durchbruch: Als im Januar 1918 die Firma umstrukturiert wurde, erfüllte der Lärm von 1000 Webstühlen die kleinen, engen Hallen seiner Firma in Kariya, vor den Toren Nagoyas. Zur Firmenspitze gehörte neben Sakichi inzwischen auch sein Schwiegersohn Risaburo (der ebenfalls den Namen Toyoda annahm, wie es in Japan mitunter so Brauch ist) sowie sein ältester Sohn Kiichiro. Sein Neffe Eiji (jap. ei = Weisheit, ji = zweiter Sohn), ältester überlebender Sohn seines Bruders Heihachiro und nach dem Tod seiner Mutter Nao Halbwaise, war noch zu jung, um mitbestimmen zu dürfen. Für Eiji war Sakichi der gute Onkel, der nachsichtige Großvater, der mit dem Jungen Drachen steigen ließ oder ihn während der Ferien mit auf Geschäftsreisen nahm: Sakichi setzte große Hoffnungen in ihn.

Unmittelbar nach dem Ersten Weltkrieg ging es mit Japan steil bergauf. In den ersten Kriegstagen hatte Japan die deutschen Kolonien im Pazifik und in China okkupiert, sich Zugang zu den Bodenschätzen der Mandschurei verschafft und gleichzeitig einen beachtlichen Absatzmarkt erschlossen. Japans Volkswirtschaft verfünffachte sich, das Unternehmen expandierte. Längst schon war der Mittfünfziger zu einer lokalen Berühmtheit in Nagoya geworden, einer, der es zu Wohlstand und Ansehen gebracht hatte.

Am ersten September des Jahres 1923, zwei Minuten vor zwölf Uhr, grollte die Erde. Das Beben erreichte die Stärke von 7,9 auf der Richter-Skala und erwischte die unglückliche Nation gerade in dem Moment, da halb Japan am Herd stand, um den Mittagsreis zu kochen. Die leichten Holzhäuser stürzten wie Kartenhäuser zusammen, an tausend Stellen gleichzeitig brach Feuer aus. Erdbeben und Flammen kosteten rund 100.000 Tokioter das Leben, in Yokohama starben 37.000 Menschen. Kiichiro war zu dieser Zeit gerade in Tokio, Eiji erinnert sich noch gut an das Chaos, die nervenzehrende Ungewissheit, die düstere Resignation und die um so größere Freude, als der schon verloren geglaubte Sohn nach vier Tagen wohlbehalten wieder in Nagoya ankam.

Das große Erdbeben in der Kanto-Region sollte für die japanische Automobilindustrie zum einschneidenden Ereignis werden: Um dem zusammengebrochenen öffentlichen Nahverkehr auf die Sprünge zu helfen, importierte die Regierung eilends 800 Bus-Fahrgestelle aus den USA und richtete so das Augenmerk von Ford und General Motors auf den im Dornröschenschlaf dämmernden Markt. Seitens der Regierung existierten keinerlei Pläne, um den Aufbau einer heimischen Automobilindustrie zu schützen. Keine Konkurrenz, lächerlich niedrige Einfuhrzölle und billige Arbeitskräfte – ideale Voraussetzungen also, um ungestört zu agieren. In den Folgejahre etablierten sich die beiden amerikanischen Konzerne mit eigenen Montagewerken in Osaka und Yokohama und wurden zu unbestrittenen Marktführern.

Vielleicht war es diese Tatsache, welche die Aufmerksamkeit von Sakichis Sohn Kiichiro erstmals auf das Automobil lenkte. Gewiss, sein Vater hatte immer wieder betont, dass sein Sohn ein eigenes Unternehmen aufbauen müsse: „Eine Generation, ein Unternehmen", auch das eine Weisheit, die ihm zugeschrieben wird – doch ausgerechnet Automobile? Im Japan der damaligen Zeit muss das ebenso abwegig geklungen haben wie der Bau einer Mondrakete. Autos waren eine Seltenheit. Es existierte keine vernünftige Infrastruktur, und selbst fünfzig Jahre danach entsprach erst ein Prozent der japanischen Straßen westlichen Highways. Und diese Straßen konzentrierten sich auf die großen Städte, nicht auf die Provinz. Vorläufig blieb in Nagoya noch alles beim alten. Die Webstühle von Sakichi erzeugten weiterhin in hoher Qualität hochwertige Produkte, und Sakichi wachte als Patriarch über das Wohl und Wehe seiner Lieben. Als es darum ging, über die weitere Zukunft von Eiji zu entscheiden, versammelte sich die wichtigsten Familienmitglieder, darunter auch Kiichiro, um Sakichis Krankenbett, um den Rat des Clan-Chefs einzuholen. Viele der Familienmitglieder wohnten in und um Nagoya, die mit Wasserkraft betriebene Webstuhlfabrik war Mittelpunkt des Familienlebens.

Der Vater des Erfolgs: Kiichiro Toyoda (1895–1952).

In den zwanziger Jahren errichtete Toyoda ein Firmenimperium mit zahlreichen in- und ausländischen Niederlassungen und Beteiligungen im ostasiatischen Raum, ebenso loyal wie geschickt geführt von überaus talentierten Firmenmitgliedern und Freunden. Besonders in Europa gab es Webstuhlhersteller, die sich für Sakichis Maschinen interessierten. England war damals noch weltweit das Zentrum der Textilindustrie. 1929 erwarb die Firma Platt Bros., Englands führender Webstuhlhersteller, für 100.000 britische Pfund die Exklusivrechte an der Herstellung und dem Vertrieb des Webautomaten von Toyoda in allen Ländern außer Japan, China und den Vereinigten Staaten. Die Verhandlungen zum Abschluss brachte Kiichiro, der inzwischen schon sehr konkrete Vorstellungen von der Verwendung des Geldes hatte. Er hatte während seiner England-Reise einen Abstecher in die Vereinigten Staaten gemacht und sich ausführlich über die dortige Automobilindustrie informiert. Vergleichbares gab es in Japan nicht, was sich hier Automobilhersteller nannte, galt dort noch nicht einmal als Bastelbude. Und diese Handvoll hatten im Jahre 1929 keine 400 Vehikel auf die Räder gestellt. GM-Japan montierte zu dem Zeitpunkt 10.000, und Ford-Japan 8.000 Autos. Dabei stützten sie sich nach bewährtem amerikanischen Muster auf landesweite Händlernetze. Da diese Fahrzeuge allerdings ausschließlich aus Teilen produziert wurden, die in den USA hergestellt worden waren, konnte sich keine eigene Zulieferindustrie etablieren und, was noch schlimmer war, sie verschlechterten die bis dahin positive japanische Handelsbilanz: Der Wert der Einfuhren überstieg den Wert der Ausfuhren, und das war im zunehmend nationalistisch aufgeheizten Japan der frühen dreißiger Jahre nicht hinnehmbar. Die Militärs erkannten die Wichtigkeit einer eigenen Automobilindustrie und setzten nach Kräften daran, sie zu stützen. An die provinziellen Textilmaschinen-Fabrikanten dachte man dabei wohl nur am Rande, schließlich war Sakichi, „der König der Erfinder", schon vor Jahren gestorben.

1927 hatte dieser einen Schlaganfall erlitten, von dem er sich nur langsam erholte. Er starb am 30. Oktober 1930 an den Folgen einer Lungenentzündung, doch er hinterließ ein Unternehmen, das aus seiner Tradition heraus stets allem Neuen gegenüber aufgeschlossen war.

Auf dem Weg zum Automobil: Kiichiro Toyoda

Die Führung der Toyoda Automatic Loom Works lag nun in Händen seines Schwiegersohnes Risaburo Toyoda. Sakichis leiblicher Sohn Kiichiro war mit 32 Jahren nach japanischem Verständnis noch viel zu jung für eine so verantwortungsvolle Position. Gleichwohl managte er das operative Geschäft, und auch Risaburo sah in ihm den künftigen Leiter der Textilfabriken. Diesem Wissen ist es wohl zu verdanken, dass er, wenn auch widerstrebend, seinem Schwager Kiichiro letztlich freie Hand ließ, um

Der G1-Truck-Prototyp von 1935 hatte einen Kühlergrill im Design einer klassischen No-Maske.

das Abenteuer Automobil anzugehen. Ganz anders Eiji. Sakichis Lieblingsneffe war Feuer und Flamme, auf seine Hilfe konnte Kiichiro sich stets verlassen, auch wenn der 18 Jahre jüngere Eiji noch zur Schule ging: Auch sein Wort hatte Gewicht. Dennoch: Die Idee, Autos zu bauen, schien finanzieller Selbstmord zu sein. Selbst die größten japanischen Industriekonzerne hatten das bislang nicht geschafft. Risaburo, dem angeheirateten Toyoda, fehlte vielleicht die visionäre Kraft, die die anderen Familienmitglieder auszeichnete. Er war eher der gewissenhafte Verwalter, der kluge Taktierer, dem es gelang, das ihm anvertraute Familienunternehmen umsichtig durch die Turbulenzen der dreißiger Jahre zu steuern. Doch wenn er nicht genau gewusst hätte, dass es der Wunsch seines Schwiegervaters gewesen wäre, hätte es den Automobilhersteller Toyota wohl kaum oder erst viel später gegeben. So aber hatte Kiichiro Zugang zu den Ressourcen des Werkes, und wenn er Arbeitskräfte benötigte, konnte er welche aus der Textilfertigung ausleihen.

Kiichiro und ein kleines Team arbeiteten seit März 1930 eifrig in einer Ecke der Toyoda-Webautomatenfabrik an einem Motor-Konzept. Auto-Spezialisten oder Motoren-Konstrukteure gehörten nicht zu seinem Team, so etwas gab es in Japan damals praktisch nicht. Ihr Ziel war allerdings klar: Einen Personenwagen zu bauen, und das – getreu Sakichis Maximen – mit ausschließlich in Japan hergestellten Teilen. Nach mancherlei Rückschlägen und Schwierigkeiten – so gab es in Japan keine Werkzeugmaschinen, die mussten in Deutschland gekauft werden – war im Mai 1935 schließlich der erste Prototyp fertig: der A-1 mit 3,4-l-Sechszylinder-Reihenmotor.

Während beim Fahrwerk ein damaliger GM-Truck als Vorbild diente, orientierten sich die Auto-Enthusiasten bei der Karosseriegestaltung am Chrysler Airflow, der 1934 auf den Markt gekommen war. Dieser amerikanische Sechssitzer sah zwar mit seiner aerodynamisch gestylten Karosserie atemberaubend aus, war aber lausig schlecht verarbeitet, in einem Fall verlor der Chrysler bei Tempo 130 seinen Motor: Der löste sich vom Rahmen. Bei so einer Vorlage konnte das eigentlich nur schief gehen, auch dem Toyoda A-1 war ein ähnliches Missgeschick beschieden: Die erste Ausfahrt endete nach knapp 20 Kilometern, der Wagen musste dann von einem Pferd ins Werk zurückgeschleppt werden.

Zwischen Hoffen und Bangen: die dreißiger Jahre

Die Tatsache, dass der Wagen überhaupt vom Hof gekommen war, dürfte vor allem Toyoda-Chef Risaburo beruhigt haben: Sakichis letzter Auftrag war erfüllt, die ersten Schritte hin zum Automobilproduzenten getan. Und die Zeichen standen günstig. Japans Volkswirtschaft florierte – was auch nicht zuletzt der Tatsache zu verdanken war, dass die Militärregierung gewaltig aufrüstete. Dabei kam der Automobilproduktion eine Schlüsselrolle zu. Lastwagen waren das Gebot der Stunde, wie vor allem Kiichiro Toyoda klar erkannte. Im August 1935 hatte er den ersten Lastwagen fertig, den G-1.

Nicht nur nach heutigen Maßstäben gemessen, war auch der G-1 eine absolute Katastrophe. Staatliche Unterstützung hatte Toyoda aber, obwohl angeboten, strikt abgelehnt: Man will es allein schaffen – oder untergehen. Die japanische Regierung half dennoch und erließ im Mai 1936 ein neues Gesetz. Demnach benötigten alle Autoproduzenten, deren Jahresproduktion 3000 Einheiten übertraf, eine Lizenz der Regierung. In Japan waren davon nur GM und Ford betroffen. Überdies stiegen 1937 die Einfuhrzölle auf Teile und Zubehör dramatisch, auch das traf die Amerikaner empfindlich und entzog ihnen die Geschäftsgrundlage.

Immerhin hatten die Autodidakten aus Nâgoya mit dem G-1 – den Kühlergrill formten sie in Gestalt einer traditionellen

No-Maske – den ersten japanischen Lastwagen, der ausschließlich aus japanischen Komponenten bestand, auf die wackeligen Räder gestellt. Und mit 3200 Yen war er auch noch um 200 Yen billiger als die „ausländischen GM-Trucks". Was spielte es da schon für ein Rolle, dass der G-1 noch nicht einmal die Fahrt zur Ausstellung nach Tokio aus eigener Kraft bewältigen konnte und unterwegs repariert werden musste? Wen kümmerte es, dass an jeder Steigung ein Fahrradfahrer locker mithalten konnte und die ersten Wagen eine rollende Baustelle waren? Während Risaburo noch zweifelte und zagte – „Werden unsere Lastwagen jemals richtig fahren?" – dachte Kiichiro schon viel weiter: an die Serienfertigung von Personenwagen.

1936 hatte er den A-1-Prototyp so weit standfest, dass er eine Kleinserie in Angriff nehmen konnte; es entstand der geschlossene Model AA Sedan und der Model AB Phaeton, eine Klappdach-Variante, die dann im Krieg gerne als Kommandeurswagen benutzt wurde. Erste Händler wurden gewonnen, ein umfassendes Vertriebsnetz entstand aber erst nach 1945, als ein Teil der Nissan-Händler gewonnen werden konnte.

Die Gründung der Toyota Motor Company

Im September 1936 stellte Toyoda in Tokio seine einheimischen Last- und Personenwagen erstmals der Öffentlichkeit vor. Die Massen strömten und, was noch wichtiger war, die Behörden nickten sein Abenteuer ab: Toyoda erhielt die Anerkennung als Bus- und Lastwagenhersteller, und damit war auch sicher gestellt, dass Toyoda die dazu notwendigen Materialien beziehen durfte. Und das bedeutete in der schon auf Krieg eingestellten Wirtschaft eine ganze Menge.

Im August des Jahres 1937 etablierte sich die Toyota Motor Company als eigenständiges Unternehmen. Der Wechsel von „Toyoda", dem Familiennamen, zu „Toyota", dem Firmennamen, ging auf ein internes Preisausschreiben zurück, bei dem ein neuer Name für das Unternehmen gefunden werden sollte. Aus der Motorsparte der Toyoda Automatic Loom Works wurde im Oktober 1936 dann die „Toyota Motor Company" (TMC), um zu betonen, dass in dem neuen Unternehmen auch ein neuer Geist herrschte. Außerdem ließ sich das in einer bestimmten, Glück verheißenden Anzahl von Schriftzeichen schreiben und überdies auch als Firmenlogo sehr ästhetisch darstellen.

Die junge Firma bestand aus sieben Abteilungen innerhalb der Webstuhlfabriken und hatte drei Außenstellen. In einer davon, der Forschung, arbeitete jetzt auch Sakichis Neffe: Eiji Toyoda. Schmale Schultern, flinke Bewegungen, zierliche Erscheinung, schwarze Hornbrille. Eher zurückhaltend im Auftreten, war er sich trotz seines Alters schon sehr bewusst, als Mitglied der Familie eine besondere Verantwortung zu besitzen.

Die erste Forschungsabteilung befand sich nicht innerhalb des Werks, sondern in einer Großgarage, die Wartungs- und Reparaturarbeiten erledigte. Besonders viel zu tun hatte man, natürlich, mit den Lastwagen von Toyota. Wenn man Eijis Memoiren Glauben schenken mag, war es vor allem eine jugendliche Unbekümmertheit, die die Anfänge prägte. Viel Ahnung von Autos hatte keiner, aber eine unstillbare Neugier und ein ausgeprägtes technisches Verständnis. Versuch und Irrtum, so lautete die Devise; sie beschäftigten sich mit Flugzeugen, zerlegten einen importieren DKW-Dreizylinder-Fronttriebler in seine Bestandteile und bastelten an Raketenantrieben (um, nachdem sie in Büchern gelesen hatten, dass dies gefährlich sei, es wieder sein zu lassen). Eiji Toyoda ist heute noch davon überzeugt, dass es ungemein hilfreich ist, sich mit Raketen und Flugzeugen zu beschäftigen, wenn man Autos bauen möchte. Allerdings herrschte nicht überall in Japan ein solch fröhlicher Dilettantismus, die Zeiten waren ernst.

Die Weiterentwicklung des G1 führte zum GA von 1936. Dieser Lastwagen wurde bis 1940 gebaut und dann durch den GB abgelöst.

Der Toyota AE erschien 1939 und entstand 1941 in einigen wenigen Exemplaren. Unter seiner Haube befand sich ein Sechszylinder mit 2,3 Litern Hubraum.

Toyota in der Krise: die vierziger Jahre

Einen Monat vor der TMC-Gründung marschierten die Japaner in die chinesische Mandschurei ein. Die Militärs, die de facto die Macht im kaiserlichen Japan ausübten, hatten beschlossen, sich die an Bodenschätzen reiche Provinz unter den Nagel zu reißen. Das konnte weder an Toyoda noch an Toyota spurlos vorüber gehen. Im Oktober 1938 erhielt Kiichiros Unternehmen einen ersten Großauftrag des Militärs, im folgenden Jahr sollte seine Firma 20.000 weiter entwickelte G-1-Lastwagen liefern. Möglich, dass Kiichiro auf diese Nachricht erst einmal einen kräftigen Schluck Sake nahm, denn so viel stand fest: Toyota war nicht in der Lage, diesen Auftrag zu erfüllen. Zwar hatte Toyoda gerade die erste Fabrik der Toyota Motor Co. in Koromo, gut 50 Kilometer östlich von Nagoya, eingeweiht, doch fehlte es am notwendigen Know-how und an Material. Die für den Autobau notwendigen Zulieferbetriebe mussten erst noch aufgebaut werden. Auch das erledigten die Toyodas in Eigenregie, im Dunstkreis von Koromo entstanden die dafür notwendigen

Beim Toyota KB-Truck handelte es sich um die Weiterentwicklung des GB-Typs von 1940. Der 75 PS starke Viertonner wurde praktisch ausschließlich für das Militär gebaut.

Der KC, die Kriegsausführung des KB mit Einheits-Fahrerhaus und Holztüren. Materialmangel zwang Toyota gegen Kriegsende dazu, seine Trucks nur noch mit einem Scheinwerfer und einer lediglich auf die Hinterräder wirkenden Bremse auszustatten.

Unternehmen: Die spätere Umbenennung dieser Region in Toyota City war ein folgerichtiger Schritt. In jenen Tagen, auf dem halbfertigen Fabrikgelände war das aber nicht mehr als ferne Zukunftsmusik, die Realität sah anders aus. Kaum mehr als die Hälfte der bestellten Lastwagen konnte gebaut werden, und der Versuch, mit Nissan und Ford zu einem Joint-Venture zu gelangen, scheiterte ebenfalls: Die Zeichen standen auf Krieg mit den USA.

Kiichiro war Pragmatiker, dass ein solcher Waffengang zu gewinnen wäre, bezweifelte er von Anfang an. Schließlich hatte er sich, im Gegensatz zu den geschmeidig gestiefelten Militärs, schon vor Jahren von der wirtschaftlichen Macht der USA überzeugen können. Seine Hauptsorge galt dem auf 10.000 Mitarbeiter angewachsenen Unternehmen und seiner Familie. So wusste er zu verhindern, dass Eiji eingezogen wurde. Seinen anderen Cousin, Eijis Bruder, der die Textilfabrik seines Vaters übernehmen sollte, konnte er allerdings nicht loseisen. Er fiel später auf Guam.

Toyotas Haupterzeugnis in den Kriegsjahren waren Lastwagen. Ironie am Rande: Einen Teil der Kolbenringe, wenn nicht gar alle, lieferte eine Firma namens Tokai Seiki. Deren Chef trat 1942 einen Anteil von 40 Prozent an Toyota ab und verkaufte seine Firma dann 1945 ganz. Mit dem Geld machte er eine eigene Firma auf. Wie der junge Mann hieß? Soichiro Honda...

Nach der Schlacht von Midway 1942 wurde Toyota viel enger in die Kriegswirtschaft eingebunden und sollte auch Flugtriebwerke bauen. Dazu kam es aber nicht mehr. Erdbeben, Flächenbombardements und Atombomben bereiteten dem Krieg ein Ende.

Am Mittag des 15. August 1945 sprach der Tenno erstmals zu seinem Volk. Der Gottkaiser verkündete über das Radio die Niederlage: „Die Kriegslage hat sich nicht unbedingt zu Japans Vorteil verändert". Toyota allerdings hatte Glück gehabt: Zwar gab es Schäden, doch von Großangriffen war das Werk verschont geblieben. Wäre die Kapitulation später erfolgt, hätte dies das Ende für Toyota bedeuten können. Die Angriffsplanungen der Amerikaner hatten auf ihren Karten auch die Toyota Motor Works vermerkt und sie auf die Liste der nächsten, am 21. August anzugreifenden Ziele gesetzt.

Noch einmal davon gekommen.

Toyota B, 1942. Insgesamt entstanden drei Prototypen. Diese hatten den 65 PS starken AA-Motor. Schon damals überlegte Toyoda, Fahrzeuge mit Radioempfängern auszustatten.

Schwierige Zeiten: der Neubeginn

Der Niederlage folgten unruhige Zeiten. Die amerikanischen Besatzer lösten die vier größten Konzerne auf, der Kaiser entsagte seiner Göttlichkeit, und sein Reich schrumpfte um die Hälfte ein. Die 66 größten Städte seines Landes lagen in Trümmern, und die Flüchtlinge zählten nach Millionen. Benzin war teuer und knapp, doch für den Wiederaufbau benötigte man vor allem eines: Lastwagen, um die Trümmer wegzufahren. Daher erlaubten die Besatzungsmächte Toyota, dem einzigen Lastwagenhersteller, der weitgehend unbeschadet aus dem Schlamassel hervorgegangen war, bereits im September 1945 die Wiederaufnahme der Produktion. 1500 Lastwagen mussten gebaut werden, Armee-Typen, allerdings jetzt mit zwei Schweinwerfern und Vierrad-Bremsanlage: Im letzten Kriegsjahr hatte Toyota mangels Material seine Wagen nur mit einem Scheinwerfer und Hinterradbremsen ausgestattet. Dennoch: Es fehlt an allen Ecken und Enden. Toyota begann sogar mit der Produktion von Nahrungsmitteln wie Fischpaste, um seine verbliebenen 3600 Arbeiter versorgen zu können.

Der erste Nachkriegs-Personenwagen der Marke erhielt den Namen SA. Der 27 PS starke Viersitzer war trotz spektakulärer Werbung – so kam es zu einer Wettfahrt mit einem Schnellzug – nur 215 mal gebaut worden. 1952 erfolgte seine Ablösung.

Bei Kriegsende existierten nach offiziellen Angaben noch rund 110.000 Automobile in Japan. Die tatsächliche Zahl der fahrbereiten dürfte erheblich darunter gelegen haben. Und in den folgenden Jahren änderte sich daran nicht viel. Zum einen lasteten auf Neufahrzeugen exorbitante Steuern zwischen 20 und 50 Prozent, zum anderen existierte ein schwunghafter Gebrauchthandel mit den Wagen, die von den amerikanischen GIs eingeführt wurden. Anfang der Fünfziger, so belegen Statistiken, importierten die Amerikaner 12.503 Personenwagen, alle japanischen Firmen zusammen brachten mit Mühe 8789 Pkw auf die Räder. Der Markt für Fahrzeuge über 1,5 Liter Hubraum, also in dem Bereich, in dem Toyota mit dem AA präsent gewesen war, wurde zu 97 Prozent von amerikanischen Herstellern beherrscht.

Folgerichtig beschloss in den ersten Nachkriegsjahren der Toyoda-Clan, Personenwagen in einer Klasse zu bauen, wo man den Amerikanern nicht in die Quere kommen würde. Ende 1945 begannen Kiichiro und Eiji mit den Arbeiten an einem Kleinwagen mit Einliter-Motor, der 27 PS leistete und im Januar 1947 als Typ SA dem zuständigen Ministerium gezeigt wurde. Zwar war der Bau von Personenwagen nach wie vor untersagt, doch lockerten die Amerikaner im Zeichen des beginnenden Kalten Krieges die Bestimmungen und bestellten einige Lastwagen sowie 50 große Viertürer vom Typ Toyota AC, die aus Restteilen zusammengesetzt wurden. Der Kleinwagen SA erhielt die Bezeichnung „Toyopet", wobei in der Endung das amerikanische Wort für ein niedliches kleines Haustier steckte, und wurde rund 200 mal verkauft. Für Umsatz sorgten bei Toyoda zu jener Zeit die Textilmaschinen. Der Autobau war ein kostspieliger Luxus, der wohl nur durch Sakichis Wunsch und Kiichiros Starrsinn am Leben erhalten wurde.

Der Toyota AC, 1943. Offiziell als Nachfolger des AA bezeichnet, verfügte er über einen neuen Motor (Typ B) mit 3,4 Litern Hubraum und 75 PS. Er wog 1500 kg und wurde 115 mal gebaut.

Die Schwierigkeiten wachsen: die frühen fünfziger Jahre

Die Autoproduktion war 1948 gerade erst in Gang gekommen, als Toyota mit knapper Not der nächsten Katastrophe entrann. Zur Bekämpfung der Inflation leitete auf Anweisung des Amerikaners Joseph Dodge die japanische Regierung 1949 strenge Maßnahmen zur Beschränkung der Geldmenge ein, was die grassierende Inflation stoppen sollte. Diese Geldverknappung führte zu einem drastischen Rückgang der Auto-Nachfrage und brachte Toyota an den Rand eines Bankrotts: Die Autobauer

Der Toyota SB war der erste Nachkriegs-Lkw. Er entstand im Jahre 1947 und basierte auf SA-Limousine. Trotz des schwächlichen Einliter-Vierzylinders mit nur 27 PS stand der SB bis 1952 im Angebot, er wurde knapp 13.000 mal gebaut.

Toyota SD, die viertürige Taxi-Ausführung auf SA-Basis. Die angegebene Höchstgeschwindigkeit betrug 77 km/h, die so gut wie nirgends erreicht werden konnte.

aus Nagoya waren nämlich gezwungen, bei Abschluss eines Kaufvertrages die Hälfte des Kaufpreises als Anzahlung zu verlangen, und das ging nun natürlich kaum mehr. Ohne das Bargeld in der Kasse war aber Toyota nicht in der Lage, Material einzukaufen. Wie Toyota über die Runden kam, ist nicht bekannt. Vielleicht griffen die Toyodas in ihre Privatschatulle, doch was immer dort auch zu finden gewesen war: Die Inflation hatte es aufgefressen. Als Eijis Vater 1948 starb und die Firmenanteile an ihn fielen, hatte er noch nicht einmal genügend Geld, um die Erbschaftssteuern zu bezahlen.

Während Isuzu, Nissan und andere Hersteller mit Massenentlassungen reagierten, versuchte Toyoda, durch Lohnkürzungen seine Belegschaft zu halten, das gelang nicht, so dass im Dezember 1949 seine Firma am Ende war. Ein Konsortium aus 24 Banken entschloss sich, dem größten Arbeitgeber der Region Nagoya unter die Arme zu greifen, forderte aber Anteilsscheine, ein Sanierungskonzept und Entlassungen. Kiichiro weigerte sich zunächst, doch als im März 1950 Toyota mit einem Minus von 76 Millionen Yen abschloss, ließen ihm die Banken keine Wahl. Er bat – „unter Tränen", wie sich Eiji erinnerte – 1600 der 7900 Arbeitnehmer zu gehen, auf freiwilliger Basis, zum Wohle des Unternehmens. Dadurch riskierte er einen Arbeitskampf. Die sehr militante TMC-Hausgewerkschaft streikte 60 Tage, doch nachdem dann über 2000 Mann den Betrieb verlassen hatten, siegte die Vernunft.

Allerdings übernahmen die Manager die volle Verantwortung, sämtliche Führungskräfte, an der Spitze Unternehmenschef Kiichiro Toyoda, traten zurück. Toyoda litt sehr stark unter diesen Ereignissen, er hatte den Eindruck, sein Gesicht verloren und das Vertrauen der Arbeiter enttäuscht zu haben. Zwei Jahre später, am 27. März 1952 im Alter von 57 Jahren starb er, kurz nachdem ihn Risaburo Toyoda dazu gedrängt hatte, wieder an die Spitze von Toyota Motor zurückzukehren. Zwei Monate später starb auch Risaburo Toyoda, der Präsident der Toyota-Mutter Toyoda Automatic Loom Works. Noch auf dem Sterbebett verpflichtete er seine Nachfolger, am Autobau festzuhalten, so, wie es Sakichi und Kiichiro gewollt hatten. Neuer Präsident wurde Taizo Ishida. Zu seinen erklärten Zielen gehörte es auch, den Einfluss der Banken auf Toyota zu verringern. Schließlich hatte es auch zu Sakichis Grundsätzen gehört, die Unternehmensanteile möglichst nur an Firmeninsider zu geben. Auch das wurde zu einem bestimmenden Motiv in der Nachkriegsgeschichte von Toyota.

Die nächste Generation: Eiji Toyoda

Zu der Zeit tobte in der Pazifik-Region wieder Krieg. Im Juni 1950 hatten nordkoreanische Truppen am Fluss Yalu den 38. Breitengrad überschritten und waren in Südkorea eingedrungen; die UN und vor allem die USA übernahmen die Verteidigung. Dreh- und Angelpunkt war der amerikanische Luftwaffenstützpunkt auf der japanischen Insel Okinawa. Bereits einen Monat nach Kriegsausbruch erteilten die Amerikaner die ersten Aufträge zum Bau von Lastwagen. Die Materialknappheit war nun kein Thema mehr, moderne Produktionsmaschinen konnten angeschafft und auch bezahlt werden.

In dieser Phase übernahmen neue Führungskräfte die Geschäftsleitung bei Toyota Motor. Zu den wichtigsten Männern gehörte natürlich Eiji. Obwohl er zur Gründerfamilie gehörte, war er mit 37 Jahren – nach japanischem Verständnis – noch zu jung, um schon in die höchste Position aufzusteigen. Er erhielt einen Direktorenposten, dem designierten Toyota-Präsidenten unterstand die Produktentwicklung. Zunächst aber absolvierte er eine dreimonatige Studienreise durch die USA. Seine erste Station war Ford. „Was erwarten Sie sich von diesem Besuch", fragte man ihn im Firmen-Hauptquartier, und Eiji verblüffte sein Gegenüber mit einer raschen Antwort: „Qualitätssicherung, Produktionsmethoden, Werke". Die Gesichtszüge des Ford-Managers drückten Verwunderung aus: „Niemand weiß hier bei uns darüber alles." Eiji kommentierte das nicht weiter, für ein armes Unternehmen aber hielt er gerade das für unerlässlich: Bettler dürfen sich keine Fehler erlauben. Ford produzierte damals 8.000 Einheiten am Tag und hatte die modernsten Produktionsanlagen. Toyota kam auf kaum 400 Einheiten täglich. Dennoch war Eiji Toyoda nicht entmutigt, eher ermutigt, denn: „Was die können, können wir auch", so lautete sein Fazit, das zum Produktionssystem von Toyota führte.

Ein Grundstein des Erfolges: Toyota Motor Sales

Doch vor der Einführung des revolutionären Produktionssystems erfolgte im April 1950 die Trennung des defizitären Automobilgeschäfts in zwei unabhängige Firmen: Die Toyota Motor Corporation (TMC) fungierte als Erzeugergesellschaft, während die Toyota Motor Sales (TMS) als Verkaufsgesellschaft für den Vertrieb der TMC-Produkte sorgte. Diese Teilung hatte für die nächsten 32 Jahre Bestand und war mit ein Grund für die überragende Expansion von Toyota.

Die nächste Generation: Eiji Toyoda

Der Toyota-Vertrieb stand zunächst unter der Leitung von Shotaro Kamiya. Seine Vertriebsgesellschaft kaufte (und bezahlte mit Bankkrediten) alle vom Hersteller erzeugten Toyota-Wagen. TMC hatte so den Vorteil, nicht auf Halde produzieren zu müssen, und der Vertrieb hatte die Gewissheit, nur diese Wagen zu erhalten, die man auch sicher absetzen konnte. Und wieder hatte Toyota das Glück, eine herausragende Stelle mit einem brillanten Kopf besetzen zu können, der vor allen anderen erkannte, dass Autos auch in Japan zum Massenartikel werden würden. Ihm ging das aber nicht schnell genug, er half nach: In einer Zeit, als bei Nissan, dem damals größten Pkw-Hersteller in der gesamten Entwicklungsabteilung kein einziger Ingenieur im Besitz einer Fahrerlaubnis war, richtete Kamiya erste Fahrschulen ein, die erste in 1954 in Tokio, drei Jahre später eine in Nagoya.

Gleichzeitig knobelte Kamiya einen Plan für den Ratenverkauf von Autos aus. In Zusammenarbeit mit Finanzierungsgesellschaften

Toyotas Produktionssystem

Der Schlüssel zum Erfolg der japanischen Automobilindustrie bestand im ausgeklügelten Produktionssystem, das Kiichiro Toyoda noch vor dem Krieg angedacht hatte, in den fünfziger Jahren dann aber von Eiji Toyoda und Taiishi Ohno entwickelt wurde. Es verschaffte dem Unternehmen immense Kostenvorteile gegenüber der hoch automatisierten westlichen Konkurrenz und wurde bahnbrechend für die gesamte Automobilwirtschaft.

Das Geheimnis ist eigentlich gar keines. Taiidishi Ohno war als Chef der Toyota-Produktionsabteilung während eines USA-Besuchs zum Einkaufen in einem Supermarkt. Die dort üblichen Selbstverständlichkeiten wie häufige Warenanlieferung zu der Zeit, zu der sie gebraucht wurde oder den Nachbezug der Ware entsprechend dem Abverkauf übertrug er auf die Produktion bei Toyota. Das Unternehmen war schlichtweg zu klein, um sich den Luxus zu erlauben, größere Lagerbestände zu halten. Jedes nicht benötigte Teil war eine Verschwendung, jeder unnötige Handgriff bedeutete zusätzlichen Aufwand an Arbeitskraft, Zeit, Raum und Geld. Also produzierte jeder Arbeiter nur so viele Teile, wie die nachfolgende Station auch benötigte. Die entsprechende Stückzahl war auf Anforderungskärtchen vermerkt, den so genannten *kanbans*. Eine *Just-in-Time*-Produktion reduzierte aber nicht nur die Kosten, sondern erforderte auch einen außergewöhnlich hohen Qualitätsanspruch, denn jeder Fehler, der am Band auftrat, störte die Choreographie der Produktion. So entstand *kaizen*, das ständige Streben nach Perfektion.

Motomachi Plant, 1959: Organisiert nach amerikanischem Vorbild, aber bereits mit den Just-in-Time-Prinzipien.

Toyota-Vertrieb, anno 1962: Ein Autotransporter bringt eine Ladung neuer Publica zu den Händlern.

konnten die Toyotas zu niedrigen Monatsraten gekauft werden, was in Japan ein Novum war.

Die Einführung des Ratengeschäftes allerdings verursachte neue Probleme. Bisher nämlich war es so gewesen, dass Autos sowieso nur etwas für Gutbetuchte waren. Wohl gab es Ab-Werk-Preise, doch die Händler kalkulierten ihre Preise völlig frei, je nach vermuteter Finanzkraft des Kunden. Mit dieser Unsitte machte Kamiya 1957 Schluss, seit damals gibt es ein System von mehr oder minder verbindlichen Listenpreisen.

Bis 1955 wurden alle Toyota-Produkte, Lastwagen wie Personenwagen, über ein einzelnes Händlernetz verkauft; mit dem Ausbau der Pkw-Schiene wurde ein Toyopet-Kanal installiert. 1957 kam ein drittes Verteilernetz dazu, das sich mit dem Vertrieb der preisgekrönten Diesel-Trucks beschäftigte. Später sollten über diese Schiene die Publica- und Corolla-Modelle vertrieben werden.

Mit dem Crown an die Spitze: die späten fünfziger Jahre

Das japanische Wirtschaftswunder gewann in der zweiten Hälfte der 50er Jahre an Fahrt. Das Ministerium für Industrie und Handel MITI unternahm größte Anstrengungen, um die Massenmotorisierung zu forcieren. Um die noch junge Autoindustrie zu schützen, wurden die Importe westlicher Neu- und Gebrauchtwagen durch hohe Schutzzölle immens verteuert. Japans Autobauer wurden aufgefordert, einen Volkswagen zu entwickeln, und damit das schneller ging, sollten Lizenzen bei westlichen Herstellern eingekauft werden. Eiji Toyoda wollte nicht: Sakichi und Kiichiro hatten es auch aus eigener Kraft geschafft. Und das war für ihn Ansporn genug.

Am 1. Januar 1955 rollte im Rahmen einer feierlichen Zermonie in Koromo der erste Crown vom Band, ein strahlender Eiji im Smoking hatte sich hinter das Steuer geklemmt. Den Wagen in der 1,5-Liter-Klasse gab es in zwei Ausführungen, als Crown für den Privatkunden mit vorderer Einzelradaufhängung und als Master für das Taxigewerbe mit vorderer Starrachse. Während der Master bei den gewerblichen Nutzern durchfiel und schon im November 1956 eingestellt wurde, kam der sechssitzige Crown glänzend an. Die Monatsproduktion überstieg bald die 1000er-Marke. Eiji hatte seinen ganzen Einfluss geltend machen müssen, um den von ihm konzipierten Crown überhaupt bauen zu können. Nachdem der Erfolg feststand, hatte er es leichter, für die Crown-Produktion eine eigene Fabrik durchzusetzen. Diese war auf die Produktion von 5000 Einheiten im Monat auslegt – eine kühne Vision, denn noch waren über 70 Prozent der gut 70.000 im Jahr gebauten Toyota Lieferwagen und leichte Lastwagen. Das Werk Motomachi ging 1959 in Betrieb und hatte genügend Reserven, um den Ausstoß verdoppeln zu können. Dreißig Jahre später verließen zu Hoch-Zeiten 30.000 Crown und Mark II die Werkshallen. Maßgeblich daran beteiligt war Kiichiros Sohn Shoichiro Toyoda. Wie seinerzeit dessen Vater ihn unter seine Fittiche genommen hatte, nahm sich nun Eiji dessen Sohnes – und seinem designierten Nachfolger – an.

Zur Jahresmitte 1957 stellte Toyota seiner Mittelklasse-Limousine einen Kleinwagen in der Einliter-Klasse zur Seite, den Corona. Dank ausgeklügelter Produktionsmethoden konnte Toyota ihn um gut 20 Prozent günstiger anbieten als Erzrivale Nissan seinen Bluebird. Viele Taxichauffeure entschieden sich für den neuen Kleinen aus Nagoya. Dem harten kommerziellen Einsatz war dieser Viertürer aber nicht gewachsen, erst nach vier Jahren ständiger Modellpflege und Verbesserungen war das Sorgenkind endlich so gut und standfest, wie das Eiji von einem Erzeugnis seines Hauses auch erwartete. Die staatli-

Wie die Konkurrenten auch, versuchte sich Toyota 1956 an einem Kleinwagen-Entwurf mit selbsttragender Karosserie.. Für Vortrieb sorgte ein 0,7 Liter großer Zweizylinder-Motor mit Luftkühlung.

HiLux-Vorgänger: Der RK23 von 1956 war der erste erfolgreiche Pick-up des Unternehmens. 1958 entstanden 1.000 Fahrzeuge im Monat.

chen Maßnahmen, zusammen mit Steuervergünstigungen für Fahrzeuge unter 360 Kubikzentimeter Hubraum, ließen die Inlandsnachfrage kräftig wachsen: 1960 wurden in Japan bereits 308.020 Fahrzeuge hergestellt, gut ein Zehntel davon hießen Crown und Corona. Dennoch blieb das Auto ein Luxusgut, lediglich jeder 240ste Japaner besaß einen eigenen Wagen.

Trotz des gewaltigen Nachholbedarfs im Lande gab das MITI schon frühzeitig grünes Licht für den Export. Lastwagen und Omnibusse wurden ab Mitte der fünfziger Jahre bis nach Brasilien exportiert, Toyota hatte frühzeitig erste Erfolge mit dem unverwüstlichen LandCruiser. Hauptabnehmer für die automobile Hausmannskost aus Japan waren aber die asiatischen Nachbarländer. Gerade dort erwies sich die einfache, aber robuste Machart der japanischen Vehikel als vorteilhaft: Jeder Dorfschmied konnte sie reparieren. In den USA sah die Sache allerdings anders aus.

Am 1. Januar 1955 rollte der erste Crown vom Band. Er avancierte zum ersten erfolgreichen Personenwagen des Unternehmens.

„Ein Prozent aller Amerikaner sind verrückt ...": 1957 wurden die ersten beiden Crown RS in die USA verschifft.

Sammelprospekt, ausgegeben zur Tokio Motorshow 1960.

Versuch und Irrtum: Toyota in den USA

Die Geschichte der amerikanischen Export-Aktivitäten begann 1955, als der damalige TMC-Präsident Ishida in die USA reiste und dort allenthalben auf den knubbeligen Käfer stieß. Seine Folgerung daraus: Die Amerikaner suchten zweifelsohne ein vernünftiges, wirtschaftliches Auto, etwas, das es bei heimischen Herstellern nicht gab. Dass es die Toyopet andererseits noch längst nicht so ausgereift waren wie die amerikanischen oder deutschen Autos, war ihm aber ebenso bewusst. Allerdings fürchtete er, ebenso wie TMS-Chef Kamiya, amerikanische Importrestriktionen und entschied sich, dennoch einen Versuch zu wagen. Im August 1957 übernahm ein Trampschiff im Hafen von Yokohama zwei für Amerika bestimmte Crown. Der Frachter löschte seine Ladung in Los Angeles, ein Erinnerungsfoto vor der Gangway, und dann wurden die Crown zusammen mit zwei Datsun Bluebird zu einer Ausstellung geschafft, auf der Nobe Wakatsuki, amerikanischer Repräsentant eines Handelshauses, die Wagen unter dem Slogan „Moderne Klassiker" vorstellte. Selbst Wakatsuki, der die Wagen ins Land geholt hatte, zweifelte an ihrem Erfolg. Auch der Trost eines Bekannten – „ein Prozent aller Amerikaner sind verrückt, die kaufen vielleicht sogar so etwas" – vermochten ihn kaum fröhlicher zu stimmen. Ob es ihn getröstet hätte, dass es Eiji Toyoda nur darum ging, „den Claim abzustecken", wie er es später einmal formulierte?

Im Oktober 1957 wurde die Toyota Motor Sales, USA, gegründet, die 13 Mitarbeiter residierten in Beverly Hills. Ende 1960 bediente TMS 85 landesweite Vertriebszentren, die jetzt aber nur noch den LandCruiser und später Pick-ups wie den Stout anzubieten hatten: Toyota hatte beschlossen, den Import der Crown- und Tiara-Modelle (Exportbezeichnung des Corona) zu stoppen, bevor der Ruf des Unternehmens durch die nicht konkurrenzfähigen Personenwagen irreparabel geschädigt war. Gut fünf Jahre später meldete sich Toyota eindrucksvoll zurück: Der neue Corona

Toyopet Masterline 1900: die Lieferwagen-Ausführung des Crown. Lieferbar als Kombi, Lieferwagen, Pick-up und Pickup mit Doppelkabine, betrug die Nutzlast bis zu 0,75 to. Radstand: 2.530 mm, Leistung: 80 PS bei 4.600/min. Auf den Exportmärkten ein wichtiges Modell.

RT-40 zielte genau auf die Käufergruppe, die auch mit sportlichen Europäern wie der „Neuen Klasse" von BMW, dem Typ 1500, liebäugelten. Die Rechnung ging auf. Hatten 1964 die 200 Toyota-Händler 3.700 Einheiten absetzen können, verzehnfachte sich die Zahl innerhalb von drei Jahren auf über 39.000 Wagen, die von 719 Vertragshändlern betreut wurden.

Mit Vollgas an die Spitze: die sechziger Jahre

Die beim Corona aufgetretenen Anlaufschwierigkeiten gab es bei dem im Oktober 1960 erstmals gezeigten – und nicht in die USA exportierten – Publica nicht. Den Kleinwagen mit 0,7 Liter Hubraum hatte Toyota ursprünglich zusammen mit Ford entwickeln wollen, doch auch ein drittes Mal scheiterte das angestrebte Joint-Venture. Toyotas „Volkswagen" wurde ab Mitte 1961 über den ehemaligen Diesel-Vertriebskanal verkauft; Ende 1963 verließen monatlich rund 7.500 der in drei Varianten lieferbaren Starlet-Vorgänger die Bänder. Auf beinahe die gleiche Stückzahl brachte es auch die neue (und viel kostspieligere) Neuauflage des Crown.

Im internationalen Vergleich aber waren selbst die größten japanischen Automobilhersteller noch Zwerge. Toyotas Jahresausstoß betrug 1962 zwar stolze 97.000 Einheiten, doch Fiat schaffte das Achtfache. Andererseits waren die japanischen Produktionsanlagen brandneu. Das älteste Werk, Koromo, hatte gerade mal 20 Jahre auf der Dachrinne, und den Maschinenpark hatte Toyota ständig modernisiert. Die neueren Werke waren bereits nach den Erfordernissen von Ohnos Produktionskonzepten organisiert und wiesen einen vergleichsweise hohen Automatisierungsgrad auf. Von Vorteil war auch die geringe Fertigungstiefe, viele Komponenten und Baugruppen wurden von Zulieferbetrieben Just-in-Time ans Band gebracht. Eiji Toyoda (und alle Analysten mit ihm) führt den phänomenalen Aufstieg von Toyota in den siebziger und achtziger Jahren auf diese Kombination aus Produktionsmethoden und Gemeinschaftssinn der Toyota-Mitarbeiter zurück. „Good thinking, good products", positives Klima, gute Produkte: Der von den Gründern geprägte Wahlspruch hing in großen Schriftzeichen in allen Toyota-Werken.

Im April 1966 kam die erste Version des Corolla auf den Markt, einen Wagen, den Eiji gegen die Widerstände im Management durchgeboxt hatte. Der Corolla verursachte ungewöhnlich hohe Anlaufkosten, weil Toyoda dafür den Bau einer ganz neuen Fabrik forderte. In Nagoya operierte man nämlich nach wie vor unter einer äußerst schmalen Kapitaldecke. Die Banken hätten vermutlich entsprechende Kredite gegeben, doch das hätte wiederum bedeutet, diesen mehr Einfluss zu gewähren. Und das war nicht im Sinne der

Im Tokio der frühen 60er Jahre: Überall wird kräftig gebaut, die Olympischen Spiele von 1964 führen zu einem gewaltigen Straßenbauprogramm. Auf dem Bild zu sehen: Jede Menge Mazda-Kleinwagen R 360, Subaru 360, Nissan Cedric, Datsun Bluebird – doch nur wenige Crown.

Die zunehmende Exportorientierung erforderte immer ausgiebigere Testläufe. Hier ein Corona/Tiara 1500 bei der Wasserdurchfahrt.

Vielleicht waren die Autos primitiver, die Messlabors mussten aber den Vergleich zur westlichen Konkurrenz nicht scheuen.

1963 luden die japanischen Automobilhersteller deutsche Journalisten nach Japan ein. Dabei entstand dieses Bild.

Firma und ihres Gründers. Das Wagnis gelang. Der Corolla brachte es bis heute auf insgesamt mehr als 34 Millionen Einheiten. Sechs Monate vor dem Corolla war Erzrivale Nissan mit dem Einliter-Sunny/Sentra auf den Markt gekommen; Toyotas Entscheidung, den Corolla auf 1,1-Liter aufzubohren und die zusätzlichen 100 Kubikzentimeter in der Werbung groß herauszustellen, führte zu einer gewaltigen Nachfrage. 1967, im ersten vollen Produktionsjahr, entstanden 160.000 Corolla: Eine glänzende Empfehlung für Eiji, der nun im Alter von 54 Jahren als alt genug angesehen wurde, die Präsidentschaft zu Übernehmen. „Der Toyoda-Clan hat wieder die Macht übernommen", titelten die japanischen Zeitschriften. „Ich habe den Job bekommen, weil ich dafür geeignet war, nicht weil ich Toyoda heiße", antwortete Eiji einem Journalisten. In den Jahren bis 1982, als er sich auf den Posten des Vorstand-Vorsitzenden zurückzog und sein Cousin zweiten Grades Shoichiro die Firmenleitung übernahm, erlebte Toyota sein rasantestes Wachstum.

Europa im Visier: die siebziger Jahre

Anfang der siebziger Jahre kam Toyota auf einen Jahresausstoß von 1,5 Millionen Autos, allein die USA nahmen 300.000 Einheiten ab. Der starke Yen und die Ölkrise hinterließen natürlich auch bei Toyota ihre Spuren. 1975 nahm aber der amerikanische Markt 328.000 Wagen auf, das Händlernetz war auf 1.000 Stationen angewachsen. Damit hatte Toyota Volkswagen als größten Importeur abgelöst. Zwei Jahre später gelangten über eine halbe Million Autos in Umlauf. Der Erfolg hatte Methode: Seit 1973 unterhielt Toyota in Kalifornien ein Designzentrum, das Calty Design Research Inc. Hier entstanden Bestseller wie der TA40 Celica, und ein technisches Entwicklungszentrum bei Los Angeles nahm 1975 seine Arbeit auf.

In Europa dagegen war noch viel Überzeugungsarbeit zu leisten, auch wenn schon seit über einem Jahrzehnt bekannt war, dass die Japaner Autos zu bauen verstanden.

„Diese Wagen zeigen die ersten Ansätze, zu europäischen Klassen aufzuschließen", erklärte *Quick*-Reporter Kurt Gessel, der

Erfolg am laufenden Band: Die Carina-Produktion lief 1971 an, zwanzig Jahre später begann die Serienfertigung im britischen Burnaston.

Imageanzeigen sollten die Angst vor den exotischen Japanern nehmen. Das Inserat erschien 1976.

1962 auf Einladung der japanischen Automobilindustrie nach Japan reiste und die dortige Industrie einem größeren deutschen Publikum vorstellte. Seine Schlussfolgerung: „Höchstens noch fünf Jahre, dann sind sie da“. Er irrte sich: Sie kamen früher.

Seit 1963 ist Toyota in Europa vertreten, der dänische Skoda-Importeur war während einer Geschäftsreise in Japan bei Toyota vorstellig geworden. Die ersten Crown wurden noch 1962 nach Dänemark verschifft, im Jahr darauf gingen zunächst 400 und 1964 dann 1.500 Crown nach Dänemark. Es folgten Vereinbarungen mit Finnland, den Niederlanden und Belgien. Letzteres sollte für Toyota besonders wichtig werden, denn unweit von Brüssel laufen seit 1969 die Fäden von Toyotas europäischen Aktivitäten zusammen. Seit 1987 befindet sich in Zaventem auch das europäische Toyota-Technik-Center, seit 1989 auch ein Design-Center, das vor allem für die Gestaltung der Fahrzeug-Innenräume sowie die Auswahl der Stoffe zuständig ist. 1993 eröffnete die Toyota Motor

1963 begann der Toyota-Export nach Dänemark – im Bild ein Corona von 1966, der auch als Kombi angeboten wurde.

Europe Marketing & Engineering S.A. (TMME) dann dort ihre neue Hauptverwaltung. In den nächsten Jahren wurde Europa für Japan immer wichtiger, zum neuen Jahrtausend konnte die Zentrale mehr als 655.000 verkaufte Einheiten verbuchen. Brüssel wurde immer wichtiger. Die Teile- und Zubehörversorgung für die Benelux-Länder, Frankreich, Skandinavien, Finnland, Österreich Tschechien, Slowakei und Ungarn liegt seit 2003 komplett in der Verantwortung von Toyota Motor Europe; auch der Im- und Export wird über TMME abgewickelt wurde. Seit Juli 2001 hat die belgische Zentrale im Hafen von Zeebrugge ein 250.000 Quadratmeter großes Betriebsgelände mit Lagerkapazitäten für 10.000 Fahrzeuge errichtet.

Blitzstart mit Hindernissen: Toyota in Deutschland

Schon Ende der sechziger Jahre schien der Toyota-Start in Deutschland gesichert zu sein. Schließlich war Toyota seit 1963 in Dänemark, den Niederlanden, Belgien, Großbritannien, der Schweiz, Schweden und Portugal präsent und erfolgreich; kein Wunder also, dass der deutsche Autobianchi-Importeur Walter Hagen in Krefeld auf die Marke aufmerksam wurde. Er besorgte sich Corolla, Corona und Crown aus den Niederlanden, flog nach Japan und verhandelte vor Ort mit den Verantwortlichen der TMS. Der Handel scheiterte wegen „nicht marktgerechter Preise"; Walter Hagen importierte später dann die Toyota-Tochter Daihatsu. Krefeld ist inzwischen Sitz der deutschen Daihatsu-Zentrale.

Auf deutschem Boden fasste Toyota zwei Jahre später Fuß: „...Bevor wir uns entschlossen, dieses in Deutschland noch weitgehend unbekannte Fabrikat einzuführen, haben wir Toyota-Fahrzeuge unter härtesten Bedingungen über ein Jahr lang in Deutschland getestet, um uns davon zu überzeugen, dass dieses Fabrikat auf dem deutschen Markt eine ebenso gute Chance wie auf den anderen europäischen und außereuropäischen Märkten hat...", erklärte die Geschäftsleitung der „Deutsche Toyota-Vertrieb GmbH & Co. KG", die Ende 1971 von TMC zum General-Importeur ernannt worden war. Die selbstständige Importfirma war aus der Firma J.A. Woodhouse & Co. hervorgegangen, die seit den dreißiger Jahren Morris und MG vertrieben hatte, wegen der Krise der britischen Automobilindustrie aber dringend nach neuen, Erfolg versprechenden Produkten Ausschau hielt. In der Lohn- und Gehaltsliste standen am 1. Februar 1971 ganze sieben Mitarbeiter, die in der Stolberger Straße auf 70 Quadratmetern Bürofläche das Unternehmen Toyota starteten, dann zur Dürener Straße umzogen und schon bald wieder die Kisten packten, um in Großkönigsdorf

Wie alles begann: Die deutsche Toyota-Zentrale Mitte der 70er Jahre in Köln Königsdorf.. Hier verlässt gerade ein Toyota Soarer den Hof.

die nächstgrößeren Lager und Büroräume zu beziehen. Ende 1972 waren dort bereits 83 Mitarbeiter für 332 Händler tätig, und der Umsatz von 7,2 Millionen DM im ersten Jahr auf 42,5 Millionen DM geklettert. Zwei weitere Basis-Modelle, Carina und Celica, waren hinzugekommen. Die Aufwärtsentwicklung hielt noch ein Jahr an. Im Mai 1973 wurde im Hafen von Antwerpen bereits der 20.000ste für den deutschen Markt bestimmte Toyota entladen. Bis dann Rezession und mittendrin der Zusammenbruch der Herstatt-Bank, der Hausbank des jungen Unternehmens, die Basis der Importfirma erschütterte. Die Absatzzahlen rauschten in den Keller, kaum mehr 7.000 Toyota nahmen bundesdeutschen Asphalt unter die Räder.

Im November 1974 übernahm die Toyota Motor Sales Ltd., Nagoya, die Geschäftsanteile und die Kommanditeinlagen der „Deutsche Toyota Vertrieb GmbH & Co. KG" und gründete die Toyota Deutschland GmbH, die mit inzwischen 133 Mitarbeitern und knapp 500 Händlern in das Jahr 1975 startete. Das neue Management unter japanischer Leitung schaffte die Trendwende, 1976 konnte Toyota Deutschland stolze 17.000 verkaufte Einheiten nach Japan melden. Die attraktive Modell-Palette ermöglichte dem Ende 1977 auf 750 Service-Stationen gewachsenen Händlernetz ein breites und damit interessantes Angebot. Zu dieser Zeit waren die neuen Räume in der Bunzlauer Straße in Köln-Weiden schon wieder zu eng geworden, die Aufnahmekapazität des Ersatzteillagers – inzwischen in einer ehemaligen Karosseriefabrik in Köln-Braunsfeld – passte gera-

Schrieben Werbegeschichte: Die tierischen Werbespots, an deren Ende stets die jodelnden Affen verkündeten „Toyota – Nichts ist unmöglich".

Augen auf Auris: Mit einer ungewöhnlichen bundesweiten Plakataktion machte Toyota auf den Corolla-Nachfolger aufmerksam. Über 300 Vorführwagen trugen die Zulassung „AUR-IS".

Der Achtzylinder in der Toyota-Allee. Hier befindet sich seit 1979 die Zentrale der Toyota Deutschland GmbH.

Rund 250 Millionen Mark investierte Toyota in den Aufbau von Deutschlands einziger Formel-1-Schmiede, der Toyota Motorsport GmbH.

de noch für die nächsten zwei Jahre, und die unbefriedigende Dreiteilung der diversen Abteilungen in gemieteten Räumen in Großkönigsdorf (Service/Werkstatt/Schulung), in Weiden (Hauptverwaltung) und in Köln-Braunsfeld (Ersatzteillager) zwang zu neuen Überlegungen.

Inzwischen war auch das Vertriebssystem geändert worden. Die modernen neuen Kai-Anlagen in Bremerhaven und die dort vorhandene Waggon-Kapazität zum süd- und westdeutschen Raum ermöglichten eine reibungslose Überführung zum Zentralen Fahrzeuglager in Nievenheim an der Autobahn Neuß/Köln und eine Direkt-Auslieferung der bis zu 3.500 Fahrzeuge, die dort geparkt werden konnten. Toyota setzte 21 Autotransporte ein, die größten Schiffe konnten 6.000 Fahrzeuge fassen. Diese waren bislang in Antwerpen gelöscht worden.

Alle Hauptabteilungen unter eigenem Dach lautete das Planungsziel, das dann nach zweijähriger Bauzeit 1979 mit der neuen Hauptverwaltung, dem Zentral-Ersatzteillager und dem Service und Schulungszentrum in Köln-Marsdorf erreicht wurde. Ein Schulungszentrum aus dem noch 1979 auf 900 Service-Stellen wachsenden Händler-Netz gehörte hier ebenso dazu wie die Computer-gesteuerte Anlage für die Fahrzeug- und Ersatzteil-Disposition. Zur Einweihung der neuen Hauptverwaltung – bei Toyota Deutschland arbeiteten inzwischen 275 Mitarbeiter – gab sich Eiji Toyoda höchstselbst die Ehre.

In den folgenden Jahren expandierte das Unternehmen weiter, Ende der achtziger Jahre entstanden drei regionale Vertriebszentren, um eine Über-Nacht-Belieferung der über 700 Händler sicher zu stellen. Seit Mitte 2002 werden die Toyota- und Lexus-Händler wieder vom Zentrallager Köln beliefert.

1992 wurde ein neues Kundendienst-Zentrum in Betrieb genommen, 1995 folgte das Business-Center in der Toyota-Allee, die früher Bachemer Landstraße hieß. Inzwischen waren am Hauptsitz der Toyota Deutschland GmbH und der angeschlossenen Unternehmen – Toyota Kreditbank, Toyota Leasing, Toyota Informationssysteme – gut 800 Mitarbeiter beschäftigt, das Areal im Kölner Südwesten umfasste rund 100.000 Quadratmeter. Auch die Motorsport GmbH fand hier 1979 ihr neues Zuhause, das – 1994 erweitert – durch die Entscheidung, in der Formel 1 anzutreten, schon wieder zu klein wurde. Im Januar 2000 wurde der Grundstein gelegt für umfangreiche Erweiterungsbauten. Noch bevor Toyota 2002 in die Formel 1 einstieg, arbeiteten in der Toyotas Formel-1-Schmiede über 550 Mitarbeiter aus 27 Nationen. In der Toyota-Allee arbeiten heute rund 1.200 Menschen für die Marke mit den drei Ellipsen.

Toyota in Österreich: Die Importzentrale der Toyota Frey Austria steht in der Richard-Strauß-Straße im Wiener Industriezentrum Inzersdorf. Auf dieser Aufnahme noch nicht zu sehen: Das Lexus-Importzentrum, das Anfang 2002 in Betrieb ging.

Der Berg ruft: Toyota in der Schweiz und Österreich

Toyotas Auftritt in der Schweiz begann mit einem großen Knall: Emil Frey, schon damals der größte Schweizer Automobilimporteur für Austin, fuhr mit Karacho eine kleine Rampe hoch durch eine papierne japanische Fahne und gab damit die Ankunft einer neuen Marke auf dem Schweizer Markt bekannt. Wenige Wochen vor Eröffnung des Genfer Salons 1967 waren zehn Personen damit beschäftigt, den Import und Verkauf der Wagen zu organisieren, auf die er 1965 während einer Südafrika-Reise aufmerksam geworden war. Im Februar 1966 hatte Frey, zusammen mit seinem Sohn Walter, im Hamburger Hafen einen Corona übernommen und war damit, nonstop, in siebeneinhalb Stunden nach Hause gedüst. Der nicht eingefahrene Toyota verkraftete diesen 800-Kilometer-Parforce-Ritt klaglos – und das überzeugte die Schweizer. Zum Import-Programm gehörte neben Corolla und Corona auch der Crown. Im ersten Jahr verkaufte die Frey AG 512 Wagen, im Jahr darauf hatte sich der Vertreterbestand verdoppelt und die Zahl der Toyota-Fahrzeuge in der Schweiz verdreifacht. Für Aufsehen sorgte aber nicht nur das rasante Wachstum der japanischen Newcomer, sondern auch deren cleveres Marketing. So engagierte Toyota Schweiz als Repräsentantin auf den Genfer Salons eine hübsche Studentin der Politikwissenschaften namens Ling. Die Dame, die zwischen 1968 und 1973 immer wieder in der Schweizer Toyota-Werbung zu sehen war, hat dann in den Adel eingeheiratet, so dass ausgerechnet in der seit Jahrhunderten demokratischen Schweiz eine Baronin für Crown und Co. warb.

Toyota in der Schweiz: Die eidgenössische Erfolgsgeschichte des größten japanischen Automobilherstellers begann 1967 mit diesem medienwirksamen Satz durch eine Papierfahne.

Noch im ersten Jahr konnten 50 Händler unter Vertrag genommen werden. Fünf Jahre später, 1972, waren es bereits über 350 Markenvertretungen, die von der Toyota AG betreut wurden. Direkt an der N1 in Safenwil, 65 Kilometer von Bern und 60 Kilometer von Zürich entfernt, ging im Juli 1972 dann das neue Toyota-Importzentrum für die Schweiz in Betrieb, die alten Gebäude in Urdorf waren längst schon zu klein geworden. Nachdem nun genügend Raum zur Verfügung stand, begann die Frey AG auch mit dem Import leichter Toyota-Nutzfahrzeuge. Während der ersten Ölkrise brachen die Absatzzahlen ein. Waren 1972 noch 22.000 Toyota verkauft worden, wurden zwei Jahre später noch nicht einmal 10.000 Wagen neu zugelassen. Erst 1976 ging es wieder aufwärts – Toyota hatte die Garantie von sechs Monaten auf drei Jahre ausgeweitet –, so dass zehn Jahre nach der Gründung der 100.000 Toyota, ein Cressida, in der Schweiz ausgeliefert werden konnte. Wiederum 15 Jahre danach, im November 1992, machte das Importzentrum die halbe Million voll. Die gesamte Frey-Gruppe beschäftigt rund 1.800 Angestellte, etwa 120 kümmern sich ausschließlich um die Belange von Toyota und deren Fahrern. Das Händlernetz umfasst 410 Stationen. Die Eroberung des französischen Marktes wäre ohne die Frey-Gruppe ebenfalls nicht gelungen, im Februar 1971 wurde, zusammen mit dem französischen Austin-Generalimporteur, der Toyota-Import in Frankreich organisiert.

Die österreichische Toyota-Generalvertretung nahm Anfang 1971 ihre Tätigkeit auf. Treibende Kraft hinter dieser Entwicklung war Ernst Frey, ein Namensvetter des Schweizer Vertreters. Frey war 1931 von den Neckarsulmer NSU-Werken als Werkstattleiter nach Wien geschickt worden; 1938 übernahm er die NSU-Generalvertretung. Auch nach dem Krieg fungierte die Firma Frey als NSU-Importeur, 1960 waren rund 100 Mitarbeiter beschäftigt, Frey erweiterte seine Geschäftsräume durch einen Neubau im Wiener Arsenal. Die stürmische Aufwärtsentwicklung endete mit der Übernahme der NSU durch Volkswagen. Die Wolfsburger beschlossen, eine eigene Audi-NSU-Niederlassung zu errichten, die Firma Frey sah sich gezwungen, nach einer neuen Markenvertretung Ausschau zu halten. Die Wahl fiel letztlich auf die in der Schweiz bereits bestens eingeführte Marke Toyota. Der Start in Österreich begann mit 130 Mitarbeitern und 40 Händlern, die einen Großteil der internationalen Toyota-Palette vermarkteten. Das Programm unterschied sich nur wenig von dem der Schweiz; die Österreicher konnten schon kurz nach Verkaufsbeginn eine Palette von 22 Wagen anbieten. Der günstigste Toyota, der Publica 1000, kam auf 42.900 Schilling, das Top-Modell Crown 2600 Coupé mit Automatik schlug mit 126.000 Schilling zu Buche.

Knapp drei Jahre nach dem Verkaufsstart hatten die mittlerweile 100 Toyota-Vertreter 20.000 Toyota auf Österreichs Straßen entlassen, der Marktanteil lag bei rund vier Prozent. 1977 nahm die Ernst Frey OHG ein neues Servicezentrum im Arsenal in Betrieb, 1979 konnten sich die Österreicher über 50.000 verkaufte Toyota freuen, einen Tercel 1300. Längst schon waren die Räume am Stammsitz Wiedner Gürtel zu klein geworden, in der Pragerstraße im 21. Wiener Bezirk entstand ein neuer Verkaufs- und Servicebetrieb, der im April 1981 in Betrieb ging. Die jetzt mögliche bessere Betreuung schlug sich alsbald auch in der Zulassungsstatistik nieder. 1985 wurden mit 14.130 Einheiten so viele Toyotas verkauft wie noch nie, zur Jahresmitte 1987 wurde der 150.000ste Toyota importiert, ein Corolla-Coupé mit Katalysator. 1988 wurden mit mehr als 20.000 Einheiten so viele Toyotas verkauft wie noch nie – damit eroberten die von Frey vertretenen Japaner einen Marktanteil von 7,5 Prozent am Gesamtmarkt.

Zur Jahresmitte 1989 knallten in Wien schon wieder die Sektkorken – es galt, die Ankunft des 200.000sten Toyota zu feiern: einen Corolla RV-Wagon mit Allradantrieb.

Zu Beginn des neunziger Jahre platzte die österreichische Vertretung schon wieder aus allen Nähten, im Wiener Industriezentrum Inzersdorf entstand das neue Toyota-Importzentrum. Von dort aus werden seither die gesamten Aktivitäten von Toyota Frey Austria koordiniert, der Toyota-Vertrieb in Österreich sowie seit 1991 auch die Lexus-Vertriebs- und Serviceorganisation für die Nobelmarke von Toyota.

Nur wenige Importeure entschieden sich, die Dyna-Baureihe in ihr Programm aufzunehmen, Österreich und Frankreich bildeten eine Ausnahme. Diese französische Prospektaufnahme stammt von 1979; den Dyna als Abschleppwagen gab es allerdings nicht ab Importeur.

Total global: Längst schon ist Toyota auf allen Weltmärkten heimisch. Diese Aufnahme entstand zur Detroit Motor Show 1998. Der neue Corolla hatte dort seinen ersten Auftritt auf dem amerikanischen Markt.

Der internationale Durchbruch: die achtziger Jahre

Was die Exoten aus Fernost in den Anfangsjahren für europäische Kunden so interessant machte, war neben Preis und Ausstattung vielfach auch die amerikanisierte Optik, die gerade in Ländern mit keiner oder nur schwacher Automobilindustrie gut ankam. Dort waren die nationalen Vorlieben weniger ausgeprägt. Am schwierigsten zu erobern galten daher die Märkte in Großbritannien, Frankreich, Italien und Deutschland, die erst vergleichsweise spät in Angriff genommen wurden. Die erste Ölkrise von 1973 bedeutete dabei einen herben Rückschlag für die in Europa noch unbedeutende Marke, der Absatz sank von 163.000 Einheiten in 1973 auf 138.000 Einheiten im Folgejahr. 1976 war der Tiefpunkt erreicht, in Japan wurden nur noch 2,4 Millionen Neufahrzeuge zugelassen. Auch wenn die Hälfte davon von Toyota stammte, war das zu wenig. Das stetige Bemühen nach Wachstum und größeren Marktanteilen führte zu einem verschärften Wettbewerb und kürzeren Modellzyklen. Außerdem konzentrierte man sich mehr auf den Export, der europäische Markt rückte in den Vordergrund. Was sich dort gut verkaufen ließ, fand auch in den USA Anklang. Die ersten Vertreter der neuen Generation erschienen Ende der siebziger Jahre. Im Styling europäisch, im Benzinverbrauch im Schnitt um rund 20 Prozent sparsamer, kamen die neuen Corolla und Carina-Typen gerade rechtzeitig zur zweiten Ölkrise – und bewährten sich glänzend. Auf politischer Ebene dagegen schien sich ein Handelskrieg zwischen Japan und den USA anzubahnen. GM, Ford und Chrysler forderten Restriktionen, bezichtigten die fernöstliche Konkurrenz des Lohndumpings und erzwangen eine freiwillige Selbstbeschränkung der japanischen Importeure. Die Querelen mit der amerikanischen Regierung wurden zwar beigelegt, hatten aber zur Folge, dass Toyota seine Exportstrategien überdachte und dazu überging, im Ausland eigene Werke zu errichten. Toyota begann 1983 mit einem Joint-Venture mit GM. Das gemeinsame Unternehmen hieß NUMMI (New United Motor Manufacturing, Inc.) und war in Freemont, Kalifornien angesiedelt. Dieses Unternehmen bewies, dass Toyotas Produktionserfolge nicht nur von den angeblich billigst arbeitenden Arbeitssklaven am Fließband abhing, sondern auch ein durchdachtes Konzept bilden, in einem anders geprägten Kulturkreis funktionierte. 1988 eröffnete Toyota dann ein Werk in Kentucky und eines in Kanada.

Auf dem Weg zur Nummer Eins

Die achtziger Jahre brachten ein rasantes Wachstum. Die Zulassungszahlen schnellten nach oben, der japanische Marktanteil pendelte sich europaweit auf elf Prozent ein, ein Satz, der nur wegen der Importrestriktionen in Frankreich und Italien nicht höher lag. Um eventuelle Quotenregelungen eines vereinigten Europa zu umgehen, ging Japans Automobilindustrie dazu über, Produktionsstätten auf dem Alten Kontinent zu errichten. Bereits 1968 hatte Toyota eine Zusammenarbeit in Portugal auf dem Sektor der leichten Nutzfahrzeuge begonnen, das nächste europäische Werk im britischen Burnaston nahm 1992 die Arbeit auf. Die Motoren lieferte das gleichzeitig eröffnete Werk im walisischen Deeside.

In den Neunzigern sahen sich die japanischen Automobilhersteller vor großen Problemen. Nissan geriet ins Trudeln und wurde durch Renault gerettet, bei Mazda wuchs der Ford-Einfluss (was dazu führte, dass aus dem neuen Mazda 121 ein Fiesta-Klon wurde), GM verdoppelte seine Anteile an Suzuki und hatte damit auch Subaru enger an der Kandare. Und Mitsubishi, so schien es, konnte nur durch den Einstieg von DaimlerChrysler vor dem Zusammenbruch gerettet werden. Einzig Honda und Toyota wahrten ihre Unabhängigkeit. Verschärft wurde die Absatzkrise noch durch den starken Yen, der die Ausfuhren zusätzlich behinderte:

Der Yaris für die europäischen Märkte wird seit 2001 im französischen Werk Valenciennes produziert. In unmittelbarer Nähe erbaute Toyota ein Motorenwerk, das im April 2002 in Betrieb ging. Ein weiteres Motorenwerk folgte 2005 in Polen.

Seit 1995 baut Toyota für den Taximarkt den Comfort, der vor allem in Hong Kong und in Singapur allgegenwärtig ist. Mit längerem Radstand wird der Viertürer auch im Crown-Programm als „Crown Comfort“ vermarktet. Der Flüssiggasantrieb ist serienmäßig. Foto: Kittler

Toyota exportierte zu viel aus den teuren einheimischen Werken. Nach Konzernangaben kostete der Kursanstieg um einen einzigen Yen rund 150 Millionen Umsatz.

Vor diesem Hintergrund vollzog sich der zweite, entscheidende Schritt von Toyotas Globalisierungsstrategie. Anders als bei den Werksgründungen der 80er Jahre ging es nun darum, sich in den Märkten vor Ort direkt zu etablieren und damit besser gegen Wechselkursschwankungen gewappnet zu sein. So entschied der Vorstand um Chairman Shoichiro Toyoda, die Überseeproduktion auf mindestens ein Drittel des Gesamtvolumens hochzufahren, das bis zum Ende des Jahrzehnts bei sechs Millionen Einheiten liegen sollte. Das verringerte das Kursrisiko, reduzierte die Transportwege, das Unternehmen war näher am jeweiligen Markt und konnte flexibler auf eventuelle Änderungen reagieren. Eine erste unmittelbare Folge war 1998 die Verlegung der Corolla-Produktion in das britische Zweigwerk Burnaston, eine weitere die Entscheidung, ein europäisches Designzentrum bei Nizza zu eröffnen. Das alte, kleine Designbüro in Brüssel hatte damit ausgedient.

Global Player

Die Dezentralisierungsstrategie setzten die Japaner mit beeindruckender Beharrlichkeit und Schwindel erregender Geschwindigkeit um. Zum Ende des Jahrzehnts hatte Japans Nummer eins beispielsweise zwei weitere Automobilwerke in den USA in Betrieb genommen, in Argentinien, Thailand, China und Indien neue Produktionsstätten eröffnet oder vergrößert und in der ehemaligen Sowjetunion Vertriebsnetze etabliert. Im französischen Valenciennes ging das erste Toyota-Produktionswerk auf dem europäischen Festland ans Netz, in Polen werden inzwischen Getriebe und seit 2005 Common-Rail-Diesel gebaut, in der Türkei Corolla-Varianten für Europa gefertigt, während in der Tschechischen Republik zusammen mit der französischen PSA-Gruppe (Peugeot und Citroën) der Toyota Aygo entsteht. Die Produktionsanlage hat eine Kapazität von 300.000 Einheiten. Toyota betreibt weltweit über 50 Werke und hat 75 Modelle in seinem Portfolio, die in 170 Ländern der Erde verkauft werden. Insgesamt entstehen in nahezu 30 Ländern Toyota-Modelle: In China läuft eine Hiace-Variante vom Band, in Thailand der Dyna-Lastwagen, in Vietnam der Corolla und in Brasilien der LandCruiser. In Pakistan und Bangladesh ist Toyota ebenso vor Ort vertreten wie in Australien, Ecuador oder Kenia. In den USA gebaute Corolla werden nach Taiwan verschifft und in Brasilien gebaute Bandeirante nach Angola, während die in Brunei verkauften Camry in Australien vom Band laufen.

Und die Japaner behielten das hohe Wachstumstempo bei, was um so erstaunlicher ist, als der Produktionszuwachs um rund eine halbe Million Fahrzeuge pro Jahr ohne Zukauf irgendwelcher Konkurrenten erfolgte. 2007 schickte Toyota sich an, GM als größten Automobilhersteller der Welt abzulösen. Bis 2010 wollte man sich mit einer Jahresproduktion von rund zehn Millionen Fahrzeugen dauerhaft als Branchenprimus in der Spitze etabliert haben, und die Produktionsergebnisse des Jahres 2007 zeigten, das dies mehr war als bloße Utopie: Insgesamt hatten die 51 Toyota-Produktionsstätten weltweit über 8,5 Millionen Fahrzeuge ausgespuckt, rechnete man die Konzerntöchter Hino und Daihatsu dazu, waren weltweit 9,37 Millionen Fahrzeuge verkauft worden. Damit lag man gleichauf mit GM – ein neuer Rekord in der Unternehmensgeschichte.

In den USA kam der Konzern mit seinen drei Marken (Toyota, Lexus, Scion) auf mehr als 2,6 Millionen Neuzulassungen im Jahr, überholte Ford und stieg zum zweitgrößten Anbieter auf. Der Marktanteil lag bei 16,3 Prozent, und nichts schien den Automobilgiganten stoppen zu können. Der Camry war mit knapp einer halben Million Neuzulassungen die erfolgreichste Limousine

Die Schrägheck-Variante der zehnten Corolla-Generation wird europaweit als Auris verkauft. Die Stufenheckausgabe – hier bei ihrem Debüt bei der Shanghai Auto Show im April 2007 – gibt es nur für bestimmte Märkte; man möchte dem Avensis keine Konkurrenz machen.

auf dem US-Markt, und im Dezember 2006 hatten sich der Toyota-Chairman Fuji Cho mit Ford-Chef Alan Mulally getroffen, um die Möglichkeiten einer Zusammenarbeit auszuloten. Das Treffen war auf Drängen von Ford zustande gekommen, denn die amerikanische Marke, damals eng verbunden mit Mazda und Volvo, steckte in allergrößten Schwierigkeiten. Und da Toyota kein Interesse daran hatte, Detroit in die Knie zu zwingen, zeigte man sich gesprächsbereit. Ein Zusammenbruch der amerikanischen Konkurrenz hätte möglicherweise soziale Spannungen und antijapanische Ressentiments nach sich gezogen, und damit wäre niemandem gedient. Doch die Ressentiments wuchsen weiter; Ford etwa begann im Frühjahr 2006 mit einer Kampagne, die zum Kauf amerikanischer Autos aufrief. Dass der local content, also der Anteil der im Lande erzeugten Bauteile, bei einem Toyota deutlich über 90 Prozent liegt (und damit höher als bei vielen US-Cars), wurde dabei geflissentlich übersehen. Das Unternehmen versteht sich inzwischen, nicht zu Unrecht, als amerikanischer Hersteller und geht daher mit dem Camry an der uramerikanischen NASCAR-Rennserie (National Association of Stock Car Racing) an den Start. Pikanterweise ist der NASCAR-Camry, streng genom-

Das polnische Motorenwerk TMIP wurde im März 2005 in Betrieb genommen. Die Dieselmotoren für Avensis, Corolla Verso und RAV4 entstehen hier.

Motorenfertigung bei TMIP: Nockenwellen werden von Hand in die Zylinderköpfe eingesetzt.

Seit Januar 2003 gelangen alle Toyota aus japanischer, englischer oder türkischer Produktion über das zentrale Fahrzeugauslieferungslager im belgischen Zeebrugge zu den Händlern. 2005 ging von dort aus der millionste Wagen auf die Reise; der Prius kam an einen deutschen Kunden.

men, der einzige echt amerikanische Wagen im Starterfeld, die Chevrolet, Dodge und Ford haben sehr viel mehr Fremdtteile. Dass Toyota im Frühjahr 2007 dann auch der europäischen Vereinigung der Automobilhersteller beitrat, passte voll in die Strategie eines Unternehmens, das sich als globaler Hersteller mit japanischen Wurzeln versteht.

Auf dem Weg zum Weltmarktführer

Entsprechend agierte der Konzern auch. Wo die Konkurrenz über Überkapazitäten klagte – das GM-Restrukturierungsprogramm sah die Schließung mehrerer Werke und den Abbau von 30.000 Stellen vor, und auch bei Ford wurden Betriebe still gelegt – eröffnete Toyota laufend neue Werke. Im Mai 2006 ging im chinesischen Guangzhou, dem vierten Standort im Land, eine Fabrik zur Camry-Produktion in Betrieb; im Dezember 2007 lief die Camry-Produktion in einem neuen Werk in St. Petersburg an, und in Australien wurde 2008 eine Montagelinie für den Camry Hybrid eingerichtet. Der Yaris läuft seit Januar 2006 in Thailand vom Band, in Frankreich reichten die Kapazitäten nicht mehr aus, in Kanada ging 2008 ein zweites Werk ans Netz und in den USA nahm ein achtes Montagewerk 2010 die Produktion auf. Um dortige Kapazitätsengpässe zu überbrücken, läuft seit dem Modelljahr 2007 der Camry auch im amerikanischen Subaru-Montagewerk in Indiana vom Band. Toyota und Subaru arbeiten seit 2005 eng zusammen, die Kooperation wurde in den folgenden Jahren weiter ausgebaut und führte schließlich zum Ausstieg von GM und dem Einstieg von Toyota. Sichtbarer Ausdruck dieser Zusammenarbeit ist die Gemeinschaftsentwicklung GT86, die von Subaru als BRZ vermarktet wird. 2010 begann die Zusammenarbeit mit Tesla Motors zur Elektrofahrzeugentwicklung. Die japanischen Werke produzieren außerdem Schmiermittel und Elektrogeräte, Klimaanlagen und Gabelstapler, Fertighäuser und Motorboote. Überdies hielt Toyota Beteiligungen an Banken und Versicherungen, an Telekommunikations- und Softwaregesellschaften, hatte den Fuji International Speedway, Japans älteste permanente Rennstrecke übernommen – und 2001 ein Unternehmen gegründet, das sich mit der Konstruktion und Begrünung von Dachgärten beschäftigte. Nichts und niemand schien Toyota stoppen zu können. Über ein Jahrzehnt lang meldete Toyota Rekordgewinne, die Rendite, die der japanische Gigant erwirtschaftete, ließ die Konkurrenz vor Neid erblassen. Der Börsenwert lag in der Gegend von 190 Milliarden Dollar, damit war Toyota der profitabelste und teuerste

Waschechter Amerikaner: Der Toyota Tundra, hier von 2007, ist der größte Toyota-Truck. Er wird in zwei nordamerikanischen Werken produziert und trägt als Top-Motorisierung einen 5,7-l-V8. Hier in der Ausführung „Regular Cab" mit dem optionalen Sport Appearance Package.

Toyota SW4 auf Basis des Hilux. Gedacht ist dieser mittelgroße SUV für Märkte in Südamerika. Je nach Absatzmarkt heißt er auch Fortruner und wurde zuerst in Thailand, inzwischen aber auch in Indonesien gebaut. Er ist Teil des IMV-Projekts.

Der erste für Indien konzipierte Toyota: Der Etios erschien Ende 2010 und wird im indischen Karnataka gebaut. Die Schrägheck-Variante trägt die Zusatzbezeichnung Liva und lief 2011 an. Motoren und Komponenten stammen aus dem Yaris-Programm und werden aus Japan geliefert.

Autohersteller der Welt, man war für die Branche längst schon der Maßstab und für die koreanischen Autobauer das Vorbild, dem es nachzueifern galt: Im Geschäftsjahr 2007/2008 vermeldete Toyota einen Reingewinn von 10,5 Milliarden Euro, reicher und profitabler war kein anderer Hersteller. Alles bestens also?

Nicht ganz: Dass das nicht ewig so weitergehen konnte, war allen klar. Die schwache US-Konjunktur und der teure Yen entwickelten sich zu einer echten Gefahr für den Hersteller, der gut ein Drittel seiner Autos in den USA absetzte.

Toyota-Chef Katsuaki Watanabe, der 2005 den seit 1999 an der Spitze stehenden Präsidenten Fujio Cho ablöste, hatte alle Hände voll zu tun, um den größten Autobauer der Welt krisenfest zu machen. »Weltmarktführer zu sein heißt für mich, nicht die meisten Autos pro Jahr zu bauen, sondern der weltweit Beste zu sein, was dauerhafte Qualität angeht«, zitierte *Spiegel online* aus einem Interview von Toyota-Chef Watanabe, das dieser dem *Harvard Businessmanager* gegeben hatte: Immer mehr Autos zu bauen ohne Qualitätsverlust, das entwickelte sich zum zentralen Problem der Zukunft. Bislang hatte Toyota das so gelöst, dass eines der zwölf Werke in Japan die Patenschaft für ein neues Auslandswerk

Andere Aktivitäten, Teil 1: Toyota hat 1975 die Fertigung von Fertighäusern aufgenommen. Seit April 2012 wird für rund 350.000 Euro ein Haus angeboten, das Hybrid- und Elektrofahrzeuge mit der Haus-Infrastruktur verknüpft

übernommen hatte und so die Toyota-Philosophie weitergab. Nun aber wurde langsam das Personal knapp, es fehlte schlicht an geeigneten Koordinatoren, die man ins Ausland entsenden konnte. Also holte man die Verantwortlichen der Auslandstöchter nach Japan, instruierte sie dort, damit diese dann ihr Wissen in den jeweiligen Betrieben weitergaben: Zum ersten Mal waren keine japanischen Instruktoren vor Ort in den Auslandswerken. Die gigantische Wirtschafts- und Finanzkrise, die in den Jahren 2008 und 2009 den japanischen Hersteller und mit ihm die gesamte Automobilindustrie überrollte, kam daher zum denkbar ungünstigsten Zeitpunkt und hinterließ hässliche Flecken auf der zuvor blütenweißen Weste des bisherigen Musterknaben.

Mit den Finanzmärkten auf Talfahrt

Das Beben nahm seinen Ausgang in den USA und hatte als Hypothekenkrise begonnen: Allzu sorglos hatten die Banken in den letzten Jahren Kredite vergeben, auch an Menschen, die sich das nicht leisten konnten. Diese Papiere wurden von den Instituten gebündelt, umgepackt und weiterverkauft, bis sie schließlich im Bestand vieler Banken weltweit zu finden waren. Nachdem immer mehr Kunden mit den Ratenzahlungen in Rückstand gerieten, waren diese Papiere nichts mehr wert, und die Banken, die sich bisher mit solchen und ähnlichen Titeln als Sicherheit selbst Geld geborgt hatten, saßen plötzlich auf dem Trockenen: Ein verhängnisvoller Kreislauf begann, der die ganze Wirtschaft erfasste, denn Banken, die selbst in der Klemme stecken, sind nicht mehr in der Lage, Kredite an die Wirtschaft zu vergeben. Zu dieser Finanzklemme und dem Zusammenbruch des amerikanischen Immobilienmarktes kam der ständig steigende Ölpreis. Die Folge waren Bankenzusammenbrüche, Firmenpleiten und massive Stützungsmaßnahmen durch die Regierungen weltweit. Die Automobilwirtschaft war davon besonders betroffen, wer Angst hat um seinen Job und nicht weiß, ob er überhaupt die Raten zurückzahlen kann, kauft keinen neuen Wagen. Das traf die exportorientierten Firmen und Länder ganz besonders, Toyota zum Beispiel lieferte über 60 Prozent seiner in Japan produzierten Autos ins Ausland. Und da die Leitwährung der Dollar war und durch die Misere der US-Wirtschaft der Kurs des Dollars immer mehr an Wert verlor, gingen die Erlöse zurück und die Exporte verteuerten sich: Die Anleger flüchteten sich in vermeintlich sicherere Währungen, darunter den Yen – was wiederum die japanischen Ausfuhren verteuerte.

Die Kreditkrise zog die Finanztitel ins Minus, Anfang 2008 fiel der japanische Nikkei-Index auf einen neuen Tiefststand. Die Talfahrt an den Börsen setzte sich durch das Jahr hindurch fort, die Rohstoff- und Energiekosten stiegen, was die Produktion verteuerte. Selbst Toyota geriet in den weltweiten Abwärtssog der Automobilindustrie: Der Einbruch des US-Automarktes führte zu einem dicken Verkaufsrückgang im zweistelligen Prozentbereich. In den 14 US-Werken standen zur Jahresmitte die Bänder zum Teil monatelang still, weil insbesondere die fetten Tundra-Geländewagen und Pickups nicht mehr liefen. Andererseits konnte Toyota nicht genug sparsame Prius, Yaris und Corolla heranschaffen. Gewiss, im Vergleich zu den Big Three aus Detroit waren das Luxusprobleme – die drei US-Autokonzerne riefen nach staatlicher Hilfe von rund 50 Milliarden Dollar, um die Krise überstehen zu können –, doch war man das beim erfolgsverwöhnten Autogiganten aus Toyota City nicht gewohnt. Auch in Europa gingen die Geschäfte wesentlich schlechter, erstmals seit zehn Jahren kam es zu einem Absatzrückgang. Ein kleiner Lichtblick indes waren die noch guten Absätze in China und weiteren Boommärkten.

Zum Jahresende 2008 verschlechterte sich die Lage noch einmal dramatisch, die USA befanden sich in einer Rezession. GM und Chrysler brauchten Milliardenhilfe, und laut *Spiegel online* sprach Toyotas Vizepräsident Mitsuo Kinosthita von einem „Notfall", wie ihn das Unternehmen „noch nie erlebt" habe. Anfang Dezember kürzte Toyota 8700 Managern den Bonus und fuhr die Produktion zurück; im Januar 2009 setzte man dann die Fertigung in den japanischen Werken für elf Tage aus. Nachdem die Rezession nun auch Japan voll erfasst hatte, war die Rede von Massenentlassungen und Werksschließungen – ein unerhörter Vorgang in der 70-jährigen Firmengeschichte. In dieser schwersten Wirtschaftskrise seit dem zweiten Weltkrieg verbuchte Toyota im Geschäftsjahr 2008/2009, das im März endete, einen Verlust von 3,3 Milliarden Euro und einen Umsatzrückgang von 20 Prozent; der Fahrzeugabsatz ging auf 7,57 Millionen Fahrzeuge zurück.

Mit Abwrackprämien und sonstigen Maßnahmen versuchten die Regierungen 2009, die Autoabsätze zu stabilisieren, was allerdings nichts daran änderte, dass General Motors und Chrysler in die Insolvenz gingen. Und die schlechten Nachrichten nahmen kein Ende. Nachdem GM die Marke Pontiac vom Markt nahm und im Gemeinschaftswerk NUMMI in Kalifornien Pontiac-Modelle gebaut worden waren, stellte Toyota dort ebenfalls die Produktion ein – erstmals in der Unternehmensgeschichte musste ein größeres Werk geschlossen werden.

Andere Aktivitäten, Teil 2: Ende 2011 stellte Toyota die Ponam-35 vor, eine Zwölf-Meter-Jacht mit Aluminium-Rumpf. Für Vortrieb sorgt der modifizierte 4,5-l-V8 aus dem Land Cruiser. Rund 15 Stück möchte man davon in Japan zum Stückpreis von umgerechnet rund 6,4 Mio. Euro verkaufen.

Toyota betreibt weltweit über 60 Produktionsstätten, acht davon in Europa. Das Werk in der Türkei, wo der Verso gebaut wird, ging im September 1994 in Betrieb.

Seit Januar 2008 wird der Camry in St. Petersburg gebaut. Das Werk hat eine Kapazität von 50.000 Fahrzeugen im Zweischichtbetrieb. Beliefert wird der russische Markt.

Unbeeindruckt davon war (und ist) die Marke Seriensieger bei praktisch allen Qualitätsreports und Kundenzufriedenheitsanalysen. Bei Qualität, Zuverlässigkeit und Kundenzufriedenheit spielte Toyota stets in einer eigenen Liga. Ob Pannenstatistiken, Werkstatt-Tests und Langzeittests, Rückrufe, Werkstattqualität oder Garantieleistungen: Toyota schien uneinholbar in Führung zu liegen, was am hochgelobten Produktionssystem, den permanenten Verbesserungsprozessen und der gut funktionierenden automatisierten Qualitätskontrolle lag. Die Sicherung der Produktqualität genoss oberste Priorität. „Unser Ziel ist es, gute Autos zu bauen", sagte Firmenchef Watanabe im Oktober 2007 im Interview der Zeitschrift *Stern*, „wir wollen, dass unsere Kunden zufrieden sind und auch das nächste Auto bei uns kaufen." Kaizen und Kundenzufriedenheit bezeichnete er als Schlüssel für den nachhaltigen Erfolg, und diese Philosophie führte dazu, dass selbst so komplexe Technologieträger wie der Prius frei von jeglichen Kinderkrankheiten und mit herausragender Produktqualität auf den Markt kamen. Mehr noch: Gerade der Prius, der ob seiner Hybrid-Technik misstrauisch beäugt wurde, entpuppte sich als das Fahrzeug mit den geringsten Garantiekosten konzernweit. Die Qualität der im japanischen Werk Tsutsumi gefertigten Hybriden war von Anfang an überragend. Zur erstklassigen Zuverlässigkeit kommt ein erstklassiger Werterhalt, nicht nur beim Prius. Insoweit hat Toyota alles richtig gemacht.

Das Rückruf-Desaster

Die gut laufende Toyota-Maschinerie geriet aber zum Ende des Jahrzehnts ins Stocken, und das lag nicht nur an der Wirtschaftskrise: Toyota schien ein wenig von seiner Unantastbarkeit einzubüßen. Im September 2009 lief in den USA die erste von mehreren imageschädigenden Rückrufaktionen an, in deren Verlauf schließlich über achteinhalb Millionen Fahrzeugen überprüft wurden. Negativer Höhepunkt dieser Entwicklungen waren Anfang 2010 die Berichte über angeblich klemmende Gaspedale, wegen der es zu tödlichen Unfällen gekommen sei. Die Reklamationen an der Produktqualität trafen Toyota bis ins Mark, denn eines gehörte bislang zur Firmen-DNA: Toyota-Fahrzeuge waren vielleicht nicht in jedem Fall

Und dann kam der Tsunami: Am 11. März 2011 um 14.46 Uhr überrollten nach dem Erdbeben bis zu 38 Meter hohe Flutwellen die Küste Japans. Die Naturgewalten zerstörten Zehntausende von Häusern und legten die Produktion für Wochen lahm. Für Toyota, das sich gerade von den Folgen der Finanzkrise zu erholen begann, war das ein weiterer Schlag. Das Foto zeigt den Ort Ofunato, aufgenommen von einem Piloten der US-Navy. Foto: U.S. Navy photo, ID 110315-N-2653B-107

Die Toyota-Qualität: Premium auf Dauer

Eine der ersten Maßnahmen, um imageschädigende Pannen in Zukunft auszuschließen, bestand in der Etablierung des neuen „Special Committee for Global Quality", das am 30. März 2010 in Tokio unter dem Vorsitz von Akio Toyoda erstmals zusammentrat. Dieses Komitee soll weltweit gewährleisten, dass der Qualitätsstandard von Toyota sich weiter verbessert und bei möglichen Problemen schnell und im Sinne des Kunden gehandelt werden kann. Dazu hat Akio Toyoda für die verschiedenen Regionen so genannte „Chief Quality Officers" berufen, die die Interessen ihrer Märkte und Kunden bei Toyota vertreten werden. Für Europa hat Didier Leroy, Executive Vice-President Toyota Motor Europe, diese Aufgabe übernommen. Das soll den Informationsfluss von und zur Firmenzentrale beschleunigen und die Reaktionszeiten verkürzen. Außerdem gehörte zu dem 2010 verabschiedeten Maßnahmenbündel auch, das Thema Sicherheit verstärkt zu kommunizieren. Eine ganz konkrete Maßnahme war die Entscheidung, weltweit in allen Modellen ab 2010 ein „Brake-Override-System" (BOS) zu installieren, das automatisch die Motorleistung reduziert, wenn Gas- und Bremspedal gleichzeitig betätigt werden. Außerdem wurde beschlossen, weltweit ein Netz von Trainingszentren aufbauen, um Fachpersonal zur Qualitätssicherung auszubilden.

Zum weiteren zentralen Baustein der Qualitätssicherung erklärte Toyota Rückrufaktionen. Solche Rückrufe sollten künftig kompromisslos durchgeführt und auch entsprechend kommuniziert werden, auch und gerade bei älteren Fahrzeugen. Akio Toyoda erklärte das so: „Oberste Maxime soll sein, den Kunden beste Qualität und dadurch auch das höchste Maß an Sicherheit zu liefern. Daher tragen auch Rückrufe maßgeblich zur Kundenzufriedenheit bei, und nur zufriedene Kunden sichern langfristig Absatz."

die emotionalsten oder diejenigen mit den griffsympathischsten Innenraummaterialien, doch in punkto Langzeit-Qualität deklassierten sie jeden noch so hoch gelobten Testsieger. Ein gebrauchter Toyota konnte nahezu unbesehen gekauft werden. Hatte Toyota das Autobauen verlernt? Im Juni 2009 übernahm der Enkel des Firmengründers, Akio Toyoda, das Ruder beim langjährigen „Vorbild der Autobranche" (*Financial Times Deutschland*), und er stand vor einem gewaltigen Berg an Problemen, nachdem immer neue Vorwürfe wegen angeblich vertuschter Sicherheitsmängel bekannt

Das Erdbeben und die damit verbundenen Produktionsausfälle führten dazu, dass Toyota im Sommer 2011 nicht mehr als 36.000 Hybriden in die USA liefern konnte. Bis 2011 erfolgte die Prius-Produktion ausschließlich in Japan, seit Jahresende dann auch in China.

wurden. Das Krisen-Management des Herstellers versagte. Die amerikanische Volksseele kochte, die Toyota-Führungsspitze stand vor einem Ausschuss des US-Kongress Rede und Antwort, und Akio Toyoda wurde von US-Verkehrsminister Ray LaHood scharf angegangen. Toyoda entschuldigte sich Ende Februar 2010 unter Tränen vor laufenden Kameras für die Schäden, die Presse begann eine gnadenlose Hetze. Die folgende, von den US-Behörden mit aller Akribie geführten Untersuchung führte indes im Februar 2011 zu einer vollständigen Entlastung: Schuld hatten in allen Fällen die Fahrer gehabt, nicht das Fahrzeug, keines der über 30 Verkehrsopfer starb aufgrund technischer Defekte. Diese Ergebnisse fanden aber weit weniger Beachtung.

Viel Rauch um nichts also? Im Prinzip ja, in der Folge wurde aber die Gaspedal-Konstruktion geändert, um das Risiko einer ungewollten Beschleunigung mit absoluter Sicherheit ausschließen zu können. Zum anderen war der Imageschaden beträchtlich, Toyota hatte ja millionenfach Fahrzeuge wegen angeblicher sicherheitsrelevanter Mängel in die Werkstätten zurückbeordert. Anscheinend war Japans Aushängeschild, das seit dem Jahr 2000 weltweit 18 neue Fabriken eröffnet hatte und die Produktion um von fünf Millionen auf gut 8,5 Millionen Fahrzeuge erhöht hatte, schneller gewachsen als die Qualitätssicherung: „Das einseitige Streben nach Wachstum und schnellem Geld reicht nicht. Wir müssen uns fragen, was ein gesundes Maß an Wachstum ist", so Toyoda gegenüber der *Financial Times*.

Den Qualitätsvorsprung wieder herzustellen erklärte er zu seiner vordringlichsten Aufgabe. Unter dem Aspekt konnte er auch der Rückruf-Affäre etwas Gutes abgewinnen: „Das Auto wird dadurch zu einem besseren Produkt [...] Schade, dass Rückrufe immer nur negativ gesehen werden."

US-Verkehrsminister LaHood hat übrigens, nachdem sich die Vorwürfe als haltlos herausgestellt hatten, seiner Tochter etwas später einen Toyota gekauft. Der Konzernchef: „Daraufhin habe ich ihn angerufen und mich bei ihm bedankt."

Gestärkt aus dem Krisenjahr 2011

Toyota und Japan begannen sich von den Krisen zu erholen; im Geschäftsjahr 2009/2010 hatte der Konzern insgesamt 8,15 Millionen Fahrzeuge produziert und war nach wie vor der größte Automobilhersteller der Welt. Am 11. März 2011 erschütterte dann ein Erdbeben der Stärke 9,0 – und damit nie gekannten Ausmaßes – den Nordosten Japans, insbesondere die Region Tohoku. Die komplette Infrastruktur in dieser Region brach zusammen, ein Tsunami verwüstete den wichtigsten Export-Umschlagsplatz Sendai im Nordosten Japans, und der Atomreaktor Fukushima geriet außer Kontrolle. Die Folgen der Naturkatastrophe führten zu gewaltigen Produktionsausfällen und zu wochenlang stillstehenden Fließbändern. Wegen seiner starken Stellung auf dem Heim-Markt traf das Toyota besonders bitter, rund 30 zum Verbund gehörende Firmen stellten die Produktion ein, rund 300.000 Autos konnten alleine in diesem Jahr nicht gebaut werden. Hochaddiert auf die nächsten fünf Jahre, so die Experten, würde Toyota insgesamt 1,2 Millionen Fahrzeuge verlieren. Die Unterbrechungen in der Lieferkette führten zu Produktionsausfällen in vielen Toyota-Werken weltweit, insbesondere bei Lexus, was Toyota noch größere Gewinneinbrüche in den USA bescherte. Es dauerte gut vier Wochen, bis zumindest ein Teil der japanischen Produktionsanlagen wieder anlaufen konnten, erst Mitte Juni 2011 erreichte die Produktion wieder die 70-Prozent-Marke, und dass es nicht mehr wurden, lag an der Energieknappheit. Bis Jahresende wollte man die Produktionsausfälle aufgeholt haben: „Wirklich beeindruckend" sei die Aufbau-Leistung der Japaner nach der großen Katastrophe, so das Fachmagazin *auto motor und sport*. Die europäischen Werke in Großbritannien, der Türkei und Polen konnten Mitte Juni wieder die Produktion aufnehmen, in Frankreich fuhr man seit 16. Mai wieder das volle Programm.

Eine weitere Naturkatastrophe legte im Herbst dann die drei Werke in Thailand lahm. Diesmal waren es Überschwemmungen als Folge heftiger Monsunregen in der zweiten Jahreshälfte, die für Produktionsausfälle in Thailand und, mangels Teilen, in Südafrika sorgten. Die Lage normalisierte sich erst zum Jahresende. Insgesamt vermeldete Toyota für dieses Krisenjahr 2011 einen Absatz von 7,95 Millionen Einheiten weltweit, das waren sechs Prozent weniger als im Vorjahr. Gemessen an den Produktionszahlen verlor Toyota seinen Spitzenplatz und fiel auf den dritten Platz zurück, General Motors und Volkswagen – die bekanntlich keine Produktionsausfälle durch Naturkatastrophen zu verzeichnen hatten und auch keine Probleme mit ungünstigen Wechselkursen – schoben sich vorbei. Und von hinten holte der koreanische Hyundai-Konzern auf, der es auf 6,2 Millionen Einheiten brachte, wenig überraschend, denn der koreanische Hersteller hat explizit Toyota zum Vorbild erklärt. Allerdings gibt Toyota weiter Gas, das 1. Quartal 2012 war das beste seit Beginn der Krise 2008, und man rechnet mit einem Fahrzeugabsatz für das Geschäftsjahr (das vom 1.April 2012 bis zum 31. März 2013 reicht) von 8,7 Millionen Fahrzeugen und einem Reingewinn von 7,23 Milliarden Euro. Toyoda: „Unser erklärtes Ziel ist es, eine solide Geschäftsgrundlage zu schaffen, die auch schwierigsten Bedingungen stand hält."

Zu dieser Strategie gehört auch die strategische Allianz mit BMW, deren erste Vereinbarung Ende 2011 unterschrieben wurde. Toyota wird demzufolge die in Europa gefragten Dieselmotoren ab 2014 von BMW beziehen und mit den Bajuwaren gemeinsam in der Batterietechnik forschen, während die Bayern wiederum stark von Toyotas Hybrid-Vorsprung profitieren wollen. Diese Allianz soll weiter vertieft werden, Ende Juni 2012 unterzeichneten BMW-

Der Avalon ist neben dem Camry der wichtigste Personenwagen auf dem nordamerikanischen Markt. Hier schwebt gerade die vierte Generation des Fünfmeter-Schiffes ein. Ein Kran hievte drei Tage vor der Weltpremiere am 5. April 2012 den verhüllten Toyota auf das Dach des Javits Convention Center in New York. Foto: Joe Polimeni/TNA.

Vorstandchef Norbert Reithofer und Akio Toyoda eine weitreichende Absichtserklärung, welche die Zusammenarbeit auf die Bereiche Brennstoffzellen-Technologie – wo Toyota ebenso die Nase vorn hat – und Leichtbautechnologie erweitert. Hier hat BMW zusammen mit Großaktionär Quandt den Wolfsburgern die Wiesbadener Karbonbäcker von SGL vor der Nase weggeschnappt, zusammen mit der beim Lexus LFA bewiesenen Kompetenz des japanischen Autoherstellers auf diesem Gebiet formiert sich da eine Allianz der Superlative, was die für die Zukunft mitbestimmende Leichtbau-Technologie betrifft.

Gemeinsam soll außerdem für 2020 ein gemeinsames Sportwagenprojekt realisiert werden. „Wir sind nicht zusammen, um größer zu werden, sondern um bessere Autos zu bauen", so Akio Toyoda über die neue Allianz der Autobauer.

Eine Kooperation mit Mazda auf dem Gebiet der Hybridtechnologie wurde auch unter Dach und Fach gebracht, der neue Mazda-Wagen mit Hybridantrieb wird den Toyota-Antrieb tragen.

Erfreuliche Kunde kommt auch aus den sogenannten BRIC-Staaten, Brasilien, Russland, Indien und China: Dort sind die Japaner hervorragend aufgestellt und verzeichnen zweistellige Zuwachsraten. Die Marke hat dort den Jahresabsatz von 900.000 Fahrzeugen überschritten. In China werden inzwischen Prius produziert und für den Wachstumsmarkt Indien hat Toyota mit dem Etios einen komplett neuen Kleinwagen entwickelt, der den bisher dominierenden Tata Manzan und Maruti-Suzuki Swift schwer zu schaffen macht: Der japanische Hersteller hat seine Schwächephase überwunden und die richtigen Konzepte gefunden, um jetzt auch in den Schwellenländern voll anzugreifen. 2015, so die neuesten Planungen, will man erstmals zehn Millionen Fahrzeuge im Jahr bauen.

Wer die Geschichte der vergangen sieben Jahrzehnte betrachtet und die Geschwindigkeit, mit der etwa aus Fehlern gelernt wurde, wird daran kaum zweifeln. Wie heißt doch der alte Slogan des Herstellers: Nichts ist unmöglich? Genau das ist es.

Mit neuem Schwung in die Zukunft: Seit 2009 steht Rennsport-Enthusiast Akio Toyoda an der Spitze des Konzerns.

TOYOTA GLOBAL VISION: Lehren für die Zukunft

Toyota hat unter Präsident Akio Toyoda die Erfahrungen, die das Unternehmen während der Rezession auf den internationalen Automobilmärkten infolge der globalen Finanzkrise und im Zuge der zurückliegenden Rückrufaktionen gemacht hat, gründlich analysiert. Die neuen Erkenntnisse mündeten in der Toyota Global Vision, die zum Ablauf des Geschäftsjahres am 9. März 2011 vorgestellt wurde. Was war schief gelaufen? Kurz gesagt: Probleme wurden nicht rechtzeitig erkannt, man hat dann zu zögerlich reagiert und ein katastrophales Krisenmanagement an den Tag gelegt. Die Entscheidungswege waren zu lang, man hat zu schwerfällig und konzeptionslos reagiert. Daher verordnete Toyota-Chef Toyoda unter dem Slogan „Toyota Global Vision" seinem Unternehmen zum 1. April 2011 ein gründliches Großreinemachen.

Ziel der neuen Struktur ist eine schnellere und direktere Weiterleitung von Informationen und Kunden-Feedback aus den einzelnen Regionen an das Management. Dadurch soll eine zügigere Entscheidungsfindung auf Basis dieser Vor-Ort-Informationen sichergestellt werden. Außerdem dienen diese Informationen einer permanenten Überprüfung von Management-Entscheidungen im Hinblick auf ihre Auswirkungen auf die jeweiligen Märkte. Die Anzahl der Vorstandsmitglieder wird von 27 auf 11 reduziert, zwei Hierarchieebenen gestrichen, andere Managementstrukturen gestrafft. Dafür wurde die Zahl der Topmanager außerhalb Japans von 13 auf 15 erhöht und die regionalen Chief Officers, bislang in der Konzernzentrale angesiedelt, wurden mit ihrem Stab in den jeweiligen Regionen stationiert. Daraus erhofft man sich eine Stärkung der Entscheidungskompetenz der jeweils vor Ort verantwortlichen Führungskräfte. In Nordamerika, Europa und Asien werden zudem regionale Beratungsgremien etabliert, um externen Meinungen mehr Gehör in der Management-Praxis zu verschaffen. Neu geschaffen dagegen wurde die Stelle eines konzernweit agierender Unternehmens-Auditors und eines Executive General Managers. Er ist zuständig für Regionen, in denen ein enger Kontakt zu Produktionsstätten erforderlich ist, und besetzt Positionen wie Chefingenieure für Fahrzeugentwicklung und General Manager für Technologien und Werke.

Toyota Global Vision soll den Grundstein für ein nachhaltiges Wachstum über einen mittel- und langfristigen Zeitraum und für eine noch engere Bindung zu den Kunden weltweit legen. Kompromisslose Sicherheit, größtmögliche Qualität, permanente Innovation und Verbesserung, die Arbeit an der Zukunft der Mobilität und Respekt für die Umwelt sind die Säulen, auf denen die Toyota Global Vision aufbaut. Dazu zählt die Fokussierung auf umweltfreundliche Antriebe und Technologien. Die zukünftige Ausweitung auf weitere Geschäftsbereiche wie zum Beispiel Informationstechnologie und Energiemanagement stellt einen weiteren Kernaspekt dar. Ein wichtiger Bestandteil der Toyota Global Vision sind außerdem emotionalere Produkte und eine noch konsequentere lokale Produktion zur Intensivierung der Verbindung zwischen Toyota und seinen Kunden.

Hybrid als Kernkompetenz

Toyotas Hybridtechnik

Umweltfreundliche Antriebtechnik als neue *Kernkompetenz*

Zu Beginn der Entwicklung des Automobils konkurrierten mehrere Antriebsvarianten miteinander. Damals ging es im Gegensatz zu heute nicht darum, dem Klimawandel oder der Endlichkeit fossiler Energieträger zu begegnen, die Frage war schlicht und einfach, welcher Antrieb aus technischer Sicht besser als das Pferd sei. Die Konkurrenten waren die Dampfmaschine, der Elektroantrieb und der Verbrennungsmotor. Jeder dieser Antriebe brachte spezifische Vor- und Nachteile mit sich.

Die Dampfmaschine erwies sich als ausgereift und zuverlässig, bot ausreichend Leistung, und die zum Betrieb nötigen Grundstoffe Wasser und Brennmaterial waren reichlich vorhanden. Die Tatsache, dass der „Startvorgang", also die Zeit, einen genügend hohen Dampfdruck aufzubauen, sehr lange dauerte, sowie das hohe Gewicht und die teuren Fertigungskosten erwiesen sich als gravierende Nachteile.

Bei Elektrofahrzeugen hingegen gestaltete sich die Bedienung recht einfach, und sie liefen leise und sauber. Andererseits waren sie ebenfalls recht schwer und aufgrund der unausgereiften Batterietechnik in der Reichweite begrenzt. Außerdem existierte praktisch noch keine Haushalts-Elektroinfrastruktur.

Der Verbrennungsmotor seinerseits steckte technisch noch in den Kinderschuhen, dennoch war er verhältnismäßig zuverlässig und autark. Das Anwerfen des Motors war nicht nur unkomfortabel, sondern führte mitunter zu schweren Verletzungen. Eine Tank-Infrastruktur suchte man vergebens, und die Qualität des angebotenen Treibstoffs ließ oft zu wünschen übrig und führte zu technischen Problemen. Außerdem waren Verbrennungsmotoren laut, und ihre Abgase wurden als unangenehm empfunden.

Im Jahr 1900 war die Mehrzahl der Autos in den USA dampfgetrieben, dicht gefolgt von Elektroautos, und nicht mal ein Viertel der Fahrzeuge verfügte über einen Verbrennungsmotor. Als epochales Fahrzeug ging der 1900 auf der Weltausstellung in Paris vorgestellte Lohner-Porsche in die Automobilgeschichte ein. Das elektrisch mit zwei Radnabenmotoren an den Vorderrädern angetriebene Fahrzeug galt als erster Wagen ohne Getriebe, Ketten, Riemen und Zahnräder. Im gleichen Jahr präsentierten die Lohner Werke das erste allradgetriebene Kraftfahrzeug, einen Lohner-Porsche mit vier Radnabenmotoren. Dessen Gewicht war allerdings aufgrund der Vielzahl der benötigten Batterien so hoch, dass Ferdinand Porsche das Fahrzeug 1902 erneut umbaute und dem frontgetriebenen Mixte-Wagen genannten Fahrzeug einen Verbrennungsmotor hinzufügte. Dessen einzige Aufgabe bestand darin, Strom zum Laden der Batterien zu erzeugen. Damit hatte Porsche das erste Hybridfahrzeug der Welt entwickelt. Aufgrund des im Vergleich zu rein motorgetriebenen Fahrzeugen enorm hohen Preises konnte sich dieses Antriebsprinzip allerdings nicht durchsetzen.

Noch Anfang der 1910er Jahre war nicht zu erkennen, welcher Antrieb schließlich das Rennen machen sollte. Kurioserweise war es unter anderem ein Elektromotor, der den Siegeszug des Verbrennungsmotors einläuten sollte – die Erfindung des elektrischen Anlassers. Er wurde erstmals 1912 in Serienautos verbaut. Hinzu kamen der deutlich schnellere „Ladevorgang" und eine vermehrte Anzahl an Tankstellen, so dass die wesentlichen Nachteile von Automobilen mit Verbrennungsmotor nach und nach in den Hintergrund traten.

Im Laufe der Jahrzehnte wurden enorme technische Fortschritte hinsichtlich Leistung, Verbrauch, Zuverlässigkeit, Geräuschentwicklung, Haltbarkeit etc. von Verbrennungsmotoren erzielt. So konnte sich dieser Antrieb in Automobilen weltweit durchsetzen.

Der Weg zum Vollhybriden

Seit Anfang der siebziger Jahre arbeiteten zahlreiche Automobilhersteller an Hybridfahrzeugen. Sie waren häufig als reine Prototypen konzipiert oder kamen jedenfalls nicht über dieses Stadium hinaus, wie auch der 1977 auf der Tokyo Motor Show präsentierte, auf Gasturbine und Elektroantrieb umgerüstete Toyota Sports 800. Anderen auch kommerziell angebotenen Modellen eines deutschen Automobilherstellers blieb die Gunst der Käufer aufgrund des enorm hohen Preises versagt. So gaben viele Autobauer das Experiment Hybrid auf.

Auf der Suche nach einem emissionslosen Antrieb für die Zukunft, der keine fossilen Brennstoffe benötigt, begann Toyota 1992 mit der Erforschung von Brennstoffzellen-Hybridfahrzeugen. Bald stellte sich heraus, dass es selbst mit hohem Entwicklungsaufwand vermutlich noch viele Jahre dauern würde, bis solche Fahrzeuge serienreif und bezahlbar wären – ganz zu schweigen von dem auf absehbare Zeit nicht vorhandenen Netz an Wasserstoff-Tankstellen. Deshalb suchte Toyota parallel nach einem Antriebskonzept,

Erster Toyota Hybrid: umgerüsteter Sports 800 Prototyp

Toyota Sports 800 Hybrid mit Gasturbine und Elektroantrieb

das den Verbrennungsmotor effizienter nutzt, zu überschaubaren Kosten angeboten werden kann und sich in die vorhandene Infrastruktur integrieren lässt. Ziel war es, mehr Kilometer pro Liter verbrauchtem Kraftstoff zurückzulegen und Fahrleistungen zu realisieren, die denen herkömmlich angetriebener Autos vergleichbar sind.

Zu Beginn der Entwicklung nahm Toyota weltweit etwa 80 verschiedene Antriebskonfigurationen unter die Lupe. 20 davon kamen in die engere Auswahl, und mit vieren startete Toyota eine Versuchsphase. Als beste Lösung stellte sich für Toyota der leistungsverzweigte Vollhybrid heraus. Das war die Geburtsstunde des Prius I. 1995 debütierte er als Prototyp auf der Tokyo Motor Show, in Japan ging er 1997 in den Verkauf und Anfang 2001 kam er auf den deutschen Markt. Insgesamt hat der Toyota Konzern bis Mitte 2012 weltweit rund 4,5 Millionen Vollhybrid-Fahrzeuge der Marken Toyota und Lexus verkauft, davon allein etwa drei Millionen Prius.

Hybridantriebe werden heute nach verschiedenen Konstruktions- und Funktionsprinzipien eingeteilt. Betrachtet man den elektrischen Anteil am Antrieb, unterscheidet man zwischen Mikro-, Mild- und Vollhybrid. Mikrohybride sind im eigentlichen Sinn keine Hybridfahrzeuge, denn sie verfügen nicht über unterschiedliche Antriebs- bzw. Kraftquellen. Bei ihnen kommen verbrauchsreduzierende Techniken wie zum Beispiel ein Start-Stopp-System zum Einsatz, den Antrieb aber übernimmt ausschließlich der Verbrennungsmotor. Beim Mildhybrid kommt zwar ein Elektromotor zum Einsatz, der aber den Verbrennungsmotor lediglich unterstützt. Vollhybride hingegen sind mit einem deutlich stärkeren Elektromotor ausgestattet, der in der Lage ist, das Fahrzeug alleine anzutreiben.

Mit Blick auf die Antriebsarchitektur unterscheidet man zwischen seriellen, parallelen und leistungsverzweigten Hybridantrieben, die alle mit einem Verbrennungsmotor, mindestens einem Elektromotor und einer Hybridbatterie ausgerüstet sind.

Der serielle Hybrid wird ausschließlich vom Elektromotor angetrieben. Der Verbrennungsmotor treibt einen Generator an, der seinerseits Strom für den Elektromotor und zum Laden der Hybridbatterie erzeugt. Der Verbrennungsmotor hat keine mechanische Verbindung zum Antriebsstrang und dient damit nur indirekt dem Antrieb.

Im Gegensatz dazu wird ein paralleler Hybrid gemeinsam von einem Verbrennungs- und einem Elektromotor angetrieben. Das heißt, ihre Antriebsmomente addieren sich – beide Komponenten können entsprechend kleiner, leichter und schwächer ausfallen. Der Elektromotor wirkt in der Regel nur unterstützend.

Der leistungsverzweigte Hybrid stellt eine Kombination aus beiden Varianten dar. Er kann sowohl rein elektrisch, als auch fast ausschließlich mit dem Verbrennungsmotor als auch durch den kombinierten Einsatz beider Motoren fahren.

Bei der Konzeption des Prius I hat sich Toyota für die letztgenannte Variante entschieden. Sie ist zwar das aufwändigste der genannten Systeme, aber die Ingenieure haben in lang angelegten Versuchsreihen ermittelt, dass so die Stärken der einzelnen Antriebsquellen am besten zu kombinieren seien und der Verbrennungsmotor in diesem System mit größtmöglicher Effizienz arbeiten kann.

Wie ein Hybrid funktioniert

Im Wesentlichen besteht der Vollhybrid-Antrieb des Prius aus folgenden Komponenten: einem Benzinmotor, zwei Motor-Generatoren, einer Hybridbatterie, einem Planetengetriebe und einer Inverter/Konverter genannten Steuereinheit, in der Strom wechsel- bzw. gleichgerichtet und die Spannung transformiert wird. Bei den Elektromotoren unterscheidet Toyota zwischen dem Motor-Generator MG1 und dem größeren Motor-Generator MG2. Der MG1 dient als Startermotor für den Benzinmotor. Wird er von ihm angetrieben, arbeitet er als Stromerzeuger (Generator). Der MG2 dient dem Radantrieb und wird beim Bremsen als Generator genutzt. Um das Zusammenspiel und die Funktionsweise der einzelnen Komponenten zu verstehen, empfiehlt sich zunächst ein Blick auf den Aufbau und die Funktionsweise eines Planetengetriebes, denn dort werden die beiden Elektromotoren und der Verbrennungsmotor formschlüssig ohne Kupplungen miteinander gekoppelt, und der Kraftfluss wird stufenlos variabel verteilt. Dieses Hybridgetriebe wird auch als Leistungsverzweigung – Englisch Power Split Device PSD – bezeichnet.

Das Planetengetriebe überträgt die Antriebskraft mittels Zahnräder, die sich ständig im Eingriff befinden. Um das innere Zahnrad, das sogenannte Sonnenrad, drehen sich die über einen Träger miteinander verbundenen Planetenräder. Die Kreisbahn der Planetenräder umschließt ein äußerer Zahnkranz, das sogenannte Hohlrad. Sonnenrad, Planetenradträger und Hohlrad sind im System mit jeweils einem der drei Aggregate des Hybridsystems gekoppelt: Das Hohlrad ist mit dem Motor-Generator MG2 verbunden und treibt den Achsantrieb an. Die Drehbewegung des Hohlrades entspricht also der Drehung des Elektromotors MG2 und steht damit in direkter Relation zur Geschwindigkeit des Fahrzeugs.

Das Sonnenrad ist mit dem Motor-Generator MG1 verbunden, der hauptberuflich während der Fahrt Strom zum Aufladen der Hybridbatterie produziert und außerdem als Start-Stopp-System für den Verbrenner fungiert. Der Planetenradträger ist mit dem Benzintriebwerk gekoppelt. Das Planetengetriebe ermöglicht so auf einfache Weise einen rein elektrischen Fahrbetrieb. Das Benzintriebwerk bleibt in dieser Situation abgeschaltet, der Planetenradträger steht still. Das Hohlrad rollt über die auf der Stelle rotierenden Planetenräder ab. Der Motor-Generator MG1 läuft über die Drehung des Sonnenrads leer mit.

Sobald der Fahrer mehr Leistung abruft, als über den elektrischen Antrieb verfügbar wäre, kommt automatisch der Verbrennungsmotor zum Einsatz. Er wird über den Motor-Generator MG1 gestartet. Zu diesem Zweck wird er von der Hybridbatterie mit Strom beauf-

Aufbau und Funktion des Toyota Planetengetriebes

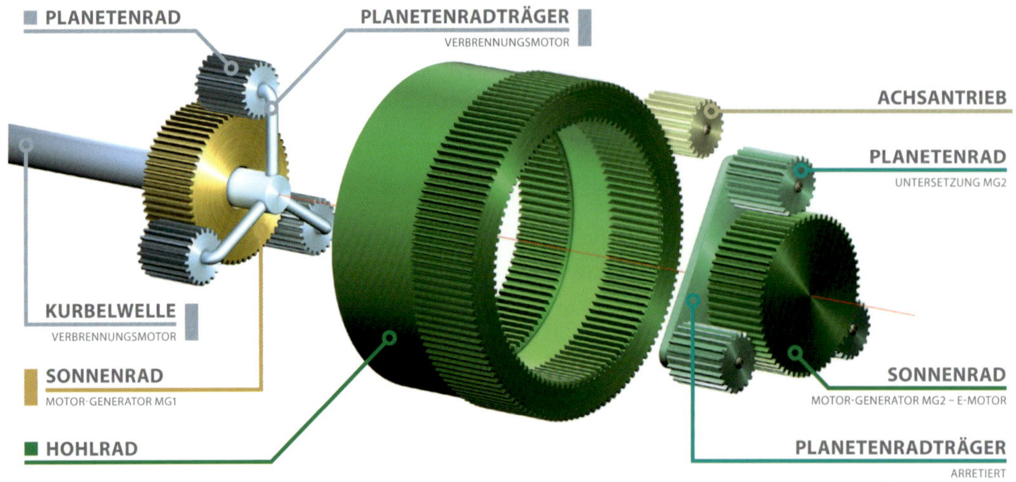

Stehendes Fahrzeug, Verbrennungsmotor läuft:Die Räder und damit MG2 (Hohlrad) stehen still, der Verbrennungsmotor (Planetenradträger) dreht sich, Ausgleich der Drehzahl über die Planetenräder und MG1 (Sonnenrad)

Rein elektrisches Fahren vorwärts:

MG2 (Hohlrad) treibt die Räder an, der Verbrennungsmotor (Planetenradträger) steht still, Ausgleich über Planetenräder und MG2

Starkes Beschleunigen:

Verbrennungsmotor läuft mit konstant hoher Drehzahl, Geschwindigkeit und damit Drehzahl des MG2 nehmen kontinuierlich zu, Drehzahlausgleich über Planetenräder und MG1 (Sonnenrad)

Höchstgeschwindigkeit: MG2, MG1 und Verbrennungsmotor laufen mit maximalen Drehzahlen, ein Drehzahlausgleich über die Planetenräder ist nicht nötig

Rückwärts fahren: Antrieb erfolgt rein elektrisch über MG2, der Verbrennungsmotor steht still, Ausgleich über Planetenräder und MG1

Normale Fahrt: Antrieb erfolgt gemeinsam über MG2 und Verbrennungsmotor, der gleichzeitig MG1 antreibt

schlagt und abgebremst, was im Hybridgetriebe die Planetenräder dazu zwingt, um das Sonnenrad abzulaufen. Damit beginnt auch der Planetenradträger zu rotieren und mit ihm die Kurbelwelle des Benzinmotors: Der Verbrenner wird gestartet. Der Schlüssel zur hohen Effizienz des Systems ist die vollständig variable Regelung der Drehzahlen und des Kraftflusses zwischen dem Benziner und den Motor-Generatoren MG1 und MG2: Der Verbrenner kann gleichzeitig die Räder antreiben und über die E-Maschine MG1 Fahrstrom oder Ladestrom für die Hybridbatterie erzeugen. Bei Beschleunigung wird die dort gespeicherte Kraft abgerufen und zum Antrieb des MG2 eingesetzt. Umgekehrt kann der Benziner über den Widerstand des MG1 praktisch jederzeit je nach Bedarf abgeschaltet und wieder angelassen werden. Der MG1 fungiert somit nicht nur als Stromerzeuger, sondern auch als Start-Stopp-System für den Benzinmotor. Der im Atkinson-Viertaktzyklus arbeitende Verbrenner wird mit reduzierter Verdichtung sanft und rucklos gestartet und rasch auf die optimale Drehzahl gebracht. Auch elektrisches Anfahren nach dem Kaltstart, während das Benzintriebwerk in der Manier eines Stationärmotors warmläuft und nur den Motor-Generator MG1 antreibt, ist darstellbar. Eine weitere Besonderheit ist die stufenlos variable Anpassung der Antriebsübersetzung. Bei Beschleunigung läuft das Benzintriebwerk mit hoher Drehzahl und voll geöffneter Drosselklappe in einem möglichst effizienten Betriebszustand. Die Änderung der Übersetzung erfolgt über die Reduzierung der Drehzahl des Motor-Generators MG1. Dieser zwingt so das mit der zweiten E-Maschine MG2 verbundene Hohlrad des Planetengetriebes zur schnelleren Drehung – mit entsprechender Konsequenz für die Antriebsachse – die Fahrgeschwindigkeit steigt.

Vereinfach gesagt liegt das Sparpotenzial des Hybridantriebs darin, dass die Bremsenergie zum Laden der Batterie genutzt wird und der Benzinmotor während der Fahrt einfach „Aus" ist, so dass viele Etappen der Fahrtstrecke rein elektrisch zurückgelegt werden.

Das Drehzahllimit der Motor-Generatoren und deren Übersetzung innerhalb des Hybridgetriebes bestimmen die erreichbare Höchstgeschwindigkeit des Fahrzeugs. Bei den Hybrid-Limousinen der Tochtermarke Lexus, dem GS 450h und dem LS 600h, realisiert man höhere Endgeschwindigkeiten, indem zwischen MG2 und dem Achsantrieb eine elektronisch gesteuerte zweistufige Untersetzung zum Einsatz kommt. Diese halbiert bei höheren Geschwindigkeiten die Drehzahl des Motor-Generators MG2 und ermöglicht dadurch Höchstgeschwindigkeiten bis zu 250 km/h.

Sämtliche Komponenten des Hybridantriebs sind Toyota Eigenentwicklungen. Aus betriebswirtschaftlicher Sicht ist das teurer und langwieriger als der Zukauf. Aus Ingenieurssicht aber bringt die Eigenentwicklung für Toyota den Vorteil mit sich, die Systeme komplett zu verstehen, zu beherrschen und einfach weiter entwickeln zu können. Ein kleiner Vergleich der verschiedenen Prius Generationen macht deutlich, dass der Antrieb immer effizienter wurde.

Die Hybrid-Architektur

Der 2001 in Deutschland angebotene Prius I war bereits eine überarbeitete Version des ersten japanischen Modells von 1997. Toyota bezifferte die Systemleistung seines Antriebs mit 82 kW und gab als Normverbrauch 5,1 Liter auf 100 Kilometer an. Beim Prius II mit gleicher Leistung sank der Verbrauch auf 4,3 Liter, und den Normverbrauch des Prius III, dessen Systemleistung auf 100 kW stieg, gibt Toyota mit 3,9 Litern an.

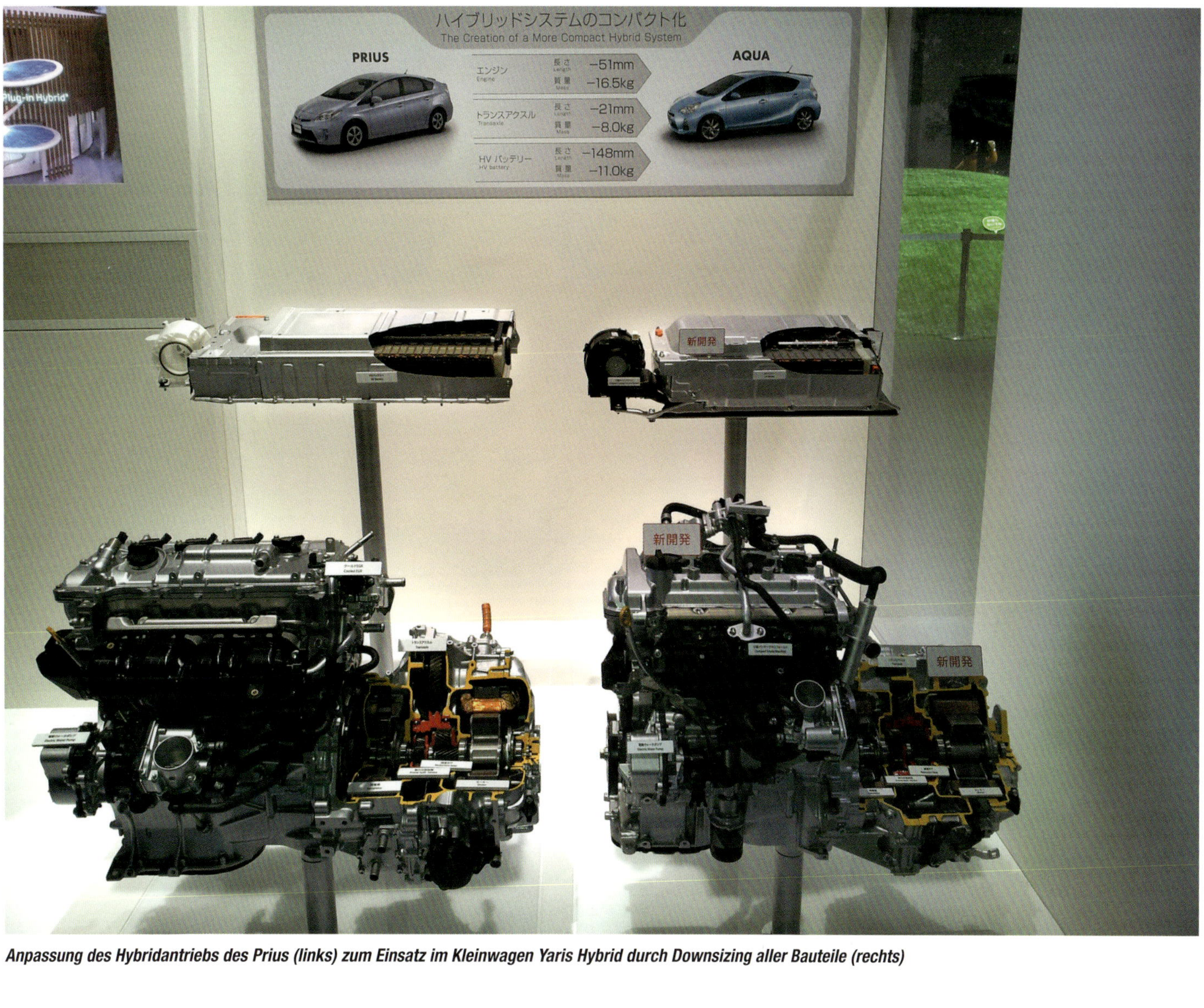

Anpassung des Hybridantriebs des Prius (links) zum Einsatz im Kleinwagen Yaris Hybrid durch Downsizing aller Bauteile (rechts)

Baukasten der Hybrid-Antriebsarchitektur

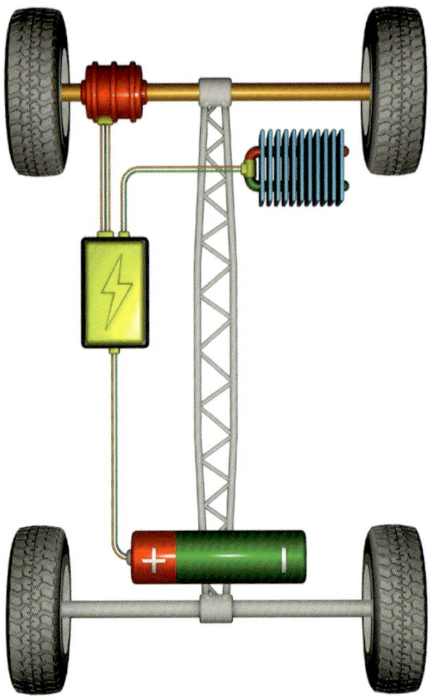

Brennstoffzellen-Antrieb:
- Verbrennungsmotor und MG1 entfallen
- Brennstoffzelle produziert elektrische Energie für den Elektromotor

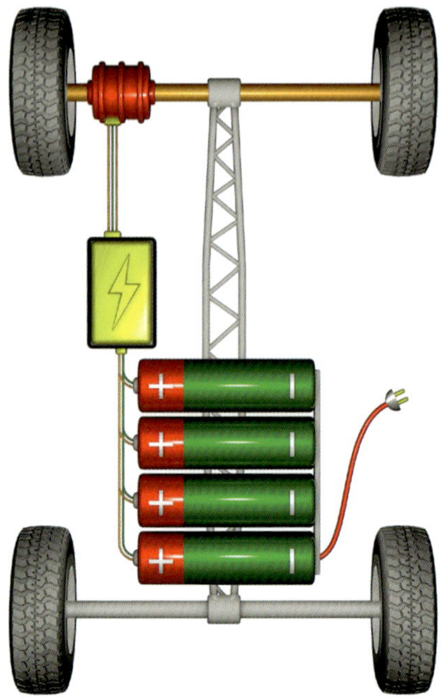

Elektroantrieb:
- Verbrennungsmotor entfällt
- Generator MG1 und Planetengetriebe entfallen
- größere Batterie und externer Ladeanschluss

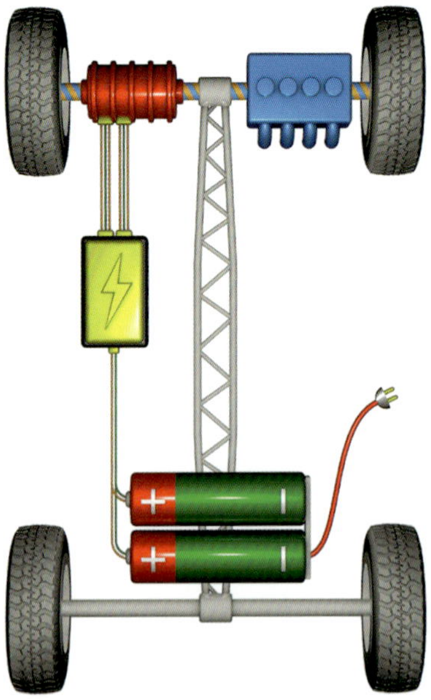

Plug-in Hybrid:
-Vergrößerte Hybridbatterie für höhere elektrische Fahrleistungen
- Anschluss zum externen Laden der Batterie

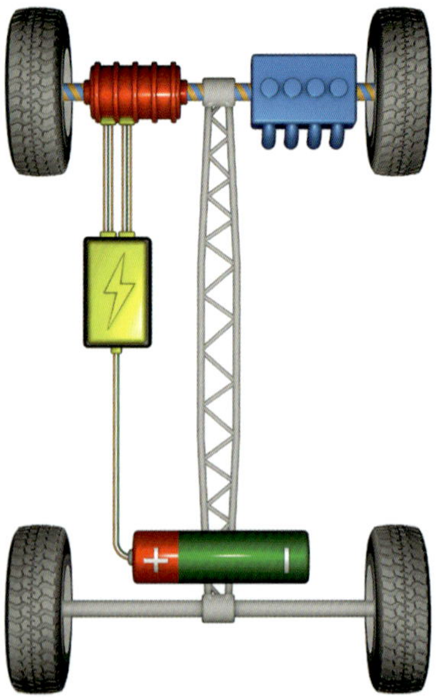

Vollhybrid-Antrieb:
- Verbrennungsmotor
- zwei Motor/Generatoren MG1/MG2
- Planetengetriebe zur Leistungsverzweigung
- Steuereinheit
- Hybridbatterie

Als Systemleistung definieren die Japaner dabei nicht die Addition der maximalen Leistungen von Verbrennungsmotor und Antriebselektromotor sondern die der Leistung des Verbrenners und der Hybridbatterie. Eine andere Berechnung wäre auch nicht praxisgerecht, weil die Batterie gar nicht in der Lage ist, soviel Strom zu liefern, dass der Elektromotor mit maximaler Leistung am Antrieb beteiligt werden kann. Wenn also maximale Leistung gefragt ist, kommt zusätzlich ein Teil des Stroms vom Generator MG1. Die Drehkraft des Verbrennungsmotors wird also aufgeteilt – ein Teil treibt den MG1 an und der andere direkt die Räder. Damit erklärt sich auch der Begriff „leistungsverzweigter Hybrid".

Bei der Weiterentwicklung des Prius II zum Prius III steigerten die Japaner die Effizienz des Antriebs durch eine kleine aber wirkungsvolle Maßnahme: Sie koppelten den Antriebselektromotor MG2 mit einem Planetengetriebe zur Drehzahlreduktion. Dadurch konnte er deutlich kleiner aber auch leichter und somit hochdrehzahlfester werden. Dies reduziert seine maximale Stromaufnahme um über 25 Prozent, außerdem wurde seine maximale Betriebsspannung von 500 auf 650 Volt erhöht. Zusammengenommen führt das dazu, dass der MG2 im Prius III 60 kW statt 50 kW leistet und sich der Geschwindigkeitsbereich, in dem er mit maximalem Drehmoment antreiben kann, fast verdreifacht hat. Die höhere Antriebsleistung wirkt sich darüber hinaus auch positiv auf die Bremsenergierückgewinnung aus, denn ein stärkerer Elektromotor kann – als Generator genutzt – auch eine höhere Verzögerung generieren. Dadurch konnte Toyota das Maß an zurückgewonnener Bewegungsenergie und damit die Effizienz steigern, zumal auch die Leistungsdichte der Hybridbatterie im Lauf der Jahre gesteigert wurde.

In einigen Ländern setzt Toyota den Hybrid-Antrieb auch bei Nutzfahrzeugen ein.

Mit welchem Weitblick die Toyota Ingenieure seinerzeit die Antriebsarchitektur für den Prius entwickelt haben, beweist schon die Tatsache, dass sich von dieser Basis weitere Antriebe wie Plug-in Hybride, Elektrofahrzeuge und Brennstoffzellen-Hybride ableiten lassen. An diesen Antriebsarten arbeitet Toyota parallel, denn den Hybridantrieb in seiner heutigen Ausprägung sehen die Japaner nicht als Zukunftslösung sondern als effizienten Brückenschlag auf dem Weg zu einer individuellen Mobilität ohne die Nachteile von Verbrennungsmotoren.

Plug-in und Elektro-Mobilität

2009 startete Toyota einen weltweiten Feldversuch mit einer Flotte von rund 600 Prius Plug-in Hybriden. Die gewonnenen Erkenntnisse sind in das Serienfahrzeug eingeflossen, das in Deutschland im Sommer 2012 auf den Markt kam. Plug-in bedeutet zunächst einmal, dass sich die Hybridbatterie auch extern an einer herkömmlichen Haushaltssteckdose aufladen lässt. Das ist aber nicht der einzige Unterschied zum normalen Prius. Vielmehr möchte Toyota mit dem Plug-in den rein elektrischen Fahranteil deutlich erhöhen und damit die Vorteile eines Elektrofahrzeugs mit denen eines Hybriden kombinieren. Der 5,2 kWh Lithium-Ionen Akku im Plug-in hat mehr Leistung als die 1,3 kWh Nickel-Metall-Hydrid Batterie des Prius. Toyota spricht von einer rein elektrischen Reichweite von bis zu 28 Kilometern und einer rein elektrischen Höchstgeschwindigkeit von 85 km/h. Die Ladezeit für eine leere Batterie gibt Toyota mit 90 Minuten an und beziffert den Strombedarf mit etwa 3,1 Kilowattstunden. Wenn die Batterie des Plug-in einen bestimmten Ladezustand unterschreitet, oder hoher Leistungsbedarf besteht, wird automatisch vom reinen Elektroantrieb auf Hybridantrieb umgeschaltet. Auf kurzen Fahrstrecken und in der Stadt ist der Plug-in also quasi ein Elektroauto, das aufgrund des Hybridantriebs aber nicht an mangelnder Reichweite krankt.

Der technische Fortschritt bei Verbrennungsmotoren scheint heute nahezu ausgereizt zu sein, was man von der Batterietechnik nicht behaupten kann. Man könnte sogar sagen, dass die

Die Zukunft: kabelloses Laden der Batterie an öffentlichen Ladestationen

Feldtestversion des Prius Plug-in mit Hybridbatterie unter dem Kofferraumboden

Batterietechnik bei aller Weiterentwicklung heute wie vor über 100 Jahren noch immer in den Kinderschuhen steckt. Ein Vergleich der Energiedichte einer modernen Lithium-Ionen Batterie mit der von Diesel- oder Superkraftstoff zeigt, dass noch Jahre ins Land ziehen werden, bevor ein Elektrofahrzeug trotz seiner deutlich höheren Effizienz Fahrleistungen wie ein herkömmlich motorisiertes Fahrzeug erzielen wird. Die Energiedichte wird in Kilowattstunden pro Kilogramm angegeben. Bei Superkraftstoff beträgt sie 12 kWh/kg, bei einem Lithium-Ionen Akku mit etwa 0,13 kW/kg rund ein Hundertstel davon. Wenn man die unterschiedlichen Wirkungsgrade von Verbrennungs- und Elektromotor berücksichtigt, wäre damit rein rechnerisch der benötigte elektrische Energiespeicher nach heutigem Stand der Technik etwa 30 Mal schwerer als die benötigte Kraftstoffmenge, um die gleiche Fahrstrecke zu erbringen. Ein Problem, das vor 100 Jahren den Siegeszug der Verbrennungsmotoren unterstützt hat.

Hochleistungs-Lithium-Ionen Batterie für den Plug-in

Elektrofahrzeug iQ EV: kompakter Antrieb mit 47 kW starkem Elektromotor

Elektrofahrzeug iQ EV: für Stadtverkehr und Kurzstrecken konzipiert, Spitzengeschwindigkeit etwa 125 km/h, Reichweite ca. 85 Kilometer

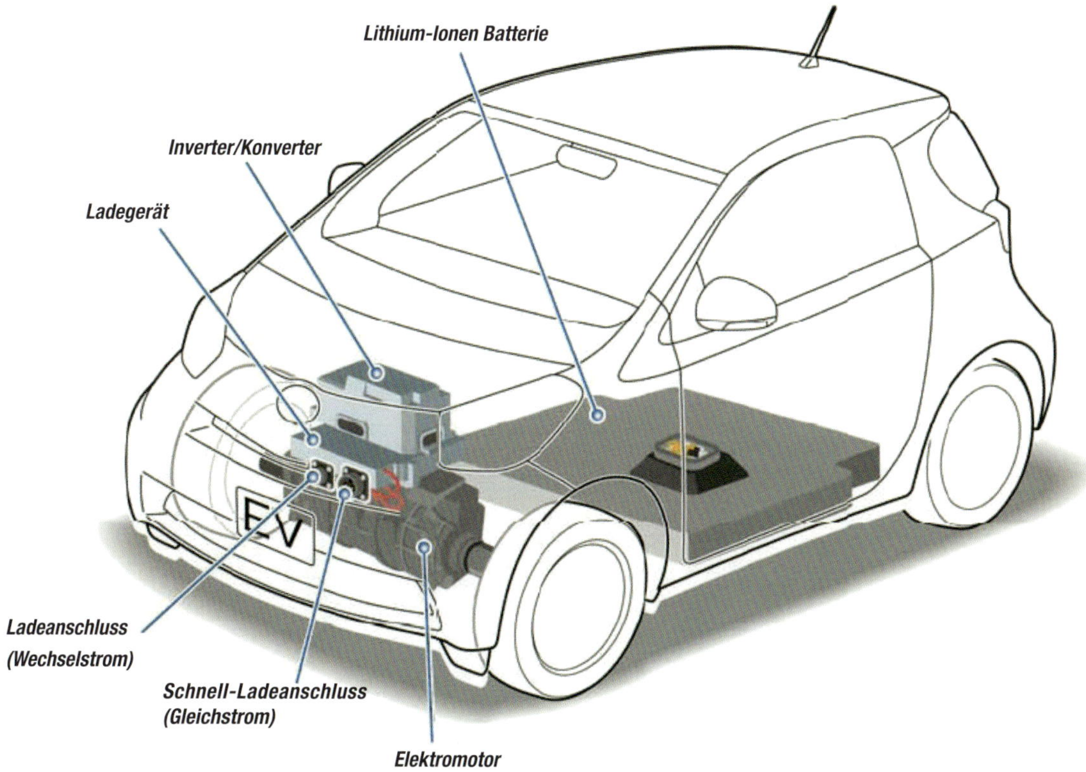

Im iQ EV ersetzt eine Lithium-Ionen Batterie den Unterflur-Tank des konventionell angetriebenen iQ

Allem Anschein nach geht Toyota davon aus, dass sich, um den Verbrennungsmotor in Zukunft in Rente zu schicken, zunächst im Hinblick auf Einsatzzweck, Kosten und Reichweite parallel zwei verschiedene Antriebe etablieren werden: für Kurzstrecken der Elektroantrieb und für längere Strecken mit höheren Fahrleistungen das Brennstoffzellen-Hybridfahrzeug.

Für Ende 2012 hat Toyota die Markteinführung des Elektrofahrzeugs FT-EV III angekündigt. Es soll – so die vorläufigen Daten – eine Reichweite von rund 85 Kilometern und eine Höchstgeschwindigkeit von etwa 125 km/h haben.

Vorsprung durch die Brennstoffzellen-Forschung

Eingangs erwähnt wurde bereits die Forschung von Toyota auf dem Gebiet der Brennstoffzellen-Hybridfahrzeuge; 2005 wurde dieser Entwicklungsbereich direkt im Vorstand angesiedelt. Toyota begann 1992 mit den entsprechenden Forschungen, alle wichtigen System-Hauptkomponenten einschließlich des Brennstoffzellen-Stacks wurden selbst entworfen. 1996 rollte der erste Wagen FCHV-1 (Fuel Cell Hybrid Vehicle) dann auf der Straße. Der FCHV-2 war ein Wagen mit Methanol-Reformer, der FCHV-3 von 2001 bildete eine

Der FCHV mit Brennstoffzelle basiert auf dem in den USA angebotenen Highlander. Von seiner vierten Generation liefen 20 Fahrzeuge in der Erprobung.

deutlich leistungsstärkere Variante der ersten Variante. Im selben Jahr folgte dann der 123 PS starke FCHV-4, entwickelt im Hinblick auf eine kommerzielle Nutzung. Im Jahr 2002 startete in Japan und den USA ein Leasing-Programm, das 20 Fahrzeuge umfasste. Die Weiterentwicklung bekam dann 2006 die Straßenzulassung für Japan. Die Höchstgeschwindigkeit lag bei rund 150 km/h, die Reichweite betrug rund 250 Kilometer. Die ersten Modelle gingen in der Region um Osaka in's Kunden-Leasing. Ein Bus-Prototyp mit Brennstoffzellenantrieb lief vom August 2003 bis Dezember 2004 im öffentlichen Personennahverkehr Tokios; acht FCHV-Busse transportierten 2005 die Besucher auf der EXPO im japanischen Aichi. Und 2006 liefen Brennstoffzellen-Busse in der Region um den Central Japan International Airport vor den Toren Nagoyas im Alltagseinsatz.

2010 startete in den USA ein auf drei Jahre angelegter Flottenversuch mit mehr als 100 Brennstoffzellen-Hybridfahrzeugen (FCHV-adv = Fuel Cell Hybrid Vehicle-advanced). Ihre Antriebs-Architektur basiert auf den Komponenten der Vollhybrid-Fahrzeuge. Der benötigte Fahrstrom wird von einer Brennstoffzelle produziert, mit 700-bar-Druck-Tanks für sechs Kilogramm gasförmigen Wasserstoff wird im japanischem Messzyklus eine Reichweite von 830 Kilometern erzielt. Auf der Tokyo Motor Show 2011 zeigte Toyota den FCV-R genannten Prototypen eines Brennstoffzellen-Hybrids, dessen Serienversion etwa Ende 2015 präsentiert werden soll. Technische Hürden wie die Reichweite, die Tankdauer und das Kaltstartverhalten hat Toyota nach eigenen Angaben überwunden. Herausforderungen, die es noch zu meistern gilt, seien die Kostensenkung sowie die Reduktion von Größe und Gewicht der spezifischen Bauteile.

Parallel zur Entwicklung des Fahrzeugs beteiligt sich Toyota weltweit in mehreren Kooperativen an der Planung und am Aufbau einer Infrastruktur für Wasserstoff-Tankstellen. Schon jetzt aber steht fest: Toyota ist der einzige Automobilhersteller, der bereits in großem Maßstab Erfahrungen mit alternativen Antriebskonzepten gesammelt hat. Die anderen Produzenten werden sich gehörig anstrengen müssen, um diesen Wissensvorsprung aufzuholen.

Brennstoffzellen-Fahrzeug FCHV-adv an einer Wasserstofftankstelle im Raum Berlin

Eine Brennstoffzelle ersetzt den Verbrennungsmotor, Wasserstofftanks und Hybridbatterie finden im Heck Platz. Vom FCHV-adv sind weltweit 60 Testwagen unterwegs.

Beim Brennstoffzellen-Fahrzeug fällt im Betrieb als einzige Emission Wasser an.

Prototyp eines Brennstoffzellen-Hybrids, der Ende 2015 auf den Markt kommen soll.

Meilensteine der Modellgeschichte

Toyota AA

Innovation wird Tradition

Der AA als erster Toyota überhaupt spielt die vielleicht wichtigste Rolle in der gesamten Firmengeschichte: Mit ihm bewiesen die Webstuhl-Fabrikanten aus der Präfektur Aichi auf Japans Hauptinsel, dass – Visionen, Ehrgeiz und Geschick vorausgesetzt – auch die kühnsten Träume in Erfüllung gehen können. Und der Traum vom eigenen Auto war schon sehr verrückt.

In den Zwanzigern unternahm Kiichiro Toyoda zwei Auslandsreisen. Die erste war im Jahre 1921. Damals hatte er gerade sein Maschinenbau-Diplom an der Kaiserlichen Universität Tokio erworben und begleitete Schwager Risaburo Toyoda und dessen Frau sowie seine Schwester Aiko auf eine Reise in die USA und nach Europa. Und im Jahr 1929 reiste er nach England, um die Patent-Verhandlungen mit den Platt Brothers & Co., Ltd, zum Abschluss zu bringen. Auch damals war er noch in den USA. Aus dieser Zeit stammt wohl auch ein Foto, das Kiichiro im Plaza Hotel in New York zeigt, und der stetige Strom von Autos, den er auf den Straßen von Manhattan sah, dürfte einen mächtigen Eindruck auf ihn gemacht haben. Wahrscheinlich führte ihm das aber auch Japans technologische Rückständigkeit vor Augen.

Zurück in Japan, fiel im September 1933 die Entscheidung, selbst in den Automobilbau einzusteigen. Dabei kamen mehrere positive Faktoren zusammen, so auch der Ehrgeiz von Nagoyas Bürgermeister Ohiwa, der 1930 beschlossen hatte, in seiner Region so etwas wie Japans Detroit anzusiedeln. Fünf ortsansässige Firmen schlossen sich zusammen, um mit der Produktion eines Fahrzeugs zu beginnen, das zwei Jahre später hätte in Serie gehen sollen. Der Atsuga-Goh war eine Achtzylinder-Limousine im amerikanischen Stil mit Vierliter-Motor und 85 PS, wahrscheinlich wurden einige Prototypen auch gebaut. Die Partner zerstritten sich aber, so scheiterte das Projekt. Wichtig an dieser Episode war allerdings nicht das Produkt, sondern der Ehrgeiz dahinter, ein japanisches Auto zu bauen. Diese Vision teilte auch Toyoda, und auch wenn der Atsuga-Goh nie in Serie ging, so hatte er doch bewiesen, dass sich der Traum vom japanischen Automobil verwirklichen ließ.

Im Mai 1935 hatte Toyoda drei A-1-Prototypen komplettiert; der Serien-Pkw mit der Modellbezeichnung AA unterschied sich kaum von diesen A-1.

Motor und Antriebsstrang basierten auf der Konstruktion eines Chevrolet, Baujahr 1933, während es sich bei dem Zylinderkopf

Sieht aus nach einer Serienfertigung, allerdings wurden vom AA-Typ lediglich 1404 Exemplare gebaut.

des 3,4-Liter-OHV-Sechszylinders um eine Eigenentwicklung handelte. Der Motor vom Typ A war im Oktober 1934 fertig entwickelt, er brachte es auf eine Leistung von 65 PS bei 3000 U/min und ein Drehmoment von 190 Nm bei 1800 U/min. Die – eher theoretische – Höchstgeschwindigkeit betrug 110 km/h.

Aufhängung und Karosserie wurden im Wesentlichen vom Chrysler De Soto Air Flow aus dem Jahre 1934 abgeleitet, Toyoda hatte einen Airflow gekauft und nutzte ihn als Vorlage. Allerdings beließ man es nicht bei einer simplen Kopie, sondern nahm Anpassungen an den japanischen Markt vor, etwa in Form einer besonderen Kühlergrillgestaltung, freistehender Scheinwerfer und eigener Trittbretter – seine Mutter, so Kiichiro später, habe ihm geraten, eine Karosserieform zu wählen, die das gewisse Extra habe: „Ein neues Produkt verkauft sich dann besser."

Dennoch muss der AA mit Fug und Recht nicht nur als das erste Serienfahrzeug von Toyota bezeichnet werden, sondern darf auch als das erste Automobil, das ausschließlich in Japan für den Massenverkauf gefertigt wurde, bezeichnet werden.

Berichte über den AA fanden sich drei Monate vor der eigentlichen Premiere Anfang Juli 1936: In der regionalen Tageszeitung *Nagoya Shimbun* wurde erstmals am 6. Juli von einem Toyota-PKW berichtet, und schon sechs Tage später inserierte ein Händler den neuen Sedan, noch bevor der AA überhaupt der Öffentlichkeit vorgestellt worden war. Allerdings gingen die Berichte in der Masse der Anzeigen von Nihon GM und Ford Nihon beinahe unter ...

Außerdem wurde ein Design-Wettbewerb ausgelobt, es ging darum, für den neuen Toyoda-Wagen eine Bezeichnung zu finden. Einzige Bedingung war wohl, dass der Name Toyoda in der Katakana-Silbenschrift gefällig darzustellen war, was letztlich dann zur Umstellung des Namens Toyoda in Toyota führte. Das Preisgeld betrug 100 Yen. Über 21.000 Vorschläge gingen ein, die Auswertung dauerte wesentlich länger als gedacht, und die Bekanntgabe des Siegers erfolgte erst Mitte September, fünf Tage, nachdem der AA am 14. September in Tokio vorgestellt worden war.

Zu dem Zeitpunkt waren bereits die ersten Fahrberichte erschienen, der erste am Mittwoch, den 15. Juli. Toyoda stellte den AA am Ise-Schrein von Nagoya den Gottheiten und der örtlichen Presse vor, mit dem A-1-Prototypen war er, zwei Jahre zuvor, zum Grabe seines Vaters gefahren.

Der AA: Toyotas erster in Serie gebauter Personenwagen war zugleich auch der erste Wagen, der ohne ausländische Teile auskam. Toyota begann, eine eigene Zuliefer-Industrie aufzubauen.

Zumindest ein Journalist durfte sich auch hinter das Steuer des ersten in Japan hergestellten Personenwagens klemmen, natürlich unter fachkundiger Anleitung von Toyoda-Technikern. Der Reporter war beeindruckt („Das Fahrzeug fühlt sich stattlich und zuverlässig an ..."), bescheinigte dem Design eine große Dynamik und den Passagieren im Fond eine gute Beinfreiheit. Dann fuhr er los (er schrieb von „an den Strand rasen") und war restlos begeistert: „Dieses Auto könnte leicht die ausländischen Fabrikate schlagen." Auch wenn dabei natürlich das damalige, sehr nationalistisch aufgeheizte Klima ein große Rolle spielt, bleibt doch bemerkenswert (und darauf wies der Reporter auch ausdrücklich hin), dass dieser Wagen ohne die sonst üblichen ausländischen Berater und Ingenieure hergestellt worden war. Kurz darauf folgte ein Vergleich mit den in Japan gebauten Typen von Ford und Chevrolet, der den Toyota absolut auf Augenhöhe mit der etablierten Konkurrenz sah.

Der AA kostete 3350 Yen; insgesamt entstanden 1404 AA-Modelle, wobei der AA im Oktober 1936 offiziell die Bezeichnung „Kokusan Toyota Goh" erhielt, was so viel bedeutete wie: „der im Heimatland produzierte Toyota".

Für Militär und Behörden entstanden auf AA-Basis dann offene viertürige Tourenwagen mit Segeltuchverdeck unter der

Typisch für die Autos dieser Epoche war der Verzicht auf den von außen zugänglichen Kofferraum, dieser musste von innen aus beladen werden. Die Heckscheibe war hier einteilig, sie hatte beim AC dann einen Mittelsteg.

Nur als Rechtslenker gebaut: In Japan herrscht Linksverkehr, daher sitzt das Lenkrad auf der rechten Seite.

Weitere Repliken folgten, die in diversen japanischen Museen zu bestaunen sind. Dieser Wagen steht im Toyota-Museum. Foto: Mytho88 / cc-by-sa 3.0

Für Behörden und das Militär gebaut wurde der offene Tourenwagen, der Phaeton. Dieser erhielt die Bezeichnung AB. Auch das ein Nachbau, der im Museum steht. Foto: Mytho88 / cc-by-sa 3.0

Bezeichnung AB Phaeton beziehungsweise ABR; der AA-Nachfolger von 1943 war der AC, der sich vom Sedan nur in Details unterschied, etwa der Windschutzscheibe. Von den 115 gebauten AC wurden bis Kriegsende noch 62 Exemplare gefertigt, die restlichen 53 dann aus Restteilen in den Jahren 1947/48, diesmal für die Besatzungsbehörden.

50 Jahre nach der Einführung des ersten AA gab es eine zweite Auflage dieses Toyota-Modells. Dabei handelte es sich allerdings nur um ein Einzelstück, einen vollkommen identischen Nachbau des Originals nach den Plänen von damals, der zur Feier des fünfzigjährigen Jubiläums der Toyota Motor Corporation für das Toyota Automobilmuseum gebaut wurde: Es war weltweit nicht gelungen, einen originalen Toyota AA aufzutreiben. Also wurde er nachgebaut, und die Übereinstimmung des bis zur letzten Schraube rekonstruierten AA mit dem Original ging sogar so weit, dass der Motor nach der Zündung mit gemächlichen 400 U/min im Leerlauf drehte und das Auto tatsächlich auf der Straße gefahren werden konnte.

Und dann kamen 2008 im Internet Gerüchte auf, in einer Scheune im sibirischen Wladiwostok stünde ein originaler Toyota AA. Ronald Kooyman, Leiter des 1934 gegründeten Louwman-Museums in Den Haag, bekam Wind von der Sache und flog im Juni 2008 nach Moskau, um über einen Mittelsmann mit dem Verkäufer, einem russischen Studenten, in Kontakt zu treten, der diesen Wagen von seinem Großvater geerbt hatte: Der AA war ein Beutefahrzeug, ein russischer Soldat – mutmaßlich Offizier – hatte den AA bei Kriegsende mit in die sibirische Heimat gebracht, wo er dann Jahrzehnte lang treue Dienste leistete – ein ganz besonderer Beweis für die Langlebigkeit der Produkte aus dem Hause Toyota. Der Wagen wurde nach langen Verhandlungen mit der russischen Bürokratie dann nach Holland geholt und ist heute, unrestauriert und in dem Zustand, wie man ihn fand, das Prunkstück des Museums.

Toyota B, 1940

Die Weiterentwicklung des A-Typs hieß B und unterschied sich technisch in erster Linie durch den Motor vom Typ B vom AA. Dieser B-Motor, ein Sechszylinder, entfernte sich noch weiter von der Chevrolet-Vorlage als der A-Motor und wies jetzt eine fünffach gelagerte Kurbelwelle auf. Die Leistung lag bei 75 PS, erstmals eingesetzt wurde dieser Motor im GB-Lastwagen vom Januar 1939.

Beim B-Personenwagen wurde der kriegswichtige Stahl teilweise durch Holz ersetzt, die Karosserie blieb weitgehend unverändert; die Kühlerfront war allerdings modernisiert worden,

Der AB in Militärausführung erhielt die Bezeichnung ABR. Falls der Wagen nicht ansprang, konnte er von Hand mit der Drehkurbel gestartet werden, wie das Loch im Kühlergrill beweist. Dieser ABR steht im Japan Automobile Museum. Foto: NNE / cc-by-sa 3.0

In einem Katalog aus dem Jahre 1960 wird Toyotas BB-Modell mit dem Jahr 1940 angegeben. Bei diesem Phaeton sind die Scheiben aufgesteckt, das Verdeck ist komplett abgeschlagen.

Die Blaue Mauritius: Der einzige weltweit existierende Toyota AA tauchte 2008 in Sibirien auf und steht heute im Louwman-Museum in den Niederlanden. Nach seinem Fund kursierten wilde Gerüchte, so zum Beispiel die Behauptung, der Wagen sei eine Fälschung und eigentlich ein umgebauter Airflow ... Foto: Herranderssvensson / cc-by-sa 3.0

was diesem Typ eine gewisse Ähnlichkeit mit dem Volvo PV60 verschaffte, der allerdings erst 1944 vorgestellt und 1946 gebaut wurde. So oder so: Angeblich entstanden 17 Stück; wann diese gefertigt wurden, ist kaum mehr nachvollziehbar; eine Quelle nennt dafür das Jahr 1944. Neben diesem BA-Typ gab es wiederum unter der Bezeichnung BB einen Phaeton-Nachfolger, der für das Jahr 1940 angegeben wird. Bei diesem Prototypen handelte es sich um ein viertüriges Cabriolet mit geteilter, nicht mehr umklappbarer Frontscheibe.

Der BB hatte wiederum eine andere Front als der BA-Typ, und der in drei Exemplaren gebaute BC-Typ, dessen Baujahr mit 1944 angegeben wird, wies nochmals eine andere Frontgestaltung auf. Bei diesem Typ waren die Scheinwerfer in die Kotflügel integriert, was ihm zu einer ausgesprochenen Ähnlichkeit mit zeitgenössischen US-Luxuslinern verhalf.

Toyota Modell AE (Toyota Shin-Nihon-Goh), 1939

Zweite Neukonstruktion nach dem AA war das Modell AE, dessen Serienanlauf eigentlich im Jahr 1940 zur Feier des 2600sten Jahrestags der Thronbesteigung des kaiserlichen Geschlechts erfolgen sollte. Der Prototyp, fertig im September 1939 (und kurz darauf unter das staatliche Verbot fallend, Pkw für private Käufer zu bauen), nutzte die technischen Komponenten des AA und hatte auch dessen um zwei Zylinder gekürzten Sechszylinder unter der Haube. Das Vierzylinder-Triebwerk mit der Kennung „C" hatte ein Volumen von 2,3 Litern. Beim AE handelte es sich um eine 4,27 Meter lange Vierfenster-Limousine; der Fünfsitzer wog 1100 Kilogramm und war mit einer Spitze von 100 km/h angegeben. Der Wagen gelangte nie in den Verkauf. Je nach Quelle wurden 76 oder 80 Fahrzeuge gebaut, keines hat die Zeitläufe überdauert. In Japan wurde anlässlich des 100. Geburtstags von Firmengründer Kiichiro ein originalgetreues Modell nachgebaut; es steht heute im Toyota Museum.

Der BC-Typ, ebenfalls im genannten Katalog zu finden, entstand im Jahr 1944. Interessant sind die in die Kotflügel integrierten Scheinwerfer.

Toyopet Modell SA

Mit Kleinwagen aus der Nachkriegs-Misere

Nach dem verlorenen Krieg war im zerstörten Japan an den Bau von Personenwagen nicht zu denken. Erst 1947 begannen erste zaghafte Versuche, sich wieder im Fahrzeugbau zu etablieren. Auch wenn dem SA und seinen Nachfolger kein kommerzieller Erfolg beschieden war: Sie wiesen einige bemerkenswerte Details auf, die die japanische Konkurrenz nicht bieten konnte.

Mit dem Toyopet SA beginnt die Nachkriegsgeschichte des Autobauers als Personenwagen-Hersteller. Nach dem Krieg war der Bau von Personenwagen für private Zwecke streng verboten, der Lastwagenbau genoss absolute Priorität. Daher dauerte es reichlich anderthalb Jahre, bis Toyota einen eigenen Wagen vorstellen durfte. Das war im Januar 1947; und dieser erste Kleinwagen des Unternehmens folgte den zeitgenössischen Tendenzen im Automobilbau: Japan war vielleicht weg von Europa, aber nicht hinter dem Mond ...

Der 3,80 Meter lange Wagen mit seiner buckligen Karosserie erinnerte ein wenig an französische Kleinwagen oder auch an den Volkswagen, auch der Radstand von 2,40 Metern entsprach dem des Wolfsburger Krabbeltiers. Weitere Käfer-Anleihen fanden sich unter dem Blech, auch der SA verfügte über den typischen Zentralrohrrahmen. Diese zum Teil verblüffende Übereinstimmung könnte durchaus das Resultat der Forschungen von Toyodas leitendem Automobilkonstrukteur, Kazuo Kumabe, gewesen sein, der vor dem Krieg in Deutschland gewesen war und Gelegenheit gehabt hatte, den Auto-Union-Rennwagen zu studieren. Im Gegensatz dazu verfügte der SA allerdings nicht über einen Heck-, sondern über einen Frontmotor, und der wassergekühlte Reihenmotor hatte keine 16, sondern vier Zylinder mit 998 Kubik. Die Leistung betrug daher überschaubare 27 PS. Die Kraftübertragung erfolgte über ein Dreigang-Getriebe.

Der SA war der erste Toyota mit Einzelradaufhängung an allen vier Rädern; die Radführung erfolgte vorn an Querlenkern und Schraubenfedern, hinten kam eine Schräglenker-Achse mit Panhardstäben und Querblattfederung zum Einsatz. Die Produktion lief bis 1952. Insgesamt entstanden 215 Fahrzeuge, allesamt Viersitzer mit zwei nach vorne öffnenden Türen. Dass es nicht mehr waren, hatte verschiedene Gründe: Wohl wurden 1949 alle behördlichen Restriktionen aufgehoben und der Personenwagenbau uneingeschränkt erlaubt, doch war der Bedarf an Lastwagen um ein Vielfaches größer: Alle japanischen Firmen bauten in jenem Jahr 1070 Personenwagen, aber 25.560 Lastwagen und über 2000 Busse. Dazu kamen konzeptionelle Fehler des SA: Er hatte nur zwei Türen, und alle vier Räder waren – höchst innovativ – einzeln aufgehängt, was bei den miserablen Straßen als Nachteil galt.

Die Weiterentwicklungen des Typs SA, teilweise parallel zu diesem gebaut, unterschieden sich in erster Linie durch das Chassis von der Limousine. Sie hatten allesamt den in der Leistung unveränderten Typ-S-Motor und das Chassis der ebenfalls 1947 vorge-

Gruppenbild: der SA mit seinen stolzen Erbauern. Der freundliche Herr mit der Brille im Vordergrund – der zweite von links, vom Heck des SA aus gesehen – ist Kiichiro Toyoda. Als Podium dienen zwei Lastwagen vom Typ KC; das Kriegsmodell wurde erst 1950 durch den Typ BM abgelöst. Foto: TAM

Toyotas SA von 1947: Der erste Nachkriegs-Toyota wies erstaunlich moderne Konstruktionsmerkmale auf, so zum Beispiel die Einzelradaufhängung an allen vier Rädern. Leider konnte er sich nicht durchsetzen. Er war nur zweitürig, und vielleicht waren auch die Straßen zu schlecht für die moderne Achskonstruktion. Foto: Mytho88 / cc-by-sa 3.0

Die SA-Nachfolger: Hier der SC von 1948 …

stellten Lieferwagen-Variante Toyota SB. Dieser hatte Starrachsen an Längsblattfedern vorn und hinten sowie ein lastwagengemäßes Leiterrahmenchassis.

Mit seinen zwei Türen war der SA allerdings nicht für den wichtigen Taximarkt zu gebrauchen, die viertürigen Prototypen von 1948 erhielten die Bezeichnung SC, gingen aber nicht in Serie. Zur SA-Familie gehören auch der SD, ein Fünfsitzer mit SB-Chassis, der SF und der SB-Nachfolger SG im Styling zeitgenössischer US-Pick-ups. Keiner der SA-Typen und -Varianten war ein großer kommerzieller Erfolg, sie dürfen aber dennoch als Meilenstein in der Toyota-Geschichte gelten. Und außerdem war der SA der erste „Toyopet", die Kombination des Herstellernamens mit der englischen Bezeichnung für ein Haustier: Wie schon beim AA hatte ein Preisausschreiben zur Namensgebung geführt; Toyota ließ sich die Bezeichnung dann 1949 schützen.

… der SD von 1949 …

… und der SF von 1951.

Toyopet RH & Crown

Vom Außenseiter zum Spitzenreiter

Der RH stellt das Bindeglied vom erfolglosen Vorgängermodell SA zu dem bis heute gebauten Mega-Seller Crown dar. Auch wenn technisch die Unterschiede gar nicht so groß waren: Die Toyotas mit der Ponton-Form prägten Japans Straßenbild in der zweiten Hälfte der Fünfziger.

Toyopet RH

Zur erweiterten S-Serie gehörte auch der Toyopet Super RH von 1953. Dieser erschien als Reaktion auf die Einführung einer neuen gesetzlichen Hubraumgrenze oberhalb der Einliter-Grenze, die für Kleinwagen galt. Der neue RH hatte 1500 Kubikzentimeter Hubraum. Auch in den übrigen Dimensionen – Länge 4,28 m, Breite 1,59 Meter – war er genau auf die japanischen Steuergesetze zugeschnitten. Für Vortrieb sorgte der auf 1,5 Liter aufgebohrte Reihen-Vierzylinder, der die Bezeichnung „R" erhielt. Seine Leistung betrug 48 PS, die bei 4000/min abgegeben wurden. Dazu kam eine neue Karosserie im Ponton-Stil mit zarten Heckflösschen; das Chassis basierte auf dem Starrachsen-Fahrwerk des SF. Der RH, ein Viertürer, avancierte zu Toyotas Bestseller, wiewohl der Personenwagenbau noch immer nur eine Nebenrolle spielte: das Hauptgeschäft bildete der Bau von Lastwagen.

Den Karosseriebau erledigten zwei Unternehmen im Toyota-Auftrag, die New Mitsubishi Heavy Industrial Manufacturing Co. – dann lautete die Bezeichnung RHN – und die Kanto Auto Works, dann lautete die Bezeichnung RHK. Beide Ausführungen stellte Toyota bei der ersten japanischen Automobilausstellung im April 1954 in Hibiya Park von Tokio aus, wo über 550.000 Besucher sie sehen konnten.

Vom SA des Jahres 1947 führt eine direkte Entwicklungslinie zum RH des Jahres 1953.

Auf den RH folgte 1955 der Master RR mit neuer Karosserie nach der US-Mode von 1953 und verfeinerter Vorderachse, aber bewährter Technik. Der Radstand betrug 2530 Millimeter, das wiederum entsprach dem Maß des neuen Crown. Der Master war für Firmenkunden gedacht, insbesondere für den Taximarkt, denn Taxi-Unternehmen waren die besten Kunden. Von den 8789 Personenwagen, die alle japanischen Firmen im Jahre 1953 insgesamt produzierten, gingen 90 Prozent an Taxi-Unternehmen, daher war es ungeheuer wichtig, dass Toyota sein Standbein im Taxi-Geschäft nicht verlor. Der Master sollte all diejenigen Kunden bei der Stange halten, die der Haltbarkeit des neuen Crown mit vorderer Einzelradaufhängung und Schraubenfedern misstrauten. Die Bedenken erwiesen sich als unbegründet, die Droschkenunternehmen empfingen den Crown mit offenen Armen. Der RR Master wurde daher im November 1956 eingestellt. An seine Stelle trat dann der Masterline, ein in zahlreichen Varianten für gewerbliche Nutzer weiterentwickelter Crown RS.

Toyopet Crown RS, 1955

Der RH wurde für 1955 erheblich überarbeitet. Er erhielt eine neue, deutlich attraktivere Karosserie mit hinteren Selbstmördertüren und ein überarbeitetes Fahrwerk mit vorderer Einzelradaufhängung und Schraubenfedern, ähnlich wie der SA von 1947. Die übrige Technikarchitektur entsprach in weiten Teilen der des Vorgängers. Seinen neuen Star bot Toyota

Der Toyopet RHN Super von 1953, rollte auf Starrachsen. Er war ausschließlich als Viertürer lieferbar. Foto: Mytho88 / cc-by-sa 3.0

Der Toyopet Master RR erschien im Januar 1955 und richtete sich an diejenigen Kunden, die der konservativen Starrachse den Vorzug vor der Einzelradaufhängung gaben. Foto: Mytho88 / cc-by-sa 3.0

Der Toyopet Crown von 1955 war der eigentliche Nachfolger des RH. Technisch war er mit diesem weitgehend identisch, hatte allerdings Einzelradaufhängung vorn. Anders als beim Master sind die Fondtüren hinten angeschlagen. Foto: Mytho88 / cc-by-sa 3.0

Der Toyopet Crown RS wurde bis Januar 1958 praktisch unverändert gebaut. Foto: Mytho88 / cc-by-sa 3.0

Hält einfach: Die Replik eines der beiden Crown, die Toyota 1957 bei der Australien-Rallye einsetzte. Vielleicht war es dieser Erfolg der die Japaner ermutigte, mit diesem Typ in den USA-Export einzusteigen. Foto: Mytho88 / cc-by-sa

in mehreren Ausführungen an. Während der Basis-Crown eine geteilte Windschutzscheibe aufwies, hatte der Deluxe eine einteilige Frontscheibe, Chromschmuck, Weißwandreifen, Nebelscheinwerfer und weitere Goodies, welche seine Stellung als Toyotas Spitzenmodell unterstrichen. Sechssitzer waren sie beide, der Deluxe hatte aber, neben der besseren Ausstattung, 14-Zoll-Räder, keine Fünfzehnzöller.

Dritter im Crown-Bunde und 1958 für den US-Export durch die Außenhandelsfirma Jiko and Jihan gebaut war der Toyopet Crown RS-L. Neu war die Verwendung von Kugelgelenken für die Vorderradaufhängung, das erste Mal, dass ein japanischer Wagen damit aufwarten konnte. Ebenfalls ein Novum für einen japanischen Wagen war das Getriebe mit Overdrive nach Borg-Warner-Vorlage (der ab 40 km/h elektrisch zugeschaltet wurde – automatisch, wie ein seinerzeitiger Bericht vermerkte). Außerdem rollte der RS-L auf 13-Zoll-Rädern, was die ungefederten Massen um 18 Kilogramm verringerte. Die Motorleistung war beim Export-Modell – dank Doppel-Fallstromvergaser mit Kaltstart-Automatik und einer von 7,1 auf 8,0 angehobenen Verdichtung – auf 58 PS angewachsen, was nichts daran änderte, dass der Crown im Land der unbegrenzten Möglichkeit hoffnungslos untermotorisiert war. Ebenfalls bemerkenswert: Die Motorhaube konnte vom Fahrersitz aus entriegelt werden, der Wagen hatte einen Zigarettenanzünder im Armaturenbrett – und eine Tachonadel, die bei Geschwindigkeiten über 40 km/h rot aufleuchtete. Der RS-L für den japanischen Markt wurde unter der Bezeichnung „Crown Custom" vermarktet. Bis 1960 gab es zum 1,5-Liter-Motor übrigens keine Alternative; erst der RS31 von 1960 hatte ein deutlich stärkeres 1,9-Liter-Aggregat.

Der Crown RS31 von 1961 verfügte über einen 1,9-Liter-Motor. Der 4,41 m lange Sechssitzer leistete muntere 90 SAE-PS, das war in Japan schon Oberklasse. Foto: TTTNIS

Toyota S 800

Kleiner Strolch

Der Sports 800 gehört in mehrfacher Hinsicht zu den Meilensteinen in der Toyota-Geschichte. Er ist, erstens, der erste unvernünftige (also nicht zweckmäßige) Wagen des Herstellers, zweitens der erste Serienwagen mit Targa-Dach, drittens der erste und bis zum GT86 auch einzige Toyota mit Boxer-Motor und, viertens, der erste Toyota, der als Grundlage einer Studie mit Hybridantrieb diente.

In den frühen sechziger Jahren versuchten alle japanischen Automobilhersteller, Fahrzeuge zu produzieren, die auch im Ausland Erfolg haben könnten. In der Herangehensweise unterschieden sich diese Firmen allerdings radikal. Während Unternehmen wie Nissan, Prince, Mazda und Isuzu ausländische Designer und Berater verpflichteten, beschritten Honda und Toyota eigene Wege.

Mit der Konstruktion wurde der ehemalige Flugzeugkonstrukteur Tatsuo Hasegawa betraut, der 2004 in die Japan Automotive Hall of Fame aufgenommen wurde. Das Design stammte von Shozo Sato, der in manchen Quellen als „Datsun-Leihgabe" bezeichnet wird.

Dem Sports 800 voraus ging der Toyota Publica Sports Concept, der 1962 auf der Tokio Motor Auto Show debütierte. Futuristisch war das nach hinten zurückgleitende Dach in Form einer Flugzeugkanzel anstelle von Türen, ganz und gar im Hier und Jetzt dagegen der Antrieb mit 0,7 Litern Hubraum und 28 PS, wie er auch im Toyota Publica 700 (UP 10) zu finden war. Für die notwendige Stabilität sorgten zusätzliche Karosserieverstärkungen im Bereich der Kanzel; außerdem war der Kardantunnel versteift worden. Der Radstand betrug 2000 mm.

Die Serienausführung erhielt dann normale Türen und einen leicht größeren Motor, den 0,8-Liter-Motor des Publica.

Der Toyota Sports 800, der „Yota-Hachi" (japanisch für „Toyota 8"), stand auf der Tokio Motor Show 1964 und im Folgejahr dann bei den Händlern des Publica-Verkaufskanals. Das 3,61 Meter lange Spielmobil mit der Baureihenbezeichnung UP15 hatte einen Zweizylinder-Boxermotor mit 758 Kubik und einer Leistung von 45 SAE-PS bei 5400/min unter der Haube, wobei jeder Zylinder mit einem eigenen Vergaser bestückt war. Der luftgekühlte 2U-Boxermotor wog lediglich 80 Kilogramm. Er blieb

Der S 800 war der erste Serien-Targa – und der erste Toyota mit einem Boxermotor. Daher taucht er auch in der GT86-Pressemappe auf.

Der S 800 basierte auf dem Publica und war der erste Sportwagen des Herstellers. Er war 1962 in Tokio als Studie gezeigt worden und nahm die Formensprache des GT 2000 vorweg.

Der Zweisitzer wurde zwischen 1965 und 1969 gebaut, der kommerzielle Erfolg war überschaubar. Die meisten Fahrzeuge hatten Rechtslenkung und blieben in Japan.

Immer wieder gerne gezeigt: Zur Premiere des Supra von 1986 wurde neben dem 2000 GT auch der außerordentlich zierliche Sports 800 aus dem Depot geholt.

über die Laufzeit unverändert und wurde bis 1976 gebaut und zum Beispiel auch bei Bussen wie dem Typ Dyna Coaster in Einvergaser-Ausführung für den Antrieb der Klimaanlage benutzt. Die Höchstgeschwindigkeit des Zweisitzers lag bei rund 155 km/h; in Sachen Verbrauch versprach Toyota wahre Wunderdinge: Mehr als umgerechnet vier Liter auf 100 Kilometer sollte das kaum 580 Kilogramm schwere Sportwägelchen nicht nippen. Produziert wurde er bei den Toyota Kanto Auto Works unter Verwendung von reichlich Aluminium. Die Vorderräder waren einzeln aufgehängt, hinten kam eine Starrachse an Blattfedern zum Einsatz. Diese simple Konstruktion war im nationalen Rennsport durchaus für Klassensiege gut, ein S 800 gewann 1966 die 500 Kilometer von Suzuka. Die Motoren für den Rennsport leisteten bis zu 76 PS.

Neben der aerodynamischen Formgebung zeichnete sich der S 800 auch durch sein herausnehmbares (und im Kofferraum zu verstauendes) Dachmittelteil aus Aluminium aus. Dieses Targa-Dach wurde später durch den Porsche 911 weltberühmt, das erste Serienfahrzeug mit einer solchen Dachkonstruktion war aber der Toyota.

Dass das heute weitgehend vergessen ist, hat auch mit der Tatsache zu tun, dass die 3131 Fahrzeuge ausschließlich für den japanischen Markt bestimmt waren und daher über Rechtslenkung verfügten. Es gab aber auch einige Linkslenker, wobei die Stückzahlangaben zwischen 100 und 300 schwanken. Diese Fahrzeuge waren für den Verkauf auf Okinawa bestimmt, wo die Amerikaner stationiert waren und die amerikanische Straßenverkehrsordnung galt. 26 Linkslenker wurden nach Kalifornien verschifft, die amerikanische Toyota-Dependance wollte die Marktchancen eines US-Imports ausloten.

Trotz der geringen Stückzahl gilt es diverse Ausführungen zu unterscheiden. 1967 erhielt der Toyota S 800 ein vollsynchronisiertes Getriebe, 1968 folgte Feinarbeit an Kühlergrill und Stoßfängern, und die späten Fahrzeuge – 215 im letzten Jahr 1969 – hatten dann Seitenblinker. Der S 800 kostete 595.000 Yen und war damit 8000 Yen teurer als ein Sprinter, die Sportausführung des Corolla. 1977 rückte der S 800 bei der Tokio Motor Show noch einmal groß ins Rampenlicht: Toyota stellte auf Basis des Zweisitzers ein Fahrzeug mit Gasturbinenantrieb vor – den ersten Hybriden des Hauses.

Der Toyota Sports 800 stand als Elektrofahrzeug auf der Tokio Motor Show 2011. Der Wagen mit seinen beiden E-Motoren war ein Studienobjekt der Toyota Automotive Academy in Tokio und schaffte eine Spitze von 200 km/h. Foto: Ypy31

1977 bildete der S 800 die Basis für den ersten Toyota-Hybriden. Der Wagen mit der Gasturbine, auf der Tokio Motor Show zu sehen, wurde 30 Jahre später im Rahmen einer Sonderausstellung im Auto- und Technik-Museum in Sinsheim gezeigt.

Toyota Century

Perfektion aus Tradition

Er steht auf einer Stufe mit Rolls-Royce oder einem Maybach: Der Century war und ist seit beinahe fünf Jahrzehnten Toyotas Flaggschiff, er verkörpert all das, was Toyota zum führenden Automobilhersteller werden ließ. Außerdem ist er bis heute der einzige japanische Wagen mit Zwölfzylinder-Motor – und das bevorzugte Fortbewegungsmittel des japanischen Kaiserhauses.

Zur Feier des 100. Geburtstages von Firmengründer Toyoda und des hundertsten Jahrestags des Meiji-Herrschertums präsentierte die Autosparte des von Kiichiro Toyoda gegründeten Unternehmens auf der Tokio Motor Show 1967 eine Staatslimousine von wahrhaft gigantischen Abmessungen, ein Fünfmeter-Schiff mit Dreiliter-V8, das drei Jahrzehnte lang in Produktion bleiben sollte. Im Grunde genommen war der Century die konsequente Weiterentwicklung des Crown Eight, Typ VG 10, von 1964. Dieser repräsentierte bis dahin die Spitze in der Modellpalette des Herstellers und wies mit Features wie der Getriebeautomatik, Servolenkung, elektrisch verstellbaren Sitzen, Abblendlichtautomatik und weiteren Nobel-Extras die Richtung auf, die dann der Century weiter beschreiten sollte: Luxus satt für diejenigen, die es sich leisten konnten. Der Crown hatte einen OHV-2,6-Liter-V8 mit 115 SAE-PS; der Century verfügte dann über einen Leichtmetall-V8 vom Typ 3V, der 150 PS bei 5200/min leistete. Toyotas neues Flaggschiff wog 1,8 Tonnen und hatte eine Spitzengeschwindigkeit von 170 km/h – auf den geschwindigkeitslimitierten Straßen Japans ein echter Fabelwert.

Die einzige größere Modellpflege fand 1982 statt, als die Front überarbeitet wurde. Der Century wurde offiziell nie exportiert, einzelne Exemplare fanden dennoch ihren Weg nach Europa, so wie dieser Century, Typ VG40, mit Vierliter-V8, der zwischen 1982 und 1997 eingesetzt wurde. Foto: Matthias v.d.Elbe / cc-by-sa 3.0

Der Toyota Century wurde 1967 vorgestellt und löste den Crown mit Achtzylinder-Motor ab. Toyotas neues Flaggschiff sollte, nahezu unverändert, drei Jahrzehnte lang gebaut werden. Foto: Mytho88 / cc-by-sa 3.0

Der VG40 in der Heckansicht, letzte Ausführung 1996. Japanische Wirtschaftsbosse und Politiker nehmen ihren Century schon einmal mit auf Dienstreise. Beachte die Stangen für den Stander am vorderen Stoßfänger. Foto: Kima saw / cc-by-sa 3.0

Auch wenn der Modellwechsel sehr behutsam durchgeführt wurde, so ist doch seit 1997 der Century ein völlig neuer Wagen. Unter Haube dient nun Japans einziger Zwölfzylinder-Motor. Foto: Ypy31

War bis dahin der Crown das bevorzugte Auto der Firmenbosse gewesen und daher Schwarz die bevorzugte Lackierung (was dazu führte, dass Toyota beim Modellwechsel 1967 die „White Crown"-Kampagne startete, um den Crown auch für private Käufer attraktiv zu machen), so war der weitgehend in Handarbeit zusammengesetzte Century praktisch nur in dieser einen Farbe zu bekommen: Konservativer und distinguierter ging es nicht. Gekauft wurde er von hochrangigen Managern und Behördenvertretern, die dann mit zugezogenen Gardinen – serienmäßig bei der Heckscheibe – durch Tokios Straßenschluchten rollten. Dieses extreme Understatement benötigte keine Publicity, wer sich einen Century leisten konnte, kam freiwillig zu den Exklusivhändlern.

Drei Jahrzehnte lang wurde der Century, im Prinzip unverändert, bei der Toyota-Tochter Kanto gebaut. Eine Modellpflege fand nur in homöopathischen Dosen statt – nur 1982 gab es ein nennenswertes Facelift –, ein Export schon gar nicht.

Die Ablösung des zuletzt mit einem Vierliter-V8 ausgestatteten Century erfolgte 1997, wobei sich die zweite Generation weder optisch noch technisch allzu weit von der ersten entfernte. Hier sorgte ein Fünfliter-Zwölfzylinder mit 206 kW für Vortrieb, der Century ist bis auf den heutigen Tag der einzige japanische Zwölfzylinder; Toyota bietet auch keinen anderen Wagen mit diesem Motor – Kennung 1GZ-FE – an. Die ursprüngliche Vierstufen-Automatik ist inzwischen einer Sechsstufen-Automatik gewichen, die Einführung der Achtstufen-Automatik aus dem Lexus-Programm zumindest denkbar. Die Luftfederung ist Standard, ebenso all die Annehmlichkeiten, die bei den großen Lexus LS selbstverständlich sind. Mehr noch als diese ist ein Century ein Chauffeurs-Wagen, es gibt entsprechende Langversionen mit Trennscheibe und, seit 2006, auch die Royal-Ausführung mit höherem Dach, die dem Kaiserhaus vorbehalten bleibt. Gut zwanzig Century stehen im Fuhrpark des Tenno.

Das empfiehlt der Kaiser seiner Familie: der Century in Royal-Ausführung mit 20 Zentimeter höherem Dach und verlängertem Radstand wird seit 2006 ausschließlich für das japanische Kaiserhaus gefertigt. Dem Tenno und seiner Entourage stehen einige Century zur Verfügung, aber angeblich nur vier davon in Royal-Ausführung. Foto: Lahar / cc-by-sa 3.0

Toyota 2000GT

Japans erster Supersportwagen

Bis zum Erscheinen des Lexus LFA war der 2000GT der einzige Supersportwagen, den die gewiss nicht unkreative japanische Automobilindustrie zustande gebracht hat. Die Pragmatiker aus Fernost schufen mit dem Schlafaugen-Coupé einen absoluten Traumwagen, der heute längst schon zu den Ikonen der Automobilgeschichte zählt.

Die größere Ausgabe des S 800 hieß 2000GT. Der Zweiliter-Keil war vor allem für den Export konzipiert worden und sollte beweisen, dass auch Japan einen straßentauglichen Hochleistungs-Sportwagen bauen konnte. Das phantastische Auto, das Toyota im Oktober 1965 bei der Tokio Motor Show dem Publikum präsentierte, war die Sensation schlechthin.

Die Prototypen baute Zweiradspezialist Yamaha, die Firma mit den gekreuzten Stimmgabeln im Firmenlogo. Sie erinnern an die Ursprünge des Unternehmens, an Torakusu Yamaha, der 1883 seine erste Orgel auf dem Rücken von Hamamatsu nach Tokio schleppte. Einer seiner Nachfolger, Gen-Ichi Kawakami, vierter Präsident an der Firmenspitze, erweiterte 1954 das Programm um die Motorradfertigung.

Das wiederum führte dazu, dass Yamaha Motorkonstruktion und Entwicklung im Fremdauftrag übernahm. Einer der ersten Kunden war die Nissan Motor Co., gemeinsam wurde die Entwicklung eines Sportwagens mit Zweiliter-Sechszylindermotor vereinbart. Nachdem der ursprüngliche Zeitplan nicht eingehalten werden konnte, stieg Nissan aus dem Gemeinschaftsprojekt aus. Toyota trug sich zu dieser Zeit ebenfalls mit dem Gedanken, einen Hochleistungssportwagen zu bauen und bediente sich dazu der Hilfe von Partner Yamaha.

Seitens Toyota waren Jiro Kawano (Technik) und Saturo Nozaki (Design) dafür verantwortlich. Sie konstruierten den ersten japanischen Supersportwagen, der mit zweitüriger Fastback-Karosserie, langer Schnauze und einer bestechend schlichten Frontpartie und Klappscheinwerfern dem zeitgenössischen Sportwagenideal entsprach. Für Vortrieb sorgte der von Yamaha modifizierte Zweiliter-Sechszylinder-Motor aus dem Crown. Das nunmehrige DOHC-Aggregat entwickelte eine Leistung von 150 PS bei 6600 U/min und ein Drehmoment von 177 Nm bei 5000 U/min. Japans erster echter GT-Wagen (GT = Gran Turismo) schaffte eine Höchstgeschwindigkeit von 220 km/h, damit gehörte der Toyota unbestritten in die erste Liga der internationalen Sportwagenelite.

Unter der Leitung von Jiro Kawano (Technik) und Saturo Nozaki (Design) entstand zum 30. Jubiläum der Pkw-Produktion bei Toyota Japans erster Supersportwagen.

Im November 1965 stellte der 2000GT drei Welt- und 13 Klassenrekorde auf. Im Oktober 1966 nahm der Toyota-GT, an Geschwindigkeitstests auf der Rennstrecke Yatabe bei Tokio teil, die von der FIA (Fédération Internationale de l'Automobile) genehmigt worden waren. Der GT brach nicht nur die bestehenden Weltrekorde für das 72-Stunden-Rennen, das 15.000 km- und 10.000 Meilen-Rennen und entthronte damit den früheren

So muss ein Sportwagen aussehen: endlos lange Motorhaube, Klappscheinwerfer, Fastback – der Toyota 2000GT war mit einer Spitzengeschwindigkeit von 220 km/h der schnellste Serienwagen aus japanischer Produktion.

Der 2000GT war eine Gemeinschaftsentwicklung von Toyota und Yamaha, letztere hatten gerade die Zusammenarbeit mit Nissan beendet.

Die klassische Uhrensammlung im 2000GT erinnert an die des Jaguar E-Type.

Rekordhalter Ford Comet, sondern stellte nebenbei 13 weitere neue internationale Geschwindigkeitsrekorde auf. Im gleichen Jahr belegte der Toyota-Sportwagen den dritten Platz beim Grand Prix von Japan und anschließend den ersten und zweiten Platz im 1000-km-Rennen von Suzuka.

Die Kleinserien-Produktion erfolgte bei Entwicklungspartner Yamaha und war ebenso aufwändig wie teuer. Nur 351 Exemplare wurden gebaut, darunter mehrere Lightweight-Renn-Versionen sowie zwei verdecklose Roadster, die im James Bond-Streifen *Man lebt nur zwei Mal* neben Sean Connery mitspielen durften. Die mit dem GT begonnene Zusammenarbeit zwischen Yamaha und Toyota bewährte sich glänzend; die Zweiradspezialisten übernahmen die Motorentwicklung für zahlreiche Typen, so zum Beispiel für die erste Generation der 16V-Maschinen.

Die Serienfertigung lief im Frühjahr 1967 an. Leider kostete der Exote mit 2,38 Millionen Yen doppelt so viel wie angekündigt, und als dann im Januar 1968 verschärfte amerikanische Sicherheitsbestimmungen in Kraft traten, liefen die Kosten völlig aus dem Ruder. Die Fertigung schleppte sich noch bis 1970 hin, dann war endgültig Schluss.

Der 2000GT war vielleicht kein kommerzieller Erfolg, doch als Imageträger von unschätzbarem Wert. Und die amerikanische Autozeitschrift *Road and Track* zollte der Toyota-Entwicklung höchstes Lob und bezeichnete den 2000GT als „das aufregendste Auto, das wir je fuhren ... ein Auto, das echten Fahrspaß vermittelt".

Prachtwerk: der Sechszylinder. Im Serientrimm 150 PS stark, wurde der Zweiliter-Sechszylinder für den japanischen Grand Prix im Juni 1966 auf Weber-Doppelvergaser umgerüstet, was ein Leistungsplus von 50 PS ergab. Der 850 Kilogramm schwere Racer erreichte damit eine Spitze von über 250 km/h.

Die Classic Days im Park von Schloss Dyck am Niederrhein entwickeln sich immer mehr zum deutschen Goodwood. Toyota ist Stammgast der Classic Days, 2010 stand die japanische Sportwagenikone schlechthin, der Toyota 2000GT, im Mittelpunkt.

Marken im Konzernverbund

DAIHATSU

Klein-Künstler

In der Klein- und Kleinstwagen-Klasse, die in Japan so unglaublich populär ist, halten die Kleinwagenspezialisten Toyotas Fahne hoch. Auch wenn Daihatsu 2013 den Rückzug vom europäischen und damit auch vom deutschen Markt angetreten hat: Im globalen Maß ist Daihatsu eine Größe.

Die „Daihatsu Motor Co.Ltd." wurde 1907 als „Hatsudoki Selzo Co." in Osaka gegründet. Das erste Erzeugnis der jungen Firma wurde im Dezember fertig gestellt, ein sechs PS starker Benzinmotor. Der Schritt zum Fahrzeugproduzenten folgte 1930, das Modell HA war ein dreirädriger Lastenkarren. Bis 1951 begnügte sich die Firma mit der Produktion dieses offenen Lastkarrens.

Der nächste Schritt zum Automobilproduzenten erfolgte mit der Vorstellung des Dreirads „Bee" im Oktober 1951. Der Erfolg der „Biene" gab den Anstoß zur Umbenennung der Firma, seit Dezember 1951 heißt das Unternehmen – mit Niederlassungen in Osaka und Tokio – „Daihatsu Motor Co.". Auch der Midget, 1957 eingeführt, war ein dreirädriger Lastkarren. In dieser Zeit experimentierte Daihatsu mit Pkw-Aufbauten. Ein Prototyp mit drei Rädern (aber vier Türen) und luftgekühltem 0,6-Liter-Heckmotor entstand allerdings nur in einer Handvoll Exemplaren.

Für das vierte Rad am Wagen entschied sich Daihatsu erstmals im Oktober 1960. Die Nachfolger des Kleinlieferwagens Hijet sind auch heute noch im Programm. Den Einstieg in den Pkw-Großserienbau brachte der Compagno von 1963, erhältlich als Limousine, Kombi und Cabriolet. Zum wassergekühlten 0,8-l-Reihenvierzylinder gab es dagegen keine Alternativen, den Wunsch nach mehr Leistung erfüllte Daihatsu zwei Jahre später. Die

Kleinlieferwagen wie dieser L35V von 1963 machten Daihatsu groß. Der 2,99-Meter-Winzling hatte eine 107 cm lange Ladefläche und durfte 350 Kilogramm zuladen.

Typische Straßenszene in den frühen Sechzigern: Kleinlieferwagen bestimmen das Bild. Daihatsu Hijet (vorn) und Mazda 360 auf den Straßen von Ishinomaki in der Region Sendai, die fünf Jahrzehnte später durch den Tsunami in Mitleidenschaft gezogen werden sollte. Foto: Yasuhiko Ito / cc-by-sa 2.0

Neben dem kleinen Geländewagen Wildcat wurde Daihatsu durch die pfiffigen Charade-Kleinwagen in Deutschland bekannt.

Compagno-Familie wurde bis 1969 gebaut, dann erschien als Ablösung der Consorte. Der neue Daihatsu war lediglich eine leicht modifizierte Corolla-Version; 1967 beteiligte sich Toyota mit 14,7 % am Kleinwagen-Spezialisten und baute seine Beteiligung in den nächsten Jahren deutlich aus. Seit September 1998 ist Toyota dort Mehrheitseigner und verkauft auf dem japanischen Markt Modelle wie den Daihatsu Sirion oder den Mini-Geländewagen Terios unter eigenem Label. Überdies wird bei Daihatsu auch der Corolla gebaut.

Kleinwagen haben das Unternehmen groß gemacht, begünstigt durch die japanische Gesetzgebung, die bei Fahrzeugen unter 360 Kubikzentimeter Hubraum keinen Stellplatznachweis verlangte. 1966 erschien daher der Fellow, ein typischer Stadtmini mit wassergekühltem Zweizylinder-Zweitaktmotor (356 cm^3, 23 PS bei 5.000 Touren), der auch als Kombi auf den Markt gebracht wurde. Acht Jahre und zwei Modellwechsel später kam er als Cuore nach Deutschland. Mit dem Charade, zwischen Cuore und Charmant angesiedelt, stieg Daihatsu in den Europa-Export ein. Hierzulande nahm sich Autobianchi-Importeur Walter A. Hagen in Krefeld ihrer an. Die Krefelder Firma übernahm nur die Daihatsu-Personenwagen. Der kleine Geländewagen Wildcat wurde seit 1977 von verschiedenen freien Importeuren angeboten. Generalimporteur für die Daihatsu-Geländewagen und leichten Nutzfahrzeuge wurde letztendlich die Münchner Firma Inthelco. Zwischen 1989 und 2013 regelte Daihatsu den Vertrieb über eine eigene Tochtergesellschaft, zog sich dann aber aus dem Europageschäft und damit auch aus Deutschland zurück. Im globalen Maßstab indes ist die Toyota-Tochter weiterhin mit großem Erfolg tätig.

Zwergenaufstand: Der Copen-Roadster ist der erste japanische Wagen, den der Importeur ausschließlich als Rechtslenker anbot. Seit dem Facelift gab es auch eine Ausführung mit Linkslenkung.

Der Yaris der zweiten Generation fand nach Einführung der dritten Yaris-Generation als Charade Aufnahme in das Daihatsu-Programm.

Als Studie 2006 in Genf gezeigt, wurde Daihatsus Materia zwischen 2007 und 2011 mit Yaris-Technik auch, je nach Absatzmarkt, als Daihatsu Coo, Toyota bB, Scion bB und Subaru Dex angeboten.

Hino

Toyotas Schwergewichte

Hino bildet die Nutzfahrzeug-Sparte von Toyota. Das 1917 gegründete Unternehmen, seit 1940 in der Stadt Hino im Großraum Tokio gelegen, unterhält auch in Europa Produktionsstätten. Die dort gebauten Lastwagen sind vor allem für Südeuropa bestimmt, in Deutschland werden sie nicht angeboten.

Hino ging aus einem 1910 gegründeten Gas- und Elektrizitätsunternehmen hervor und begann 1942 im großen Stil mit dem Bau von Diesel-Motoren. Ab 1949 entstanden 7-Liter-Diesel für Lastwagen und Autobusse, 1951 6 x 6 Allrad-Lkw für das amerikanische Militär und ab 1953 Personenwagen. Ihr erstes Produkt war – staatlich gefördert – der Lizenzbau des Renault 4 CV, des „Cremeschnittchens". Da in Japan Linksverkehr herrscht, nahm Hino allerdings nicht die französische, sondern die britische Ausführung zum Vorbild.

Nach 1961 versuchte sich Hino an einem eigenen Fahrzeugentwurf, dem Contessa mit Vierzylinder-Heckmotor. Während die erste Contessa-Auflage, 35 PS stark und mit 0,9 l Hubraum, für den japanischen Inlandsmarkt bestimmt war, wagte Hino mit der zweiten Contessa-Generation von 1965 den Schritt in den Export. Die von Michelotti gezeichneten Personenwagen mit wassergekühltem 1,3-Liter-Vierzylinder im Heck waren allerdings keine Verkaufsschlager. Auch im Export war damit, ganz im Gegensatz zu den Lastwagen, die Hino bereits im Ausland wie etwa Griechenland montierte, kein Blumentopf zu gewinnen. Die Firma selbst machte ihr Hauptgeschäft mit schweren Lastwagen, und das war der Grund, warum Toyota 1966 bei Hino einstieg. Danach wurde der unrentable Pkw-Bau eingestellt. Toyota übernahm aber erst im August 2001 die Aktienmajorität des Lastwagenbauers, der heute eine Jahresproduktion von rund einer halben Million Nutzfahrzeuge aufweist. Bei Hino erfolgt beispielsweise die Endmontage der Dyna- und Toyoace-Baureihen; produziert wird dort auch der Hilux.

Im Jahr 2002 vereinbarten Hino und Scania eine Zusammenarbeit; Hino übernahm den Vertrieb in Japan. Seit Frühjahr 2007 erfolgt der gemeinschaftliche Vertrieb in Südkorea.

Hino gehört inzwischen längst schon zu den Global Playern im Truck-Business, 2007 verkaufte Hino erstmals mehr Fahrzeuge im Ausland als innerhalb Japans. Rund 130.000 Nutzfahrzeuge setzen die Japaner pro Jahr ab; 2009 überstieg der kumulierte Absatz von Lkw und Bussen die 3-Millionen-Marke. In Japan unterhält Hino vier Werke. Weitere Produktions- und Montagestätten zur Herstellung von Lkw, Bussen und Komponenten befinden sich in Thailand – dort ist das älteste Werk, das 1964 gegründet wurde und Achsbaugruppen für Toyotas IMV-Projekt produziert –, Indonesien, Vietnam, China, Pakistan,

Typisch Hino: ZM 6 x 4 mit 195 PS Diesel aus den frühen 60er Jahren.

Im Oktober 1964 feierte der Contessa 1300 auf der Tokio Motor Show Premiere. Mit diesem Modell versuchte Hino, sich auch im Ausland als Pkw-Hersteller zu etablieren.

Der FJ Cruiser, gezeigt 2003, war eigentlich nur als Konzeptfahrzeug geplant, kam aber so gut an, dass er 2006 in Serie ging. Gebaut wurde er zunächst nur bei Hino, inzwischen auch in einem Werk in China.

In Südamerika ebenso ein Macht wie in Südostasien: Hino KM505 in Ubon Ratchathani, Thailand. Foto: Ilya Plekhanov / cc-by-sa 3.0

Kolumbien und den Vereinigten Staaten. Dort hat man 2004 mit der Lastwagen-Produktion begonnen; außerdem fertigt Hino als verlängerte Werkbank des Mutterkonzerns auch Fahrzeuge wie den Land Cruiser Prado und den FJ Cruiser sowie leichte Nutzfahrzeuge wie den Toyota Dyna und den Toyoace.

Auch technisch ist man ganz vorne mit dabei: Im Jahr 1991 brachte Hino den weltweit ersten in Serie gefertigten Bus mit einem Diesel-Hybrid-Antrieb auf den Markt; ein Dutzend Jahre später begann die Produktion von leichten Hybrid-Lastwagen der 300er Serie, und seit 2008 werden auch Überlandbusse damit ausgestattet. Außerdem laufen inzwischen auch Busse mit Brennstoffzellen-Technologie im Versuch.

Für seinen Besitzer weit mehr als ein Nutzfahrzeug: Ein Hino Ranger 2008 in Afghanistan. Foto: ISAF, Foto: D080614RF1030 / cc-by-sa 2.0.

Hino Ranger 4D 2009 in der afghanischen Provinz Helmand. Bei der Anlieferung von Baumaterial für den US-Stützpunkt „Geronimo" passierte jenes kleine Malheur. Foto: U.S. Marine Corps, ID 090913-M-2581-P-426, James Purschwitz.

Feuerwehr-Rettungswagen des Matsudo Fire Department (Japan, Ciba-Präfektur) auf Hino-Dutro-Basis, 2010. Foto: Mamo

Hino Ranger FT für die Dakar-Rallye, ausgestellt auf der Tokyo Motor Show 2011. Foto: Comyu / cc-by-sa 3.0

SCION

Toyotas hippe Tochter

Im Gegensatz zu vielen anderen großen Automobilherstellern ist Toyotas Marken-Portfolio sehr überschaubar. Neben Daihatsu und Hino gehört nur noch die Kunstmarke Scion komplett dazu. Unter diesem Label kombiniert Toyota urbanen Lifestyle mit ganz bodenständigen Old-School-Tugenden, für die der Mutterkonzern steht: Zuverlässigkeit und Qualität

Scion ist die jüngste der Marken von Toyota und zugleich ein schönes Beispiel für die Strategie des Herstellers, neue Zielgruppen nicht durch Zukauf oder Übernahme anderer Hersteller zu erschließen, sondern aus eigener Kraft zu wachsen. Dabei wird ganz bewusst auf kurz- und mittelfristige Gewinne verzichtet, um langfristig Kunden für die Marke zu gewinnen.

Unter diesen Vorzeichen wurde die Kunstmarke Scion im Juni 2003 aus der Taufe gehoben. Sie ist zunächst lediglich auf die USA, den Hauptabsatzmarkt des japanischen Herstellers beschränkt. Scion steht für den Versuch, die „Generation Y", die Generation der unter 30-jährigen für Toyota zu begeistern und schon früh eine Markenbindung aufzubauen. Und nach Erfahrungen auf dem Testmarkt Kalifornien ließ sich absehen, dass das Konzept aufgeht. Rund 5000 Scion werden dort im Monat verkauft, drei Viertel der Käufer saßen vorher noch nicht in einem Toyota.

Die Idee war so neu nicht, Ford versuchte es mit dem Mustang vier Jahrzehnte zuvor, einen günstigen Wagen mit jugendlichen Look zu etablieren, der mit einer Unzahl an Ausstattungen und Motoren individuell aufgerüstet werden konnte. Toyota geht beim Scion-Konzept aber um das entscheidende Quäntchen weiter: Verkauft wird nicht nur ein Auto, sondern ein ganzes Lebensgefühl, bei dem es nicht um PS, sondern ganz um Lifestyle und Trend geht.

Entsprechend gestaltet sich auch der Auftritt der Marke: „Einen Scion zu fahren heißt", so zitierte *Auto Bild* den damaligen Scion-Präsident Jim Farley, „das neue Restaurant, den angesagten Club, den hippen Graffiti-Künstler zu kennen, von dem sonst kaum einer weiß." Daher waren die serienmäßige 160-Watt-Audioanlage und die in sieben Farben zu beleuchtenden Cupholder auch viel wichtiger als die Tatsache, dass die Scion-Technik für Autoenthusiasten wenig Auswahl bot: Der Kunde konnte lediglich ab Werk Modell, Getriebe und Farbe festlegen, als einziges Extra bestand ab Werk die Möglichkeit, Seiten- und Vorhangairbags zu ordern. Ungleich umfangreicher war dagegen die Zubehörliste. Sie umfasste über 40 Positionen, die allesamt von renommierten Zulieferern und Tunern

Die beiden Typen xA und xB basiert auf der Yaris-Plattform, das tC-Coupé, das im Juni 2004 in den Verkauf ging, auf dem Avensis.

Der 2006er Scion tC von Leslie Durst-Armendariz von Horizon Motorsports kam auf 320 PS. 2AZ-FE-Block und Zylinderkopf entstammten der Serie, die Innereien wurden entsprechend aufgerüstet.

Traditioneller Motorsport kam für Scion als junge, hippe Marke natürlich nicht in Frage. Dragster-Rennen passten da viel besser zum selbst gewählten Anspruch. Brad Personetts's 2005er Scion tC von Titan Motorsports ließ mit einer Leistung von rund 1800 PS die Goodyears in Rauch aufgehen.

Im März 2007 wurde der neue Scion-Jahrgang für 2008 gezeigt. Den Anfang macht der neue Scion xD.

entwickelt wurden – von Caps bis zu CDs und dicken Subwoofern. Scion fehlt daher auch auf keiner großen Tunermesse.

Ganz ohne Händler geht es aber auch in diesen Zeiten nicht, der Verkaufsprozess soll aber viel relaxter ablaufen als beim normalen Autokauf. Das Internet spielt eine wichtige Rolle; der Kunde kann im Internet-Cafe des Händlers seinen Wagen konfigurieren und zusammenstellen, über Preise und Rabatte soll nicht weiter gefeilscht werden müssen. Zunächst drei Modelle – xA, xB, tC –, drei Grundpreise, basta. Das beschränkt natürlich die Zahl der möglichen Interessenten – und so soll es auch sein: „Wenn wir alle fünf Minuten einen Scion auf der Straße sehen, haben wir ein Problem".

Nachdem man ein Jahr lang auf dem Testmarkt Kalifornien seine Erfahrungen gesammelt hatte, ging Scion dann landesweit im Juni 2004 an den Start. Zwei Jahre später waren knapp 80.000 xA und über 150.000 xB verkauft worden.

Die Scion-Modellpalette umfasst mittlerweile fünf Modellreihen, wobei der xD auf Yaris-Plattform als Nachfolger des xA 2007 in den Verkauf ging. Bis 2012 waren davon 71.000 Fahrzeuge in Umlauf. Der neue xB von 2008 ist mit einem Bestand von 24.000 Fahrzeugen weniger erfolgreich, er läuft andernorts als Urban Cruiser. Erfolgreichstes Scion-Modell mit 227.000 Einheiten ist das tC-Coupé. Die Baureihe (die auf anderen Märkten auch als Zelas verkauft wird) ging 2009 in die zweite Generation und trägt Avensis-Gene. Neu eingeführt wurde als 2012er Modell der Scion iQ. Auch den FR-S kennt man aus dem Toyota-Programm, der dort als GT 86 vermarktet wird.

Das sportlichste Scion-Modell war das Coupé tC, hier im Modelljahr 2007.

2010 folgte die zweite Generation des Coupés, wobei als Organspender der Avensis fungierte.

Quertreiber: Ken Gushi, auf Okina geborener Amerikaner japanischer Abstammung und in der amerikanischen Drift-Serie unterwegs, zeigt auf dem Charlotte Motor Speedway NASCAR-Fahrer in Joey Logano mit dem Werks-Scion FR-S, was ein richtiger Drift ist.

Toyota, 2012 Titelsponsor für den Grand Prix von Long Beach, stellte im Frühjahr diese überaus gelungene FR-S-Studie vor. Umgebaut von Cartel Customs in Verbindung mit Iacono Design und Toyota war dieser Speedster, wie die Presse so schön formulierte, „ein weiterer Beweis für die lebendige Autokultur in Kaliforniens."

SUBARU

Die Allrad-Spezilisten

Subaru ist keine Marke des Toyota-Konzerns, im Gegensatz zu Daihatsu, Scion und Hino. Dennoch ist Toyota Teilhaber am Subaru-Mutterkonzern und übt damit auch Einfluss auf den kleinen, aber höchst erfolgreichen Hersteller aus. Der GT86-Zwilling Subaru BRZ ist der erste sichtbare Ausdruck einer Zusammenarbeit, die Ende 2005 begonnen hat.

Hinter der Marke Subaru stand – und steht – ein Industriekonglomerat aus sechs Firmen. Der Verbund, die „Fuji Heavy Industries", geht zurück auf das „Nakajiama Aeronautical Research Laboratory", ein 1917 gegründetes luftfahrttechnisches Labor. Nakajiama fing 1931 mit dem Flugzeugbau an. Wie bei den anderen Rüstungskonzernen auch wurde nach dem Krieg eine Neuorganisation unumgänglich. Die amerikanischen Besatzer hatten den Konzern 1950 in zwölf unabhängige Einzelfirmen aufgesplittet, sechs davon schlossen sich 1953 wieder zusammen und konzentrierten sich ganz auf die Schwerindustrie. Der Bau von Flugzeugen und Helikoptern, von Schiffsmotoren, Lokomotiven, Waggons, Landmaschinen und Schiffen stand auf dem Programm. Ihr erstes Auto, der Typ 360 von 1958, wurde zum Bestseller und blieb bis 1970 im Programm.

Das nächste Fahrzeug mit den sechs Sternen am Bug – sie stehen für die sechs Firmen – erschien 1966. Der FF-1 war das erste Automobil mit Frontantrieb und Boxermotor, ein Konzept, dem Subaru bis heute treu geblieben ist. Es gab ihn mit zwei- oder vier Türen und als Kombi. Allen Versionen gemein war der Vierzylinder-Boxermotor mit 977 cm‘ und 55 PS bei 6000 Touren. Er wurde später durch das sieben PS stärkere 1,1 Liter-Triebwerk ersetzt. Höhepunkt der FF-1 Entwicklung war der 1300 G von 1970.

Anfang der 70er Jahre modernisierte Subaru die Modellpalette. Der R-2 löste den Subaru 360 ab und wurde seinerseits 1972 vom

Der Subaru 360 wurde ab 1959 praktisch unverändert gebaut. Der Kleinwagen in der so genannten Kei-Klasse mit 360 Kubik markierte den Einstieg von Fuij Heavy Industries in den Personenwagenbau und galt als revolutionärer Entwurf.

Jedes Jahr Anfang August findet in Himeij, vielleicht noch das unverfälschste Stückchen Japan, ein großer Festumzug statt, der am Fuße der berühmten Burg endet. Bei dieser Mischung aus Volksfest und Karneval sind auch Oldtimer willkommen, so wie hier 2010 die beiden Subaru 360 – die Fertigung endete 1971 –, gefolgt von einem Honda Life, einer BMW Isetta und einem Mazda-Lieferdreirad T 1500. Foto: Corpse Reviver / cc-by-sa 3.0

Rex ersetzt. Die FF-Nachfolgemuster erschienen 1971 und erhielten den Namen „Leone“. Motorisiert mit 62, 80 oder 93 PS, gab es sie als Limousine, Kombi oder Coupé.

Die 1979 vollständig überarbeitete Modellpalette bildete den Einstieg in den Export nach Deutschland. Die offizielle Geschäftsaufnahme erfolgte zum 1.1.1981. Die Besonderheit des Newcomers war der zuschaltbare Allradantrieb zu moderatem Preis, eine Spezialität, die seit 1974 in der Leone-Reihe zum Einsatz kam.

Zwischen 2000 und Oktober 2005 hielt der damals weltgrößte Automobilhersteller der Welt, General Motors (der schon mit Suzuki und Isuzu verbandelt war) einen zwanzigprozentigen Anteil an Fuji Heavy. In der Folge entstanden einige Gemeinschaftsentwicklungen, ohne aber dass die Kooperation so intensiv angelegt wurde wie die folgende mit Toyota. Diese begann im Oktober 2005, im Oktober 2008 erwarb dann Toyota einen 16,5-prozentigen Anteil an Fuji Heavy Industries. Erster sichtbarer Ausdruck dieser Zusammenarbeit ist das Gemeinschaftsobjekt Toyota GT86/ Subaru BRZ.

Subaru ist in Japan bis heute vor allem für seine Kleinwagen bekannt. Nicht alle Modelle waren so langlebig wie der 360, der gut ein Dutzend Jahre lang gebaut wurde: Der Subaru Vivio T-top mit herausnehmbarem Dach stand nur 1994 im Angebot. Foto: Tennen-Gas / GFDL

Den SVX bot Subaru zwischen 1991 und 1997 an. Die Karosserie hatte Giugario entworfen, der damit den Kundengeschmack haarscharf verfehlte. Das Luxus-Coupé mit Sechszylinder-Boxer und Allrad blieb ein Außenseiter.

Während vom SVX in Deutschland lediglich rund 850 Fahrzeuge zugelassen wurden, erwartet sich Subaru vom gemeinsam mit Toyota entwickelten BRZ deutlich höhere Stückzahlen.

Subrau ist seit Jahrzehnten eine Macht im Rallyesport. Hier die gezähmte Ausführung des Impreza WRX Sti vom Februar 2003, wie sie beim Händler zu bekommen war.

Rennsport

DENSO
TOTAL
Matmut
ZENT
P1

Der Rallyesport

Engagement aus Tradition

Dreiundvierzig Siege in der Rallye-WM, sieben WM-Titel, viermal Vize-Weltmeister, Erfolge bei der NASCAR-Rennen, der CART-Serie und im Langstreckensport – kein anderer Hersteller ist stärker in hochkarätigen Wettbewerben vertreten als Toyota. Jetzt steht die Langstrecken-Weltmeisterschaft auf dem Plan.

Angefangen hat alles im Jahr 1957. Toyota brachte damals zwei Crown bei der 5. Australien-Rallye an den Start, Nissan hatte mit den frühen Bluebird schon bewiesen, dass bei solchen Veranstaltungen – bei denen es mehr auf eine robuste Baurat, weniger auf Höchstgeschwindigkeit ankam – auch japanische Autos ein Wörtchen mitreden konnten. Überdies ließen sich Erfolge bei Rennen „down under" im pazifischen Raum bestens vermarkten – was bei jenen Exportmärkten, die damals vorrangig beliefert wurden, durchaus sinnvoll war. Zu einem Sieg reichte es für die Toyota aber nicht. Unter 102 Startern belegte der bestplatzierte Crown nach 10.560 Meilen einen 47. Platz. In den sechziger Jahren folgten zahlreiche weitere Rennen mit Toyota-Beteiligung. Von einem systematischen Rennengagement war man aber noch weit entfernt. Nun ist es müßig darüber zu spekulieren, ob und in wie weit das Rallye-Engagement von Nissan/Datsun die Entscheidung beeinflusste, ebenfalls im Rallyesport aktiv zu werden. Fakt ist: Toyota betrat 1972 die Bühne im internationalen Rallyesport.

Zwei Crown brachte Toyota bei der Australien-Rallye an den Start. Die Langstreckenrallye sorgte für Schlagzeilen im asiatisch-pazifischen Raum und war damit genau das Richtige, um die Marke bekannt zu machen.

Der Crown belegte im Gesamtklassement einen 47. Platz – ein toller Erfolg, denn erstmals war bewiesen worden, dass ein Toyota auch auf Langstrecken hält.

Erste Gehversuche in Europa

Toyota, damals auf dem europäischen Markt noch weitgehend unbekannt, sah darin eine ideale Möglichkeit, die Wettbewerbsfähigkeit und Zuverlässigkeit seiner Fahrzeuge unter Beweis zu stellen. Überdies war der Einsatz im Geländesport deutlich kostengünstiger zu realisieren als etwa im Formel-Sport – zumal die Formel 1 damals einen ganz anderen (und viel geringeren) Stellenwert einnahm als heute. Als Partner für den Einstieg in den internationalen Motorsport konnte Ove Andersson gewonnen werden. Der Schwede hatte damals gerade auf einem Renault Alpine den FIA-Cup, den Vorläufer der Rallye-Weltmeisterschaft, gewonnen und galt als einer der besten Rallye-Piloten der Welt. Noch im gleichen Jahr startete zum ersten Mal ein Toyota bei einer europäischen Rallye: Am Steuer eines TA22, einem Coupé aus der ersten Celica-Generation, bestritt Ove Andersson im November 1972 die britische RAC-Rallye. Mit einem Klassensieg und einem respektablen neunten Gesamtrang wurde es ein Einstand nach Maß. Und das, obwohl das Auto mit seinem nur rund 140 PS starken 1,6-Liter-Motor der Konkurrenz deutlich unterlegen war: „Ich habe noch nie ein Auto gefahren, das beim ersten Wettkampfeinsatz so weit fortgeschritten war wie dieser Toyota. Die

Nach Beendigung des CanAm-Programms ging Vic Elford 1970 auf dem Corona-1900-Coupé bei der Rallye Monte Carlo an den Start. Der Erfolg war eher mäßig.

Mit dem Celica 1600 GT begann die Toyota Rallyegeschichte. Ove Andersson brachte das Coupé bei der RAC-Rallye im November 1972 an den Start.

Bei der RAC im November 1973 kamen Andersson/ Phillips mit ihrem Celica auf einen zehnten Rang. Markengefährte Asterhag schaffte es nicht in die Top Ten.

Ove Andersson hielt bei der Portugal-Rallye im März 1974 die Toyota-Fahnen hoch. Erstmals setzte Toyota hier neben dem Celica den rund 200 kg leichteren Corolla ein.

Celica lag großartig", zitiert die zeitgenössische Presse den schwedischen Rallye-Star. Der knapp 1.000 Kilogramm schwere Celica hatte Trockensumpfschmierung, Solex-Vergaser, Kayaba-Stoßdämpfer (Koni-Lizenz) und japanische Dunlops.

Im Jahr darauf gelang Ove Andersson mit seinem Beifahrer Arne Hertz ein Gesamtsieg bei der Bandama-Rallye in Ostafrika: Der Celica hatte endgültig bewiesen, dass er das Zeug zum Sieger hatte. Erste Siegeslorbeeren gab es auch für den Levin, die Coupé-Version des Corolla, der bei einer amerikanischen Rallye den ersten Siegslorbeer erntete. Ein Levin war es auch, der 1975 dem TTE-Team den ersten WM-Sieg bei der 1000-Seen-Rallye in Finnland bescherte.

Zu diesem Zeitpunkt hatte Toyota sämtliche Motorsport-Aktivitäten vorläufig eingestellt. Die erste Ölkrise hatte nicht nur in Europa Wirkung gezeigt. Andersson jedoch machte weiter. Mit der Unterstützung anderer Idealisten bereitete der Schwede die Autos, die ja noch immer in Europa waren, in seiner eigenen Werkstatt in Uppsala für die nächsten Einsätze vor. Seine Privatwohnung in der schwedischen Universitätsstadt diente zugleich auch dem Team als Quartier. Angesichts einiger Klassensiege und Top-Resultate, die Anderssons Truppe bei verschiedenen europäischen Veranstaltungen erringen konnte, entschloss sich auch Toyota, künftig anstelle rein ideeller wieder finanzielle Unterstützung zu gewähren. Mit ausschlaggebend dafür war auch die Tatsache, dass seit Mitte 1974 für den Celica ein 2,0-Liter-16-Ventil-Motor zur Verfügung stand, der das Coupé erheblich konkurrenzfähiger machte.

Mit dem Celica in der Rallye-WM

Um auch anderweitig konkurrenzfähiger zu sein, verlegte Andersson sein Quartier aus dem geographischen Abseits Schweden ins zentraleuropäische Brüssel. Unter dem Namen „Ove Andersson Motorsport Toyota Team Europe" führte er ab August 1975 von dort aus Rallye-Einsätze für europäische Toyota-Importeure durch. 1976 steuerte Andersson den mittlerweile 240 PS starken 2,0-Liter-Celica bei der Portugal-Rallye, einem der ersten Einsätze des neuen Motors, auf den zweiten Platz im Gesamt-Klassement. Zusätzlich triumphierten Hannu Mikkola, Jean-Luc Therier und Achim Warmbold mit diesem Wettbewerbsauto bei zahlreichen Rallyes in Frankreich, England und in Deutschland. Und mit einem zweiten Platz bei der 77er-RAC-Rallye holte Hannu Mikkola erneut ein Spitzen-Ergebnis für einen Celica bei einem prestigeträchtigen WM-Lauf. Es sollte dies das letzte Top-Resultat für den 2,0-Liter-Celica der ersten Generation bleiben, denn die internationale Motorsport-Zulassung lief noch im gleichen Jahr aus.

Und wieder die RAC, diesmal im November 1975. Jetzt waren die Herren Slater und Holmes für Toyota unterwegs.

Der RA40 bei der Korsika-Rallye 1981. Das Auto war der Allrad-Konkurrenz nicht gewachsen.

Immer wieder gerne gezeigt: Die weißroten Rallye-Celica aus glorreicher Rallye-Vergangenheit. Leider glückte in den Siebzigern nie der Gewinn der Konstrukteurswertung, bestes Resultat war der dritte Rang 1977. Bei diesem Wagen handelt es sich um ein nachträglich aufgebautes Fahrzeug, TTE setzte keine Liftbacks ein.

1978 und 1979, als für die zweite Celica-Generation mit der internen Bezeichnung TA/RA40 nur ein 2,0 Liter-Motor mit Zweiventil-Kopf und 275 PS Leistung zur Verfügung stand, zeigte das Team mit Gruppensiegen in Portugal und bei der 1000-Seen-Rallye, dass insbesondere bei den extrem materialbelastenden Wettbewerben auch mit einem motorisch unterlegenen Celica zu rechnen war. Der fünfte Gesamtrang bei der 79er Bandama-Rallye, einem von Ausfällen geprägten Lauf, bei dem nur ganze acht Autos das Ziel erreichten, unterstrich ein weiteres Mal die überlegene Zuverlässigkeit des Toyota-Coupés, mit dem Jean-Luc Therier und Henry Vial im gleichen Jahr die französische Rallyemeisterschaft gewinnen konnten.

1980 war dann wieder ein Vierventil-Kopf für den 2,0-Liter-Celica verfügbar. Andersson und seiner Mannschaft, die zwischenzeitlich ihr Domizil in Köln bezogen hatten, gelang es auf Anhieb, aus dem 16V-Celica ein Top-Rallye-Auto zu machen: Noch im gleichen Jahr holten Jean-Luc Therier und Henry Vial mit dem 330 PS starken Renner die Französische und Achim Warmbold mit Wolfgang Inhester die Deutsche Meisterschaft.

Weitere Höhepunkte in der Karriere des Sport-Coupés brachte dann das Jahr 1982 mit dem Debüt der dritten Celica-Generation. Der Bolide mit der charakteristisch kantigen Dachlinie holte einen Doppelsieg bei der Neuseeland-Rallye, Platz zwei und Platz drei bei der Rallye Elfenbeinküste und Fritzinger/Wünsch verbuchten auf ihrem Celica 2000 GT den Gesamtsieg bei der Tour d'Europe.

Der Fortsetzung dieser Erfolgsstory stand eine Änderung des Reglements entgegen, die den Rallyesport revolutionierte: Die Einführung der Gruppe B, die in den folgenden Jahren zu einer bis dahin nie gekannten technischen Aufrüstung der Werke führte. Toyota schickte mit dem Celica Twin-Cam Turbo zwar ein nach den Regeln der Gruppe B aufgebautes, aber – weil zu nahe an der Serie – letztlich konkurrenzloses Fahrzeug ins Rennen. Andersson entschloss sich daher, den Celica in erster Linie für Langstrecken-Einsätze zu präparieren: „Unser großer Vorteil war die unglaublich robuste Technik. Unsere Fahrer konnten von Anfang an ohne die Sorge Gas geben, dass am Auto etwas bricht. Die anderen waren gezwungen, unser Tempo mitzugehen". 1983 bei der Rallye Elfenbeinküste, 1984 bei der Safari und 1985 als auch 1986 sowohl bei der Safari als auch an der Elfenbeinküste – die Twin-Cam-Celica war auf Langstrecken kaum zu schlagen und schaffte in den Jahren 1984 bis 1986 den Hattrick bei der Safari. Björn Waldegaard, Juha Kankkunen und noch einmal Waldegaard trugen sich in die Siegerliste ein. Hinzu kam 1986 die Middle-East-Rallye-Meisterschaft. 1985 ging die Ära der Twin Cams zu Ende, die Einführung der Celica-Baureihen AT 160/ST 162 brachte die Umstellung von Heck- auf Frontantrieb – und viele Probleme: Der Celica war nicht länger konkurrenzfähig: Das 1986 über Nacht ausgesprochene Verbot der Gruppe B und die Einführung des viel näher an der Großserie orientierten Gruppe A-Reglements traf Toyota ebenso unvorbereitet wie andere im Rallyesport engagierte Hersteller. Ohne Allradantrieb, das war seit den Tagen der Audi Quattro klar, waren ungeachtet der Motorleistung Spitzen-Resultate auf internationalen Rallye-Pisten nicht mehr zu erringen. Doch eine solche Antriebskonfiguration war erst für die neue, 1988 vorgestellte Celica-Generation vorgesehen.

Mit Allrad-Antrieb zur Rallye-Krone

Das 60-köpfige TTE-Team um Ove Andersson hatte im Februar 1987 mit den Arbeiten an der Allrad-Celica begonnen. Der Antriebsstrang des auf 1.100 Kilogramm abgemagerten Rallye-Renners stammte ursprünglich aus dem 1986 vorgestellten Allrad-Corolla, verfügte aber über eine elektronisch gesteuerte, variable Kraftverteilung. Der 285 PS starke 16V-Turbo konnte 1988 bei der Korsika-Rallye einen sechsten Rang verbuchen, das galt schon als kleine Sensation. Der endgültige Durchbruch folgte bei der Rallye Akropolis Ende Mai in Griechenland: Juha Kankkunen zauberte sechs Bestzeiten auf den Schotter, erst ein Motorschaden stoppte schließlich den Celica der vierten Generation. 1988 war auch das letzte Jahr für die Supra-Turbos: Der 295 PS starke Bolide beendte seine Rallye-Karriere mit einer überzeugenden Vorstellung bei der Safari-Rallye. Toyota gewann

Der Twin-Cam Celica, 1983 erstmals eingesetzt, war auf Langstrecken konkurrenzfähig. Hier zu sehen: Björn Waldegaard bei der Safari-Rallye 1986.

1981 war der Audi Quattro auf der Bühne erschienen, die konventionellen Autos gerieten in Hintertreffen. Das galt auch für Toyota. Zu den größten Erfolgen jener Epoche zählte der Celica-Doppelsieg bei der Neuseeland-Rallye 1982.

Der Turbo-Celica war bereits seit 1982 für den Heimatmarkt lieferbar. Im Rallyesport nach der Gruppe B aufgebaut, schaffte es das Werksteam unter Waldegard und Thorszelius auf das Podium.

die Team-Wertung, aber ein Laderschaden warf Juha Kankkunen zurück, so dass er die Führung an den Lancia-Piloten Massimo Biasion abgeben musste. Zum Jahresende stieß Carlos Sainz, der spanische Rallye-Meister der Jahre 1987/88 zum TTE-Team. Dennoch war es 1989 einmal mehr der Finne in Toyota-Diensten, der den rund 300 PS starken Celica Turbo 4x4 in Australien zum ersten Sieg steuerte. 1990 schaffte der Spanier Carlos Sainz sogar fünf WM-Siege und wurde mit dem Celica Fahrerweltmeister. Auch in der Rallye-Weltmeisterschaft 1991 steuerte Carlos Sainz den Celica

Die Sanremo 1994 sah einen Sieg des Franzosen Didier Auriol. Am Ende der Saison hatte die Grande Nation wieder einen Rallye-Weltmeister.

Abgetaucht: Der Celica war auch schwersten Bedingungen gewachsen: Duncan/ Munro im Turbo 4WD bei der Safari 1993.

Vereinzelt brachte das Rallye-Team auch den Supra an den Start. Bei der Safari-Rallye von 1987 hatten die Luxus-Coupés einen ihrer letzten Auftritte.

Abschiedsgala: Nach der Saison 1995 erklärte Toyota seinen Rückzug aus der Rallye-WM. Juha Kankkunen sah lange wie der sichere Sieger aus.

Drei Jahre nach dem Schummel-Vorwurf meldete sich die nunmehrige Toyota Motorsport GmbH mit dem Corolla wieder in der Rallye-WM zurück.

in Monte Carlo und bei weiteren vier Läufen auf den ersten Platz. Dem zweimaligen Deutschen Rallyemeister Armin Schwarz gelang mit dem Erfolgsmodell in Spanien sein erster WM-Erfolg. Trotz der sechs Laufsiege verfehlte das Toyota-Team knapp den Markentitel und Sainz verlor den schon sicher geglaubten Fahrertitel im letzten Lauf bei der RAC an Juha Kankkunen auf Lancia. Doch schon ein Jahr später gelang Carlos Sainz die Revanche mit einem neuen, zu Ehren des Spaniers auf den Beinamen „Carlos Sainz Limited Edition" getauften Celica Turbo. Der Gruppe-A-Celica schaffte im Laufe seiner dreieinhalb Jahre währenden Rallye-Karriere 22 WM-Siege.

Das aus der mittlerweile fünften Generation des Sport-Coupés abgeleitete WM-Auto feierte seine Premiere bei der Rallye Monte Carlo und machte seiner Sache kaum schlechter. Trotz anfänglicher Probleme gelang es Sainz, mit Siegen bei der Safari, in Neuseeland, Australien, Spanien und bei der RAC-Rallye zum zweiten Mal, Fahrerweltmeister zu werden. Bis zum letzen Lauf war allerdings noch alles offen gewesen: Sainz lag mit 124 Punkten in Führung, Lancia-Pilot Auriol kam auf 122 Zähler, und Kankkunen, ebenfalls auf Lancia, folgte mit 121 Punkten. Auriol fiel am dritten Tag mit technischem Defekt aus, der Finne dagegen gönnte sich einen Ausritt in die Botanik und verlor drei Minuten – Sainz dagegen brachte seinen wie ein Uhrwerk laufende Celica mit einer Minute Vorsprung über die Ziellinie. Im gleichen Jahr gewannen Celica-Piloten die Deutsche, die Schwedische und sechs weitere nationale Rallye-Meisterschaften.

Zum erfolgreichsten Jahr in der Geschichte des in Köln ansässigen Toyota Team Europe, das Mitte des Jahres von Toyota übernommen und in Toyota Motorsport GmbH umbenannt wurde, geriet

Der Corolla (lief als „Run X" in Südafrika) wurde in der FIA S2000-Kategorie homologiert. Die S1600/ 2000-Serie ist unterhalb der WRC angesiedelt.

Der Auris S2000 entspricht technisch weitgehend dem Corolla. Auch die ehemalige F1-Schmiede in Köln-Marsdorf entwickelte ein Fahrzeug für die Super 2000-Serie.

Gebaut für die französische Eisrennserie: der Auris für die Andros-Trophee. Foto: Thomas Doerfer / CC-by-SA

schließlich das Jahr 1993 mit einer Vielzahl von Höhepunkten: So gewann Didier Auriol mit dem Celica in einem dramatischen Finish die Rallye Monte Carlo, Mats Jonsson war in Schweden nicht zu schlagen und Juha Kankkunen triumphierte in Kenia, in Argentinien, bei der 1000-Seen-Rallye in Finnland, in Australien und bei der RAC-Rallye. Die Krönung dieser Siegesserie: Toyota errang als erster nichteuropäischer Hersteller in der Geschichte der Rallye-Weltmeisterschaft den begehrten Markentitel und Juha Kankkunen wurde mit dem Celica, der ihm einst in Australien seinen ersten WM-Sieg ermöglichte, zum vierten Mal Fahrerweltmeister. Carlos Sainz war zu diesem Zeitpunkt nicht mehr mit im Boot: Nachdem 1993 Castrol als neuer Hauptsponsor des Rallye-Teams auftrat, musste der von der Mineralölfirma Repsol gesponserte Spanier das Cockpit wechseln.

1998 kehrte er allerdings zu Toyota zurück und wurde mit seinem Co-Piloten Louis Moya Vize-Rallyemeister. Im Jahr darauf sicherte er sich mit dem WRC-Corolla erneut den Markentitel. Mit dieser feinen Leistung verabschiedete sich das japanische Unternehmen aus der Rallye-WM – die Formel 1 band alle weiteren Kräfte.

Rallye-Erfolge auf breiter Basis

Der werkseitige Rückzug aus der Rallye-Weltmeisterschaft bedeutete aber nicht, dass überhaupt kein Toyota mehr im Rallyesport zu sehen war: Privatiers oder einzelne Auslandstöchter bauten auf eigene Faust Fahrzeuge für bestimmte Rennserien auf. Besonders aktiv war dabei die südafrikanische Toyota-Tochter, die für die ab 2002 ausgeschriebene Super-2000-Serie Corolla und Auris aufbauten. Gemäß Super-2000-Reglement (die unterhalb der Rallye-Weltmeisterschaft in der A2-Katgorie startet) waren die in Südafrika entwickelten Corolla 2004 homologiert worden. 258 PS stark, hatte man 2007 auch versucht, damit im europäischen Rallyegeschehen Fuß zu fassen, doch weder RED noch Grifone Racing hatten damit Erfolg. Der dann 2007 bei der Rallye Canberra erstmals zu sehende Auris S2000 war ein Projekt der australischen Tochtergesellschaft; er hatte allerdings keine FIA-Homologation und ging daher lediglich in Australien und Südafrika an den Start. Technisch war der

Die nächste Generation: Der TMG Yaris R1A, der Ende August 2012 erstmals vorgestellt wurde. TMG bietet das Basisauto samt Umbau-Kit zum Preis von netto € 22.500,- an. Die FIA-Homologation erfolgt Ende des Jahres.

Unterschied zum Corolla nicht groß, in beiden Fällen kam der Zweiliter-Vierventil-Vierzylinder vom Typ 3SGE zum Einsatz; für die Kraftübertragung sorgte in beiden Fällen eine sequentielle Sechsgang-Schaltung von Sadev.

Wesentlich erfolgreicher schlug sich der Auris bei der französischen Trophée Andros, einer Eisrennserie, die seit 1990 ausgetragen wird. Bei dieser Rennserie kommen Silhouette-Fahrzeuge mit Allradantrieb und -lenkung sowie Spikesreifen – gegenwärtig erlaubt sind 174 Nägel pro Reifen – zum Einsatz. Gefahren wird über die Wintersaison auf entsprechenden Eispisten, es gab auch schon Wertungsläufe in Kanada. Zwei Mal holte sich der französische Toyota-Importeur den Pokal, in der Saison 2006/07 und 2007/08. Und beide Male hieß der Fahrer Alain Prost.

Ein Kapitel für sich sind die Langstrecken-Rallyes wie die Rallye Paris-Dakar, die ohne Teams auf Toyota-Fahrzeugen nicht denkbar sind. Verantwortlich für diese Einsätze zeichnen allerdings nicht das Werk in Japan selbst, sondern Privatiers und Toyota-Importeure. Man kann davon ausgehen, dass das Werk diese Einsätze wohlwollend begleitet und entsprechend unterstützt.

Breitensport und Markencups

Vom Cup-Starlet zum Procar-Auris

Toyota-Starlet-Cup und -Spezial-Cup, 1978 ins Leben gerufen, gehörten zu den höchst dotierten Markencups. Im Gegensatz zu anderen Markenpokalen gab Toyota allerdings dem Rallye-Nachwuchs eine Chance, der Starlet bot eine preisgünstige Möglichkeiten, sowohl bei DM- als auch EM-Läufen ganz vorne mitzufahren.

Darüber hinaus erwies sich der ungemein standfeste Toyota-Kleinwagen auch auf Langstrecken zu Hause. Klaus Fritzinger etwa trieb den deutschen Prototypen der Starlet-Rallyeversion bei der Tour d'Europe bis zur persischen Grenze und wieder zurück – sein Gesamtsieg durfte schon als kleine Sensation gewertet werden. 1979 wiederholte er das Kunststück mit einem Celica, 1981 war er mit einem Corolla Liftback GT ganz vorne mit dabei. In der Schweiz dagegen fand der Toyota-Corolla-Cup großen Anklang, bei den dort eingesetzten 1,6 Liter GT handelte es sich praktisch um reine Serienfahrzeuge.

Der Starlet-Cup als Deutschlands einziger Nachwuchs-Rallye-Wettbewerb wurde fünf Jahre lang ausgefahren, dann verlagerte sich das Interesse auf die Corolla-Coupés mit neuem Vierventil-Vierzylinder. Rallyesport war allerdings nicht deren Domäne, eher die Rundstrecke. Nach einer langen Durststrecke, bei der der Breitensport bei Toyota keine Rolle mehr spielte und die Aktivitäten mehr oder minder bei TTE gebündelt waren, bot der ab 2001 in verschiedenen Ländern ausgetragene Yaris-Cup dem Rennsport-Nachwuchs eine Chance. Der deutsche Yaris-Cup fand im Rahmen der Rennserie Beru Top 10 statt, zusammen mit anderen Markencups, dem Ford Fiesta ST Cup und dem New Renault Clio Cup. Technische Basis bildete der Yaris 1,3 l, der im Renntrimm auf 118 PS kam. Das Fünfganggetriebe entstammte der Serie, lediglich die Gesamtübersetzung wurde

1978 initiierte Toyota Deutschland mit dem Starlet-Cup einen hoch dotierten Markencup. Hier das entsprechende Basismodell.

Der Yaris-Cup wurde zwischen 2001 und 2006 im Rahmen der Beru Top 10 ausgetragen.

2010 setzte YACO zwei Auris S2000 und einen Corolla S2000 ein. 2011 dann nur noch die beiden Auris. 2012 wechselte YACO in die ADAC GT Masters. Foto: YACO/Motorsportbild Volker Lange

verkürzt. Das Sportfahrwerk lieferte Bilstein, die Federn kamen von Eibach. Rennfertig kostete ein Cup-Yaris moderate 17.000 Euro, die Einschreibegebühr lag bei rund 5000 Euro. Die Nachwuchsserie lief bis 2006 und wurde dann durch den Yaris-Langstreckencup abgelöst. Diese Rennserie war in den VLN-Langstreckenpokal integriert und wurde in zehn Läufen auf der Nürburgring-Nordschleife ausgetragen. Die Langstrecken-Yaris hatten eine Startberechtigung in der Klasse SP1 (Specials bis 1400 Kubikzentimeter Hubraum) und leisteten 125 PS bei 7800 Umdrehungen. Die Reifen der Dimension 195/580 R 15 lieferte Yokohama, zu den erforderlichen Änderungen gehörte der Einbau einer Feuerlöschanlage. Die Serie wurde nach nur einer Saison eingestellt.

Im Yaris-Cup angefangen hatte das YACO Racing Team aus dem vogtländischen Oberland, das dann 2008 in der ADAC Procar-Serie an den Start ging. Dahinter verbarg sich eine Rennserie für den Breitensport, die auf die 1995 erstmals ausgetragene Deutsche Tourenwagen-Challence zurückging. Nach diversen Namens- und Regeländerungen hatte ging YACO in dieser in zwei Klassen (Division 1 bis 2,0 Liter Hubraum, Division 2 bis 1,6 Liter Hubraum) ausgetragenen Tourenwagen-Rennserie an den Start, und zwar mit Corolla- wie auch Yaris, was auch den Namen erklärte. Der ganz große Erfolg stellte sich aber 2008 mit dem Auris ein, als Philip Geipel in der Zweiliter-Division den ersten und bislang einzigen Meistertitel für Toyota holte.

Das YACO Racing Team wurde 2001 gegründet, zunächst für die Teilnahme am Yaris-Cup. 2006 erfolgte der Einstieg in die ADAC Procar Tourenwagenmeisterschaft mit zwei Super 2000 Corolla. Foto: YACO/Motorsportbild Volker Lange

In der Division 1 der Procar-Serie gewann YACO 2008 sowohl die Fahrer- als auch die Teamwertung, im Jahr darauf belegte man jeweils den zweiten Platz – ein toller Erfolg für das Team aus dem Vogtland. Foto: YACO/Motorsportbild Volker Lange

Amerikanische Abenteuer

Win on sunday, sell on monday

Diese alte Marketingweisheit wird gerne zitiert, wenn es darum geht, rennsportliches Engagement zu rechtfertigen. Und ganz ohne Zweifel ist der Motorsport eine ideale Bühne, um den Bekanntheitsgrad einer Marke zu stärken und ein Image aufzubauen. Nun genoss Toyota in Europa zwar keinen ausgesprochen sportlichen Ruf, in den USA dagegen schon. Das Rennsport-Engagement dort hat eine lange Tradition. Federführend dabei ist die nordamerikanische Tochtergesellschaft.

SCCA und Celebrity-Races

1967 engagierte Toyota Tuner-Legende Caroll Shelby, um aus dem 2000 GT einen Rennwagen zu machen, der bei der Rennen des Sports Car Club of America (SCCA) in der 2,5-Liter-Kategorie an den Start gehen konnte. Bei der nationalen SCCA-Serie sind die Fahrzeuge noch sehr seriennah, ein deutsches Gegenstück wäre vielleicht der ehemalige ONS-Rundstreckenpokal. Beim ersten Rennen, 1968, belegten die GT dann die Plätze zwei und vier in ihrer Kategorie; noch im selben Jahr dann war der erste Sieg fällig. Die GT-Produktion lief in diesem Jahr aus, für die nächsten zehn Jahr fuhren Toyota nur noch als Pace Cars ins Bild. Die sportliche Fahne musste in diesem Fall der Celica hochhalten, das war der einzige Toyota, der so etwas wie Sportappeal verbreitete. Über die Jahre aber holten Toyota-Fahrer über 50 SCCA-Titel; kein Zweifel: Toyota und Motorsport, das passte zusammen.

1977 dann begann man mit dem Sponsoring des Celebrity Race, einem Rennen in Long Beach, bei dem Promis gegen Profis antreten. Der sportliche Wert solcher Veranstaltungen ist höchst zweifelhaft, dafür aber immer für Schlagzeilen gut. Bei diesen Zehn-Runden-Rennen sind die Teilnehmer mit identischen Toyota unterwegs, gegenwärtig mit 215 PS starken Scion tC-Coupés. Der Erlös wird einem guten Zweck gespendet.

Der Eagle 997 für die amerikanische CART-Serie. Er hatte nicht das übliche Reynard-Chassis, sondern eines von AAR, All American Racers. Im Heck wummerte Toyotas RV8-Motor mit 2650 ccm und rund 800 PS bei 14.600/min. In dieser Ausführung 1999 gelaufen, aber ohne Titelgewinn. Die Zusammenarbeit zwischen AAR und Toyota endete mit Ablauf der Saison.

Der Toyota 2000 GT wurde erstmals auf der Tokio Motor Show gezeigt. Später holte er diverse Weltrekorde. Caroll Shelby und Dan Guerney setzten den Zweiliter-Toyota 1967 bei SCCA-Rennen ein.

Der IMSA-Celica 1987. In diesem Jahr ging die GTO-Meisterschaft an den von AAR aufgebauten Toyota.

Der Lola-Toyota von Christiano da Matta, dem Champ-Car-Champion des Jahres 2002. Er fuhr für das Newman-Haas-Teams – und dann für Toyota in der F1.

IMSA, CART und IRL

Ernsthafter dagegen war die Gründung von Toyota Racing Development TRD, USA, im südlichen Kalifornien, 1979. Vier Jahre später dann begann man, mit Nachdruck Rennsport zu betreiben und baute auf Celica-Basis Langstrecken-Rennwagen für die IMSA-Serie. 1969 aus der Taufe gehoben, orientierte sich diese Serie an internationalen Standards und unterschied nach Motorleistung beziehungsweise Hubräumen. Toyota trat dort in der GTU-Klasse an, in der Kategorie bis drei Liter. Zehn Siege in drei Jahren kamen so zusammen, nicht schlecht, aber auch nicht richtig gut. Als Toyota dann in die hubraumstärkere GTO-Kategorie wechselte, traf man wieder auf die schier übermächtigen Nissan, die sich in der IMSA-GTO-Klasse richtig gut in Szene setzten. Die GTO-Celica kamen dennoch zwischen 1986 und 1988 auf 18 Siege, 1987 holte man Fahrer- wie Konstrukteurstitel in dieser Serie. Zum Ende des Jahrzehnts verabschiedete man sich von den GTO-Serie und suchte den Wettebewerb in der IMSA-Prototypenklasse, bei den GTP. Diese IMSA-Kategorie, 1981 eingeführt, entsprach den europäischen Gruppe-C-Wagen, den Sportprototypen. Auch in dieser Kategorie waren die Nissan ZX-Turbos lange das Maß aller Dinge; Toyotas GTP-Renner – das Chassis steuerte Dan Gurneys American Eagle bei – holte indes 1992 und 1993 sowohl die Fahrer- und Konstrukteurswertung. Der erfolgreiche Fahrer trug einen berühmten Namen, er hieß Juan Manuel Fangio II. Sehr schöne Erfolge bei den prestigeträchtigen Langstreckenrennen, errungen etwa bei den 12 Stunden von Sebring und den 24 Stunden von Daytona, bewiesen das Potenzial der GTP-Toyota.

Nach dem Ende der Gruppe C verlagerte Toyota seine Aktivitäten von den Sportwagen-Meisterschaften hin zu anderen Wettbewerben. In den USA bedeutete das Mitte der Neunziger dann den Schritt in die Monoposto-Kategorie. Mit der Unterstützung zweier Teams begann 1996 das Engagement in der Championship Auto Racing Teams CART, der erste Sieg ließ aber noch bis zum Jahr 2000 auf sich warten. Am Steuer saß damals der spätere BMW-Williams-Star Juan Pablo Montoya. Der erste Konstrukteurstitel war 2002 zu feiern, am Steuer saß Christiano da Matta. Mit Ablauf der Saison wechselte Toyota nach 21 Siegen in die mit der CART konkurrierende IRL, die Indy Racing League. Fünf Teams unterstützte Toyota dort 2003, gleich im ersten Jahr ging der Konstrukteurstitel wie auch der Fahrer-Titel an Toyota. Und die 500 Meilen von Indianapolis gewann ebenfalls ein Toyota unter Gil de Ferran. Das IRL-Engagement endete nach 17 Siegen bereits wieder 2005, nachdem Team Penske und Ganassi Racing auf Honda wechselten.

NASCAR

Zu der Zeit waren die Weichen für den Einstieg in der NASCAR-Serie bereits gestellt, Die unglaublich populäre NASCAR-Rennserie unterteilt sich in zahlreiche Untergruppen und Kategorien, darunter auch eine solche für Pickups. Mit überschaubarem Aufwand hatte man sich in der NASCAR seit 2001 engagiert, Toyota fuhr, etwas halbher-

Zwischen 2003 und 2005 war Toyota in der IRL aktiv, gleich im ersten Jahr gewann Toyota den Fahrer und den Konstrukteurstitel. Die Rennserie verlor aber immer mehr an Bedeutung.

In der NASCAR Truck Serie geht der Tundra an den Start. Die Nummer 12 wurde 2007 von Darrell Waltrip Motorsports eingesetzt.

2007 debütierte Toyota in der NEXTEL Cup Series und setzte sieben Camrys und drei Teams ein. 2008 kamen weitere hinzu, so der Camry von Aaron's Dream Machine, das die Nr. 99 in der Busch Series an den Start brachte.

Für die NASACR-Homologation mussten 100 Wagen gebaut werden. Das erfolgte beim amerikanischen TRD-Ableger High Point, N.C. Für Vortrieb sorgt ein 5,9-l-V8 mit rund 850 PS bei 7500/min. Die Spitze liegt bei 322 km/h.

zig, mit dem V6-Celica in der Goddy's Dash Serie mit, der NASCAR-Rennserie für Einsteiger. Immerhin: 2003 holte Robert Huffman den Titel, den ersten Titel in einer NASCAR-Kategorie für TRD.

2004 gab man dann in der „Craftsman Truck Series" Gas. benannt nach dem Hauptsponsor. Mit Pickup-Rennen hatte Toyota bereits Erfahrungen gesammelt, Mitte der Achtziger war man in

2006 hatte Toyota mit dem Tundra zum ersten Mal den Konstrukteurstitel für Toyota in der NASCAR World Truck Series gewonnen. Auch 2007 feierte man Erfolge, mit der Nummer 23 Johnny Benson, dahinter Jack Sprague. Foto: Bo Nash / cc-by-sa 3.0

der „Mickey Thomson Off Road Series" angetreten. Wie stets hatte Toyota ein unabhängiges Team mit Aufbau und Einsatz der Renntrucks betraut. Im Falle dieser Serie hieß der Partner PPI, gemeinsam brachte man es bis 1994 auf elf Konstrukteurs- und neun Fahrermeisterschaften. Bei Langstreckenrallyes, ausgetragen im Rahmen der International Off Road Series, brillierte das Team mit sieben Meisterschaftstiteln. Elf Mal gewannen die PPI-Toyota die prestigeträchtigen Wüstenrennen, die Baja 500, und ein Mal die Baja 1000. Das war aber alles nur Spielerei, richtig ernsthaft und auf höchstem Niveau ging Toyota erst jetzt zu Werke. Die NASCAR-Kategorie für Trucks, die Craftsman Truck Series (die nach dem neuen Hauptsponsor seit 2009 „Camping World" heißt) war die ideale Spielwiese für den Tundra, den fettesten aller Toyota-Pickup. Entsprechend von TRD aufgebaute Fahrzeuge stellte man vier Teams zur Verfügung, die sie erstmals 2004 einsetzten. Bereits in der ersten Saison brachte es Toyota auf vier Siege und fünf Poles. Zwei Jahre später, im November 2006, machte Mike Skinner mit einem dritten Platz auf dem Texas Motor Speedway dann den ersten Konstrukteurstitel klar; 2008 holte Johnny Benson den zweiten NASCAR-Titel. Insgesamt hat Toyota in dieser Serie mit dem Tundra in jedem Jahr seit 2006 den Konstrukteurstitel abgeräumt, gegenwärtig stehen auch drei Fahrertitel zu Buche.

Zu Jahresbeginn 2006 hatte Toyota angekündigt, 2007 mit dem Camry in den beiden höchsten NASCAR-Serien anzutreten, der Busch-Serie und dem Nextel-Cup. In dieser uramerikanischen

Seit der NASCAR-Saison 2007 setzt Toyota den Camry ein. Das Nummer-1-Team war das Team Red Bull Racing.

Die NASCAR-Autos haben nur noch ein vage Ähnlichkeit mit dem Ursprungsprodukt und sehen für europäische Augen alle gleich aus. Die Sponsoren-Aufkleber und die Aufschrift auf den Einheits-Karosserien machen den Unterschied: Kelly Bires bei den Northern Tool 250 in Milwaukee, einem Lauf der Nationwide Series. Foto: Royalbroil / cc-by-sa 2.0

Im März 2008 glückte Toyota ein historischer Sieg: Kyle Bush gewann in Atlanta vor Tony Stewart (Bild), ebenfalls auf Camry. Zum ersten Mal seit 1954 hatte damit ein ausländischer Hersteller einen NASCAR-Lauf gewonnen.

Rennserie, in der nur Fahrzeuge amerikanischer Hersteller zugelassen sind, waren Ford, Chrysler/Dodge und GM/Chevrolet bislang unter sich. Nun also stieß als vierter Hersteller Toyota hinzu. Die amerikanische Volksseele kochte, wollten nun die Japaner auch noch die letzte Bastion stürmen?

Ja, genau das war der Plan. Die Kriegskasse der amerikanischen Toyota-Tochter war prall gefüllt, für das auf sieben Jahre angelegte NASCAR-Programm standen rund 200 Millionen Dollar bereit. Pikantes Detail am Rande: Der Camry war der einzige Wagen im Starterfeld, dessen Serienpendant tatsächlich in den USA gebaut wurde. Die Ford-Limousine dagegen lief in Mexiko vom Band, Dodge und Chevrolet in Kanada. Die Autos in diesen beiden Kategorien sind im Grunde genommen identisch, wobei die Nextel-Wagen leistungsstärker sind. Ihre merkwürdigen Namen verdanken diese Rennserie übrigens den jeweiligen Hauptsponsoren. Nextel ist ein Kommunikationsunternehmen, Busch ein Getränkemulti, wobei die Sponsoren inzwischen wechselten: „Busch" heißt seit 2008 „Nationwide", was früher „Nextel" hieß, ist heute „Sprint Cup".

Die 500 Meilen von Daytona bildeten traditionell den Auftakt der neuen NASCAR-Saison. Dort anzutreten ist ziemlich kompliziert. Der Großteil der Startplätze ist bereits vergeben, dabei spielt die Vorjahresplatzierung eine Rolle. Drei Teams gingen mit ihren Camry in die Vorqualifikation, die Rennställe von Bill Davis, Michael Waltrip Racing sowie, das A-Team sozusagen, das Team Red Bull. In beiden Rennkategorien wird mit nahezu identischem Material gefahren, der V8-Camry für den Sprint Cup wird mit 850 PS angegeben, der Nationwide-Camry leistet 650 PS.

Der erste Auftritt in der „kleinen Division", der „Busch"-Serie, war nicht gerade ein durchschlagender Erfolg: Nur vier Camry überstanden die Qualifikation. Die beiden Red Bull-Camry schieden nach Unfall aus, und der Camry mit der Nummer 55 von Teamchef Michael Waltrip wurde wegen Spritpanscherei disqualifiziert und das Team später zu einer Rekordgeldstrafe von 100.000 Dollar verurteilt. Von den verbliebenen vier Camry, die durch die Qualifikation gekommen waren, belegte der beste dann im Rennklassement Rang 22. Allerdings war jedem Szenekenner klar, dass das nicht so bleiben würde, bereits Ende Juli 2007 holte Jason Leffler den ersten Camry-Sieg in der Rennserie. Im Sprint Cup, der großen Division dagegen gab es bei 36 Läufen lediglich zwei Poles für Toyota, ein Top-Fünf-Platzierung und zehn Top Ten – deutlich zu mager für die inzwischen sieben Toyota-Teams. 2008 indes platzte der Knoten, es gab zehn Camry-Siege, und Toyota hatte NASCAR-Geschichte geschrieben: Zum ersten Mal seit Bestehen der Serie (und die gab es seit 1954) gelang einem ausländischen Hersteller ein Doppelsieg, und Toyota mit seinem Starpiloten Kyle Bush wäre beinahe zum ganz großen Helden des NASCAR-Saison 2008 aufgestiegen: Bush nämlich ging in allen drei NASCAR-Kategorien an den Start, und nur ein Reifenplatzer verhinderte, dass er nach den Sieg im Sprint Cup und der Craftsman-Serie auch im Nationwide-Lauf sich den Siegeslorbeer holten.

Ex-Champion Jaques Villeneuve wechselte von der Formel 1 in die NASCAR. Hier 2008 in seinem Camry während der Daytona Speedweeks. Allerdings konnte sich der Kanadier nicht durchsetzen und auch keine Erfolge feiern. Foto: Freewheeling Daredevil / cc-by-sa 2.0

Die Super GT-Serie

Racing im Reich der Sonne

Für alle japanischen Hersteller ist der Sport vor heimischem Publikum von enormer Wichtigkeit. Das Reglement und die Rennklassen entsprechen ungefähr dem internationalen Reglement.

Zwischen 1979 und 1983 wurde im Rahmen der japanischen Tourenwagenmeisterschaft mit Gruppe-5-Autos gefahren, den so genannten Super Silhouette. Nach dem Ende dieser Spezial-Produktionswagen-Serie, bei denen die Original-Silhouette und der Original-Motorblock hatten beibehalten werden müssen, wurde dann 1984 in der japanischen Tourenwagenmeisterschaft JTC mit Fahrzeugen gefahren, die mit der hiesigen Gruppe A vergleichbar waren. Diese Serie war natürlich der ideale Tummelplatz für die drei großen Hersteller, für Nissan, Honda und Toyota, die dort Werksteams wie, im Falle Toyota, TOM'S und SARD einsetzten.

1994 führte der mit immer größerem Aufwand betriebene Tourenwagen-Sport zur Einführung einer neuen Rennserie, der JGTC (Japan GT Championship). Diese GT-Serie unterschied sich von dem im Rest der Welt gültigen FIA-GT-Regelwerk, was erklärt, warum die entsprechenden Skyline, Supra oder NSX außerhalb Japans praktisch nicht stattfanden, von sporadischen Auftritten

Nur für die Fuji-Serie gebaut: der Turbo-Celica 1973, eingesetzt in der nationalen Tourenwagenserie.

Start zum ersten Japan-GP auf dem Fuji-Rennkurs, Japans erster permanenter Rennstrecke. Das Starterfeld ist bunt gemischt. Neben Crown, Prince und Datsun sind auch einige europäische und amerikanische Wagen zu finden.

1977/78 setzte Schnitzer in der Deutschen Rennsportmeisterschaft den Celica ein. Der Gruppe-5-Liftback in der Division 1 (über 2000 cm³) hatte einen 2,1-Liter-Turbo mit 560 PS, in der kleinen Division einen 380 PS starken 1,4 Liter.

Der Corolla Levin AE86 von 1986, ein beliebtes Renngerät nicht nur im japanischen Tourenwagensport.

Der Castrol TOM'S SUPRA in der Super GT 500. In der Endabrechnung der Saison 2001 gab es einen 12. Rang für die Nummer 36.

etwa in Europa einmal abgesehen: Das Falken-Team setzte im Jahr 2000 einen rechtsgelenkten Supra beim 24-Stunden-Rennen am Nürburgring ein. Für Vortrieb sorgte der Zweiliter-Twinturbo mit 500 PS aus dem Rallye Celica. Der kompakt bauende Vierzylinder mit sequenziellem Hewland-Sechsganggetriebe kauerte fast ein wenig verloren in dem mächtig breiten Supersportler, konnte aber aufgrund seiner Abmessungen weit hinter der Vorderachse platziert werden, was der Balance zu Gute kam. Besohlt mit 280er Falken-Slicks auf fetten 18-Zoll-Magnesium-Rädern, gehörte der 1,11 Meter flache Supra GT zu den Publikumslieblingen auf dem Ring. Im Jahre 2000 schied der Falken-Supra nach einem Unfall aus, nachdem man zeitweilig auf dem dritten Platz gelegen hatte.

2004 schließlich mündete die JGTC in die Super GT-Serie. Diese Rennen sind, anders als etwa die DTM-Veranstaltungen,

Der Advan-Supra mit der Startnummer 25 kam in der Super-GT-Saison 2001 auf einen 19. Platz.

Noch ein Konkurrent in der GT 300: Yuji Kunimoto im Corolla Axio, ebenfalls beim Qualifying zu den Fuji GT 400 im Mai 2010. Foto: Morio / cc-by-sa 3.0

Nach Einführung der Marke Lexus in Japan wurden die Supra ausrangiert und durch SC 430 ersetzt. Im Bild der SC des Mobil-1-Toyota Teams Le Mans vor dem Toyota Team TOM'S.

keine Sprintrennen, sondern gehen über mindestens 250 bis 1000 Kilometer, haben also Langstreckencharakter. Ein Fahrerwechsel ist obligatorisch. Damit keine Marke zu sehr dominiert, sind die Motoren in Abhängigkeit von Hubraum und Fahrzeuggewicht mit Luftmengenbegrenzern bestückt. Zusätzlich gibt es Strafgewichte für die Sieger. Die GT-Wagen gehen in zwei Klassen an den Start, der GT 500 und der GT 300. In der GT 500 ist das technische Niveau aber inzwischen so hoch, dass im Grunde genommen nur noch die Plattform (und auch die nicht unverändert) aus der Serie übernommen wird, und die Karosserie erinnert nur noch vage an die Lexus SC, Nissan Fairlady oder Honda NSX, die angeblich die Basis bilden. In dieser Königsklasse machen die Werksteams den Titel unter sich aus. Ihre europäische Entsprechung finden sie vielleicht in den Le Mans Prototypen. Nicht ganz so schnell, nicht so teuer und nicht so im Focus der Werke: die GT 300-Klasse, bei der auch europäische GT wie Ferrari, Porsche oder Lamborghini Chancen haben.

Toyota brachte 2006 den Lexus SC 430 in der großen Division an den Start; gleich im ersten Jahr gab es die erste Meisterschaft, 2009 dann den zweiten Titel. In der kleinen Division ist man mit dem Lexus IS 350 und dem Toyota Corolla Axio vertreten, den 2009er-Titel holte sich der Lexus. Immer wieder gab es in den letzten Jahren auch Bestrebungen, für die europäischen Tourenwagenserien und die Super GT ein einheitliches Reglement zu schaffen, was den Gerüchten vom Toyota-Einstieg in den Tourenwagensport neue Nahrung gab. Außerdem hatte man schon einen Lexus IS mit entsprechender Bodengruppe (die mutmaßlich von Opel stammte) seine Runden drehen sehen. Daraus wurde nichts, Toyota griff stattdessen in der Langstrecken-Weltmeisterschaft an.

In der Super GT 300 trat 2005 das Cerumo-Team mit dem Celica an. Der von Toyota-Technocraft getunte 2,0-l-Vierzylinder-Turbo brachte rund 300 PS bei 6000/min. Platz 12 in der Teamwertung.

Mit dem Supra HV-R, einem Hybriden mit 4,5-l-V8 und drei Elektromotoren insgesamt (zwei jeweils 10 kW-Motoren an den Vorderrädern, einem 150-KW-Elektromotor an der Hinterachse) gelang Toyota im August 2007 der Klassensieg in der Super GT bei den 24 Stunden von Tokashi.

Kosuke Matsuura 2010 (EVA Racing) mit dem Evangelion-Corolla RT beim Qualifying zu den Fuji GT 400. Foto: Morio / cc-by-sa 3.0

Blitzartig: Der „Ligthning McQueen MR-S", mit dem Kohei Hirate im Mai 2008 auf dem Fuji Speedway den dritten Lauf der GT 300 gewann. Foto: Morio / cc-by-sa 3.0

Das Team SG Changi setzte 2011 in der GT 300 den Lexus IS 350 ein. Die Läufe gehen über verschiedene Distanzen, gefahren wird meist, so wie hier über 250 km, in Fuji. Foto: Morio / cc-by-sa 3.0

Der Lexus SC 430 wird in der großen Division von gegenwärtig sechs Teams eingesetzt, etwa vom Lexus Team SARD, Juni 2011. Foto: Morio / cc-by-sa 3.0

Formel 1

Einstieg in die Königsklasse

Schwierigkeiten ist man bei Toyota noch nie aus dem Wege gegangen, und im Motorsport gilt die Formel 1 noch immer als die ultimative Herausforderung. Und, typisch Toyota: Beim Rennsport auf höchstem Niveau machte man keine halben Sachen und erstellte in Köln dafür gleich eine ganze Fabrik. Einen kleinen Schönheitsfehler hatte das F1-Engagement allerdings schon: Es gelang aber leider nie, dem Aufwand entsprechende Resultate zu erzielen. Und dennoch war es eine Überraschung, als die Verantwortlichen in Tokio im November 2009 den Ausstieg aus der Formel 1 verkündeten.

Der Einstieg in den Formel-Rennsport hatte dagegen deutlich längere Zeit in Anspruch genommen. 1974 etwa gingen die ersten Formel-3-Rennwagen mit Toyota-Motoren an den Start, ein erster internationaler Erfolg war allerdings erst gut zehn Jahre später zu verzeichnen: Ein Toyota-FS gewann 1983 den GP von Macau, 1987 gab es sogar einen Doppelsieg. Im Jahr darauf saß der Gewinner der britischen Formel-3-Meisterschaft in einem Formel-Rennwagen mit Toyota-Motor.

Härter ging es bei der internationalen CART-Serie zur Sache. Auf den Stadtkursen, Rennstrecken und Nudeltopf-Ovalen in den USA, Kanada, Mexiko, Brasilien, Deutschland und England war der japanische Automobilgigant seit 1994 als Motorenlieferant vertreten. Erste Erfolge konnten 1996 nach Japan gemeldet werden, 1999 gab es die erste Pole-Position, 2000 folgten weitere CART-Siege – so ziemlich exakt der Zeitplan, den sich Toyota auch für sein Formel-1-Projekt steckte: Nach fünf Jahren, im Jahr 2007, wollte die Truppe um Toyota-Motorsport-Chef Ove Andersson erste Siege vorweisen.

Die Wahl des Standortes Köln galt als außerordentlich mutiger Schritt, ein ungeschriebenes Gesetz in der F1 besagt, dass ein erfolgreicher Rennstall in Großbritannien beheimatet sein müsse. Teamchef Andersson sah das anders: „Köln liegt in der Mitte Europas mit kurzen Wegen zu vielen Rennen." Dennoch war die Skepsis bei der etablierten Konkurrenz groß: Formel 1, made in Germany? Andersson: „Im Rahmen unseres Rallye-Projektes haben wir an Veranstaltungen in Europa, aber in Übersee teilgenommen. Der damit verbundene logistische Aufwand war enorm, hat aber einen wichtigen Erfahrungsschatz aufgebaut. Die Entscheidung, das Formel-1-Projekt nach Köln zu verlagern, hat somit weniger mit dem Standort als vielmehr mit der Erfahrung zu tun, die sich die Toyota Motorsport GmbH in den letzten Jahren erarbeitet hat."

Das leuchtete ein, um so mehr, als Teamchef Andersson sein Team um wichtige Formel-1-Spezialisten erweiterte. Als Chassis-Konstrukteur konnte der Österreicher Gustav Brunner nach Köln geholt werden. Motorenchef Norbert Kreyer, bereits zuvor in TTE-Diensten, erhielt Verstärkung in Gestalt des Ex-Ferrari-Mannes Luca Marmorini, und an der Entwicklung von Aerodynamik und Getriebe waren ehemalige Sauber-Mitarbeiter beteiligt. Bereits ein halbes Jahr vor dem ersten Rennen im März 2002 waren in Köln über 300 Formel-1-Motoren gebaut worden – im Sandguss produziert von Thyssen in Hildesheim. Der V10 wies einen Zylinderwinkel von 90 Grad auf, in der letzten Ausbaustufe standen um die 850 PS zur Verfügung.

Der TF102 Prototyp war ein sehr konservativer Entwurf, kaum mehr als eine Fingerübung der F1-Mannschaft.

Der TF 102. Mit zwei Punkten in der Endabrechnung des Jahres 2002 wurden alle Erwartungen übertroffen.

Die Saison 2002

Das zwölfte Team in der Formel 1 ging mit den Startnummern 24 und 25 ins Rennen, und der Saisonauftakt in Melbourne fing schon gut an: Zwar fiel der TF 102 von Fahrer McNish nach Unfall aus, doch der zweite unter Teamkollege Mika Salo machte einen sensationellen sechsten Platz: Der erste Punkt für Panasonic Toyota, das einzige Team neben Ferrari, das Auto und Motor in Eigenregie erstellte. Nur Optimisten allerdings glaubten, dass das nun so weitergehen würde, und die sahen sich nach dem zweiten Rennen in Sepang bestätigt: McNish, gestartet von Rang 19, verpasste nur knapp den sechsten Rang, und hätten nicht Probleme in der Elektronik Mika Salo eingebremst, wäre hier drin gewesen als „nur" ein zwölfter Platz. Chef Andersson war dennoch recht zufrieden: „Es ist unser zweites Rennen, und beide Autos kamen über die Ziellinie – ein sehr gutes Ergebnis für Team". Noch zufriedener war man nach dem GP von Interlagos. Wohl musste Pechvogel McNish seine Nummer 25 an der Box parken, doch gelang es Mika Salo erneut, in die Punkte zu fahren – Rang sechs für den Finnen, der mit Toyota die Überraschung der Saison zu sein schien. Ove Andersson hatte alle Hände voll zu tun, um die Euphorie zu dämpfen. Er wurde nicht müde zu betonen, dass es noch viel zu lernen habe – und der Totalausfall von San Marino unterstrich diese Einschätzung: „Wir müssen den Realitäten ins Auge sehen. Auch das gehört zu unserem Lernprozess." Im Saisonverlauf wies die Formkurve weiterhin starke Schwankungen auf, für das beste Resultat sorgte noch Mika Salo, der im belgischen Spa einen siebten Platz nach Hause fuhr. In der Konstrukteurs-WM des Jahres 2002 tauchte die Multi-Kulti-Truppe aus Köln-Marsdorf auf Rang zehn auf. Legt man die Zahl der zurückgelegten Runden zu Grunde, fanden sich die F1-Einsteiger auf Rang 6: Wirklich nicht schlecht für eine Mannschaft, die beim Nullpunkt angefangen hatte. Teamchef Andersson jedenfalls hatte allen Grund, zufrieden zu sein: „Wir haben einen vernünftigen Job gemacht." Dennoch warnte er vor allzu großen Erwartungen für die Saison 2003. 15 Punkte, so dem Vernehmen nach, lautete die Vorgabe der Oberen aus dem fernen Japan, die zunehmend Geschmack am Formel-1-Abenteuer gewannen.

Die Saison 2003

Der neue TF103 sah ein wenig nach Ferrari aus, doch dafür gab es eine einleuchtende Erklärung. Designchef Gustav Brunner gegenüber *motorsport aktuell*: „Du orientierst dich am besten Rennstall, und das ist Ferrari", und Chefingenieur Norbert Kreyer ergänzte: „Wenn wir nicht das beste Auto als Vorbild nehmen

Evolution, nicht Revolution: Der TF 103 präsentierte sich als gelungene Weiterentwicklung des Vorjahresmodells.

würden, wären wir dumm." Zum neuen Chassis gesellte sich der neue Zehnzylinder, entwickelt unter Luca Marmoni. Der neue 90-Grad-V10 mit der Bezeichnung „RVX-03" gehörte mit einer Leistung von bis zu 885 PS im Qualifying zu den druckvollsten Triebwerken im Feld.

Zum neuen Wagen gesellte sich eine neue Fahrerpaarung, Olivier Panis und Cristiano da Matta. Als dritter Mann ergatterte Ricardo Zonta ein Cockpit bei den Rot-Weißen. Das erste Rennen der Saison sah auch einen neuen Mann an der Spitze der Toyota Motorsport GmbH. Der Brite John Howett, bisher Vice President der Toyota Motor Marketing Europe, übernahm die Leitung des Unternehmens mit mehr als 550 Mitarbeitern. Ove Andersson blieb Vice Chairman und Teamprinzipal.

Zum Saisonauftakt 2003 in Australien hatte man zumindest einen Fahrer in den Top Ten, erst beim vierten Lauf, dem San-Marino-GP, waren dann beide TF103 im Ziel; und in Spanien holte der Brasilianer für Toyota die ersten Punkte der Saison. Aus den folgenden vier Rennen war das beste Resultat ein achter Rang von Olivier Panis (was einen Punkt für die Konstrukteurswertung ergab), beim Rennen in Frankreich – es war so trocken gewesen, dass die verdorrten Wiesen vom Veranstalter mit grüner Farbe besprüht worden waren, um den optischen Eindruck zu verbessern – hamsterte Panis ein weiteres Pünktchen ein, während in Silverstone da Matta ins Blickfeld rückte: Aus der dritten Startreihe ins Rennen gegangen, neben sich den Weltmeister Schumacher, der von dieser ungewohnten Position aus ins Rennen ging, schaufelte der Brasilianer als Siebter zwei weitere Pünktchen aufs Toyota-Konto. Bei der Hitzeschlacht auf dem Hockenheimring fuhren sogar beide Toyota in die Punkte, in der Konstrukteurs-Wertung hatte man sich auf Rang sechs vorgearbeitet. Keinen Grund zum Jubeln dagegen hatten die Kölner bei den nächsten Rennen, besonders ärgerlich die Ereignisse in den USA: Auf dem Indianapolis Speedway stand Panis auf dem dritten Startplatz, das bislang beste Trainingsergebnis überhaupt. Näher war man den Podestplätzen noch nie. Die wechselhafte Witterung setzte allen Hoffnungen aber ein jähes Ende, da Matta kam wieder einmal auf dem undankbaren neunten Platz ins Ziel. Zum Saisonabschluss in Japan, dem vielleicht wichtigsten Rennen der Saison für einen japanischen Hersteller, starteten beide Toyota nach einer sensationellen Trainingsleistung aus der zweiten Startreihe; da Matta und Panis kamen auf den Rängen sieben und zehn an. In der Fahrerwertung belegte das Team mit 16 Punkten den achten Rang, in der Zuverlässigkeits-Wertung lag Toyota auf fünf. Alles in allem eine anständige Leistung, die auf eine entsprechende Vorstellung in der Saison 2004 hoffen ließ, zumal mit Mike Gascoyne (der von Renault zu Toyota wechselte) ein neuer Technischer Direktor verpflichtet werden konnte.

Die Saison 2004

Zur neuen Saison verabschiedete sich Ove Andersson aus dem aktiven Geschehen: Bei Toyota, so die internen Gepflogenheiten, scheiden die Topmanager mit 65 Jahren aus. Andersson, seit 1971 in Diensten von Toyota und der Kopf hinter der Motorsport-Abteilung TTE, stand dem Unternehmen aber weiterhin als Berater zur Verfügung. „Ich habe den Motorsport immer gleichermaßen als Beruf wie als Hobby gesehen." Und bei der Ausübung seines Hobbys sollte er wenige Jahre später bei einer Oldtimer-Veranstaltung in Südafrika durch einen unverschuldeten Unfall ums Leben kommen.

Der von Gustav Brunner und seinem Team entwickelte TF104 basierte auf dem Vorjahres-Entwurf, der, so der Chefdesigner, „entsprechend der Toyota Philosophie von der stetigen Verbesserung" für „Evolution statt Revolution" stand. Doch trotz der Ähnlichkeiten waren alle Komponenten leichter, steifer, zuverlässiger und insgesamt leistungsfähiger geworden. Die größte Herausforderung indes stellte der Motor dar. Denn nach dem neuen Reglement der Formel I durfte am gesamten Rennwochenende nur ein einziger Motor pro Fahrzeug eingesetzt werden. Die Schwachstelle am TF104 war allerdings nicht die Standfestigkeit des Motors, sondern die Aerodynamik und die Balance. Mittelmäßige Resultate kennzeichneten den Saisonverlauf; in der Team-Wertung belegte man den achten Platz mit neun Punkten.

Die Verpflichtung von Ralf Schumacher im Juli 2004 schien für die Saison 2005 den erhofften Schub nach vorne zu bringen. Der 29-jährige Wahl-Österreicher mit dem millionenschweren Drei-Jahres-Kontrakt kam von BMW-Williams und hatte dort sechs GP-Siege herausgefahren. Wie sein Bruder, der Rekordweltmeister, besaß Schumacher ein ausgeprägtes technisches Verständnis, eine Fähigkeit, die für die noch vergleichsweise unerfahrene F1-Truppe von besonderem Wert war. Und der ein Jahr ältere Italiener Jarno Trulli erwies sich als kongenialer Partner. In der Vorsaison war er noch für Renault unterwegs gewesen und hatte seinem Teampartner, dem jungen Spanier Fernando Alonso, gehörig Zunder gegeben. Außerdem war Trulli immer für eine Top-Qualifikationszeit gut. Beide Toyota-Fahrer allerdings pflegten völlig unterschiedliche Fahrstile.

Die Erwartungen an die Saison 2004 waren hoch, das gute Abschneiden im Vorjahr, wo Christiano da Matta und Oliver Panis insgesamt 16 Punkte in der Konstrukteurswertung eingefahren hatten, machten Hoffnung auf Mehr.

Mit dem TF105 gelangen dem jungen Team die ersten Podestplätze und Pole-Positions. Das gründlich überarbeitete B-Modell debütierte zum Heim-GP in Suzuka.

Die Saison 2005

Ihr neues Dienstgerät, der TF105, war der erste Toyota, für den Cheftechniker Mike Gascoyne die alleinige Verantwortung trug und unter den Bedingungen des neuen FIA-Regelwerks entstanden. Diese wirkten sich vor allem auf die Aerodynamik aus, führten zu höher gelegten Frontflügeln, nach vorn versetzten Heckflügeln und beschnittenem Diffusor. Insgesamt sollte so der Abtrieb verringert werden und die Kurvengeschwindigkeit sinken. Neue Regeln auch für die Motorenbauer, Luca Marmorinis Zehnzylinder mit 910 PS in der Spitze mussten nun zwei Rennwochenenden, also 1500 Kilometer durchhalten – was sie in der Regel auch taten. Perfekt ausbalanciert war der TF 105 indes nicht, der Reifenverschleiß war zu hoch, ein Problem, das durch das nunmehrige Verbot des Reifenwechsels während des Rennens auch nicht geringer wurde. Der TF105 war gegenüber dem TF104 um 15 Kilogramm leichter geworden. Damit lag er 45 Kilogramm unter dem Limit, die Topteams allerdings lagen um rund zwei Zentner unter dieser Marke und konnten den notwendigen Ballast feiner austarieren.

Die ersten Saisonergebnisse ließen hoffen. Nach den ersten drei Rennen war Jarno Trulli bereits zwei Mal – Malaysia und Bahrain – als Zweiter auf dem Treppchen gestanden, während Schumacher, der mit dem Wagen deutlich mehr zu kämpfen hatte, die Punkte für einen fünften und einen vierten Platz nach Hause brachte. Punkte holte Trulli auch in San Marino, in Spanien dann waren beide Toyota in den Top-Five, in Monaco lag Trulli zeitweise auf Platz zwei, ging aber leer aus, während Schumacher punktete. Erster Saisonhöhepunkt war die erste Pole durch Trulli in Indianapolis. Daraus allerdings konnte man kein Kapital schlagen, wegen des M.-Schumacher-Unfalls steuerten nach der Einführungsrunde alle Michelin-bereiften Wagen – also zwei

Jarno Trulli beim Kanada-Grand Prix 2005. Der Italiener ging von Startplatz 5 aus ins Rennen, fiel aber nach Bremsproblemen als Zwölfter aus der Wertung. Teamkollege Ralf Schumacher wurde Sechster. Foto: TMWolf / cc-by-sa 2.0

In der Saison 2006 setzte sich der Aufwärtstrend nicht fort. Der TF106 erfüllte die Erwartungen nicht.

Drittel des Starterfeldes – aus Sicherheitsgründen die Boxen an und packten zusammen. Dann zurück in Europa. Magny-Cours: Plätze fünf und sieben für die Rotweißen; in England ein weiteres Pünktchen mit Platz acht, zwei Wochen später in Hockenheim erneut Punkte für Schumacher, der auf Rang sechs landete. Dann kam der 13. Lauf auf dem Hungaroring. In Ungarn fuhr das Panasonic Toyota Racing Team insgesamt elf Punkte ein: Ralf Schumacher wurde Dritter, Trulli belegte den vierten Rang. „Wir werden weiterhin Gas geben", versprach Teamchef Tsutomu Tomita. Das zweite Saisonhighlight war sicher die Pole von Ralf Schumacher mit dem weiterentwickelten TF 105B beim Heim-GP in Suzuka vor der versammelten Toyota-Führungsspitze. Am Ende belegte man mit 88 Punkten den vierten Platz in der Konstrukteurs-WM, voller Zuversicht ging man in die Saison 2006: Der anvisierte Platz an der Spitze schien nur noch einen Hauch entfernt.

Die Saison 2006

Um so bitterer verlief dann die Saison. Hatte man Mike Gascoyne bislang vorgeworfen, zu vorsichtig zu agieren, so blieb bei dem TF 106, so schien es, keine Schraube unangetastet. Neues Chassis, neuer V8, neue Reifen (Bridgestone statt Michelin, dafür wieder Reifenwechsel erlaubt) – hätte das funktioniert, hätte die versammelte Presse andächtig die Köpfe gesenkt und die Genialität des Toyota-Systems gepriesen, nicht ohne ein „Kein Wunder bei dem Budget" hinterherzuschicken. Anlass zum Kopfschütteln sollte der TF 106 in dieser Saison tatsächlich bieten.

In dieser miserablen Saison lief bei dem 800-Köpfe-Team aus Köln nur wenig zusammen. Der TF 106 war eine einzige Enttäuschung, auch in der Evolutionsstufe TF 106B, die beim GP in Monaco an den Start gebracht wurde. Die B-Version mit modifizierter Vorderachse (die unteren Querlenker waren direkt mit den Chassisflanken verbunden) wurde dann von Rennen zu Rennen modifiziert. Für Hockenheim etwa verbesserte man den Vorbau der Seitenkästen, beim GP China zum Beispiel waren Änderungen in Länge und Winkel der Kühlauslässe zu bemerken.

Im Heck des neuen rotweißen Boliden schlug mit dem RVX-06 ein neuer 90-Grad-V8-Motor mit 2,4 Liter Hubraum, eine Folge des neuen FIA-Reglements. Obwohl bereits im März 2005 der V8 seinen ersten Huster tat und Gascyone seinen Boliden noch im Dezember vorstellen konnte, noch vor allen anderen Teams, gelang es in der Saison 2006 nicht, den Abstand zu den Topteams zu verkürzen. Beste Platzierung war noch der dritte Platz von Schumacher in Australien. Unmittelbar darauf musste Cheftechniker Gascoyne seinen Hut nehmen, seine Nachfolge trat der ehemalige Michelin-Mann Pascal Vasselon an. Der Wechsel brachte nicht die erhofften Erfolge: Ein indiskutabler sechster Platz in der Konstrukteurswertung mit mageren 35 Pünktchen blieb weiter hinter den Erwartungen zurück denn je.

Mit dem TF106B sollte beim GP von Monaco die Wende eingeleitet werden, immerhin ließ Schumachers achter Rang hoffen. Im Endklassement belegte Toyota aber lediglich einen sechsten Rang.

Der TF107 stellte das Team immer wieder vor Rätsel. Beim GP von England schaffte Ralf Schumacher den sechsten Startplatz. „Warum wir hier so schnell sind? Das wüssten unsere Ingenieure auch gerne.“. Im Rennen aber war nach 16 Runden Schluss, Teamkollege Trulli, hier im Bild, fiel ebenfalls aus.

Die Saison 2007

Beim TF 107 rückte man erstmals von der von Cascyone eingeführten Methode wieder ab, im Saisonverlauf eine Evolutionsstufe, ein B-Modell, nachzuschieben. Durch den Verzicht auf eine Parallelentwicklung sollte die Konzentration der Kräfte auf den jeweiligen Renner gewährleistet werden. Dazu kamen Umstrukturierungen im Team. Mit Tadashi Yamashima wurde ein neuer stellvertretender Geschäftsführer installiert, der dafür Sorge tragen sollte, dass die Zusammenarbeit zwischen Köln und TRD effektiver ablief.

Der neue TF 107, wie er bereits Anfang Januar 2007 in Köln vorgestellt wurde, unterschied sich deutlich vom Vorjahresmodell, kein Teil, so Pascal Vasselon, war vom TF 106B übernommen worden. Beibehalten worden war lediglich der Radstand von 3090 Millimetern. Besonders auffällig waren die höhere Nase sowie der höhere Vorderwagen mit den Anlenkpunkten für die oberen Querlenker: In der Szene munkelte man von einer neuartigen Aufhängungstechnik mit automatischer Sturzverstellung. Der Achtzylinder-Motor rückte um 100 Millimeter weiter nach vorne, folgerichtig streckten sich das neue Siebengang-Schnellschaltgetriebe und das Differential in die Länge. Die Getriebeglocke bestand aus Titan und nahm die Anlenkpunkte der Hinterradaufhängung auf. Durch diese Modifikationen konnte auch die Heckpartie strömungsgünstiger gestaltet werden. Nur Feinarbeit gab es am 740 PS starken Motor, die FIA hatte den Leistungserhöhungen einen Riegel vorgeschoben und verfügt, dass Motorblock und Kurbelwelle bis 2010 nicht angetastet werden durften. Überdies wurde ein Drehzahllimit von 19.000 Umdrehungen eingeführt, Toyota musste um 500 Touren reduzieren.

Die ersten Tests in französischen Le Castellet verliefen vielversprechend, allerdings blieb auch in dieser Saison der TF 107 den Beweis seiner Klasse schuldig, es gab keinen Podestplatz, und mit 13 Punkten in der Konstrukteurswertung war man auch weit entfernt von der Spitze. Längst schon spekulierte man über eine Ablösung von Ralf Schumacher, dem der TF 107 wesentlich schlechter lag als seinem Teamkollegen. Dass Teamprinzipal Tomita Ende Juni 2007 seinen Stuhl räumte, passte ins Bild eines Teams, das komplett statt an der Spitze neben der Spur fuhr.

Die Saison 2008

2008 sollte es endlich besser werden, und das tat es zunächst auch: Nachdem Schumacher durch den jungen Timo Glock ersetzt worden war, kam man immerhin zu Podestplätzen. Doch trotz dieses zweitbesten Ergebnisses der bisherigen F1-Geschichte fuhren die „Krösusse der Boxengasse“ (Achim Schlang) ihren Ansprüchen hinterher. Man munkelte bereits, dass man in der Konzernzentrale langsam die Geduld verlöre und über Alternativen zur Formel 1 nachdächte, was Teamchef Howett indirekt auch bestätigte:

Superheld gesucht: Die Fachwelt rätselte, warum es Toyota nicht gelang, trotz der hervorragenden Voraussetzungen, ein konkurrenzfähiges Auto zu bauen. Jarno Trulli und Timo Glock posieren am TF108 im Rahmen einer PR-Aktion zur Einführung des neuen Batman-Films The Dark Knight.

Beim großen Preis von England fuhren die Toyota mit Batman-Logo, Trulli wurde in seinem TF108 Siebter, Glock Zwölfter. Foto: Marc Evans / cc-by-sa 2.0

„Dieses Team ist allerdings nicht dazu da, vierte oder fünfte Plätze zu belegen.". Immerhin: Zwei Mal klappte es mit dem Podium: Timo Glock belegte am Hungaroring den zweiten, Trulli in Frankreich den dritten Platz. Dazu kamen während der Saison eifrig gesammelte Punkte. In der Endabrechnung hamsterte man so 56 Zähler ein, Rang fünf in der Konstrukteurswertung. Dennoch war klar: Die Truppe fuhr auf Bewährung.

Die Saison 2009

Das Jahr 2009 stand ganz im Zeichen der KERS-Regelung. Hinter dieser Abkürzung verbarg sich ein Hybrid-System, das die beim Bremsen auftretende Wärme speicherte und über einen Elektromotor in zusätzlichen Antrieb umwandelte. Über einen Knopf im Cockpit konnten die Piloten bis zu 80 PS zusätzlich abrufen, die Menge der pro Runde zur Verfügung stehenden Energie war allerdings begrenzt. Toyota hatte mit einem solchen Rückgewinnungssystem bereits Erfahrung, der Supra HV-R,. der 2008 das 24-Stunden-Rennen von Tokachi gewonnen hatte, war mit einem ähnlichen System ausgestattet, bei dem bereits 70 Prozent der beim Bremsen auftretenden Energie zurückgeholt worden war. Allerdings: „Hier kam noch fortschrittlichere Technologie zum Einsatz...", erklärte Motorenchef Marmorini. Weitere wesentliche Neuerung war die Rückkehr der Slicks, der Reifen ohne Profil.

Bei der Vorstellung des neuen TF109, der am 15. Januar 2009 vorgestellt wurde, ließ dann Teamchef Tadashi Yamashita keine Zweifel offen: Mindestens ein Sieg war Pflicht. Diese F1-Saison brachte das für Toyota übliche Auf und Ab. Schieres Pech wechselte sich ab mit einigen beeindruckenden Vorstellungen, gerade in der ersten Saisonhälfte: Den Saisonauftakt beendete Trulli auf drei, während Timo Glock von der Boxengasse aus auf Rang vier vorstieß; auch in Malaysia lagen die beiden auf drei und vier (wenn auch in umgekehrter Reihenfolge). In Bahrein dann gehörte die erste Startreihe beiden Toyota, Reifenprobleme führten dazu, dass der so dringend erwartete Sieg knapp verfehlt wurde: Trulli auf drei, Glock auf sieben. Danach regierte das Mittelmaß, und je länger die Saison dauerte, desto durchwachsener wurden die Ergebnisse. Dazu kam noch der Unfall von Glock, der dann durch den Japaner Kobayashi ersetzt werden musste: Am Ende reichte es noch für einen zweiten Platz in Japan und einen sechsten und siebten Platz in Abu Dhabi, zu 59,5 Punkten in der Konstrukteurswertung

Seit 2008 fuhr das Team auf Bewährung, und zumindest die erste Saisonhälfte ließ hoffen, dass 2009 endlich Erfolge eingefahren werden könnten. Mit 59,5 Punkten schlug sich der TF109 zwar etwas besser als der TF108, doch das war in Zeiten der Krise zu wenig.

und wiederum Rang fünf – achtbar, aber nicht das, was man sich beim Einstieg erhofft hatte. Drei Tage nach dem letzten Rennen fiel dann die Entscheidung zum Ausstieg, nicht zuletzt auch wegen der Krise in der Automobilwirtschaft, die auch Toyota Milliardenverluste bescherte: „Es war eine schwierige, aber letztlich unvermeidbare Entscheidung", so Firmenchef Akio Toyoda. 13 Podiumsplätze standen am Ende der achtjährigen Formel-1-Geschichte – der Traum war zu Ende, nicht aber der vom Motorsport auf höchstem Niveau.

Was blieb, waren Aufräumungsarbeiten: Die F1-Belegschaft wurde erheblich verkleinert und die Toyota Motorsport GmbH umstrukturiert, sie sollte künftig als selbständige Geschäftseinheit fungieren und sich um neue Kunden bemühen, um die hervorragende Infrastruktur der Fabrik in Köln nutzen zu können. Williams zum Beispiel nutzte in der Folge einen der beiden Windkanäle, andere Teams unterstützte man bei der Komponentenentwicklung. Und für den weit gediehenen TF110 (samt 48 neuer Motoren und Getriebe) interessierten sich ein serbisches Team, das neu in die Formel 1 einsteigen wollte. Und im Dezember 2010, gut ein Jahr nach dem Ausstieg, gab Toyota bekannt, das Rebellion Racing Team mit Motoren für dessen LMP1 zu beliefern.

Paarlauf: Jarno Trulli und Timo Glock 2009 beim Großen Preis von Italien: Toyota verabschiedet sich mit einer Nullnummer aus dem Autodromo nazionale di Monza. Foto: ravas51/ cc-by-sa 2.0

Die Sportwagen-Rennen

Von Fuji nach Le Mans

In Japan etablierte sich eine mit Europa vergleichbare Rennszene, das Regelwerk der nationalen Rennsportbehörde orientierte sich am international gültigen Regelwerk.

Sportwagen für die CanAm-Serie

Die Königsklasse des Automobilrennsports war die Gruppe 7, aufgebaut nach den Regeln der amerikanischen CAN-AM-Serie. Eingeführt für das Jahr 1968, konzipierte Toyota mit dem Typ 7 seinen ersten echten Sportprototypen. Der offene Zweisitzer wurde bei Yamaha aufgebaut, wo auch der DOHC-Dreiliter-V8 und Nippondenso-Einspritzung entstand. Sein Renndebüt gab der Toyota 7 beim Japan-GP im Mai 1968, gegen den Porsche 906 oder auch den Nissan 380 konnte er aber nicht bestehen. Für die Weiterentwicklung versicherte man sich der Hilfe des europäischen Spitzenfahrers Vic Elford, der 1968 auf Porsche die 24 Stunden von Daytona gewonnen hatte, die Rallye Monte Carlo und auch die Targa Florio. Und in der Formel 1 hatte er auch sein Debüt gegeben. Elford war es auch, der beim Japan-GP im Oktober 1969 – dem ersten, der auch von der obersten Rennsportbehörde FIA sanktioniert war – einen vierten Rang nach Hause fuhr. Der von ihm mitentwickelte Typ 7 mit modifiziertem Chassis und 530 PS starkem Fünfliter-V8 war im Juli erstmals eingesetzt worden. Bei den 1000 Kilometern von Fuji gab es unter Hiroshi Fushida und Yoshio Otsubo gleich einen Sieg für den 320 km/h schnellen Flachmann, und auch der Gewinner des CAN-AM-Rennens in Japan, Minouru Kawai, pilotierte einen Toyota 7. Die Konkurrenz aber hatte ebenfalls aufgerüstet, der stärkste Rivale, Nissans R 381, hatte den 5,5-Liter-V8 von Chevrolet ausrangiert und gegen einen Sechsliter-V12 mit 600 PS getauscht. Dieser 350 km/h schnelle R382 gewann dann den Japan-GP. Für die Saison 1970 legte Toyota dann ebenfalls nach und versah den Fünfliter mit einem Turbolader. Dessen Leistung lag bei rund 800 PS bei 8000 Umdrehungen, und das war mehr, als die firmeneigenen Leistungsprüfstände erfassen konnten. Dazu kam auch eine Evolutionsstufe des Chassis. Seine Leistung durfte der 3,75 Meter lange und 620 Kilo schwere Toyota aber nie unter Beweis stellen,

Der Toyota 7 war der erste echte Rennsportwagen, den Toyota sich leistete. Bei der Entwicklung griff das Unternehmen auf die Hilfe von Yamaha zurück. Die wichtigsten technischen Daten: Leichtmetall-Monocoque, 5-Gang ZF, Nippon-Denso-Einspritzung, 4 x ohc, V8, 330 PS bei 8000/min. Radstand 2340 mm, L x B x H: 3960 x 1770 x 817 mm, Spur 1440 / 1440 mm.

Der Toyota 7 entsprach dem CAN-AM-Regelwerk. Diese Rennserie umfasste ursprünglich zwei Läufe in Kanada und vier in den USA und wurde zwischen 1966 und 1974 ausgetragen. Aufgebaut wurden sie nach dem alten Gruppe-7-Reglement, das den Herstellern praktisch keinerlei Beschränkungen auferlegte. Am Ende hatten die CAN-AM-Renner gigantische Flügel und Leistungen von weit über 1000 PS.

Der Achtzylinder-Toyota in seiner letzten Ausbaustufe mit rund 800 PS musste nie im Wettbewerb seine Leistungsfähigkeit unter Beweis stellen.

1982 hatte DOME mit und für Toyota (und das einsetzende Team TOM'S) begonnen, einen Gruppe C zu entwickeln. Optisch und technisch unterschieden sich die 82C, 83C und 84C (hier im Bild) nur wenig voneinander. Für Vortrieb sorgte ein 2,1-l-Vierzylinder-Biturbo.

Der Werks-85C-L, aufgebaut bei DOME, angetrieben von Toyota und gemeldet von TOM'S, belegte einen zwölften Rang in Le Mans.

da zu der Zeit nicht mehr nach dem Gruppe-7-Reglement gefahren wurde. Der Toyota 7 rollte ins Museum, Toyota zog sich mit dem Ende der CAN-AM-Ära von der Langstrecke zurück und verlagerte seine Aktivitäten auf die Rallye-Bühne.

Sportwagen-WM und Gruppe C

Mitte der Siebziger kam es zu Toyotas Rückkehr in den internationalen Langstreckensport, wobei ausgewählte Rennen der Sportwagen-Weltmeisterschaft bestritten wurden. Natürlich hatte es die ganze Zeit Renn-Toyota auf den Pisten dieser Welt gegeben, doch diese Corolla und Celica waren von den nationalen Importeuren beziehungsweise Privatteams an den Start gebracht worden. Offiziell war auch das SARD-Team (Sigma Advanced Research Development), das 1975 mit einem Gruppe-6-Toyota in Le Mans antrat, kein Werksteam. Wie TOM'S agierte aber auch SARD als verlängerter Arm der Werks-Motorsportabteilung TOSCO, der späteren TRD. Als halboffizielles Werksteam viel bekannter aber wurde Tachi Oshiwa Motor Sport – TOM'S. Die 1974 gegründete Tuningschmiede setzte Gruppe-6-Rennsportwagen in Japan und Le Mans ein und führte Entwicklungsarbeiten durch. Dritter großer Toyota-Rennstall war DOME, 1965 gegründet.

In den Achtzigern konzentrierten sich die Japaner in erster Linie auf die nordamerikanischen IMSA-GTP-Serien mit gelegentlichen Abstechern in die Langstreckenszene nach Europa. Zwar wies das Reglement der Sportprototypen eine ganze Menge Parallelen zu der europäischen Gruppe C auf, doch führte das immer wieder geänderte Regelwerk letztlich dazu, dass sich neben der Sportwagen-Weltmeisterschaft und der amerikanischen GTP auch eine japanische Prototypen-Rennserie etablierte. In abgewandelter Form konnten die in der JSPC-Langstreckenmeisterschaft eingeschriebenen Fahrzeuge sowohl in der IMSA wie auch der Gruppe C eingesetzt werden, wobei in der Regel meist nur der Motor aus Japan kam, die Chassis stammten von Herstellern wie zum Beispiel March oder Lola.

Nach der letzten Gruppe-C-Änderungen 1982 – dort wurden Tankinhalt, Verbrauch und Abmessungen festgeschrieben, wobei es gerade um die Verbrauchsregelung viel Hickhack gab – entschied sich Toyota, mit dem TOM'S 84C in der Gruppe C mitzu-

Zwei 86C-L, der eine für DOME, der andere für TOM'S, meldeten in der C1-Klasse. Bei der Nr. 36 ging der Motor hoch, der DOME-86C fiel wegen einer zu langsamen letzten Runde aus der Wertung. 1987 trat dann Toyota mit den leicht modifizierten 86C unter eigener Flagge in Le Mans an, wieder aber fielen beide 87C aus.

Der SARD-MC88S bei den 1000 km von Fuji fiel in der 109. von 224 Runden mit Getriebedefekt aus. Toyota bestritt in diesem Jahr nur ein Übersee-Rennen im Rahmen der Sportwagen-WM, nämlich Le Mans. Die beiden 88C kamen auf den Plätzen 12 und 24 ins Ziel.

Ogawa/Barilla beim einzigen Lauf in der Sportwagen-WM 1989, in dem der 89C-V eingesetzt wurde. In Le Mans sprang ein sechster Rang heraus.

fahren. Der Vierzylinder-Turbo mit 2040 Kubikzentimeter Hubraum und Zweiventiltechnik stammte in seinen Grundzügen aus dem Celica-Programm und brachte 500 PS. Der saß in einem Zweirohr-Monococquerahmen, die Radführung vorn und hinten erfolgte an Doppelquerlenkern. Toyota-TOM'S bestritt aber nicht die komplette Gruppe-C-Saison, dazu waren die Porsche 956 viel zu dominant. 1985 schrieb sich dann das Team mit dem modifizierten Gruppe C (Twinturbo, 2090 Kubik) in die Le Mans-Starterliste ein, beim 24-Stunden-Rennen sah der Toyota dann als Zwölfter die Zielflagge.

Für die Saison 1989 wurde der Celica-Turbo-Motor durch den Lexus-Achtzylinder ersetzt. Auf dieser Basis bestritt der britische Ableger von TOM'S dann die komplette Sportprototypen-

Der 90C-V (das „V" steht für den V8-Motor, der mit dem 88C kam) in Le Mans. Seit dem 88C erfolgte der Aufbau bei TRD, während TOM'S den LM-Einsatz leitete. Das Design stammte von DOME.

Weltmeisterschaft 1989 und 1990. Mit Ende der Saison wurde bekannt, dass der Weltmotorsportverband FIA bei den Sportprototypen ab 1992 nur noch Fahrzeugen mit 3,5-Liter-Motor die Startberichtigung erteilte, was den damaligen F1-Triebwerken entsprach und dazu führte, dass die Weltmeisterschaft Ende 1992 mangels Masse eingestellt wurde.

Nachdem 1994 das alte Gruppe-C-Regelwerk auslief, hatte das auch Auswirkungen auf die amerikanische IMSA-GTP-Serie, die Anfang der Neunziger zusehends an Popularität einbüßte. Das hatte mehrere Ursachen, die wichtigste vielleicht in der Tatsache begründet, dass Top-Teams in handfeste Skandale verwickelt waren. Dabei ging es um Drogenschmuggel. Mit dem damit verdienten Geld hatten die Teams ihre Rennwagen hochgerüstet. Zwar flog das irgendwann auf und die Akteure wanderten in den Knast, doch die technischen Standards sanken deswegen nicht ab. Es gab jetzt nur niemanden mehr, der sie bezahlen konnte. Nach diversen Verkäufen wurde die IMSA, die seit 1994 praktisch nicht mehr existierte, 1997 schließlich ganz eingestellt.

Unruhe in der Sportwagenszene

Nachdem keine offizielle Sportwagen-Meisterschaft mehr existierte, geriet auch das wichtigste Sportwagen-Rennen überhaupt, nämlich Le Mans, in Nöte. Der Veranstalter – ACO – hatte nun, nachdem die FIA-Gruppe-C wegfiel, alle Mühe, überhaupt noch ein attraktives Starterfeld aufzubieten. Daher entschloss man sich zu einer nicht mit der FIA abgestimmten Regeländerung. Die ACO schrieb, um die Starterfelder zu füllen, unterhalb der Prototypen neue GT-Kategorien aus, was wiederum die FIA empörte. Damit rückte eine gemeinsame Sportwagen-Weltmeisterschaft in weite Ferne, FIA und ACO waren hoffnungslos zerstritten. Die FIA hatte für Prototypen ab 1997 ihre GT-Serie, die ACO schuf 1998 für Le Mans die LMP-Klasse (Le-Mans-Prototyp). Diese LMP-Sportwagen traten dann auch 1999 im Rahmen der neu gegründeten American

2006, 2007 und 2008 gewann der Lexus-Riley von Ganassi Racing die 24 Stunden von Daytona. Die Motoren dürfen nicht mehr als 500 PS bei 7000/min leisten, die Kraftübertragung erfolgt über ein Fünfganggetriebe. Turbolader sind verboten. Seit 2006 sind Daytona-Prototypen auch bei den japanischen GT 300 startberechtigt.

Le Mans Series ALMS an. Es folgten nach mehreren Anläufen 2004 die (europäische) Le Mans Series und 2009 die Asian Le Mans Series.

Das Reglement von FIA und ACO hatte sich inzwischen so weit angenähert, dass die Regeln nach 2005 praktisch identisch waren. Die logische Folge war die Wiedereinführung einer Weltmeisterschaft, wobei die Rivalitäten zwischen FIA und ACO noch immer bestehen. Seit 2010 gibt es wieder eine FIA-Weltmeisterschaft in der GT1-Kategorie, die LMP-Prototypen fahren seit 2012 in der World Endurance Championship (WEC), 18 Jahre nach Ende der alten Sportwagen-Weltmeisterschaft, wieder um den Titel.

Die Daytona-Prototypen

Die meisten Teams, die in den IMSA-Serien an den Start gegangen waren, wechselten dann in die GrandAm-Serie, die von Rolex gesponsert wurde. Das Reglement in der dortigen Königsklasse, bei den so genannten Daytona-Prototypen ist dort sehr eng, so müssen die Teams auf bestimmte Chassis zurückgreifen. Es gibt nur eine Handvoll zugelassener Fahrwerkshersteller, was andererseits den Vorteil hat, dass diese Plattformen in Kleinserie gebaut werden können. Die Teams kommen so vergleichsweise günstig zu einem konkurrenzfähigen Untersatz. Die GrandAm-Serie hat nichts mit der ALMS, der American Le Mans Series, zu tun.

In der GRAND-AM Sports Cars Series bilden die Daytona-Prototypen die Königsklasse. Die Kosten sind dank der Verwendung von Standard-Chassis, etwa von Riley, und getunten Großserienmotoren wesentlich niedriger als bei den LMP-Typen.

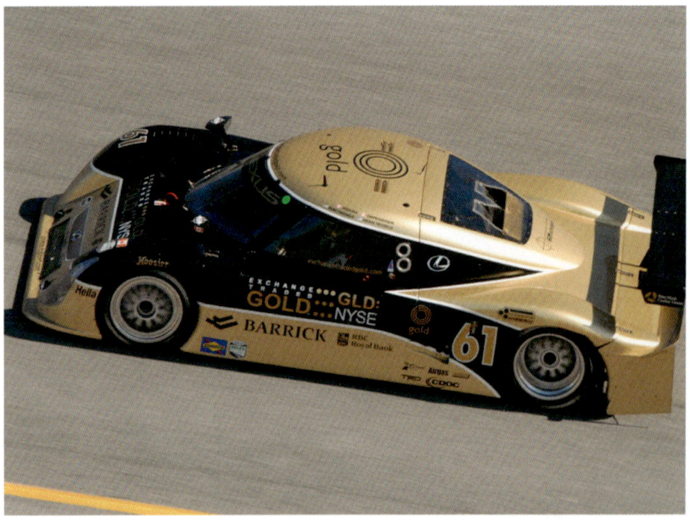

Die Rennserie, benannt nach Hauptsponsor Rolex, umfasst zwölf Langstreckenrennen und wurde erstmals 2003 ausgetragen. Gleich beim Auftaktrennen war ein Fabcar mit Toyota V8 dabei, ab 2004 wurden die Fünfliter-Maschinen als Lexus gemeldet.

In der Prototypenklasse der amerikanischen IMSA-Serie arbeitete Toyota seit 1983 mit AAR zusammen. Das Regelwerk für die Sportwagen-Rennserien in den USA, Europa und Japan war ähnlich. Mit dem 86C, von DOME eigentlich gebaut für Le Mans, stieg Toyota in die IMSA GTP-Serie ein. Siege für GTP-Toyota stellten sich mit Eagle Mk III-Chassis von AAR 1992 und 1993 ein. Das Team gewann 1992 die Konstrukteurswertung und holte im Folgejahr mit Juan Manuel Fangio II (Nr. 99) auf den Fahrertitel.

Lexus war zwischen 2004 und 2009 in der GrandAm-Sportwagen-Serie vertreten. Gleich im ersten Jahr gab es elf Poles und fünf Siege, 2007 gewann der Hersteller die Prototypenklasse bei den 24 Stunden von Daytona. Dabei stammte das Chassis – Typ Mk XI – von Bill Riley, für problemlosen Vortrieb auf den 668 Runden sorgte der famose Lexus-Achtzylinder. Die nächsten drei Plätze gingen an Riley mit Pontiac- und Porsche-Motoren, Platz fünf sah wiederum einen Riley-Lexus, der elf Runden zurück lag. Lexus beendete sein GrandAm-Engagement 2009, nachdem man drei Jahre hintereinander die 24 Stunden von Daytona gewonnen hatte.

Le Mans

Toyota hatte, auch wenn man nicht um den WM-Titel mehr fuhr, seine Prototypen 1992 und 1993 wieder für Le Mans gemeldet – die letzte Möglichkeit für die alte Gruppe C, denn in Le Mans waren sie für 1994 nicht mehr startberechtigt. In den letzten beiden Jahren kam der famose TS010 zum Einsatz, ein Entwurf von Tony Southgate. Der 3,5-l-V10 entsprach in seinem Layout zeitgenössischer F1-Technik. Beim ersten Einsatz belegte Toyota einen zweiten Rang, und einen zweiten Platz gab es auch 1993. Eddie Irvine hatte einen neuen Rundenrekord gesetzt. Danach endete

Der legendäre TS010 startete 1992 in Le Mans. Bei ihm handelte es sich um einen Toyota-Entwurf, keinen DOME.

Der letzte Auftritt mit dem Gruppe-C-Toyota erfolgte mit dem privaten 94C-V in der C2-Kategorie.

Legenden unter sich: Beim AvD Oldtimer-Grand Prix 2008 gaben sich Toyotas Rennsport-Preziosen ein Stelldichein: GT 2000, GT One und, im Hintergrund, der schwarze Mittelmotor-Celica S222 nach Gruppe S-Reglement, von dem nur noch zwei Exemplare existieren.

vorläufig das Le-Mans-Engagement mit Werks-Prototypen, nicht aber in den kleineren C2-Kategorien mit leistungsreduzierten Motoren. 1994 etwa belegte Irvine in seiner Kategorie einen zweiten Platz: Sein Turbo-Toyota war allerdings privat gemeldet, kein Werkswagen. Mitte der Neunziger baute dann das japanische SARD-Team, im Werksauftrag für die japanische GT-Serie wie auch für Langstrecken-Einsätze in Le Mans den Supra GT auf; DOME betreute jetzt in erster Linie Honda. Anstelle des serienmäßigen Dreiliter-V6 implantierte SARD den 2,2-Liter-Twinturbo aus der IMSA-Serie, der rund 600 PS mobilisierte. Das Reglement schrieb Heckantrieb und ein Mindestgewicht von 1150 Kilogramm vor. 1995 belegte der Supra in der GT1-Kategorie einen beachtlichen 14. Platz in der Endabrechnung in Le Mans, vier Plätze hinter einem Nissan Skyline GT-R, der auch in der japanischen GT-Serie die Schnauze vorn hatte. 1996 stand der SARD-Supra erneut in Le Mans am Start, kam aber nach einem Unfall am Sonntagmorgen nicht ins Ziel; 1997 brachte dann SARD zwei eigene MC8-R an die Sarthe. Diese Mittelmotor-Sportwagen mit Lexus-Vierliter-Biturbo-Achtzylinder basierten auf dem Toyota MR-2. Der eine scheiterte in der Vorqualifikation an der Zeitvorgabe, der zweite wurde disqualifiziert, weil der Ladedruck zu hoch war. Der Traum von Le Mans aber lebte weiter; der Langstreckenklassiker nimmt einen ganz besonderen Stellenwert im Motorsport ein, was erklärt, warum man schon seit Jahren versuchte, schon lange vor dem Einstieg in die Langstrecken-Serie zum Erfolg zu kommen.

Zwölf Mal wagten die Sportprototypen aus Fernost auch den Start in Le Mans. Die 13,6 Kilometer lange Rennstrecke, gut 200 Kilometer westlich von Paris, ist seit 1923 Austragungsort packender Duelle. Zu den besten Ergebnissen der halboffiziellen TOM'S-Toyota gehörten der zwölfte Rang 1985 und die beiden Top-Ten-Ränge 1992 und 1994 mit dem TS 010. Auch die Rundenrekorde 1992 und 1993 gingen auf das Konto der Toyota-Boliden. Ende 1996 schließlich fiel die Entscheidung, mit einem Werksteam in Frankreich anzutreten. Neben der Popularität des Langstreckensports in Japan spielte dabei ganz sicher auch die neue europäische Ausrichtung des japanischen Konzerns eine Rolle – das galt nicht für Design und Produktion, sondern auch in

Wie der legendäre TS010 war auch der GT One (TS020) eine komplette Eigenentwicklung, Toyota hatte längst erkannt, dass ein modifiziertes Gruppe-C-Chassis nicht mehr genügte, um ganz vorne mitfahren zu können.

Unbestritten die schnellsten Autos im Feld, aber ohne das notwendige Quäntchen Glück: Toyotas GT-One in Le Mans.

sportlicher Hinsicht. Als Konstrukteur verpflichtete Ove Andersson den Franzosen Andre de Cortanze, den rund 600 PS starken 3,6-Liter-Achtzylinder mit zwei Turboladern entwickelte Norbert Kreyer, der schon die Motoren der TTE-Weltmeisterautos aufgebaut hatte.

Nach einer Entwicklungszeit von kaum 18 Monaten reisten 110 Teammitglieder und drei Wagen zur 65sten Auflage des Langstreckenrennens. Die 24 Stunden von Le Mans gehören zu den berühmtesten Rennen der Welt, sie galten als Porsche-Domäne. Gleich bei ihrem Debüt verpassten die neuen GT-One nur knapp den Sieg, das Auftreten der drei Toyota GT war eine echte Sensation. Die in Köln bei der ehemaligen TTE entwickelten Flachmänner erwiesen sich als harte Gegner für die Seriensieger aus Zuffenhausen. Sie diktierten über Stunden das Tempo. Einer ging vom zweiten Platz aus ins Rennen und schaffte die schnellste Rennrunde. Auch der zweite Toyota stieß nach vorne, die beiden rotweißen Flundern lagen lange in Front, hielten aber nicht durch. Der in Führung liegende GT-One schied – nachdem bereits zweimal das Getriebe hatte gewechselt werden müssen – schließlich in der 23. Stunde in der 331. Runde nach erneutem Getriebedefekt aus.

Dennoch war Ove Andersson nicht allzu sehr enttäuscht. Schon im Vorfeld hatte er vor Euphorie gewarnt und eine mindestens dreijährige Lehrzeit einkalkuliert. Trotzdem: Alle drei GT-One aus dem Rennen, das konnte dem 60-jährigen Sportchef nicht gefallen. Die bunt gemischte Truppe packte zusammen und fuhr zurück ins Rheinland, um es im nächsten Jahr erneut zu versuchen. Und diesmal hielten die GT-One. Das Qualifying begann mit einem Paukenschlag. Ex-Formel-1-Star Martin Brundle stellte seinen GT-One auf der Pole-Position ab, unter den neun Team-Fahrern war auch der Vorjahres-(Porsche-)Sieger Allan McNish. Wieder kam es zu einer Toyota-Doppelspitze, wieder brannten sie in Rekordzeit über den Asphalt. Allerdings blieb auch in diesem Jahr das Pech Toyotas treuester Begleiter. Bei Pole-Setter Brundle platzte ein Reifen.

Dem zweiten Toyota unter Thierry Boutsen kam ein GT2-Porsche in die Quere, auch er schied aus. Der letzte verbliebene GT-One unter Ukyo Katayma entfesselte eine packende Jagd auf den führenden BMW V12, beide Autos trennte nach 4.000 Kilometern noch nicht einmal eine Minute. Doch dann platzte auch bei diesem GT-Prototypen einer der 14-Zöller. Dennoch – ein zweiter Rang bei einer solchen Veranstaltung war aller Ehren wert.

Zurück an der Sarthe

Nach dem F1-Intermezzo wurde es zunächst einmal still im Spitzensport bei Toyota, erst galt es, das überraschende F1-Aus zu verdauen. Andererseits war klar, dass eine Firma wie Toyota viel zu ehrgeizig war, um sich auf Dauer mit einem Logenplatz im großen Rennzirkus zu begnügen. An weltweiten Rennsport-Ereignissen gibt es nicht allzu viel Auswahl, daher kam die Entscheidung, sich im Langstrecken-Sport zu engagieren, nicht wirklich überraschend. Außerdem war man da bereits wieder, quasi durch die Hintertür, aktiv geworden: Schon früh in der Saison 2010 hatte das Schweizer Team Rebellion Racing in Köln angeklopft, um über die Lieferung von Motoren für die Saison 2011 zu verhandeln. Der Rennstall war seit 2008, damals unter der Bezeichnung Speedy Sebah Racing, in der LMP2-Kategorie unterwegs und hatte 2009 in beiden Prototypen-Kategorie LMP1 und LMP2 jeweils ein Auto am Start. 2010 wechselten die Schweizer komplett in die LMP1-

Andrea Belicchi im Lola B10/60-Toyota von Rebellion Racing beim Qualifying für die 14. Auflage des Petit Le Mans in Road Atlanta 2011. Der Schweizer Rennstall belegte nach einen Unfall einen fünften Platz und holte wertvolle Punkte für das ILMS-Championat. Foto: Cris Pruitt / cc-by-sa 3.0

Kategorie und bestritten dort die Le Mans Serie LMS. In der höchsten Prototypenklasse lief es aber nicht rund. War man in der LMP2 noch Aston-Martin-Motoren gefahren, hatte man für 2010 auf Judd-Motoren gewechselt und stand damit gegen die Werks-Aston Martin auf verlorenem Posten. An den Qualitäten des Lola-Chassis lag es nicht, der Motor war die Schwachstelle. Das änderte sich, als Alexander Pesci, Teamchef von Rebellion, Toyota Motorsport mit dem Aufbau der Motoren betraute. Toyota (Japan) entwickelte einen 3,4-Liter-V8 (Typ RV8KLM); wobei das Basistriebwerk aus der japanischen Formel Nippon stammte (dafür stand der Buchstabe „K"). In Köln nahm man dann die entsprechenden Anpassungen und Feinarbeiten gemäß dem Le-Mans-Regelwerk (Zusatzbezeichnung „LM") vor. Reichlich 500 PS standen so zur Verfügung, und mit diesem unkaputtbaren Kraftpaket holten sich die beiden Lola-Toyota von Rebellion die LMS-Konstrukteurswertung des Jahres 2011.

Bei den Werksprototypen von Audi und Peugeot mit ihren Dieseln handelte es sich übrigens ebenfalls um LMP-Typen, die aber fuhren in einer anderen Serie und waren so dominant, dass Fahrzeuge mit normalem Benzintriebwerk keine Chance hatten. Das änderte sich, als nach dem Willen der Veranstalter die Effizienz der Triebwerke in den Vordergrund rücken sollte.

Dank dieser Regeländerungen für die Saison 2012 (und den feststehenden Änderungen für 2014) wurden die Karten neu gemischt, was die LMP-Kategorien für Toyota wieder interessant machte: Die Sportwagen sollten effizienter, nicht leistungsstärker werden; die Einführung des KERS-Systems zur F1-Saison 2009 war der augenfälligste Beweis für das Streben nach mehr Energieeffizienz. KERS ist eine Hybrid-Technologie, und Hybrid gehört zu den Kernkompetenzen des Herstellers, daher lag eine entsprechende Kombination nahe. Zunächst war nur die Rede von einigen ausgewählten Sportwagen-Wettbewerben, die man bestreiten wollte, im Februar 2012 meldete Toyota für die komplette Weltmeisterschaft WEC. Mit diesem Einstieg rettete Toyota diese Serie; nachdem Peugeot kurzfristig seinen Rückzug aus der

Mit diesem von der TMG aufgebauten Elektro-Renner unterbot Toyota im August 2011 den bestehenden Rundenrekord für Elektrofahrzeuge auf der Nordschleife. Der TMG EV P001 benötigte 07:47,794 Minuten für die 20,8 km lange Strecke. Der bisherige Rekord für batterieelektrische Fahrzeuge stand bei 09:1,338 Minuten.

Der TMG EV P002 ist die Weiterentwicklung des Nordschleifen-Rekordhalters P001 mit Radical-Chassis und ging für das japanische Unternehmen RK1 inc. am Pikes Peak Rennen 2012 an der Start. Für Vortrieb sorgen zwei Elektromotoren mit insgesamt 350 kW, die Spitze liegt bei 240 km/h.

Sportwagen-Weltmeisterschaft verkündete und damit nur noch Audi mit seinen Hybrid-R18 für die komplette Serie gemeldet hatte. Das wäre zu wenig gewesen, mindestens zwei Werksteams waren notwendig.

Toyota-Technikchef Pascal Vasselon – bis 2004 Sportchef bei Michelin – stapelt zunächst einmal tief: „2012 wird für uns ein Entwicklungsjahr [...] Wir möchten die Ersten sein, die mit einem Hybrid-motorisierten Fahrzeug auf dem Podest eines Laufes zur WEC stehen". Andererseits: „... denken wir nicht wirklich daran, hinterherzufahren."

Das Rennprogramm wird von der ehemaligen F1-Fabrik in Köln betreut, das Kohlefaserchassis war dort entwickelt und auch produziert worden. Team-Präsident war Yoshiaki Kinoshita und der Projektleiter hieß John Litjens. Letzterer war bereits Chefdesigner und Projektleiter in der F1 gewesen und hatte anno '98 am Le-Mans-Einsatz mit dem GT-One mitgewirkt. Die Entscheidung für die Rückkehr nach Le Mans wurde offiziell am 24. Januar 2012 verkündet, zu dem Zeitpunkt waren die ersten Testfahrten mit dem neuen TS030 Hybrid auf dem Circuit Paul Ricard bei Le Castellet bereits Geschichte. Das Renndebüt sollte am 5. Mai beim Sechs-Stunden-Rennen im belgischen Spa Francorchamps erfolgen, Toyota Racing musste die Spa-Teilnahme allerdings absagen, weil bei Testfahrten auf der Rennstrecke Paul Ricard das Monocoque bei einem Unfall beschädigt wurde. Der Schaden konnte nicht repariert werden, und ein Ersatz-Monocoque stand nicht zur Verfügung. Das Saison-Debüt verschob sich daher in den Juni auf die 24 Stunden von Le Mans. Zwei TS030 waren dort in der LMP1-Kategorie gemeldet, der eine – Auto Nummer 7 – mit Alex Wurz, Nicolas Lapierre und Kazuki Nakajima, das Cockpit von Auto Nummer 8 teilen sich Anthony Davidson, Sébastien Buemi und Hiroaki Ishiura.

Ursprünglich hatte der TS030 nur einige ausgewählte Langstreckenrennen bestreiten sollen, nach dem Rückzug von Peugeot erklärte man sich bereit, die komplette Langstrecken-Weltmeisterschaft WEC zu bestreiten.

Mit Hybrid-Power gegen den Diesel-Seriensieger

Im Langstreckensport dominieren die Diesel, das Reglement lässt den Benzinern kaum Chancen auf den Sieg. Die Kombination aus Benzin-Triebwerk und Hybridtechnik soll den Leistungsrückstand gegenüber den Dieseln – der mit rund 60 PS beziffert wird – wettmachen. Der Herzstück des neuen TS030 ist daher der 90-Grad-V8 mit 3,4 Litern Hubraum, der in der Erprobungsphase mit einem Aisin-AW-Elektromotor an der Vorderachse und einem

In Sebring sollte der Toyota sein Renndebüt geben, bei einem Testunfall im April wurde aber der einzige Wagen zerstört. Das wirbelte den Zeitplan gehörig durcheinander. Der erste Auftritt sollte jetzt in Le Mans erfolgen.

Der Hybrid-Toyota geht in der LMP1-Klasse an den Start. Dort trifft er auf Seriensieger Audi, mit seinen Diesel-Hybriden. Der letzte Le-Mans-Triumph eines Benziners datiert von 2005.

Elektromotor von Denso an der Hinterachse bestückt wurde. Allerdings kann nur ein Zusatzaggregat verbaut werden, letztlich entschied man sich für das Hinterradkonzept, weil in Le Mans die Hybrid-Zusatzleitung vorn erst ab 120 km/h einsetzen darf, hinten dagegen gibt es keine solche Beschränkung. Gemäß Reglement dürfen Hybridsysteme zwischen zwei Bremszonen jeweils maximal 500 kJ Energie zurückgewinnen und mit dieser Energie über Elektromotoren zwei Räder des Rennwagens antreiben. Die elektrische Energie wird, anders als etwa beim Formel-1-Konzept KERS in Kondensatoren gespeichert, die eine höhere Energiedichte aufweisen und die Leistung wesentlich schneller wieder freisetzen. Allerdings sind Kondensatoren schwerer als herkömmliche Lithium-Ionen-Batterien, daher verbot sich der Einsatz eines schweren Diesel-Motors. Kondensatoren und Steuergerät liegen rechts neben dem Fahrer, der Elektromotor befindet sich in der Getriebeglocke. Der TS030 wiegt nackt 715 Kilogramm. Da das Mindestgewicht laut Reglement 900 Kilogramm zu betragen hat, bleibt genügend Raum für das Spiel mit den Ausgleichsgewichten.

Beim 3,4-Liter-V8-Motor handelt es sich um eine Konstruktion, die wesentlich kompakter und leichter ausfällt als der bisherige V8, mit dem die 24 Stunden von Tokachi gewonnen wurden. Die Kraftübertragung erfolgt über ein quer eingebautes Sechsganggetriebe mit Schaltwippen; bei den Radaufhängungen vertraut Toyota auf Schubstreben und Doppel-Querlenker. Die Kraft auf den Asphalt übertragen eigens entwickelte Michelins der Dimension 36/71-18 vorn beziehungsweise 37/71-18 hinten: „Dies ist nicht die erste Teilnahme von Toyota in Le Mans, doch mit dem Hybridantrieb stehen wir vor einer vollkommen neuen Herausforderung", sagte Tadashi Yamashina, Senior Managing Officer TMC und Chef von TMG. „Mit dem Einsatz unserer Hybridtechnologie wollen wir in der Geschichte der 24 Stunden von Le Mans und in der FIA Langstrecken-Weltmeisterschaft ein neues Kapitel aufschlagen. Zudem wollen wir

Der TS030 ist ganz auf eine hohe Endgeschwindigkeit ausgelegt. Der Fahrer sitzt links, rechts daneben wurden die schweren Kondensatoren möglichst schwerpunktgünstig verstaut. Luftmengenbegrenzer beschneiden die Leistung der Benziner gegenüber den Dieseln, mit der Hybridtechnik kann diese Leistungslücke geschlossen werden.

durch das Motorsport-Engagement wichtige Erkenntnisse für unsere Serienfahrzeuge gewinnen."

Die Chancen dafür standen jedenfalls nicht schlecht, allerdings hat es dann doch nicht gereicht: Im Qualifying lief noch alles nach Plan: Wagen Nummer 7 stand auf Startplatz fünf, und Wagen Nummer 8 – wo Stéphane Sarrazin den erkrankten Hiroaki Ishiura vertrat – schaffte sogar den dritten Platz in der Startaufstellung. Das Rennen ließ sich nicht schlecht an, in der sechsten Stunde schnupfte der Toyota mit der Nummer 7 – Lapierre saß am Steuer – die führenden Audi auf und ging in Führung. Nur Sekunden später kam dem Wagen mit der Nummer 8 einer der zahlreichen GT-Ferrari in die Quere, der Toyota hob am Ende der Mulsanne-Gerade bei Tempo 310 ab wie ein Düsenjet, überschlug sich mehrmals und knallte schließlich mit Wucht in die Reifenstapel. Der TS030 wurde dabei komplett zerstört, Anthony Davidson brach sich zwei Wirbel und musste anschließend ins Krankenhaus gebracht werden. Damit war die Saison für ihn gelaufen, er musste rund drei Monate pausieren. Somit war der erste Toyota draußen, nach zehneinhalb Stunden und 83 Runden wurde auch die Startnummer 7 aus dem Rennen genommen: In der Safety-Car-Phase nach dem Unfall hatte Kazuki Feindkontakt mit dem Nissan Deltawing, er musste nach Problemen mit dem Alternator die Boxengasse ansteuern. Zurück im Rennen, gab es Probleme mit dem Verbrennungsmotor, die nicht behoben werden konnten. Damit waren beide Toyota ausgefallen, die Hybrid-Audi hatten freie Bahn. Immerhin: In der Gesamtwertung auf den vierten Platz schob sich der Lola BS12/60 mit dem 3,4-l-V8 von Toyota von Rebellion Racing; der Lola-Toyota mit der Startnummer 12 – gefahren von Nick Heidfeld, Neel Jani und Nicolas Prot – war der einziger Benziner, der die Audi-Phalanx aufbrechen konnte. Rebellion brachte auch das Schwesterauto ins Ziel, der Lola-Toyota mit der Nummer 13 (Andrea Belicchi, Harold Primat und Jeroen Bleekemolen) belegte im Gesamtklassement den elften Platz – ein überragendes Ergebnis für das Privatteam.

Eigentlich ein verkappter Formel 1: der Toyota in Le Castellet, wo die ersten Testfahrten erfolgten. Die meiste Abstimmungsarbeit leistete dort Alexander Wurz, der 1996 im Alter von 22 Jahren als jüngster Gewinner Le-Mans-Geschichte schrieb.

Am 17. September 2012, beim dritten Start in der FIA-Langstrecken-Weltmeisterschaft, schaffte Toyota Racing mit dem TS030 Hybrid bei den „Sechs Stunden von Sao Paulo" in Interlagos einen Start-Ziel-Sieg. Auch die „Sechs Stunden von Fuji" im Oktober gewann das Team, ebenso den Saisonausklang in Shanghai.

PERSONENWAGEN

K OE 263

Toyota Aygo

Drillinge an Bord

Wenn zwei das Gleiche tun, ist es bekanntlich nicht dasselbe. So auch im Falle des Aygo, jenes Kleinwagens, den Toyota zusammen mit der PSA-Gruppe – Citroën und Peugeot – gemeinsam entwickelte und gemeinsam produziert: Der Aygo ist viel erfolgreicher als seine Geschwister. Und das, obwohl technisch keinerlei Unterschiede bestehen.

Aygo (seit 2005)

Gemeinsam geht's besser – und wird auch billiger. Kein Wunder also, dass für die Produktion dieses Kleinwagens Toyota zusammen mit den Franzosen im Rahmen eines Joint Venture ein Gemeinschaftsunternehmen im tschechischen Kolin gegründet hat. Das gemeinsame Produktionswerk TPCA (Toyota Peugeot Citroën Automobile) wurde 2002 gegründet und ging im Februar 2005 in Betrieb. Gut 1,3 Milliarden Euro flossen in das Unternehmen mit einer Jahreskapazität von 300.000 Fahrzeugen; jeder der Partner wollte ein Drittel davon über seine Vertriebskanäle absetzen.

Eine entsprechende technische Basis musste erst noch entwickelt werden, das war in erster Linie der Part von Toyota, während PSA seine über Jahrzehnte gewachsenen Verbindungen und Erfahrungen in der Zusammenarbeit mit der europäischen Zulieferindustrie in die Ehe mitbrachte.

So etwas macht ja nur Sinn, wenn beide etwas davon haben. Toyota ist bekanntermaßen immer versessen darauf, etwas zu lernen, und möchte im Rahmen der Globalisierungsstrategie möglichst nahe am Absatzmarkt produzieren, während PSA hofft, von den Japanern etwas über Produktionsmethoden und Qualitätssicherung zu lernen – und, so ganz nebenbei, einen Nachfolger für den Peugeot 106 vorzustellen.

Neu erfunden hatten die drei das Auto allerdings nicht, doch die Verwendung von erprobter Technik fördert bekanntermaßen die Zuverlässigkeit, und das ist nach wie vor die beste Empfehlung für ein Automobil. Bodengruppe, Innenräume, Vordertüren, Scheiben und Technik sind identisch, entsprechend gleich auch bei allen die

Der Aygo ist eine Gemeinschaftsentwicklung mit der französischen PSA-Gruppe. Bei der technischen Konzeption war Toyota federführend. Die Drillinge unterscheiden sich lediglich in der Optik. Für einen Kleinwagen mit gerade mal 3,40 Metern Länge geht das Kofferraumvolumen in Ordnung. Die Ladekante liegt aber ziemlich hoch. In der Grundausstattung sind nur Tacho- und Tankanzeige serienmäßig, den aufgesetzten Drehzahlmesser gibt es erst im Club-Format.

Die Modellpflege für das Modelljahr 2012 fällt wesentlich umfangreicher aus als die für 2009: Der Aygo hat nun eine modifizierte Frontpartie, die der aktuellen Designlinie entspricht. Weniger auffällig sind die Modifikationen am Fahrwerk.

Modelle, Varianten, Preise:	
Modelle:	Steilheck-Limousine, zwei-/viertürig
Bauzeit:	seit 2005
Motoren:	998 ccm / 50 kW (68 PS) bei 6000/min
Ausstattung:	6 x Airbag, ABS, höhenverstellb. Lenksäule, Radiovorb., Rücksitzlehne unget. klappbar, Servo. City: Außenspiegel u. Griffe in Wagenf., EFH vorn, ZV, Rücksitzlehne get. umklappbar. Club: Drehzahlmesser, LM 14", Nebelscheinw.
Varianten:	Aygo, Aygo City, Aygo Club
Preise:	von € 8.950,- bis € 10.650,-

Chronik:	
2001:	Anlauf der Gemeinschaftsentwicklung von PSA und Toyota zu Konstruktion und Bau eines gemeinsamen Kleinwagens.
2004:	September: Auf dem Pariser Salon gibt Toyota erstmals den Namen des bisherigen B-Zero-Projektes bekannt. Er lautet Aygo, ein phonetische Angleichung an das englische „I go".
2005:	März: Premiere auf dem Genfer Salon für die Gemeinschaftsentwicklung. Leicht differierende Außenabmessungen, C1/107: L x B x H 3429/3428 x 1630 x 1470 mm. Aygo: 3405 x 1615 x 1465 mm. Juli: Auslieferungsbeginn des Aygo (C1/107 bereits ab Mai bzw. Juni lieferbar). Zuerst in Großstadtregionen. Bis Oktober flächendeckende Verfügbarkeit. Zunächst nur eine Motorisierung, drei Ausstattungslinien. Grundmodell zweitürig, Aufpreis für Fondtüren: €350,-. Zuladung 315 kg. Lieferbar ausschließlich mit rollwiderstandsarmer Continental-Ecobereifung. Die Einführung des PSA-Diesels (1398 ccm / 40 kW (54 PS) bei 4000/min) wird für Anfang 2006 angekündigt, verzögert sich aber wegen Lieferschwierigkeiten. Der Diesel wird für Deutschland schließlich gar nicht angeboten.
2006:	März: Sondermodell Aygo Cool: Basis City, dazu Klima + CD-Audiosystem. Ab € 10.300,-. Juni: Sondermodell Aygo Black: Basis City, dazu Klima , CD-Audioanlage, 14-Zoll-LM, Lederschaltknauf. Sonderlack Midnight Schwarz. Ab € 11.200,-.
2007:	März: Fahrzeugstabilitätskontrolle VSC inkl. Traktionskontrolle TRC serienmäßig für Ausstattung Club, für Basis, City und Sondermodelle optional (Aufpreis € 445,-). Mai: Sondermodell Blue: Klima, 14-Zoll-LM, Drehzahlmesser, Bluetooth-Freisprecheinrichtung, Lederschaltknauf, Sonderfarbe u.a.
2008:	Januar: Modellpflege: neue Stoßfänger, Chrom an den Heckleuchten, neue Sitzbezüge, verbesserte Dämmung, Motoroptimierungen bei geringerem Schadstoffausstoß. Einführung Sondermodell Cool Blue: Sonderlack, Klima,. 14-Zoll-LM, CD-Radio. Mai: Sondermodell Team: Basis City, 14-Zoll-LM, Sonderlack Graphitblau metallic. Farblich abgestimmter Innenraum, Klima, iPod-Anschluss im Handschuhfach, Drehzahlmesser. Ab € 11.350,-.
2010:	Juli: Sonderpreisaktion Aygo Cool ab € 8.999,- bei Inzahlungnahme Gebrauchtwagen. April: Sondermodell Aygo CoolRed: Basis City, Sonderlack und –sitzbezüge, Innenraumapplikationen., 14-Zoll-LM, Lederlenkrad und –schaltknauf, Klima, Audiosystem, ZV mit FB, EFH. Ab € 11.750,-.
2011:	Januar: Neuordnung der Ausstattungslinien: Aygo, Aygo Cool (Klima, CD-Radio, ZV mit FB, EFH), Aygo Edition; Wegfall von City und Club sowie Sondermodell CoolRed. Ab € 8.990,- . März: Markteinführung Aygo Edition: Multimedia-/Navisystem Connect mit Farbmonitor, Touchscreen und USB-Anschluss, Privacy-Glas hinten, Klima, Soundsystem mit 6 Lautsprechern. Preisvorteil € 1400,-; ab € 10.650,-.
2012:	Februar: Modellpflege, neue Front, Ausstattungsverbesserungen (LED-Tagfahrlicht). März: am 29. läuft im Werk Kolin das zweimillionste Fahrzeug bei Toyota Peugeot Citroën Automobile (TPCA) vom Band. Das Jubiläumsfahrzeug ist ein Peugeot 107.

eingeschränkte Übersichtlichkeit nach vorn und schräg nach hinten – an der breiten C-Säule führt kein Blick vorbei. Das Interieur – dominiert durch den großen, runden Tacho über der Lenksäule – wirkt sauber und solide, ist tadellos verarbeitet, weist vielleicht ein Spur zu viel Hartplastik auf. Überraschend gut sind die Sitze, sie stammen zwar vom französischen Partner, haben aber mit den früheren Gartenstühlen vergangener Studentenkutschen nichts mehr gemeinsam. Insgesamt beträgt die Gleichteilquote stattliche 92 Prozent. Ganz pfiffig gelöst: der Zugang zum 140 Liter großen Kofferabteil vermittels einer großen, gläsernen Heckklappe. Die Kehrseite der schönen Medaille: Die mit 81 Zentimeter sehr hohe Ladekante. Immerhin ließ sich die mittig geteilte Rückbanklehne umklappen. Als Zweisitzer genutzt, standen maximal 751 Liter Ladevolumen zur Verfügung, das reichte auch für größeres Gepäck.

Am besten ist das Toyota gelungen, denn sein Design ist markant anders als das von Peugeot und Citroën. Die sind im Design etwas konventioneller und unterscheiden sich lediglich an der Front und den beiden Heckleuchten voneinander. Unter der keilförmigen Motorhaube steckt ein Dreizylinder-Benziner mit 68 PS und variabler Ventilsteuerung, eine Eigenentwicklung mit Alu-Motorblock, wie er auch bei Daihatsu Verwendung findet. Der quirlige, mitunter etwas knurrige Dreizylinder gehört zu der drehfreudigen Sorte, der Zwerg ist ein echter Muntermacher. Zwar kann auch er in Sachen Elastizität keine Wunder vollbringen, doch er entwickelt beachtliche Fahrqualitäten und entpuppt sich, bei vorsichtigem Umgang mit dem Gaspedal, als echtes Sparwunder.

2,34 Meter Radstand und ein straffes Fahrwerk sprechen naturgemäß nicht gerade für den Komfort einer Sänfte, doch gibt sich der Aygo auch in diesem Punkt erstaunlich erwachsen. Außerdem ist er handlich und wetzt „präzise und äußerst handlich um die Ecken" *(auto motor und sport)*. Dass sowohl der Lenkung als auch der Schaltung nach Meinung mancher Tester vielleicht letzte Präzision fehlt, wird dem sympathischen Kleinen niemand übel nehmen. Denn zu den beachtlichen Fahrqualitäten gesellt sich ein außergewöhnliches Ausstattungsniveau, als einziger der Dreier-Bande hat der Aygo in allen Varianten sechs Airbags an Bord.

Knapp 9000 Euro berechnet Toyota für den Aygo, das ist ziemlich selbstbewusst für diese Klasse. Allerdings kann man das schon verschmerzen, denn auch in Sachen Garantie zeigt man sich großzügig: Drei Jahre oder 150.000 Kilometer, so lautet die Ansage, Citroën und Peugeot sind da etwas geiziger und wollen sich nur auf zwei Jahre einlassen. In seinem Segment ist der kleinste Toyota unbestritten der Größte.

Toyota iQ

Auto-Origami

Origami ist die japanische Kunst des Papierfaltens. Aus einem simplen Blatt Papier können die wundersamsten Formen und verblüffendsten Figuren entstehen. Projektleiter Hiroki Nakajima hat aus einem weißen Blatt Papier ein völlig neues Kleinwagenkonzept entstehen lassen. Dagegen wirken die Kleinst- und Stadtwägelchen der Konkurrenz so raffiniert wie Papierschiffchen.

An der Neuvermessung der Kleinwagenwelt arbeitete Nakajima seit 2003: „Meine Vorgesetzten waren der Meinung, mit 1,85 Metern Körpergröße sei ich prädestiniert für die Konstruktion eines Autos, das extrem klein ist, in dem ich aber selbst noch bequem sitzen kann", zitierte ihn die Online-Ausgabe des Magazins *Der Spiegel*. Die Sitze mit einem für die Klasse eher unüblichen guten Sitzkomfort bieten daher genug Platz für drei und eine Person, was nun nicht heißt, dass hinten lediglich Kleinkinder schmerzfrei unterkommen: Tatsächlich sitzt hinten rechts, etwas guten Willen des Beifahrers vorausgesetzt, auch ein Erwachsener auf längeren Strecken menschenwürdig, links dagegen ist ein inniger Kontakt unvermeidlich. Solcherart vollbesetzt (Kofferraumvolumen dann 32, sonst 238 Liter) gestaltet sich allerdings selbst die Mitnahme einer Aktentasche zum Problem. Dafür aber schirmt ein Airbag im Heck die Besatzung der Kurzware gegen aufprallendes Ungemach ab.

Bei der IAA-Premiere 2007 noch als Stadtwagen-Verschnitt missverstanden, hat sich seit der Markteinführung im Januar 2009 die Gewissheit verdichtet, dass der neue iQ – das „i" steht für „Innovation", das „Q" für „Qualität" – ein ausgewachsenes, vollwertiges Automobil darstellt: Origami auf höchsten Niveau.

Denn hier ist die Quadratur des Kreises gelungen, der neue Junior aus dem Hause Toyota bringt Lifestyle und Emotion in die Schauräume des Freundlichen an der Ecke, zusammen mit einer ordentlichen Portion Rationalität und Funktionalität. Selten geht das so gut zusammen wie bei diesem 2,98 Meter kurzen Winzling. Im Hause spricht man vom „J-Design", das die aktuelle Designsprache Vibrant Clarity umsetzt: Ein mutiges (und nicht ganz billiges) Konzept, das eine neue Kundengruppe jenseits von Yaris und Co anspricht. Dazu passt auch, dass man für den iQ eine neue Marketing-Kampagne („Johns Appartement") ausheckte, die ihn der urbanen Klientel bekannt machen sollte. Mehr Chillout-Zone, weniger Autohaus.

Die sensationelle Raumökonomie ist die Folge eines kräftigen Großreinemachens. Die Ingenieure um Chefentwickler Nakajima

Mit Hilfe sechs Platz sparender Innovationen gelang es den Ingenieuren, den Raum im iQ nahezu ideal auszunutzen.

Nur der Smart ist noch kürzer als ein IQ, doch dafür können hier bis zu vier Personen mitfahren. Fahrverhalten und Antrieb sind wesentlich weniger gewöhnungsbedürftig.

Zum Schutz der Fondpassagiere kommt hier der weltweit erste Heckairbag zum Einsatz. Hinter dem Fahrer sitzt allerdings nur ein Kleinkind passabel.

Mein lieber Schwan: Der gerade einmal 2,99 Meter lange Kleinstwagen bildet die Basis für den Aston Martin Cygnet, den Edel-Kleinwagen von Aston Martin.

Das Motorenangebot umfasst zwei Benziner und einen Diesel. Zur Wahl stehen ein 1,0-Liter VVT-i Motor mit 50 kW/68 PS und ein 1,33-Liter Dual-VVT-i Motor mit 72 kW/98 PS sowie ein 1,4-Liter D-4D Common-Rail-Dieselmotor mit 66 kW/90 PS.

hatten all das, was gemeinhin ein Auto so braucht – Motor, Getriebe, Auspuff, Sitze und so weiter – komplett neu arrangiert: Das Differenzial rückt vor die Vorderachse in die Getriebeglocke und das Lenkgetriebe über den Motor. Das sorgt für einen ultrakurzen vorderen Überhang mit schmalem Motorabteil und eine bemerkenswerte Beinfreiheit für Fahrer und Beifahrer. Bemerkenswert auch das, was man sich für den Kraftstofftank hat einfallen lassen: Normalerweise liegt das Spritfass ja unter den Rücksitzen: Hier aber wurde der 32-Liter-Tank flach auf den Boden gelegt, er ist lediglich zwölf Zentimeter hoch. Ein besonderes Juwel in Sachen intelligenter Raumausnutzung ist auch die Sitzgestaltung; die Rückenlehnen sind extrem flach gehalten (und außerdem um 30 Prozent leichter) als normal. Die Klimaanlage – jawohl, bereits in der Grundausführung an Bord – versteckt sich in der Mittelkonsole (in die auch noch eine Audioanlage passte). Lüftung und Heizung sind, im Vergleich zum Yaris, um 20 Prozent kleiner ausgefallen, dieser sorgsame Umgang mit der Ressource Raum ist die Voraussetzung für das asymmetrische Armaturenbrett, das wiederum erlaubt, den Beifahrersitz um 19 Zentimeter nach vorn zu verschieben, ohne sich die Beine zu verknoten. Auf den Rücksitz passt dann sogar ein 1,90-Meter-Mann. Zu den liebevollen Details kommen geschmacksicher ausgewählte Kunststoffe und Textilien. Fahrdynamik-Regelsysteme und die üblichen Sicherheitsfeatures müssen nicht eigens hervorgehoben werden.

Das Fahrwerk bietet an sich keine Überraschungen, doch wenn der Autozwerg durch die Innenstadt kreiselt, um die Ecken flitzt und mit 7,8 Metern quasi auf dem Teller wendet, wirkt selbst ein Roller unhandlich.

In der Basismotorisierung schiebt der 68 PS starke VVTi-Benziner recht flott voran. Die Leistungsangabe klingt zwar nicht aufregend, doch der Autozwerg bringt gerade 920 Kilogramm auf die Waage, damit wird der iQ-Pilot nicht zum Verkehrshindernis. Der Dreizylinder ist mit einer stufenlosen Automatik kombiniert, die ihn wie am Gummiband nach vorn zieht und bei höheren Drehzahlen mit einer hörbaren, wenn auch keineswegs gesundheitsschädlichen Geräuschkulisse aufwartet. Die elektrische Servolenkung funktioniert leichtgängig und exakt, die Rückmeldung könnte, wie bei den meisten Lenksystem dieser Art, vielleicht etwas weniger synthetisch sein, ist aber nichts, weswegen man dem Kleinen ernsthaft böse sein müsste. Sogar auf die Autobahn darf man sich damit getrost wagen, ein solcher Parforceritt stellt keine Zumutung dar. Und den Klang der vorzüglichen Sechs-Lautsprecher-Audioanlage kann man auch bei Höchstgeschwindigkeit genießen.

Modelle, Varianten, Preise:	
Modelle:	Steilheck-Limousine zweitürig
Bauzeit:	seit 2009
Motoren:	998 ccm VVT-i / 50 kW (68 PS) bei 6000/min 1364 ccm D-4D / 66 kW (90 PS) bei 3400/min 1329 ccm Dual VVT-i / 72 kW (98 PS) bei 6000/min ab 7.2009
Ausstattung:	9 x Airbag, ABS, VSC+, TRC, Servo, ZV, CD-Audiosystem, beheizb Außensp., Klima, Lederlenkrad und –schaltknauf, 15 Zoll-LM. iQ+: Außenspiegel anklappb., autom. abbl. Innenspiegel, Licht-/Regensensor, Klimaautom., Smart Key. iQ 1,33: 6-Gang, LM 16 Zoll, Start-Stopp-Autom.
Varianten:	iQ, iQ+, iQ 1,33
Preise:	von € 12.900,- bis € 15.100,-

Chronik:	
2003:	Entwicklungsbeginn; zeitweise arbeiten bis zu 500 Menschen an diesem Projekt.
2007:	September: Weltpremiere für den iQ auf der IAA in Frankfurt, noch als Studie.
2008:	März: Premiere auf dem Genfer Salon als Serienausführung.
2009:	Januar: Markteinführung für den 3+1-Sitzer. Zwei Motoren: 1,0-l-VVT-i und 1,4-l-D-4D; Ausstattungslinien Basis iQ und iQ+ Juli: Einführung iQ+: 1,33-Dual-VVT-i mit Start-Stop-Automatik, Nebelscheinwerfer, Abblendautom., Regensensor, Klimaautom., Smart-Key, 16-Zoll-LM. Ab € 15.600,-. September: Aston Martin gibt bekannt, ein Stadtauto anbieten zu wollen, das auf dem Toyota iQ basiert, Bezeichnung „Cygnet“.
2010:	April: US-Debüt als Scion iQ, Einführung angekündigt für Januar 2011. Juni: Sondermodell iQ(N)collection: Versionen mit Sonderlack Cream und Choco; Einstiegsleisten aus gebürstetem Aluminium und Schlüsselcover in Karosseriefarbe, dazu farblich passender Thermobecher Brugo. 700 Ex., ab € 14.600,-. August: Neues Innendesign mit hochwertiger Anmutung (weicheres Oberflächenmaterial für Armaturentafel und Türverkleidungen). Ausstattungslinien: iQ Zero, iQ, iQ 1,33; iQ+. Einführung abgespeckte Basis-Variante iQ Zero ohne LM, Klima, Lederlenkrad. Ab € 11.900,-. Oktober: neue Farbe „bronzebraun mica metallic“. Präsentation der Studie iQ Collection auf dem Pariser Salon. November: Im Rahmen einer Pressekonferenz wird bekannt gegeben, dass das erste reine Elektrofahrzeug des Herstellers auf dem iQ basieren soll.
2011:	Januar: Aston Martin Cygnet wird zum Produktionsbeginn als Sondermodelle White und Black angeboten. Jeweils 50 Ex., ab € 48.995,-. Februar: Eröffnung des iQ-Store in Berlin, Stadtteil Kreuzberg-Friedrichshain. August: Nachrüstsatz für Tagfahrlicht erhältlich.
2012:	Beginn Feldversuche EV

Toyota Publica/1000

Populäre Größe

Der erste richtige Volkswagen sollte er werden, kompakt und wirtschaftlich genug, damit ihn sich Japans hart arbeitende Bevölkerung auch leisten könnte. Das ging aber nur über die Stückzahlen. Um eine entsprechende Wirtschaftlichkeit zu erreichen, plante Toyota, diesen Kleinwagen – der den Namen „Publica“ erhalten sollte – in Zusammenarbeit mit Ford zu entwickeln. Die Amerikaner zeigten sich aber letztlich nicht interessiert – was Toyota wiederum nicht daran hinderte, aus dem Projekt einen Welterfolg zu machen.

Toyota Publica (1961–1969)

Das Einsteiger-Modell von Toyota hatte seine Karriere im Juni 1961 als Toyota Publica begonnen und auf Anhieb viel Anklang gefunden. Dieser Wagen im zeitgenössischen Stil sah einfach gut aus. Kein Wunder also, dass seine Väter ihn auch in den Export schickten, allerdings nicht ohne zuvor den luftgekühlten 0,7-l-Zweizylinder durch eine Einliter-Maschine zu ersetzen. Im folgenden Jahr gab es den Toyota Publica/1000 dann auch als Kombiwagen, und im Oktober 1963 ergänzte ein Cabrio die Modellreihe. Zuletzt folgte eine Pickup-Version. Im April 1965 erschien mit dem S 800 ein weiterer Publica-Ableger auf dem Markt. Der Mini-Sportler mit Targa-Dach hatte als Studie bereits auf der Tokio Motor Show 1962 für Furore gesorgt. In seiner ersten Ausführung brachte es der 580 kg leichte Zweisitzer auf eine Motorleistung von 45 PS und eine Höchstgeschwindigkeit von 145 km/h. In Hubraum und Motorleistung noch einmal angehoben, stand der Volkssportler bis 1969 im Angebot. 3120 Wagen waren gebaut worden, davon rund 250 mit Linkslenkung, die an amerikanische GIs verkauft wurden. Die zweite Publica-Generation – April 1966 bis März 1969 – bot bei identischem Radstand etwas mehr Platz und hatte einen Zweizylinder-Motor mit 800 ccm Hubraum. Die neue Modellreihe bestand aus Kombi, zweitürige Limousine, Cabriolet und Pickup sowie einem später eingeführten Hardtop.

Das Publica-Cabrio, 1962 erstmals gezeigt, ging tatsächlich in Serie, wurde aber nicht exportiert.

Aufregend: Publica-Studie auf der Tokio Motor Show, 1962. Viele dieser Stylingelemente fanden sich beim späteren S800 wieder.

Toyota 1000 (1969–1978)

Von der dritten Publica-Generation – die nun in Toyota 1000 umbenannt worden war – entstand kein Cabriolet mehr, dafür gab es jetzt diverse Motor-Optionen. Der Europa-Import begann nach 1970; 1972 erhoben die Toyota-Manager ihren Sake auf den einmillionsten Wagen dieser Baureihen. Nach einem umfassenden Facelift entschloss sich 1974 dann auch der deutsche Toyota-Vertrieb zum Import des 1000ers.

Die zweitürige, dem Corolla ähnliche Limousine war kein Auto, das bei seinem Erscheinen große Emotionen hervorrief – „will mit seiner Kraft, seiner schon lange bewährten Technik und mit seiner in dieser Klasse einmaligen Serienausstattung versuchen, einen guten Platz zwischen Newcomern und Sparflammen zu gewin-

Drei Jahre nachdem die Studie mit Flugkanzel gezeigt worden war, ging der Publica-Sportwagen in Serie.

Toyota 1000, 1970: Die Exportversion des Publica gelangte erst nach dem Modellwechsel nach Europa. Er wurde zunächst in Ländern wie der Schweiz und Österreich angeboten.

Der zweitürige Toyota 1000, eine Weiterentwicklung des populären Publica, rundete das Toyota-Angebot nach unten ab. Ende 1976 folgte ein leichter Facelift, kenntlich am Kühlergrill.

Selbstnachstellende Trommelbremsen hinten, Dunlop-Gürtelreifen und Unterbodenschutz: Beim Toyota 1000 waren diese Features serienmäßig. Der Kofferraum fasste rund 250 Liter.

nen", formulierten die PR-Fachleute der Deutschen Toyota-Vertrieb GmbH den Anspruch des neuen Minis.

Konventionell im Styling, bot auch die Technik des knapp 3,70 Meter langen Wagens keine Überraschungen: Längsmotor, vorn doppelte Querlenker, hinten Blattfeder-Starrachse – eben das typische Japan-Auto. Für Vortrieb sorgte der hunderttausendfach bewährte Vierzylinder-Reihenmotor mit einer Leistung von 45 PS bei 5600 U/min. Die Ventilbetätigung erfolgte über Stoßstangen und Kipphebel. Die Kraft auf die Hinterräder übertrug ein Vierganggetriebe samt Mittelschaltung. Laut Werk beschleunigte der 1000er in 16,9 Sekunden bis zur 100 km/h-Marke, seine Höchstgeschwindigkeit lag bei rund 140 km/h.

Der kompakte Kleinwagen zeichnete sich durch eine gute Übersichtlichkeit und eine exakte Schaltung aus. Die Kugelumlauf-Lenkung wurde von zeitgenössischen Testern als „schwammig" bezeichnet; Fahrverhalten und besonders der Innengeräuschpegel waren vom europäischen Standard noch weit entfernt.

Im Innenraum des Toyota 1000 ging es reichlich eng zu. Der kurze Radstand (2160 mm) ermöglichte gerade noch die einigermaßen komfortable Unterbringung von Fahrer und Beifahrer auf den schwarzen Kunstledersitzen, die Fondpassagiere dagegen wurden gnadenlos eingezwängt. Auch das Kofferraumvolumen fiel mit 250 Litern nicht gerade üppig aus. Andererseits wies der Toyota eine ganze Reihe von Extras auf, die in dieser Klasse nicht zum Standard gehörten, so zum Beispiel das Mittelwellen-Radio oder die getönten Scheiben. Das Radio verschwand schon bald wieder von der Ausstattungsliste, dafür wich der Kunstlederbezug sympathischeren Stoffbezügen. Der „Kraftkerl" stand für DM 7390,–/öS 42.900,– in der Lieferliste; bis zur Ablösung wurden auf dem deutschen Markt rund 8500 Toyota-Kleinwagen zugelassen.

Modelle, Varianten, Preise:	
Modelle:	Limousine zweitürig; Kombi zweitürig;
Bauzeit:	1974–1978
Motoren:	993 ccm / 34 kW (45 PS) bei 5600/min
Ausstattung:	Verbundglasscheibe, Rückfahrscheinwerfer, Liegesitze mit integrierten Kopfstützen, getönte Scheiben, MW-Radio, hintere Seitenfenster ausstellbar, Scheibenwischer mit Wascher.
Varianten:	Toyota 1000
Preise:	DM 7.300,–/8.490,–

Chronik:	
1961:	Im Juni als Publica mit luftgekühltem 0,7-l-Zweizylinder für Japan vorgestellt.
1962:	Juni: Einführung Kombi-Modell. Oktober: Auf der Tokio Motor Show stehen Sportwagen- sowie Cabriolet-Studie.
1963:	Einführung des Cabriolets.
1964:	Februar: Einführung Pickup-Version.
1965:	April: Kleinserienfertigung Toyota Sports 800.
1966:	April: Modellwechsel, Motor mit 790 ccm ersetzt bisherigen Zweizylinder mit 697 ccm.
1969:	März: Modellwechsel, 1,0- und 1,1-l-Motor auch auf dem Inlandsmarkt verfügbar (September).
1972:	Facelift.
1973:	April: Einführung einer Coupé-Version namens Starlet. Später folgt ein Viertürer, Toyota 1000 weiterhin nur als Zweitürer.
1974:	Oktober: Toyota 1000 in Deutschland vorgestellt.
1976:	Mai: Einführung des Kombi-Modells.
1977:	Januar: Kleine Modelländerungen (Kühlergrill)
1978:	Mit Erscheinen des Starlet verschwindet der Toyota 1000 aus dem Programm.

TOYOTA STARLET

Strahlender Stern

Mehr schlecht als recht verkaufte sich der Kleinste von Japans größtem Automobilhersteller: Mit dem Modell 1000 tappte Toyota in Europa völlig im Dunkeln. Um so heller erstrahlte dann der Nachfolger des antiquierten Vehikels. Der drei Meter siebzig lange Kleinwagen entwickelte sich sehr schnell zu einem echten Star. Die Modellbezeichnung selbst gab es übrigens schon seit 1973 im Toyota-Programm. Sie stand für die Coupé-Version des Toyota-Kleinwagens und später auch für eine besonders gut ausgestattete Limousinen-Variante.

Toyota Starlet (1978–1985)

Der neue 1000er von Toyota debütierte auf dem Genfer Salon im Frühjahr 1978 und rollte mit knapp dreimonatiger Verspätung auch über bundesdeutsche Straßen.

Motor vorn, angetriebene Starrachse hinten – rein technisch betrachtet war der Unterschied zum Vorgängermodell gar nicht so groß, wie die moderne Karosserie glauben machen wollte. Tiefer gehende Eingriffe hatte nur das Fahrwerk erfahren. Die Blattfederpakete gehörten der Vergangenheit an, ihre Stelle nahmen Schraubenfedern und Längslenker ein. Die gefühllose Kugelumlauflenkung musste einer feinfühligeren Zahnstangenlenkung weichen, mit der sich das Sternchen mühelos dirigieren ließ.

Der erste gravierende Facelift stand 1980 ins Haus, ab September bestimmten Rechteck-Halogenscheinwerfer die Starlet-Optik. Die Motorhaube wurde um zwei Zentimeter flacher gehalten, die ohnehin nicht ärmliche Ausstattung erweitert. Die Preise stiegen, eine Folge des hohen Yen-Kurses, um 400 bis 600 Mark.

Die Modellpflege 1983 fiel etwas umfangreicher aus. Sie umfasste neben einer überarbeiteten Frontpartie auch eine größere Heckklappe, die bis zu der Stoßstange hinunterreichte. Ein geänderter Nockenwellenantrieb und neue Fallstrom-Registervergaser verringerten den Kraftstoffkonsum des bewährten Einlitermotors im Drittelmix um vier Prozent. Unverändert blieben die Preise, der günstigste Einliter-Starlet kostete DM 10.990,–.

Ende 1978 rief Toyota den Starlet-Cup ins Leben. Unterstützt von Castrol und Minolta, zählte dieser Wettbewerb gleichzeitig auch zur Deutschen Meisterschaft. Ausgerüstet mit Bilstein-Fahrwerk, Matter-Käfig, Sportsitzen, VDO-Drehzahlmesser, Halda-Tripmaster, Bosch-Zusatzscheinwerfer und Pirelli CN-36-Reifen, verfügten die Starlet zunächst über den serienmäßigen 54-PS-Motor. 1980 wurden sie auf 90 PS hochgerüstet. Ihre Bewährungsprobe hatten die Rallye-Starlet bei der 1978er Tour d'Europe absolviert. Klaus Fritzinger/Henning Wünsch konnten den Gesamtsieg nach Hause fahren. Auch der Damenpokal ging nach reichlich 11.000 Kilometern an ein Toyota-Team: Oda Andersen/Ulla Stück brachten den Starlet problemlos ins Ziel: „Im Starlet braucht man eigentlich nur darauf achten, dass er voll getankt ist."

Der Starlet begründete – neben Corolla und Carina – den legendären Ruf des japanischen Herstellers, nahezu unverwüstliche Autos zu bauen.

Reihen-Längsmotor, Heckantrieb, großer Kardantunnel und flacher Gepäckraum: In puncto Raumausnutzung und Technik bot der Starlet nur Durchschnitt. Im Bild ein Starlet S von 1978.

Variabler Laderaum dank umklappbarer Rücksitzlehne: der Starlet in der 1979 eingeführten Kombi-Version.

Als Zwei- und Viertürer lieferbar, und in jedem Fall mit Heckklappe: der Starlet als Nachfolger der Publica-Baureihe.

Der Starlet DLX 1983: In der Optik deutlich moderner als der Vorgänger. Mit Heckantrieb und hinterer Starrachse war er allerdings hinter der Zeit zurück.

Mit der nächsten Starlet-Generation (bei diesem Karosserieentwurf hatte Giugiaro mitgearbeitet) vollzog Toyota 1985 den längst fälligen Schritt hin zum Frontantrieb.

Modelle, Varianten, Preise:	
Modelle:	Schrägheck-Limousine Drei-, Fünftürer; Kombi
Bauzeit:	1978–1985
Motoren:	993 ccm / 33 kW (45 PS) bei 5600/min 1166 ccm / 39 kW (54 PS) bei 5600/min ab 2.79 1290 ccm / 48 kW (65 PS) bei 5600/min ab 2.82
Ausstattung:	Halogenlicht, Rückfahrleuchten, Tankschloss, heizbare Heckscheibe. Liegesitze mit verstellb. Kopfstützen, Rücksitzlehne vorklappbar, Bodenteppich im Gepäckraum, Zeituhr.
Varianten:	Starlet; Starlet DL; Starlet S; Kombi
Preise:	DM 9.340,– bis DM 10.995,– (Kombi)
Chronik:	
1978:	Verkaufsbeginn in Europa im Frühjahr; Ablösung Toyota 1000/Publica. Frontmotor, Heckantrieb.
1979:	Februar: Starlet 1200 Limousine 2t/4t (1,2 l-Motor, Fünfganggetriebe) mit Seitenschutz- und Zierleisten, Rücksitzlehne geteilt umklappbar. Einführung Starlet 1000 Kombi. September: Grundmodell heißt Starlet 1.0, die anderen 1.2 S.
1980:	September: Facelift, flachere Haube und Rechteckschein- werfer. Bessere Ausstattung für alle Modelle: Verbund- glasscheibe, Öldruckwarnleuchte, Seitenschutzleisten rundum, Armlehnen, abblendbarer Innenspiegel. Rücksitzlehne geteilt umklappbar. Starlet 1.2: 5-Zoll-Felgen (Reifen 165/70 SR 13), Drehzahlmesser und Heckscheibenwischer mit Waschanlage; Dreispeichen-Lenkrad, Choke-Warnleuchte. Preise von DM 9.995,– bis 11.395,–. Fahrzeuge jetzt als Starlet DL bzw. Starlet 1.2 S geführt.
1982:	Februar: 1.3 ersetzt 1.2; Automatik auf Wunsch Oktober: Facelift, Größere Stoßfänger, anderer Kühlergrill, Standleuchten neben den Scheinwerfern an den Kotflügelkanten. Heckklappe weiter heruntergezogen, neue Rückleuchten. Armaturenbrettlayout modernisiert, Econometer. Wegfall S-Starlet.
1985:	Januar: Einführung Nachfolger.

Toyota Starlet (1985–1990)

Höchste Zeit für die Neuzeit, mit Hinterradantrieb und Starrachse war längst schon kein Blumentopf mehr zu gewinnen. Mit dem neuen Jahrgang präsentierte sich eine völlig verwandelte Starlet-Generation. Mit glatten Blech- und großen Fensterflächen, entgratet und vom Windkanal frisiert, machte der Starlet eine ausgesprochen gute Figur.

Eine gute Aerodynamik gehörte nicht zu den einzigen Vorteilen des schlanken Fünfsitzers mit der großen Kopffreiheit. Der Fronttriebler erhielt ein völlig neu entwickeltes Vierzylindertriebwerk mit fünffach gelagerter obenliegender Nockenwelle und Mehrventil-Technik. Zwei Einlass- und ein Auslassventil pro Brennraum sorgten für schnellen Gasdurchsatz und damit mehr Drehfreude. Auch das Fahrwerk war nicht wiederzuerkennen. Der kleine Toyota umrundete die Kurven leicht untersteuernd, gefiel durch einen tadellosen Geradeauslauf und ließ sich von plötzlichen Lastwechseln wenig beeindrucken.

In zahlreichen Einzel- und Vergleichstests vermochte sich der neue Starlet glänzend in Szene zu setzen. Stellvertretend für viele hier der Rückblick auf den *mot*-Vergleichstest 1985. Dabei trat der Starlet 1.3 S gegen den Ford Fiesta wie auch den neuen Renault 5 TSE an. In Preis, Innenraum vorn, Sicht, Licht, Getriebe, Straßenlage, Beschleunigung, Spitze, Verbrauch und Verarbeitung kassierte der Kleine mit den großen Qualitäten jeweils maximale Punktzahl, lediglich in der Kategorie Federung/ Dämpfung musste der Starlet Federn lassen: Nur sieben von zehn Punkten, das war die schlechteste Zensur in dem 20 Bewertungskriterien umfassenden Test. Es war mit 184 Punkten ein souveräner Klassensieg für den Newcomer aus Toyota City. Die Silbermedaille ging an den Renault (178 P., bessere Ausstattung, bessere Heizung/Lüftung, größerer Gepäckraum), die Bronzemedaille (165 P., in keiner Einzelwertung besser als der Starlet) erhielt der Ford Fiesta.

Im Oktober 1987 erweiterte Toyota die Starlet-Reihe um einen 1,5-Liter-Diesel-Motor. Auch der kleine Selbstzünder erhielt im Test Bestnoten. *Auto Bild* lobte ihn als „kleines Wunderwerk" und attestierte ihm eine hohe Laufruhe, während die Kollegen von der Tageszeitung *Neue Westfälische* ihn gar als ernsthaften Konkurrenten zum Otto-Motor bezeichnete: „Gute Fahrleistungen und niedriger Verbrauch stehen auf der Habenseite." Kein Wunder also, dass hierzulande rund 100.000 Starlet die Schauräume der Toyota-Händler verließen.

Konkurrenzfähig: Bei umgelegter Rücksitzbank ergab sich ein Gepäckvolumen von 591 Litern nach VDA-Norm.

Modelle, Varianten, Preise:	
Modelle:	Schrägheck-Limousine Drei-, Fünftürer
Bauzeit:	1985–1990
Motoren:	999 ccm / 40 kW (54 PS) bei 6000/min 1295 ccm / 55 kW (74 PS) bei 6200/min 1295 ccm / 55 kW (74 PS) Kat bei 6200/min ab 10.86 1453 ccm Diesel / 40 kW (54 PS) bei 5200/min ab 10.86
Ausstattung:	DX: heizbare Heckscheibe, Heckscheibenwischer mit Waschanlage, Außenspiegel von innen verstellbar, Heckklappe mit zwei Gasdruckhebern. Beifahrersitz mit Einstiegshilfe, Quarzuhr, Gepäckraumabdeckung, einzeln umklappbare Rücksitze. S: Front- und Heckspoiler, Velourspolster-Sportsitze. Schriftzug „12 Valve".
Varianten:	Starlet/E; Starlet DX/XL; Starlet S
Preise:	DM 12.390,– (DX) bis DM 14.490,– (S)

Chronik:	
1985:	Januar: Verkaufsstart für die in zwei Karosserievarianten lieferbare Limousine. Einstiegsmodell 1.0 DX sowohl mit Viergang für 11.990,– als auch mit Fünfgang-Getriebe lieferbar. Spitzenmodell heißt 1.3 S mit 55 kW-Motor; gegen Aufpreis von DM 450,– mit Zweifarben-Lackierung.
1986:	Oktober: 1.3 S auch mit U-Kat (DM 16.070,–) lieferbar. Serienmäßig mit Schmutzfängern und Fernentriegelung für Tank- und Heckklappe. Neu erschienen: Starlet 1.5 XL Diesel (15.790,–/16.290,–). Grundmodell heißt nun 1.0 E, aus DX wird XL.
1987:	Juni: 1.3 S ohne Eurokat nicht mehr lieferbar.
1988:	Modellreihe gestrafft; XL mit 4-Gang-Getriebe und XL Diesel mit vier Türen entfallen.
1989:	März: Sondermodell Cliff: Sonnendach, Heckscheiben-Waschanlage, Dekorstreifen und Felgenabdeckung. DM 13.990,–. September: Starlet 1.0 und 1.3 XL (Dreitürer) im Programm. XL mit G-Kat, andere Polsterdesigns.

Toyota Starlet (1990–1996)

Nur keine Experimente: Der vorherige Starlet war sechs Jahre lang praktisch unverändert gebaut worden und galt als Musterknabe bei TÜV und Pannendiensten. Der Neue sollte daran nichts ändern. Daher beschränkten sich die Arbeiten in erster Linie auf die äußere Erscheinung. Das neue Makeup fand nicht allenthalben Anklang. Ein bisschen pummeliger, ein wenig verwechselbarer – der neue Starlet hatte ein wenig an Charakter eingebüßt. Wo beim Vorgänger noch sympathische Kanten für Profil sorgten, verbreiteten nun weiche, runde Formen unauffällige Langeweile. In Länge, Breite und Höhe hatte sich nur wenig geändert. Der Radstand war mit 2300 mm so lang wie beim Vorgänger, und beim Motor griff man ebenfalls auf Bewährtes zurück: den 1,3-Liter-Zwölfventilmotor kannte man schon aus dem Corolla. Auch das Fahrwerk stammte, umfassend modifiziert, aus dem Vorgänger.

Toyota Starlet 1990: Gefällige Formen und gute Ausstattung. Auf Wunsch war Toyotas Einstiegs-Modell auch mit elektronisch geregeltem ABS-Bremssystem lieferbar.

Jenseits aller Geschmacksfragen war der neue Starlet wieder ein ausgesprochen gutes Auto und glänzte mit Bestwerten in nahezu allen Disziplinen, sofern es Haltbarkeit und Zuverlässigkeit betraf: „So unscheinbar der kleine Japaner auch ist, er hat unglaubliche Gebrauchtwagen-Qualitäten", vermeldete der *TÜV Auto-Report 2001*, der bei den Starlet-Modellen eine fast perfekte Rostvorsorge, eine solide Lenkung und standfeste Bremsschläuche und -leitungen positiv hervorhob. Negativ zu Buche schlugen Mängel an der hinteren Beleuchtung sowie erhöhter Verschleiß an den Bremsscheiben. Rost an Rahmen und tragenden Teilen war erst bei elfjährigen Starlet ein Thema: „Der Starlet ist ein TÜV-Star – kaum ein anderes Auto hat so wenig Mängel in allen Jahren".

Modelle, Varianten, Preise:	
Modelle:	Schrägheck-Limousine Dreitürer
Bauzeit:	1990–1996
Motoren:	1295 ccm 12V/ 55 kW (75 PS) bei 6000/min
Ausstattung:	Heckscheibenwischer mit Waschanlage, Fahrlichtwarnsummer, Halogen-Scheinwerfer mit Leuchtweitenregulierung, geteilte und umlegbare Rücksitzbank, Zeituhr, Gepäckraumabdeckung, Automatikgurte hinten.
Varianten:	Starlet 1,3 XLi
Preise:	DM 16.070,–/16.970,–

Chronik:	
1990:	April: Auslieferung Starlet 1,3 XLi mit G-Kat. c_W-Wert 0,34 (Vorgänger 0,37); Armaturenbrett und Karosserie neu entwickelt. Fahrwerk nahezu identisch, Änderungen: Spur, Längslenker der Hinterachse verlängert. Auch mit Allradantrieb lieferbar (kein Export).
1992:	Februar: Wahlweise mit ABS (Aufpreis: DM 1400,–). Seitenaufprallschutz in den Türen, Reifen 165/70 R 13.
1994:	April: Sondermodell Open Air: elektrisch betätigtes Faltschiebedach, Dachreling, Stoßfänger, Schutzleisten in Wagenfarbe. Nur in Rot lieferbar, Stereo-Cassettenradio, Radvollabdeckungen, Dekor. 1500 Ex., DM 22.520,–. November: Sondermodell Jeans: Jeans-Dekor außen, Außenspiegel, Stoßfänger und Seitenschutzleisten in Wagenfarbe, Sitze und Türbezüge aus Jeans-Stoff. Limitiert auf 3000 Exemplare, ab DM 19.490,–.
1996:	Februar: Auslaufen der Modellreihe.

Toyota Starlet (1996–1999)

Die Zeiten waren hektischer geworden auf dem Automobilmarkt, doch Toyota behielt die Nerven: Sechs Jahre lang ließ sich Japans Nummer 1 mit der Kleinwagen-Entwicklung Zeit: Der neue Starlet erschien erst zum Genfer Salon im März 1996 in Europa, über sechs Jahre nach Vorstellung des Vorgängers. Warum auch die Eile? Bislang hatte der Starlet zu den ganz großen Stars im Modellprogramm gehört und war auch auf dem Gebrauchtwagenmarkt sehr gesucht. Kein Grund also, Bewährtes zu ändern. Daher entschied sich Toyota, das anerkannt gute Chassis des Vorgängers zu verwenden und darauf einen neuen Aufbau zu modellieren, der deutliche Anklänge an das Vormodell aufwies. Am einfachsten fiel die Unterscheidung zur vierten Starlet-Generation bei der Frontansicht. In den Aussenabmessungen praktisch unverändert, hatten sich die Toyota-Techniker darauf konzentriert, den Stern noch ein wenig mehr aufzupolieren: Der war noch ein wenig rundlicher, noch ein wenig modischer geworden, hier noch eine zusätzliche Ablage im Innenraum, dort eine etwas niedrigere Ladekante – die tolle Kiste von Toyota war ein durch und durch vernünftiges Fahrzeug, ein idealer Zweitwagen. Dafür war er aller-

Geteilt oder auch ganz umklappbare Rücksitzlehnen erhöhten die Variabilität des Starlet-Laderaums ganz erheblich.

dings recht kräftig motorisiert: der neue Vierventil-Motor mit 1,4 Litern Hubraum (den man auch im Corolla finden konnte) hatte bis auf seine Leistung von 55 kW/75 PS nichts mehr mit dem alten Zwölfventil-Aggregat zu tun. Er agierte deutlich drehfreudiger, bot eine gute Leistungsabgabe über das gesamte Drehzahlband und zeichnete sich durch ein hohes Maß an Laufkultur aus. Gut, bei höheren Drehzahlen wurde er etwas laut, aber auch das war schon eine aus dem Corolla bekannte Tatsache. Seine Höchstgeschwindigkeit lag bei 170 km/h. Häufige Attacken mit schwerem Fuß ließen den Verbrauch in die Höhe schnellen, eine Sparbüchse wie noch einst der Vorgänger, der sich problemlos mit einer sechs vor dem Komma zufrieden gab, war der neue nicht mehr.

Ein eher düsteres Kapitel waren die Bremsen, im *auto motor und sport*-Test musste der 910 Kilogramm schwere Wagen herbe Schelte einstecken: „Die ohnehin geringe Verzögerung lässt bei hoher Belastung dramatisch nach", wetterten Deutschlands Ober-Tester, die darüber hinaus das eingeschränkte Platzangebot im Innenraum, das geringe Gepäckvolumen und die etwas gefühllose Lenkung monierten. Dass das Fazit dennoch ausgesprochen positiv ausfiel, lag an den übrigen Vorzügen des kleinen Japaners, am drehfreudigen Vierventilmotor, den bequemen Sitzen, den sehr guten Fahreigenschaften, der tollen Verarbeitung und dem vollständigen Sicherheitspaket, das zwei Airbags und Gurtstraffer vorn inkludierte. Überdies kostete das ABS-System nur mäßigen Aufpreis.

Letzteres übrigens gab es nicht für das dreitürige Basis-Modell, den Starlet j, der um 2000 Mark billiger war und die Kostenbilanz noch weiter verbesserte. Überdies konnten deutsche Käufer den Starlet wieder mit vier Türen ordern, damit offerierte Toyota den Starlet in insgesamt fünf Versionen. Die Preisspanne begann bei DM 17.980,– und reichte bis zu DM 22.180,– für den Fünftürer mit Automatik.

Modelle, Varianten, Preise:	
Modelle:	Schrägheck-Limousine Drei-, Fünftürer
Bauzeit:	1996–1999
Motoren:	1332 ccm / 55 kW (75 PS) bei 5400/min
Ausstattung	Servolenkung, Fahrer-/Beifahrer-Airbag (nicht j), Seitenaufprallschutz, Gurtstraffer, dritte Bremsleuchte, Wegfahrsperre. Radiovorbereitung, geteilte und umlegbar Rücksitzbank, Zeituhr, Gepäckraumabdeckung, Automatikgurte hinten.
Varianten:	Starlet; Starlet „j"
Preise:	DM 17.980,– bis DM 19.980,–

Chronik:	
1996:	März: Europa-Premiere auf dem Genfer Salon; Auslieferung ab April. Basismodell Starlet j mit Fahrer-Airbag. Im Vergleich zum Vorgänger mehr Bein- und Kopffreiheit im Fond, geringfügig gesunkenes Kofferraumvolumen (214 l VDA, vorher: 226 l). Heckklappe 25 cm breiter, Ladekante um 1,5 cm abgesenkt. Tragende Teile und Unterboden aus galvanisiertem Stahl gefertigt. Bessere Geräuschdämmung. Extras: Klimaanlage: DM 2100,–, nur in Verbindung mit Komfortpaket: ZV, EFH (DM 900,– Aufpreis). ABS: DM 1.100,–.
1997:	Februar: Sondermodell Moonlight: elektr. Glasschiebedach, LM-Felgen, Veloursbezüge. DM 21.980,–. Juli: Sondermodell Family auf Basis Starlet j: Beifahrer-Airbag, Höhenverstellung für Kopfstützen hinten und Automatikgurte vorn, Digitaluhr, besondere Sitzbezüge, nur 4t. DM 19.320,–.
1998:	März: Sondermodell Carat: Klimaanlage, Zentralverriegelung, Chrompaket, Sitzbezüge, Sitzhöhenverstellung für Fahrersitz, weiße Blinkergläser vorn. Auflage 1500 Einheiten, Preisvorteil DM 2280,–. Alle Modelle: Größere Airbags, Dreispeichen-Lenkrad, neue Sitzbezüge, Ablagetasche an der Rückenlehne des Beifahrersitzes. Modifizierte Heizung. Juli: Sondermodell Blue.
1999:	Ablösung durch Modell Yaris.

Nach sechs Jahren abgelöst: Toyota Starlet der letzten Generation. Den komplett ausgestatteten Kleinwagen gab es als Drei- und Fünftürer.

Toyota Yaris

Made in Europe

Zeit für die Neuzeit: Der Starlet war gut, aber brav. Und wo die Konkurrenz wie der Twingo mit freundlichen Kulleraugen in die Landschaft blinkerte, verbreitete der Starlet mandeläugige Seriosität. Höchste Zeit also für frischen Wind in der Kleinwagenklasse, und dass dies nicht mit dem x-ten Aufguss des sattsam bekannten Starlet-Layouts zu bewerkstelligen war, wussten die Toyota-Verantwortlichen ganz genau.

Sie suchten völlig neue Ansätze und entschieden sich, das Design dieses Wagens in Europa gestalten zu lassen. Für eine eher konservative japanische Firma galt das als ausgesprochen mutiger Schritt – der sich bezahlt machte: Der Yaris wurde zu einem umwerfenden Erfolg. Die Nachfrage übertraf die kühnsten Erwartungen und führte dazu, dass die Europa-Einführung um Monate verschoben werden musste.

Toyota Yaris (1999–2005)

Zur IAA 1997 zeigte Japans Nummer 1 die Studie eines neuen, kompakten Kleinwagens für das 21. Jahrhundert, als „Yaris" rollt er dann zum April 1999 in die Showrooms der Händler. „Der Yaris ist für uns ein überaus wichtiges Auto", stellte Dr. Shuei Toyoda fest, Direktor der Toyota Motor Corporation und einer der Hauptverantwortlichen für den neuen Hoffnungsträger im sogenannten B-Segment, der Kompakt-Klasse, die mit 3,5 Millionen Einheiten zu den zukunftsträchtigsten europäischen Märkten gehörte.

Im internen Designwettbewerb setzte sich der Entwurf des europäischen Toyota-Entwicklungszentrums durch. Der für die Karosseriegestaltung verantwortliche Grieche Sotiris Kovos hatte „ein europäisches Auto entworfen, das auch den Japanern gefällt", wie Dr. Toyoda feststellte. Den Aufbruch in ein neues Zeitalter markierte schon der Name: Die Bezeichnung Yaris, ein Kunstwort, sollte „positiv und kraftvoll" klingen.

Der Starlet-Nachfolger war mit einer Gesamtlänge von 3.610 mm einer der kleinsten, in punkto Innenraumvolumen mit 2,5 Kubikmetern einer der größten Wagen seiner Klasse. Entsprechend großzügig bedacht hatten die Innenraum-Designer auch Fahrer und Beifahrer, die stattliche Breite von knapp 1,70 Metern und die Höhe von 1,50 Metern vermittelten ein ungeahntes Raumgefühl. Und sitzen konnte man auch noch ganz passabel, sogar den Hinterbänklern bot sich dank der um 15 Zentimeter verschiebbaren Rücksitzbank genügend Freiraum.

Den eigenwillig gestylten Yaris gab es mit zwei- und vier Türen, für Vortrieb sorgte ein neu entwickelter Einliter-Vierzylinder mit variabler Ventilsteuerung, der im englischen Motorenwerk Deeside gefertigt wurde. Der 68 PS starke Sechzehnventiler hatte feine Manieren, setzte flink die Befehle des Gaspedals in Vortrieb um und befleißigte sich moderater Trinksitten. Die Fünf vor dem Komma zu erreichen war keine Kunst. Manche Fahrer wünschten sich aller-

***Made in France:** Der Yaris läuft für den europäischen Markt im neu errichteten Toyota-Werk Valenciennes vom Band. Wegen der großen Nachfrage musste dort bereits zwei Jahre nach Produktionsanlauf die Kapazität erhöht werden.*

dings mehr Temperament, einen Wunsch, den Toyota zur IAA 1999 erfüllte: Dort stand der im französischen Toyota-Werk Valenciennes gebaute Frauenliebling mit hochmodernem 1,3-l-86-PS-Motor: „Endlich stimmen die Fahrleistungen“, freute sich *Auto Bild*, und attestierte ihm eine harmonische Kraftentfaltung: „Nur etwas leiser könnte er sein.“

Modelle, Varianten, Preise:	
Modelle:	Steilheck-Limousine Drei-, Fünftürer
Bauzeit:	seit 1999–2005
Motoren:	998 ccm, VVT-i / 50 kW (68 PS) bei 6000/min 998 ccm, VVT-i / 48 kW (65 PS) bei 6000/min ab 3.03 1299 ccm, VVT-i / 63 kW (86 PS) bei 6000/min ab 9.99 1299 ccm, VVT-i / 64 kW (87 PS) bei 6000/min ab 3.03 1497 ccm, VVT-i / 78 kW (106 PS) bei 6000/min ab 3.01 1364 ccm, D-4D / 55 kW /(75 PS) bei 4000/min ab 9.01
Ausstattung:	Linea eco: ABS, Fahrer- und Beifahrer-Airbag, höhenverstellbares Lenkrad, Kassettenradio, Bordcomputer. Linea terra: Servolenkung, höhenverstellbare Kopfstützen hinten, Scheibenbremsen hinten. Linea luna: Stoßfänger in Wagenfarbe, Lederlenkrad, Lederschaltknauf. Linea sol: Chrom-Frontgrill, elektr. Außenspiegel, EFH, ZV, Audio-System, Velours, Fahrersitz höhenverstellbar.
Varianten:	linea eco, linea terra, linea luna, linea sol
Preise:	DM 19.980,– (linea eco) bis DM 22.980,– (linea sol)

Chronik:	
1997:	September: Präsentation der IAA-Studie Funtime, des Yaris-Vorläufers.
1998:	März, Genfer Salon: weiter entwickelte Funtime-Studie. Oktober: Auf dem Pariser Salon steht der nahezu serienreife Yaris. Produktionsbeginn in Japan, die große Nachfrage führt zur verzögerten Markteinführung in Europa.
1999:	April: Auslieferung des Yaris 1,0: Völlige Neuentwicklung, in Europa konzipiert und konstruiert. Größter Innenraum seiner Klasse, c_W-wert 0,30. Neuer 16-V-Motor mit VVT-i-System, Fünfgang-Schaltung, wahlweise mit Free-Tronic-Kupplungsautomatik. Fahrwerk: McPherson-Federbeine vorn Torsions-Achse mit separaten Schraubenfedern und vertikal montierten Stoßdämpfern hinten. Drei Jahre Garantie, Wartungsintervalle 2 Jahre/30.000 km. Erste Yaris Serie wird noch in Japan gebaut, dort auch mit Stufenheck; US-Bezeichnung Echo. Oktober: Yaris 1,3 mit 86 PS (nur in Verbindung mit Ausstattungen linea luna/sol) lieferbar und Mini-Van Yaris Verso. November: Wahl zum „Auto des Jahres 2000“; Auslieferung Mini-Van Yaris Verso.
2000:	März: Einführung Yaris linea eco: Sparmodell mit Abschaltautomatik im Leerlauf. („Stop-and-Go“). Cabrio-Studie (Genfer Salon) wird gezeigt. Produktionsanlauf Yaris im französischen Toyota-Werk.
2001:	März: Einführung Yaris 1,5 TS: 1,5 Liter, 106 PS. Stoßfänger, Seitenschweller in Wagenfarbe, 15“-Leichtmetallräder, 185er Reifen; Klarglas- und Nebelscheinwerfer. Auch mit vier Türen, ab DM 30.335,–. September: Vorstellung Yaris D-4D.
2002:	März: Auslieferungsbeginn Yaris D-4D
2003:	März: Modellpflege: Modifizierte Fahrzeugfront (verchromte Scheinwerfer-Innenflächen), optimiertes Heck (Stoßfänger, Leuchten), neues Raddesign. Innen: Armaturenbrett, Lenkrad, neue Sitzbezüge, verbesserte Sitze (Memory-Funktion für die Sitzlehnen-Neigung, Dreipunkt-Sicherheitsgurte für alle Fondsitze, Sitzbezüge). Alle Modelle: EFH vorn, ZV mit Funkfernbed., CD-Player. Sol: Klima, Lederlenkrad mit Audio-Bedienelementen, Chrom/Alu-Innenraum-Applikationen. Einführung 1,3 l VVT-i (64 kW, erfüllt Euro 4). 1,0 VVT-i: jetzt 48 KW, aber Euro 4; 1,5 Liter mit unveränderter Leistung trotz Euro 4. Neuordnung der Ausstattungslinien: Yaris C, Yaris, Yaris linea sol, Yaris TS. Juli: Wiedereinführung Yaris linea eco: 3-t, 48 kW, € 10.250,–: Vereinfachte Ausstattung: Trommelbremsen hinten, Frontgrill und Stoßfänger in Schwarz, Reifen 155/80 R 13. Einfacheres Radio, Rücksitzbank weder umklapp- noch verschiebbar, keine Servolenkung.
2004:	November: Vorstellung des Kompressor-Nachrüstkits für den Yaris TS. Turbo-Modell für einige Märkte serienmäßig erhältlich, in Deutschland nur Nachrüstung. 150 PS, Spitze 206 km/h.
2005:	Februar: Sondermodell Edition/Edition S: Basis Sol, Freisprecheinrichtung, Lederlenkrad mit Fernbed. und blauen Nähten, spez. Sitzbezüge, Innenraum-Applikationen Carbon/Alu. Nebelscheinwerfer, Metalliclack. Ab €13.450,-. S: wie Edition (rote Nähte), dazu LM-Räder, Sportfahrwerk, Heckspoiler u.a. Nur 1,3 l, ab € 15.350,-.

Für Vortrieb sorgte zunächst der hochmoderne Einliter-VVT-i-Motor.

Reizvoll: Yaris-Cabrio-Studie von 1999, gezeigt auf dem Genfer Salon. Eine Serienfertigung stand aber nicht zur Debatte.

Blitzstart: Zur IAA 2001 konnte Toyota eine Million verkaufter Yaris melden. Und der neue Yaris 2003 heizte die Nachfrage zusätzlich an. Im Bild: der TS.

Toyota Yaris (2006 – 2011)

Die zweite Generation des Yaris trat im Januar 2006 an – kein leichtes Erbe, denn in Europa war der in Frankreich gebaute Kleinwagen ausgesprochen erfolgreich gewesen und in Deutschland nach Corolla / Corolla Verso das wichtigste Toyota-Modell gewesen. Außerdem hatte der Vorgänger reihenweise Preise abgeräumt, darunter auch „Auto des Jahres 2000 in Europa" und den Sieg in der Kundenzufriedenheitsstudie von J.D. Power in der Kategorie „Kleinwagen".

Toyota entschied sich für ein komplett anderes Karosseriedesign. Der in Südfrankreich gestylte Yaris war eine ganze Ecke erwachsener geworden und trat auch so auf. Mit 3,75 Metern übertraf er den Vorgänger in der Länge gleich um elf Zentimeter, in der Breite um 3,5 und in der Höhe um 2,5 Zentimeter, und dann rückte er auch noch die Achsen neun Zentimeter weiter auseinander.

In Raumgefühl und Innenraum rückte der Yaris ein halbe Klasse höher. Die Sitzposition war beinahe Van-artig hoch, die Sitze selbst bequem, wenn auch etwas zu kurz. Sogar in der zweiten Reihe zwickte es weder an den Knien noch am Kopf. Die Rücksitzbank ließ sich nicht nur um 15 Zentimeter in Längsrichtung verschieben, die Lehnen waren auch geteilt klappbar und um 10 Grad in der Neigung zu verstellen. „Easy-Flat" nannte Toyota das Sitz-Origami mit ebenem Ladeboden. Zugelegt hatte auch die anfassbare Innenraumqualität, das Interieur allerdings fiel vielleicht eine Spur zu brav aus. Eine Ausnahme bildete das Cockpit mit seinen mittig angebrachten Digitalanzeigen; eine ziemlich gewöhnungsbedürftige Lösung, die in manchen Tests despektierlich als „Mäusekino" bezeichnet wurde. Einhellig begrüßt dagegen wurde das größere Frachtabteil. Je nach Sitzposition war ein Volumen von 205 bis 363 Liter möglich, als Zweisitzer brachte es der Yaris sogar auf 1183 Liter.

Toyota ist nicht dafür bekannt, etwas mit der Brechstange zu erzwingen, daher stellte die Yaris-Neuauflage in technischer Hinsicht eher eine Evolution als eine Revolution dar. Das Fahrwerk (vorn McPherson-Federbein-Achse, hinten eine neue Torsionslenkerachse) wurde dem längeren und etwas schwereren Fahrzeug angepasst; dazu kam die Menge der Fahrdynamik- und Regelsysteme, die auch für einen Kleinwagen als unverzichtbar angesehen wurde, und fertig war ein ausgesprochen fahrsicherer Kompakter, mit dem man sich auch auf die Autobahn wagen konnte.

Der neue Yaris: Größer, geräumiger, gediegener, aber immer noch pfiffig und eigenständig. Seit seiner Einführung im Januar 2006 gewann er zahlreiche Vergleichstests.

Raffinierte Platzausnutzung war sein Markenzeichen. Die Rücksitzlehnen ließen sich in zwei Positionen feststellen, konnten ganz umgeklappt werden, ohne dass eine Kante im Laderaum entstand, und im doppelten Boden steckten Staufächer. Am Armaturenbrett gab es, neben dem Handschuhfach, vier weitere Ablagefächer.

Der Yaris bildete in den USA das kleinste Toyota-Modell. Dort gab es seit dem Modelljahr 2007 auch eine Stufenheckvariante. Einzig lieferbare Motorisierung war dort der 1,5-Liter-VVT-i-Benziner mit 106 SAE-PS.

Bei den Motoren griffen die europäischen Yaris-Modelle auf bekannte Aggregate zurück. Die Einstiegsmotorisierung bildete der 1,0-Liter-VVT-i-Dreizylinder aus dem Aygo; der 1,3-Liter-VVT-i-Treibsatz stammte vom Vorgänger, ebenso der (modifizierte) 1,4-Liter D-4D. Der Aygo-Dreizylinder hatte mit dem größeren und schwereren Yaris seine liebe Mühe, für höhere Ansprüche sollte es schon der 1,3-Liter-Vierzylinder sein. Letzterer konnte auch mit dem automatisierten Multi-Mode-Schaltgetriebe zusammengespannt werden, das im Testbetrieb durch lange Schaltpausen auffiel. Vielleicht der empfehlenswerteste, wenn auch nicht der kultivierteste aus der Motorenpalette: der munter voranschiebende 1,4 Liter Common-Rail-Diesel, wie ihn Toyota auch an BMW für die erste Mini-Generation lieferte.

Am meisten Spaß machte der kaum zwei Jahre lang lieferbare Yaris in TS-Ausführung. Dieser Kraftzwerg mit 1,8-Liter-Motor und fröhlichen 133 PS war drehzahlhungrig, bissig und feinnervig, knackig abgestimmt und hatte eine neue, zackige Lenkung. Sportlich-straff abgestimmt, ohne unkomfortabel zu sein, taugte diese Rennsemmel für gemütliche Einkaufsfahrten ebenso wie für die schnelle Kurvenhatz.

Für das Modelljahr 2009 überarbeitete Toyota seinen Bestseller gründlich und machte ihn deutlich sparsamer – das Optimal-Drive-Konzept wurde konsequent umgesetzt. Dem erklärten Ziel, den CO_2-Ausstoß auf unter 120 Gramm je Kilometer zu drücken, fiel allerdings der Yaris TS zum Opfer.

Modelle, Varianten, Preise:	
Modelle:	Steilheck-Limousine drei-/fünftürig
Bauzeit:	2006–2011
Motoren:	998 ccm / 51 kW /70 PS) bei 6000/min 1298 ccm / 64 kW (87 PS) bei 6000/min 1329 ccm Dual VVT-i / 74 kW (101 PS) bei 6000/min ab 1.2009 1798 ccm / 98 kW (133 PS) bei 6000/min 2.2007-9.2008 1364 ccm D-4D / 66 kW (90 PS) bei 3800/min
Ausstattung:	7 x Airbag, ABS, EBD, BA, elektr. Servo, elektrisch einstellb. Außenspiegel, Fernentriegelung für die Heckklappe, Wegfahrsperre, Colorglas, lackierte Stoßfänger. RDS-Radio und einen CD-Player. Luna: Reifen 185/60 R15, VSC, TRC. EFH vorn, ZV. Sol: Klima, Multifunktions-Lederlenkrad, längsverstellbar. Executive: Smart-Key, Klimaautomatik, Nebelscheinw., 15-Zoll-LM.
Varianten:	Yaris, Luna, Sol, Executive, TS
Preise:	von € 10.950,- bis 18.650,-

Chronik:	
2005:	September: Weltpremiere für den neuen Yaris auf der IAA in Frankfurt. Styling und Design von ED², c_W-Wert 0,30. Mehr Platz im Innenraum (vergrößerter Sitzabstand um 45 mm), größter Gepäckraum im Segment. Schlüsselloses Startsystem mit Startknopf (ausstattungsabhängig), Drei-/Fünftürer, zwei Benzin-, ein Dieseltriebwerk.
2006:	Januar: Markteinführung. September: Sondermodell Yaris Cool: Basis mit 1,0-Liter-Motor, manuelle Klimaanlage zusätzlich. € 12.600,- / 13.300,-.
2007:	Januar: Auf der Detroit Motor Show wird der Yaris für den US-Markt vorgestellt: Als Dreitürer sowie als viertürige Stufenhecklimousine. Einzige Motor-Option ist ein 1,5-l-VVT-i mit 106 SAE-PS. Februar: Einführung Yaris TS Drei/Fünftürer. Basis Sol, dazu Sportfahrwerk, TS-Anbauteile, LM-Räder mit 205/45 R17. 1,8-l-Dual-VVT-i (133 PS), Vmax 194 km/h; 0-100 km/h in 9,3 s. €17.180,- / € 17.900,-. Juli: Yaris Cool jetzt auch mit 1,3-Liter VVT-i sowie 1,4-Liter D-4D erhältlich. Yaris Sol: serienmäßig in die Stoßfänger integrierte Nebelscheinwerfer, silberne Tür-Innengriffe, verchromter Handbremsknopf. September: Sondermodell Travel: Audio-/Navisystem von Tom Tom, Einparkhilfe, Lederlenkrad mit Fernbed., Klima. Ab € 15.890,-. September: Sondermodell Style: Klima, Lederlenkrad und -schaltknauf, Applikationen innen, Fußmatten-Kettelung korrespondiert zur Wagenfarbe, schwarze Außenspiegel und Türgriffe, Radabdeckungen. Ab € 13.400,-.
2008:	März: Sondermodell Team: Basis Sol, 15-Zoll-LM, Alu-Einstiegsleisten, Stoßfängerblende h., Rückfahrsensoren. Ab € 14.190,-.
2009:	Januar: Modellpflege: Neue Stoßfänger, neue Radabdeck., vergrößerter Kofferraum, neue Ausstattungen. Einführung neuer 1,33-l-VVT-i mit Start-Stopp; neues Armaturenbrett; verbesserter 1,4-l-D-4D und 1,0-l-VVT-i. A.W: 6-Gang. Entfall Yaris TS. März: A.W.: Sequentielles MultiMode-Getriebe mit Schaltwippen am Lenkrad. Mai: Sondermodell Cool+: Nur 1,33-l-Dual VVT-i mit Optimal Drive und Start-Stopp, Basis Cool: Lederlenkrad mit Fernbed., verstellb. Lenksäule. Ab € 14.130,-. September: Rückleuchten mit weißem Blinkerglas.
2010:	Januar: Ausstattungslinie Life ersetzt bisherige Sol-Variante. Anzeigen und Bedienelemente bernsteinfarben, Klimaautomatik, Nebelscheinw. Türgriffe in silber, Radkappen. Ab € 14.130,-. Wegfall Executive Elegance und Sol S. Juli: Sonderpreisaktion Yaris Cool ab € 9.999,- bei Inzahlungnahme Gebrauchtwagen.
2011:	Januar: Sondermodell Yaris Edition: Basis Life, 15-Zoll-LM, Privacy Glas, Smart Key, Einparkhilfe h. ab € 14.950,- Sondermodell Yaris Cool Edition: Basis Cool, spez. Radabdeckung, längsverstellb. Lederlenkr., Zentraldisplay. Ab € 12.850,-. Nur 1,0-l-Motor. Mai: Auch als Daihatsu Charade lieferbar: Nur 1,33-l-Motor, ESP, Radio, Klima, ab € 13,990,-, Ausstattung Top (+ € 750,-): Klimaautomatik, Nebelscheinw., beheiz. Außenspiegel. Extra: automat. Schaltgetriebe (+ € 850,-). September: Ablösung durch den neuen Yaris; als Daihatsu weiterhin lieferbar.

Topmodell der zweiten Yaris-Generation war der TS mit 1,8-Liter-Motor und 133 PS. Ein Kurvenwetzer erster Güte mit sehr dezentem Sound. Auf ein Sechsganggetriebe musste verzichtet werden, dafür waren Sportfahrwerk, Spoilerkit, Dachspoiler und 17-Zoll-Räder serienmäßig.

Auch nach dem Modellwechsel gab es noch die zweite Yaris-Generation, allerdings beim Daihatsu-Händler: Die Toyota-Tochter verkaufte ihn seit Mai 2011 als Charade.

Nur zu Studienzwecken: Yaris als Club Racer von Tuner Five Axis, gezeigt 2008 auf der weltgrößten Tuningmesse SEMA in Los Angeles.

Die verbrauchsoptimierten Motoren stammen aus dem Vorgänger; für Automatikfreunde gibt es ein CVT-Getriebe. Der c_W-Wert liegt bei 0,28.

Toyota Yaris (seit 2011)

Große Erwartungen sind vermutlich die Hypotheken, die bei einem neuen Automodell am schwersten wiegen. So auch in diesem Fall. In den letzten zehn Jahren hatten die beiden ersten Yaris-Generationen erheblich zum steigenden Absatz von Toyota in Europa beigetragen. Bis zu 270.000 Autos verließen jährlich das Produktionswerk in Valenciennes, das machte die Aufgabe für die Modellentwickler nicht leichter. Im B-Segment, das mit einem Anteil von 26 Prozent am Gesamtvolumen und gut vier Millionen Fahrzeugen pro Jahr nach wie vor das wichtigste Segment des europäischen Pkw-Markts bildete, war der Yaris das einzige Toyota-Standbein, und das begann zu schwächeln, nicht zuletzt, weil immer mehr Hersteller mit Varianten und Sub-Typen wie etwa kompakten SUV und Kompakt-Vans in den Mark drängten.

Unter den durchschnittlich vier Meter langen Vertretern des B-Segments gehörte der Yaris bislang eher zu den zierlicheren Vertretern, das hat sich auch beim neuen nicht geändert. Wiewohl zehn Zentimeter länger als der Vorgänger (davon entfallen allein fünf auf den Radstand), ist er mit nunmehr 3,88 Metern Länge nach wie vor einer der flinksten (Wendekreis 10 Meter). An der Breite hat sich nichts, an der Höhe wenig geändert. Trotz der ähnlichen Dimensionen wirkt der neue Yaris eine ganze Ecke selbstbewusster als der eher schüchterne Vorgänger. Ein komplett neuer Karosserieschnitt mit spitzerer Nase und stark vergrößertem unteren Lufteinlass, flacher gestellte A-Säulen – gut für einen rekordverdächtigen c_W-Wert von 0,287 –, Sicken über dem Schweller und angeschnittene Radhäuser künden von den gewachsenen Ambitionen des Newcomers. Das verfeinerte Fahrwerk stammt mit MacPherson-Vorderachse und Torsionslenker-Hinterachse im Prinzip

Gefällig: Innen wie außen tritt die dritte Yaris-Generation progressiv auf. Obwohl zehn Zentimeter länger als der Vorgänger, ist der Yaris handlich geblieben.

Der Polo-Konkurrent wird in Frankreich gebaut, dort produziert man seit Januar 2012 im Dreischichtbetrieb, um die Nachfrage befriedigen zu können.

Sieht aus wie ein Kleinwagen, ist aber in Raumangebot, Bedienerfreundlichkeit, Rundumsicht und mit zahlreichen Assistenzsystemen ganz erwachsen: Toyota Yaris, Baureihe XP13.

Modelle, Varianten, Preise:	
Modelle:	Steilheck-Limousine drei-/ fünftürig
Bauzeit:	seit 2011
Motoren:	998 ccm VVT-i / 51 KW (69 PS) bei 6000/min 1329 ccm VVT-i / 73 kW (99 PS) bei 6000/min 1364 ccm D-4D / 60 kW (90 PS) bei 3800/min
Ausstattungen:	Yaris: 7 x Airbag, ABS, VSC, EFH v., Außenspiegel abklappb., Fahrersitz höhenverstellb., geteilt umklappbare Rücksitzlehne. Cool: Audiosystem, Klimaanlage manuell, ZV mit FB. Life: Soft-Touch innen, Silberapplikationen, Lenkradfernbed. für Multimedia mit Touchscreen (Toyota Touch), Rückfahrkamera. Club: 16-Zoll-LM, Nebelscheinw., Heckspoiler, Armlehne Fahrersitz (5-t), besondere Sitzbez., Sportfahrwerk, Lederlenkrad. Executive: EFH, höhenverstellb. Vordersitze, Innenraumambiente, Zwei-Zonen-Klimaautom., gekühltes Handschuhfach. Lounge-Paket (Club/Executive): Teilleder, Sitzheizung, Privacy-Glas. Komfort (nur Executive): Licht-/Regensensor, Abblendautom., Tempomat. Nur 1,33 L: Start/Stopp-Automatik optional, 6-Gang.
Varianten:	Yaris, Cool, Life, Club, Executive
Preise:	von € 11.675,- bis € 17.150,- (Executive 5-t)

Chronik:	
2011:	September: Vorstellung des Yaris Hybrid Concept. Oktober: Verkaufsstart Yaris: 3/5-t, fünf Ausstattungslinien, drei Motoren, D-4D (nur Cool, Life, Club) 6-Gang serienmäßig (ab € 16.330,-), 1,33-l-Benziner (ab € 14.380,-) 6-Gang oder Multidrive-S-Getriebe (+ € 1220,- für Life und Executive).
2012:	Juni: Einführung Yaris Hybrid Oktober: Vorstellung Yaris Trend auf dem Pariser Salon: Chromeinfassungen für Haupt- und Nebelscheinwerfer, Seitenzierleisten und Außenspiegelgehäuse. Schwarze B- und C-Säulen, zweifarbige 16-Zoll-LM, LED-Rückleuchten, Dachspoiler, verfeinerter Innenraum. Nur Benziner.
2013:	Januar: Markteinführung Yaris Trend.

vom Vorgänger; eine für Stadt, Land und Autobahn gleichermaßen perfekte Abstimmung, damals wie heute.

Bleibt noch das Cockpit, das den alten vom neuen Yaris unterscheidet. Endlich mit direkt vor dem Fahrer statt zentral in der Mitte der Armaturentafel platzierten Instrumenten und deutlich hochwertiger anmutenden Soft-Touch-Oberflächen. Spürbar geräumiger fällt der Innenraum aus; Knie-, Kopf- und Kofferraum sind wesentlich größer als klassenüblich. Der Gepäckraum fasst 286 Liter, mit vorgeklapptem Rücksitz stehen 768 Liter Stauraum zur Verfügung. Die Ladekante liegt übrigens lediglich 66 Zentimeter über dem Asphalt, auch das ein Bestwert und ein schöner Beweis dafür, dass sich Fortschritt oftmals auch im Kleinen versteckt. In diese Kategorie fällt auch die akustisch isolierte Windschutzscheibe mit innen angebrachter Schallschutzfolie, die Wind-, Abroll- und Motorengeräusche herausfiltert, oder der einarmige Parallelogrammwischer, der die Scheibenwaschflüssigkeit über die gesamte Länge des Wischerblatts aufbringt. Nichts Entscheidendes dagegen gibt es unter dem mit reichlich Dämmmaterial gefütterten Blech zu vermelden, zwei verbrauchsarme VVT-i Benziner mit 1,0 und 1,33 Litern Hubraum sowie der sparsame 1,4-Liter D-4D Turbodiesel stehen zur Wahl; innermotorischer Feinschliff und konsequenter Leichtbau (minus 20 Kilogramm im Vergleich zum Vorgänger trotz besserer Ausstattung) lassen den ohnehin schon sparsamen Kompakten noch genügsamer agieren. Und dass er mit sieben Airbags und der kompletten Riege elektronischer Brems- und Stabilitätssysteme antritt, ist bei einem Hersteller wie Toyota sowieso selbstverständlich.

Die dritte Generation des Yaris bietet mehr Fahrkomfort, einen leiseren und höherwertigen Innenraum sowie auf Wunsch die Multidrive-S-Automatik. Diese soll die Sparsamkeit eines Schaltgetriebes mit dem Komfort einer Automatik kombinieren.

Toyota Yaris Hybrid

Hybrid für alle

Alle Umfragen der letzten Jahre haben es bewiesen: Viele Autofahrer könnten sich vorstellen, ein Hybrid-Fahrzeug zu kaufen. Der Hauptgrund dafür, das nicht zu tun, war bisher vor allem finanzieller Natur: Ein Hybrid galt bislang im Verhältnis zum Diesel als vergleichsweise teuer. Nachdem Toyota zum Genfer Salon 2012 den Yaris Hybrid von der Rampe geschoben hat, zählt dieses Argument nicht mehr.

Günstige Diesel-Alternativen waren bislang Mangelware, in dieser Fahrzeugklasse sowieso. Das hat sich mit dem Yaris Hybrid nun geändert. Der kostet mit 16.950 Euro nämlich lediglich einen Zehner mehr als ein vergleichbarer Yaris mit Benzinmotor und Automatik und über 1300 Euro weniger als der vergleichbare Diesel-Automatik (und gut 2000 Euro weniger als der bisher günstigste Hybrid der Konkurrenz): Viel volkstümlicher kann man Hybriden nicht auszeichnen.

Das Antriebssystem folgt dem von Prius und Auris bekannten Prinzip, ist aber wesentlich kompakter und hat auch eine kleinere Batterie. Diese kompakte Antriebseinheit, die auf der der zweiten Prius-Generation basiert, hat man zuerst in Form der Studie „Aqua" auf diversen Messen herumgereicht. Massenkompatibel war das Studienmobil zwar nicht, doch die Technik taugte für die Großserie.

Für die Verbrennung ist der modifizierte 74-PS-Benziner mit 1,5 Liter Hubraum, wassergekühlter Abgasrückführung, elektrischer Wasserpumpe und neuem Einspritzsystem zuständig, für das reine Gewissen – rechts daneben platziert – der 60-PS-Elektromotor, und für die mühelose Art der Fortbewegung das Getriebe mit Planetensatz. Dass im Vergleich zum Prius die Nickel-Metallhybrid-Batterie des Yaris elf Kilogramm weniger wiegt und um rund 20 Prozent kompakter ausfällt, glaubt man ohne den eigenen Zollstock zu bemühen, und nur Erbsenzähler werden kontrollieren, ob das Batteriepack des Hybrid-Yaris wirklich nur aus 120 Zellen besteht und nicht, wie beim Auris, aus 168. Auch bei den Abmessungen zeigt sich der Fortschritt: Die schmächtige Antriebseinheit mit dem

Im Vergleich zum Prius ist das Yaris-Hybridsystem deutlich kompakter ausgefallen: Das Gewicht sank von 243 kg auf 201 kg; die Batterie verlor 11 kg und nimmt nun 20 % weniger Volumen ein. Daher ist das Kofferraumvolumen nicht eingeschränkt.

Toyotas neuer Vollhybrid bietet satte 100 PS Systemleistung; Klimaautomatik und Automatikgetriebe gehören bereits zur Serienausstattung. Platzangebot und Reichweite unterscheiden sich zudem nicht von einem Yaris mit konventionellem Antrieb.

Die Einführung des hocheffizienten neuen Kleinwagens ist Teil der europäischen Toyota-Strategie, innerhalb der nächsten zehn Jahre in allen Modellreihen Vollhybridfahrzeuge anzubieten.

Motorblock aus dem vorletzten Prius misst insgesamt elf Zentimeter weniger und ist 42 Kilogramm leichter, gibt sich aber bei der Leistungsabgabe mustergültig: „Alle Antriebskomponenten sind auf das Sparen abgestimmt und harmonieren eindrucksvoll“, lobte *Auto Bild* die souveräne Vorstellung des günstigsten Hybriden auf dem Markt. Der 100 PS starke Hybrid-Yaris („super und simpel“ – *Auto Bild*) läuft in der Spitze 165 km/h und hat einen Durchschnitts-Normverbrauch von 3,5 Litern auf 100 Kilometer und einen CO_2-Ausstoß von 79 g/km auf der Visitenkarte stehen – sauberer und sparsamer geht's kaum. Und das ist weit mehr als bloße Theorie, im ersten Fahrbericht schafften die Tester von *auto motor und sport* exakt diesen Wert: „Was für eine Überraschung, auch wenn die erste Testrunde betont sparsam und ohne Klimaanlage angegangen wurde.“

Damit man das auch gleich erkennt – Umweltschutz macht doppelt so viel Spaß, wenn die Nachbarn das auch bemerken – hat der Yaris Hybrid eine zart verfeinerte Front mit trapezförmigem Lufteinlass und neu gestalteten Scheinwerfern erhalten. Auch LED-Tagfahrlichter und -Heckleuchten sind dem Hybrid vorbehalten. Außerdem ist er vorne um zwei Zentimeterchen länger geworden, es bleibt aber beim wieseligen 9,4-Meter-Wendekreis: Es gibt viele gute Gründe, den sparsamsten Benziner der Welt zu kaufen. Und außerordentlich günstig ist er außerdem, zumal er die Zweizonen-Klimaautomatik und ein Touchscreen-Display serienmäßig mitbringt: Volkstümlicher kann man einen Hybriden nicht auszeichnen.

Bei Toyota Motor Manufacturing France (TMMF) in Valenciennes hat im April 2012 die Produktion des Toyota Yaris Hybrid begonnen. Das erste Fahrzeug, das von den Bändern rollte, war für einen Kunden in Nordfrankreich bestimmt.

Modelle, Varianten, Preise:	
Modelle:	Steilheck-Limousine fünftürig
Bauzeit:	seit 2012
Motoren:	HSD-System, bestehend aus 1798 ccm VVT-i / 74 kW (100 PS) bei 5200/min permanent erregtem Synchronläufer 500 V / 60 kW
	Yaris HSD: Klimaautomatik, höhenverstellb. Fahrersitz, elektr. einstellb. Außenspiegel, ZV, EFH v. Life: Toyota Touch mit 6,1-Zoll-Farb-Touchscreen-Monitor, Lederbezüge für Lenkrad und Schalthebel, zweifach höhenverstellbarer Gepäckraumboden, Rückleuchten mit LED-Technik, ZV. Club: 16-Zoll-LM, Motor-Start-Stopp-Knopf, Nebelscheinw., Dachspoiler, beheizb. Außensp., EFH hi., gek. Handschuhfach, höhenverstellb. Beifahrersitz.
Varianten:	Yaris HSD, Life, Club
Preise:	€ 16.995,- / 17.900,- / 19.200,-
Chronik:	
2011:	März: Weltpremiere des Yaris HSD concept auf dem Pariser Salon.
	September: Vorstellung des Yaris Hybrid Concept.
2012:	März: Weltpremiere des Yaris HSD auf dem Genfer Salon. Als Flaggschiff der Baureihe mit modifiziertem Außendesign (neue Frontpartie). Kompakter, neu entwickelter Antriebsstrang; Batterie unter der Rücksitzbank, daher ungeschmälertes Kofferraumvolumen. Systemleistung 74 kW (100 PS).
	April: Produktionsanlauf im französischen Yaris-Werk Valenciennes.
	Juni: Markteinführung, drei Ausstattungslinien. Ausstattungspakete Komfort: Abblendlichtautomatik, Smart-Key-System, Geschwindigkeitsregelanlage und automatisch abblendender Innenspiegel für Life und Club (+ € 700,-); Lounge: Teilleder, Sitzheizung vorne, acht Lautsprecher und Privacy Glas für Club (+ 950,-); optional für beide Navigationssystem Toyota Touch&Go (+ € 550,-). Für alle Modelle: Einparkhilfe hinten (+ € 350,-); Metallic-Lack (+ € 460,-; Perleffekt-Lackierung montblancweiß + € 650,-).

Toyota Tercel

Höhenflug mit Hindernissen

Auf dem wichtigen Inlandsmarkt führte Japans Nummer 1 den Tercel im August 1978 ein. Lieferbar mit zwei und vier Türen sowie als dreitüriges Hatchback-Modell, bildete der 1,5-Liter-Vierzylinder die einzig lieferbare Motorisierung.

Toyota Tercel (1978–1982)

Sein Europa-Debüt feierte der Tercel, dann aber mit 1,3-Liter-Motor, auf dem 49. Genfer Automobilsalon. Die Presse war begeistert, die französische *Le Monde* geriet geradezu ins Schwärmen, lobte Straßenlage und Handling, die Schaltbarkeit des 5-Gang-Getriebes (das Getriebe saß direkt unterhalb von Zylinder drei und vier), den neuen Motor selbst wie auch den niedrigen Geräuschpegel.

Der erste frontgetriebene Toyota war zugleich auch der erste mit Einzelradaufhängung rundum. McPherson-Federbeine vorn und eine aufwändige Doppelschräglenker-Achse hinten bescherten dem Tercel ein in den Kurven deutlich untersteuerndes Fahrverhalten mit spürbaren, aber leicht beherrschbaren Lastwechselreaktionen – „Fahrwerk: guter Durchschnitt“, wie *auto motor und sport* lakonisch vermerkte. Auch der neue 1,3-Liter-Vierzylindermotor, der den Falken beflügelte, erhielt keine Bestnoten. Das längs im Bug eingebaute Aggregat mit obenliegender Nockenwelle, über Zahnriemen gesteuert, galt weder als besonders sparsam noch besonders sportlich – dafür aber laut.

Der Fronttriebler mit der Stummelheck-bewehrten Karosserie (das Hatchback-Modell mit Heckklappe kam nicht nach Deutschland) wurde hierzulande rund 15.000 Mal verkauft. Das

Toyotas erster Fronttriebler: der Tercel von 1978

war nicht schlecht, aber weniger als Toyotas „technisch anspruchsvollster Kompaktwagen“ verdient hätte.

Toyota Tercel (1982–1985)

Besser schlug sich der Tercel des Jahres 1982. Die grundsätzliche technische Basis hatten die Toyota-Ingenieure beibehalten. Die Gesamtlänge schrumpfte im Vergleich zum Vorgänger um zehn Zentimeter auf 3,88 Meter, der Radstand wurde um sieben

„Fahrwerk: guter Durchschnitt“: So lautete das Urteil nach ersten Fahrtests des neuen Tercel Deluxe, 1979.

Modelle, Varianten, Preise:	
Modelle:	Schrägheck-Limousine Drei-, Fünftürer
Bauzeit:	1978–1985
Motoren:	1295 ccm / 48 kW (65 PS) bei 5600/min
Ausstattung:	Verbundglasscheibe, Colorverglasung, heizbare Heckscheibe, verstellb. Kopfstützen vorn, Warnleuchte für Handbremse und Bremsflüssigkeit, Tageskilometerzähler.
Varianten:	Tercel DL; Tercel DLX
Preise:	ab DM 10.495,–

Chronik:	
1978:	Einführung in Japan, drei Karosserien. Zunächst nur mit 1,5-l-Motor lieferbar, später auch mit 1,3 l.
1979:	Europastart im April, zwei Karosserien, ein Motor. Erster Fronttriebler von Toyota. Japanisches Schwestermodell heißt Corsa. Ab Jahresende Automatik für Viertürer.
1980:	November: Facelift; neue Frontpartie mit breiten Halogenscheinwerfern, niedrigerer Haube, Frontspoiler, Fünfganggetriebe. Bessere Ausstattung: Drehzahlmesser, Dreispeichen-Lenkrad, bessere konturierte Vordersitze, mehr Ablagefächer. Fünf-Zoll-Räder mit Reifen 165/70. Viertürer jetzt mit einzeln umlegbaren Rücksitzlehnen.
1982:	August: Modellwechsel. Komplett neu in Styling und Fahrwerk, Automatik gegen Aufpreis von 900 Mark (nur Dreitürer). Motor längs eingebaut, um fünf Grad nach vorn geneigt. Günstiger c_W-Wert von 0,38. Tercel mit zuschaltbarem Allradantrieb ab November lieferbar. Modellbezeichnung DLX; Preise ab DM 12.790,–.
1984:	Modellreihe ergänzt um Tercel SR-Typen (Mai): Elektrisches Schiebedach, separate Karten-Leselampen vorn, Drehzahlmesser. Akustische Warnung, wenn Scheibenbremsbeläge gewechselt werden müssen; Seitenschutzleisten, Sitze aus Tercel-Allrad. Preise: ab DM 14.440,–.
1985:	Ab Februar nicht mehr in Deutschland, Corolla Compact übernimmt seinen Platz. In anderen Märkten weiterhin lieferbar, auch als Corsa und Corolla II vermarktet.
	Weitere Modellwechsel: 1986, 1990, 1994; Bauzeitende: 1998

Zentimeter verringert – und dennoch gelang es, den Innenraum deutlich größer zu gestalten: einer der ganz großen Kritikpunkte am Vorgängermodell war damit ausgemerzt.

Auch in der Technik hatte sich einiges getan. Zum Beispiel der Motor: Das Herz des alten Tercel vom Typ 2A wurde einer gründlichen Überarbeitung unterzogen. Veränderte Brennraumformen, neue Kolbenböden und eine höhere Verdichtung machten den serienmäßig mit Fünfgang-Getriebe ausgerüsteten Tercel zeitweilig zum sparsamsten Kleinwagen seiner Klasse.

Neue Sachlichkeit: In den 80er Jahren war den Fahrzeugen von Toyota ihre fernöstliche Herkunft kaum mehr anzumerken – es sei denn in Sachen Zuverlässigkeit. Das galt auch für die zweite Tercel-Generation von 1982.

Die fünftürige Steilheck-Limousine mit 1,3-Liter-Motor und 65 PS kostete 13.190 Mark und galt als das empfehlenswerteste Angebot im Toyota-Programm der frühen 80er Jahre. Zu seinen Vorzügen gehörten das Platzangebot, die Handlichkeit und die Straßenlage, die bequemen Sitze, der günstige Verbrauch sowie die gute Serienausstattung. Zu seinen Nachteilen zählten der kleine Gepäckraum, die schwergängige Lenkung und die mitunter unübersichtlichen Armaturen: „Unter dem Strich zu diesem Preis ein erstaunliches Auto, weit besser als sein Vorgänger mit gleichem Namen“, lautete das *mot*-Fazit.

Kein Zweifel also, der Tercel war flügge geworden. Oder, um ein weiteres Testurteil von damals zu zitieren: „Der neue Tercel ist ein Fahrzeug mit erstaunlich wenig Schwachpunkten. Alles, was bisher an japanischen Autos bemängelt wurde – Sitze, Fahrwerk, Styling –, hat man verbessert.“

Wie bereits der Vorgänger stand der Tercel mit drei und fünf Türen im Lieferprogramm von Toyota Deutschland

Die nach 1985 gebauten Allradler unterschieden sich optisch geringfügig von den Vormodellen.

Toyota Tercel Allrad (1982–1988)

Der populärste Tercel war auch der am längsten gebaute: Erst nach sechsjähriger Bauzeit wurde die viertürige Kombiversion mit zuschaltbarem Allradantrieb abgelöst. Die Hochdach-Limousine entsprach bei unverändertem Radstand bis zur C-Säule dem Frontantriebsmodell, die Säule selbst war als Überrollbügel ausgebildet.

Modelle, Varianten, Preise:	
Modelle:	Kombilimousine fünftürig
Bauzeit:	1982–1988
Motoren:	1452 ccm / 52 kW (71 PS) bei 5600/min 1452 ccm / 50 kW (68 PS) G-Kat bei 5600/min ab 10.86
Ausstattung:	Getönte Scheiben, Heckscheibenwischer mit Wascher; Rückfahrscheinwerfer, Nebelschlussleuchte. Fußstütze Fahrerseite, Allrad-Kontrollleuchte, Topometer (Steig- und Kippwinkel-Anzeigegerät). Gepäckraumabdeckung, M+S-Allwetterreifen.
Varianten:	Tercel Allrad
Preise:	DM 17.990,–
Chronik:	
1982:	Ab Mitte November lieferbar. Technische Basis bildet der Tercel. Kombilimousine mit zuschaltbarem Heckantrieb, neuentwickelter 1,5 Liter-Motor (vorn längs, fünf Grad nach links geneigt) eingebaut. Zweifarben-Lackierung serienmäßig (außer Rot); Heckklappe in zweiter Farbe lackiert.
1985:	Facelift; Haube jetzt nicht mehr zwischen die Scheinwerfer gezogen. Zwei betonte Lamellen halbieren den Grill der Länge nach. Schriftzug wird nach oben versetzt. Andere Polsterdesigns, Ablagefach auf Armaturenbrett, neues Lenkrad.
1986:	Oktober: Modell mit geregeltem Katalysator vorgestellt; Dreispeichen-Sportlenkrad bei beiden Modellen. Keine Zweifarbenlackierung mehr. DM 22.400,–
1987:	Zum Herbst Variante ohne Entgiftung aus dem Programm genommen. Ausstattungsverbesserungen (Fernentriegelung für Tank- und Heckklappe).
1988:	Ab August Nachfolger (Corolla Tercel XLi) erhältlich.

Das Fahrwerk war vorn identisch mit der McPherson-Aufhängung des frontgetriebenen Tercel, erhielt aber größere Stoßdämpfer, verstärkte Federn samt Stabilisator. Die Vierlenker-Hinterachse stammte aus der Corolla-Limousine; die Kraftübertragung zu den Doppelgelenk-Halbachsen (mit Hypoid-Achsausgleich) erfolgte über ein Fünfganggetriebe mit vorgelegtem Geländegang. Dieser mit 4.714 besonders kurz übersetzte Kriechgang ließ sich nur bei zugeschalteten Hinterrädern einlegen.

Großen Wert legte Toyota auf den Rostschutz. Bei Motorhaube, Spritzwand, Kotflügel, Radhäuser, Türen und Bugschürze verwendete man galvanisiertes Stahlblech; Korrosionsschäden waren denn auch beim TÜV kein Thema. Lediglich bei oft im Gelände bewegten Falken monierten die Herren mit dem Adlerblick übermäßigen Verschleiß an den vorderen Radaufhängungen. 1988 wurde der Tercel aus dem Programm genommen und durch den Corolla Tercel XLi ersetzt.

Seine Europa-Premiere feierte der viertürige Tercel Allrad 1982 auf dem Pariser Automobilsalon.

Toyota Corolla

Ein echter Millionär

Der japanische Volkswagen Corolla hat den Produktionsrekord des legendären Käfers längst schon überflügelt. Die erste Million, bekanntlich die schwierigste, wurde im Juni 1970 erreicht, im Januar 1976 fiel die Fünf-Millionen-Grenze, drei Jahre später wurde der siebenmillionste Corolla produziert, und ein Ende der Flut ist nicht abzusehen: Zur IAA 1989 näherte sich Toyota zügig der 15 Millionen-Marke, inzwischen sind die 30 Millionen kein Thema mehr. Gleichwohl liegen Welten zwischen den einzelnen Corolla-Generationen.

Toyota Corolla (1970–1974)

Die erste Corolla-Generation gab ihre Visitenkarte im November 1966 ab. Konzipiert als Gegenstück zum höchst erfolgreichen Datsun 1000/Sunny, wartete die zweitürige Limousine mit einem 1,1-Liter-Motor auf. Diese 100 Kubikzentimeter mehr Hubraum waren ein starkes Verkaufsargument, das auch entsprechend in der Werbung herausgestellt wurde; drei Jahre und acht Monate nach seinem Debüt durfte man sich bei Toyota über eine Million produzierter Corollas freuen. Im geräumigen Maschinenabteil des Senkrechtstarters saß ein konventioneller Reihen-Vierzylinder mit 60 SAE-PS, der keine Mühe hatte, den nur 710 Kilogramm schweren Wagen voran zu treiben. Auch das Fahrwerk bot keine Überraschungen. Es entsprach mit einer Vorderachsaufhängung an McPherson-Federbeinen und der hinteren Starrache an halbelliptischen Blattfedern dem Stand der Technik: Nach diesem simplen „Motor-vorn-Antrieb-hinten"-Rezept wurden rund um den Globus Autos gebaut.

Nach knapp vier Jahren stand dann der erste große Modellwechsel ins Haus. Das war im Mai 1970, und mit diesem Modell feierte der drittgrößte Automobilproduzent der Welt seinen Einstand in Deutschland, nachdem er damit in der Schweiz wie auch den Niederlanden und Belgien bereits auf den Plan getreten war. Einzig lieferbare Motorisierung bildete der 1,2-Liter-Motor, der in Japan im September 1969 eingeführt worden war. Dort gab es auch leistungsstärkere Varianten mit bis zu 77 SAE-PS. Letztere blieben den in der zweiten Generation präsentierten Coupés vorbehalten; das galt ebenso für die später optional angebotenen 1,4- und 1,6-Liter-Motoren. Zeitweilig machten nicht weniger als 25 Versionen die Auswahl zur Qual. Die interessanteste Corolla-Variante, das Coupé mit dem Namen „Levin", gelangte ebenfalls nicht nach Deutschland. Unter seiner Haube röhrte der 1600er-DOHC-Vierzylinder aus dem Celica GT. Damit war dieser Corolla-Ableger bis zu 190 km/h schnell. Toyota setzte den Levin bei zahlreichen Rallyeveranstaltungen ein. Insbesondere bei den skandinavischen Wettbewerben agierten die Werkswagen sehr eindrucksvoll. Die normalen 1200er-Coupés trugen die Verkaufsbezeichnung „Sprinter" und wurden später für Japan in den Rang einer eigenständigen Modellreihe erhoben. Einen dieser

Wie alles begann: Der Corolla 1100 markiert den Anfang einer einzigartigen Erfolgsstory in der Automobilgeschichte.

Das Coupé wurde unter der Bezeichnung Sprinter vermarktet und trug den Kühlergrill der Limousinen. Im Bild der Sprinter 1200, 1971.

Mit dem Corolla 1200 beginnt die Toyota-Geschichte in Deutschland.

frühen, flott kostümierten Corolla testete auch *auto, motor und sport*. Die Deutsche Toyota-Vertrieb & Co KG hatte den Stuttgarter Testern einen Wagen – noch mit Roter Nummer – vor das Redaktionshaus in der Leuschnerstraße gestellt. Der einfach aufgebaute Starrachser schlug sich wacker, die zeitgenössische Kritik an dem 3,95 m langen Wagen beschränkte sich auf das steifbeinige Fahrwerk, die in Mittellage unexakte Lenkung und die bei Geschwindigkeiten jenseits der 100 km/h auftretenden Motor- und Windgeräusche. Auf der Haben-Seite standen der temperamentvolle Motor, die gute Handlichkeit, die gute Ausstattung, die routinierte Verarbeitung und – nicht zu unterschätzen – das Bewusstsein, einen Exoten zu besitzen. Als zweitürige Limousine kostete der Corolla DM 6.890,–, der Sprinter kam auf DM 7.650,–.

***Von Anfang an stand auch eine Coupé-Variante zur Verfügung; den „Sprinter" testete das Fachblatt* auto motor und sport.**

Modelle, Varianten, Preise:	
Modelle:	Limousine, Coupé, Kombi
Bauzeit:	1970–1974
Motoren:	1166 ccm / 43 kW (58 PS) bei 6300/min 1166 ccm / 40 kW (55 PS) bei 5600/min ab 11.74
Ausstattung:	Liegesitze mit integrierten Kopfstützen, Ausstellfenster hinten, abschließbarer Tankdeckel. Beleuchteter Kofferraum. Coupé: Getönte Scheiben, Dreispeichen-Sportlenkrad. Tageskilometerzähler. Gegen Aufpreis: Gürtelreifen (DM 75,–), heizbare Heckscheibe (DM 85,–); Halogenscheinwerfer (DM 140,–).
Varianten:	Corolla 1200; Corolla 1200 Sprinter
Preise:	DM 6890,–/7650,–
Chronik:	
1971:	März: Auslieferung Corolla 1200. Zwei Karosserien, Kofferraumklappe bei der Limousine bis zur Stoßstange hinabgezogen. Coupé Sprinter mit Fließheck, hoher Ladekante, schwarzem Kühlergrill (vertikal unterteilt) und besser ausgestattet. Konzept ähnlich Ford Escort oder Opel Kadett. September: Facelift (Kühlergrill, Begrenzungsleuchten mit vorderen Blinkern unterhalb der Stoßstange).
1972:	März: Einführung Kombi (DM 7.795,-). September: Facelift (Chromgittergrill, Blinker seitlich), neues Radkappendesign, Sicherheitsgurte. Coupé mit hervorstehender Grilleinfassung.
1974:	Lieferschwierigkeiten ab Jahresmitte, Rückgang der Verkaufszahlen in Deutschland. Zum Spätjahr Import von Coupé und Kombi eingestellt; Reduzierung der Motorleistung.
1975:	Nachfolger kommt im März nach Deutschland, die alte Corolla-Limousine wird bis Jahresmitte parallel dazu weiterverkauft.

Mit dem Corolla bestritt Toyota zahlreiche Rallye-Einsätze. Hier im Bild zu sehen: Björn Waldegaard mit einem im Werk vorbereiteten Corolla Levin bei der RAC 1974.

Corolla Kombi, 1973: Bei einer Gesamtlänge von 3,98 m betrug das Laderaumvolumen bei umgeklappter Rücksitzlehne stolze 1,56 m^3. Die Spitze lag bei 137 km/h.

Für das Modelljahr 1973 erhielt der Corolla Kühlergrill-Retuschen und neue Rückleuchten-Einheiten.

Toyota Corolla (1975–1979)

Deutlich europäischer als seine Konkurrenten aus dem fernen Osten gab sich die dritte Corolla-Generation, die im Frühjahr 1975 nach Europa kam. Das Bestseller-Trio aus Toyota-City hatte in jeder Beziehung zugelegt, der Radstand wuchs um 3,5 cm; die Spur vorn um sechs und hinten um fünf Zentimeter; die Karosserie erreichte die Vier-Meter-Grenze, der Kombi lag sogar darüber. An der Motoren-Ausstattung hatte sich nichts geändert.

Die Ausstattung der neuen Corollas war gewohnt reichhaltig. Wichtige Details wiederum fehlten völlig: So gab es an den Türen nur Griffschlaufen, aber keine Armlehnen und keinerlei Haltgriffe für die Insassen. Eine Verbundglas-Frontscheibe war zunächst auch nicht gegen Aufpreis lieferbar und die Kunstlederbezüge trugen nur wenig dazu bei, um den Aufenthalt im Corolla angenehmer zu gestalten. Im Januar 1976 erfolgte für den japanischen Markt die Einführung einer eigenständigen Liftback-Variante. Der Corolla mit der Heckklappe wies ein völlig eigenständiges Design auf und rangierte in der 1600 GSL-Ausführung an der Spitze der hiesigen Corolla-Modellpalette. Hinter der Liftback-Front – die im Stil der Levin-Coupés gehalten war – werkelte der 86 PS starke Vierzylinder aus der Celica-/Carina-Baureihe, auch das Cockpit erinnerte unweigerlich an die im Rallyesport erfolgreichen Coupés. Und so fuhr sich der Liftback auch: Tadellos auf gut ausgebauten Straßen, gutmütig in den Kurven und leicht untersteuernd, wenn es der Pilot richtig eilig hatte. Auf schlechteren Wegstrecken dagegen trampelte die Hinterachse und informierte die Passagiere deutlich über den jeweiligen Straßenzustand: „Rauh, aber verlässlich“, titelte kurz und treffend das Stuttgarter Fachblatt *sport auto*.

Nach wie vor gab es den Corolla in vier verschiedenen Karosserieformen. Trotz unbestrittener Vorzüge blieb die Kombi-Variante aber eine Rarität.

Beim Coupé ließen sich die hinteren Seitenscheiben voll versenken; der Verzicht auf die B-Säule vermittelte einen Hauch von Cabriofeeling.

Die Antwort auf Hondas erfolgreichen Accord Hatchback: der Corolla Liftback, der ab 1977 angeboten wurde.

Modelle, Varianten, Preise:

Modelle:	Limousine zwei- und viertürig, Coupé, Kombi
Bauzeit:	1975–1979
Motoren:	1166 ccm / 40 kW (55 PS) bei 5600/min 1588 ccm / 53 kW (73 PS) bei 5000/min ab 11.76 1588 ccm / 62 kW (84 PS) bei 5400/min ab 11.76
Ausstattung:	Zweiklanghorn, dreistufiges Gebläse, Innenluftzirkulation, Heckraumentlüftung. Hintere Seitenfenster ausstellbar, Coupé mit voll versenkbaren Fondscheiben ohne Mittelsäule.
Preise:	DM 8.490,– (Corolla 2-t) bis DM 9.490,– (Kombi)

Chronik:

1975:	Premiere April 1974 in Japan, Einführung D ab 3/75. Vier Karosserieformen, ein Motor. Automatik nur für zwei- und viertürige Limousine, DM 750,– über Grundmodell.
1976:	November: Einführung Liftback. Fließheck-Limousine, bei gleichem Radstand und Spurweiten wie übrige Corolla-Familie. Eigenständiges Karosseriedesign; zusätzliche Motor-Variante mit 73 PS. Spitzenmodell 1600 GSL mit Fünfganggetriebe, 175/70 HR 13-Stahlgürtelreifen und Doppelvergaser-Anlage; 84 PS. Preise: Liftback 1200 (DM 11.490,–), Liftback 1600 (DM 11.990,-) und Liftback 1600 GSL (DM 12.990,–).
1977:	Modellpflege zur IAA: Neuer Kühlergrill mit horizontalem Mittelsteg. Einstellbare Kopfstützen, modernisierte Armaturen, neue Vordersitze mit verstellbaren Kopfstützen. Intervallschaltung für Scheibenwischer (auch Corolla Liftback). Schriftzug „1200“ an den Vorderkotflügeln.
1978:	Facelift: Kühlergrill mit waagerechten Streifen, von Chromleisten eingefasst. Breite Chromleiste darüber an der Haube, seitlich umlaufende Zierleisten. Schriftzug „1200“ entfällt zum Jahresende.
1979:	Ablösung zum Jahresende.

Toyota Corolla (1979–1983)

Frankfurt, 13. September 1979. Auf dem Stand von Toyota Deutschland feierte der neue Corolla Europa-Premiere. Das neue Styling mit der heruntergezogenen Motorhaube, der niedrigen Gürtellinie und dem scharf abfallenden Heck hätte ebensogut in Rüsselsheim, Köln oder Wolfsburg entstehen können. Bei praktisch unveränderten Außenmaßen wuchs der Innenraum um sechs Zentimeter. Die hintere Starrachse, größte Schwachstelle der Vorgängermodelle, wurde jetzt an Längslenkern geführt und über Schraubenfedern abgestützt.

Toyota offerierte den neu gestylten Corolla – dem Kritiker den Charme einer Schuhschachtel unterstellten – in drei Karosserieformen; das Coupé wurde in Deutschland nicht angeboten, war aber in der Schweiz oder England weiterhin lieferbar. In Deutschland griffen sportlich ambitionierte Corolla-Fans zum Liftback. Das praktische Kombi-Coupé mit der geteilt umklappbaren Rücksitzlehne stand gleich in drei Leistungsstufen im Programm: Als 1,6 DX mit 74 PS, als 1,6 SE mit 86 PS und als 1,6 GT mit 110 PS. Wie gehabt, stammten die 1,6-Liter-Triebwerke aus dem Celica-Programm und zeichneten sich durch ein schier unschlagbares Preis/Leistungsverhältnis aus. Testers Lieblinge waren vor allem die sportiven SE- und GT-Varianten. Während *mot* zu den Vorzügen des SE die Serienausstattung, den Preis, die Schaltbarkeit des Fünfganggetriebes (an der Heckklappe am Schriftzug „5speed“ kenntlich) und den vielseitig nutzbaren Gepäckraum zählte, gefiel den Kollegen vom Schwesterblatt *auto motor und sport* das übersichtliche Cockpit, die sportliche Optik und der drehfreudige 110-PS-Motor. Kein Wunder also, dass die Stuttgarter Redaktionen die Modellbereinigung für 1982 bedauerten: SE und GT wurden ersatzlos gestrichen, einzig der Liftback DX mit 74-PS-Motor war noch mit 1,6-Liter-Triebwerk test- und lieferbar. Ihr enttäuschtes Fazit: „Wer 14 390 Mark für einen Corolla Liftback anlegt, hat solide gekauft. Zum sportlichen Touch fehlen dem Japaner aber nicht nur der Drehzahlmesser, bessere Sitze oder ein kräftiger pulsierendes Herz…“.

Modelle, Varianten, Preise:	
Modelle:	Limousine zwei- und viertürig, Kombi, Liftback
Bauzeit:	1979–1983
Motoren:	1290 ccm / 44 kW (60 PS) bei 5400/min 1588 ccm / 54 kW (74 PS) bei 5200/min 1588 ccm / 63 kW (86 PS) bei 5400/min 1588 ccm / 81 kW (110 PS) bei 6200/min 1290 ccm / 48 kW (65 PS) bei 5400/min ab 2.82 1588 ccm / 55 kW (75 PS) bei 5400/min ab 2.82 1839 ccm Diesel / 43 kW (58 PS) bei 4500/min ab 2.83
Ausstattung:	Verbundglas-Frontscheibe, heizbare Heckscheibe, Tank abschließbar, Kindersicherung hinten. DX: Getönte Scheiben, Halogen-Scheinwerfer, Tankanzeige mit Warnleuchte, Zeituhr, abblendbarerer Innenspiegel. SE/GT: Drehzahlmesser, Amperemeter, Choke-Warnleuchte, Warnlicht für nicht geschlossene Türen.
Varianten:	Corolla 1300/1300 DX; Liftback 1300/1600 DX/SE/GT
Preise:	DM 9.995,– (1,3 2t) bis DM 15.295,– (Liftback 1,6 GT)

Chronik:	
1980:	Januar: Auslieferung, Preise teilweise unter denen der Vorgänger. Limousine und Kombi (DM 11.295,–) nur mit 1,3-l-Motor, Liftback als 1300 DX sowie 1600 DX/54 kW, 1600 SE/63 kW und 1600 GT/81 kW lieferbar. SE und GT mit Fünfganggetriebe, zusätzlicher Panhardstab an der Hinterachse und Breitreifen (185/70). Kugelumlauflenkung. Automatik nur für Liftback 1600 DX (DM 13.595,–).
1982:	Modellpflege: Lamellenkühlergrill, Rechteckscheinwerfer, neue Rückleuchten. Spiegel im vorderen Fensterdreieck. Motorleistung 1300 auf 48 kW angehoben. Liftback GT und SE gestrichen, Verdichtung Liftback 1600 DX auf 9,4:1 angehoben (Drehmoment 118 Nm, vorher 112 Nm). August: 1,6 l auch für Limousine, Halogenscheinwerfer, Nebelschlussleuchte. Fünfganggetriebe, Reifen 165 SR 13, Seitenschutzleisten, Quarzuhr, Felgenzierblenden. DX 1,6: DM 13.490,–.
1983:	Februar: Limousine mit Diesel lieferbar, DM 14.890,-, August: Modellwechsel.

Wesentliche technische Änderungen erfolgten erst mit Einführung der vierten Corolla-Generation, die auf der IAA 1979 ihre Europapremiere feierte.

Toyota Corolla (1983–1987)

Die Akteure hatten sich verändert, das Programm war geblieben: Der Corolla spielte auch mit Frontantrieb die erste Geige im Toyota-Programm. Die neue Besetzung umfasste neben den renovierten Stufenheck- und Liftback-Modellen auch das überaus ansprechende Corolla Coupé GT mit aufwändigem 16-Ventil-DOHC-Motor und elektronischem Management. Nach guter alter Sportwagentradition brachte der GT die Motorkraft über die Hinterräder auf den Boden. Das Herzstück des neuen Corolla-Topmodells bildete der computergesteuerte Mehrventil-Motor. Alle wichtigen Motordaten verarbeitete ein 8-Bit-Mikroprozessor, der die elektronische Einspritzanlage steuerte, den Zündzeitpunkt regelte und ein Ansaugluft-Steuerventil in den Ansaugkanälen kontrollierte. Unterhalb von 4.650 Umdrehungen/min. blieb es geschlossen und bewirkte eine gleichmäßige Verteilung des Benzin-/Luftgemischs. Im oberen Drehzahlbereich öffnete sich das Ventil, vergrößerte das Ansaugvolumen und damit die Leistung. Darüber hinaus hatten die findigen Toyota-Techniker ein Notprogramm mit festen Werten installiert. Bei einem Ausfall des gesamten Regel- und Steuersystems konnte sich der waidwunde Corolla zumindest bis zur nächsten Werkstatt schleppen. Das allerdings passierte so gut wie nie: Noch immer gehörte der Corolla zu den Musterknaben in der Pannenstatistik.

Zum Frühjahr 1985 erweiterte Toyota die Modellreihe um weitere Corolla-Versionen, diesmal mit Steilheck. „Die Mama kritt schon widder e Kind“, vermeldete der *Kölner Stadt-Anzeiger* in schönster rheinischer Mundart, während der eigens aus Japan angereiste Chef-Ingenieur Akihito Saito eine etwas seriösere Wortwahl bevorzugte: „Der Corolla ist jetzt als Stufenhecklimousine, als Liftback, Coupé, Kombi und Schrägheck erhältlich. Wir sind stolz darauf, damit im Wettbewerb das Modell mit den meisten Karosserievarianten zu bieten.“ Der stolze Vater gab dem Corolla im Golf-Format den bereits aus dem Starlet bekannten Mehrventil-Motor mit 1,3 Litern Hubraum und 75 PS mit auf den Weg, während das nur zweitürige Spitzenmodell GT 16-V den Sechzehnventiler aus dem Coupé GT unter der Haube trug. Hier allerdings trieben die 121 PS die Vorderräder an und sorgten für erstklassige Fahrleistungen. Der komplett ausgestattete Dreitürer kostete DM 20.450,–. Mehr Ventile für weniger Geld gab es nirgends. Ab Mai 1985 lieferte Toyota ihn wahlweise auch mit Katalysator aus.

Im Dauertest von *auto, motor und sport* entpuppte sich der Steilheck-Corolla als „treuer Diener“, dessen größtes Manko der kleine, nur 246 Liter große Kofferraum war. Zum Vergleich: Der Golf schluckte nach VDA-Norm 90 Liter mehr, der Opel Kadett packte sogar 390 Liter weg.

1985 ergänzte Toyota mit dem drei- oder fünftürigen Compact die Corolla-Familie um zwei weitere Varianten, die sich rasch großer Beliebtheit erfreuten.

Der Corolla GT von 1983 war der erste japanische Großserien-Vierventiler. Später erschien auch eine entsprechend motorisierte Compact-Variante. Im Bild der 16V nach der Modellpflege 1985.

Radikal geändert hatte sich auch die Optik der Liftback-Modelle. Der Liftback 1,6 war an den vollflächigen Radabdeckungen vom schwächeren 1300er zu unterscheiden.

Modelle, Varianten, Preise:

Modelle:	Limousine, Liftback, Kombi, Compact, Coupé
Bauzeit:	1983–1987
Motoren:	1281 ccm / 48 kW (65 PS) bei 5400/min 1295 ccm / 51 kW (69 PS) bei 6000/min 1587 ccm / 62 kW (84 PS) bei 5600/min 1587 ccm 16V/ 91 kW (124 PS) bei 6600/min 1295 ccm 12V/ 55 kW (74 PS) bei 6200/min ab 1.85 1587 ccm 16V/ 89 kW (121 PS) bei 6600/min ab 1.85 1587 ccm / 54 kW (73 PS) Kat bei 5400/min ab 5.85 1587 ccm 16V/ 85 kW (116 PS) Kat bei 6600/min ab 5.85 1839 ccm Diesel/ 47 kW (64 PS) bei 4700/min ab 3.86 1295 ccm 12V/ 54 kW (73 PS) U-Kat bei 6200/min ab 9.86
Ausstattung:	Limousine: von innen verstellbarer Außenspiegel, höhenverstellbarer Fahrersitz, Kindersicherung. Liftback: Außenspiegel links/rechts, von innen einstellbar; Heckscheibenwischer mit -wascher, einzeln umklappbare Rücksitzlehnen, Gepäck-raumabdeckung. Coupé: höhenverstellbares Lenkrad, Colorverglasung, einzeln umklappbare Rücksitzlehnen.
Varianten:	1,3/1,6 DX; 1,6 GL; Coupé GT 16-V
Preise:	DM 13.890,– (Limousine 1,3) bis DM 15.240,– (Liftback 1,6)

Chronik:

1983:	Neue Modellreihe eingeführt (August). Viertürige Limousine mit Stufenheck und viertürige Liftback-Version, Kombi (DM 14.790,–). Frontantrieb, Einzelradaufhängung rundum (Kombi: Starrachse), drei Motoren zur Auswahl. Automatik nur in Verbindung mit Corolla 1,3 DX Limousine (DM 14.990,–). Coupé vorgestellt, im November ausgeliefert. 16-V-Motor, elektr. Motormanagement. Heckantrieb (Starrachse); vier Scheibenbr., Differenzialsperre, Frontspoiler, Sportsitze (DM 19.990,–).
1984:	April: Liftback 1,6 GL: Colorverglasung, zwei von innen verstellbare Außenspiegel, Fahrersitz mit Bandscheibenstütze, Drehzahlmesser. DM 16.545,–.
1985:	Neue Modellreihe eingeführt: Corolla Compact mit Steilheck und Heckklappe, zwei- und viertürig, ersetzt Tercel. Zwölfventilmotor (aus Starlet) löst bisherigen 1,3 Liter ab (außer Kombi). Ausstattungsvarianten: DX (DM 13.990,–/14.640,–) bzw. GL (DM 15.140,-/15.790,-). Topmodell: Corolla GT 16-V (1587 ccm/121 PS), nur Dreitürer, mit Leistungsreduziertem Coupé-GT-Motor: Breitreifen, modifiziertes Fahrwerk, Seitenschweller, Dachspoiler, Lederlenkrad, Sportsitze, Preis DM 20.490,-. Mai: G-Kat gegen Aufpreis für 1,6 DX bzw. Coupé GT (85 kW/116 PS). September: Facelift Limousine und Liftback. Gitter-Kühlergrill statt der Lamellen, Begrenzungsleuchten auf Kotflügel übergreifend. Liftback-Heckklappe: Nummernschildleuchten in Heckspoiler integriert.
1986:	März: 1,8 Liter-Dieselmotor (47 kW/65 PS) für Liftback DX und Compact DX (DM 17.090,-/18.140,-). Sondermodell Compact SR: getönte Scheiben, Drehzahlmesser, Felgenblende; zwei von innen einstellbare Außenspiegel (DM 15.240,–/ 15.790,–). Coupé mit Seitenblinkern neben Standlicht, Kühlergrill zur Hälfte abgedeckt, Seitenschweller und Heckspoiler. Alufelgen. September: SR-Modelle mit U-Kat (1295 ccm/55 kW) eingeführt, einen Monat später für alle Corolla 1,3.

Blieb ein Einzelstück: Corolla Compact Cabriolet, entwickelt und gebaut von der Karosseriefabrik Voll in Würzburg. Das Unternehmen produzierte auch die von Schwan entwickelten Celica-Cabriolets.

Toyota Corolla (1987–1992)

Never change a winning team, heißt es im Sport, und entsprechend handelte auch die Corolla-Mannschaft um Cheftechniker Akihito Saito: Der neue Corolla, der sechste seines Namens, war im Wesentlichen ganz der Alte, denn Bodengruppe, Radaufhängung und Technik stammten, wenn auch überarbeitet, aus dem Vorgänger. Eine Ausnahme bildete der neue 1,6-Liter-Dohc-16V-Motor, der den bislang verwendeten ohc-Motor ablöste. An der Modellpalette hatte sich nur wenig geändert. Nur das Coupé hatte sich verabschiedet, ansonsten blieb die umfangreiche Corolla-Familie erhalten: fünf Karosserie-Varianten, vier Motoren und zwei Ausstattungspakete machten den Besuch beim Toyota-Händler zur Qual. Nicht weniger als 13 Modelle wetteiferten um die Gunst

Vom Windkanal gezeichnet: die sechste Corolla-Generation, 1987 präsentiert. Von oben nach unten zu sehen ist: der dreitürige Compact 1,3 XL, der Liftback 1,6 sowie der Corolla Kombi.

der Käufer; und um die Verwirrung komplett zu machen, war ab August 1988 Verstärkung angesagt: Auch der Nachfolger des allradgetriebenen Tercel gehörte nun zur Corolla-Modellfamilie. Der „Corolla Tercel XLi 1,6 4WD" nutzte die bekannte Technik, betonte aber seinen Sonderstatus innerhalb der Modellpalette durch seine individuell gestylte Karosserie, den permanenten Allradantrieb und den Sechzehnventilmotor mit 105 PS und geregeltem Katalysator. Für andere Märkte wie etwa die Schweiz gab es die Tercel-Technik auch im normalen Kombi-Gewand.

Das Gros der Käufer entschied sich aber für einen der knapp vier Meter langen Kurz-Corollas. Die Basis-Motorisierung der Compact-Modelle bildete das erstmals im Starlet vorgestellte 1,3-Liter-Aggregat mit acht Einlass- und vier Auslass-Ventilen und einer Leistung von 74 PS. Alternativ dazu gab es die Drei- oder Fünftürer mit der wohl geformten Heckklappe auch mit 1,8-Liter Diesel-Motor. Der Preis für das dreitürige Grundmodell 1,3 XL betrug 16.250 Mark, wobei ein ungeregelter Katalysator serienmäßig mit an Bord war. Die empfehlenswerte, wenn auch in Mittellage etwas schwammige Servolenkung kostete – je nach Ausstattungspaket – Aufpreis: „Der neue Corolla lenkt und fährt und bremst deutlich besser als die Vorgänger-Generationen", stellte Engelbert Männer bei ersten Fahrtests in Japan fest, und: „Die neue Karosserie ist erheblich leiser geworden." Trotz aller Fortschritte zeigten sich die Kollegen von *auto, motor und sport* nicht all zu sehr begeistert. Im Vergleichstest mit VW Golf, Fiat Tipo und Opel Kadett sahen sie etwa den Corolla in Liftback-Variante lediglich auf einen undankbaren vierten Platz: „Ein preisgünstiges Auto ohne herausragende Stärken", lautete das Fazit, das die sprichwörtliche Zuverlässigkeit und die überdurchschnittlichen Langzeitqualitäten nicht berücksichtigte.

Modelle, Varianten, Preise:	
Modelle:	Limousine viertürig, Compact zwei- und viertürig, Liftback, Kombi, Kombi 4x4
Bauzeit:	1987–1992
Motoren:	1295 ccm 12V / 55 kW (74 PS) U-Kat bei 6200/min 1587 ccm 16V / 66 kW (90 PS) U-Kat bei 6000/min 1587 ccm 16V / 85 kW (116 PS) G-Kat bei 6600/min 1839 ccm Diesel / 47 kW (64 PS) bei 4700/min 1587 ccm 16V / 77 kW (105 PS) G-Kat bei 5600/min ab 8.88 1295 ccm 12V / 53 kW (72 PS) G-Kat bei 6000/min ab 9.89
Ausstattung:	Höheneinstellbarer Fahrersitz, Warnton für nicht abgeschaltetes Fahrlicht, Rücksitzlehnen umklappbar, Heckscheiben-Waschanlage (Compact und Liftback). GL: getönte Scheiben, elektrisch einstellbare Außenspiegel, höhenverstellbares Lenkrad, Lendenwirbelstütze, Zentralverriegelung. GT-i: Heckspoiler, Lederlenkrad, Drehzahlmesser, Öldruck- und Voltanzeige, Alufelgen.
Varianten:	1,3/1,8 XL; 1,6 GTi/GL, Corolla Tercel 4x4
Preise:	DM 16.250,– (1,3 XL Compact) bis DM 25.800,– (1,6 Compact GTi)

Chronik:	
1987:	Herbst: Compact, Liftback, Limousine, Kombi; Spitzenmodell wird Compact GT-i 16V (nur als Zweitürer mit Heckklappe). 1,3 XL-Modelle ausnahmslos mit ungeregeltem Katalysator, nur in Verbindung mit Automatik (Aufpreis DM 750,-) ohne Abgasentgiftung. 1,6-l-G-Kat Serie 1,6 GTi (85 kW), ohne Kat im Liftback 1,6 GL (66 kW). XL Diesel nicht für Limousine erhältlich. Diesel-Preise: DM 17.790,–/19.840,–/20.880,– (Compact/Liftback/Kombi).
1988:	Corolla SR-Limousine: Dreispeichen-Sportlenkrad, Drehzahlmesser, zwei Außenspiegel. DM 16.840,–. August: Einführung Corolla Tercel XLi. 16V-Motor, permanenter Allradantrieb, per Knopfdruck sperrbares Zentraldifferential. Starrachse hinten, Servolenkung; DM 27.490,–.
1989:	Liftback-Sondermodell SR: Lackierter Heckspoiler, voll abgedeckte Räder, Stereo-Cassettengerät. 1,3 Liter-Motor mit Euro-Kat. 19.940,– Mark. Compact 1,6 Si (21.670,–) mit 105 PS-Tercel-Motor ersetzt GT-i. Geregelter Katalysator mit Lambda-Sonde auf Wunsch für alle Modelle (März). IAA-Modellpflege: Dreiwege-Katalysator und Einspritzanlage für alle Modelle obligatorisch (außer Diesel); neue Bezeichnung XLi bzw. GLi. Fahrwerksabstimmung geändert, Bremsanlage anders ausgelegt, Sitzdesign und Detailänderungen Innenraum. Karosserie identisch, lediglich 1,6 Liter-Modelle erhalten neues Radkappen-Design. Einführung Sondermodell Corolla Kombi Silver auf Basis 1,3 XL.
1990:	Juni: Einführung Sondermodelle SR (Steilheck, Liftback): Schriftzüge, Stoßfänger in Wagenfarbe, Reifen 175/70 SR 13, Drehzahlmesser; getönte Scheiben. Liftback zusätzlich: Zentralverriegelung, Heckspoiler in Wagenfarbe. Preise: DM 18.560,– bis DM 21.020,–
1992:	Ab Jahresmitte neue Modellgeneration.

Der Corolla erreichte als erstes japanisches Auto im Juni 1990 die Produktionsmarke von 15 Millionen Fahrzeugen.

Der Corolla Tercel blieb bis 1992 im Angebot. Der Allrad-Wagen erfreute sich großer Beliebtheit, auch wenn die aufwändige Allrad-Technik den zur Verfügung stehenden Kofferraum einschränkte.

1989 wurde in Österreich der 200.000ste Toyota ausgeliefert: Ein Corolla Tercel 4x4 / RV-Wagon.

Toyota Corolla (1992–1997)

Keine Experimente – im umsatzstarken Golf-Segment waren kühle Rechner zu Hause. Und die legten weniger Wert auf explosive Fahrleistungen, sondern auf Zuverlässigkeit, niedrige Kraftstoffverbräuche, Qualität, Preiswürdigkeit und Komfort. Und genau diese Zielgruppe fühlte sich bei der siebten Corolla-Generation bestens aufgehoben. Die Stylisten hatten eine gefällige, wenn auch unauffällige Karosserie geformt, die zwar kein Pulsbeschleuniger, aber zeitlos war: Keine andere Corolla-Optik wies eine vergleichbar lange Haltbarkeitsdauer auf.

Diese ruhte auf einer dem Vorgänger verwandten Bodengruppe, die dem Kompakt-Toyota zu mehr äußerer wie innerer Größe verhelfen sollte. Der mit dem Maßband festzustellende Unterschied machte sich vor allem im Radstand bemerkbar, Fahrwerkseitig hielt sich der Fortschritt in Grenzen. Wie gehabt verfügte der Toyota rundum über Einzelradaufhängung an McPherson-Federbeinen und vorderen Dreiecksquerlenkern; hinten kamen Querlenker und

Stattlich: der Corolla Liftback. Nach dem Facelift 1995 wurde diese Corolla-Variante aus dem Programm genommen – nicht zuletzt auch wegen der internen Konkurrenz zum Carina Liftback.

1995 unterzog Toyota seinem Bestseller einer gründlichen Modellpflege, was sich von außen vor allem an den in Wagenfarbe gehaltenen Stoßfängern und Türgriffen bemerkbar machte.

Zugstreben zum Einsatz. Querstabilisatoren vorn wie hinten samt Gasdruckstoßdämpfern vervollständigen das neu abgestimmte Fahrwerks-Setup.

Die neue Fahrzeuggeneration, die in den Entwicklungsbüchern von Toyota unter dem Code E10 geführt wurde, erschien zum Juli 1992 in fünf verschiedenen Varianten und zwei verschiedenen 16V-Motoren mit 1,4 (65 kW/88 PS) und 1,6 (84 kW/114 PS) Litern Hubraum. Spitzenmodell war der Compact 1.6 Si, der gegen die hubraumstärkere deutsche Konkurrenz antrat. Gegen diese war er wegen seines Hubraummankos und der relativen Durchzugschwäche im Nachteil, doch versöhnten die präzise Fünfgangschaltung, der moderate Kraftstoffverbrauch und das üppig geschnürte Garantiepaket. Zu einem Gewinn gegen den Publikumsliebling VW reichte das Gebotene allerdings nie: Fahrwerkschwächen im Grenzbereich, ein drehfreudiger, aber sehr lautstarker Motor und ein ständig steigender Yen-Kurs – der den Einstandspreis verteuerte – verhinderten eine bessere Platzierung. Überdies war der häufig verkaufte 1,4 Liter mit 88 PS im Unterhalt sehr teuer, wer günstigere Versicherungstarife wollte, musste den Starlet nehmen – oder zur Konkurrenz gehen. Außerdem umfasste die XLi-Ausstattung keinen Airbag. Den gab es erst 1995, zusammen mit einem Kühlergrill und einem modifizierten 1400er-Motor, der nun 75 PS leistete. Der bisherige 88 PS-Vierzylinder wurde nicht mehr angeboten.

Modelle, Varianten, Preise:

Modelle:	Limousine viertürig, Liftback, Kombi, Compact
Bauzeit:	1992–1997
Motoren:	1332 ccm / 65 kW (88 PS) bei 6000/min 1332 ccm / 55 kW (75 PS) bei 6000/min ab 7.95 1587 ccm / 84 kW (114 PS) bei 6000/min 1975 ccm / 53 kW (72 PS) Diesel bei 4600/min ab 7.93
Ausstattung:	XLi: Servolenkung, Lenkrad höhenverstellbar, Außenspiegel von innen verstellbar. Rücksitzlehne asymmetrisch teilbar. GLi/Si: elektr. einstellb. Außenspiegel, Drehzahlmesser, Fahrersitz mit Lendenwirbelstütze, Veloursbezüge, Colorverglasung. Stoßfänger in Wagenfarbe; ABS, Reifen 175/65 R 14.
Varianten:	1,4 XLi; 1,6 Compact Si; 1,6 GLi Liftback
Preise:	DM 20.950,– (Compact 1,4 XLi 3-t) bis 31.700,– (Liftb. 1,6 GLi Automatik)

Chronik:

1992:	Juli: Einführung neue Corolla-Generation. Fünf Karosserievarianten, drei Motorvarianten (dohc, 16V). Radstand 2465 mm.
1993:	Juli: Einführung Corolla 2,0 D XL-Modelle: 53 kW/72 PS. Max. Drehmoment 131 Nm/2500/min. Varianten: Compact, Liftback, Combi. Servolenkung, modifiziertes Fahrwerk. Alle Modelle: Servolenkung Serie (außer 3-t-Compact), von innen verstellb. Außenspiegel, Heckscheibenwischer mit Intervall. Radiovorber., Drehzahlmesser; verstellb. Kopfstützen im Fond.
1994:	Februar: Preissenkung für ABS und Fahrer-Airbag. März: Sondermodell Rainbow: Lavendel-Metallic, Dekorset, Rad-Vpollabdeckungen, Sitzbezüge, Regenschirm. Elektr. Schiebedach, Servolenkung, Lenkradhöhenverst. 2100 Einheiten, DM 24.390,–. Juli: Sondermodell Team '94 (nur Kombi): Stoßfänger, Rückspiegel in Wagenfarbe ZV, EFH, Kopfstützen hinten, Drehzahlmesser, Dachreling, Wärmeschutzglas. DM 28.990,–. Sondermodell Spirit (nur Compact): ZV, EFH, Kopfstützen hinten, lackierte Außenspiegel, Servolenkung. DM 24.990,–. Sondermodell Hit (nur Compact): Sportsitze, ZV, Servo, lackierte Seitenschutzleisten u. Außenspiegel: DM 22.990,–
1995:	April: Neuauflage Compact und Kombi-Modelle Spirit, Hit, Team: ZV, EFH, Servo, Sportsitze, Kopfstützen hinten, Fahrer-Airbag, Drehzahlmesser, Seitenschutzleisten und Türgriffe in Wagenfarbe, Dachreling (Kombi), Wärmeschutzglas. DM 29.190,– (Team). Juli: Fahrer-, Beifahrer-Airbag serienmäßig, neuer Kühlergrill. 1,4-l-75-PS-Motor ersetzt bisherigen 1,4-l-88-PS-Motor. Liftback-Modell wird aus dem Programm genommen. September: Sondermodell Comfort (Compact): Servo, ZV, EFH, Lenkradhöhenverst., Radvollabdeckung.
1996:	Januar: Neuauflage Sondermodell Hit u. Hit Special (nur Compact): ZV, EFH, Servo, Sportsitze, Kopfstützen hinten, Veloursbezüge, Colorverglasung, Lackierung. Spezial: ABS, RDS-Cassettenradio, elektr. Schiebedach. DM 24.290,–/ 26.290,–. Sondermodell Spirit: ZV, EFH, Kopfstützen hinten, Juli: Sondermodell Royal: ZV, EFH, weiß hinterlegte Instrumente, get. Scheiben, Kopfstützen hinten. (3t/5t, ab DM 24.490,–). Modell Royal Special: Wie Royal, aber mit Metallic-Lackierung, Klimaanlage, ABS. Ab DM 26.980,–, auf 4000 Einheiten limitiert.
1997:	Januar: Neuauflage Sondermodell Royal/Royal Special. Corolla Royal: Basis Compact 1,4 XLi, zusätzlich: ABS, ZV, EFH, Servolenkung, getönte Scheiben, weiß hinterlegte Instrumente, Metallic-Lackierung u.a. Royal Special: wie Royal, außerdem: Klimaanlage, Metallic-Lackierung, LM-Räder. DM 26.880,–/28.680,–. Auflage: 5500 Einheiten (3t/5t). September: Modellwechsel

Im Sommer 1992 erschien die Ablösung der Corolla-Reihe. Das Design war rundlicher geworden, doch gehörten Sicherheitsmerkmale wie Airbags noch nicht zum serienmäßigen Lieferumfang. In den letzten Baujahren konnten die Toyota-Händler auf ein breites Angebot an drei- und fünftürigen Compact-Modellen verweisen.

Toyota Corolla (1997–2001)

Ein Diesel-, zwei Benzinmotoren, drei Ausstattungen, vier Karosserien, fünf Gänge serienmäßig und im sportlichen Compact G6 sogar deren sechs – alle Achtung, Toyota machte Ernst mit seiner Ankündigung, den europäischen Anbietern Paroli bieten zu wollen. Speerspitze dieser Attacke auf europäische Bastionen sollte das Welt-Auto Corolla werden. Bislang war das Design zentral für alle Märkte in Japan entwickelt worden, entsprechend sahen die Corolla – mit mehr oder minder großen Unterschieden – auch aus. Die 90er Jahre allerdings waren geprägt von einer Abkehr des Weltauto-Gedankens. Als 1994 die Arbeiten an der Nachfolgegeneration begannen war klar, dass auf einer Basis verschiedene Fahrzeuge entstehen sollten. Das Design des Corollas von Europa wurde zwar in Japan entwickelt – verantwortlich war ein erst 29 Jahre alter japanischer Designer –, doch hatte das europäische Toyota-Zentrum ein großes Mitspracherecht. Und dort entschied man sich für ein überraschend mutiges Styling. Denn was immer man dem Corolla bislang hatte vorwerfen können: Stilistische Extravaganz gehörte nicht dazu. Um so größer fiel daher das Erstaunen über die Corolla-Neuauflage aus, die ab dem 11. Juli 1997 ausgeliefert wurde. So kess mit den Scheinwerfern geplinkert hatte noch keiner der sieben Vorgänger. Das knuffige Teddybären-Gesicht entwickelte sich denn auch zum markantesten Kennzeichen der achten Corolla-Generation. Die neue Kulleraugen-Optik sollte vor allem eine jüngere Kundschaft, die bislang eher zum Honda Civic gegriffen haben mochte, überzeugen. Der Beifall ob dieser stilistischen Extravaganz hielt sich aber sehr im Rahmen, das neue Styling polarisierte. So weit es allerdings die Technik betraf – die war schon weitgehend aus dem Vorgänger bekannt, anerkannt gut und somit außerhalb jeder Diskussion.

Interessante Variante war der Compact G6 mit Sechsgang-Schaltgetriebe, die eigenwilligste der Kombi, die beliebteste der später in Burnaston gebaute Liftback und die konservativste das Stufenheck. Letzteres spielte in Deutschland eine absolute Außenseiter-Rolle.

Corolla 2000: mehr Ausstattung, neue Bezeichnungen und der G6 als Fünftürer.

Toyotas Mut, neue Wege zu gehen, wurde nicht belohnt: Der erste eigens für Europa gestylte Corolla kam nicht so gut an wie erwartet. Toyota reagierte mit lobenswerter Schnelligkeit und präsentierte zum Modelljahr 2000 einen in vielen Belangen verbesserten Corolla mit neuer Frontgestaltung, zwei neuen VVT-i-Motoren aus dem walisischen Motorenwerk und zahlreichen weniger markanten Verbesserungen. Im Vergleich zum Vorgängermodell wuchs die Neuauflage des Toyota-Bestsellers in der Länge um 20 Millimeter, Breite und Höhe orientierten sich an den Maßen des '99er Modells, ohne dass sich das merklich auf die Absatzzahlen auswirkte. Auch die Erfolge im Rallyesport konnten daran kaum etwas ändern.

Europa im Visier: die Corolla-Neuauflage sollte vor allem europäische Kunden überzeugen. Das Kulleraugen-Design stammte aus dem südfranzösischen Designzentrum.

Modelle, Varianten, Preise:	
Modelle:	Limousine, Liftback, Compact, Kombi
Bauzeit:	1997–2001
Motoren:	1332 ccm / 63 kW (86 PS) bei 5400/min 1587 ccm / 81 kW (110 PS) bei 6000/min 1975 ccm Diesel/ 53 kW (72 PS) bei 4600/min 1995 ccm D-4D / 66 kW (90 PS) bei 4000/min ab 11.2000
Ausstattung:	2 x Airbag, ABS, Servolenkung, Frischluftfilter, höhenverst. Fahrersitz, Colorverglasung, elektr. Wegfahrsperre. Linea terra: elektr. verstellb. Außenspiegel, EFH vorn, ZV mit Funkfernbed. Linea luna: Lackierte Stoßfänger u. Seitenschutzleisten, verchromter Grill, EFH hinten, Nebelscheinwerfer.
Varianten:	Linea terra, linea luna, Corolla G6
Preise:	DM 23.990,– (Compact 1,4) bis 31.560,– (Liftback 1,6 line luna Automatik).

Chronik:	
1997:	September: Neuauflage. Europäisches Design, in Japan entwickelt, charakteristische Rundscheinwerfer mit Lochkühlergrill. Vier Karosserievarianten, drei Motoren. Ausstattungspakete: Basis, Linea terra, linea luna (nur Liftback 1,6). G6: Sechsgang, schwarzer Frontgrill, Sportsitze. Nur Compact, Basis Linea terra. Gegen Aufpreis: Audioanlage, CD-Player, Klima, Navigationssystem, Metallic. Vorstellung Corolla WRC: Allrad, Motor: 2,0 l Celica-Turbo; 220 kW (299 PS) bei 5700/min.
1998:	Juli: Compact 1.4 Limited: Sondermodell, Basis linea terra, zusätzlich: Sportsitze und -bezüge, Stoffeinsätze in Türverkleidungen, G6-Armaturen, Metallic-Lackierung. Auflage 3000 Ex., DM 26.580,–. Alle Compact: Seitenairbags serienmäßig. Oktober: Sonderausstattung „Limited II“ für alle Modelle: Sportsitze, Stoffeinsätze in den Türverkleidungen, G6-Armaturenbrett. Chromgrill, in Wagenfarbe lackierte Türgriffe, ab luna limited: Klimaanlage. Limted Sol: Stoßfänger u. Seitenschutzleisten lackiert. Alle Modelle: Scheibenbremsen hinten, Bereifung 175/70 x 14. (G6: 175/65). November: Serienanlauf Corolla Liftback im Zweigwerk Burnaston/GB.
1999:	Januar: Corolla G6 1.6 ersetzt bisherigen G6 1.4. Klimaanlage serienmäßig. Gleichzeitig Sondermodell G6R: Homologationsmodell für den WRC-Rallyewagen. Basis Compact 1,6, aber Alu-Motorhaube, 15-Zoll-LM-Räder mit 195er Breitreifen, rote Sicherheitsgurte, spezieller Schaltknauf, Front- und Heckspoiler, 530 Exemplare. Juni: Sondermodell Cool Line. Juli: Sondermodell Corolla G6 S TTE: Lackierte Front/Heckspoiler, Nebelscheinwerfer, Tieferlegung 30 mm, 245/45 R 16 LM-Räder, Sportauspuff, Embleme. DM 33.900,–.
2000:	Februar: Facelift (Klarglas-Scheinwerfer); VVT-i-Motoren 1,4/1,6; neue Ausstattungsvariante linea sol. November: D-4D-Turbodiesel-Direkteinspritzer ersetzt bisherigen Diesel. Lieferbar für linea terra und sol, nicht für Stufenheck.
2001:	Februar: Linea Sol Limited. Sondermodell auf Basis Liftback 1.4 linea terra: Nebelscheinwerfer, Klimaanlage, RDS-Radio, CD-Player, EFH hinten, Sitzpolster linea sol. DM 29.924,20

Zunächst gab es nur den dreitürigen Compact in sportlicher G6-Ausführung (oben links) , später auch den Liftback. Der Löwenanteil der Zulassungen entfiel auf die fünftürige Liftback-Variante; Kombi und Limousine – ganz oben im Bild die US-Version – spielten nur Außenseiter-Rollen.

Basis-Sportler: Zur IAA 1997 präsentierte Toyota mit dem Corolla WRC („World Rallye Championship“) den Nachfolger des Rallye-Celica.

Toyota Corolla (2002–2007)

Beim nächsten Mal wird alles anders, befanden die Toyota-Designer und krempelten den Corolla wieder einmal völlig um. Die aktuelle Ausgabe – die Nummer neun seit dem Start 1966 – feierte auf der Frankfurter Automobil-Ausstellung im September 2001 ihr Europa-Debüt, in Japan war sie schon seit Frühjahr im Handel: „Nach dem Yaris die zweite wichtige Initiative im Europa-Engagement", wie die Pressemappe betonte, was sich in Europa verkaufte, konnte auch vor dem Rest der Welt bestehen. Beim neuen Corolla war optisch kein Stein mehr auf dem anderen geblieben, die Verwandtschaft zum kleineren Bruder Yaris unverkennbar.

Luca De Meo, der für Europa verantwortliche Produktmanager, hatte seinen Designern die Aufgabe gestellt, emotionale Autos zu schaffen. Der Versuch, Qualität auch optisch in Blech zu pressen, führte im Falle des Compact zu einem 4,18 Meter langen Dreitürer mit großen Heckleuchten und einer breiten, sich zum Dach hin verjüngenden C-Säule. Vorn prägten der große Kühlergrill und die nach oben gezogenen Klarglas-Sacheinwerfer den optischen Auftritt: Der Corolla wirkte genauso europäisch wie ein VW Golf, ein Audi A3 oder ein Ford Focus. Kein Wunder: Schließlich wurde er zu weiten Teilen in Europa für Europa entwickelt. Überdies entstanden die Schrägheck-Drei- und Fünftürer direkt ab Markteinführung im britischen Toyota-Werk, während die Corolla-Limousinen und Kombis im Toyota-Werk Adapazari in der Nähe von Istanbul vom Band liefen. Der Verso dagegen wurde in Japan produziert; eine Verlegung der Fertigung nach Europa war allerdings auch hier geplant.

Optisch jedenfalls passte der neue Corolla hervorragend auf Europas Straßen. Seine Karosserie saß auf einer neuen Plattform mit langem Radstand, im Vergleich zum Vormodell war der Toyota in alle Richtungen ein wenig gewachsen. Etwas mehr Platz also stand Gepäck und Passagieren zur Verfügung, zum Lademeister wandelte sich der Dreitürer dennoch nicht: Ein Kofferraumvolumen von 289 Litern markierte keinen neuen Bestwert in seiner Klasse. Ein Klasse für sich dagegen war die Innenraum-Anmutung. Nie zuvor hatten sich die Corolla-Entwickler so viel Mühe gegeben, um ein hochwertiges Ambiente zu schaffen. Die verwendeten Materialien waren weit entfernt vom Plastik-Look früherer Tage, und die Türen schlossen mit dem sanften Nachdruck eines Panzerschranks: Billig oder lieblos wirkte hier nichts. Den neuen Schick im Innenraum krönten übersichtliche Instrumente, perfekt angeordnete Bedienelemente und pfiffige Details.

Für den Corolla bot Toyota insgesamt sechs verschiedene Motorisierungen auf, vier Benzin- und zwei Diesel-Triebwerke. Das Topmodell, der dreitürige T-Sport verfügte über den 1,8-Liter-WTL-i-Motor mit 192 PS aus dem Celica; der hubraumgleiche 135-PS-Motor blieb zunächst dem Verso vorbehalten.

Trotz bester Anlagen schaffte es die neunte Corolla-Generation aber nicht, die deutsche Konkurrenz von einem Spitzenplatz zu verdrängen – zumindest nicht in den Zulassungszahlen hier zu Lande. In Tests dagegen sehr wohl. Im *mot*-Vergleichstest etwa mit Fiat Stilo und VW Golf verwies der Corolla die Konkurrenz auf die Plätze: „Der Japaner ist ein harmonisches Auto mit

Europa-Premiere: Auf der IAA 2001 zeigte Toyota den neuen Corolla in allen Varianten.

Markant: die Gestaltung der C-Säule beim Compact.

Neu gekleidet: Nachdem das Rundaugen-Design nicht so gut angekommen war wie erhofft, erhielt die Corolla-Neuauflage eine Optik im Yaris-Stil.

Die neunte Auflage des Toyota Corolla bot ein Plus an Ausstattung, ein größeres Motorenangebot und mehr Modellvarianten. An dem im Konkurrenzvergleich eher eingeschränkten Kofferraumvolumen änderte sich dagegen nichts.

edler Anmutung, narrensicheren Bedienelementen, ausgewogenem Fahrwerk und sparsamen Motor". Bekrittelt wurde dagegen das nur geringe Platzangebot im Kofferraum und das Fehlen von Seiten-Airbags für die Fond-Passagiere. Und *Auto Bild* lobte den laufruhigen Motor, den geringen Verbrauch, den günstigen Preis und das beste Garantiepaket im Konkurrenzumfeld. Zum Sieg in der Kombi-Konkurrenz genügte es leider nicht ganz. Mit einem elektronischen Fahrstabilitätsprogramm hätte es anders ausgesehen, das gab es aber für das Kombimodell nicht, auch nicht nach der ersten Modellpflege zum Mai 2003. Zu den nicht von außen zu erkennenden Verbesserungen gehörten serienmäßige Kopfairbags für vorn und hinten und ein neuer 2,0-D-4D-Common-Rail-Diesel

Türkische Früchte: Limousine und Kombi-Modell entstanden im türkischen Toyota-Werk.

Der Corolla TS Compressor mit 225 PS / 165 kW war ab März 2005 ab 29.700 Euro zu haben. Vom normalen Corolla TS unterschied er sich durch einen TTE-Sportauspuff, Front- und Dachspoiler, eine neue Heckschürze und größere Räder.

mit 116 PS, der die Euro-4-Norm schaffte. Bei dieser Gelegenheit wurden die Ausstattungslinien neu geordnet. Corolla C und Corolla bildeten weiter die Einstiegsvarianten. Darüber angesiedelt wurde die neue Version „Corolla Luna" mit CD-Radio, Klimaanlage und elektrisch einstell- und beheizbaren Außenspiegel; darüber rangierte der Corolla Sol.

Im Jahr darauf folgte eine weitere Überarbeitung – Opel und Volkswagen hatten Golf und Astra in Neuauflage gebracht, und Ford stand mit der Focus-Neuauflage in den Startlöchern. Und diesen dynamischen Newcomern begegnete der zweitgrößte Autobauer mit kleinen, aber wirkungsvollen Änderungen an seinem Volumenmodell. Diese fielen optisch sehr dezent aus, trugen aber den Kritikpunkten des bisherigen Modells Rechnung, zu denen eine fehlende Längsverstellbarkeit des Lenkrads oder die durchgängige Verfügbarkeit des Stabilitätssystems VSC gehörte. Auch kleine, aber wichtige Details leisteten ihren Beitrag: die Einstiegshilfe mit Memory-Funktion bei den 3-türigen Varianten oder die Verfügbarkeit von Nebelscheinwerfern auch für die Dieselversionen.

Viel wichtiger aber, gerade im volumenträchtigen C-Segment, war der neu entwickelte 1.4 l D-4D mit 90 PS. Dieses Aggregat konnte erstmals mit einem Multi-Mode Getriebe (MMT) kombiniert werden. Eine Premiere! Damit war der Corolla das erste Fahrzeug der Toyota-Modellpalette, in dem der Fahrer einen Dieselmotor im

Konservativ: Die neunte Corolla-Generation, wie sie für und in Nordamerika produziert wurde. Die Modellpalette für die USA ist sehr übersichtlich: eine Karosserievariante, ein Motor (1,8 Liter), zwei Getriebe, drei Ausstattungslinien – mehr nicht.

Modelle, Varianten, Preise:

Modelle:	Limousine, Compact (drei-/fünf Türen), Kombi
Bauzeit:	2002–2007
Motoren:	1398 ccm VVT-i/ 71 kW (97 PS) bei 6000/min 1598 ccm VVT-i/ 81 kW (110 PS) bei 6000/min 1795 ccm VVTL-i/ 141 kW (192 PS) bei 7800/min 1364 ccm D-4D / 66 kW (90 PS) bei 4000/min ab 9.04 1995 ccm D-4D / 66 kW (90 PS) bei 4000/min bis 8.04 1995 ccm D-4D / 81 kW (110 PS) bei 4000/min bis 4.03 1995 ccm D-4D / 85 kW (116 PS) bei 3600/min ab 5.03
Ausstattung:	4x Airbag, ISOFIX, Audiosystem, Multi-Display. Corolla: EFH vorn. Linea sol: Klimaautomatik. TS: LM-Felgen, Sitzbezüge, Embleme
Varianten:	Corolla C, Corolla, Corolla linea sol; TS
Preise:	ab € 13.350,–

Chronik:

2001:	Zum Jahresbeginn Einführung in Japan, September: Weltpremiere des Export-Modells. Lieferbar als Limousine, Liftback, Compact, Kombi und Verso.
2002:	Januar: Verkaufsstart für Schrägheck mit drei/ fünf Türen, Kombi sowie Compact-Van Corolla Verso. Juni: Lieferbeginn Corolla Limousine aus türkischer Fertigung September: Lieferung der Kombi-Modelle aus der Türkei beginnt. Oktober: Corolla Sol auch mit 1,4-Liter-VVT-i-Motor verfügbar. Ab € 16.450,–
2003:	Mai: Corolla 2,0 D-4D mit 116 PS ersetzt bisherigen D-4D-Motor mit 110 PS. Erster Euro-4-Diesel in dieser Fahrzeugklasse, ab Ausstattung Luna, nicht für Kombi. Ab Euro 18.700,–. Neuordnung der Ausstattungslinien, Einführung Ausstattungsvariante Corolla Luna; alle Karosserievarianten mit Kopfairbags.
2004:	Juli: Modellpflege: Verbesserte Sitzposition, Lenkrad in der Höhe und der Tiefe verstellbar. Verbesserte Ausstattung (Regensensor, automatisch abblendender Innenspiegel). VSC jetzt für alle Modelle und Ausstattungen lieferbar. Ausstattungsreihen: Corolla, Luna, Sol, Executive (5-türig, Leder, Tempomat, Sitzheizung vorn), TS (Modellpflege, neuer Kühlergrill u. Spoiler, Seitenschürzen, Sportfahrwerk). September: 1,4 l D-4D (90 PS, Euro 4) ersetzt bisherigen 2,0 l D-4D mit 90 PS. A.W. mit sequentiellem 5-Gang-Getriebe MMT. Einführung Corolla Luna S: blau abgesetzte Sitzpolster, Carbon-Applikationen im Innenraum, Seitenschürzen, spez. Radabdeckungen, Reifen 195/60 R 15, Lederlenkrad, -schaltknauf. Nur 3-türig (1,6 l). Sondermodell Sportschau Edition: Basis Luna 1.6, dazu Radabdeckungen, in Wagenfarbe lackierten Seiten- und Heckschürzen, Nebelscheinwerfer, Lederlenkrad mit Audiobedienelementen, exklusive Sitzbezüge, Innenraum-applikationen in Carbon-Design, Logo-Fußmatten. Ab € 17.500,-.
2005:	März: Premiere für den Corolla TS Compressor auf der Essen Motor Show, Einführung zum Monatsende. Basis TS, Sportfahrwerk, Bereifung 215/45 R17, Innenraummodifikationen, Drei-/Fünftürer.
2006:	März: Sondermodelle Corolla Edition und Edition S: Edition 1.4: Sitzbezüge Anthrazit/Silber, 15-Zoll-LM, heizbare Vordersitze, akustische Einparkhilfe. Corolla Edition 1.6: Geschwindigkeitsregelanlage. Ab € 17.650,-. Edition S (nur 1,6 l): 16-Zoll-LM, in Wagenfarbe lackierte Seiten- und Heckschürzen, Bluetooth-Freisprecheinrichtung. Ab € 19.650,-

automatischen Modus steuern konnte, wenn man die Kategorien Land Cruiser und Hiace außen vor lässt.

Der neue Corolla wurde in zwei Phasen eingeführt. Der offizielle Verkaufsstart erfolgte am 17. Juli 2004. Die Produktion stellte man in den einzelnen Produktionsstätten schrittweise um. Zum Verkaufsstart wurden die 3- und 5-türigen Karosserievarianten zur Verfügung stehen. Die Limousinen und Kombis folgten in den darauf folgenden Monaten. Der Produktionsanlauf des neuen Diesels erfolgte im August, die Einführung beim Händler im Folgemonat.

Der Corolla wird in Brasilien ebenso wie in Südafrika gebaut.

Auch in Japan wird die Modellbezeichnung Corolla weiterhin gepflegt: Hier der Corolla Axio von 2006, den Toyota über seinen AMLUX-Verkaufskanal vertreibt. Er ist etwas kürzer als der amerikanische E15. Foto: Mytho88 © GFDL

In Japan und den USA wurde 2003 ein Crossover auf Corolla-Basis eingeführt, der Matrix. Das Design entstand im kalifornischen Designzentrum, gebaut wird er in Kanada.

Bis 2010 wurde der Corolla – hier ein Modell 2011 – im amerikanischen NUMMI-Werk gebaut. Nach dessen Schließung entstehen Corolla für die USA aktuell im japanischen Werk Takaoka und in Kanada.

Toyota Auris

Das Goldstück

Wer sich Anfang März 2007 in einer deutschen Großstadt aufhielt, hatte keine Chance, ihn zu übersehen. In allen Städten über 100.000 Einwohner hatte Toyota sämtliche Werbeflächen in Beschlag genommen: „Augen auf – Auris“ mahnten 204.000 Großplakate, auf denen mitunter auch gar kein Wagen zu sehen war.

Toyota Auris (2007 — 2012)

Das, was da nicht zu sehen war, war der neue Corolla – auch wenn der nur in bestimmten Ausführungen und auf bestimmten Märkten so hieß. Für die zehnte Auflage seines Bestsellers hatte Toyota einen neuen Namen gewählt, der nicht nur zufällig an das lateinische Wort „aurum“, Gold, erinnerte: Der Toyota mit dem verheißungsvollen Namen machte nicht nur die Stadt Aurich in Ostfriesland bundesweit bekannt (die Fotofahrzeuge trugen allesamt AUR-Kennzeichen), sondern stand auch für einen grundlegenden Imagewandel, den das Unternehmen mit der Baureihe E15 einläuten wollte.

Der 4,22 m lange Kompakte, wiederum in Südfrankreich gestylt, gefällt mit stimmigen Proportionen und stämmigem Auftritt. Wo man dem Vorgänger noch eine gewisse Beliebigkeit nachsagen mochte, glänzt sein Nachfolger durch knackige Eigenständigkeit ohne stilistische Extravaganzen. Einen gewissen Pfiff verleiht der hintere Hüftknick in der Seitenlinie.

Stilsicher gezeichnet zeigt sich auch der Innenraum; Highlight ist die bogenförmige Mittelkonsole als Novum im Großserienbau. Überhaupt hat das Interieur deutlich gewonnen, was die Pressemappe damit erklärt, dass man das Auto von innen nach außen entwickelt habe und „den Menschen in den Mittelpunkt“ gestellt. Eine hohe Dachlinie und die hohe Sitzposition seien die Folge. Dieser Ansatz ist zwar nicht neu (den verfolgen auch andere), doch gewitzt umgesetzt. Der 1,52 Meter hohe und 1,72 Meter breite Kompakte bietet ein beinahe vanartiges Raumgefühl, da zwickt nichts, hält aber auch nur wenig: Die Sitze, so bemängelten Tester, könnten mit mehr Seitenhalt dienen, und außerdem: An der beinahe senkrecht nach oben stehende Handbremse können sich wurstfingrige Fahrer vielleicht sogar die Finger einklemmen ... Überhaupt die Tests: Auch arg kritische Geister mussten mit der Lupe suchen, um überhaupt Schwachstellen aufzuspüren. In den ersten Vergleichstests ließ der Auris die versammelte Elite der Kompakten hinter sich, einschließlich des Klassenprimus Golf. Das hatte kein Corolla je

Der Auris ist der beste Kompakte des Hauses, den es je gegeben hat. Viel Platz im Innenraum und ein standesgemäßes Kofferraumvolumen machen den Vorgänger vergessen, und die Bremsen sind deutlich besser als der Durchschnitt: „Referenzklasse“ lobte die Zeitschrift **Auto Bild.**

Modelle, Varianten, Preise:	
Modelle:	Steilheck-Limousine drei-/fünftürig
Bauzeit:	2007-2012
Motoren:	1398 ccm / 71 kW (97 PS) bei 6000/min 1598 ccm / 91 kW (124 PS) bei 6000/min 1998 ccm D-4D / 93 kW (126 PS) bei 3600/min 2231 ccm D-CAT / 130 kW (177 PS) bei 3600/min 1329 ccm VVT-i / 74 kW (101 PS) ab 5.2009 1598 ccm / 97 kW (132 PS) ab 5.2009 1364 ccm D-4D / 66 kW (90 PS) ab 5.2009 1998 ccm D-4D / 93 kW (126 PS) ab 5.2009 2231 ccm D-CAT / 130 kW (177 PS) ab 5.2009
Ausstattung:	7x Airbag, ABS, EBD, BA, VSC, TRC, CD-Anlage, EFH vorn. Luna: Nebelscheinw., beheizb. Außenspiegel in Wagenfarbe, EFH hi., Klima, Lederlenkrad mit Audio-Bedienelem. Sol: Tempomat, Klimaautom. Executive: Abblendlichtautom., Xenon, Regensensor, Mittelarml. hi., Smart-Key, 16-Zoll-LM. D-CAT: Licht-an-Warnung, 17-Zoll-LM.
Varianten:	Auris, Luna, Sol, Executive D-CAT
Preise:	von € 15.200,– bis 24.950,–

Chronik:	
2006:	September: Weltpremiere als Studie auf dem Pariser Salon. Drei-/Fünftürer. Bezeichnung leitet sich vom lateinischen Aurum (Gold) ab und stellt den Wagen in eine Linie mit Yaris und Avensis. Design in Südfrankreich bei ED2 entwickelt. Dezember: Europapremiere auf der Automobilmesse in Bologna.
2007:	März: Markteinführung als Drei- und Fünftürer. Vier Motor-, fünf Ausstattungslinien. Stufenheck-Varianten (nicht für Deutschland) weiterhin als Corolla angeboten; Japan-Bezeichnung „Blade". Juli: Auris als Dreitürer lieferbar. Ab € 15.200,-.
2008:	März: Sondermodell Team. Basis Luna, LM-Räder 16-Zoll, 6-fach-CD-Wechsler, Einparksensoren h.; Sonder-Sitzbezüge. Ab € 17.550,-
2009:	Mai: Einführung neuer Motoren gemäß Toyota Optimal Drive: Neue Benzinmotoren mit Dual VVT-i bzw. Valvematic sowie drei überarbeitete Diesel. Motorenpalette jetzt: 1,33-l-Dual-VVT-i 74 kW (101 PS); 1,6-l-Valvematic 97 kW (132 PS); 1,4-l-D-4D 66 kW (90 PS); 2,0-l-D-4D-Common-Rail-Diesel 93 kW (126 PS), 2,2-l-D-CAT-Common-Rail-Diesel 130 kW (177 PS). Alle Diesel mit Rußpartikelfilter, 1,33 l mit Start-Stopp-Automatik. Ausstattungslinien: Auris, Auris Life, Auris Executive, Auris D-Cat. Ab € 16.450,-. Juni: Life-Ausstattung jetzt auch in Verbindung mit Auris 1,6 Valvematic und 2,0 D-4D.
2010:	März: Modellpflege: Sicke auf der Motorhaube, neue Front, Nebelscheinwerfer nach außen versetzt, neue Scheinwerfer. Außenspiegel mit LED-Blinker, überarbeitete Heckleuchten (Chromring, LED), neue LM-Räder. Innenraumapplikationen zweifarbig, versetzte Handbremse, verbesserte Materialanmutung, Instrumente weiß hinterleuchtet. Fahrwerk und Lenkung neu abgestimmt. Basis: Klimaanlage serienmäßig. Einführung Variante Life+: akustische Einparkhilfe am Heck, Tempomat, Zwei-Zonen-Klimaautomatik (Aufpreis € 300,-). Einführung Ausstattung Club: Basis Life, 17-Zoll-LM, Privacy-Glas, Heckspoiler, Paspelierung und Instrumentenbel. in Orange. Ab € 19.950,-. Club+: Xenon mit Scheinwerferreinigungsanlage und autom. Leuchtweitenreg., Tempomat (Aufpreis € 700,-). Weltpremiere für den Auris Hybrid auf dem Genfer Salon. September: Markteinführung Toyota Auris HSD.
2011:	April: Sondermodell Edition ersetzt Life+: CD-Audiosystem, einklappb. Außenspiegel, EFH, Nebelscheinw., Lederlenkrad und -schaltknauf. Zwei-Zonen-Klimaautomatik, 16-Zoll-LM, Tempomat (nur 1,6 l und 2,0 L D-4D). Ab € 18.600,-
2012:	April: Sondermodell Auris Travel: Basis Auris Edition einschließlich 16-Zoll-LM und Klimaautomatik. Dazu: Multimedia- und Navigationssystem Toyota Touch&Go mit Rückfahrkamera und Bluetooth-Freisprecheinrichtung. Ab € 18.900,-. Auris Club: Toyota Touch inklusive Bluetooth-Freisprecheinrichtung und Rückfahrkamera serienmäßig. Mai: Nur Basis Auris 1,33: Design-Paket: 16-Zoll-LM, Nebelscheinwerfer, Lederlenkrad mit Audio-Bedienelementen und Lederschaltknauf, Audiosystem. In Wagenfarbe lackierte Türgriffe und Außenspiegel, die beheizbar und elektrisch heranklappbar sind. Auris 1,6: Jetzt auch in Grundausstattung in Verbindung mit Design-Paket lieferbar. Ab € 17.250,-.

geschafft. Lange Lulatsche wünschten sich etwas größer dimensionierte Sitze, andere wiederum monierten unbeleuchtete Schalter für die Spiegelverstellung und eine nicht sofort ins Auge springende

Keine Spur von Biedermann: Auch im Design war der Auris den deutschen Konkurrenten ebenbürtig. Entworfen wurde er im französischen Designzentrum bei Nizza. Insbesondere mit dem 177-PS-Diesel bot der Toyota jenen Schwung, der seine Karosserieformen auszeichnet.

Extravagant: die bogenförmig geschwungene Mittelkonsole. Darunter ließ sich eine Getränkeflasche verstauen.

Tankanzeige. Und dann war da noch der Hinweis darauf, dass die Auslegeware im Kofferraum nicht edel genug wäre und dass bei der Materialanmutung im Cockpitbereich nicht alles Gold wäre: Alles in allem allerdings war das ein Meckern auf höchstem Niveau. Man muss ja über irgendetwas schreiben. Das mit der Armaturenbrett-Haptik erledigte sich mit der Umstellung auf Soft-Touch-Materialien bei der Modellpflege im März 2010 übrigens von selbst. Und selbst die mitunter bekrittelte Unübersichtlichkeit nach vorn oder schräg nach hinten war keine ernst zu nehmende Schwachstelle, denn das traf auf mindestens drei Viertel der Konkurrenz ebenso zu. Und die hatte lange nicht diese Verarbeitungsqualität aufzuweisen, wie der Blick in die jährlichen TÜV-Statistiken belegte.

Der Einstieg in Toyotas Glanzstück begann mit dem im Prinzip aus dem Vormodell bekannten 1,4 Liter, der 97 PS bei 6000 Umdrehungen mobilisierte. Der drehfreudige Vierzylinder agierte lebhaft, ohne mit nervigen Dröhnfrequenzen das Gehör zu traktieren. Größter Nachteil des kleinen Saugers: Mit 130 Newtonmeter Drehmoment mangelte es ihm ein wenig an Schmalz. Munterer gebärdete sich der neu entwickelte Vollalu-Vierzylinder mit 1,6 Liter Hubraum und variabler Ventilsteuerung – Valvematic – an Ein- und Auslass. Das 124-PS-Aggregat konnte auf Wunsch mit einem Multimode-Getriebe, zu bedienen über Schaltknauf oder Schaltwippen am Lenkrad, zusammengespannt werden. Dazu

Drei Jahre nach der Einführung unterzog Toyota den Corolla-Nachfolger einer umfangreichen Modellpflege: Änderungen an Motorhaube, Kühlergrill, Scheinwerfern, Stoßfängern und Spoiler verhalfen dem Kompakten 2010 zu einen markanteren Auftritt.

kamen zwei Diesel, ein 2,0-Liter mit 126 PS und Partikelfilter sowie der 2,2 Liter D-CAT, der als neues Flaggschiff der Modellfamilie mit 24.950 Euro knapp 10.000 Euro über der Basis rangierte.

Drei Jahre nach seiner Einführung polierte Toyota seinen talentierten Kompakten auf. Er sollte jetzt „mehr Präsenz und Dynamik im Auftritt" bieten sowie „eine Steigerung der wahrnehmbaren Qualität". Einfacher gesagt: Das Goldstück wurde zum Juwel. An den Abmessungen änderte sich dabei nur wenig: Mit 4245 Millimetern Länge war der Auris lediglich um 25 Millimeter größer geworden. Während der Radstand mit 2600 Millimetern blieb, wuchs der vordere Überhang um 15, der hintere Überhang um zehn Millimeter. Zur neuen Front kamen in die Seitenspiegel integrierte Blinker; am Heck strahlte es aus neuen Rückleuchten und blinzelte Chrom in Form einer Leiste oberhalb des Kennzeichens: Auch in der Rückansicht war der Auris eine strahlende Erscheinung.

Im April 2011 ersetzte der Auris Edition die Variante Life+. Klimaautomatik, Parksensoren, Leichtmetallfelgen und Tempomat waren inkludiert.

In Japan wird der Auris parallel zum Corolla angeboten, dort gibt es ihn, mit leicht geänderter Form und Ausstattung, auch als Blade, in der Ausführung Blade Master sogar mit dem 3,5-l-V6 und 280 PS.

Der c_W-Wert liegt bei 0,28. Für bessere Handling-Eigenschaften sorgt der niedrige Schwerpunkt, die gute Aerodynamik für geringere Verbrauchswerte.

Toyota Auris (seit 2013)

Zum ganz großen Durchbruch fehlte dem Auris, in Europa zumindest, eine ganz wichtige Karosserievariante, nämlich die des Kombinationskraftwagens: Beim Auris I gab es die weder für Geld noch gute Worte, Kombi-Interessenten mussten zum Verso greifen oder auf den Avensis umschwenken. Wer das nicht wollte, ging leer aus. Doch damit ist jetzt Schluss: Die zweite Auris-Generation, die auf dem Pariser Automobilsalon Ende September 2012 enthüllt wurde, gibt es auch als Kombi. Doch nicht nur deswegen lohnt ein intensiver Blick auf das neue Volumenmodell, das nur kurz nach der siebten Golf-Generation von Volkswagen in den Markt geht. Denn dem Wolfsburger hat der Auris einen entscheidenden Vorteil voraus: Ihn wird es von Anfang an in einer Hybrid-Ausführung geben. Und auch sonst ist die Neuauflage des Kompaktwagens dynamischer, besser ausgestattet sowie günstiger im Unterhalt geworden. Wenn Toyota davon spricht, damit „den ersten Schritt der Produktoffensive im europäischen Kompaktwagensegment" zu markieren, ist das kein bisschen zu hoch gegriffen.

Das fängst schon beim neuen Design an. Geprägt von Kanten und Ecken, punktet der Auris jetzt mit einem wesentlich energischeren Auftritt. Am deutlichsten ist das am neuen Markengesicht zu erkennen: „Keen look"-Design nennt es Toyota und versteht darunter das charakteristische Zusammenspiel von energisch geschnittenen Scheinwerfern und dem trapezförmig ausgestalteten Kühlergrill. LED-Tagfahrlicht ist serienmäßig.

Mit zum dynamischeren Auftritt bei trägt die gestrecktere Linienführung des Auris Zwo. Die Dachlinie ist im Vergleich zu dem dagegen etwas pummelig wirkenden Vorgänger um 55 Millimeter gefallen, was auch am niedrigeren Schwerpunkt liegt.

Im Heck fällt die weiter öffnende Heckklappe mit ihren konvexen und konkaven Flächen auf. Die Rückleuchten greifen nun auch auf die Heckklappe über.

Weltpremiere feierte der neue Auris am 27. September 2012 auf dem Pariser Automobilsalon. Gemeinsam mit dem Avensis läuft er im britischen Werk Burnaston vom Band.

Die Platzverhältnisse für die Auris-Besatzung haben sich indes verbessert. Platzangst musste schon im bisherigen Auris niemand haben, jetzt aber kann man sich noch ein wenig entspannter in den noch ein wenig bequemeren Sitzen räkeln. So wurde die Sitzposition für den Fahrer optimiert, während der Knieraum hinten gleichzeitig um 20 Millimeter anwuchs. Die verwendeten Materialien fühlen sich wertiger an und sehen besser aus. Die Lüftungsdüsen, die Instrumente, die Mittelkonsole, die Regler für Klimaanlage und Audiosystem sowie die Türpanele sind in dunklem Chrom eingefasst. Ausstattungsabhängig sind die Einsätze im Armaturenbrett in Leder ausgeführt, und man muss nicht die höchste Ausstattungslinie wählen, um die Richtungsbefehle über ein von Nappaleder ummanteltes Lenkrad zu erteilen. Sowohl im Bereich des Armaturenbretts als auch im Schulterbereich der Türen kommen Soft-Touch-Materialien großflächig zum Einsatz.

Leicht zugelegt hat der Auris in der Länge: Mit 4,275 Metern ist er um 30 Millimeter länger als zuvor, der Radstand blieb mit 2,60 Metern unverändert. In der Seitenansicht fallen die optional in schwarzem Klavierlack ausgeführte B-Säule und die dynamisch gestaltete C-Säule ins Auge. Betont wird die Gürtellinie durch eine aufsteigende Chromleiste.

Mehr Raum, größerer Komfort und eine fühlbar bessere Materialanmutung werden im Innenraum geboten. Auf Wunsch gibt es ein gigantisches Panorama-Sonnendach.

Optimiert zeigt sich auch das Fahrwerk. Grundsätzlich bekannt, kann der Auris jetzt auch sportlich. Fahrdynamisch profitiert er vom niedrigeren Schwerpunkt und dem geänderten Packaging. Lenkung und Federung wurden ebenfalls überarbeitet. Die hinteren Doppelquerlenker erhöhen den Federungskomfort und unterstützen zugleich einen agilen, sportlichen Fahrstil. Außerdem haben die Entwickler den Auris auf Diät gesetzt. Durch die Verwendung hochfester Stähle vor allem im oberen Bereich der Karosserie konnte die Verwindungssteifigkeit um zehn Prozent verbessert werden, gleichzeitig sank das Fahrzeuggewicht – je nach Ausstattung – um bis zu 40 Kilogramm.

Das Kofferraumvolumen liegt bei 360 Litern, auch im Hybrid-Auris. Wie beim Yaris-HSD versteckt sich die Hybrid-Batterie unter den Rücksitzen. Europaweit wurden seit 2010 rund 60.000 Hybrid-Auris verkauft.

Zum Marktstart im Januar 2013 bietet Toyota den Auris mit den bereits bewährten Benzinern mit 1,33 und 1,6 Liter Hubraum an. Die Freunde gepflegter Selbstzünder haben die Wahl zwischen den beiden Dieselmotoren mit 1,4 und 2,0 Liter Hubraum (90 oder 126 PS); der 177 PS starke D-CAT wurde gestrichen. Selbstverständlich wird es den Auris auch wieder in einer Hybrid-Variante geben; Leistung und Preis bleiben im gewohnten Rahmen. Rund ein Drittel der Auris-Käufer haben sich bislang für einen Auris-Hybriden entschieden, und da es den Auris ja auch als Kombi gibt, wird der Hybrid-Anteil kräftig wachsen – und den Kompakten dem Durchbruch wieder einen wesentlichen Schritt näherbringen.

Der Auris Touring Sports ist vom Start weg mit dem kompletten Motorenangebot aus Benzinern, Dieseln und Hybrid lieferbar. Als erster Kombi mit Vollhybridantrieb trägt er zudem nicht unerheblich zur Verbreitung der Hybridtechnik bei. Der Hybrid wird günstiger angeboten werden als ein Diesel.

Toyota Auris Hybrid

Herzblatt

Es gibt dankbarere Aufgaben, als über ein ohnehin schon gutes Auto noch einige lobende Worte zu verlieren. Das schaut nämlich rasch nach Lobhudelei und Freiflug nach Japan und Geisha-Partys aus, auch wenn dem gar nicht so ist. Wahr ist aber: Der Auris war bislang schon ein ganz Lieber, höchstens ein bisserl schüchtern. Mit seinem Hybrid-Herzen hat er jetzt aber das Zeug zum echten Herzensbrecher.

Allerdings: Manchmal reift die Liebe erst auf den zweiten Blick, denn von außen ist ihm auf den ersten Blick kaum etwas anzumerken, dem ökologisch korrekten Auris-Herzbuben.

Dabei hat er es dicke unter dem Blech, denn hier steckt ein Gutteil Prius mit drin: der HSD-Antrieb nämlich. Das steht für Hybrid Synergie Drive – so heißt die seit über zehn Jahren bei Toyota gepflegte Kombination aus Benziner und Elektromotor, inzwischen millionenmal verkauft und ebenso oft bewährt. Der Konkurrenz ist immer noch nichts Vernünftiges darauf eingefallen, außer dem Hinweis, dass ja ein Diesel alles viel besser könne und weniger koste – was spätestens seit dem Auftauchen des Yaris Hybrid noch weniger stimmt als zuvor. Vorurteile sind aber haltbarer als Fakten, auch wenn kein Diesel 1,5 Kilometer weit und bis zu 45 km/h schnell geräusch- und emissionslos durch die Stadt schnüren kann. Das geschieht entweder auf Knopfdruck oder situationsabhängig. Darüber greift dann der 99 PS starke 1,8 Liter säuselsanft

Aerodynamischer Feinschliff verbesserte den Luftwiderstandsbeiwert von 0,293 auf nur noch 0,283, was Kraftstoffverbrauch und CO_2-Emissionen gleichermaßen verringert. Der Hybrid-Auris ist in sechs Lackfarben erhältlich, wobei das Perleffekt-Weiß dem HSD vorbehalten bleibt.

Um die Hochleistungsbatterie des Hybridantriebs unter dem Gepäckraum zu platzieren, erhielt der Auris Hybrid eine neu konstruierte mittlere Bodengruppe. Das ermöglicht ein Gepäckraumvolumen von 310 Litern.

An der Nase sollt Ihr sie erkennen: Wie alle Hybrid-Toyota, so ist auch beim Auris HSD die Toyota-Ellipse bläulich hinterlegt.

Modelle, Varianten, Preise:	
Modelle:	Steilheck-Limousine fünftürig
Bauzeit:	ab 2010
Motoren:	Hybrid-System, bestehend aus 1497 ccm VVT-i / 57 kW (78 PS) bei 5000/min permanent erregtem Synchronläufer 500 V / 50 kW
Ausstattung:	7x Airbag, ABS, EBD, BA, VSC, TRC, CD-Anlage, EFH, beheiz./abklappb. Außenspiegel in Wagenfarbe, Klima, Lederlenkrad. Executive: Abblendlichtautom., Tempomat, Regensensor, Smart-Key, 16-Zoll-LM, Licht-an-Warnung.
Varianten:	Auris HSD Life, Executive
Preise:	ab € 23.300,-

Chronik:	
2009:	September: Deutschland-Premiere für den Auris HSD, Serieneinführung des Fünftüreres bereits für 2010 angekündigt. Produktion im britischen Toyota-Werk Auris.
2010:	September: Verkaufsstart für Auris HSD.
2012:	April: Sondermodell Travel: Basis Life, dazu titanfarbene 17-Zoll-LM, Toyota Touch&Go mit Rückfahrkamera und Bluetooth-Freisprecheinrichtung. Ab € 23.600,-.

Aufschnitt: Schnittmodell des Auris HSD. Der Hybrid-Antrieb mit 1,8-Liter-Motor und einer Systemleistung von 136 PS stammt aus dem Prius. Damit beschleunigt der Auris HSD in 11,4 Sekunden von 0 auf 100 km/h und erreicht eine Höchstgeschwindigkeit von 180 km/h.

ins Geschehen ein. Der Vierzylinder arbeitet im Atkinson-Zyklus und spart wegen der anderen Ventilüberschneidungen besonders im Teillastbetrieb. Auch das leistet einen nicht unerheblichen Beitrag zur Senkung des Kraftstoffverbrauchs des Hybriden, der im praxisnahen ADAC-Eco-Test auf einen CO_2-Ausstoß von 102,1 Gramm pro Kilometer und einen Verbrauch von 4,38 Liter Superbenzin auf 100 Kilometer kommt – einsame Spitze im Umwelt-Ranking, noch vor dem Prius und deutschen Dieseln. Und die Sieger in der Eco Challenge, veranstaltet von Toyota und der Zeitschrift *Auto Bild*, kamen über eine Distanz von 1400 Kilometern sogar auf einen Durchschnittsverbrauch von 3,86 Litern auf 100 Kilometer.

Wer auf die Bremse tritt oder das Gaspedal lupft, wird mit Energie belohnt, die eifrig in der unter dem Kofferraum platzierten Nickel-Metallhybrid-Batterie gehortet wird. Dort wird sie, je nach Fahrmodus – drei davon gibt es – wieder abgegeben, das Zusammenspiel funktioniert eilfertig, unmerklich und problemlos. Typisch Toyota eben. Nicht nur die Diesel-begeisterte Presse war ganz schön beeindruckt („Wohltuend von einem Diesel hebt sich der Hybrid hingegen durch seinen Geräuschkomfort ab ..." – *auto motor und sport*), auch die Kunden, wie ein Blick in die einschlägigen Foren beweist. Der Kommentar des Auris-Besitzers Daniel A. weist allerdings auf eine unschöne Nebenwirkung des Auris Hybrid hin: Er ist zwar extrem sparsam (3,8 Liter sind laut Werk möglich, und artgerecht bewegt kommt man tatsächlich in die Nähe), doch er macht dick. „Früher bin ich alle 2 Wochen zur Tankstelle gefahren und habe dabei immer mit den Kollegen geplaudert ... die Gewohnheiten wird man so leicht nicht los und deshalb stoppe ich trotzdem an der Zapfe, und damit es nicht zu blöd ausschaut,

Das Fahrwerk wurde neu abgestimmt, außerdem mussten, um das Mehrgewicht der Batterie zu kompensieren, neue Stoßdämpfer verwendet werden.

... nehme ich mir ein paar Naschereien ...". Da trifft es sich ganz gut für die schlanke Linie, dass in den 310-Liter-Kofferraum etwas weniger Chipstüten oder Schoko-Herzen hineinpassen als beim konventioneller angetriebenen Auris mit seinem 354 Liter fassenden Behältnis. Der Aufpreis für den ersten Vollhybriden in der Kompaktklasse, seit September 2010 zu haben, fällt gegenüber dem vergleichbaren Diesel-Modell ausgesprochen moderat aus, was das Angebot noch verlockender, wenn auch nicht unbedingt optisch exotischer macht. Dass Front- und Heckpartie strömungsgünstiger gestaltet wurden und die Bodenfreiheit sich etwas verringerte, fällt nur intimen Kennern der Materie auf. Und dann sind da noch das bläulich unterlegte Firmenlogo mit den drei Ellipsen und die schmucken HSD-Plaketten an Heck und Flanken, die verraten, dass hier ein echter Herzensbrecher unterwegs ist.

Der Innenraum des Auris unterscheidet sich neben zusätzlichen Anzeigen und Bedienelementen für den Hybridantrieb auch durch eigenständige Bezugsstoffe vom konventionelleren Bruder.

Bei der Rallye Monte Carlo für Elektro- und Hybridfahrzeuge im April 2011 schickte Toyota einen Auris Hybrid ins Rennen. Zu diesem Zeitpunkt waren bereits 14.000 Auris HSD in Europa verkauft worden. In der Gesamtwertung siegte ein Tesla Roadster. Die Plätze drei bis sechs gingen an Toyota-Teams auf Prius und Auris; ein Auris Hybrid gewann die Gleichmäßigkeitswertung.

Toyota Prius

Revolution auf leisen Sohlen

Die französische Revolution begann 1789 mit dem Zug der Pariser Marktfrauen zur Bastille. Damals waren sie zu Fuß unterwegs und zogen ihre Marktkarren hinter sich her. Heute würden sie Prius fahren.

Toyota Prius (2001–2003)

Der neue Toyota wäre dazu in mehr als nur einer Hinsicht ideal gewesen: Mit 4,31 Meter war er noch kurz genug, um problemlos überall durch die Absperrketten zu gelangen. Überdies fiel er nirgends unangenehm auf, war aber anderseits so geräumig, dass fünf Revolutionäre bequem mitfahren konnten – sofern deren Röcke nicht zu sehr bauschten. Und in seinen Kofferraum passten dabei 390 Liter, so dass nicht nur revolutionäres Gedankengut befördert werden konnte. Überdies war die Ladekante angenehm niedrig, auch Proviantkörbe ließen sich problemlos verstauen. Besonders subversiv aber war, was sich unter der Motorhaube abspielte, daher verzieh man ihm auch gerne die arg schlicht gerate Karosserie: Dank seines Hybridantriebs, also der Kombination aus Elektro- und Benzinmotor, schlängelte er sich gerne im lautlosen Elektromodus durch den Stadtverkehr. Das Toyota Hybrid Systems THS spannte einen konventionellen, 72 PS starken Vierzylinder mit einem 45 PS starken Elektromotor zusammen. Wann sich jeweils welcher Motor ins Zeug legte, bestimmte ein elektronisches Steuersystem: In der Stadt und bei geringer Last sorgte der Synchron-Elektromotor mit Permanentmagnet für Vortrieb, wenn es flotter vorangehen sollte (oder die Nickel-Metallhybrid-Batterie leer war) trat der Benzinmotor in Aktion. Diese Suche nach dem

***Doppel-Herz:** Eine zentrale Steuereinheit entscheidet darüber, welcher Antrieb zum Einsatz kommt. Oberstes Gebot dabei ist die maximale Kraftstoffersparnis.*

jeweils genügsamsten Antriebsmodus – also dem mit dem besten Wirkungsgrad – erledigte der leistungsfähige Rechner viel effektiver als es die erhöht sitzende Prius-Kommandantur hätte tun können. Diese musste lediglich den am Cockpit angebrachten Wählhebel auf D stellen, Gas geben und die Richtung vorgeben, der Rest

***Hier rollt die Zukunft:** Aus der Prius-Studie von 1996 wurde ein höchst ansehnliches Stück Automobilgeschichte.*

Der erste alltags- und großserientaugliche Wagen mit Hybrid-Antrieb.

war Sache der Elektronik. Die höchst komfortable Kraftübertragung beorderte vermittels Kraftweiche und Planetenradgetriebe die Kraft auf die Vorderachse und den Generator – ruckfrei und ohne Schaltpausen, wie sie dem Dreiliter-Lupo von Volkswagen nachgesagt wurden. Der Generator wiederum speiste den Elektromotor, der sich je nach Sachlage zuschaltete. Der ganze Aufwand machte sich bezahlt, der Prius galt als das erste, voll alltagstaugliche Hybrid-Auto. Seine Verbrauchs-werte pendelten um die Fünf-Liter-Marke, und das machte diesen immerhin 1,3 Tonnen schweren Viertürer zur idealen Ergänzung des amerikanischen Toyota-Sortiments: Als Bannerträger technischen Fortschrittes ebenso wie als probates Gefährt, eventuellen sinkenden Flottenverbräuchen und verschärften Abgas-Normen davon zu fahren. Und in der Tat: Unter den Viersitzern mit Benzinmotor bot keiner mehr Leistung bei weniger Verbrauch. Als reines Elektrofahrzeug dagegen taugte der Prius nicht, die knapp 60 Kilogramm schwere Batterie hatte nicht genügend Speicherkapazität. Blieb nur noch die Frage nach dem Preis: In Deutschland für knapp 45.000 Mark angeboten, setzte Toyota Insiderberichten zufolge bei jedem verkauften Wagen gut 15.000 Mark zu. Doch Japans größter Automobilproduzent leistete sich diesen Luxus gerne, auch wenn in den ersten vier Jahren seit der Einführung lediglich 50.000 Wagen verkauft wurden: Jede Revolution hat einmal ganz klein angefangen. Und wie wir heute wissen, hat der Prius tatsächlich die Automobilgeschichte revolutioniert.

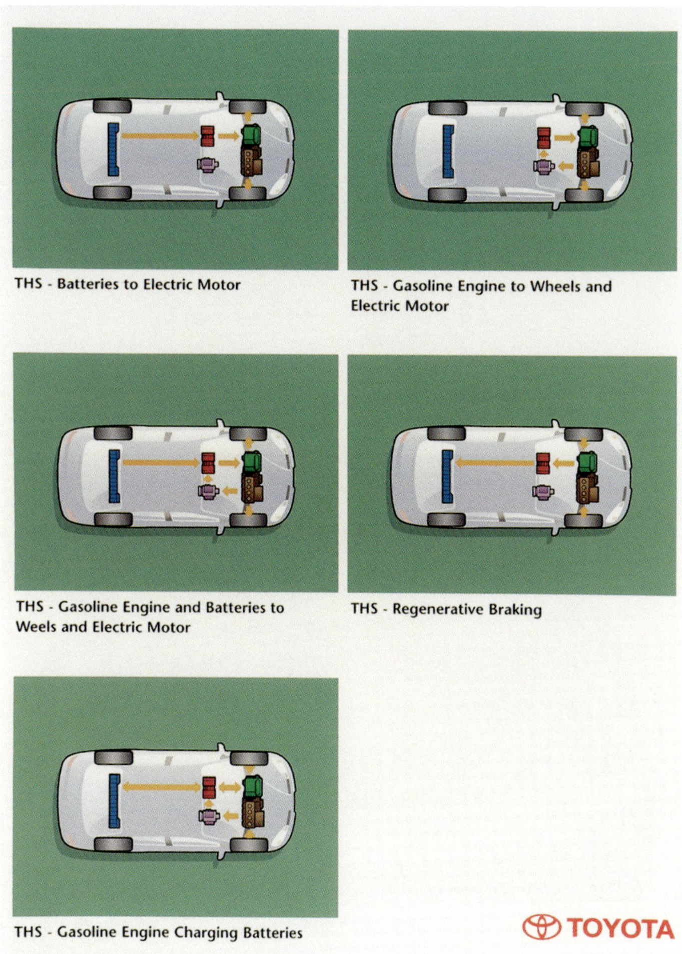

Verteiler-Lehre: Schematische Darstellung des Kraftflusses.

Modelle, Varianten, Preise:	
Modelle:	Limousine viertürig
Bauzeit:	2001–2003
Motoren:	Hybrid-System, bestehend aus 1497 ccm VVT-i / 57 kW (78 PS) bei 5000/min permanent erregtem Synchronläufer 500 V / 50 kW
Ausstattung:	2 x Airbag, ABS, EBD, Halogen-Freiflächenscheinwerfer, Dachantenne, Heckspoiler, LM-Räder, Bordcomputer mit Touchscreen-Display, EFH, ZV, Klimaautomatik, RDS-Radio
Varianten:	Prius
Preise:	€ 22.701,36

Chronik:	
1996:	März: Auf dem Genfer Salon als Concept-Car ausgestellt und als künftiger Corolla-Nachfolger gehandelt. Prius kombiniert Verbrennungs- und Elektromotor (THS = Toyota Hybrid-System), Ziel ist maximale Verbrauchsreduzierung bei uneingeschränkter Alltagstauglichkeit.
1997:	Dezember: Markteinführung in Japan und den USA, dort vor allem wegen der Flottenverbrauchsbestimmungen notwendig.
1999:	Dezember: seit Markteinführung weltweit 50.000 Wagen verkauft – so viele wie von keinem anderen Hybridfahrzeug zuvor.
2001:	Februar: Markteinführung des für Europa modifizierten Prius. Viertürige Limousine mit THS: 1,5-l-Verbrennungsmotor in Kombination mit 33 kW starkem E-Motor. Lade-/Entladesteuerung erfolgt über THS, kein externes Ladegerät notwendig. Absatzplanung für Deutschland: 1.500 Einheiten.
2002:	April: Toyota meldet 100.000 verkauften Hybrid-Fahrzeuge, vorwiegend Prius-Modelle. Der Prius wird inzwischen in mehr als 20 Ländern vertrieben, die Hybridfahrzeuge Estima/Previa und Crown werden ausschließlich in Japan verkauft.

Das Gesamtsystem im Prius II brachte insgesamt 113 PS und sorgte für eine Beschleunigung von 10,9 s bis zur 100 km/h-Marke: Ein „Imagevorsprung für japanische Hersteller", wie auto motor und sport konstatierte.

Toyota Prius (2004-2009)

Die Titanic kann nicht sinken, die Sonne dreht sich um die Erde – und ein Hybridauto wird nie eine ernsthafte Konkurrenz für ein Fahrzeug mit Verbrennungsmotor darstellen. Und dann gab es einen Eisberg, einen Galileo Galilei – und den Prius von Toyota.

Die zweite Prius-Generation lehrte die Konkurrenz das Fürchten. „Wir haben", so zitiert die Automobilwirtschaft einen deutschen Automobilmanager, „allergrößten Respekt". Und dazu gab es auch allen Grund, denn Toyota hatte einen riesigen Schritt in die Zukunft gemacht – in technischer Hinsicht sowieso, vor allem aber auch in Reputation und Image.

Die Bedeutung des Prius für den Konzern kann nicht hoch genug eingeschätzt werden; es gibt nicht viele Konstruktionen, die Automobil- und Technikgeschichte geschrieben haben. Und dabei spielte der im Vergleich zum Vorgänger um 15 Prozent gesunkene Kraftstoffverbrauch noch nicht einmal die entscheidende Rolle: Das Hybrid Synergy Drive HSD bildete das imageträchtige Herzstück, wiewohl es auf dem Antriebskonzept des Vorgängers basierte. Der allerdings war wegen seiner verunglückten Optik nur ein Fall für Spezialisten gewesen, das neue Design erwies sich als deutlich massenkompatibler. Zu den wesentlichen Komponenten des Prius, gleich welcher Optik, gehörte der 1,5 Liter Benzinmotor, ein Elektroantrieb in Form eines Drehstrom-Synchronmotors, ein Generator, der auch als Anlasser fungierte, eine entschieden leistungsfähigere Batterie, ein Planetengetriebe, das stufenlos die mechanische wie elektrische Antriebsleistung entsprechend verteilte und eine trickreiche Steuerelektronik. Im Prinzip funktionierte das Ganze nicht anders als beim Vorgänger, erwies sich aber als deutlich effizienteres Gesamtsystem, bei dem der Elektromotor eine weit wichtigere Rolle als noch im Vormodell spielte, weil es im Stadtverkehr vielfach als Hauptantriebsquelle

Der Prius II ist der Liebling zahlreicher Umweltverbände. Vom Verkehrsclub Deutschland wurde er vielfach als umweltfreundlichster Wagen ausgezeichnet.

Die für das erste Verkaufsjahr in Deutschland geplanten 2000 Einheiten waren bereits zur Jahresmitte ausverkauft.

Unschlagbar im Stadt- und Kurzstreckenverkehr, war der Verbrauchsvorteil des Prius auf Autobahnen und schnellen Überlandpassagen weniger offensichtlich.

fungierte. Der spürbar kräftigere Elektroantrieb mit einer Leistung von 50 kW unterstützte einen 1,5-Liter-Ottomotor. Insgesamt standen 113 PS für die Fortbewegung des rund 4,50 m langen und 1300 kg schweren Viertürers zur Verfügung. Im Endergebnis beeindruckte der Prius mit einem Drehmoment-Maximum von 478 Nm. Mit einer Spitze von 170 km/h, elektronisch abgeregelt, und einer Beschleunigung von Null auf 100 km/h in lediglich 10,9 Sekunden musste man sich nicht verstecken. Die Leistungsverzweigung erfolgte über ein Planetenradgetriebe, der Prius konnte also nur per E-, Otto- oder im Mischbetrieb fahren. Welcher Motor gerade die Räder antrieb, entschied das Motormanagement. Auf dem im Cockpit integrierten „Energy Monitor" konnte sich der Fahrer über den Kraftfluss und die Drehmomentverteilung informieren.

Der Prius II stand darüber hinaus auch für den Siegeszug der Elektronik, in keinem anderen Fahrzeug spielte sie eine vergleichbar große Rolle. Sie regelte nicht nur das Zusammenwirken von Verbrennungs- und Elektromotor, sondern steuerte auch das Bremssystem, die Stabilitätskontrolle VSC+, die Lenkunterstützung, die Klimaanlage und noch eine ganze Menge mehr: So viel komplex vernetzte Elektronik war noch nie in einem Wagen, und eine so haltbare auch nicht, wie die Langstreckentests bewiesen. Und das, was von einem Auto sowieso erwartet wurde, nämlich seine Passagiere möglichst bequem, sicher und stressfrei von A nach B zu befördern, erledigte er vorzüglich.

Von dem um 150 auf 2700 Millimeter verlängerten Radstand profitierten sowohl das Gepäckabteil als auch die Passagiere auf der umklappbaren Rücksitzbank. Auch die Breite legte gegenüber dem Vorgänger um 30 Millimeter zu, die Höhe wuchs um 25 Millimeter. Der Innenraum wirkte wertvoll und solide, die verwendeten Materialien sahen hochwertig aus und fassten sich auch so an. Und das natürlich wieder mit der für Toyota typischen Präzision zusammengeschraubt, als ob der Prius ewig halten müsste. Für die ersten acht Jahre tat er das auch garantiert, so lange jedenfalls galt die Rundum-Sorglosversicherung für die Elektrik, einschließlich der unter dem Rücksitz platzierten 500-V-Batterie.

Modelle, Varianten, Preise:	
Modelle:	Schrägheck-Limousine viertürig
Bauzeit:	2003-2009
Motoren:	Hybrid-System, bestehend aus 1497 ccm WT-i / 57 kW (78 PS) bei 5000/min permanent erregtem Synchronläufer 500 V / 50 kW
Ausstattung:	Prius Sol: höhenverstellb. Fahrersitz, EFH, Klimaautomatik, Startknopf, CD-Radio, Multivisions-Farbdisplay mit Touchscreen, beheizb., elektrisch einstellb. und lackierte Außenspiegel, LM-Räder. Executive: Chipkartenerkennung "Smart-Key„, Nebelscheinw., Tempomat, CD-Wechsler, Kassette.
Varianten:	Prius Sol, Prius Executive
Preise:	ab € 23.900,-
Chronik:	
2003:	April: Weltpremiere auf der New York International Automobile Show. September: Europa-Premiere auf der IAA in Frankfurt, in den USA und Japan bereits mit überraschend großem Erfolg verkauft. Weiterentwickeltes Antriebssystem aus dem Prius I mit zusätzlichem Konverter zur Verbesserung des Wirkungsgrads. Systemleistung 82 kW (113 PS), Durchschnittsverbrauch 4,3 l, CO_2-Emissionen von 104 g/km. c_W-Wert 0,26, konsequenter Leichtbau (Motorhaube, Heckklappe und Stoßfängerverstärkungen aus LM). Voll elektr. Sicherheitspaket einschließl. elektr. Servolenkung und By-Wire-Bremssystem (regenerativ), Klimaanlage mit elektr. Kompressor.
2004:	Januar: Markteinführung in Deutschland. April: In Rom endet die zusammen mit dem Hessischen Rundfunk und *Auto Bild* veranstaltete Prius Challenge Tour zur Markteinführung, die am Nordkap begonnen hat.
2006:	März: Modellpflege: Chromzierleiste im Kühlergrill, neu gestaltete Scheinwerfer und Heckleuchten. Intelligent Park Assist auf Wunsch; aufgewerteter Innenraum, verbesserter Sitzkomfort hinten. Ab 24.000 Euro. Oktober: 50.000 Prius europaweit verkauft.
2008:	April: Eine Million Prius weltweit verkauft, davon über 100.000 in Europa seit Einführung der ersten Generation.

Kaum zu glauben: Der Prius II auf den Salzseen in Bonneville, dort, wo sich die Speedjunkies treffen. Dieser Hot-Rod der ganz anderen Sorte trat im August 2004 bei der Speedweek an und stellte mit 130,794 mp/h (208,86 km/h) einen Rekord auf.

Sowohl *auto motor und sport* als auch *Auto Bild* unterzogen den Öko-Liebling jeweils einem 100.000-Kilometer-Langstreckentest. Und in beiden Fällen absolvierte er diese Marathondistanz mit Bravour und leistete sich keinerlei Ausfälle. Die Technik erntete Bestnoten, es gab keine Elektronikausfälle, Batteriedefekte oder sonstige Aussetzer. Mehr als eine Glühbirne ging nicht kaputt. Der konventionelle Rest erhielt nicht ganz so lauten Beifall. Allerdings jammerten die Redaktionen auf hohem Niveau, denn dass der Prius nicht mit der messerscharfen Präzision eines Sportwagens um die Kurve wieselte oder die Federung nicht ganz so geschmeidig ansprach, die Sitze noch mehr Seitenhalt hätten bieten können und die Bedienung eine lange Eingewöhnungszeit erforderte – wer nicht gerade professionell Fahrzeugtests durchführte, konnte diese Kritik mutmaßlich nicht nachvollziehen: Priusfahren bedeutet, den Ölmultis ein Schnippchen zu schlagen, den Spaß am sparsamen Fahren zu entdecken. Und das bei größtmöglichem Komfort.

Nicht für den Serienbau vorgesehen: der Prius GT, der 2004 auf dem Pariser Salon zu sehen war. Mit 145 PS war er deutlich leistungsstärker als sein Serienpendant. Neben dem Vierzylinder erhielt auch der Elektroantrieb eine Leistungsspritze. Das Fahrwerk wurde dabei ebenso überarbeitet wie die Karosserie aerodynamisch optimiert. Der GT beschleunigte in 8,7 Sekunden auf 100 km/h, 2,2 Sekunden schneller als die Serie.

In der Ruhe liegt die Kraft: Der Prius der dritten Generation, ab Mitte 2009 in Europa verfügbar.

Toyota Prius (seit 2009)

Dass sich Toyota beim neuen Prius, präsentiert im Juni 2009, vom Design des bis dahin über eine Million mal verkauften Vorgängers verabschiedet, war nicht zu erwarten. Diese aus der Zeit gefallene, 4,46 Meter lange Schrägheck-Karosserie wird man auch in zehn Jahren noch anschauen können, ohne dass sie einem über wird. Das ist ähnlich wie beim Wankel-NSU Ro80, der sich auch heute nicht sofort als fast fünfzig Jahre alter Entwurf zu erkennen gibt. Die optischen Verbesserungen sind an Front und Heck besonders deutlich auszumachen, die Fortschritte in Fahrverhalten und Komfort erschließen sich erst im Unterwegs.

Der Focus des Neuen liegt – klar – auf der Verbesserung der Energieeffizienz. Dass aber gegenüber dem bisherigen Prius die CO_2-Emissionen um 14 Prozent auf 89 Gramm je Kilometer gesenkt wurde interessiert an der Tanke weniger als die Tatsache, dass der Verbrauch um 0,4 Liter auf nur noch 3,9 Liter im europäischen Fahrzyklus sank. Der gilt zwar als erschütternd realitätsfern, lässt sich aber tatsächlich unterbieten. Bei der Pressevorstellung auf der hügeligen ADAC-Teststrecke im hessischen Gründau-Lieblos schaffte ein besonders sparsam seines Wegs daherkommender Motorjournalist einen Verbrauchsrekord von nur 1,9 Litern, das verfeuern andere beim Umdrehen des Zündschlüssels. Solche Werte erfordern allerdings schon ein gehöriges Maß an Selbstverleugnung, doch auch wer sich nicht dieser Selbstkasteiung unterzieht, wird erfreulich überrascht: „4,5 Liter im Schnitt sind immer drin. Selbst dann, wenn der Gasfuß aufs Pedal hämmert.", stellte *Auto Bild* beim Konkurrenzvergleich mit dem Mildhybriden von Honda fest. „Der Prius ... umtänzelt problemlos die Vier-Liter-Marke", bescheinigten auch die Kollegen von *auto motor und sport*. Deren übliche Verbrauchsrunde bewältigte der Hybrid-Vorreiter übrigens mit

Mehr Leistung bei gleichzeitig geringerem Verbrauch, und dazu jede Menge Hightech: Der Prius ist und bleibt das technologische Aushängeschild der Hybrid-Reihe.

Voll geladen, speichert die Hybridbatterie eine Kapazität von 2,6 kWh. Das entspricht der Menge, die eine Waschmaschine für drei 60-Grad-Waschgänge benötigt.

Kritiker bezweifelten lange die Wirtschaftlichkeit des Hybrid-Systems. Seit 2001 aber ist die Hybrid-Technik kein Zuschuss-Geschäft mehr: Man verdient an jedem Wagen.

einem Durchschnittsverbrauch von 3,9 Litern je 100 Kilometer und damit exakt im Normbereich; im Stadtverkehr wurden ebenfalls beachtliche 4,1 Liter gemessen.

Sorgsamer Umgang mit dem fossilen Energieträger bleibt also Kernkompetenz bei Toyota, auch wenn, wie hier, die Leistung des Hybridsystems um 22 Prozent auf nun 100 kW / 136 PS hochgehoben wurde. Dafür hat man tief in der Trickkiste gekramt und einen neuen 1,8-Liter-Vierzylinder hervorgeholt, der 23 PS stärker ist als der bisherige 1,5-Liter-Benziner. Zwar blieb die Grundkonzeption des Vollhybriden mit stufenlosem Planetengetriebe gleich, jedoch wurden 90 Prozent der einzelnen Komponenten erneuert oder gründlich überarbeitet. Das Hubraumplus senkt das Drehzahlniveau. Statt bislang 2470-Mal pro Minute rotiert die Kurbelwelle bei Tempo 120 nun nur noch mit 2180 Umdrehungen, schreibt die Toyota-Presse. Auch ohne das nachzählen zu wollen: Im direkten Vergleich erreicht Prius der Dritte die 100-km/h-Marke einen Wimpernschlag zügiger (10,4 Sekunden, macht ein Minus von 0,4 Sekunden) als zuvor und hat auch eine um zehn Ka-Em-Ha höhere Endgeschwindigkeit. Die Spitze ist mit 180 angegeben, dass es nicht mehr werden, darüber wacht die allgegenwärtige Elektronik. Dank der Vollhybrid-Technologie ist der Prius im Gegensatz etwa zum Mildhybriden Honda Insight in der Lage, Strecken von bis zu 1,5 Kilometern rein elektrisch zu fahren: „Hört er nichts, ist das das höchste Lob (für den Prius-Fahrer). Diese Stille – in Momenten vollkommener Ruhe fährt die 4,46-Meter-Flunder emissionsfrei im Elektro-Modus.“ (*Auto Bild*)

Das passt: Im Prius an den grünen Laufsteg, Toyota unterstützte die Eco Fashion Days vom 05. bis 08. Juli 2011 in Berlin.

Der Prius ist in den USA ein Renner, auch wenn er, wie dortige Tester schreiben, „auf Kraftstoffeffizienz ausgelegt ist, nicht auf Fahrspaß“. Die Preisliste beginnt bei 24.000 Dollar.

Toyota hat der Berliner Polizei Anfang 2012 im Rahmen ihrer „Initiative 120" drei Toyota Prius übergeben. Mit den drei Hybridfahrzeugen und acht weiteren Autos mit alternativem Antrieb will die Behörde der Bundeshauptstadt ihren Fuhrpark umweltverträglicher gestalten und den CO_2-Ausstoß ihrer Flotte verringern.

Damit der Prius nach dem Kaltstart schneller in den effizienten und schadstoffarmen Hybridmodus wechselt, setzt Toyota eine Abgaswärmerückgewinnung ein, was den Motor schneller auf Betriebstemperatur bringt. Die elektrisch angetriebene Wasserpumpe legt sich nur bei Bedarf in Zeug, auch das erhöht die Effizienz. Zugelegt hat auch der Elektrolurch, der mit einer Spitzenleistung von 60 kW zehn kW mehr entwickelt als der Vorgänger, wiewohl er um ein Drittel abspeckte. Leichter und kompakter geworden sind auch Hybridbatterie, Elektromotor, Planetengetriebe, Generator sowie Inverter- und Konverter-Einheit, die das Gehirn des Hybrid Synergy Drive darstellen.

Auch an Ausstattung wurde einiges aufgefahren: Sieben Airbags inklusive eines Knieairbags für den Fahrer und VSC+ kennen wir ja schon, neu ist das serienmäßige Head-up-Display in der Windschutzscheibe und die ins Lenkrad integrierte Fernbedienung mittels berührungsempfindlicher Oberflächen, was natürlich viel eleganter mit „Touch Tracer" umschrieben wird. Der Spielwert ist enorm, sobald man die Oberfläche des Bedienelements berührt, wird in der Instrumenteneinheit automatisch die Anzeige der entsprechenden Bedienfunktion eingeblendet. Der Fahrer kann wahlweise das Audiosystem, die Klimaautomatik oder den Eco-Drive-Monitor anwählen und bedienen. Für die Executive-Version gibt es optional einen Radarsensor, der vor einer drohenden Kollision warnt und Gurtstraffer sowie Bremsassistenten aktiviert, ohne allerdings selbst in die Eisen zu steigen. Noch immer eine Schau ist der Einparkassistent, der geeignete Parklücken mittels Sensoren erkennt und sich mithilfe der Rückfahrkamera automatisch hineinzirkelt – allerdings nur, wenn der Fahrer seine Finger vom Lenkrad lässt und lediglich die Fahrgeschwindigkeit mit dem Bremspedal reguliert. Gerne parkt der Prius auch in der prallen Sonne, zumindest in der Ausführung mit optionalem Solarschiebedach: Dann wird nämlich der Innenraum wohl temperiert und belüftet, auch ohne dass der Fahrer drinsitzt. Auch wenn die Elektrifizierung im Prius schon weit fortgeschritten ist: Ein rein elektrisch betriebenes Serienauto ist er nicht.

Mit neuer Front, höherer Qualitätsanmutung im Innenraum, neuen Multimedia- und Navigationssystemen und optimierter Fahrwerksabstimmung ins neue Jahr: der Prius, Modelljahr 2012.

Modelle, Varianten, Preise:

Modelle:	Schrägheck-Limousine viertürig
Bauzeit:	seit 2009
Motoren:	HSD-System, bestehend aus 1798 ccm VVT-i / 73 kW (99 PS) bei 5000/min permanent erregtem Synchronläufer 600 V / 60 kW
Ausstattung:	Prius: 7 Airbags, ABS, EBD, BA, TRC, VSC+, Berganfahrassistent, Head-up-Display, 15-Zoll-LM, Audiosystem mit CD und Lenkrad-Ferndbedienung, Fahrersitz höhenverstellbar mit elektr. Lendenwirbelstütze; EFH, Klimaautomatik, Smart-Key-System, TouchTracer. Life: 17-Zoll-LM, Geschwindigkeitsregelanlage, Lederlenkrad, höhen- und längsverstellbar. Executive: Abblendlichtautomatik, LED-Scheinwerfer mit Reinigungsanlage, Regensensor, wasserabweisende Beschichtung der vorderen Seitenscheiben; Audiosystem mit acht Lautsprechern, 6-fach-CD, Innenspiegel, automatisch und stufenlos abblendend; erweitertes Smart Key.
Varianten:	Prius, Prius Life, Prius Executive
Preise:	ab € 24.950,-

Chronik:

2009:	Januar: Weltpremiere auf der North American International Autoshow in Detroit. Deutlich verbesserte Verbrauchswerte; Hybrid Synergy Drive mit neuem 1,8-Liter Vierzylinder-Motor, der im Atkinson-Zyklus betrieben wird, mit neuen Elektrik- und Elektronikkomponenten und einem leichteren Planetengetriebe. Systemleistung 100 kW/136 PS. c_W-Wert 0,25. März: Europapremiere auf dem Genfer Salon; Deutschlandpremiere auf der AMI in Leipzig. Juni: Lieferbeginn in Deutschland; gegen Aufpreis für Prius Life und Executive: Radargestützes Geschwindigkeitsregelsystem ACC; Solar-Schiebedach kombiniert mit einer Fernbedienung für die Klimaautomatik u.a. September: Deutschland-Premiere auf der IAA in Frankfurt für den Prius Plug-in mit Lithium-Ionen Batterie; rein elektrische Reichweite 20 Kilometer. Dezember: Produktion der Plug-in-Serie. 600 Exemplare sollen gebaut werden und gehen im Leasingrahmen an Großkunden in den Flottenversuch in Japan, USA und Europa. Fünf Monate lang werden jeweils 120 Plug-in hergestellt. Batterieleistung 5,2 kW/h statt 1,3 kW/h; Ladegerät und Anschluss für eine haushaltsübliche Steckdose inklusive. Mehrgewicht ca. 140 kg, Gesamtgewicht jetzt 1490 kg.
2010:	Februar: Rückruf wegen Software-Update des ABS-Systems. April: Auslauf der Plug-in-Kleinserie. 200 Prius bleiben in Japan, jeweils 150 gehen nach Europa und den USA, 15 Ex. nach China. September: Prius-Gesamtverkauf überschreitet die Zwei-Millionen-Marke; der weltweite monatliche Absatz liegt bei über 40.000 Einheiten. November: Beginn der Prius-Produktion im TMT Werk Gateway, Thailand Dezember: Mit insgesamt 315.669 verkauften Fahrzeugen ist der Prius das meistverkaufte Fahrzeug in Japan, was einem Zuwachs gegenüber dem Vorjahr um gut 50 Prozent entspricht.
2011:	Januar: Auf der North American International Auto Show in Detroit werden der Prius Plug-in Hybrid (PHV), der Prius v und der Prius c Concept vorgestellt.
2012:	April: Modellpflege: neue Innenraumfarben, verbesserte Qualitätsanmutung. Neue Kraftstoffverbrauchsanzeige mit Ersparniskalkulator. Neue Frontgestaltung, verbesserte Fahrwerksabstimmung. September: Markteinführung Prius Plug-in Hybrid.

Toyota Prius Plug-in

Energiewende

„Die europäischen Hersteller", erklärte Daimler-Chef Dieter Zetsche im Juni 2012 gegenüber *Spiegel Online*, „waren der Auffassung, dass das Kosten-Nutzen-Verhältnis beim Hybridantrieb in keinem guten Verhältnis steht." Sie haben sich geirrt.

Gewurmt hat den Daimler-Boss diese Fehleinschätzung schon, schließlich geht es um „Technologieführerschaft", welche selbstverständlich das Ziel sei. Und die hat auf diesem Segment definitiv nicht die Marke mit dem Stern, sondern die Marke mit den drei Ellipsen. Die dann auch gleich noch einmal nachlegt: Denn während Mercedes und Co. noch Milliarden in die Entwicklung alternativer Antriebe stecken müssen und in Sachen Hybridisierung und Elektromobilität noch in den Kinderschuhen stecken, ist Toyota mit seinem Hybrid-Konzept schon einmal vorgefahren: Vier Millionen Mal weltweit per Ende Mai 2012 wurden Toyotas Hybriden inzwischen verkauft. Und der Boom hat gerade erst begonnen. Die immer strengeren Abgasnormen sind mit konventioneller Antriebstechnik kaum mehr zu bewältigen, was erklärt, warum immer mehr Anbieter auf Plug-in-Hybriden setzen. Die nämlich stellen „das Beste aus zwei Welten" – Verbrennungs- und Elektromotor – dar, so Audi-Chef Rupert Stadler beim Wiener Motorensymposium 2012. Und keiner ist auf diesem Feld so weit vorn wie Toyota mit seinem Plug-in auf Prius-Basis. Erstmals zu sehen war diese Prius-Spielart in Serienausführung auf dem Genfer Salon im März 2012. Sie kann, vorausgesetzt, man weist die entsprechende Sensibilität auf, im rein elektrischen Betrieb bis zu 25 Kilometer bei einem Tempo von bis zu 85 km/h fahren. Dafür hat Toyota zusammen mit Panasonic eine

Der Wagen wiegt 1420 kg, das sind 110 kg weniger als die Fahrzeuge, die im Feldversuch liefen.

kompakte und leichte Lithium-Ionen-Batterie entwickelt. Wenn die leer ist und keine Stromzapfstelle in der Nähe, schaltet sich der 1,8-Liter-Benziner zu und sorgt für die bereits vielfach gepriesene „geschliffene Kooperation von Benzin- und Elektromotor" (*auto motor und sport*) – mit dem Unterschied, dass man den Plug-in bei Bedarf mit einer herkömmlichen 230-Volt-Steckdose verbin-

Der Prius Plug-in-Hybrid des Jahres 2012 fährt auf Kurzstrecken emissionsfrei, die Reichweite im reinen Elektrobetrieb beträgt rund 25 km. Auf längeren Strecken schaltet sich dann der Hybrid zu; eine Tankfüllung bringt dann bis zu 1000 Kilometer weit.

Beim Plug-in Prius kommt eine 80 kg schwere Lithium-Ionen-Batterie mit einer Kapazität von 4,4 kWh zum Einsatz.

Die Fahrleistungen des Plug-in sind mit denen des normalen Prius praktisch identisch, die Reichweite macht den Unterschied: der Plug-in kommt im Elektrobetrieb mit maximal 85 km/h rund 25 Kilometer weit.

den und aufladen kann. Nach 90 Minuten schwappt dann wieder die volle Elektro-Ladung durch die beiden Nickel-Metallhybrid-Energiespeicher. In Japan laufen Bemühungen, die Ladezyklen zu verkürzen, so sollen etwa nach einer halben Stunde 80 Prozent der Ladekapazität erreicht werden können. Das erfordert allerdings den Aufbau einer Schnelllade-Infrastruktur und die Vereinheitlichung der Schnittstellen am Fahrzeug; bis 2017 sollen da verbindliche Standards eingeführt worden sein.

Dabei ist die Batterietechnik der Knackpunkt, alles dreht sich um steigende Leistungs- und Energiekosten bei gleichzeitig sinkenden Produktionskosten und geringerem Akku-Gewicht. Auch in dieser Beziehung hat Toyota schon einmal vorgelegt: Der koffergroße Stromspeicher im Plug-in wiegt rund 80 Kilogramm und damit nur noch halb so viel wie das Batteriepäckchen im Prius III. Ein Lithium-Ionen-Akku hat eine Kapazität von 4,4 Amperestunden, in der Vorserie waren es noch 5,2 gewesen. Dennoch sind Reichweite und Temperament gestiegen, ein Plug-in-Hybrid ist, so die Statistik, in der Lage, drei Viertel der im Schnitt zurückzulegenden Strecken zu bewältigen. Rund 1000 Kilometer Reichweite mit einer Tankfüllung sind da keine Utopie. Der Verbrauch soll dabei, zumindest unter Prüfbedingungen, auf bis zu 2,1 Liter sinken, das ist gut die Hälfte dessen, was für den normalen Prius ermittelt wurde.

Optisch unterscheidet sich der Plug-in nicht vom üblichen Hybriden, und auch im Fahrbetrieb ist der Langstrecken-Stromer ein waschechter Prius geblieben. Er lenkt, bremst und fährt so problem- und reibungslos wie dieser, das heißt: Er beschleunigt in 11,4 Sekunden auf Tempo Hundert und erreicht eine Spitze von 180 km/h, und „der Antrieb läuft erstaunlich kultiviert, nervende Geräusche gibt es nicht" *(Autozeitung)*. Dieser hohe Reifegrad ist das Ergebnis intensiver Feldversuche, seit 2009 laufen 600 Prius Plug-in-Hybriden in einem groß angelegten Fahrversuch bei verschiedenen Institutionen. Dennoch ist nicht damit zu rechnen, dass demnächst Heerscharen von Plug-ins die Straßen bevölkern, dazu ist er mit 36.200 Euro noch zu teuer, trotz der guten Ausstattung mit Smart Key, dem Multimedia-System Toyota Touch, Klimaautomatik, Head-up-Display, Sitzheizung vorne, Lederlenkrad und einer Geschwindigkeitsregelanlage. Darüber angesiedelt ist die TEC-Edition. Sie kostet 42.500 Euro und verfügt zusätzlich über das radargestützte präventive Pre-Crash Safety System mit adaptiver Geschwindigkeitsregelanlage, Regensensor, LED-Hauptscheinwerfer mit Abblendlichtautomatik, das Multimedia-Navigationssystem Toyota Touch Pro, Parkassistenten und beheizbare Ledersitze.

Doch als der Plug-in ab 6. Oktober 2012 in Deutschland seinen Einstand gibt, ist der Preis nicht der Punkt: Wesentlich ist, dass der Plug-in einmal mehr Toyotas Pionierrolle auf diesem Gebiet unterstreicht – sehr zum Missfallen der Konkurrenz. Der sei zum Trost noch einmal ein Zetsche-Zitat ans Herz gelegt: Das mit der Technologieführerschaft „klappt eben nicht immer." Wohl wahr.

Der Preis ist heiß: Der Einstiegspreis liegt bei unter 37.000 Euro.

Der weltweite Feldversuch startete 2009, von den 600 gebauten Fahrzeugen gelangten 200 Plug-in Hybride in 18 europäische Staaten, davon 30 Fahrzeuge nach Deutschland.

Toyota Carina

Goldene Mitte

Identisch in der Technik, ähnlich in den Dimensionen, doch völlig verschieden im Charakter präsentierten sich die Toyota-Neulinge Celica und Carina zur Tokio Motor Show im Oktober 1970. In der Optik wurden getrennte Wege beschritten: Der Celica empfahl sich für die traute Zweisamkeit, der Carina als flotte Familienkutsche mit vier Türen.

Toyota Carina (1971–1978)

Toyotas neue Mitte rollte ab 1971 in die Lücke zwischen Corolla und Corona. Der knapp geschnittene Viertürer teilte seine technische Basis mit dem Celica, das galt auch für den Antriebsstrang: Hier wie dort sorgte ein längs im Bug installierter ohc-Reihenvierzylinder-Motor mit 1588 ccm Hubraum für Vortrieb. Der mit 8,1 verdichtete Reihen-Vierzylinder mit Querstrom-Zylinderkopf leistete in seiner Basis-Ausführung mit Viergang-Getriebe 79 PS (58 kW) bei 5.800 Umdrehungen und beschleunigte nach Werksangaben in 14,5 Sekunden aus dem Stand zur 100 km/h-Marke – ein Wert, der im Test allerdings nie erreicht wurde, dort genehmigte er sich mindestens ein weiteres Sekündchen. Auch das Fahrwerk entsprach dem des Celica: Vorderradaufhängung an Querlenkern, McPherson-Federbeinen und Stabilisatoren, während die hintere Radführung Sache einer an vier Längslenkern geführten Starrachse war. Federung und Dämpfung erfolgten über Schraubenfedern, Teleskopdämpfer und Panhardstab. Mit diesem einfachen,

Beim Carina handelte es sich um eine Limousine mit Celica-Technik. Der Wagen sollte vor allem junge, eher sportlich orientierte Familienväter ansprechen.

Im Zwei-Jahres-Rhythmus passte Toyota die Mittelklasse-Limousine dem Zeitgeschmack an, ohne dass sich dadurch an der technischen Basis etwas geändert hätte. Im Bild: Carina 1600, 1973.

Ansehnlich: Mitte der 70er Jahre war dem Carina seine fernöstliche Herkunft kaum mehr anzumerken. Der Carina anno 1976 hätte auch in einer europäischen Fabrik vom Band rollen können.

aber wirkungsvollen Setup war der Carina-Pilot für die meisten Widrigkeiten des Straßenverkehrs gewappnet, auf schlechteren Wegstrecken und bei schnell durchfahrenen Kurven hätte er sich aber eine bessere Abstimmung gewünscht. In damaligen Tests wiederholt unterstrichen wurde die Güte der Bremsanlage: Die Wirkung der Stopper – vorne Scheiben, hinten Trommeln, unterstützt von Bremskraftverstärker und -regler – ließ auch nach mehrmaligen Vollbremsungen aus der Höchstgeschwindigkeit von knapp 160 km/h kein Nachlassen erkennen. Die solide Technik, ansprechende Fahrleistungen und eine saubere Verarbeitung zum günstigen Preis ließen das zeitgenössische Tester-Urteil („...daher absolut verständlich, wenn Autofahrer in Ländern ohne heimische Produktion... ebensogern einen Toyota wie einen Fiat oder Ford kaufen") gerechtfertigt erscheinen.

Während ihrer siebenjährigen Laufzeit wurde die Carina-Baureihe TA 12 mehrfach überarbeitet und durch die Einführung eines Zweitürers, einer Automatik-Version sowie der ST-Variante mit 86-PS-Motor und Fünfgang-Getriebe erweitert. Die darüber hinaus durchgeführten Modellpflegemaßnahmen betrafen vor allem den Front- und Heckbereich, die technische Substanz blieb unberührt.

Toyota Carina (1978–1983)

Eindeutig europäisch wirkte der neu gestylte Toyota, der zum Jahreswechsel 1977/78 in Deutschland eingeführt wurde. Der Carina erhielt eine schnörkellose Karosserie mit klaren Kanten, einer tiefen Gürtellinie und größeren Fensterflächen. Das Fahrwerk blieb gleich: Einzelradaufhängung vorn und Starrachse hinten, lediglich die hintere Spurweite, die Abstimmung von Federung und Dämpfung wurde geändert.

Modelle, Varianten, Preise:	
Modelle:	Limousine, zwei-/vier Türen
Bauzeit:	1970–1977
Motoren:	1588 ccm / 58 kW (79 PS) bei 5800/min 1588 ccm / 55 kW (75 PS) bei 5400/min ab 4.76 1588 ccm / 63 kW (86 PS) bei 5600/min von 9.73 bis 4.76
Ausstattung:	Getönte Scheiben, heizbare Heckscheibe, Liegesitze, Kopfstützen, elektrische Scheibenwascher, Rückfahrscheinwerfer, Doppeltonhorn, verschließbarer Tankdeckel.
Varianten:	Carina dL, ST
Preise:	DM 9.350,–

Chronik:	
1970:	Oktober: Premiere für Celica-/Carina-Baureihe. Beide Modelle können auf einem Band gebaut werden.
1971:	April: Exportbeginn; Auslieferung des viertürigen Carina dL in Deutschland.
1972:	Facelift; Tankeinfüllstutzen in der C-Säule links statt am Heck; Rückfahrscheinwerfer über statt unter Stoßstange. Neues Lenkrad, geändertes Armaturenbrett.
1973:	September, IAA: Carina dL als Zweitürer (DM 8.995,-) und als zweitürige ST-Version mit 86 PS-Motor und Fünfgang-Getriebe (DM 9.995,-).
1974:	Facelift, Begrenzungsleuchten zwischen Fahr- und Fernscheinwerfern. Preise: DM 9.550,-/9.950,-
1975:	Juli: Stoffpolster anstelle der Kunstleder-Polsterung
1976:	April: Facelift; Stoßfänger mit schmalen Gummileisten an der Oberkante. Neugestaltetes Armaturenbrett, Leistung jetzt 75 PS. Wegfall Carina ST, Dreigang-Automatik für Limousine dL.
1978:	Ablösung im Januar.

Auffälligstes Merkmal der im Januar 1980 er-neut verbesserten Carina-Reihe war der neugestaltete Bug mit breiten Rechteck-Scheinwerfern und den um die Karosserieecken greifenden Blinkleuchten. Die Gesamtlänge wuchs dabei um stattliche 13 Zentimeter; Radstand und Platzangebot waren wie gehabt. Auf Grund des günstigeren Yen-Wechselkurses waren die neuen Carinas um 400 bzw. 800 Mark billiger als ihre Vorgänger, und das war eine handfeste Überraschung. Im Oktober ordnete Toyota die Modellreihe neu, das Grundmodell erhielt die Bezeichnung DX und wurde serienmäßig mit einem Fünfgang-Getriebe ausgestattet. Weitere Modellpflegemaßnahmen bescherten den Carinas eine Mittelkonsole, getönte Scheiben, eine Quarzuhr, zusätzliche Ablagen sowie ein neues Gestühl. Doch auch mit diesen Änderungen tickte die Uhr, die Zeit für den ehrwürdigen Hecktriebler lief ab. Besonders deutlich machte dies ein Vergleichstest im Herbst 1980, den *auto motor und sport* durchführte: Im Reigen der durchweg jüngeren japanischen Konkurrenz – Datsun Bluebird, Honda Accord, Mazda 626, Mitsubishi Lancer – konnte der

Carina 1978: Nur noch die runden Doppelscheinwerfer erinnerten an den Vorgänger. Mit dem Modellwechsel gelangte auch die Kombi-Version des Carina nach Deutschland.

Mit neu gestaltetem Heck und einer unterhalb des Stoßfänger platzierten Nummerntafel: Carina GL, 1978. Zwei Jahre später rückte das Nummernschild-Feld nach oben.

Europäisches Design: Carina Kombi, in dieser Form bis 1984 importiert.

Der als GL und DL lieferbare Carina erhielt 1980 eine neue Optik. Sowohl die Limousine als auch der Kombi erhielten Breitband-Scheinwerfer.

Carina kaum mehr bestehen. In der Karosserie-, der Motoren- wie auch der Verbrauchswertung lag der Toyota hinten, nur in der Fahrwerkswertung reichte es zu einem zweiten Platz. Dennoch: „Mit moderneren Konkurrenten, etwa dem als Vergleichsgrundlage herangezogenen Audi 80, können sie nicht mithalten – auch wenn einige der Vergleichskandidaten durchaus vielversprechende Ansätze dazu zeigen." Trotzdem wurde die Carina-Reihe zum Modelljahrgang 1982 ohne große Änderungen noch einmal aufgelegt. Bei weitgehend unveränderter Technik – der Motor erhielt eine Transistorzündung – wurde die Optik der TA 6 genannten Reihe renoviert. Die Frischzellenkur umfasste, neben einer tieferen Gürtellinie und einem leicht schräggestellten Kühlergrill mit Toyota-Schriftzug auf der Fahrerseite teilweise versenkte Wischer und breitere Heckleuchten. Der Innenraum wurde geringfügig länger (11,5 mm), breiter (35,5 mm) und höher (20 mm), Geräuschisolierung, Heizung und Belüftung dem Komfort der größeren Cressida-Reihe angepasst.

Modelle, Varianten, Preise:	
Modelle:	Limousine, Kombi
Bauzeit:	1978–1983
Motoren:	1588 ccm / 55 kW (75 PS) bei 5200/min
Ausstattung:	Verbundglas-Frontscheibe, Liegesitze, Zeituhr, abschließbares Handschuhfach, Teppichboden vorn und hinten, Kindersicherung an den hinteren Türen.
Varianten:	Carina Limousine/GL/Kombi
Preise:	DM 12.100,–/13.490,–/13.100,– (Lim./GL/Kombi)
Chronik:	
1978:	Einführung neue Modellreihe. Zwei Karosserien. GL-Ausstattung nur für die Limousine, Grundmodell in Verbindung mit Automatikgetriebe als DLX.
1980:	Januar: Frontpartie mit Breitbandscheinwerfern und neuem Grill, Blink- und Standleuchten an den Ecken. Rechteckige Rückleuchten mit integrierten Rückfahrscheinwerfern. Gesamtlange um 13 cm gewachsen. Bessere Ausstattung GL-Version, u.a.: verschließbare Ablagebox zwischen den Vordersitzen, neue Sitze. Oktober: Neue Bezeichnungen, Modellpflege.
1982:	Februar: Modellpflege, Optik ähnlich Cressida. Preise: DM 15.190,–/ 16.490,– (dL/DX). Automatik wahlweise für Limousine, Aufpreis DM 1000,–. Auf anderen Märkten auch als Coupé, Turbo und Diesel.
1984:	Carina II ab Januar.

Toyota Carina II (1984–1988)

Mit dem Carina II vollzog Toyota endlich auch in der Mittelklasse die Abkehr vom traditionellen Heckantrieb. Die Ablösung war überfällig.

Das rundum erneuerte Zugpferd schloss die Lücke im Modellprogramm zwischen Corolla und Camry. Die Designer in Nagoya City hatten eine wohl proportionierte Karosserie im Tercel-Stil geschaffen, die nicht nur im Windkanal eine gute Figur machte, sondern auch auf der Straße. Im aerodynamisch geformten Carina zogen die Pferde nun vorne. Bessere Manieren hatte man ihnen allerdings nicht beigebracht: Hier waren willige, wenn auch etwas unkultivierte Ackergäule am Werk, die sich jenseits der 120 km/h-Marke lautstark ins Zeug legten. Überdies verschluckten sie sich gerne, die Vergaserübergänge stimmten nicht – auch das eine bekannte Eigenart der Toyota-Vierzylinder. Abgesehen aber vom etwas rauen, leicht verändert aus dem Camry übernommenen Motor und der verbesserungswürdigen Vergaserabstimmung gab

Modelle, Varianten, Preise:	
Modelle:	Limousine, Liftback
Bauzeit:	1984–1988
Motoren:	1587 ccm / 62 kW (84 PS) bei 5600/min 1832 ccm / 74 kW (101 PS) bei 5200/min ab 12.85 1974 ccm Diesel / 51 kW (69 PS) bei 4600/min ab 12.85 1587 ccm / 55 kW (75 PS) G-Kat bei 5400/min ab 10.86
Ausstattung:	Getönte Frontscheibe, heizbare Heckscheibe, integrierte Nebelschlussleuchte, Warnlampe für nicht geschlossene Türen. Innenbelüftete Scheibenbremsen vorn mit akustischem Warnsignal für abgenutzte Bremsklötze. GL: Drehzahlmesser, Digitauhr, Heckscheiben-Waschanlage (Liftback)
Varianten:	Carina II Lim. DX/GL; Liftback GL
Preise:	DM 16.990,– (Lim. DX) bis 18.990,– (Liftback)
Chronik:	
1984:	Januar: Auslieferung. Zwei Karosserieformen, eine Motorversion.
1985:	Dezember: Facelift, Stoßfänger bündig mit der Karosserie. GL: Stoßfänger in Wagenfarbe. Einführung Diesel (XL D, DM 21.190,–, nur im Liftback), Gli (1,8 l) auch als Liftback (DM 21.990,–). DX-Bezeichnung durch XL ersetzt, Automatik nur im stärksten Liftback-Modell.
1986:	Oktober: 1,6-l-Kat (Liftback, Lim., Liftback Automatik)
1987:	Modellreihe gestrafft, nur noch Katalysator- und Dieselmodelle lieferbar. Modellpflege (Kühlergrill, Drehzahlmesser; Diesel mit Servo). Neue Bezeichnung: 1,6 SX.
1988:	Ablösung der Reihe im April.

es keinen Toyota jener Zeit, den die Presse so sehr mit Streicheleinheiten bedachte. Besonders eifrig striegelten ihm die Tester von *mot* das Fell. Der 4,33 Meter lange Wagen, den es als klassische Stufenheck-Limousine wie auch mit modischem Schrägheck gab, bot neben einem guten c_W-Wert von 0,35 noch weitere Vorteile. Dazu gehörten eine vorzügliche Rundumsicht, ein – beim Liftback – variabler Kofferraum mit geteilt umlegbaren Sitzlehnen, einen großzügig bemessenen Innenraum, sehr bequeme und vielfach verstellbare Fahrersitze und ein übersichtliches, sehr funktionell gestaltetes Armaturenbrett. Fahrwerkseitig setzten Einzelradaufhängung und innenbelüftete Scheibenbremsen vorn Akzente. Knapp zwei Jahre nach der Einführung erhielt der Carina-Lack eine neue Politur; neben optischen Retuschen schickten die japanischen Pferdezüchter temperamentvollere Triebwerke ins Rennen. Auch ein Diesel-Ross stand nun im Stall.

Carina II Liftback GL: Der modern gestylte Fünftürer ersetzte im deutschen Programm die bisherige Kombi-Version.

Carina II, 1984: Endlich ein konkurrenzfähiges Mittelklasse-Modell.

Toyota Carina (1988–1992)

Ein Auto wie Doris Day: Propper, ansehnlich und nett. Durchaus mit Sexappeal, aber keimfrei-aseptisch, durch und durch vernünftig. Und eigentlich nicht das, was man wollte: Toyota hatte wohl eher an Marilyn Monroe gedacht, als man Mitte der Achtziger ein weiteres Mal zu Werke schritt, um die etablierte Mittelklasse aufzumischen. Der neue Carina II sollte die europäische Modellpalette des japanischen Herstellers aufpolieren und dem erfolgreichen Mazda

Der ADAC-Liebling: In der Pannenstatistik war der Carina ungeschlagen. Toyota warb mit dem Slogan vom „meistunterschätzten Auto Deutschlands".

Die zweite Carina-Frontantriebsgeneration erschien 1988. Vom Start weg war sie in drei Karosserievarianten lieferbar.

Modelle, Varianten, Preise:

Modelle:	Limousine, Liftback, Kombi
Bauzeit:	1988–1992
Motoren:	1587 ccm / 66 kW (90 PS) bei 6000/min 1587 ccm / 75 kW (102 PS) bei 5800/min 1587 ccm / 66 kW (90 PS) Kat bei 6000/min ab 10.88 1998 ccm / 89 kW (121 PS) Kat bei 5600/min ab 3.89
Ausstattung:	Gurthöhenverstellung, von innen verstellbare Außenspiegel, heizbare Heckscheibe, Drehzahlmesser, Fernentriegelung für Tank- und Heckklappe. Rücksitzlehne geteilt klappbar, Warnton für Fahren mit Parklicht. GLi: EFH, ZV, Ablage unter Vordersitzen.
Varianten:	Limousine 1,6 XL/GLi; Liftback 1,6 XL/GLi; Kombi 1,6 XL
Preise:	DM 21.820,– (Lim. XL) bis DM 25.610,– (Liftback GLi)

Chronik:

1988:	April: Carina II als Kombi, Liftback und Limousine. Zwei Motoren (XL; GLi) mit U-Kat. 75 kW-GLi nur mit Magermix; Kombi nur als XL mit 66 kW. Oktober: 1,6 XLi-Modelle als Lim. und Liftback mit Magermix-Motor (DM 23.470,–/ 24.370,–).
1989:	April: Liftback 2,0 GLi mit G-Kat (DM 27.950,–). September: XL mit 66 kW-Kat, XLi/GLi steht für Magermix-U-Kat; 2,0 GLi mit G-Kat. Einführung Carina 1,6 Si: Metallic-Lackierung, Lederlenkrad, Reifen 185/70 HR 14. EFH, ZV. Auflage 1300 Fahrzeuge, DM 24.370, / 25.270,–. Sondermodell Carina 2000: LM-Felgen, Karosserieschürzen, Servo. Nur als Liftback, DM 32.170,–.
1990:	Juni: Sondermodelle Carina GLi SC: Frontspoiler, LM-Räder und Kassettenradio, DM 26.390,– (Limousine), 27.300,– (Liftback). August: Carina XLi SC: Stoßfänger in Wagenfarbe, Zentralverriegelung, Kassettenradio. DM 24.530,–/25.450,–
1992:	Ablösung durch Carina E.

626 Paroli bieten. Und das wenn schon nicht in optischer, so doch in technischer Hinsicht.

Der Debütant des Genfer Automobilsalons im März 1988 konnte sich rühmen, das erste Großserienauto mit Magermix-Motor zu sein. Ausgestattet mit dem neuen 4A-FE-Motor mit 16 Ventilen, zwei obenliegenden Nockenwellen, Querstrom-Zylinderkopf und einer Ventiltrieb-Kombination aus Zahnriemen für den Auslass und Zahnrad für den Einlass, stemmte der kompakte Vierzylinder 102 PS (75 kW) bei 5.800 Touren auf die Kurbelwelle. Das maximale Drehmoment von 142 Nm lag bei 3.000/min an, die Höchstgeschwindigkeit betrug laut Werk 185 km/h.

Umweltfreundlich ohne geregelten Katalysator, sparsam, leistungsstark und drehmomentgewaltig – Toyota schien mit dem neuen Konzept den Stein der Weisen gefunden zu haben: Ein mager eingestellter Motor verbraucht weniger Kraftstoff, und das wiederum hat einen niedrigen Schadstoffausstoß zur Folge. Andererseits wird er von Zündaussetzern und Schüttelkrämpfen im Leerlauf geplagt. Diesem Problem rückten die Techniker aus Toyotaland mit ihrem speziellen Gemisch-Verwirbelungsprinzip, Kennfeld gesteuerter Zündung und Eurokatalysator zu Leibe. Der Carina in der Magerstufe erfüllte damit – High hin, Tech her – allerdings nur die vergleichsweise harmlosen EG-Bestimmungen; von den amerikanischen Richtwerten war man noch weit entfernt; und eine Alternative zum geregelten Katalysator war er auch nicht. Neben der Carina-Magerstufe – die nur in Limousine und Liftback zu haben war – gab es den Carina auch mit konventionellem 1,6 Liter-Motor und 90 PS (66 kW). Dieser Vierventiler, Entwicklungscode 4A-F-16, stammte zwar aus der Corolla-Baureihe des Jahres 1987, basierte aber auf dem bekannten 1,6-Liter-Motor der ersten Frontantriebs-Carina.

Toyota Carina (1992–1998)

Im Lastenheft der Mannen um Chefingenieur Masazumi Konishi stand die Entwicklung eines Autos für Europa, das dort auch gebaut werden sollte und die Weiterentwicklung der Magermix-Technologie: Zu viel Schadstoffe und eine unbefriedigende Leistungsabgabe gehörten zu den am häufigsten den Magermix-Carinas gegenüber geäußerten Vorwürfen, und das hatte nun ein Ende. Das Auto für Europa, wie die Typenbezeichnung „Carina E“ schon deutlich machen sollte, war dank umfangreicher Modifikationen wie Zwillings-Einspritzdüsen, Verwirbelungsventilen, Magermix-Sensor und Drei-Wege-Kat ein sauberer Bursche. Gleich einer der ersten Vergleichstests mit einem etablierten Konkurrenten endete mit einer Sensation: „Favoritensturz“, überschrieb *mot* seinen Vergleich mit dem Mittelklasse-Primus Passat, den der Toyota überlegen gewann. Allerdings deutete sich schon da an, was bei späteren Tests immer offensichtlicher werden sollte: Der Carina hatte Defizite im Sicherheits-Bereich, zum Produktionsstart gab es Airbags noch nicht einmal gegen Aufpreis. Da war die europäische Konkurrenz weiter – zumindest bis zum Modelljahr 1995. Dann besserte Toyota seinen heimlichen Bestseller nach. Endlich war er mit den notwendigen Sicherheitsfeatures lieferbar – so wie es sich für einen echten Europäer auch gehörte.

Ende Dezember 1992 war das britische Toyota-Werk in Burnaston, England, in Betrieb gegangen, die bis dahin verkauften Carina waren aus Japan geholt worden. Bereits im Sommer 1994

Die ersten Carina-Modelle wurden noch in Japan gebaut, später dann in Großbritannien.

Carina 2.0 GLi: Seitenaufprallschutz und ABS, Servolenkung und Zentralverriegelung serienmäßig aber kein Airbag.

Modelle, Varianten, Preise:

Modelle:	Limousine, Liftback, Kombi
Bauzeit:	1992–1997
Motoren:	1587 ccm / 79 kW (107 PS) bei 6000/min 1998 ccm / 98 kW (133 PS) bei 5800/min 1998 ccm / 116 kW (158 PS) bei 6400/min 1587 ccm / 73 kW (99 PS) bei 5800/min ab 3.95 1762 ccm / 79 kW (107 PS) bei 5600/min ab 3.95 1998 ccm / 93 kW (126 PS) bei 5600/min ab 3.96 1975 ccm TD / 61 kW (83 PS) bei 4000/min ab 3.96
Ausstattung:	Servo, höhenverstellb. Fahrersitz, Drehzahlmesser, Rücksitzlehne geteilt klappbar, Mittelarmlehne vorn. GLi: ABS, EFH, ZV. GTi: Airbag, Schiebedach, LM-Räder, Heckspoiler.
Varianten:	Carina 1,6 XLi/GLi; 2,0 Gli; Liftback 2,0 GTi; Kombi 1,6 Xli/GLi
Preise:	DM 27.963,– (1.6 XLi) bis 43.912,– (2.0 GTi)

Chronik:

1992:	Mai: Einführung Carina „E" als Limousine und Liftback; Spitzenmodell GTi nur als Liftback mit 2,0-16V-Motor aus Celica/MR2. Dezember: Produktionsanlauf in Burnaston.
1993:	März: Einführung Kombi-Modell. Alle Motoren, alle Ausstattungen. Oktober: Sondermodelle Carina SC: Auflage 3500 Einheiten (nur Limousine), Alufelgen, Heckspoiler, Radio-/Kassettenanlage. DM 29.695,– (Carina 1.6 XLi SC) bis DM 38.255,– (2.0 GLi SC Automatik)
1994:	Februar: Preissenkung für ABS und Fahrer-Airbag. März: Sondermodell SX: Basis GLi, Mauve-Metallic, LM-Räder, Nebelscheinwerfer, GTi-Sportsitze, Radio-Cassette. 2663 Einheiten, DM 34.990,–. Neuauflage Carina SC, 1800 Ex., DM 29.695,–/ 33.565.–. Mai: Sondermodell ST: Basis 2.0 GLi, LM-Räder, Radio-Cassette, Dekorset. DM 35.780,–. August: Sondermodelle (Limousine/Liftback, 5000 Einheiten): Extra XLi: ABS, Fahrerairbag, ZV. Ab DM 29.780,–. Extra GLi: Airbag, RDS-Radio-Cassettenradio, Nebelscheinwerfer, beheizb. Außenspiegel, höhenverst. Kopfstützen hinten, LM-Räder. Ab DM 33.590,–.
1995:	März: Facelift und Modellpflege: Airbag und Gurtstraffer, elektr. Fensterheber, ZV, elektr. verstellb. Außenspiegel Serie. 1,8: ABS, Stoßfänger in Wagenfarbe, Mittelarmlehne hinten Serie. Modifizierte Motoren 1,6; Einführung 1,8 Magermix. Juli: Sondermodell Magic: Klima, ABS, LM-Räder, RDS-Cassettenradio, Veloursbezüge, Nebelscheinwerfer, Metallic-Lackierung in Schwarz. Mehrpreis gegenüber Serie: DM 3670,–. Oktober: Produktionsanlauf des Kombi im britischen Toyota-Werk.
1996:	März: Facelift, neuer Grill, modifizierte Rückleuchten. Zwei Airbags, Seitenaufprallschutz, neue Sitzbezüge, neue Radabdeckungen. Einführung Carina mit TD-Motor in Liftback und Combi. Neues Spitzenmodell mit 2,0-16V-Benziner und jetzt 93 kW/126 PS; Wegfall Modell GTi. August: Sondermodell Flash: Klimaanlage, LM-Räder, RDS-Cassettenradio, beheizb. Außenspiegel, Lederlenkrad. Alle drei Karosserievarianten, Mehrpreis gegenüber Serie: DM 2600,–.
1997:	Januar: Neuauflage Sondermodell Flash, nur Limousine/ Liftback, ab DM 36.700,–. September: Sondermodelle Scala und Scala Special 1,8 l; Klima, LM-Räder, Lederlenkrad, beheizb. Außenspiegel, Metallic-Lack. Special: Alcantara-Sitzbezüge, RDS-Cassettenradio, 6 Lautsprecher.
1998:	Einführung Carina-Nachfolger Avensis

Neuer Kühlergrill: Carina, 1996

verließ dort der 100.000ste Carina die Werkshallen, ein Jahr später liefen dort, neben den Stufenheck- und Liftback-Versionen, auch die Kombis vom Band. Doch nicht nur das war neu am Carina 95: Alle Carina-Modelle hatten nun serienmäßig einen Fahrer-Airbag wie auch ein Gurtstraffersystem an Bord. Weitere Änderungen: Modifizierter 1,6-l-Magermix-Motor mit 73 kW/99 PS sowie 1,8-l-Magermix-Motor mit 79 kW/107 PS. Unverändert blieben die beiden 2,0-l-Sechzehnventiler mit 98 bzw. 129 kW. Die Preise reichten von DM 29.650,– für die 1,6-Liter-Limousine bis zu DM 48.420,– für den Zweiliter-GTi, den es nur als Liftback gab. Elf Monate später lancierte das Unternehmen die nächste Carina-Generation. Toyota hatte auf die Kritik an seinem Mittelklasse-Bestseller reagiert und ihn einem umfassenden Facelift unterzogen. Von außen lediglich am neuen Kühlergrill und neuen Rückleuchten vom Vormodell zu unterscheiden, hatte Toyota das Fahrwerk neu abgestimmt („Der Federungskomfort ist um Klassen besser geworden") und zwei serienmäßige Airbags installiert. Zur Serienausstattung gehörten nun ABS (eine Ausnahme bildete lediglich das Basis-Modell), elektrische Fensterheber und Zentralverriegelung. Das Topmodell Carina GTi fiel aus dem Programm, stärkster Carina war nun der 2,0-l-16V-Vierzylinder, dessen Leistung auf 93 kW/ 126 PS zurückgenommen worden war. Dafür gab es nun für Liftback und Kombi einen Zweiliter-Turbodiesel mit 61 kW/83 PS – zwar „kein Meilenstein im Dieselmotorenbau" (*Auto/Straßenverkehr*), aber dennoch eine interessante Alternative für wirtschaftlich denkende Autofahrer. Und die schon fast sprichwörtliche Zuverlässigkeit dieser Baureihe gab es gratis mit dazu.

Drei Karosserieversionen, vier Motoren – und jetzt endlich auch mit besserer Sicherheitsausstattung: der Carina-Jahrgang 1995.

Toyota Avensis

Ave, Avensis

Der Name war neu, das Problem das alte: Toyotas Mittelklasse hatte kein besonderes Image. Mit dem Carina-Nachfolger sollte das ganz anders werden.

Toyota Avensis (1998–2003)

Das fing schon beim Namen an: Avensis statt Carina, Stil statt Langeweile – und ein Mehr an Radstand, Spur und Innenraum, ein Weniger an Bug- und Hecküberhang sowie eine dynamischere Optik kamen noch dazu. Das Fahrwerk an McPherson-Federbeinen vorn und hinterer Einzelradaufhängung an Doppelquerlenkern hing in separaten Fahrschemeln, was den Innengeräuschpegel senkte; außerdem wurde die Geräuschdämmung verbessert: „diskrete Geräuschentwicklung", konstatierten die Tester. Ihren Teil zum guten Gesamteindruck trugen die Motoren bei. Die drei Benziner mit 1,6, 1,8 und 2,0 Litern Hubraum sowie der Zweiliter-Diesel stammten aus dem Carina, waren aber durch Direktzündung und ein geändertes Motormanagement auf den neuen Einsatz vorbereitet worden. Alle drei Motoren – und der Diesel sowieso – erwiesen sich als ausgesprochen knauserig, was den Umgang mit dem teuren Sprit anging. Der 81 kW/110 PS-1600er kam auf einen Durchschnitt von 7,8 Litern, der gleichstarke 1800er genehmigte sich nur 7,4 Liter auf 100 Kilometer, und der 94 kW/128 PS starke Zweiliter kippte lediglich 8,3 Liter hinter die mit 9,8:1 verdichtete Binde.

Bekannte Technik: Der Avensis erbte die technische Konzeption seines Vorgängers.

Und diese Werte ließen sich auch im Test erreichen. Zur Kehrseite der ganz auf Sparsamkeit getrimmten Medaille gehörte das von manchen Testern monierte Magerruckeln und die relative Durchzugschwäche. Gerade bei den beiden kleineren Motoren machte sich der auf dem Papier ausgewiesene Drehmomentzuwachs gegenüber dem Carina – der in einer Größenordnung von fünf Newtonmetern rangierte – sowieso kaum bemerkbar. Wie schon beim Carina galt: Wer den knapp 1,3 Tonnen schweren Wagen ordentlich vorantreiben wollte, musste hurtig im Fünfgang-Getriebe rühren. Und das wiederum war bei der Güte der Box ein ausgesprochenes Vergnügen.

Knapp zwei Jahre nach seinem Verkaufsstart nutzte Toyota die Einführung neuer Motoren zur umfassenden Überarbeitung der Mittelklasse-Baureihe. Die Avensis-Evolutionsstufe bot die Wahl zwischen drei Benzin-Motoren mit 1,6 Liter, 1,8 Liter und 2,0 Liter Hubraum – jeweils mit stufenlos variabler Ventilsteuerung VVT-i, wobei die Top-Motorisierung zusätzlich über eine Benzin-Direkteinspritzung verfügte. Abgerundet wurde die Avensis-Motorenpalette durch den Common-Rail-Turbodiesel-Direkteinspritzer 2,0 D-4D, der sein Debüt bereits im Vorgängermodell gefeiert hatte.

Lieferbar in insgesamt nicht weniger als 27 Modellvarianten, unterschied sich der in Burnaston gefertigte Avensis durch die modifizierte Fahrzeugfront, eine verbesserte Ausstattung sowie – je nach Variante – Kopfairbags vom 98er Modell. Blieb eigentlich nur noch eines zu verbessern: das Image. Aber da hatte noch nicht einmal der neue Name so richtig geholfen.

Modelle, Varianten, Preise:	
Modelle:	Limousine, Liftback, Kombi
Bauzeit:	seit 1998
Motoren:	1587 ccm / 81 kW (110 PS) bei 6000/min 1762 ccm / 81 kW (110 PS) bei 5600/min 1998 ccm / 94 kW (128 PS) bei 5400/min 1975 ccm TD / 66 kW (90 PS) bei 4000/min 1995 ccm D-4D / 81 kW (110 PS) bei 4000/min ab 9.99 1598 ccm VVT-i / 81 kW (110 PS) bei 6000/min ab 9.00 1794 ccm VVT-i / 95 kW (129 PS) bei 6000/min ab 9.00 1998 ccm VVT-i / 110 kW (150 PS) bei 5700/min ab 9.00
Ausstattung:	Linea terra: EFH vorn, ZV, höhenverstellb. Lenkrad, Drehzahlmesser. Linea sol: verchromter Kühlergrill, Lederlenkrad, Klimaanlage, Nebelscheinwerfer
Varianten:	linea terra, linea luna, linea sol
Preise:	DM 33.900,- (1,6 luna Limousine) bis DM 42.030,- (2,0 sol Kombi)
Chronik:	
1997:	Europa-Premiere auf der IAA. Carina-Nachfolger, drei Karosserievarianten, vier Motorisierungen, zwei Ausstattungen. Parallel-Modell in Japan auch mit Allradantrieb lieferbar, dort als Corona bezeichnet.
1999:	März: Sondermodell 1,6 linea luna limited. Sonderlackierung, 195/60 R-15-Reifen, Chromapplikation, Spiegel und Türgriffe in Wagenfarbe. Elektr. verstellb. Außenspiegel; Seitenschutzleisten silbergrau lackiert, Klimaanlage. September: Vorstellung Avensis D-4D. Alle Modelle: SRS-Kopfairbags auf Wunsch, verbesserte Fahrwerkabstimmung, bessere Geräuschdämmung.
2000:	März: Sondermodell Selection 1.8: Basis Linea terra, zusätzlich: Frontgrill mit Chromeinsatz, Spiegel und Türgriffe in Wagenfarbe, Leichtmetallräder. Hintere Scheibenbremsen. Alle Modelle 1.8/2.0 linea sol: Hintere Scheibenbremsen serienmäßig. Oktober: Facelift (Klarglasscheinwerfer), Multi-Funktionsdisplay, Einführung neuer Motoren mit VVT-i. Ganz neu: 2.0 mit 110 kW/150 PS, Direktzündung. Ausstattungen: Avensis, linea terra, linea sol. Preise: Euro 17.102,71 (Avensis 1,6 4-türig) bis Euro 24.449,98 (Avensis 2.0 linea sol Combi Automatik).
2001:	April: TTE-Aerodynamik- und Technikpaket. September: Avensis-Sondermodell Style (1,8 / 2.0 D-4D Lim. bzw. Kombi), Basis linea terra: Nebelscheinwerfer, LM-Räder, lackierte Stoßfänger, Türgriffe in Wagenfarbe, Lederlenkrad, Alu-Schaltknauf. Audiosystem mit CD-Player.

Der Carina-Nachfolger versuchte mit einem neuen Namen das Graue-Maus-Image des Carina abzustreifen.

Die im Vergleich zur Limousine um 80 Millimeter längere Kombi-Version fasste bis zu 1.627 Liter.

Auch wenn die Avensis im britischen Burnaston gebaut werden, unterlagen sie dennoch den in Japan üblichen Facelift-Intervallen. Für das Modelljahr Jahr 2001 erhielten sie unter anderem Klarglas-Scheinwerfer.

Toyota Avensis (2003–2008)

Besser. Größer. Sicherer. Und so gut, dass er sogar in Japan verkauft werden konnte: So lautet, in Kurzform, die Geschichte der zweiten Avensis-Generation, die ab April 2003 in den Handel gelangte.

Toyota hatte seiner Mittelklasse zu einem völlig neuen Auftritt verholfen. Die neue Außenhülle, im südfranzösischen Designzentrum ED2 entstanden, bot eine eigenständige, gediegene Optik („spielt in einer anderen Liga" bemerkte *auto motor und sport*, „eher Mercedes E- statt C-Klasse"), ohne traditionelle Markenwerte über Bord zu werfen. Die Verarbeitung war über jeden Tadel erhaben („Lexus lässt grüßen ... alles fasst sich gut an und sieht gut aus" urteilte *Firmen Auto*) und das Wagenformat ließ sich am besten mit „stattlich" bezeichnen: Der Radstand wuchs gegenüber dem Vorgängermodell um 70 Millimeter, die Spur um 25 Millimeter vorn und um 50 Millimeter hinten, und mit einer Gesamtlänge von bis zu 4,70 Meter (Kombi) war der Avensis nun wirklich nicht mehr zu übersehen. Kein Zweifel also, Toyota klopfte kräftig an die Tür zum automobilen Oberhaus.

Auch technisch betrachtet machte der Avensis einen großen Schritt nach vorn, etwa beim Fahrwerk. Um 20 mm gewachsene Federwege und eine neue Doppelquerlenker-Aufhängung hinten (die aus dem Celica stammte) plätteten so ziemlich jede Bodenunebenheit. Das Fahrwerk war neutral bis leicht untersteuernd ausgelegt, wobei die leichtgängige Lenkung (im 1,8 Liter erstmals mit elektrischer Servounterstützung) ein exaktes Feedback gab: „Damit vermittelt der Avensis – unterstützt durch das behäbige Handling – einen durchweg oberklassigen Eindruck" (*auto motor und sport*). Sportliche Fahrernaturen hätten es dagegen gerne ein wenig direkter gehabt, denen war dann auch die komfortable Fahrwerksabstimmung viel zu unsportlich.

Entscheidend zum nachdrücklichen Fahrerlebnis trugen die ausgesprochen geringen Wind- und Abrollgeräusche bei. „Vermag sich diesbezüglich auch mit Limousinen der Oberklasse zu messen", vermeldete japanisch-bescheiden die Pressemappe,

Europa-Premiere für den Knieairbag: Nicht nur in der aktiven, auch in der passiven Sicherheit setzt der Avensis Maßstäbe. Dank des von Toyota eingesetzten MICS-Systems (Minimum Intrusion Cabin System) und den anderen Sicherheitsfeatures waren die fünf Sterne im renommierten NCAP-Test kein Problem.

„was nach dem Dreh am Zündschlüssel auffällt, ist die Ruhe im Innenraum" bestätigte *Spiegel online*.

Die Basisversion befeuerte der mild überarbeitete, schon aus dem Vorgänger bekannte 1,8-Liter-Motor mit 95 kW/129 PS; auf anderen Märkten erschien der Avensis auch mit dem 1,6 Liter. Daneben gab es den neuen 2,0 Liter Benzin-Direkteinspritzer der VVT-i-Generation, im November 2003 folgte als Topmotorisierung ein 2,4 Liter Direkteinspritzer mit 120 kW/ 163 PS. Alle Motoren erfüllten die Euro-4-Abgasnorm, auch die Diesel: Vielfahrer griffen zunächst zu dem ebenfalls aus dem Vorgänger bekannten Common-Rail-Diesel mit 85 kW/116 PS, der noch ohne Partikelfilter auskommen musste. Im Spätjahr ergänzte dann ein Zweiliter-Diesel mit D-CAT die Modellpalette. Das Kürzel stand für „Diesel Clean Advanced Technologies" und bezeichnete die Kombination aus einem Speicherkatalysator (der die Stickoxide drastisch reduzierte) und einer zusätzlichen Einspritzdüse zur Nacheinspritzung im Abgaskrümmer, der die Partikel aus dem Abgas filterte. Der sauberste Diesel der Welt kam ohne zusätzliche Additive aus, erforderte aber schwefelfrei-

Wie gehabt, ging der Avensis als Vier- und Fünftürer sowie als Kombi an den Start. Besonderen Wert legten die Entwickler auf Sicherheit, Komfort und erlebbare Qualität. Alle in dieser Baureihe angebotenen Motoren erreichen die Euro-IV-Abgasnorm, der ab Herbst 2003 lieferbare D-CAT-Diesel reduzierte die Abgasemissionen noch einmal deutlich.

en Kraftstoff, doch wenn der nicht zur Verfügung stand, war das auch kein Drama: Der Diesel funktionierte genauso gut, aber nicht mehr ganz so sauber wie zuvor. Über 1600 Patente steckten in Toyotas Hightech-Diesel, der die Tester restlos begeisterte. Einziger Wermutstropfen war die Tatsache, dass zunächst ausschließlich die Limousine mit D-CAT zu haben war.

Einhellige Zustimmung erntete der Avensis aber für sein beispiellos komplettes Sicherheitspaket. Die Lebensversicherung für die Avensis-Besatzung umfasste insgesamt neun Airbags, darunter auch einen Knie-Airbag, der die Beine des Fahrers schützte. Und dank der speziellen Sicherheitskarosserie erreichte der Avensis als erster Wagen überhaupt bei den scharfen NCAP-Crashtests 34 Punkte. Um es erst gar nicht zum Crash kommen zu lassen, hatte der Avensis jede Menge elektronischer Helferlein bereits in der Basisausstattung serienmäßig mit an Bord.

Mit ihrer neuen Mittelklasse hatten die Toyota-Techniker die Messlatte noch einmal ein ganzes Stückchen nach oben gelegt – so hoch, dass der Avensis für würdig erachtet wurde, Aufnahme ins japanische Vertriebsprogramm zu finden. Man hätte den englischen Toyota-Werkern in Burnaston kein größeres Kompliment machen können.

Nach drei Jahren entschlossen sich die ED2-Designer, dem europäischen Flaggschiff von Toyota ein Facelift angedeihen zu lassen.

Allerdings musste man schon zwei Mal hinschauen, um die Unterschiede zum Vormodell zu erkennen. Das neue Design ließ ihn noch satter und ein Stückchen unverwechselbarer auf der Straße stehen. An der Front dominierten die neue Kühlergrillpartie und die modifizierten Klarglasscheinwerfer, ohne dass der Wagen dadurch an Übersichtlichkeit gewonnen hätte: Der Avensis gehörte nach wie vor zu den Autos, bei denen man sich in den Abmessungen leicht verschätzt.

Dem modischen Trend zum Außenspiegel mit Blinker indes wollte man sich nicht verschließen, und dass am Heck nun wieselflinke LED-Leuchten zum Einsatz kamen, gehörte ebenfalls zu den Neuerungen, die uneingeschränktes Lob verdienten.

Sauberer geht's nicht: die Clean-Power-Diesel (D-CAT) waren die seinerzeit saubersten Selbstzünder auf dem Markt. Spitzenmodell war der 2,2 Liter mit 177 PS.

Auch im Innenraum war Hand angelegt worden, die Materialien vermittelten einen wertigeren Eindruck. Fahrer des Vormodells begrüßten das modifizierte Multifunktionslenkrad mit besser zu erreichenden Bedientasten für die Audioanlage. Kleiner Wermutstropfen für Familienväter: Die Benjamin-Blümchen-Kassetten mussten nun zu Hause bleiben, denn für die gab es jetzt kein Abspielgerät mehr.

Im Zuge dieser Umgruppierung an der Bord-Entertainment-Anlage war das Display von der Armaturenbrettoberkante nach unten gerückt, was oben Platz für ein zusätzliches Ablagefach schaffte. Leider nichts geändert hatte sich am mitunter schlechten Radioempfang, dem nervtötenden Gepiepse bei nicht angelegten Gurten und steckendem Zündschlüssel bei geöffneter Fahrertür sowie der ziemlich umständlichen Bedienerführung des Navigationssystems.

Topmotorisierung bildete der im Juli 2005 eingeführte D-CAT 2,2, der diesen Avensis zum meist getesteten machen sollte. Mit 177 PS und 400 Nm Drehmoment, mit Partikelfilter und Stickoxid-Speicherkat gehörte dieser im polnischen Motorenwerk gefertigte Aluminium-Vierzylinder zu den besten und saubersten

Leider nur für die Motor Show in Essen wurde 2004 dieser Avensis-Biturbo gebaut. Der Auftritt gestaltete sich erstaunlich unspektakulär. In Serie ging der 300-PS-Kombi aber nicht. Schade drum.

Diesel-Triebwerken der Welt. Im Gegensatz zum kurzlebigen 2,0 D-CAT war das Speicher-System überarbeitet und wesentlich verbessert worden, ohne im Grundsatz etwas zu ändern: Der DPNR-Katalysator diente als Partikelfilter und Speicherkat und eliminierte beide Schadstoffe gleichermaßen. Wenn die im Abgastrakt angeordneten Sensoren entsprechende Impulse setzten, spritzte eine zusätzliche Einspritzdüse Kraftstoff in das Abgassystem, in dem es dann zu einer Nachverbrennung kam. In dieser zweiten Generation funktionierte das System so klaglos, wie das von einem Toyota zu erwarten war, und drückte die Partikel- wie auch NOx-Emissionen unter die europäischen wie auch amerikanischen Abgaslimits. Ebenfalls eine Neukonstruktion stellte das Sechsgang-Schaltgetriebe dar, das besonders gut zur Motorcharakteristik passte. Das 2,2 Liter-Aggregat ohne D-CAT kam im Oktober 2005, die Motorleistung lag bei 150 PS.

Beim Antrieb hatten deutsche Diesel-Fans seit Oktober 2006 eine Alternative zum großen D-CAT-Motor. Die hubraumschwächere Ausführung hatte 2,0 Liter Hubraum, leistete 126 PS und überzeugte im Vergleichstest mit dem VW Passat die Tester in Sachen Preis, Ausstattung und überragende Motor-Qualitäten. Dass es dennoch nicht zum Gesamtsieg reichte, lag in erster Linie an den fahrdynamischen Qualitäten. Die allerdings spielen im Testbetrieb eine deutlich größere Rolle als im Alltag …

Hinter der Heckklappe des Avensis wartete ein Gepäckraum mit einem Fassungsvermögen von rund 520 Liter, bei umgeklappten Fondsitzen wuchs das Ladevolumen auf rund 1500 Liter – das war geringfügig weniger als beim Vorgänger.

2006 gab es den Avensis in überarbeiteter Form. Kennzeichen des neuen Jahrgangs: die modifizierte Frontpartie sowie die in die Spiegel integrierten Blinkleuchten.

Modelle, Varianten, Preise:

Modelle:	Limousine, Liftback, Kombi
Bauzeit:	seit 2003
Motoren:	1794 ccm WT-i / 95 kW (129 PS) bei 6000/min 1998 ccm WT-i / 108 kW (147 PS) bei 5700/min 1995 ccm D-4D / 85 kW (116 PS) bei 3600/min 1995 ccm D-CAT / 85 kW (116 PS) bei 3600/min ab 11.03 2362 ccm WT-i / 120 kW (163 PS) bei 5800/min ab 11.03 2231 ccm D-4D / 110 kW (150 PS) bei 3600 ab 10.05 2231 ccm D-CAT / 130 kW (177 PS) bei 3.600 ab 7.05
Ausstattung:	C: EFH vorn, ZV, höhen-/ längsverstellb. Lenkrad, Optitron-Display im Instrumenteneinsatz, elektr. fernentriegelb. Tankklappe. Avensis: Nebelscheinwerfer, EFH hinten, Multi-Info-Display, CD-/Kassetten-Radio, acht Lautsprecher, Bedienelemente am Lenkrad. Sol: elektr. einstell-/beheizb. Außenspiegel, einklappbar, Regensensor, automat. abblendb. Innenspiegel, Klimaautomatik, Lederlenkrad. Executive: LM, beheizb. Frontscheibe, Sitzheizung vorn, Tempomat (nicht 1,8 l), Wurzelholzapplikationen
Varianten:	C, Avensis, linea Sol, Executive
Preise:	€ 20.400,– (1,8 C Limousine) bis € 27.000,– (2,0 Executive Kombi)

Chronik:

2003:	April: Einführung der zweiten Avensis-Generation. Drei Karosserievarianten, vier Ausstattungslinien, alle Modelle erfüllen Euro 4. Produktionsstandort aller Varianten ist England. Oktober: Verkaufsstart des Avensis auf dem japanischen Markt, die Bestellungen übertreffen die Erwartungen um das zweieinhalbfache. November: Verkaufsstart Avensis D-CAT. Zunächst nur als Limousine 4-t, gekoppelt an Ausstattungslinie Sol oder Executive, ab Euro 24.200,- (Aufpreis gegenüber dem vergleichbaren Diesel 690,–). Einführung 2,4 Liter Direkteinspritzer. Alle Karosserievarianten, ab Ausstattung Sol. Grundpreis € 26.100,–.
2004:	Januar: Antriebsschlupfregelung TRC, Bremsassistent, Fahrzeugstabilitätskontrolle auch für 1,8 Liter serienmäßig. Neuordnung der Ausstattungslinien: Wegfall Avensis C, andere Ausstattungslinien unverändert. Oktober: D-CAT-Motor auch in Verbindung mit Liftback und Kombi lieferbar.
2004:	August: Überprüfung der Lenkung bei bestimmten Ausführungen. November: Auf der Essen Motor Show wird die Studie eines Avensis Kombi 3.0 V6 Bi-turbo 4x4 gezeigt. Aufgebaut bei der Toyota Motorsport GmbH; Bereifung 235/35 R19, 304 PS, Allrad permanent. Keine Serienfertigung geplant.
2005:	Januar: Sondermodell Avensis Combi Travel. Basis Sol, dazu 16-Zoll-LM-Räder, Navi, Privacy Glas; Kundenvorteil 1.750 Euro. Motoren 1,8 / 2,0 l; 2,0 D-4D; auf 3.000 Einheiten limitiert. Ab € 23.900,-. Juli: Einführung 2,2 D-CAT, reduziert neben Rußpartikeln auch Stickoxide. Sechsgang-Schaltgetriebe serienmäßig, nicht für Basisausstattung lieferbar. Ab € 26.050,-. Executive-Ausstattung serienmäßig mit verstärkter Tönung für hintere Seitenscheiben und Heckscheibe (Privacy Glas). Oktober: Einführung 2,2 D-4D mit 150 PS. Sechsganggetriebe, ab € 24.750,-. Ab Frühjahr 2006 Nachrüstung mit offenem Partikelfiltersystem möglich.
2006:	Mai: Automobilsalon Madrid: Premiere für den Toyota Avensis; Modelljahr 2007. Neuer Grill, geänderte Stoßfänger, neue Heckleuchten; Blinker in Außenspiegelgehäuse integriert. Verbesserte Innenraumanmutung, modifiziertes Lenkrad; CD-Radio ohne Kassettengerät. Weiterentwickeltes Fahrwerk. Ab Sol Außenlichtsensor, nur D-CAT: Neue 17-Zoll-LM-Räder. Juni: Markteinführung Juli: Überprüfung der Lenkspindel 1,8 WT-i. Oktober: 2.0 D-4D mit 93 kW/126 PS ersetzt den bisherigen 2.0 D-4D mit 85 kW/116 PS. Rußpartikelfilter serienmäßig. Ab 21.400 Euro; D-4D mit Sechsgang ab € 23.100,-
2007:	Januar: Sondermodell Edition. Wie Travel; Motoren 1,8 / 2,0 WT-i . Ab € 25.236,21 Mai: Sondermodell Travel: Basis Sol, Navisystem mit Touchscreen, 16-/17-Zoll-LM, Privacy-Glas (nur Combi). Ab € 25.000,-
2008:	März: Sondermodell Team: Basis Sol, LM-Räder 16-/17-Zoll, Sitzheizung, 6-fach CD-Wechsler, Einparksensoren hi. Nur Combi: Privacy-Glas. Ab € 24.350,-

Toyota Avensis (seit 2008)

Mut zur Kante: Das Design ist wesentlich ausdrucksstärker gehalten als noch beim Vorgänger. Die A-Säule rückte um 110 mm nach vorne, die C-Säule wurde um 50 mm nach hinten gestreckt, das lässt die Silhouette dynamischer erscheinen.

Man hat den japanischen Herren immer wieder vorgeworfen, zwar klug konstruierte und gefällig gezeichnete Autos zu bauen, qualitativ hochwertig, gewiss, aber letztlich irgendwie ein wenig, höflich formuliert, uninspiriert. Das hat sich mit der dritten Avensis-Generation gründlich geändert – sowohl optisch als auch fahrdynamisch.

Die emotionale Erweckung hat Takashai Yamamoto verantwortet, dem man im Januar 2005 im fernen Tokio die Mütze des Chefentwicklers aufsetzte. Und der hat seinen Job außerordentlich ernst genommen. Er holte 35 Ingenieure aus dem europäischen Entwicklungszentrum Brüssel nach Japan, packte gegen Ende der Entwicklung zu Hause einen Mehrmonats-Vorrat an Sushi, Reis und Sake ein und machte sich in umgekehrter Richtung auf den Weg, um in der Endphase das Avensis-Projekt vor Ort in Brüssel selbst begleiten zu können.

Eine der ersten Aufgaben für Yamamoto-san bestand darin, ein „charakterstarkes Design" zu schaffen, das „seine Frische über den gesamten Lebenszyklus der Modellreihe" bewahren soll. Das scheint gelungen, vor allem die Wahl der richtigen Farbe verleiht dem Avensis ungeahntes Format. Gegenwärtig gibt es sieben geschmackvolle Metallic-Lackierungen; aufpreisfrei ist lediglich das „Schneeweiß". Bestellcode-Nummer 1HS indes, „Titaniumblau mica metallic", steht dem Avensis ganz besonders, da kommen die breiten Schultern, die kühn nach hinten gekämmten Scheinwerfer und die fließend nach hinten modellierte A-Säule am besten zur Geltung.

Nach Zenti- und Millimetern gemessen hat der Avensis kaum zugelegt – die tatsächlich ausgewiesenen 50 mm mehr gehen in erster Linie auf das Konto des vorderen Überhanges, Breite und Höhe sind nahezu unverändert geblieben. Und das ist auch gut so: Während die Mittelklasse-Konkurrenz allmählich aus dem Anzug quillt, bleibt der Avensis bei volkstümlichen 4,695 (Limousine) beziehungsweise 4,765 Metern (Kombi). Der Schrägheck-Fünftürer wurde gestrichen, die Variante war sowieso nie der große Renner.

Platzangst muss man also nicht haben, auch hinten könnten sich höchstens Basketballer beschweren. Der Innenraum, von schlichter Eleganz geprägt, ist mit Liebe zum Detail gestaltet. Die Bedienelemente sind übersichtlich und leicht durchschaubar angeordnet, wer sich hier vertut, verläuft sich auch im heimischen Wohnzimmer. Wenn man denn etwas bekritteln möchte, dann vielleicht die komfortablen, höher positionierten Vordersitze, die bei zügigen Einsätzen etwas mehr Seitenhalt bieten könnten.

Nun gehören Fahrdynamiker bislang nicht zur Avensis-Zielgruppe, das aber könnte sich ändern. Denn die neue Plattform

Anders als noch den Vorgänger, gibt es den Avensis der Baureihe T27 ausschließlich mit Stufenheck und als Kombi. Der Kombi ist rund 70 Millimeter länger als die Limousine.

Großzügige Platzverhältnisse vorn, bequeme Sitze und auch in schnell gefahrenen Kurven sehr sicher: der in erster Linie in Europa entwickelte Avensis.

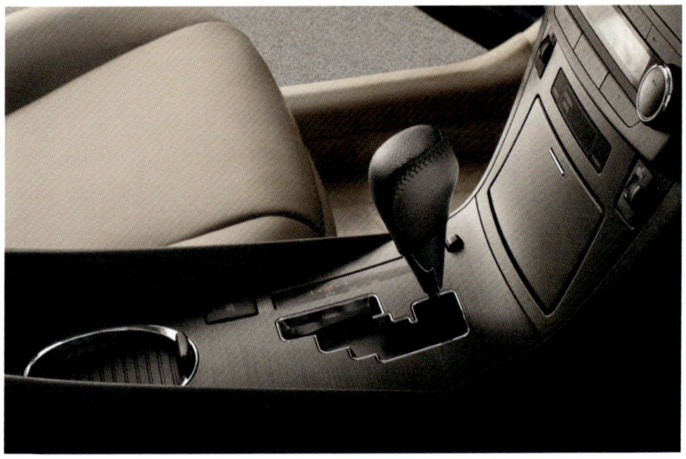

Viel Liebe zum Detail bei der Innenraumgestaltung, bis hin zur Oberflächenstruktur der Mittelkonsole in Bambusmaserung: „Takesumi" wird das in Japan genannt.

Modelle, Varianten, Preise:	
Modelle:	Stufenheck-Limousine viertürig, Kombi fünftürig
Bauzeit:	seit 2008
Motoren:	1598 ccm VVTi / 97 kW (132 PS) bei 6400/min 1798 ccm VVTi / 108 kW (147 PS) bei 6400/min 1978 ccm VVTi / 112 kW (152 PS) bei 6200/min 1998 ccm D-4D / 93 kW (126 PS) bei 3600/min 1998 ccm D-4D / 91 kW (124 PS) bei 3600/min ab 1.2012 2231 ccm D-4D / 110 kW (150 PS) bei 3600/min 2231 ccm D-CAT / 130 kW (177 PS) bei 3600/min
Ausstattung:	7 x Airbag, ABS, VSC+, TRC, Klima, CD-/MP3-Audiosystem, EFH v., Multifunktionslenkrad. Sol: Klimaautomatik, Lederlenkrad/-schaltknauf; EFH hi., Nebelscheinw., Durchlademögl. im Fond. Executive: 6-fach CD, Sitzheizung v., Smart-Entry, elektr. anklappb. Außenspiegel, autom. abbl. Innenspiegel, 17-Zoll-LM. TEC-Edition: 2,2 l D-4D (150 PS), 6-Stufen-Automatik, Leder, Bi-Xenon, Kurvenfahrlicht, autom. Leuchtweitenreg., Panorama-Glasdach, Parksensoren hi., 18-Zoll-LM.
Varianten:	Avensis, Sol, Executive, TEC-Edition
Preise:	von € 22.700,-bis € 36.950,-

Chronik:	
2008:	Oktober: Premiere auf dem Pariser Salon. Zwei Karosserieformen, vier Ausstattungslinien, sechs Motoren. 6-Gang Handschaltung serienmäßig, Multidrive-S-Getriebe in Kombination mit 1,8-/2,0-l-Benziner. Ab Sol: Alle Modelle außer Multidrive S mit Geschwindigkeitsregelanlage mit –Begrenzer. 2,2-l-Diesel mit 17-Zoll-LM.
2009:	Februar: Markteinführung. Juni: Sol-Ausstattung jetzt auch in Verbindung mit dem 1,6-l-Combi erhältlich.
2010:	Mai: Sondermodell Edition (1,6 l, 1,8 l, 2,0 l D-4D, 2,2 l D-4D): Basis Sol, dazu Navi mit Rückfahrkamera, 16-Zoll-LM (2,2 D-4D: 17"-LM, Privacy Glas). Ab € 24.000,-
2011:	März: Sondermodell Edition in Neuauflage. September: IAA-Premiere für den überarbeiteten Avensis.
2012:	Januar: Markteinführung. 2,0 D-4D mit 91 kW / 124 PS modifiziert (Verbrauch 4,5 l / 100 km); Optimierung von Komfort und Fahrdynamik (verbesserte Servolenkung, Innenraumanmutung). Neue Frontpartie, Multimedia- und Navigationssystem „Toyota Touch & Go Plus". Ab € 22.700,- / € 23.700,-.

Im Lastenheft stand mehr Emotionalität, ein sehr guter Fahrkomfort und eine hohe Fahrdynamik: „Wir wollen das beste Automobil im Hinblick auf Wertigkeit, Qualität und Leistungsfähigkeit anbieten", so Chefingenieur Yamamoto bei der Avensis-Vorstellung.

mit komplett neuen Achsen, mit McPherson-Federbeinen vorn und neuer, mitlenkender Querlenker-Achse hinten, kombiniert Komfort und Fahrspaß, auch in schnellen Kurven. Über Wohl und Wehe der Insassen wachen elektronische Helferlein, in der Ausstattungslinie TEC inklusive Pre-Crash-Safety-System samt Spurhalte-Assistent. Reichlich Dämmmaterial packt die Insassen noch ein wenig mehr in Watte als noch im Vorgänger. In dürren Zahlen ausgedrückt heißt das: Um fünf Dezibel ist das Innenraumgeräusch leiser geworden.

Bestimmt haben sich auch ganze Heerscharen von Ingenieuren über die neue Motorengeneration gemäß des „Optimal Drive"-Konzeptes hergemacht, in unzähligen Stunden das optimale Zusammenspiel von neuen Valvematic-Motoren und Multidrive-Getrieben ausgetüftelt und letztlich die Fahrleistungen verbessert, die CO_2-Emissionen verringert und den Kraftstoffverbrauch reduziert, um dann zu einem Antriebsstrang zu kommen, der ebenso blitzsauber und mühelos seiner Aufgabe nachkommt wie das ganze, mindestens 1475 Kilogramm schwere Auto.

Das Motorenangebot – je drei Benzin- und Diesel-Aggregate – deckt die ganze Bandbreite von grauer Vernunft bis hin zu kalkuliertem Übermut ab: Die Basis tritt mit 1,6 Liter und 132 PS an, der 1,8-Liter-Valvematic hat 147 und der 2,0-Liter 152 PS; bei den Dieseln reicht die Palette vom 2,0-Liter D-4D mit 126 PS über den 2,2 D-4D mit 150 PS bis zum Spitzenmodell 2,2 D-Cat mit 177 PS.

Zur IAA 2011 hat Toyota dann sein Europa-Flaggschiff überarbeitet. Chrom im Kühlergrill und Tagfahrlicht, das sind so ziemlich die einzigen Möglichkeiten, ihn von außen vom Vorgänger zu unterscheiden. Innen gehört zu den Highlights das neue Navigationssystem Toyota Touch, das bereits vom Yaris her bekannt ist – und für kleines Geld mit optimaler Bedienbarkeit, optionalem Internetzugang und offener Programmierung punktet: Die Gefahr, mit dem Avensis nicht aufzufallen, scheint nie geringer gewesen zu sein.

Bei den Diesel-Motoren handelt es sich um Toyota-Eigenentwicklungen, nach 2014 kommen Vierzylinder-Aggregate vom Kooperationspartner BMW zum Einsatz.

Auffälligstes Merkmal des Avensis 2012 ist die neue Front (c_W-Wert 0,29) und das modifizierte Heck mit neuen Rückleuchten und breiter Chromleiste. Die Stoßfänger wurden um 15 mm breiter. Innen finden sich neue, hochwertiger wirkende Materialien.

Avensis 2012, erstmals präsentiert auf der IAA im September 2011. Die Änderungen waren so zahlreich, dass Toyota von einem neuen Fahrzeug sprach. Die wichtigste motortechnische Änderung betraf den kleineren Diesel-Motor.

Toyota Corona

Mittelklasse

Die Corona-Baureihe war nach dem Crown die zweite Pkw-Bauserie, die Toyota in großer Stückzahl vom Band rollen ließ. Trotz zahlreicher Kinderkrankheiten entwickelte sich die Baureihe bald zu einem großen Erfolg. Nach Europa gelangten die Corona nur bis Ende der 70er Jahre, ihre Rolle im Modellprogramm übernahmen dann die Carina.

Toyota Corona (1957–1973)

Die erste Corona-Generation war 1957 erschienen, der ST10 spielte die Rolle des Volkswagens im Toyota-Programm. Angesiedelt unterhalb des Crown, erinnerte der knapp vier Meter lange Wagen mit Käfer-Radstand an britische Austin-Modelle. Sein Nachfolger, der PT20 von 1960 dagegen hatte Ähnlichkeiten mit Opel-Wagen; sie wurden als Toyopet Tiara vermarktet. Allerdings litt diese Serie unter zahlreichen Kinderkrankheiten. Diese gehörten mit der dritten Corona-Generation von 1964 endgültig der Vergangenheit an. Im Gegensatz zu Mazda oder Nissan hatte Toyota keine europäischen Designer oder Berater verpflicht, dennoch geriet der neue RT 40 durch und durch gelungen. Nachdem sich in den USA die Vieraugen-Scheinwerfer durchgesetzt hatten, modellierten die Stylisten einen klaren, kantig-sachlichen Bug mit leicht abgeschrägter Blechpartie, in der die Scheinwerfer und Grill senkrecht stehend eingebracht waren.

Zu diesem Zeitpunkt hatte der Corona in Europa schon längst Fuß gefasst: 1963 wurden die ersten Coronas in Dänemark an Land gespült; auch die folgenden Corona-Generationen gelangten nach Europa. Während sich beispielsweise in Belgien, Österreich oder der Schweiz der Corona in zum Teil beachtlichen Stückzahlen verkaufte, verzichtete der deutsche Importeur zunächst auf diesen internationalen Bestseller und entschied sich für den Corona Mark II, der in anderen Ländern auch als Cressida verkauft wurde.

Die vierte Corona-Generation hielt zwischen Februar 1970 und August 1973 die Stellung. Den neuen Wagen gab es mit drei Karosserien und vier Motoren, wobei das Topmodell 105 PS leistete. Der weltweit erfolgreiche Corona wurde von der renommierten US-Zeitschrift *Road and Track* zum „Best Car" des Jahres 1971 gekürt.

Schönfärberei: Der Erfolg der ersten Corona/Tiara-Modelle war sicher auch ein Erfolg der guten Werbung. Die Wagen selbst waren anfangs eine Enttäuschung. Das Bild stammt von 1961.

Im Dienste des Kranich: Corona/Tiara Kombi, 1962. Leistung: 65 PS bei 4.500/min, Höchstge-schwindigkeit 135 km/h.

Schon besser: Die nächste Corona-Generation etablierte sich rasch am Markt und ging auch in den Export. Im Bild die Corona-Limousine von 1965.

Heiß: Mit dem RT40-Coupé trat Toyota in den USA gegen die erfolgreiche „Neue Klasse" von BMW an. Der Corona 1600 S von 1968 genießt heute in Japan Kultstatus.

Zwei Liter Hubraum und 89 PS: Corona 2000 (1976), parallel zum Mark II angeboten.

Kein Überflieger: Trotz der 1978 gelifteten Kühlerfront blieb der Corona 2000 ein Exote auf dem deutschen Markt.

In Deutschland nicht verkauft: Corona 1500 Sedan de Luxe, 1971.

Modelle, Varianten, Preise:	
Modelle:	Limousine, Kombi
Bauzeit:	1973–1978
Motoren:	1968 ccm / 65 kW (89 PS) bei 5000/min
Ausstattung:	Liegesitze mit integrierten Kopfstützen, heizbare Heckscheibe, Zeituhr. Warnleuchten für nicht geschlossene Türen. Abschließbares Handschuhfach, Heckscheibenwischer (nur Kombi).
Varianten:	Corona 2000
Preise:	DM 12.750,–/13.550,– (Limousine/Kombi)

Chronik:	
1957:	Mai: Einführung ST10 in Japan. Eine Karosserie, ein Motor.
1960:	April: Modellwechsel (PT20). Eine Karosserie, ein Motor. Exportbezeichnung Tiara.
1961:	März: 1,5-l-Motor
1964:	September: Modellwechsel (RT40); Exportbezeichnung Corona. Bis 1967 vier Karosserievarianten und fünf Motoren. Spitzenmodell Coupé 1600 GT.
1970:	Februar: Modellwechsel, drei Karosserien, vier Motoren. Europa-Export beschränkt sich auf Limousine.
1973:	August: Modellwechsel in Japan. Zweitürige Limousine zusätzlich angeboten.
1976:	Facelift, Einführung in D zum Jahresbeginn. Automatik für Limousine gegen 1100 Mark Aufpreis.
1977:	September: Facelift, neue Frontgestaltung (Haube und Kühlergrill; neues Toyota-Emblem). Verbesserte Innen- ausstattung: Veloursbezüge, Kopfstützen verstellbar, Bodenteppiche, Intervall-Schaltung für Scheibenwischer). Neue Preise: DM 14.640,– bzw. 14.340,–
1978:	September: Modellwechsel in Japan, in Europa erst im folgenden Jahr vollzogen.

Corona 2000 (1973–1978)

Die fünfte Corona-Generation erschien im August 1973 auf dem Weltmarkt, die Einführung in Deutschland erfolgte aber erst drei Jahre später. Der kompakte, 4,25 Meter lange Viertürer war mit dem Zweiliter-Triebwerk des Mark II ausgerüstet und hob sich durch seine sachlich gezeichnete Karosserie wohltuend von seinem schwülstigen Vetter ab. International mit verschiedenen Karosserievarianten zu haben, entschieden sich die deutschen Toyota-Manager, neben der obligaten Stufenheck-Limousine, erstmals auch ein Kombimodell anzubieten. Bis zur C-Säule mit der Limousine identisch, konnte der Corona 2000 Kombi mit einem Vinyl-tapezierten Gepäckabteil von 1,09 Metern Länge und 1,30 Metern in der Breite (gemessen oberhalb der Radkästen) aufwarten. Die Rücksitzbank ließ sich ganz umlegen, so ergab sich eine durchgehende Ladefläche von immerhin 175 Zentimetern Tiefe.

Halogendoppelscheinwerfer und reichlich Chrom prägten die äußere Erscheinung des Toyota Corona von 1979.

Toyota Corona (1979–1981)

Knapp fünf Monate nach der japanischen Premiere gelangte die sechste Corona-Generation auch nach Europa. Der überzeugend geformte Corona kam in zwei Karosserievarianten, neben der schon obligatorischen Stufenheck-Limousine gab es auch eine elegante Fließheck-Limousine mit großer Heckklappe im Stil des Audi 100 Avant. Das stark amerikanisierte Corona-Coupé tauchte hierzulande nicht auf, ebenso wenig der Kombi.

Bei gleicher Außenlänge bot der neue Corona mehr Platz im Innenraum und einen um 20 Prozent vergrößerten Kofferraum, der allerdings sehr flach ausfiel. Die um zehn Prozent größere Fensterfläche ermöglichte eine bessere Rundumsicht, eine vibrationshemmende Motoraufhängung senkte den Innengeräuschpegel.

Der Liftback bot reichlich Kofferraum. Die geteilt umklappbaren Rücksitzlehnen, die Gepäckraumabdeckung und die Spanngurte im Gepäckabteil waren serienmäßig.

Für mehr Fahrkomfort sorgte das modifizierte Fahrwerk, vorne kam eine neue McPherson-Federbein-Konstruktion zum Einsatz; vier Längslenker führten die – starre – Hinterachse. Diese nicht mehr ganz zeitgemäße Konstruktion sorgte für einen der wenigen dunklen Flecke auf der ansonsten makellosen weißen Weste des Neuankömmlings: Deutsche Tester reklamierten schon bei mäßig schnell durchmessenen Kurven einen Hang zum Übersteuern.

Einzige Motorisierungsmöglichkeit bildete ein etwas ruppiger Reihen-Vierzylinder mit 63 kW/86 PS. Er verhalf dem rund 1.100 Kilogramm schweren Toyota zu einer Höchstgeschwindigkeit von 160/ 165 km/h (Limousine/Liftback). Für die Kraftübertragung sorgte ein sehr gut zu schaltendes Fünfgang-Getriebe. Die Beschleunigung – zumal mit der optional angebotenen Viergang-Automatik – hätte allerdings etwas temperamentvoller ausfallen dürfen.

Unter dem Strich präsentierte sich auch dieser Wagen als typisches Produkt des Hauses Toyota: Gut ausgestattet, solide verarbeitet und mit durchdacht angeordneten Bedienelementen, stellte der Corona die europäische Konkurrenz weit in den Schatten. Und dank der neuen Halogen-Doppelscheinwerfer sah er jetzt auch richtig europäisch aus: Dieses Auto hätte auf den Reißbrettern in Köln oder Rüsselsheim entstehen, wenn auch kaum in dieser Verarbeitungsqualität gebaut werden können.

Modelle, Varianten, Preise:	
Modelle:	Limousine, Liftback
Bauzeit:	1978–1981
Motoren:	1770 ccm / 63 kW (86 PS) bei 5200/min
Ausstattung:	DL: Getönte Scheiben, heizbare Heckscheibe, Liegesitze mit Sitzhöhenverstellung, Warnlicht für nicht geschlossene Türen, Kindersicherung hinten. GL: Fünfgang-Getriebe, Fahrersitz mit Bandscheibenstütze, Fernentriegelung von Tank- und Heckklappe, Intervallschalter für Innenbeleuchtung.
Varianten:	Corona DL; Corona GL
Preise:	DM 14.995,– (Limousine DL) bis DM 16.895,– (Liftback GL)

Chronik:	
1978:	September: Einführung in Japan; vier Karosserien, fünf Motoren. Insgesamt 74 Ausführungen lieferbar.
1979:	Januar: Exportbeginn, in Deutschland nicht als Kombi angeboten. In der Modellhierarchie zwischen Carina und Cressida angesiedelt, Automatik gegen Aufpreis von DM 900,– bzw. DM 1100,– (Liftback GL).
1981:	Juli: Auslaufen der Modellreihe, im deutschen Programm kein Nachfolger mit gleichem Namen. In Japan werden die Carina-II-Modelle als Corona vermarktet.

Toyota Mark II/Cressida

Namen die keiner mehr nennt

1968 präsentierte Toyota eine etwas größere Ausführung des bewährten, aber nicht sonderlich geräumigen Corona. Das neue Modell war vor allem für den US-Markt bestimmt und entsprechend gestylt. Während die Baureihe dort bis in die Neunziger angeboten wurde, endete ihre Europa-Karriere schon viel früher. In Japan dagegen gibt es die sehr konservative Mark II/Cressida-Baureihe noch heute.

Toyota Corona Mark II (1968–1972)

Eigentümlich sind mitunter die Wege japanischer Exportmanager, und besonders rätselhaft muteten sie im Falle des Corona an: Neben dem Corolla gehörte die Mittelklasse-Baureihe Cressida/Corona Mark II zur Erstausstattung des deutschen Toyota-Importeurs in Köln-Braunsfeld, doch zum Zeitpunkt der Einführung war in Japan bereits der Nachfolger gezeigt worden. Die Ablösung war also nur eine Frage der Zeit.

Der Akzeptanz des 1900 MK II hierzulande war das bestimmt nicht förderlich, in anderen Ländern gab es da weniger Probleme. Denn dort kannte man diese Baureihe – welche ihre technische Konzeption an den Nachfolger weiterreichte – schon seit Jahren. Dieser unterschied sich vor allem durch die eigentümlich schräge Kühlergrillgestaltung und die um zwölf Zentimeter gewachsene Außenhülle von seinem Stammvater, dem Corona 1500/1600,

Mit dem Corona 1900 Mark II wagte Toyota den Sprung in hiesige Breiten: 1967 Schweiz, 1970 Österreich, 1971 Deutschland.

Der Corona Mark II, Modell 1972, unterschied sich vom Vorgänger durch die eigenartige Grillgestaltung mit breitem Mittelkeil.

Modelle, Varianten, Preise:	
Modelle:	Limousine, Coupé
Bauzeit:	1971–1972
Motoren:	1858 ccm / 65 kW (89 PS) bei 5500/min 1858 ccm / 64 kW (87 PS) bei 5500/min ab 3.72
Ausstattung:	Halogenscheinwerfer, Liegesitze, dreistufiges Heizgebläse mit Smogschaltung, Rückfahrleuchten, Zigarettenanzünder. Coupé: voll versenkbare Seitenscheiben, Wärmeschutz- verglasung, abschließb. Handschuhfach, Mittelkonsole.
Varianten:	Corona 1900 Mark II; 1900 Mk II Hardtop-Coupé
Preise:	DM 8.900,–/9.700,– (Limousine/Coupé)

Chronik:	
1968:	September: Einführung in Japan, drei Leistungsstufen, drei Karosserievarianten. Insgesamt 52 mögliche Kombinationen.
1970:	Neuer Motor.
1971:	Facelift; Coupé und Limousine erhalten unterschiedliche Kühlergrill. Scheibenbremsen vorn Standard. Corona 1900 Mark II ab Ende März in Deutschland lieferbar. Zwei Karosserieformen, ein Motor. Kühlergrill des Coupés mit schmalem Mittelkeil, Doppelscheinwerfer integriert. Rundinstrumente, Registervergaser. Verkaufsbezeichnung allgemein nur Corona 1900 (ohne Zusatz), da im Gegensatz zu anderen Ländern, z.B. Schweiz, nur MK II im Angebot. Extras: heizbare Heckscheibe (DM 85,–), aufsteckbare Kopfstützen (DM 97,70).
1972:	Januar: Modellwechsel in Japan (RX10-Serie), Facelift für die Export-Modelle: breite Blechsicke auf der Haube, Kühlergrill zweigeteilt. Kennzeichen-Feld am Heck in der Stoßstange integriert. 87 PS-Triebwerk. November: Ablösung durch Mark II 2000/RX10.

der weiterhin gebaut wurde: In Österreich oder der Schweiz war der bisherige Corona noch immer zu haben und wurde 1970 über 500.000 Mal weltweit verkauft. Zur besseren Unterscheidung bezeichnete man ihn auf manchen Märkten auch als Corona Mark I. Fortan gab es also zwei Corona-Modellreihen mit zahlreichen Motor- und Karosserievarianten – zeitweise drängelten sich nicht weniger als 48 Corona- und Mark II-Typen im Toyota-Programm.

In Deutschland beschränkte sich das Corona-Angebot auf den 1900 Mark II als Limousine und auf das als „Hardtop" bezeichnete Coupé. Wie bei vielen japanischen Automobilen der Frühzeit ließ auch beim Cressida/Corona 1900 das Design den Neuling um mindestens zehn Jahre älter erscheinen. Entsprechend altbacken präsentierten sich auch Fahrwerk und Fahrkomfort. Die vordere Radaufhängung übernahmen Querlenker mit Schraubenfedern; die Einfachst-Führung der Hinterräder an Blattfedern dagegen erntete herbe Kritik. Für deutsche Verhältnisse völlig ungenügend erschien die „gefährlich schwammige" *(mot)* Lenkung. Als absolut zeitgemäß erwies sich dagegen der solide 1,9 Liter-Motor mit einer obenliegenden Nockenwelle. Vergleichsweise leise und elastisch, drehfreudig und sparsam, war er Design und Fahrwerk weit überlegen. Trotz dieser Schwachstellen vermochte das Technikpaket zu überzeugen.

Nur das skeptische deutsche Publikum zeigte sich vom Mittelklässler wenig begeistert. „Im ganzen erinnern die Eigenschaften des Corona an den ersten Ford 17 M von 1957 bis 1960, ebenso im altväterlichen Soliditätseindruck", resümierten die *mot*-Tester. Günstige Preise, eine überkomplette Ausstattung und der besonders hohe Reifegrad gegenüber der Konkurrenz genügten nicht, um das Stigma des „Japaners" auszugleichen. Erfolg hat weniger mit Logik als vielmehr mit Image zu tun...

Toyota Corona Mark II 2000 (1972–1977)

„Die Menschen in aller Welt kennen das olympische Zeltdach. Seine kühne Architektur. Die Bauweise des Jahres 2000. Sie i st schön, beschwingt, gekonnt. Sie weist in die Zukunft. Wie Linie und Konstruktion des neuen Coupés TOYOTA CORONA MARK II 2000. Zwischen diesem Fahrzeug und dem Olympia-Zeltdach besteht die selbstverständliche Harmonie geglückter moderner Ausdrucksformen."

Die Wirklichkeit jenseits der schwülstigen Prospekt-Prosa des Jahres 1972 sah anders aus. Toyotas neues Top-Modell Mark II 2000 war knapp fünf Zentimeter länger als ein Ford Taunus und präsentierte sich als ein typischer Vertreter der amerikanischen Designschule, made in Japan. Und die hatte deutsche Käufer schon beim Vormodell wenig überzeugt: Gerade sieben Prozent der deutschen Toyota-Zulassungen – 1178 Wagen waren es insgesamt im Jahr 1971 – entfielen auf die bisherigen Corona-Modelle. Daran ändert auch der neue Mark II wenig.

Die technischen Fortschritte gegenüber dem Vormodell waren eher gering, neben dem neuen 89-PS-Motor signalisierten vor allem die Modifikationen an der – nach wie vor starren – Hinterachse den Generationenwechsel. Die bisher an Blattfedern aufgehängte Hinterachse (beim Coupé geteilt) machte einer moderneren Konstruktion mit Schraubenfedern Platz.

In punkto Fahr- und Federungsverhalten erwies sich der Corona als typisches Kind seiner Zeit: Eine gutmütige, sanfte und sehr komfortable, wenn auch ein wenig lärmende Mittelklasse-Limousine, mit der sich auf Autobahnen und Bundesstraßen vorzüglich vorankommen ließ. Sie wirkte schwerfällig, fast schon

Nur sieben Prozent der deutschen Toyota-Verkäufe des Jahres 1972 entfielen auf den Corona 1900. Der Mark II 2000 sollte Abhilfe schaffen.

Das Coupé unterschied sich durch die Front- und Heckgestaltung von der Limousine. Auf manchen Exportmärkten wurde der Mark II auch als Cressida bezeichnet.

Reichhaltiges Bordwerkzeug inklusive: ein Satz Maulschlüssel, Kerzenschlüssel, Kombizange, Schraubendreher, Unterlegkeil, Handlampe und Farbtöpfchen hatte jeder Corona 2300 mit an Bord.

ein wenig trampelig und legte sich in schnell gefahrenen Kurven und Landstraßen zweiter oder dritter Ordnung deutlich zur Seite: Der knapp 4,40 m lange Corona fühlte sich auf tempolimitierten, schnurgeraden Highways am wohlsten. Erwartungsgemäß kühl fiel auch das Echo in der deutschen Presselandschaft aus. Dass auch die Japaner gute Autos zu bauen verstanden, gab man nur ungern zu. Gewiss, die Ausstattung galt zwar als überdurchschnittlich gut und die Funktionalität als tadellos, dennoch: „Der Stil im ganzen wie in Einzelheiten entspricht nicht der in Europa sachlich wünschenswerten Linie.“ Die Toyota-Werber sahen das naturgemäß ganz anders: „Der TOYOTA Corona Mark II ist eine repräsentative Limousine und von zeitloser Eleganz“.

Nur auf bestimmten Exportmärkten wie etwa der Schweiz stand der Mark II auch mit einem 2,3-l-Motor zur Verfügung. Der Sechszylinder stammte aus der Crown-Modellreihe.

Modelle, Varianten, Preise:	
Modelle:	Limousine, Coupé
Bauzeit:	1972–1977
Motoren:	1968 ccm / 65 kW (89 PS) bei 4900/min
Ausstattung:	Liegesitze mit verstellbaren Kopfstützen, getönte Scheiben, beheizbare Heckscheibe, Warnleuchte für Handbremse und Bremsenfunktion, Zeituhr, Bodenteppiche. Bordwerkzeug mit Handlampe und Farbtöpfchen mit Lack. Coupé: Rund- instrumente, Warnleuchten in den Türen.
Varianten:	Corona Mark II 2000; Mark II 2000 Coupé
Preise:	DM 10.950,–/11.600,– (Limousine/Coupé)

Chronik:	
1972:	November: Auslieferung, zwei Karosserien, neuer 2,0 Liter-Motor mit 89 PS. Technisch weitgehend identisch; Coupé-Kühlergrill in vier Rechtecke unterteilt, Rundinstrumente. Für bestimmte Märkte als Cressida angeboten; in Japan auch mit Einspritzanlage lieferbar.
1975:	Kühlergrill mit farbigem Mittelstück und angedeuteten Kühlrippen. Begrenzungs- und Blinkleuchten in Stoßfängern. Neue Heckleuchten und Stoßfänger. 14-Zoll-Räder. Kofferraumschloss (zuvor im Blech neben der rechten Rückleuchten-Einheit) sitzt jetzt auf dem Kofferraumdeckel; Volumen auf 440 l vergrößert. Cord- statt Kunstlederpolster. Wahlweise Dreigang-Automatik.
1976:	Dezember: Modellwechsel in Japan, 2,6-l-Motor eingeführt.
1977:	Juni: Ablösung durch Mark II/Cressida (MX30) in Europa.

Die Aufpreisliste beim Cressida-Coupé war sehr kurz: Die Umrüstung auf Halogenscheinwerfer kostete 43 Mark, ein Fußmattensatz kam auf 67 Mark.

Toyota Cressida (1977–1981)

Den Unterschied von Corona und Corona Mark II kannte in Japan jedes Kind. Außerhalb des Kaiserreichs hatte diese Namensgleichheit aber immer wieder für Verwirrung gesorgt, nicht zuletzt auch in Europa. Nach dem Modellwechsel herrschte hierzulande endlich Klarheit: Der Mark II war tot, es lebe der Cressida.

Das neue Spitzenmodell von Toyota Deutschland basierte auf bewährter Technik. Über das renovierte Mark II-Fahrwerk, vorn mit Federbeinen und hinten mit einer breiteren Spur der Starrachse, stülpte man eine geradlinig geformte, 4,53 Meter lange Karosserie mit deutlichen Anklängen an das amerikanische Geschmacksempfinden. Der Verzicht auf den Blech-Schwulst der frühen 70er hatte aber nicht nur optische, sondern auch praktische Vorteile. Dank der neu geformten Bleche und der größeren Fensterflächen hatte der Wagen an Übersichtlichkeit gewonnen. Überdies konnte gemäß Werksangaben durch den Verzicht auf Blechgimmicks und andere Modifikationen das Gewicht gegenüber den Vormodellen um 55 bis 80 kg gesenkt werden.

Nichts geändert gegenüber dem Vormodell hatte sich am reichhaltigen Karosserieangebot. Erstmals gab es in Deutschland nun auch einen Cressida-Combi neben der viertürigen Limousine und dem zweitürigen Hardtop-Coupé. Insgesamt bot Toyota die dritte Mark-II-Generation in 49 verschiedenen Versionen an, wobei aus der umfangreichen Motorenpalette – die ab 1979 auch einen 2,2-l-Diesel umfasste – hierzulande lediglich der elastische Zweilitermotor mit 66 kW/90 PS in der Lieferliste stand. Die Topmotorisierung bildete übrigens ein 2,6-Liter-Sechszylinder.

Im Gegensatz zu der flatterhaften Cressida des Shakespeare-Stücks, die ihren Geliebten Troilus schmählich im Stich läßt, war die japanische Cressida ein höchst solides Mädchen. Erzkonservativ in der Technik, brav in der Optik und behäbig im Fahrverhalten, bestätigte sie all die Vor- und Nachteile, die einem japanischen

In der Technik waren die drei Cressida-Varianten nahezu identisch. Eine Blattfeder-Hinterachse fand sich aber nur beim Kombi.

Gehobene Mittelklasse: Der Cressida trat 1977 die Nachfolge der Corona Mark II 2000-Typen an.

Modelle, Varianten, Preise:	
Modelle:	Limousine, Kombi, Coupé
Bauzeit:	1977–1981
Motoren:	1967 ccm / 66 kW (90 PS) bei 5000/min
Ausstattung:	Verbundglas-Scheibe, getönte Scheiben, heizbare Heckscheibe, höhenverstellb. Fahrersitz, einstellb. Kopfstützen, Ökonometer. Coupé: Drehzahlmesser, versenkbare Scheiben. Kombi: Heckscheibenwischer mit elektr. Wascher.
Varianten:	Cressida DL, GL (ab 1/79)
Preise:	DM 14.490,–/15.290,–/15.090,– (Limousine/Kombi/Coupé)

Chronik:	
1977:	Cressida/MX30 in drei Karosserieformen angeboten. Kurzhubig ausgelegter Motor, der später auch im Celica XT zum Einsatz kommt. Kombi: Blattfedern hinten. Automatik gegen Aufpreis.
1979:	Januar: Facelift (neuer Grill, angedeuteter Frontspoiler, bessere Ausstattung). GL-Ausstattung für Limousine und Coupé: Fünfganggetriebe, verstellbare Lenksäule, Kofferraum und Tankklappe von innen zu öffnen, Digitalquarzuhr; Kopfstützen hinten. Preise DM 16.995,–/17.395,–. Zum Jahresende Import des Coupés eingestellt. In Japan Diesel-Modell vorgestellt.
1981:	April: Modellwechsel.

Automobil in den 70er Jahren nachgesagt wurden: Die Ausstattung galt als sehr reichlich, die Lenkung als gefühlsarm; das Fahrverhalten erschien höchstens als amerikatauglich, die Verarbeitung war erstklassig. Insgesamt wurden 6.858 Cressida in Deutschland zugelassen. International agierten die Mark II/Cressida deutlich erfolgreicher: Im Oktober 1978 rollte der zweimillionste Wagen vom Band, davon waren rund ein Drittel exportiert worden.

Toyota Cressida (1981–1984)

Nach knapp vierjähriger Bauzeit wurde die Cressida einer radikalen Verjüngungskur unterzogen. Klare Linien, größere Fensterflächen und Breitbandscheinwerfer bestimmten das Bild des 81er-Jahrgangs: „Keine Spur mehr von Japan-Herkunft und Amerika-Anpassung", lobten die Tester der Zeitschrift *mot.*

Eine neue Sachlichkeit bestimmte auch die Gestaltung des Innenraums. Im Cockpit dominierte ein übersichtliches Armaturenbrett mit zwei großen, gut ablesbaren Rundinstrumenten; eine ganze Batterie von Leuchtanzeigen – für defekte Rückleuchten bis zum zu Ende gehenden Scheibenwaschwasser – half bei der Widerspenstigen Zähmung. Viel Lob erntete die überaus wirkungsvolle Heiz- und Lüftungsanlage, nicht ganz so enthusiastisch fiel das Urteil über das aus, was sich im Maschinenabteil abspielte.

Der 1972 ccm große Zweilitermotor mit obenliegender Nockenwelle war in Deutschland bislang noch nicht in Erscheinung getreten. Obwohl der neue Langhuber nicht nur mehr Leistung, sondern auch mehr Drehmoment bot, durfte man von diesem simpel gestrickten Ohc-Reihenvierzylinder mit Querstrom-Zylinderkopf keine Temperamentsausbrüche erwarten. Seine 105 Pferde waren eher von der behäbigen Sorte, zogen aber, einmal in Trab gebracht, stur voran. Ihr Vorwärtsdrang endete bei 170 km/h. Pferde die laufen, saufen – knapp 13 Liter waren es im Test-Schnitt, im Ausnahmefall flossen sogar 16,5 Liter Super durch den Register-Fallstromvergaser. Dafür wusste das Fahrwerk zu gefallen. Zwar verfügte auch die neue Cressida über eine angetriebene Starrachse, doch erfolgte deren Führung über vier Längslenker und einen Panhardstab, was eine eindeutige Verbesserung gegenüber dem Vorgängermodell darstellte: Abrollkomfort, Straßenlage und Kurvenverhalten waren „mit einem gutliegenden europäischen Starrachser – zum Beispiel dem Fiat 132 – vergleichbar", resümierten die Fachtester.

Nach dem turnusmäßigen Modellwechsel stellte Toyota Deutschland den Import ein, in den USA – dem Hauptabsatzmarkt – bot Toyota den Cressida weiterhin an. Bis zum Erscheinen des Lexus LS 400 im Jahre 1989 war diese klassisch geschnittene Stufenheck-Limousine das Topmodell im dortigen Angebot des japanischen Herstellers.

Modelle, Varianten, Preise:	
Modelle:	Limousine, Kombi
Bauzeit:	1981–1984
Motoren:	1972 ccm / 77 kW (105 PS) bei 5200/min 2188 ccm / 49 kW (67 PS) Diesel bei 4200/min ab 9.81 1988 ccm / 80 kW (109 PS) bei 5000/min ab 11.82
Ausstattung:	DX: Getönte Scheiben, Bandscheibenstütze für Fahrersitz. Scheinwerfer-Waschanlage, Gepäckraumbeleuchtung, Drehzahlmesser. GL: Veloursbezüge und -teppiche, Voltmeter, Öldruckanzeige, separate Leselampen im Fond, Kopfstützen hinten.
Varianten:	Cressida DX/GL; Kombi DX.
Preise:	DM 14.695,–/15.795,–/15.995,- (DX/GL/Kombi DL)

Chronik:	
1981:	April: Auslieferungsbeginn, Limousine und Kombi (nur DL). Extras: Automatik DM 1.000,–; elektr. Schiebedach DM 1.000,–; Metallic-Lackierung DM 200,–. September: Cressida DX Diesel (DM 20.200,–), ab Dezember auch mit Automatik und als Kombi.
1982:	Cressida GLi-6 (nur Limousine) ersetzt DX- und GL-Versionen: Sechszylinder- Einspritzmotor, einzeln angelenkte Halbachsen hinten, an Schräglenkern geführt. Transistorzündung, innenbelüftete Scheibenbremsen rundum. Diesel nur noch als Kombi, Modifikationen: Einzelradaufhängung hinten, Servo. Facelift: Kühlergrill, Stoßfänger hinten, Raddesign.
1984:	Zum Jahresende Import nach Deutschland eingestellt; Mark II/ Cressida für andere Märkte (USA, Japan) weiterhin im Angebot.
1988:	Modellwechsel, nur Limousine und Kombi gebaut. Motoren: 1,8 l (115 PS); 2,0 l (135/150 PS); 2,45 l D/TD (85/94 PS); 3,0 l (200 PS). Parallelmodelle: Chaser, Cresta.
1990:	Facelift, Motoren: 2,5 l (180 PS/280 PS Twin-Turbo) Weitere Modellwechsel: 1992, 1996, 2000

Der Modellwechsel bescherte dem Cressida einen neuen, repräsentativen Auftritt. Das Profil bestimmten klare Linien, große Fensterflächen und ein abgeschrägter Bug.

Toyota Camry

Mit Frontantrieb zum Welterfolg

Lange, fast allzulange hatte Toyota auf das klassische Konzept – Motor vorn, Antrieb hinten – gesetzt. Alle anderen japanischen Produzenten hatten den Schritt zum Frontantrieb schon vollzogen, nur der Riese aus Nagoya hatte gezögert. Der komplett neue Camry – der seinen Namen einer Verballhornung des japanischen Wortes „kanmuri“ (Krone) verdankt – vollzog den längst fälligen Schritt zum Frontantrieb in der Mittelklasse.

Toyota Camry (1983–1986)

Glatt und ohne Schnörkel, geräumig und unauffällig, funktionell perfekt und bieder bis zur Langeweile: der Camry verkörperte die typische Familienlimousine aus Fernost. Zunächst nur mit Schrägheck als Liftback lieferbar, folgte später der Camry auch als Stufenheck-Limousine konventionellen Zuschnitts.

Glanzstück des Corona-Nachfolgers war der neu entwickelte, quer eingebaute Vierzylindermotor mit Aluminiumkopf. Die fünffach gelagerte Kurbelwelle mit acht Ausgleichsgewichten war hohl, genau wie die obenliegende Nockenwelle mit separat aufgesetzten Nocken; die Betätigung der hängenden Ventile erfolgte über Schlepphebel. Ein hydraulischer Ventilspielausgleich machte das Nachstellen überflüssig, daher musste der neue Camry nur noch alle 15.000 Kilometer zur Inspektion. Zum Sommer 1984 wurde die Camry-Familie um die GLi-Modelle mit Zweiliter-Motor erweitert. Zu diesem Zeitpunkt gelangte die 1983 auf der IAA vorgestellte Camry-Version mit einem aufgeladenen 1,8 Liter-Dieselmotor, der eine Leistung von 54 kW bei 4500 Umdrehungen pro Minute entwickelte, zur Auslieferung. Die Diesel-Ausführung gehörte nicht zu den empfehlenswertesten Motorisierungen, der normale 1,8-Liter-Benziner war die klar bessere Alternative. Dank seiner Auslegung (Bohrung x Hub: 80,5 x 90 mm) mit gutem Durchzug gesegnet, erfreute der ohc-Vierzylinder durch moderate Verbräuche und vernünftige Beschleunigungswerte: Die Standard-Sprintübung von null auf 100 km/h erledigte der immerhin 1.055 Kilogramm schwere Viertürer in 13 Sekunden.

Die Lücke zwischen Carina und Cressida schloss Toyota im IAA-Jahr 1983 mit dem in zwei Karosserievarianten erhältlichen Camry.

Bei dem wahlweise auch als Liftback erhältlichen Camry handelte es sich um den zweiten Fronttriebler der Marke. Der erste war der Tercel gewesen.

Modelle, Varianten, Preise:	
Modelle:	Limousine, Liftback
Bauzeit:	1983–1986
Motoren:	1832 ccm / 66 kW (90 PS) bei 5200/min 1995 ccm / 79 kW (107 PS) bei 5200/min ab 8.84 1995 ccm / 73 kW (99 PS) Kat bei 4800/min ab 1.86
Ausstattung	Fünffach verstellbarer Fahrersitz, Econometer, Warnleuchten für nicht geschlossene Türen, Kopfstützen hinten. Liftback: Rücksitzlehnen einzeln umklappbar, Laderaumabdeckung, Heckscheibenwischer.
Varianten:	Limousine DLX; Liftback DLX
Preise:	DM 16.990,–/17.690,– (Limousine/ Liftback)

Chronik:	
1982:	April: Japan-Premiere, Parallelmodell heißt dort Vista.
1983:	Januar: Einführung der neuen Modellreihe in Europa. Nur eine Motorisierung verfügbar, Vierstufen-Automatik mit Overdrive nur für Limousine.
1984:	Camry Gli/Super GLi ab August: 79 kW-Motor, bessere Ausstattung (Super: ZV, EFH, Servo). Frontspoiler (Super: Stoßfänger in Wagenfarbe), zwei elektrisch verstellbare Außenspiegel, Veloursbezüge. Preise: DM 21.100,–/22.000,–. Einführung Camry TD mit 1,8-l-Turbodiesel, Leistung 54 kW/73 PS. Facelift, DLX: Kühlergrill, Heckleuchten, zweiter Außenspiegel, vollflächige Radabdeckungen.
1986:	Januar: Importende 1,8 DLX eingestellt; Einführung des 2,0 GLi-Kat (DM 25.340,–/26.190,–). Super-GLi-Ausstattung obligatorisch. Oktober: Vorstellung neue Camry-Generation.

Toyota Camry (1987–1991)

Mit dem Vorgänger hatte der Camry des Modelljahres 1987 eigentlich nur noch den Namen gemeinsam: Karosserie und Interieur waren ebenso neu wie der Zweiliter-Sechzehnventiler mit 128 PS (94 kW), den es auch mit geregeltem Katalysator und 121 PS (89 kW) gab. Im Vergleich zum Vorgänger war er größer geworden, aerodynamisch günstiger geformt (c_W-Wert 0.35), dank reichlichem Einsatz von verzinktem Stahlblech besser gegen Verfall geschützt und mit einer Sechs-Jahres-Garantie gegen Rost ausgestattet. Überdies, und das war wiederum eine Gemeinsamkeit mit dem Vorgänger: Er offenbarte erst auf den zweiten Blick, was er eigentlich zu bieten hatte. Und das reichte allemal, um den gleichzeitig präsentierten Audi 80/90 schachmatt zu setzen. Der *mot*-Vergleichstest war eine deutliche Angelegenheit, bei dem der Camry GLi nur wegen der deutlichen Lastwechselreaktionen, der bei höheren Tempi teigigen Lenkung und dem geringeren Abrollkomfort Federn lassen musste. Die Kollegen vom Fachblatt *auto motor und sport* ließen den neuen Camry gegen den Fiat Croma antreten. Das Resultat war ein Desaster – für den großen Fiat: „Der Toyota ist in vielen Punkten ein besseres Auto – zumal man berücksichtigen muss, dass seine Fahrwerksmängel bei normaler Fahrweise nicht so in den Vordergrund treten.".

Wenn es etwas zu bemängeln gab, dann war es die Optik des in den USA zum Lexus ES 250 weiter entwickelten Camry. Recht gesichtslos schien er zu sein, ganz hübsch, aber ohne besonderen Pfiff. Der Meinung war man wohl auch bei Toyota und offerierte für den Camry umfangreiches Originalzubehör. Vom zehn Teile umfassenden Satz Schwellerleisten (Toyota-Teile-Nummer 53800-00080-83) bis zum Frontspoiler mit integrierten Nebelscheinwerfern (53854-14080-83), von den Leichtmetallfelgen (42611-14075-83) bis zur Dachreling für den Kombi (63101-09747-83) fehlte nichts, was aus dem Biedermann zumindest optisch einen Brandstifter machen konnte. Ungleich magerer fiel das technische Tuning-Angebot aus. Eine Steigerung der Motorleistung war werksseitig überhaupt nicht vorgesehen; der Einbau eines Sportfahrwerks, bestehend aus Koni-Stoßdämpfern und progressiv arbeitenden Schraubenfedern, war möglich.

Ob mit oder ohne Sportanzug, der Käufer erhielt in jedem Fall eine grundsolide und hervorragend verarbeitete Familienlimousine mit einem feinen Sechzehnventil-Motor von beeindruckender Elastizität, die vielleicht doch den einen oder anderen bewundernden Blick auf sich ziehen konnte. Damit es nur beim Hinschauen blieb, hielt das Ersatzteillager unter der Position 90981-03000-83 ein leistungsfähiges Alarmsystem bereit.

Nach dem Importstopp für Crown und Cressida bot der Camry die nobelste Möglichkeit, einen Toyota zu fahren.

Den Camry gab es in GLi- und CXi-Ausstattung, letztere in Kombination mit einem 2,5-l-V6-Motor. Das 161 PS starke Spitzentriebwerk war zum Modelljahr 1989 lieferbar.

Modelle, Varianten, Preise:

Modelle:	Limousine, Kombi
Bauzeit:	1987–1991
Motoren:	1998 ccm / 89 kW (121 PS) bei 5600/min 1974 ccm Diesel / 62 kW (84 PS) bei 4500/min 2490 ccm / 118 kW (161 PS) bei 5800/min ab 4.88
Ausstattung:	Lenkrad mit Höhen-/Neigungsverstellung und „Memory-Taste", höhenverst. Sicherheitsgurte vorn, asymmetrisch umklappbare Rücksitzlehnen, Cockpitschalter für bleifrei Super-/bleifrei Normal-Betrieb, Drehzahlmesser, Servolenkung.
Varianten:	GLi/GLi Kat/XL Turbo-D
Preise:	ab DM 26.490,– (Lim. GLi) bis DM 28.690,– (Kombi GLi Kat)

Chronik:

1987:	Januar: Einführung, zwei Karosserien, Mehrventil-Motoren. Benzin-Modelle GLi mit und ohne geregelten Katalysator, XL-Modelle mit Turbo-Diesel. Ab Herbst nur noch Katalysator-Versionen lieferbar. ABS für alle 16V-Camry gegen Aufpreis.
1988:	April: Limousine GXi: neue V6-Maschine, Scheibenbremsen hinten, ABS, Heckscheibenwischer, Stereo-Cassettengerät mit Automatikantenne, elektr. Glasschiebedach. Reifen 195/60 VR 15. Preis DM 37.440,– , mit Automatik DM 39.820,–.
1989:	Camry-Sondermodell Tour (September): LM-Räder, elektr. SSD, Dachreling, Radio-Cassette; DM 32.760,–.
1990:	April: Einführung Camry Combi 2,5 V6 GXi.
1991:	September: IAA-Premiere für den neuen Camry.

Toyota Camry (1991–1996)

Auf der IAA 1991 präsentierte Toyota den neuen Camry. Die Top-Limousine erschien als 2,2 GL mit 136 PS und als 3,0 V6 GX mit 188 PS.

Die Sache versprach schwierig zu werden: Der Camry gehörte zu den anerkannt guten Autos, und da durfte der neue Camry nicht zurückstehen. Der Präsident der deutschen Toyota-Zentrale, Toshio Miyaji, sparte denn auch bei der Präsentation nicht mit Vorschusslorbeeren: „Dieses Auto bringt alle Voraussetzungen mit, um in seiner Klasse auf dem deutschen Markt eine wichtige Rolle zu spielen."

In Anbetracht der starken deutschen Konkurrenz mochte das eine vielleicht etwas zu optimistische Einschätzung sein. Doch das änderte nichts an der Tatsache, dass Miyaji-San im Prinzip Recht hatte: Der neue Camry war ein ganz großer Wurf, der nicht nur zufällig Anleihen am Luxus-Modell der Marke nahm: Der Oberklasse-Toyota gehörte zu den Bestsellern seiner Klasse auf dem amerikanischen Markt. Und genau dort sollte auch der Camry den Fünfer-BMW und E-Klasse-Mercedes Paroli bieten. Immerhin waren 1990 weltweit über 430.000 Camry abgesetzt worden. Die knapp 3000 Camry – rund 60 % davon als Kombi –, die davon nach Deutschland gelangten, fielen kaum ins Gewicht. Doch das sollte sich nun ändern: Toyota bereicherte die an Weltpremieren nicht gerade arme Internationale Automobilausstellung in Frankfurt im September 1991 um ein weiteres Highlight in Form des neuen Camry.

Zu den stärksten Argumenten des 4,72 Meter langen Top-Toyota mit Lexus-Anmutung gehörte die ellenlange Ausstattungsliste, die der deutschen Konkurrenz die Schamesröte in die Zylinderköpfe trieb: ABS, Fahrer-Airbag, elektrische Fensterheber, höhenverstellbares Lederlenkrad – die Liste der möglichen Sonderausstattungen reduzierte sich auf maximal drei Positionen.

Die in Frage kommenden Motoren reduzierten sich auf einen Vier- und einen Sechszylinder. Der neue Dreiliter-Sechszylinder-V-Motor hatte vier oben liegende Nockenwellen und 24 Ventile. Der 2,2 Liter bot ein brillantes Drehvermögen, während das 188 PS starke Kraftpaket zu den kultiviertesten Aggregaten im automobilen Oberhaus gehörte. Die Tester von *Auto Bild* verspürten so etwas wie eine „sakrale Ruhe" im Innenraum – selbst deutsche Nobelmarken packten ihre Kunden nicht stärker in Watte.

Watteweich ging es auch im Camry-Combi zu, den Toyota zum Genfer Salon 1992 präsentierte und ab Juni auslieferte. Wie die Limousine im amerikanischen Toyota-Werk Georgetown (Kentucky) gebaut, übernahm das neue Raumschiff die Technik der Stufenheck-Limousine. Bis zur B-Säule mit dem Viertürer identisch, erstreckte sich dahinter ein schier unendliches Ladeabteil. Nach VDA-Norm fasste es 533 Liter, bei umgeklappter Rückbank schluckte es bis zu 1600 Liter.

So viel Platz hatte seinen Preis, in dem Fall kostete er vor allem Parkplatzraum: Im Kombiformat kam der Fünfsitzer mit dem abgerundeten Steilheck auf eine Länge von gut 4,80 Metern. Die Motoren entsprachen denen der Limousine.

Rund ein halbes Jahr nach der Limousine gelangte der Camry Kombi zur Auslieferung. Die Heckgestaltung ließ keinen Zweifel daran, dass der Luxus-Laster mit einem Ladevolumen von 1610 Litern in erster Linie amerikanische Käufer überzeugen sollte.

Modelle, Varianten, Preise:	
Modelle:	Limousine, Kombi
Bauzeit:	1991–1996
Motoren:	2164 ccm / 96 kW (131 PS) bei 5200/min 2995 ccm V6 / 139 kW (188 PS) bei 5400/min
Ausstattung:	Lenkrad mit Höhen-/Neigungsverstellung und „Memory-Taste", höhenverst. Sicherheitsgurte vorn, asymmetrisch umklappbare Rücksitzlehnen, Cockpitschalter zur Kraftstoffwahl (Super bleifrei / verbleites Normalbenzin), Drehzahlmesser, Servolenkung. GX: Fahrer-Airbag, Klimaanlage, ABS
Varianten:	GLi, GX V6
Chronik:	
1991:	September: Premiere für den neuen Camry auf der IAA in Frankfurt. Zunächst nur als Stufenheck-Limousine gezeigt, zwei Motorisierungen, Fahrer-Airbag Serie. In Japan zunächst als New Camry, in Luxusversion als Windom bezeichnet. Exportversion mit breitere Karosserie
1992:	März: Vorstellung Camry Kombi aus US-Produktion; Juni: Auslieferungsbeginn in Deutschland.
1994:	In den USA auch als Coupé und mit längerem Radstand (Avalon/Windom) angeboten.

Leider nur für die USA: Camry Solara Convertible. Das Viersitzer-Cabriolet gab es in zwei Leistungsstufen. Es kostete in der Grundausstattung 25.495 Dollar.

Camry (1996–2001)

Die dritte Camry-Generation war gerade auf dem Markt, als die Toyota-Entwickler um Chefingenieur Yamada mit den Vorarbeiten für die vierte begannen. Wie üblich, sollte alles noch ein wenig besser, schöner und perfekter werden. Und, wie bei Toyota zu erwarten, wurde es das auch: Der neue Camry des Modelljahres 1996 konnte alles noch ein Quäntchen besser als der Vorgänger.

Bei geringfügig größeren Außenabmessungen – vier Zentimeter mehr Außenlänge, fünf Zentimeter mehr Radstand sowie jeweils 1,5 Zentimeter mehr Breite und Höhe – bot die neue Camry-Generation deutlich mehr Platz im Innenraum als das Vorgängermodell. Insbesondere die Fondpassagiere profitierten von der besseren Raumausnutzung.

Der bereits vom Vorgänger bekannte Vierzylinder mit 2164 ccm Hubraum leistete 96 kW (131 PS) bei 5200/min und bot ein Drehmoment von 196 Newtonmetern bei 4.200/min. Er beschleunigte die 1.460 Kilogramm schwere Limousine in 10,4 Sekunden aus dem Stand auf Tempo 100 und ermöglichte eine Spitzengeschwindigkeit von 200 km/h. Zwei Ausgleichswellen verliehen dem Motor eine ausgezeichnete Laufruhe. „Solch ein kultivierter Vierzylinder ist in ganz Europa nicht zu finden“, applaudierten die Tester von *auto motor und sport* und attestierten dem mit zwei Ausgleichswellen bestückten 2,2-Liter die Laufruhe eines Sechszylinders. Den gab es natürlich auch wieder. Das brandneue Aggregat mit 2995 ccm Hubraum entwickelte 140 kW (190 PS) bei 5400/min und bei 4400/min ein maximales Drehmoment von 275 Newtonmetern. Damit erreichte der Viertürer aus dem Stand nach

In den USA ein Bestseller: Vom Erfolg des Camry blieb man in Europa stets ein gutes Stück entfernt. Am Fahrzeug selbst konnte es eigentlich nicht liegen.

Der Van auf Basis des Camry: Der Sienna, 1997, war nur in den USA ein Thema.

Entzückender Rücken: Für 2000 noch einmal überarbeitet, erschien zwei Jahre später der Camry in Neuauflage.

9,0 Sekunden die 100-km/h-Marke und eine Höchstgeschwindigkeit von 220 km/h.

Ganz auf Komfort abgestimmt zeigte sich das Fahrwerk des Camry. Wie beim Vorgänger handelte es sich um eine Querlenker-Aufhängung an Hilfsrahmen – „am Fahrverhalten gibt es nichts auszusetzen“, lobten die *mot*-Tester. Der verlängerte Radstand und die deutlich breitere Spur kamen sowohl dem Komfort als auch der Fahrstabilität zugute. Eine Klasse für sich war der Camry hinsichtlich Laufruhe und Fahrkomfort. Obwohl auch der Vorgänger schon als ausgesprochener Leisetreter galt, versuchten Chefingenieur Yamada und sein Team, ihn weiter zu verbessern. Neu berechnete Motorlager, Änderungen an den Fahrschemeln sowie Änderungen am Ansaugtrakt waren Bestandteile des aufwändigen Maßnahmen-

Mit dem Modellwechsel 1996 fiel der Kombi aus dem Programm, den Camry gab es nur noch als Limousine.

Die Camry-Sportversion debütierte zur IAA im September 1997.

Pakets. „Der neue Camry bietet in seiner Klasse heute das beste Preis-Leistungs-Verhältnis. Aber nicht nur deshalb, sondern auch aufgrund seiner übrigen Qualitäten wird er in Zukunft auch auf dem deutschen Markt eine wichtige Rolle spielen“, versprach Toyota-Deutschland-Präsident Kyoshi Hashimoto.

Der Camry 2.2 war mit Fünfgang-Schaltgetriebe oder elektronisch geregelter Vierstufen-Automatik, der Camry 3.0 V6 ausschließlich mit automatischem Getriebe lieferbar. Die Preise für den eleganten Fronttriebler, der ab 8. November 1996 bei den rund 800 deutschen Toyota-Vertragspartnern an den Verkaufsstart ging, begannen bei 44.900 Mark und reichten bis 54.960 Mark.

Zur IAA 1997 erweiterte Toyota die Camry-Familie um die S-Variante: um 30 Millimeter tiefer gelegt, auf stämmige 17-Zoll-Niederquerschnittsreifen der Dimension 225/45 R 17 gestellt und an neuen Leichtmetallfelgen, Front- und Heckschürzen sowie am Kühlergrill zu erkennen. Zum Modelljahr 2000 leicht aufgefrischt, stand dann auf der IAA des Jahres 2001 sein Nachfolger bereit.

Modelle, Varianten, Preise:

Modelle:	Limousine
Bauzeit:	1996–2001
Motoren:	2164 ccm / 96 kW (131 PS) bei 5200/min 2995 ccm V6 / 140 kW (190 PS) bei 5400/min
Ausstattung:	Fahrer- und Beifahrer-Airbag, Gurtstraffer vorne, ABS, Klimaautomatik, Audio-Anlage, Wurzelholzdekor. V6: Tempomat, elektr. einstellbare Vordersitze, LM-Felgen.
Varianten:	Camry 2.2, 3.0 V6
Preise:	DM 44.900,– / 54.960,– (Camry 2,2 / V6)

Chronik:

1996:	November: Einführung neuer Camry. Nur Limousine, zwei Motoren. Frontantrieb, Fünfgang-Handschaltung. V6: Vierstufen-Automatik. Produktion in den USA.
1997:	Januar: Vorstellung Camry-Van Sienna, nicht für Europa. September: Vorstellung Camry S: 17-Zoll-Räder, Sportfahrwerk, Karosserieschürzen. DM 53.700,– (S 2.2), DM 63.950,– (S V6).
1998:	Camry Coupé (Solara) und Cabriolet vorgestellt. Nur USA.
2000:	April: Funkfernbedienung für ZV, Tempomat. Scheinwerfer in Klarglasoptik, Stoßfänger vorn und hinten weiter heruntergezogen, Kühlergrill mit größeren Lufteinlässen, größere Rückleuchten. Camry V6 mit Antriebschlupfregelung TRC. Ab DM 52.730,–
2001:	September: Vorstellung Nachfolger.

Toyota Camry (2002–2005)

Der neue Camry bildete, neben dem neuen Corolla, eines der Highlights auf dem Toyota-Messestand der Internationalen Automobilausstellung in Frankfurt 2001.

Der besonders in den USA mit Spannung erwartete Nachfolger des Bestsellers – „eine der besten Familienlimousinen auf diesem Planeten", wie *car and driver* schrieb – hatte eine neue Linienführung mit dem inzwischen typischen Familiengesicht erhalten, eine ausgeprägte Keilform und eine flache C-Säule. Wichtigste Neuerung jedoch war das im Vergleich zum Vorgänger vergrößerte Raumangebot bei gleichzeitig gebremstem Längenwachstum. Das deutliche Plus an Kopf- und Beinfreiheit, vor allem im Fond, erreichten die Toyota-Techniker durch einen um 60 Millimeter längeren Radstand. Das Kofferraumvolumen des alten Camry wurde mit 518 Litern angegeben, die Volumenangabe für das neue Modell lautete 587 Liter – ein Spitzenwert, den etwa die Mercedes-E-Klasse nicht erreichte.

Ausgesprochen viel zu tun hatten die für das Interieur verantwortlichen Entwickler. Im Lastenheft waren, neben Selbstverständlichkeiten wie Bedienkomfort, Ergonometrie und Luxus auch neue Standards „im Bereich haptischer Qualität" gefordert. Entsprechend legte sich Toyota ins Zeug, Verarbeitungseindruck und die verwendeten Materialien signalisierten auf den ersten Blick Oberklassen-Ambiente – was die Kombination aus hochwertigen Kunststoff-Oberflächen und Wurzelholz-Applikationen eindrucksvoll unterstrich.

Vom Premiumanspruch der Marke kündeten auch die serienmäßig an Bord befindlichen Extras: von dem über das Lenkrad zu bedienenden Bordcomputer über eine Fahrdynamik-Regelung bis hin zu dem hoch gelobten Navigationssystem mit dem 6,5 Zoll großen Touch Screen Monitor, mit dem auch das Audiosystem und die Klimaautomatik bedient werden konnten.

Keine Experimente nötig hatte Toyota beim Fahrwerk. Aufbauend auf dem hohen Niveau des Vorgängers, beschränkten sich die

Seit Jahren das meist verkaufte Auto in den USA: Toyota Camry. Auch die Neuauflage des Jahres 2002 setzte diese Erfolgsstory fort.

Eigenständig: Mit dem Camry des Jahres 2002 brachte Toyota frischen Wind in die Obere Mittelklasse. Die Front betont die Verwandtschaft zu Yaris und Previa.

Spezialisten für das rollende Gut auf Feinarbeiten und Abstimmungs-Änderungen, um ein Maß an Fahrspaß zu garantieren, das dem der Konkurrenz nicht nachstehen sollte. Allerdings war auch dieser Camry – der wiederum in den USA gebaut wurde – amerikanisch-komfortabel abgestimmt.

Trotz komfortablem Fahrwerksabstimmung war der Camry in zügig gefahrenen Kurven überraschend handlich und fahrsicher.

Modelle, Varianten, Preise:	
Modelle:	Limousine
Bauzeit:	2001–2005
Motoren:	2362 ccm, WT-i / 112 kW (152 PS) bei 5600/min 2995 ccm, V6 / 137 kW (186 PS) bei 5300/min
Ausstattung:	Vier SRS-Airbags, ABS, EBD, Bremsassistent; elektr. Regen gesteuerte Scheibenwischer. Klimaautomatik, EFH, ZV, elektr. einstellbare und abklappbare Außenspiegel. V6 VSC; Executive: Leder, Multi-Vision-Audio-DVD-Navisystem.
Varianten:	Camry 2,4; Camry 3,0 V6; Camry 3,0 V6 executive
Preise:	ab € 28.350,– bis € 37.000,– (V6 executive)

Chronik:	
2001:	Weltpremiere für die neue Camry-Limousine auf der IAA im September. Neu gestaltete technische Basis, verlängerter Radstand. Zwei Motoren zur Auswahl; V6-Zylinder nur in Verbindung mit Automatikgetriebe. Verkaufsstart im November, Camry 2.4 gegen Aufpreis mit Automatik (€ 1500,–). Vmax. 210, km/h 9,4 sec; V6 225 km/h 9,1 sec
2005:	Import eingestellt

Der Antriebsstrang des RX 400h lieferte die Basis für den 2,4-Liter-Vierzylinder Toyota Camry Hybrid, der seit 2006 für die USA produziert wird. Der Fronttriebler kam auf eine Systemleistung von 142 kW, sein Verbrauch lag im Schnitt bei 5,9 Liter. In Deutschland wurde die sechste Camry-Generation nicht mehr angeboten.

Eines der wichtigsten Autos für Toyota: der Camry. Seit 2007 läuft er auch im Toyota-Werk St. Petersburg vom Band.

Die nächste Generation: Der Camry des Jahres 2012. Die Bezeichnung leitet sich übrigens vom japanischen Wort „Kan-Muri“ ab, übersetzt „Krone“.

Sorgt für höchste Aufmerksamkeit: Der Camry als Pace-Car für den NASCAR-Klassiker schlechthin, die 500 Meilen von Daytona 2012.

Camry Nummer sieben gibt es auch in einer Hybrid-Ausführung. Camrys entstehen im Werk Tsutsumi in Toyota City, im US-Werk Georgetown und im Gemeinschaftswerk mit Subaru in Lafayette, Indiana.

Toyota Crown

Adel verpflichtet

Der Crown steht am Anfang der Toyota-Erfolgsstory. 1955 erstmals vom Band gerollt, entwickelte sich diese Baureihe in Japan zum absoluten Bestseller. Mit diesem ersten japanischen Oberklasse-Wagen wagte sich der japanische Konzern auch auf den Weltmarkt. Auch wenn er in Europa und den USA schon seit über einem Dutzend Jahre nicht mehr angeboten wird: Der Lexus-Erfolg wäre ohne den Crown nicht möglich gewesen.

Toyota Crown (1955–1979)

Rückblende: Japan 1947. Die, wenn auch bescheidene, Lastwagen-Produktion band bei Toyota alle Kapazitäten. Dennoch versuchten Kiichiro und Eiji Toyoda, ihren Traum vom japanischen Personenwagen zu verwirklichen. Das Resultat ihrer Bemühungen nannte sich Typ SA und war ein ziemlicher Misserfolg. Dennoch diente er als Basis für die folgenden SC, SD, SF und SH-Typen. Lediglich der SF erfreute sich als Taxi einiger Popularität und kam auf eine erwähnenswerte Stückzahl. Im September 1953 folgte die Einführung des Toyopet Super RH. Der 4,18 m lange Wagen wurde rund 3.500 mal gebaut. Er hatte einen neuen 1,5-l-Motor mit 48 PS, den er an seinen Nachfolger, den Crown RS weiterreichte. Der neue Crown – Eiji Toyodas Entwurf – basierte erstmals nicht auf einem Truck-Rahmen und verfügte über Einzelradaufhängung vorn, Hydraulik-Kupplung und -Bremsen. Im Dezember 1955 wurde dem Crown eine Luxus-Version mit 55 PS zur Seite gestellt, im Oktober 1960 folgte ein 1,9-Liter-Motor.

Nach acht Jahren ging der Crown in Rente. Die zweite Crown-Generation stand auf dem Toyota-Stand zur Tokio Motor Show im Oktober 1962. Toyotas Erfolgsmodell war erwachsen geworden, hatte um 200 mm in der Länge zugelegt, dafür aber 70 mm an Höhe eingebüßt: Die Parklücke des neuen Crown musste mindestens eine Gesamtlänge von respektablen 4,61 m aufweisen. Überdies kam ein neues Chassis mit X-Rahmen zum Einsatz, die Deluxe-Versionen hatten Schraubenfedern vorn und hinten. Der 1,9-l-Vierzylinder leistete 90 PS, genug für eine Höchstgeschwindigkeit von 140 km/h. Die steigende Nachfrage nach Automatik-Getrieben – 1960 waren ein Prozent mit dieser Option ausgeliefert worden, 1963 schon 14 Prozent – führte zur

Links unten: der Crown von 1955 war der erste erfolgreiche Toyota. Hier im Bild die deLuxe-Version des Toyopet. Die Aufnahme entstand 1962. Oben die zweite Crown-Generation, die bis 1967 gebaut wurde. Ganz unten: Der Crown-Combi in der vierten Generation.

Zwei Jahre nach seiner Premiere folgte der nächste Facelift, zu Beginn des Jahres 1970 präsentierte sich der Crown mit 2,3-l-Sechszylinder.

Mit einer Länge von 4,75 m war der Station Wagon – hier Crown Nummer fünf, 1975 – mächtig groß. Bei umgeklappter Rücksitzlehne konnten Gegenstände bis zu 2,11 m verstaut werden.

Einführung der Toyoglide-Vollautomatik. Neben der viertürigen Limousine war erstmals auch ein Kombiwagen lieferbar. Zusammen mit dem ab 1965 lieferbaren Zweiliter-Sechszylinder standen insgesamt acht verschiedene Crown-Kombinationen zur Wahl.

Gleich 34 verschiedene Möglichkeiten, seinen Wunsch-Crown zu finden, bot die dritte Generation vom September 1967. In Gesamtlänge und Radstand mit dem Vormodell identisch, entsprach die MS50-Serie den neuesten amerikanischen Sicherheitsbestimmungen. Sie war für den Binnenmarkt mit Zweiliter-Vier- und Sechszylindermotoren lieferbar. Im November 1968 erweiterten zwei Hardtop-Coupé-Versionen die Modellreihe, lieferbar mit 105 oder 125 PS.

Im Februar 1971 führten erneut verschärfte Umwelt- und Sicherheitsgesetze zum nächsten Modellwechsel: Der Crown entwickelte sich mehr und mehr zum typisch amerikanischen Straßenkreuzer. Die Modellpalette umfasste nun auch ein viertüriges Hardtop-Modell. Drei Sechszylinder-Motoren mit 115, 135 und 140 PS standen zur Verfügung, das Studium der Bestelllisten artete in Arbeit aus: Immerhin gab es nun 63 verschiedene Möglichkeiten, darunter auch den brandneuen Luxus-Crown namens Royal Saloon. Im Oktober 1977 kam ein Crown Diesel Sedan 2200 Deluxe für den japanischen Markt hinzu, ein Vierzylinder mit Zahnriemenantrieb und Bosch-Einspritzpumpe.

Toyota Crown (1979–1983)

Die sechste Crown-Generation wurde am 18. September 1979 gekürt und machte sich ein halbes Jahr später auf, Deutschland einen Besuch abzustatten. Er blieb drei Jahre. Der Zweidrittel-Cadillac war ursprünglich nur für den asiatischen Binnenmarkt konzipiert worden und beruhte auf einem soliden Kastenrahmen. 143.761 Wagen verließen Toyota City 1979, rund zehn Prozent – 15.097 Stück – wurden exportiert. Der überwiegende Teil landete in Amerika. Auf die dortigen tempolimitierten Highways passte Toyotas 4,86 m langes Flaggschiff sowohl von der Technik als auch von der Optik her am besten.

Unter der Haube des Toyota-Modells mit der längsten Tradition säuselte ein 2,8-Liter-Einspritzmotor mit 107 kW/145 PS bei 5.000/min – übrigens der erste Sechszylinder, den der japanische Hersteller in Deutschland aufbot. Die Gemischaufbereitung lieferte

Crown Nummer vier: Coupé mit nach oben gezogenem Chromschnurrbart, wie er zum Beispiel 1972 in der Schweiz verkauft wurde.

Bei umgeklappten Rücksitzen mit 2,20 m langer Ladefläche: Crown Combi Deluxe, Dezember 1980.

Nippondenso, dabei handelte es sich um eine in Lizenz gebaute L-Jetronic von Bosch. Für die Kraftübertragung in der Komfortsänfte sorgte wahlweise eine gut abgestufte Vierstufen-Automatik mit Overdrive-Funktion. Für die Kurvenhatz auf bundesdeutschen Schnellstraßen war der Anderthalbtonner allerdings nicht gebaut.

Dass sich das neue Toyota-Oberhaupt auch hierzulande einiger Beliebtheit erfreute, lag zum einen an seinem sensationell günstigen Preis; zum anderen lockte der Crown mit einer schon fast unanständigen Ausstattungsfülle. Bereits in der Grundausstattung war der Crown Super Saloon 2,8i – so die Modellbezeichnung in majestätischer Länge – mit so ziemlich allem ausgestattet, was gut und teuer war. Annehmlichkeiten wie Zentralverriegelung oder elektrische Fensterheber gehörten ebenso zum Lieferumfang wie eine Fernentriegelung für Kofferraum- und Tankklappe oder die Lichtabschalt-Automatik beim Verlassen des Wagens. Toyotas Top-Modell gab es für 23.195 Mark, wer noch einmal 3.000 Mark investierte, erhielt den Si und damit Klimaanlage und ein Stereo-Cassettengerät mit Sendersuchlauf inklusive Motorantenne.

Modelle, Varianten, Preise:	
Modelle:	Limousine, Kombi
Bauzeit:	1979–1983
Motoren:	2758 ccm / 107 kW (145 PS) bei 5000/min
Ausstattung:	Velourssitze, Bandscheibenstütze Fahrersitz, EFH, ZV, Fern- entriegelung für Kofferraum und Tankverschluss, Mittelarmlehne hinten. Automatische Lichtabschaltung bei Verlassen des Wagens. Si: Klimaanlage, Stereo-Cassettengerät mit Sendersuchlauf, Motorantenne.
Varianten:	Crown Super Saloon 2,8i; 2,8 Si
Preise:	DM 23.195,–/26.195,– (2,8i/Si)

Chronik:	
1955:	Januar: Einführung erste Generation.
1962:	September: Modellwechsel, zweite Generation.
1967:	September: Modellwechsel, dritte Generation.
1970:	Mai: Eine Million Crown produziert.
1971:	Februar: Modellwechsel, vierte Generation.
1974:	Oktober: Modellwechsel, fünfte Generation.
1979:	April: zwei Millionen Crown produziert. September: Modellwechsel, sechste Generation.
1980:	März: Exportbeginn, erster Toyota-Sechszylinder in Deutschland. Zwei Ausstattungsvarianten, Vierstufen-Automatik (Aufpreis DM 1300,–) mit abschaltbarem Overdrive für i und Si. Dezember: Crown Combi Deluxe (DM 24.995,–), durch aufklappbare Reservesitzbank im Laderaum als Siebensitzer nutzbar.
1983:	Juli: D-Import eingestellt; das Nachfolgemodell mit völlig neuer Karosserie und Supra-Sechszylindermotor wird – entgegen ursprünglicher Planungen – nicht offiziell eingeführt. Weiterhin lieferbar auf anderen Märkten.
Weitere Modellwechsel:	1987, 1991, 1995, 1999, 2003, 2008.

Der erste japanische Versuch, auch hierzulande in der Oberklasse Fuß zu fassen: Der Crown 2,8 Si Super Saloon von 1981 bot eine gigantische Ausstattungsfülle und ein Kofferraumvolumen von 600 Litern.

Gelangte nicht nach Deutschland: der Crown nach der umfassenden Modellpflege von 1982.

Die Crown-Riege erweiterte ab Dezember das Kombi-Modell Crown Combi Deluxe (DM 24.995,-). Ausstattung und Technik waren mit der Limousine identisch; durch die aufklappbare Reservesitzbank im Laderaum war der Riesen-Kombi auch als Siebensitzer nutzbar. Der Crown-Import endete im Juli 1983. Das Nachfolgemodell mit völlig neuer Karosserie (Breitbandscheinwerfer), dem Supra-Sechszylindermotor (125 kW) und neuem Fahrwerk (Schräglenkerkonstruktion statt hinterer Starrachse) wurde – entgegen ursprünglicher Planungen – nicht offiziell eingeführt. In der Schweiz, den Niederlanden und Großbritannien dagegen war der Crown weiterhin zu haben, seine Rolle als Top-Modell übernahm schließlich der Lexus LS. In Japan beispielsweise lebt die Bezeichnung Crown in der 13. Auflage weiterhin fort, die dortigen Modelle weisen einige Gemeinsamkeiten mit den Lexus- beziehungsweise Celsior-Typen auf.

K GT 865

Toyota Paseo

Damenwahl

Kopieren geht über studieren. Das dürften sich seinerzeit auch die Verantwortlichen für das Paseo-Coupé gedacht haben, als sie das Lastenheft für den neuen 2+2-Sitzer ausknobelten. Als Vorlage diente ihnen dabei die Ur-Celica von 1970, denn all die Tugenden, welche jene zu einem Besteller machten, gaben sie auch ihrem neuen Designsportler mit auf den Weg: eine völlig eigenständige Optik, kompakte Abmessungen, hohe Funktionalität und einen günstigen Preis. Allerdings saßen die Kopier-Künstler diesmal nicht in Nagoya City, sondern in Kalifornien: Der Paseo/Cynos war ein Entwurf des dortigen Toyota-Design-Centers und in erster Linie für die USA und Japan entwickelt worden. Dort lancierte Toyota den Cynos bereits 1991, unterzog ihn im Oktober 1995 einer Generalrevision und brachte den wieselflinken Minisportler 1996 auch nach Europa.

Toyota Paseo (1996–1999)

Vor allem die Damenwelt um die 30 sollte der Paseo zum Bummel verführen. Dazu gaben ihm die Designer eine wohl geformte Schnauze und einen knackigen Hintern mit auf den Weg. Im Innenraum – ansonsten eher Typ verlässlicher Kumpel als stürmischer Lover – verbreiteten weiß unterlegte Rundinstrumente einen Hauch von Leidenschaft, und die bequemen, sportlich ausgeformten Sitze passten so gut wie ein Designerkostüm. Etwas weniger Plastik und nettere Sitzbezüge hätten seinen Sexappeal noch weiter erhöht. Offiziell als 2+2-Sitzer bezeichnet, war der Toyota allerdings ein klarer Fall für traute Zweisamkeit. „Ein penibel gefaltetes Stück Seidenpapier wird sich hinten sicher wohl fühlen, alles andere wünscht sich auf die beiden vorderen Sitze“, frotzelte die österreichische *autorevue*, und die *mot*-Tester vermuteten: „Der Glöckner von Notre-Dame scheint Modell gesessen zu haben, die Fond-Passagiere hocken mit innigem Scheibenkontakt am Hinterkopf.“

In technischer Hinsicht entsprach der 4,16 Meter lange Fronttriebler weitgehend den japanischen Tercel/Corsa/Corolla-II-Typen, die im Export keine Rolle spielten. Unter der keilförmigen Schnauze saß ein ebenso unbekannter 1,5-Liter-Motor mit 16 Ventilen und Vanadium-Kurbelwelle. Der laufruhige, 90 PS starke Vierzylinder bildete die einzige Motorisierungsmöglichkeit und beflügelte hierzulande keinen anderen Toyota, was durchaus zu bedauern war: Der Vierzylinder galt als besonders feines Beispiel modernen Triebwerkbaus. Und da sich der Paseo darüber hinaus bester Manieren befleißigte und auch nur zurückhaltend vom teuren Super nippte – rund 7,2 Liter auf 100 km/h – flogen ihm die Frauenherzen nur so zu. Einmal in Fahrt gebracht, erstürmte der japanische Gentleman zügig die 180 km/h Grenze, nur abrupte

Atemberaubend: Der knapp 4 m lange Flügeltüren-Sera von 1991 war nur für den japanischen Markt bestimmt. Einzelne Exemplare fanden dennoch ihren Weg in den Westen. Er teilte mit dem konventioneller gestylten Paseo die technische Basis.

In den USA seit 1991 im Verkauf, gelangt der Paseo erst nach dem Modellwechsel 1996 nach Deutschland. Im Bild: US - Paseo, 1993.

Rarität: Vom Paseo-Cabriolet gelangten kaum 400 Einheiten nach Deutschland. Manche Eigner bemängelten die Qualität des Verdecks.

Der Spoiler war Kennzeichen der S-Ausstattung.

Im Trainingsanzug: Die Verwandlung vom Paseo zum Paseo S war rein kosmetischer Natur.

Tritte aufs Bremspedal mochte er gar nicht: Die Bremsen galten, trotz ABS, bestenfalls als durchschnittlich.

Doch selbst wenn diese besser gewesen wären: Zum Spaziergang (spanisch: Paseo) gestaltete sich die Eroberung der westeuropäischen Damenwelt sowieso nicht. Opel Tigra, Mazda MX-3 und Hyundai Scoupé drängelten sich bereits in der Nische, und der Ford Puma befand sich auf dem Sprung.

Nur gut, dass Toyota noch etwas in petto hatte, das Frauenherzen zum Schmelzen brachte. Schließlich kann auch eine Glatze sexy wirken – und deswegen legte Toyota den Paseo frei. Das bereits ab Werk mit reichlich versteifendem Blech versehene Coupé wurde nach Kalifornien geschafft und dort bei den Aufschneidern von ASC (American Sunroof Cabriolet) skalpiert. Das ausgesprochen attraktive Cabriolet stand ab März 1997 im Lieferprogramm für Deutschland und wurde rund 400 Mal verkauft.

Modelle, Varianten, Preise:	
Modelle:	Coupé, Cabriolet
Bauzeit:	1996–1999
Motoren:	1497 ccm / 66 kw (90 PS) bei 5400/min
Ausstattung:	Airbags, ABS, Servo, EFH, ZV, elektr. einstellb. Außenspiegel, Colorverglasung, Drehzahlmesser, Wegfahrsperre.
Varianten:	Paseo; Paseo Cabrio; Paseo S
Preise:	ab DM 30.000,–
Chronik:	
1991:	Januar: In den USA gestyltes 2+2-Coupe auf Tercel/Corolla-II-Basis. Technik entspricht Flügeltüren-Coupé Sera. In Japan als Cynos verkauft
1996:	Facelift, Einführung als Paseo-Coupé in Europa. Keine Motoralternative. Gegen Aufpreis: Klima, Leder, Navi-System, Metallic-Lack.
1997:	März: Premiere Paseo Cabrio auf dem Genfer Salon: ASC-Umbau in den USA. Cabrio erhält feste Heckscheibe; Kofferraumvolumen 200 l (Coupé: 277 l). DM 38.200,-. September: Vorstellung Paseo S Coupé: Sportfahrwerk, 16-Zoll-Räder, in Wagenfarbe lackierte Spoiler; DM 33.520,–.
1998:	April: Scheibenbremsen hinten, vergrößerte Airbags, Gurtkraft-Begrenzer. Drei-Speichen-Lenkrad, in der Höhe verstellbar. Neue Vordersitze mit in der Höhe verstellbaren Kopfstützen. Neue Farben. DM 30.920,–
1999:	Auslaufen der Modellreihe.

Frauentyp: Der zweitürige Paseo mit seiner schnörkellosen Linien sollte vor allem weibliche Käufer ansprechen.

Toyota MR2

T for two

Ein Vierteljahrhundert Tokio Motor Show – das musste gefeiert werden. Besonders zahlreich erschienen die Gratulanten aus Toyota City. Neben einem Sortiment augenblicklich produzierter Serienmodelle – es dürften um die 50 gewesen sein – wurde auch ein ganzer Strauß aus Prototypen und Designstudien überreicht. Unter den elf war der SV-3 der interessanteste: ein 3,92 kurzer Zweisitzer mit flacher Schnauze und Klappscheinwerfern, der mit einem Mittelmotor ausgerüstet war.

Toyota MR2 (1985–1990)

Im Gegensatz zu dem futuristischen FX-1 (Biturbo, Sechszylinder 24V) oder dem allradgetriebenen TAC 3 ging der Flachmann SV-3 in Serie. Als MR2 rollt er seit 1985 auf bundesdeutschen Straßen. MR2 heißt „mid-ship engine, reardrive, two-seater", und sagt nicht anderes, als dass wir es hier mit einem hinterradgetriebenen Zweisitzer mit Mittelmotor zu tun haben – Welcome, Mister Two.

Die Anordnung des Motors vor der Hinterachse war zwar nicht gerade neu – der Bertone-Fiat X 1/9 und der VW-Porsche 914 hatten sich daran versucht –, die japanische Interpretation

Spaßmobil: Mit dem MR2 präsentierte Toyota das unvernünftigste Auto seiner Geschichte. Für Vortrieb sorgte der 1,6-Liter-Motor aus dem Corolla GT.

Modelle, Varianten, Preise:	
Modelle:	Zweisitzer-Mittelmotorcoupé
Bauzeit:	1985–1990
Motoren:	1587 ccm / 91 kW (124 PS) bei 6600/min 1587 ccm / 85 kW (115 PS) bei 6600/min ab 11.86
Ausstattung:	Siebenfach verstellbarer Fahrersitz, getönte Scheiben, abnehmbares Glashubdach, zwei elektrisch verstellbare Außenspiegel, Zentralverriegelung. Tank- und beide Koffer- raumklappen von innen zu öffnen. Lederummantelter Schaltknüppel, Econometer.
Varianten:	MR2 T-bar
Preise:	DM 28.990,–

Chronik:	
1983:	Prototypen-Vorstellung auf der 25. Tokio Motor Show als Mittelmotor-Sportwagen mit herausnehmbaren Dachhälften (T-bar).
1985:	Einführung in Deutschland Ende März. Drei Farben zur Wahl (weiß, rot, dunkelgrün/metallicbeige). Scheibenbremsen rundum, vorn innen belüftet. Einzelner Lufteinlass an der rechten Wagenflanke, verrippt. Keine Abgasentgiftung, kein T-bar, dafür Glashebedach.
1986:	Modelljahrgang '87: modifizierte Frontpartie (Stoßfänger und Frontspoiler in Wagenfarbe), geänderte Blende beim Lufteinlass, anderes Felgendesign, Instrumente besser ablesbar, anderes Lenkrad. Zusätzliche Varianten mit geregeltem Katalysator (DM 3.680,–) und T-bar (DM 35.080,–, erst Mitte 1987 eingeführt).
1987:	Zur IAA nur noch Katalysator-Versionen lieferbar.
1988:	Seit Frühjahr nur noch als T-bar Kat, serienmäßig Rot lackiert (Schwarz gegen Aufpreis).
1990:	Komplett neu entwickelter Nachfolger ab Ende März in Deutschland.

Wuchtige C-Säulen und ein ausladender Heckspoiler waren das Kennzeichen des Mittelmotor-Sportlers MR2, der seine Karriere als Stylingstudie begonnen hatte.

Ab 1989 gab es den MR2 nur noch mit T-bar und geregeltem Katalysator. Die Coupé-Variante war für andere Märkte weiterhin lieferbar.

des Themas gefiel jedoch durch ihre Perfektion. Die spielerische Leichtigkeit, mit der sich Toyotas Motorrad um die Kurven zirkeln ließ, bestätigte die Vorteile des Mittelmotor-Konzepts, als da wären die nahezu optimale Achslastverteilung – 45 Prozent auf der MR-Vorderachse und 55 Prozent hinten – und der niedrige Fahrzeugschwerpunkt. Die putzigen Koffertäschchen (70 Liter vorn, 142 Liter hinten), die schlechte Zugänglichkeit des Triebwerks und die starke Wärmeentwicklung im Innenraum zählten zu den weniger angenehmen Seiten des eng geschnittenen Zweisitzers.

Mittschiffs ging der 124 PS starke Sechzehnventiler des Corolla-Coupé rasant zur Sache. Damit ihn nicht beim Sprint von null auf hundert km/h in 8,1 Sekunden der Hitzetod ereile, schaltete sich bei Temperaturen ab 75 Grad ein Ventilator ein, der die heiße Luft ins Freie scheuchte. Den Kühler hatte man unter die vordere Haube gequetscht; die notwendigen Zuleitungen steckten im hohen Mitteltunnel, der überdies noch den nur 41 Liter fassenden Benzintank beherbergte.

MR2 (1990–1999)

Unter den vielen Neuerscheinungen der Tokio Motor Show vom Oktober 1989 stach er besonders hervor: der neu entwickelte MR2. In der Optik war nichts mehr von den Ecken und Kanten des Vorgängers zu entdecken. Mister Two schloss sich dem allgemeinen Designtrend an, der Windkanal modellierte weiche Linien und sanfte Rundungen. Solchermaßen von den charakteristischen Kanten befreit, wuchsen Radstand, Breite und Länge, Reifendimension, der Preis – und der Fahrspaß. Die Sitzhöhlen,

Die Firma Schwan bot den Zweisitzer auch als Targa ohne Mittelsteg an. Im Gegensatz zum Celica-Cabriolet stand dieser Umbau aber nicht im offiziellen Angebot von Toyota Deutschland.

Modelle, Varianten, Preise:	
Modelle:	Mittelmotor-Coupé mit herausnehmbaren Dachhälften
Bauzeit:	1990–1999
Motoren:	1998 ccm / 115 kW (156 PS) bei 6600/min 1998 ccm / 129 kW (175 PS) bei 7000/min ab 4.94 1998 ccm / 125 KW (170 PS) bei 7000/min ab 7.96
Ausstattung:	Herausnehmbare Dachhälften, Stoßfänger in Wagenfarbe, Klappscheinwerfer, Wärmeschutzverglasung, Automatik- Antenne, EFH, ZV, Sportsitze, Cassettenradio.
Varianten:	MR2, 2.0 GTi-16
Preise:	DM 44.000,-
Chronik:	
1990:	Juli: Auslieferung in Deutschland. Mittelmotor-Coupé, Celica-Motor. Für andere Märkte auch mit festem Dach und Turbomotor lieferbar.
1992:	Februar: Facelift: geänderter Frontspoiler, vergrößerte Bremsanlage, 15-Zoll-Räder, Fahrer-Airbag, modifizierte Servolenkung, Seitenaufprallschutz, Nebelscheinwerfer weiß statt gelb. DM 50.340,-
1994:	April: 175 PS, einteiliger Heckspoiler, neue Rückleuchten, Frontspoiler in Wagenfarbe. Ab DM 55.170,–.
1996:	Motorleistung beträgt 170 PS.
1998:	Neuer, dreifach verstellbarer Heckspoiler.
1999:	September: Vorstellung des Nachfolge-Modells MR2.
2000:	Markteinführung des Roadsters.

wenngleich neu bestuhlt, vermittelten immer noch jene gemütliche Enge, die auch das Vorgängermodell ausgezeichnet hatte, lediglich die Zahnbürsten hinter den Sitzen hatten etwas mehr Platz – sofern derselbe nicht von den abgenommenen Dachhälften belegt war.

Das Mittelmotor-Konzept blieb auch in der Neuauflage erhalten, der 1,6-Liter-Sechzehnzylinder dagegen wich einem Zweiliter-Vierzylinder aus dem Celica, der 156 PS bei 6800 Touren entwickelte. Die noch stärkere Version mit Turboaufladung und einer Leistung von 225 PS gelangte nicht nach Deutschland – kein Schaden, wenn man den Tester-Erfahrungen Glauben schenken will: „Schlichtweg übermotorisiert“, lautete das Urteil, während der Zweisitzer mit Saugmotor als eher zahmer Geselle galt, mit dem sich aber, nichts desto trotz, ordentlich um die Ecken glühen ließ. Die nahezu ausgewogene Gewichtsverteilung zwischen Vorder- und Hinterachse (45 zu 55 Prozent) machte den Volks-Ferrari zum idealen Begleiter mit leichter Tendenz zum Untersteuern auf kurvigen Landstraßenpassagen. Bei allzu forscher Kurvenfahrt allerdings sorgte der Zweisitzer für schweißnasse Hände. „Das Heck dreht vehement nach außen und neigt zu deftigen Konterschwüngen. Um turbulente Dreher zu vermeiden, empfiehlt sich daher Mäßigung“, berichteten die schnellen Männer von *sport auto*, nun weise geworden, von ihren Test-Erfahrungen.

Länger als jeder andere Toyota-Sportwagen blieb der MR2 in dieser Form in Produktion. Ohne wesentlichen Modelländerungen oder Faceliftings unterzogen worden zu sein, fiel der Toyota-Targa erst gut neun Jahre nach seiner Einführung wieder aus dem Programm. Hierzulande waren kaum mehr als 5000 dieser Mittelmotor-Sportler in Umlauf gekommen.

MR2 2,0 GTi-16, 1990: Im Windkanal gerundet, mit leicht nach hinten ansteigender Gürtellinie und markanten Lufteinlässen zeigte sich das 4,18 Meter lange Sportcoupé.

Auch die zweite Mittelmotor-Generation ließ sich mit wenigen Handgriffen in ein Beinahe-Cabrio verwandeln. Die beiden Dachhälften fanden hinter den Sitzen Platz. Der große Heckspoiler ist Merkmal der nach 1997 gebauten MR2.

MR2 GT, 1994: Für den US-Markt mit Coupé-Dach.

Dezente Modellpflege: der MR2, Jahrgang 2003.

MR2 (2000–2005)

Modelle, Varianten, Preise:	
Modelle:	Mittelmotor-Roadster
Bauzeit:	2000–2005
Motoren:	1794 ccm VVT-i / 103 kW (140 PS) bei 6400/min
Ausstattung:	ABS, 15"-LM-Räder, LSD-Differenzial, Servo, ZV mit Funk- fernbedieung, EFH, feste Heckscheibe, Rauchglas-Windschott.
Varianten:	MR2, MRS, SMT, Color Edition
Preise:	DM 44.900,– (€ 22.957,-)

Chronik:	
2000:	April: Europa-Einführung.
2001:	Februar: MR2 Roadster SMT mit sequentiellem Schaltgetriebe lieferbar: Tasten im Lenkrad, verchromte, offene Schaltkulisse, Schaltknauf verchr. DM 49.130,45. März: MR2 Color Edition.
2002:	Mai: Premiere für das Sondermodell Competition: Sonderlackierung, Sportledersitze in Rot/Schwarz, Sportfahrwerk, 17-Zoll-Aluräder, Sportauspuff mit zwei verchromten Endrohren, Taschenset dreiteilig, Schriftzüge außen, Nummernplakette innen. Limitiert auf 100 Einheiten, € 31.000,-. Sonderausstattung: Sequenzielles Getriebe SMT (€ 1.310,-). November: Modellpflege: neue Front- und Heckschürze, Scheinwerfer (chromfarbener Untergrund), seitliche Lufteinlässe, Rückleuchten. Innenraum: Neue Sportsitze, Chromapplikationen. Alle Modelle: 6-Gang, 16-Zoll-Räder hinten. MR2 SMT: VSC, TRC, BA. Von € 24.700,– bis 28.815,–.
2005:	Februar: Sondermodell Edition S: Leder schwarz, Sportfahrwerk, LM-Räder, Doppelendrohr. Nummernplakette. 100 Ex. in basaltgrau, € 28.000,- bzw. 29.800,- (SMT) März: TTE-Turbo-Bausatz lieferbar. 135 kW/184 PS, max. Drehmoment 250 Nm, Spitze 232 km/h. 0-100 km/h in 5,9 s, SMT: 7,2 s. € 6844,-.

Kompromissloser Zweisitzer war er von Anfang an gewesen – ein echter Roadster allerdings nicht. Das änderte sich mit der dritten Auflage, die auf der IAA 1999 Premiere feierte und ab April 2000 bei den deutschen Händlern stand: Der neue MR2 war ein offener Zweisitzer, bei dem sportliches Fahrverhalten und gefälliges Design eine ausgesprochen geglückte Verbindung eingegangen waren. Böse Zungen mochten zwar behaupten, der neue MR2 wäre nichts anderes als ein japanischer Verschnitt des Boxster, doch machte das die Behauptung auch nicht wahrer. Toyota-Enthusiasten sahen im Porsche dagegen nichts anderes als die konsequente Weiterentwicklung des ursprünglichen MR-Konzeptes, das viele Freunde gefunden hatte. Allein von der ersten Generation waren weltweit 166.000 Stück verkauft worden, die meisten davon in den USA; die zweite Generation blieb hinter den Erwartungen zurück – angeblich so weit, dass in Japan sogar die Produktionseinstellung erwogen wurde. Wenn das denn stimmt, so ist die Entwicklung eines Nachfolgers vor allem der Hartnäckigkeit der Entwickler zu verdanken, die dieses 975 Kilogramm leichte Spaßauto gegen alle Widerstände durchsetzten.

Technisch entsprach der MR2 keiner der bekannten Limousinen oder Coupés, das galt für das Fahrwerk ebenso wie für die gesamte Plattform, die eigens für den Roadster konzipiert worden war. Lediglich bei Motor und Getriebe erfolgte der Griff ins Toyota-Regal: Der quer eingebaute Vierzylinder-Reihenmotor mit 1,8 Litern Hubraum und 140 PS bei 6400/min kam auch beim Celica zum Einsatz. Der Sechzehnventiler mit VVT-i-Steuerung machte aus dem zweisitzigen Mittelstürmer ein reinrassiges Spaßgerät mit jederzeit berechenbarem Fahrverhalten und klar definiertem, schmalen Grenzbereich: Zwar keine Heckschleuder wie ein Porsche, aber doch eine Adrenalin-fördernde Angelegenheit bei abrupten Lastwechseln in der Kurve. Im Gegensatz zu den Schlagloch-Suchgeräten britischer Provenienz verfügte der Roadster mit den Yaris-Dimensionen über ein Mindestmaß dessen, was das Leben hinter dem Volant leichter machte, inklusive einer zielgenauen Servolenkung. Der fliegengewichtige 975-Kilogramm-Sprinter mit Spaßgarantie stand auf 185er Reifen und sechs Zoll breiten Leichtmetall-Rädern, hinten waren 205er auf Sechseinhalb-Zoll-Rädern aufgezogen. Das einzige, was man dem Nippon-Rodaster ankreiden mochte, war die relative Durchzugschwäche und der eher lasche Motorsound – was sich aber per TTE-Nachrüstanlage leicht ändern ließ. Wer aber über das geringe Platzangebot meckerte, hatte ihn nicht verstanden: Ein Roadster ist schließlich kein Lastesel.

Geschmackvoll: MR2-Cockpit in Color-Edition-Ausstattung. Die Aluminium-Pedalerie gab es auch im normalen MR.

Für den Sprint bis zur 100 km/h-Marke vergingen 8,1 Sekunden, seine Spitzengeschwindigkeit lag bei 210 km/h.

Endlich ein echter Roadster: der Mittelmotor-Sportler MR2, anno 2000. Drei Farbvarianten und vier aufpreispflichtige Metallic-Lackierungen standen zur Auswahl – in Novagelb wirkt der MR2 aber am schrillsten. Das lackierte Hardtop mit beheizbarer Heckscheibe kostet € 1687,- Aufpreis.

Es lebe der Sport: MR2 Competition in den Farben des Formel-1-Rennteams. Limitiert auf 100 Exemplare, durften die ersten Käufer die TTE-Schmiede in Köln besuchen.

Zum Abschluss ein Sondermodell: Auf 100 Stück limitiert, verabschiedet sich der MR2 mit der Edition-S-Ausgabe vom deutschen Markt.

Toyota Celica

Forever Young

Das schwierigste an diesem Wagen war seine Konzeption: Toyota USA forderte einen konkurrenzfähigen 2+2-Sitzer mit guter Leistung, aber zu moderaten Preisen, der das Zeug dazu hatte, den erfolgreichen amerikanischen Ponycars wie auch dem Datsun 240 Z Paroli zu bieten. Dass diese Quadratur des Kreises gelang, gehört wahrscheinlich zu den größten Erfolgen dieses Sportcoupés.

Toyota Celica (1971–1977)

Um auf die erforderlichen Stückzahlen zu kommen, entwickelten die Toyota-Ingenieure eine technische Plattform, welche auch für eine Limousine namens Carina genutzt und auf dem gleichen Band gebaut werden konnte. Für beide Modellreihen errichtete Toyota ein eigenes Werk. Tsutsumi, das dritte japanische PKW-Werk des Herstellers, ging Ende 1970 in Betrieb und war auf eine Produktion von zwei Millionen Einheiten ausgelegt.

Zu diesem Zeitpunkt war der Celica gerade zwei Monate auf dem Markt, der erste öffentliche Auftritt der Toyota-Zwillinge bei der Tokio Motor Show berechtigte zu großem Optimismus. Die Resonanz auf den Celica war gewaltig, das schmucke 1,6-Liter-Coupé von 4,16 Meter Länge fand insbesondere in den USA reißenden Absatz. Seine weich fließenden Linien und die voll versenkbaren Seitenfenster ohne störende B-Säule machten den Zweitürer zum Hecht im Karpfenteich der braven Jedermann-Sportwagen.

1974 führte Toyota den Celica mit Heckklappe ein, vor allem der amerikanische Markt verlangte nach dieser Karosserievariante im Stil des Ford Mustang. Nach Deutschland gelangte sie erst Ende 1976.

Nicht ganz so sportlich gebärdete sich dagegen der 1,6-Liter-Motor. Der Vierzylinder mit kurzem Hub, fünffach gelagerter Kurbelwelle, seitlich hochgelegter Nockenwelle und durch Stoßstangen gesteuerten Ventilen scheute hohe Drehzahlen und bot keine überragenden Fahrleistungen; ging dafür aber mit dem kostbaren Super-Kraftstoff vergleichsweise sparsam um. In Deutschland wurde der Celica im Frühjahr 1972 eingeführt. Von

Die erstklassige Verarbeitung, die komplette Ausstattung und die guten Fahrleistungen, vor allem mit Zweiliter-Motor, gehörten zu den großen Vorzügen dieser Modellreihe. Im Bild ein 1977er Modell.

Gleicher Radstand, gleiche Technik, gleicher Motor: Der Celica 1971 unterschied sich nur durch die Karosserie vom Carina.

den in Japan lieferbaren 28 Motor- und Ausstattungskombinationen war hierzulande zunächst nur eine einzige lieferbar: das Basis-LT-Modell mit 79 PS. Im Spätjahr erweiterte Toyota Deutschland sein Angebot dann um die 86 PS starke ST-Variante, die 450 Mark mehr kostete. Der Leistungszuwachs ging auf das Konto der jetzt verwendeten Doppelvergaser-Anlage mit Starterzug anstelle des einfachen Registervergasers mit Startautomatik. Noch mehr Temperament entwickelte der 1973 vorgestellte Celica GT. Der 108 PS starke Sportmotor mit zwei obenliegenden Nockenwellen und zwei Solex-Doppelvergasern beschleunigte den Celica aus dem Stand in 10,9 Sekunden auf 100 km/h. Im September 1975 unterzog Toyota seine Coupé-Baureihe einem umfassenden, wenn auch unauffälligen Facelift. Der nunmehrige TA 23 war acht Zentimeter länger und 20 Millimeter breiter als sein Vorgänger TA 22; die Spurweite wurde um 50 und der Radstand um 70 Millimeter vergrößert. In der Optik blieb alles beim Alten, lediglich die vorderen Blinker wanderten in die massiven Chromstoßfänger.

Die Motorleistung der LT-Coupés sank um vier auf versicherungsgünstige 75 PS. Die Liftback-Version des Celica wurde hierzulande erst im April 1976 eingeführt. Die überaus gelungene Fließheck-Variante mit Heckklappe – Code-Bezeichnung TA/RA 28 – erinnerte an die frühen Ford-Mustang-Modelle und wurde für bestimmte Märkte seit 1974 auf Basis des kürzeren Celica TA22 angeboten.

Modelle, Varianten, Preise:	
Modelle:	Coupé, Liftback
Bauzeit:	1970–1977
Motoren:	1588 ccm / 58 kW (79 PS) bei 5800/min 1588 ccm / 63 kW (86 PS) bei 5600/min ab 9.72 1588 ccm / 79 kW (108 PS) bei 6200/min ab 9.73 1588 ccm / 55 kW (75 PS) bei 5400/min ab 9.75 1968 ccm / 88,5 kW (120 PS) bei 5800/min ab 11.76
Ausstattung:	Getönte Scheiben, Liegesitze mit integrierten Kopfstützen, voll versenkbare Seitenscheiben hinten. Teppichboden. Drehzahl- messer, Armstützen mit Haltegriffen, Mittelkonsole, ab- schließbares Handschuhfach.
Varianten:	Celica LT, Celica ST, Celica GT, Liftback
Preise:	ab DM 10.450,–
Chronik:	
1970:	Oktober: Premiere auf der Tokio-Motor-Show, deutsche Erst-vor-stellung im Dezember, Auslieferungsbeginn ab Frühjahr 1971. Technik identisch mit Carina. Zuerst nur als 79 PS-Modell LT. Serienmäßig mit Fünfganggetriebe, Scheibenbremsen vorn.
1972:	September: Einführung Celica ST/86 PS. Facelift: Benzineinfüllstutzen jetzt seitlich links (Fahrerseite) in der C-Säule statt im Heck, Tank hinter den Sitzen. Entlüftungsschlitz-Reihe links und rechts auf der Fronthaube. Kühlergrill mit senkrechten Chromstäben; Celica-Symbol linke Grill-Seite mittig, neuer Schriftzug rechts oben neben Fernlicht. Heckleuch-ten-einheit unterteilt, heizbare Heckscheibe. Begrenzungs-leuchten nicht mehr unterhalb der Stoßstange.
1973:	September: Einführung Celica GT/108 PS (DM 14.450,–). Schwarzer Kühlergrill im Wabenmuster. Radläufe mit Chrom, Armaturenbrett vinylbezogen, nicht mehr im Holzdekor. Schwarzes Lenkrad, Radkappen im LM-Design. In der Schweiz: Vinyldach, Radio und Seitendekor serienmäßig.
1974:	Januar: Entlüftungsblende der C-Säule dreiteilig.
1976:	Facelift (Haube, Kühlergrill, Außenspiegel, andere Abmessungen); Coupé LT (Vierganggetriebe) nur noch 75 PS. April: Einführung Liftback (DM 13.790,–) 86-PS-Motor.: Vorderwagen unverändert, Heckpartie wie Ford Mustang. Große Heckklappe, dreigeteilte Rückleuchten. Seitliche Entlüftungsblenden. Abschließbare Tankklappe. Gepäckraumabdeckung, umklappbare Rücksitzlehne, Koffer-Haltegurte, Stoffsitze. Heckscheibenwischer gegen Aufpreis (DM 142,50). September: Liftback 2000 GT, DM 18.490,–. Kühlergrill und Technik wie GT Coupé, Zierstreifen. 120-PS-Motor.
1978:	Ablösung der Modellreihe.

Toyota Celica (1978–1982)

Auch die TA40-Baureihe, im Spätjahr 1977 in Japan vorgestellt und im Mai 1978 in Europa eingeführt, basierte auf dem Carina, wirkte aber ungleich attraktiver; nicht wenige hielten sie für die schönste Celica-Reihe überhaupt: Die erfolgreichste und meistverkaufte war sie allemal. Die Abkehr vom Nippon-Barock mit amerikanischen Designelementen führte zu einer klaren, schnörkellosen Formensprache mit markanten Doppelscheinwerfern und europäisch anmutenden Linien. Revolutionär gewandelt hatte

Kennzeichen der ersten Celica GT: der Bienenwaben-Kühlergrill, die Radkappen und das schwarze Vinyldach. Unterschiede gab es auch im Innendekor.

Gewöhnungsbedürftig: Die Celica-Studie von 1977 war ein Mittelding zwischen Pick-up und Motorboot.

Von Anfang an war der Celica als Schräg- und Stufenheck lieferbar. Topmodell der Reihe war der Liftback 2000 GT mit 123-PS-Motor.

sich indes nur die Außenhaut, der Pressetext verhieß „einen neun Zentimeter breiteren Innenraum", „vier Zentimeter mehr Kopffreiheit über den Vordersitzen" und ein um 30 Prozent vergrößertes Coupé-Gepäckabteil. Die Rücksitze allerdings blieben das, was sie schon vorher waren: eine Zumutung, zugelassen für drei Personen. Nichtsdestotrotz erschien bereits zweieinhalb Jahre später eine modifizierte Version mit Rechteck-Scheinwerfern.

Die exklusivste Art, Celica zu fahren, bot das Celica-Cabriolet, hierzulande von der Crailsheimer Firma Tropic gefertigt. Der Entwurf basierte auf einer Entwicklung der American Custom Coachworks in Beverly Hills, Kalifornien, und wurde durch den Automobilkaufmann Jürgen G. Weber nach Deutschland gebracht. Der clevere Geschäftsmann, der bereits im Herbst 1979 mit einem Fiesta-Cabriolet von sich reden machte, hatte zunächst erhebliche Schwierigkeiten, den wachsweichen US-Umbau über die TÜV-Hürden zu hieven. Das gelang erst, wie Augenzeugen sich erinnern, nachdem in Crailsheim ein Golf-Cabriolet der Firma Karmann vollständig zerlegt und auf den Sitz der Verstärkungsbleche untersucht worden war. Nach dieser Vorlage schließlich gelang es, den starken Verwindungen des Fahrzeugkörpers zu begegnen. Am schwierigsten gestaltete sich natürlich der Umbau zum Vollcabriolet. Nach Abnahme des Daches an den oberen Enden der A-Säulen und den unteren Enden der B- und C-Säulen zogen die Tropic-Macher zwischen hinterem Radkasten und dem Holm unter der B-Säule jeweils eine Blechplatte ein, überdies wurden die beiden Längsträger des Bodenblechs zusätzlich mit Vierkantstahlprofilen samt Stützblechen versteift. Die Rücksitze wanderten ins Ersatzteilregal, an ihre Stelle trat eine GFK-Wanne, die das aufgeklappte Verdeck aufnahm. Der nunmehr zweisitzige Celica war in offenem Zustand ein Augenschmaus und wurde im September 1981 bei der Typprüfstelle des TÜV Stuttgart abgenommen. Neben dem gleichwohl nicht sonderlich verwindungssteifen Vollcabrio auf Coupé-Basis (zirka 50 Stück gebaut) entstand der „Sunchaser", ein Targa-Cabriolet mit herausnehmbaren Dachmittelteil, breitem Überrollbügel und hinterem Faltverdeck (zwischen 130 und 150 Mal gebaut). Am beliebtesten war die in einer Auflage von

Das neue Karosseriestyling mit der europäisch anmutenden Formgebung unterschied sich deutlich vom Blechbarock des Vormodells – war aber in den USA entstanden.

Rechteck- statt Rundscheinwerfer, eine flachere Motorhaube, geänderte Heckleuchten sowie eine modifizierte Mittelkonsole unterschieden die Celica-Modelle des Jahres 1980 von den Vorgängern.

rund 250 Stück hergestellte Liftback-Version „TX-22" mit Targa-Dach. Zwischen 6.800 (Sunchaser) und 8.230 Mark (Vollcabrio) mussten für einen Umbau angelegt werden. Der Versuch, die Celica-Cabriolets auch in der Schweiz anzubieten, schlug fehl. Zwar baute Toyota-Importeur Frey einen Celica zum Sunchaser um, erhielt aber keine Musterzulassung. Und da bereits die nächste Celica-Generation in Sicht war, beließ man es dabei.

Toyota Celica (1982–1985)

Der Modellwechsel zum Jahresanfang 1982 hätte radikaler nicht ausfallen können. Keilförmig, mit weit herabgezogener Bugpartie und den um 45 Grad nach vorn klappbaren Scheinwerfern machte der neue Sportler eine ausgesprochen gute Figur.

Der Fortschritt steckte auch unter dem Blech: Entweder wurde die Technik verbessert (ST-Modelle) oder völlig neu konzipiert (XT und GT). Die stärkeren XT- und GT-Modelle erhielten Einzelradaufhängung rundum und innenbelüftete Scheibenbremsen; beim Grundmodell ST ließ ein Zahnstangen-Lenkgetriebe die wenig zielgenaue Kugelumlauflenkung der Vorgänger vergessen. Außerdem stattete man den bewährten 1,6-Liter-Motor mit einem neuen Zylinderkopf und kontaktloser Transistor-Zündanlage aus. Beim XT–Modell kam der 77 kW/105-PS-Vierzylinder aus dem Cressida zum Einsatz. Auch Oben-ohne-Freunde kamen bei der dritten Celica-Generation auf ihre Kosten; die Firma H.P. Schwan (Hagen und Würzburg) verwandelte die Coupés in ausgesprochen ansehn-

Modelle, Varianten, Preise:	
Modelle:	Coupé, Liftback
Bauzeit:	1978–1982
Motoren:	1588 ccm / 55 kW (75 PS) bei 5200/min 1588 ccm / 66 kW (90 PS) bei 5000/min 1588 ccm / 80 kW (108 PS) bei 6200/min 1967 ccm / 90 kW (123 PS) bei 5800/min 1968 ccm / 65 kW (89 PS) bei 5000/min ab 11.78 1588 ccm / 63 kW (86 PS) bei 5400/min ab 1.80 1588 ccm / 81 kW (110 PS) bei 6200/min ab 1.80
Ausstattung:	LT: Liegesitze mit verstellbarer Kopfstütze, Teppichboden, Ausstellfenster hinten, abschließb. Tank, getönte Scheiben. ST: Fünfganggetriebe, Verbundglasscheibe, Tageskilometerzähler, Öldruckmesser. GT: Sperrdifferenzial, Quarzuhr, Bandscheibenstütze.
Varianten:	Coupé LT/ST/GT; Liftback ST/2000GT, Liftback XT
Preise:	DM 13.100,– (Coupé LT) bis 18.890,– (Liftback GT)
Chronik:	
1978:	Nachfolgemodell im März eingeführt, Erstvorstellung in Japan im August 1977. Zwei Karosserievarianten, drei Ausstattungsstufen in Deutschland. Ab April Velourspolster auch für GT (vorher ausschließlich Kunstleder). November: XT 2000 Liftback (RA40) mit 89 PS. Velours, GT-Fahrersitz mit Bandscheibenstütze und Sitzhöhenverstellung. Umlaufende Schutzleiste, DM 16.595,–.
1980:	Januar: Facelift (Rechteckscheinwerfer, Rückleuchten). XT: Reifen 185/70, geänderte Mittelkonsole. ST: höhenverstellbare Lenksäule. XT und GT: Kartentasche in den Türen, Intervallschaltung für Innenbeleuchtung. Insgesamt acht Varianten lieferbar (davon zwei mit Automatik). Geänderte Motorleistung bei 1,6 ST und GT.
1982:	Ab Februar neue Modellreihe (TA60/RA61/RA63).

In Kleinserie entstanden nach einer amerikanischen Lizenz bei der Firma Tropic Celica-Cabriolets in verschiedenen Varianten. Der Vertrieb erfolgte über offizielle Toyota-Händler.

Der Celica Tropic „Sunchaser" verfügt über ein abnehmbares Dachmittelteil, das gerade noch in den Kofferraum passt.

Toyotas „Linie der Zukunft“ wies amerikanische Züge auf: Celica Coupé und Liftback, 1982.

Modelljahr 1984: Voll versenkbare Scheinwerfer und neue Frontansicht. Das Celica Coupé GT erhielt den 124-PS-16V-Motor des Corolla GT.

liche Vollcabriolets. Der Umbau war deutlich gediegener als bei den TA40-Tropics, denn im Gegensatz zu den Oberschwaben versteiften die Sauerländer ihren Umbau im Innern der Türschweller. Die aufwändigen Versteifungsarbeiten erlaubten den Verzicht auf einen am Boden aufgeschweißten Zusatzrahmen. Im Gegensatz zum Tropic-Bikini gewährte Toyota bei den Schwan-Cabriolets die volle Werksgarantie, der Vertrieb erfolgte über das offizielle Händlernetz. Die Umbaukosten lagen bei knapp 10.000 Mark, der Wagen konnte überdies weiter als Viersitzer genutzt werden.

Toyota Celica Supra 2.8i (1982–1986)

Zum Spitzenmodell der TA/RA-60-Reihe avancierte der Sechszylinder Celica Supra 2,8i (MA 61), den es nur als Liftback gab. Der Einbau des Doppelnocken-Sechszylinders mit einer in Lizenz gebauten Bosch L-Jetronic erforderte eine um 170 mm verlängerte Liftback-Karosserie, der Radstand war um 115 mm gewachsen.

Im *sport auto*-Test ließen die Stuttgarter Redakteure das 170 PS starke Celica-Flaggschiff 1982 gegen Porsche 924 und

Der Hagener Umbau-Spezialist Schwan verwandelte für 7.300 Mark Celica-Coupés in Cabriolets. Oben rechts: Auch das hat es gegeben: Hardtop für das Schwan-Cabriolet.

Der Supra mit zeittypischem Zubehör, wie es beim Toyota-Händler zu kaufen war.

Mitsubishi Starion antreten; es reichte allerdings nur zu einem dritten Platz – trotz ansprechender Fahrleistungen und bestem Komfort. Die Schwächen – und dazu gehörte in erster Linie die Fahrwerkabstimmung – verhinderten eine bessere Wertung.

Modelle, Varianten, Preise:	
Modelle:	Coupé, Liftback
Bauzeit:	1982–1985
Motoren:	1588 ccm / 63 kW (86 PS) bei 5400/min 1972 ccm / 77 kW (105 PS) bei 5000/min 1968 ccm / 88 kW (120 PS) bei 5800/min 2759 ccm / 125 kW (170 PS) bei 5600/min ab 5.82 1576 ccm / 91 KW (124 PS) 16V bei 6600/min ab 11.83
Ausstattung:	ST: Getönte Scheiben, heizbare Heckscheibe, Sitzhöhenverstellung, verstellb. Lenksäule. XT: einzeln umklappbare Rücksitze, Gepäckraumabdeckung, Kofferraumbeleuchtung. GT: Bandscheibenstütze, umklappb. Rücksitze mit Durchlade zum Kofferraum. Tankverschluss von innen zu öffnen.
Varianten:	Coupé 1600 ST/2000 GT; Liftback 1600 ST/2000 XT
Preise:	DM 16.590,– (Coupé ST) bis DM 19.490,– (Liftback XT)

Chronik:	
1982:	Februar neue Modellreihe. Neue Karosserien, verbesserte Technik. Günstiger c_W-Wert von 0,34 (Liftback) bzw. 0,36 (Coupé). Innenraum um 95 mm länger, 15 mm breiter; 85 mm mehr Kopffreiheit. ST und GT mit bekannten Motoren, XT-Triebwerk neu. Nur Liftback XT mit Automatik (DM 20.990,–). Mai: Liftback Supra 2,8 mit Sechszylinder, längerem Vorderwagen und voll versenkbaren Klappscheinwerfern. Servo, EFH, LM-Räder etc. Serie, DM 29.990.–
1983:	November: Modellpflege: Voll versenkbare Klappscheinwerfer. Celica GT-Coupé erhält 16V-Motor aus Corolla Coupé GT, verbesserte Ausstattung (z.B. Sportsitze). Supra: 6"-Alu, Reifen 205/60; Digital-Armaturen. Ab sofort auch mit elektronisch gesteuerter Vier-Stufen-Automatik mit Overdrive (ECT) lieferbar. Option: Kotflügelverbreiterungen und Pirelli-Breitreifen 225/60 auf 7"-LM-Rädern
1985:	Celica mit Frontantrieb eingeführt (September); ab diesem Zeitpunkt Supra als eigenständige Modellreihe geführt (bis 9.86 gebaut).
1986:	September: Produktionsauslauf Celica Supra.

Allerdings lag diesem Test ein großes Missverständnis zu Grunde: Der Celica Supra hatte nie etwas anderes sein sollen als ein luxuriöser Gran Tourismo, ein Fernreise-Express, der seine Passagiere sicher und komfortabel an sein Ziel brachte. Und in dieser Kategorie war der Supra eine Klasse für sich.

Der sportlichste Toyota im Programm: das Sechszylinder-Liftback-Coupé Celica Supra 2,8i erschien hierzulande 1982.

Der Supra nach dem Facelift 1984 wurde nach dem Celica-Modellwechsel als eigene Modellreihe geführt.

Toyota Celica (1985–1989)

Je oller, desto doller: Es dauerte immerhin fünfzehn Jahre, um aus dem Carina-Derivat Celica einen echten Sportwagen zu machen. Mit der vierten Generation war das Ziel nun endlich erreicht. Wichtigstes Merkmal war die Umstellung auf Frontantrieb. Im Grundmodell, dem Celica 1,6 GT, saß der 16ventilige Vierzylinder des Vorgängers unter der Haube, nunmehr quer eingebaut; die Aufbaustufe 2,0 GT erhielt den brandneuen Zweiliter-Vierventiler mit 150 PS.

Jetzt endlich konnte auch das Fahrverhalten überzeugen. Stabiler Geradeauslauf bei hohen Geschwindigkeiten – und der 2,0 ging immerhin 211 km/h –, gut kontrollierbares Untersteuern in der Kurve und „ein für Sportwagenverhältnisse bemerkenswert guter Federungskomfort“ *(auto motor und sport)* gehörten zu den erfreulichsten Verbesserungen gegenüber der alten Garde. Da ließ sich dann schon eher verzeihen, dass der neue Celica nicht das war, was die Pressemappe versprach: Deutschen Käufern wurde die Liftback-Version als Coupé verkauft; doch das eigentliche Coupé wurde weder hier noch in der Schweiz offiziell angeboten.

Dennoch war das Interesse seitens der Tester riesig, gerade dem Zweiliter-Liftback fühlten die Schreiberlinge in Einzel- und Vergleichstests so intensiv auf den Zahn wie kaum einem anderen Toyota-Modell jener Tage. Passende Vergleichskandidaten fanden sich in allen Autohäusern und auch beim Porsche-Händler: Wenn man den zeitgenössischen Berichten der Zeitschrift *mot* Glauben schenken mag, gab es keinen Grund, einem Porsche 924 S den Vorzug vor dem agilen Nippon-Coupé zu geben. Deutlich kritischer standen die *auto motor und sport*-Redakteure dem Celica gegenüber. Die Stuttgarter testeten einen Kat-GT und verglichen ihn mit dem Nissan 200 SX, dem Mazda RX-7 und dem VW Corrado. Während Karosserie und Ausstattung durchaus überzeugten, sorgten Kurvenverhalten und der nach dem Kat-Einbau mit 140 PS eher lustlose Geselle unter der Haube für Punktabzüge, so dass es in der Endwertung nur für die Bronzemedaille reichte.

Auch Celi Nummer vier – im Entwicklungsbuch als T16 geführt – legte seine Hüllen ab: Den Strip inszenierte wieder H.P. Schwan, der dafür auf das in den USA angebotene Coupé zurückgriff und es in ein harmonisches, sehr ansehnliches Viersitzer-Cabriolet verwandelte. Ausschließlich als Zweiliter-GT angeboten, ließ sich der Wagen in zwei Stufen offen legen: Zunächst konnte das Dachmittelteil separat herausgenommen und im Kofferraum verstaut werden, um den Wagen dann ganz zu öffnen, musste der Überrollbügel samt hinterem Verdeckteil abgeklappt werden. Das „Traumcabriolet mit Herz und Verstand“ war in drei Farben lieferbar und stand ab Frühsommer 1986 im Programm. Nicht mit offiziellem

Nach dem Modellwechsel 1985 gelangte der Celica nur noch als Liftback nach Deutschland.

Entwickelt von Schwan, gebaut von Voll, vertrieben von Toyota: Celica Cabriolet. Daneben parkt der MR2 T-bar vom Frühjahr 1987.

Modelle, Varianten, Preise:	
Modelle:	Liftback, Cabriolet
Bauzeit:	1985–1989
Motoren:	1588 ccm / 91 kW (124 PS) bei 6600/min 1998 ccm / 110 kW (150 PS) bei 6400/min 1998 ccm / 103 kW (140 PS) Kat bei 6000/min 1588 ccm / 85 kW (116 PS) Kat bei 6600/min ab 9.87 1998 ccm / 136 kW (185 PS) Turbo Kat bei 6000/min ab 9.87
Ausstattung:	Sechsfach verstellbarer Fahrersitz, getönte Scheiben, Fernent- riegelung für Gepäckraum- und Tankklappe, Rücksitzlehnen umklappbar, elektr. Außenspiegel. 2,0 GT: Fahrersitz mit elektr. verstellb. Seitenstützen. ZV, EFH, Außenspiegel beheizbar. Reifen 195/60 VR 14; Servo, Scheibenbremsen hinten.
Varianten:	Celica 1,6 GT/2,0 GT, 2,0 GT Turbo 4WD
Preise:	DM 28.840,– (1,6 GT) bis 34.490,– (2,0 Kat)

Chronik:	
1985:	Celica mit Frontantrieb eingeführt (September). Nur Liftback-Variante, als 1,6 (AT 160) und 2,0 GT (ST 162) mit kennfeldgesteuerter Zündanlage, EFI-Kraftstoffeinspritzung. 2,0 GT auch mit G-Kat. In der Schweiz: nur 2,0 l.
1987:	Celica-Cabrios ab April: gebaut von der Würzburger Karosseriefabrik Voll im Auftrag der Firma Schwan, Hagen. Gute Verwindungsstabilität, kompliziert zu bedienendes Verdeck, Stereo-Cassettengerät. Ausschließlich 2,0 GT mit und ohne Kat; Preise DM 42.350,– bzw. DM 46.200,–. Rund 2000 Stück gebaut. September: Facelift (Front mit vier schwarzen Lamellen, Toyota-Schriftzug mittig. Spiegel in Wagenfarbe lackiert, LM-Räder, Lenkrad). Celica 1,6 GT jetzt auch mit Kat (DM 31.560,–) und 2,0 GT Turbo Allrad-Kat (DM 51.850,–): Permanenter Allradantrieb mit Zentraldifferenzial und -sperre, Turbolader mit Wasserkühlung und Ladeluftkühler, ABS. Reifen 205/60 VR 14; elektr. Schiebedach, Stereo-Cassettenradio und vier Lautsprecher Serie. Fahrzeug um 15 mm länger als Basis, Spurweite hinten 10 mm breiter.
1988:	Modellreihe gestrafft, ab März ausschließlich Modelle mit G-Kat. ABS gegen Aufpreis (nur 2,0 GT).
1989:	September: Europa-Premiere für die zweite Celica-Generation mit Frontantrieb.

„Ein Traumcabriolet, das mit Herz und Verstand (auch als Erstwagen) erworben werden kann…" Schwan-Werbung, 1987. Aluräder und Kotflügelverbreiterung gehörten aber zur Sonderausstattung.

Toyota-Segen entstand dagegen das Liftback-Cabrio mit Targa-Dach, das bei Schwan – beziehungsweise der Würzburger Karosseriefabrik Voll, bei der auch das Opel-Ascona-Cabrio vom Band lief – in einer Auflage von rund 50 Einheiten entstand.

Toyota Celica (1989–1993)

Evolution statt Revolution, unter diesem Motto stand die Entwicklung der fünften Celica-Generation. Unter der völlig neu konfektionierten Karosserie steckte das bewährte Frontantriebs-Fahrwerk mit einzeln aufgehängten Querlenkern an der Vorderachse und dop-

1990 folgte die Auslieferung der neuen, konsequent auf Aerodynamik getrimmten Celica, Baureihe T18.

pelten Querlenkern mit Längszugstreben hinten. Das Fahrwerk-Layout wurde für die Neuauflage allerdings etwas aufpoliert; sensibler ansprechende Schraubenfedern hier, bessere Gasdruckstoßdämpfer da und neu gelagerte Querlenker dort sollten mehr Sicherheit und Fahrkomfort bringen. Der AT/ST18-Celica gab seine Visitenkarte zur IAA 1989 ab, in den Verkauf gelangte der rund gelutschte Nippon-Sportler im Frühjahr 1990. In Deutschland wie auch in Europa wurde nunmehr ausschließlich das Liftback-Modell angeboten, das Coupé fand nur noch Eingang in den US-Markt ab 1991 lieferbar. Die nachhaltigste Änderung fand unter der Haube des Celica 1,6 statt. Der schwächste Celica erhielt einen neuen Vierzylinder-Sechzehnventiler mit 105 PS – werksinterne Bezeichnung 4A-FE –, der auch im Corolla Tercel für Vorschub sorgte. Topmodell der Reihe war der neue Turbo-Celica mit 204 PS, permanentem Allradantrieb, Torsen-Sperre an der Hinterachse, Visco-Kupplung, ABS und 15-Zoll-Leichtmetallrädern. Der gut 230 km/h schnelle Spitzensportler mit der charakteristischen Lufthutze auf der Haube kostete 58.000 Mark. Fast ebenso teuer war der eleganteste Vertreter, das Celica-Cabriolet mit elektrischem Faltverdeck, das Toyota bei ASC, der American Sunroof Corporation schneidern ließ. Das Unternehmen in Kalifornien war die Gründung eines deutschen Geschäftsmannes und hatte mehr als 3000 Mitarbeiter. Der größte unabhängige Cabriolethersteller der Welt legte jährlich rund 5000 der hierzulande nicht lieferbaren Celica-Coupés bloß. Diesen allerdings hatte Toyota bereits in Japan ein stützendes Korsett eingezogen, darunter Verstärkungen an A-Säule und Windschutzscheibenrahmen, in Türschwellern, Radkästen und Bodengruppe. ASC griff dann zur Blechschere, fügte weitere Verstärkungen ein und versah das Ganze mit einem wetterfesten, vierlagigen Verdeck, das den Vergleich mit den Karmann-Dächern nicht zu scheuen brauchte. Rund zehn Prozent der solchermaßen enthaupteten Coupés schickte ASC dann zurück nach Japan, wo sie bei Toyota einer letzten peniblen Endkontrolle unterzogen wurden, bevor diese Cabriolets dann per Schiff auf die Reise nach Europa geschickt

Das bei ASC in den USA gebaute Cabriolet hatte eine halbe Weltreise hinter sich, bevor es in Europa landete. In Deutschland hatte der knapp 60.000 Mark teure 2+2 Sitzer seinen schärfsten Rivalen in Gestalt des offenen Dreier-BMW.

wurden. Dort wurde das Celica-Cabriolet ausschließlich als Celica 2.0 GTi mit 156 PS starkem Vierzylinder angeboten.

„Wer zu den Besitzern dieses Cabriolets gehören wird, kann sich über ein gut verarbeitetes, recht steifes Auto freuen," bilanzierte die *Auto-Zeitung* in einem kurzen Fahrbericht, der auch die komplette Ausstattung (die auch ein elektro-hydraulisches Verdeck inkludierte), lobte. Lediglich die umständliche und Fingernagel-mordende Handhabung der Persenning stieß auf Kritik: „Bei einem Auto für immerhin 57.870 Mark ist eine solche Detaillösung völlig unmöglich."

Abgesehen davon allerdings hatten die Aufschneider ganze Arbeit geleistet. „Gummidichtungen und Nähte sind sauber verarbeitet, das Gestänge knarzt auch auf schlechtem Pflaster nicht", lobte *Auto Bild* den exklusiven Viersitzer, der immerhin noch einen Kofferraum von 320 Litern Volumen aufweisen konnte. Wer die Rücksitzlehne umklappte, hatte sogar bis zu 560 Liter zur Verfügung. Und das war beinahe doch schon revolutionär…

Modelle, Varianten, Preise:

Modelle:	Liftback, Cabriolet
Bauzeit:	1989–1993
Motoren:	1998 ccm / 115 kW (156 PS) bei 6600/min 1998 ccm / 150 kW (204 PS) Turbo bei 6000/min 1587 ccm / 77 kW (105 PS) bei 5600/min ab 3.91 1998 ccm / 153 kW (208 PS) bei 6000/min ab 3.92
Ausstattung:	G-Kat, Klappscheinwerfer, elektr. verstellb. Außenspiegel, EFH, ZV. Geteilt umlegbare Rücksitzlehnen; heizbare Heckscheibe, Heckscheibenwischer mit Intervallschaltung. Turbo: Lufthutze, verrippter Lufteinlass, Allradantrieb.
Varianten:	Celica STi 1,6; GT 1,6/2,0; GT 2,0 Turbo 4WD
Preise:	40.000,–/55.880,–

Chronik:

1990:	März: Auslieferung, drei Leistungsstufen (GT 1,6/2,0 und GT 2,0 Turbo 4x4). Völlig neue Karosserie, Technik im Prinzip vom Vorgänger übernommen und verfeinert. Innenraum und Cockpit neu. März: Einführung Basis-Modell 1.6 ST-i, 77 kW/105 PS. Kein Heckspoiler, Räder 185/70 HR 13.
1991:	Mai: Auslieferung des Celica-Cabriolets. September: Vorstellung Celica Turbo 4WD auf der IAA: 2,0 l, Turbo, 153 kW/208 PS. Lufthutze auf der Haube, vergrößerte Radhäuser, Reifen 215/50 auf 6,5 JJ 15, Fünfgang-Getriebe mit Ölkühler, Modifikationen an Auspuff, Radaufhängungen und Achsdifferenzialen. Ledersitze, Schiebedach. Alle Modelle: Modifikationen an Front und Heck, größere Räder, neue Sitzbezüge. Airbag auf Wunsch. Vorstellung Carlos Sainz
1992:	März: Auslieferung Carlos Sainz Limited Edition, 5000 Ex. weltweit. Neuer Vorderbau, leicht gestiegene Motorleistung, Lederausstattung, Schiebedach. Nur Österreich: 400 Ex. Limited Edition Franz Wittmann: Basis 1.6 STi, elektr. Schiebedach, LM-Felgen, Airbag, ABS.
1994:	Modellwechsel.

Celica Carlos Sainz, 1992. Weltweit auf 5000 Einheiten limitiert, leistete das Flaggschiff der Celica-Familie 153 kW.

Auf der IAA 1989 zu sehen: der Celica 4WD. Er bildete das Basismodell zur Homologation des Rallye-Celica. ***Foto: Kittler***

Nach gut vier Millionen gebauten Exemplaren folgte 1994 die nächste Celica-Generation. Trotz der bulligen Optik war das Sportcoupe, Baureihe T20, leichter geworden.

Toyota Celica (1994–1999)

In der imageträchtigen Coupé-Klasse, in der so viel ging, ging bei Toyota nur wenig: Vergessen waren die seligen TA/RA-40-Zeiten, als Toyota die Celicas gar nicht so schnell aus den Schiffen laden konnte, wie sie aus den Schauräumen der Händler rollten: Im kurzlebigen Coupé-Geschäft fehlte ein zeitgemäßtrendiges Modell, das rundliche Bio-Seifen-Design der Celica Nummer 5 hatte sich überlebt. Da das aber auch so ziemlich das Einzige gewesen war, was man der T18-Reihe vorwerfen konnte, beschränkten sich die Toyota-Verantwortlichen in erster Linie darauf, dem Mittelklasse-Coupé einen neuen optischen Auftritt zu verpassen. Das geschah 1994, als Toyota unter der Code-Nummer T 20 die sechste Auflage der bis dahin rund vier Millionen Mal gebauten Modellreihe ins Programm hievte. Der wieder in den USA gestylte Vierzylinder sollte, so Chefingenieur Nakagawa, „zurück zur Basis des Sportcoupés führen – zum Vergnügen für den Fahrer."

Zunächst einmal hatte allerdings der Betrachter das Vergnügen: Der neue Celica – obwohl um gut 50 Kilogramm leichter als zuvor – kauerte ungemein bullig auf der Straße, so stämmig hatte noch keiner seiner Vorgänger ausgesehen. Hinter der dickbackigen Vieraugen-Front werkelten die beiden wohl bekannten Sechzehnventil-Vierzylinder mit 1,8 beziehungsweise zwei Litern Hubraum. In der Basisversion stemmte er 85 kW/115 PS auf die Kurbelwelle, im Zweiliter-GT-Celica mussten 129 kW/175 PS gebändigt werden. Der wichtigste konstruktive Unterschied zum Vormodell bestand aber in der stabileren Sicherheitskarosserie, die, laut Toyota, trotz Leichtbauweise eine um gut 20 Prozent größere Festigkeit aufwies.

Presse wie Kunden bereiteten dem Japan-Sportler einen freundlichen Empfang. Im Coupé-Vergleichstest der Zeitschrift *auto* ging der Nippon-Sportler als moralischer Sieger über die Ziellinie. Die Motorwertung erwies sich, dank hoher Laufkultur und bemerkenswerter Sparsamkeit, als eine der Paradedisziplinen des gut 200 km/h schnellen Celica. Motorsound und Bremsen entpuppten sich als Handicap des ganz auf Sparsamkeit getrimmten Reihen-Vierers. Doch diese Schwächen machten seine übrigen Stärken mehr als wett: „Für den täglichen Einsatz eignet sich der schnelle und relativ komfortable Toyota Celica am besten", lautete das Tester-Urteil, das letztlich dann doch dem Alfa Romeo GTV den Vorzug gab: Zwar längst nicht so perfekt, doch in punkto Fahrspaß nicht zu schlagen. Das zur Tokio Motor Show im Oktober 1994 präsentierte Cabrio hätte dieses Mehr an Fahrspaß vielleicht bieten können, doch hier endete des Testers Freud: Das wiederum bei ASC gebaute Cabrio wurde nur in bestimmten Märkten angeboten, so in Nordamerika, Japan und der Schweiz.

Wieder bei ASC gebaut: das zum Beispiel in der Schweiz angebotene Celica-Cabriolet.

Modelle, Varianten, Preise:

Modelle:	Liftback
Bauzeit:	1993–1999
Motoren:	1762 ccm / 85 kW (115 PS) bei 5800/min 1998 ccm / 129 kW (175 PS) bei 7000/min 1998 ccm / 178 kW (242 PS) bei 6000/min ab 6.94
Ausstattung:	Stoßfänger in Wagenfarbe, elektr. einstellbare Außenspiegel, ABS, Servo. GT: Türgriffe in Wagenfarbe, 15"-Räder, Nebel- scheinwerfer, Viscosperre, Leder.
Varianten:	Celica, Celica GT, GT Four
Preise:	DM 40.200,– (Celica) bis 76.820,– (GT Four)

Chronik:

1993:	Debüt Tokio Motor Show 1993, Parallelmodell für Japan heißt Curren (Breitbandscheinwerfer). Limousinenpendant Carina ED/Corona EXiV nicht für den Export. Titelgewinn in der Rallye-WM.
1994:	Einführung Celica und Celica GT. Nur als Fließheck-Coupé angeboten. Quermotor, Frontantrieb, zwei Ausstattungen zur Wahl. Titelgewinn in der Rallye-WM. Juni: Homologationsmodell GT-Four. 242 PS, Fahrer-Airbag, Klima, Leder, ZV, EFH, Glas-Hubdach. DM 76.540,–
1995:	Celica GT-Four: 2,0-16-Turbo, Leistung 290 PS bei 5200/min. Allradantrieb, Sechsgang-Getriebe, Rennkupplung. Titelgewinn in der Rallye-WM, wegen eines angeblich nicht korrekten Luftmengenbegrenzers Titel aberkannt. Toyota zieht sich nach der Saison aus der Rallye-WM zurück.
1996:	Facelift: neue Stoßfänger, modif. Lufteinlässe, weiße Blinkergläser, Seitenschweller. Airbags, Gurtstraffer, Seitenaufprallschutz, 3. Bremsleuchte, neue Polsterstoffe, Innenraummodifikationen.
1999:	Auslaufen der Modellreihe.

Zur Saison 1996 unterzog Toyota den Celica einem leichten Facelift.

Der Allrad-Celica in US-Ausführung, 1994.

Toyota Celica (1999–2005)

Die Zeiten, in denen der Celica nur eine sportlich kostümierte Limousine war, gehörten endgültig der Vergangenheit an: „Der Toyota Celica der neuen Modellgeneration verkörpert gleichzeitig auch eine neue Philosophie im Segment der Sportcoupés", verkündete die Pressemappe, schwärmte von der kompakten Karosserie im Sharp-Edge-Design und zitierte den Chefingenieur Tadashi Nakagawa mit den Worten: „Das neue Modell rollt nun geradewegs in die Zukunft. Das neue Celica Coupé ist rundum ein Genuss: es zu betrachten, es zu fahren und natürlich es zu besitzen."

Nachdem zwischenzeitlich Gerüchte um ein bevorstehendes Produktionsende des Celica kursierten, meldete sich das knackige Schrägheck-Coupe zur IAA 1999 eindrucksvoll zurück.

Recht hatte Nakagawa-San: Der neue Celica war ein durch und durch ansprechendes Auto geworden, ein drahtiger Modellathlet, der mit kurzen, knackigen Überhängen und keilförmiger Silhouette den sportlichen Anspruch der siebten Celica-Generation unterstrich. Trotz des auf 2600 Millimeter gewachsenen Radstands geriet der neue Celica mit einer Gesamtlänge von 4.335 Millimetern spürbar kürzer als das pausbäckige Vormodell. Und schlanker war der Spitzensportler auch geworden. Knapp über 1.100 Kilogramm brachte der Toyota auf die Waage, gut 60 Kilogramm weniger als der Celica von 1994 – leichtes Spiel also für den spritzigen Leichtmetall-Sechzehnzylinder mit 1,8 Litern Hubraum, variabler Ventilsteuerung VVT-i und Toyota Direktzündung TDI. Der Reihenvierzylinder sorgte mit 143 PS (105 kW) bei 6.400/min für standesgemäße Fahrleistungen. Eher dem Gegenteil diente die standfeste Scheibenbremsanlage mit 255 Millimeter großen, innenbelüfteten Scheiben vorn und 269 Millimeter Stoppern hinten, ABS und elektronischer Bremskraftverteilung EBD. Die Kraft an die vorderen 15-Zöller reichte ein ebenfalls neu entwickeltes Sechsgang-Schaltgetriebe weiter. Die sechste Fahrstufe fungierte als Overdrive. Der verlängerte Radstand verbesserte die Geradeauslaufstabilität, während die Vorderradaufhängung an optimierten McPherson-Federbeinen und speziell geformten unteren Lenkern für ein verbessertes Lenkgefühl und eine höhere Lenkpräzision bei hohen Geschwindigkeiten sorgte.

Grundlage des neuen Celica-Designs war das Concept Car XYR, ein High Performance Sports Coupé, das Toyota im Januar 1999 auf der North American International Auto Show in Detroit präsentiert hatte. Entworfen wurden die Formen für das dritte

Technik vom Feinsten: Dank Leichtbauweise und hochmoderner VVT-i-Motoren agierte der Celica spritzig wie nie.

Jahrtausend von Toyotas CALTY Design Research Facility in Newport Beach, Kalifornien. Dafür begeistern sollten sich hierzulande rund 4.000 Celisti im Jahr, zumeist Singles und Paare jenseits der 35 Jahre, die nicht mehr auf jeden Pfennig schauen mussten. Diese hatten die Wahl zwischen zwei Celica-Varianten, nämlich mit und ohne den verheißungsvollen Zusatz „S". Die S-Variante verfügte über in Wagenfarbe lackierte Stoßfänger mit integriertem Frontspoiler, 16-Zoll-Leichtmetallräder mit 205/50 R 16 Bereifung und Klimaautomatik. Das Grundmodell war nicht ganz so üppig ausstaffiert, ohne allerdings ärmlich zu wirken. Als dritte Variante ergänzte zum Modelljahr 2001 der 1,8 TS die Celica-Reihe. Mit 141 kW (192 PS) war das Sportcoupé stark wie nie zuvor.

Sharp Edge Design: Die in den USA gestylte siebente Celica-Auflage hatte mit dem Vormodell nur noch den Namen gemeinsam.

Modelle, Varianten, Preise:	
Modelle:	Fließheck-Coupé
Bauzeit:	1999–2005
Motoren:	1794 ccm VVT-i / 105 kW (143 PS) bei 6400/min 1794 ccm VVTL-i / 141 kW (192 PS) bei 7800/min ab 11.00
Ausstattung:	Stoßfänger in Wagenfarbe, elektr. einstellb. Außenspiegel, ABS, Servo, Sechsgang-Getriebe. S: Nebelscheinwerfer, Klima- automatik, Lederlenkrad.
Varianten:	Celica; Celica S; Celica TS
Preise:	DM 39.800,–

Chronik:	
1999:	Neuauflage der Modellreihe T23, nur noch eine Karosserieform lieferbar. Völlige Neuentwicklung, zwei Ausstattungen, eine Motorisierung. Auf anderen Märkten auch mit Fünfgang- bzw. Automatikgetriebe lieferbar.
2000:	November: Celica TS. 1,8 l, VVTL-i. 141 kW/192 PS, Sechsgang-Getriebe. 0-100 km/h): 7,2 s. Sonderlackierung, Schriftzüge. Geänderte Instrumente (Drehzahlmesser bis 9000/min, Tacho bis 260 km/h. RDS-Audioanlage mit CD-Player und Multi-Info-Display mit Navi-Vorbereitung. DM 51.980,–.
2002:	November: Modellpflege: Neue Frontschürze, breiter und flacher Lufteinlass, Toyota-Logo über neuem Lufteinlass, neue Rückleuchten-Einheiten, vollständig in Rot. Detailmodifikationen innen. Stabilitätsprogramm VSC, ab € 22.000,–. Celica TS: Xenon-Lichttechnik serienmäßig, Scheinwerfer-Reinigungsanlage. € 28.700,–.

Alle Versionen des für 2003 überarbeiteten Celica verfügten nun serienmäßig über das Stabilitätsprogramm VSC.

Toyota GT86

Hachi Roku

Früher war alles besser? Blödsinn, stimmt zumindest nicht in Sachen Sportwagenbau, und auf jeden Fall nicht bei Japans Nummer Eins. Echte Sportwagen hat Toyota kaum gebaut. Genau genommen waren es nur drei, sagen wir dreieinhalb: S 800, 2000GT, der AE86 und die ersten Celica-Generationen. Dann aber: Ende Gelände, die gute alte Zeit war eine traurige, zumindest für die Freunde des gepflegten Drifts. Wer Sportwagen sagte, dachte sicher nicht an Toyota.

Bitte jetzt auch keine Kalendersprüche in der Art von: „Tradition heißt nicht die Asche bewahren, sondern die Flamme weitertragen". Passt zwar ausgesprochen gut zum GT86 – denn irgendwie lebt in ihm doch der Geist des 2000GT weiter –, kann man aber bei jedem neuen Auto behaupten und ist viel zu beliebig für diesen Straßenfeger, der seinen Fahrern ein breites Grinsen ins Gesicht stempelt.

Denn der GT86 – „Toyota Hachi Roku" für die Japaner – ist eine 4,25 Meter lange Fahrmaschine in Reinkultur, keine aufgehübschte Limousine mit Migräne: Lange Schnauze, kurzes Heck, Motor vorne, Antrieb hinten – mehr braucht es nicht, um Fahrspaß zu erzeugen. Toyota verbaut hier einen Zweiliter-Vierzylinder in Boxer-Auslegung. So etwas war bislang im Motorenabteil eines Toyota nicht zu entdecken gewesen, sieht man einmal vom S 800-Zweisitzerchen – Tradition bedeutet manchmal eben doch, die Flamme weiterzutragen – der frühen Sechziger ab.

Der neue Vierzylinder entstand in Zusammenarbeit mit Subaru (wahrscheinlich hat nur Porsche eine längere Tradition im Bau von Boxer-Motoren als der Toyota-Partner); seit 2006 haben die Entwicklungsteams daran gearbeitet: Toyota am Design, Subaru an der technischen Grundauslegung. Der Motor trägt die Kennung „FA20", ist ein Sechzehnventiler mit Steuerkette und mit 12,5:1 verdichtet. Die Gemischaufbereitung übernimmt die von Toyota entwickelte Kombination aus Direkt- und Saugrohreinspritzung, die besonders sparsam agiert. Das Maß von Bohrung und Hub beträgt jeweils 86 mm – „der goldene Mittelweg zwischen Drehmoment und

Ein klassischer Zweipluszwei mit Zweiliter-Boxermotor, Heckantrieb und Sechsganggetriebe: Toyotas GT86, lieferbar seit September 2012.

Arbeitsteilung: Die Technik stammt von Subaru, das Design und die kombinierte Saugrohr- und Direkteinspritzung steuert Toyota bei. Das Endergebnis ist eine lustbetonte Fahrmaschine.

Drehfreude" (*Autobild Sportscars*) –, und diese Kubatur zeichnete schon den legendären Kompaktsportler AE86 aus, den Driftkünstler aus der weit verzweigten Corolla-Sippschaft der mittachtziger Jahre. Die Motorleistung liegt bei 200 PS, sie wird von einem sauber rastenden Sechsgang-Schaltgetriebe verwaltet. Wer möchte, kann auch eine Sechsstufen-Automatik mit Schaltwippen ordern.

Ein Vorteil der Boxer-Konzeption liegt in der geringen Bauhöhe. Das sorgt für einen schön niedrigen Schwerpunkt, und der wiederum steht jedem Schluchtenflitzer gut zu Gesicht. Und Chefentwickler Tetsuya Tada hat den GT noch ein wenig tiefer auf den Asphalt gedrückt und den Motor weit nach hinten geschoben, eine extrem flache Ölwanne anbauen lassen und den Kühler um 17 Grad nach hinten gelegt: Damit wird ein sehr niedriger und außerordentlich übersichtlicher Schnitt der Aluminium-Motorhaube möglich, und höher als 1,30 Meter wächst der Flachmann nicht aus dem Asphalt.

Der fröhlich losorgelnde Sauger – die Variante für den Subaru-Ableger BRZ ist nicht minder drehfreudig, hat aber einen anderen Zylinderkopf – gehört zu den erfreulichsten Neuerscheinungen der letzten Jahre und eilt beim Gasanlegen geschmeidig die Drehzahlleiter nach oben („der kleine Boxermotor will drehen, drehen, drehen" – *Autobild*), ein Drehzahllimit von 7500/min ist keine alltägliche Hausnummer, für einen Sauger mit Direkteinspritzer sowieso. Das ganz große Surfen auf der Drehmomentwoge bietet er dennoch nicht, mehr als 205 Newtonmeter bei 6400 Umdrehungen lassen sich aus dem Vierzylinder nicht herausdrehen. Andererseits: „In diesen Drehzahlregionen fühlt sich der Toyota wohl, klingt plötzlich wie ein Elfer."

Ungeplante Ausflüge ins Nirgendwo verhindert das fein abgestimmte Fahrwerk mit McPherson-Federbeinen vorn und einem Arrangement aus Doppelquerlenkern hinten, das in ähnlicher Form zum Beispiel beim Subaru Impreza zu finden ist. Der Lenkimpuls wird elektronisch übertragen, die Übersetzung beträgt 13,1:1. „Das Fahrwerk liefert jederzeit zuverlässige Rückmeldung über den Fahrzustand, dazu ermöglicht die leichtgängige ... direkt ausgelegte Lenkung zielgenaue Korrekturen." *(Autobild Sportscars).*

Auto Bild Sportcars befand: „Mehr Spaß in dieser Klasse geht kaum ... ein echtes Charakter-Coupé mit extrem feinem Handling und intensiver Rückmeldung ...".

Dabei steht die volle Breitseite der Fahrdynamik-Regelsysteme bereit, dazu das mit einem Durchmesser von 365 Millimetern kleinste Serienruder aller Zeiten in einem Toyota. Für verschärfte sportliche Umtriebe gibt es den Aus-Schalter für VSC und TRC – und die Taste „VSC Sport+". Anders gesagt: ESP ausschalten, Ideallinie suchen, am Lenkrad zupfen, das Gaspedal lupfen – und schon wackelt der GT86 mit seinem Hinterteil wie ein Grid-Girl am Vorstart. Der Fahrspaß profitiert natürlich auch vom konsequenten Leichtbau, den Toyota hier betrieben hat, das Kampfgewicht liegt bei 1,24 Tonnen. Und die sind wunderbar verteilt; auf der Vorderachse lasten 53, auf der Hinterachse 47 Prozent: „Vom hauchzarten Powerslide bis zum beherzten Drift ist dann alles drin." Diese Agilität („fein ausbalanciert meistert er selbst enge Kurven, am Limit übersteuert er leicht, ohne zu übertreiben" – *Autobild)* ist für einen Toyota nachgerade sensationell.

Die Sitzposition ist perfekt und das Cockpit hat Flair. Der Tacho reicht bis 260 km/h, der Drehzahlmesser liegt zentral. Der rote Bereich beginnt bei 7400 Umdrehungen.

Die Rückkehr der Fahrfreude: Lange haben Markenfreunde auf einen neuen Sportwagen aus dem Hause Toyota gewartet. Am 15. September hatte die Warterei ein Ende: Vorhang auf für den Toyota GT86.

„Einer der bestkonzipierten Sportwagen der vergangenen Jahre ..."

Kein Zweifel: Die Entwicklungsteams haben mit diesem Heckmotor-Zwopluszwo einen fein ausgewogenen Low-Budget-Sportwagen auf die 17-Zoll-Michelins der Dimension 215/45 R gestellt, und „Low Budget" ist hier durchaus freundlich gemeint: Auf dem Preisschild stehen keine 30.000 Euro, und damit kostet ein Toyota Haki Rochu kaum mehr die Hälfte dessen, was andernorts für vergleichbare Spaßmacher angelegt werden muss. Und dennoch wirkt am GT86 nichts billig oder überzogen – „herrlich uneitel", befand ein Tester, ein Auto, das bei allem lieferbaren Luxus – Zweizonen-Klimaautomatik, Multimedia-Audiosystem, Geschwindigkeitsregelanlage und Smart-Key-System sind serienmäßig; das Navigationssystem Touch&Go lieferbar, mit dem der Fahrer seine E-Mails checken kann oder sich bei Facebook einloggen – fahrerorientiert ist wie kaum ein anderes.

Um eine möglichst perfekte Gewichtsverteilung zu erreichen, wurde der Boxermotor so tief und so weit wie möglich nach hinten gerückt. Dank des Torsen-Differenzials gibt es Grip in praktisch jeder Lebenslage.

Um mit Auto Bild, das den GT-86-Zwilling von Subaru testete, zu sprechen: „.. fährt sich wie ein klassischer Sportwagen – knorrig und faszinierend ..."

Die ersten Fahrberichte klingen nachgerade euphorisch; gelobt wird der Eifer, mit dem sich der jüngste Toyota-Spross durch Kurvenkombinationen jedweder Art treiben lässt, die perfekt passende Sitzposition, der Fahrspaß, den dieser Wagen versprüht, der einzigartige Charakter, die liebevolle Ausstattung bis hin zu den Kippschaltern im Cockpit und dem charakteristischen Heckdiffusor, der an den Lexus LFA erinnert: Wer einen erschwinglichen Sportwagen sucht, wird künftig automatisch an Toyota denken: „Am Ende steht die Erkenntnis, dass Toyota ... mit dem GT86 einen der faszinierendsten Sportwagen unserer Zeit geschaffen hat."

Chapeau, Hachi Roku.

Modelle, Varianten, Preise:	
Modelle:	Coupé
Bauzeit:	seit 2012
Motoren:	1998 ccm Boxer / 147 kW (200 PS) bei 7000/min
Ausstattung:	7 x Airbag, ABS, EBD, BA, VSC, TRC, Tempomat, Torsen-Diff., Bi-Xenon-Scheinwerfer mit Scheinwerferreinigungsanlage, LED-Tagfahrlicht , LED-Heckleuchten, Nebelscheinwerfer, Heckspoiler, Klimaautomatik, 3-Speichen-Lederlenkrad mit roten Ziernähten, höhen- und längsverstellbar, ZV mit FB, Smart-Key-System, EFH, 17-Zoll-LM, Multimedia-Audiosystem mit Navi.
Varianten:	GT86
Preise:	€ 29.900,-
Chronik:	
2011:	November: Weltpremiere auf der Tokio Motor Show. Gemeinschaftsentwicklung mit Subaru; Boxer-Motor mit D-4S Einspritztechnologie von Toyota sowohl für Direkt- als auch für Saugrohreinspritzung.
2012:	März: Europapremiere auf dem Genfer Salon, GT86 ab sofort bestellbar. Mai: Doppelter Klassensieg beim 24-Stunden-Rennen auf dem Nürburgring, in der SP3 (GAZOO-Racing) und V3 (Swiss Racing). August: TMG stellt für die V3-Klasse der VLN-Langstreckenmeisterschaft die Kundensport-Version GT86 CS-V3 vor: Rennfahrwerk und -bremsen, Überrollkäfig, Feuerlöschanlage usw. Endpreis ca. € 46.000,-. September: Einführung GT86, Gemeinschaftsentwicklung mit Subaru, Boxer-Motor. Lieferbare Extras: Aero-Paket, in Wagenfarbe lackiert (Spoiler-Kit für Front und Heck, Seitenschweller und Heckflügel), 6-Stufen-Automatik mit Schaltwippen am Lenkrad, Leder-Alcantara-Ausstattung inkl. Sitzheizung für Fahrer und Beifahrer (Sitzmittelbahnen anthrazit oder rot). Oktober: Vorstellung Zubehörprogramm GT86 TRD (Toyota Racing Development) Performance Line; erstmals werden TRD-Teile in Europa angeboten. U.a.: Front- und Heckspoiler, Seitenschweller, Stoßfänger hinten mit integrierter Heckschürze und ein Heckdiffusor aus rostfreiem Stahl. Voll einstellbares Sport-Gewindefahrwerk, ein Stabilisator-Kit und eine Domstrebe aus Kohlefaser; Optik-Teile.

Mit freundlichen Grüßen vom Lexus LFA: Der Heckdiffusor des GT86, hier in der Scion-Variante.

Mit einem Kofferraumvolumen von 243 Litern erweist sich der GT86 als überraschend alltagstauglich. Die Rücksitzlehnen lassen sich zudem zu einer ebenen Ladefläche für den Transport von vier Rädern umklappen.

Fremde Freunde: Die beim Subaru-Händler verkaufte GT86-Version heißt BRZ. Bis auf die Markenembleme und die Abstimmung sind beide baugleich.

Noch vor der offiziellen Markteinführung in Europa brachte Toyota zwei GT86 zum 24-Stunden-Rennen auf dem Nürburgring an den Start. Das betreuende GAZOO Racing Team war zudem mit einem Lexus LFA vertreten.

Toyota Supra

Die Kraft und die Herrlichkeit

Die Supra-Wurzeln reichen weit zurück: Bereits zu Zeiten des seligen Celica TA40 gab es eine nur Japan und den USA vorbehaltene Top-Version mit längerem Vorderwagen und 2.6-Liter-Sechzylindermotor mit 140 PS. Aus diesem „XX" genannten Modell wurde dann beim nächsten Modellwechsel der Celica Supra 2.8i. In der neuesten Ausgabe tauchte überhaupt kein Hinweis mehr auf die Altvorderen auf, vollkommen zu Recht übrigens: Zu dem ursprünglichen Celica-Modell bestand praktisch keine Verbindung mehr.

Toyota Supra (1986–1993)

Der bis dato stärkste und teuerste Toyota unterschied sich in allen wesentlichen Details von seinem Vorgänger. Die Länge blieb mit 4.620 mm unverändert, die Breite nahm um 60 mm zu, der Radstand dagegen wurde von 2.615 auf 2.595 mm verkürzt. Formal machte der Neuling mit dem markanten Heckspoiler, der langen flachen Haube, den wuchernden Seitenschwellern und den Kotflügelverbreiterungen einen ausgesprochen dynamischen Eindruck. Der Supra-Motor mit dem Entwicklungscode 7M-GE ein Graugussblock mit Alu-Kopf basierte auf dem Vollaluminium-Sechszylindertriebwerk, das auch den ersten Supra beflügelt hatte. Eine langhubigere Kurbelwelle, ein neu entwickelter Vierventil-Zylinderkopf und ein aufwendiges elektronisches Motormanagement mit Schubabschal-

Zusammen mit den Concept Cars FXV und AXV war der neue Supra der Star des Genfer-Salons 1986. Ihn gab es in Deutschland ausschließlich mit herausnehmbaren Dachmittelteil, in der Schweiz dagegen auch mit festem Dach.

tung und Ansaugluft-Steuerung steigerten die Leistung des DOHC-Aggregats auf 204 PS. Damit beschleunigte der 1.590 Kilogramm schwere Wagen in 8,6 Sekunden von 0 auf 100 km/h und erreichte eine Höchstgeschwindigkeit von 220 km/h.

Der neue Supra wurde als klare Kampfansage an die Adresse von Porsche gewertet. Aus bestimmten Blickwinkeln meinte ein Tester sogar frappierende Ähnlichkeiten zum Porsche 928 zu entdecken. Tatsächlich war der neue Supra weniger ein agiler Sportwagen vom Schlage eine Porsche 911, sondern eher ein luxuriöser Gran-Turismo, ein schneller Reisewagen, ausgestattet mit allen erdenklichen Annehmlichkeiten und einer Unmenge elektronischer Helferlein sowie einem herausnehmbaren Dach-Mittelteil. Zu den weiteren Pluspunkten des gut verarbeiteten Luxustourers gehörten der kultivierte Motor, die sehr präzise Fünfgangschaltung, das sichere Fahrverhalten und das hohe Maß an Fahrkomfort. Auf der Kehrseite der Medaille stand der hohe Verbrauch (im Test-Mittel über 14 Liter/ 100 Kilometer). Gut zwei Liter mehr genehmigte sich der ab 1988 ausgelieferte Turbo-Supra mit 235 PS. Der bis dato schnellste japanische Sportwagen hatte „alle Anlagen, eine neue Ära im japanischen Sportwagenbau einzuläuten", kommentierten die Tester, denn: „Zu allen komfortbetonten Zugaben aus dem Reich der Limousinen kam nämlich noch motorische Kraft – Kraft, die auch bei einem 1,6 Tonnen schweren Wagen Freude macht."

Modelle, Varianten, Preise:

Modelle:	Coupé 2+2
Bauzeit:	1986–1993
Motoren:	2954 ccm / 150 kW (204 PS) bei 6000/min 2954 ccm / 173 kW (235 PS) Turbo Kat bei 5600/min ab 9.87
Ausstattung:	Fahrersitz mit elektr. verstellbarer Lenden- und Bandscheiben- stütze, Tempomat, Außenspiegel beheizbar, Scheinwerfer- waschanlage, Targadach, EFH, ZV, elektr. Antenne, Radio-Cassettengerät.
Varianten:	Supra 3,0i; Supra 3,0i Turbo
Preise:	DM 49.200,– (3,0i)

Chronik:

1986:	Europa-Premiere auf dem Genfer Salon im März, in Deutschland ab September. Hier ausschließlich mit herausnehmbaren Dachmittelteil lieferbar. Komplett ausgestattet. Kein Katalysator, nicht schadstoffarm.
1987:	September: Modellreihe durch Einführung der Turbo-Modelle erweitert. ABS und G-Kat serienmäßig, Automatik auf Wunsch (DM 2.800,–). Preis DM 57.000,–
1988:	September: Facelift: Breiter Steg verbindet Stoßfänger mit Motorhaube, zweigeteilter Kühlergrill, dreiteiliger Heckspoiler, Heckscheibenwischer in Ruhestellung senkrecht. Wegfall Saugmotor-Version.
1991:	September: Modellpflege (Seitenaufprallschutz in den Türen).
1993:	Oktober: Vorstellung des Nachfolgers, Restbestände bis 1994 ausverkauft.

Der Supra 3,0i Turbo ging mit modifizierter Frontpartie ins Modelljahr 1989.

Toyota Supra (1993–1997)

Modelle, Varianten, Preise:	
Modelle:	Coupé 2+2
Bauzeit:	1993–1998
Motoren:	2954 ccm / 243 kW (330 PS) bei 5600/min
Ausstattung:	2 x Airbag, ABS, Klimaautomatik, Tempomat, Leder, Audio- anlage, Alu-Targa, 17"-LM-Räder, Ellipsoid-Nebelschluss- leuchten, Metallic-Lackierung.
Varianten:	Supra
Preise:	DM 106.000,–

Chronik:	
1993:	September: Premiere für den neuen Supra. Doppelturbo-Motor, 330 PS, Sechsgang-Getriebe, a.W. Vierstufen-Automatik. Überkomplett ausgestattet (Antriebsschlupfregelung TRC, Hinterachsdifferenzial mit begrenztem Schlupf, automatisch ausfahrender Frontspoiler, Targadach etc.). Keine Aufpreisliste.
1994:	Januar: Supra auf Wunsch auch ohne Heckflügel zu erhalten; nachträgliche Umrüstung nicht möglich.
1997:	Importstopp, in Japan bis 1999 in kleiner Stückzahl noch produziert.

Die Aufgabe war anspruchsvoll, der sich die Toyota-Entwickler um Chefingenieur Isao Tsuzuki im Sommer 1989 gegenüber sahen: Der neue Supra sollte zwar ein echter Sportwagen werden, aber keiner der herzhaft-unbequemen Sorte – eher ein Gran Turismo mit einer Sportwagen-gemäßen Leistung. Das definierte die Grundanforderungen an diesen Wagen: Stark, breit, bequem, einigermaßen zeitlos im Design und hinreichend zurückhaltend, was den Spritverbrauch angeht.

Darum konstruierten sie ein nicht zu großes, nicht zu schweres Auto mit zwei sehr bequemen und zwei zusätzlichen, nur für Kurzstrecken geeigneten Sitzplätzen. Das Ergebnis der Entwicklungsarbeit, der erste fahrfertige Prototyp, stand dann im Frühsommer 1991 auf den 17 Zoll großen Rädern: Vollgestopft mit intelligenter Technik – der Frontspoiler fuhr bei 90 km/h automatisch aus –, erinnerte nichts mehr an den kantig-keilförmigen Vorgänger des Jahres 1988. Trotz üppiger Formen war der neue Supra um gut 29 Kilogramm leichter geworden als der Vorgänger. Die Weight-Watchers der Konstruktions-Abteilung hatten auf Diät gesetzt, reichlich Aluminium (Haube) und Kunststoff (80-Liter-Tank) verbaut und selbst an den Schweißnähten gespart, so dass der Zeiger der Waage mit Fahrer, kompletter Ausstattung und elektrischen Helferlein letztlich bei 1.705 Kilo (Automatik-Ausführung: 1.715 Kilo) verharrte.

Nicht wieder zu erkennen: Im Frühjahr 1993 präsentierte Toyota den neuen Supra; seine Europa-Premiere erfolgte auf der IAA im September. Bei späteren Fahr- und Vergleichstests zeigte sich der Supra der europäischen Konkurrenz in nahezu allen Belangen überlegen.

Auch die Motoren-Techniker hatten tüchtig zu tun. Wohl übernahmen sie das aus dem Vorgängermodell bekannte und wegen seiner überschaubaren Abmessungen genau passende Motor-Konzept eines aufgeladenen Sechszylinders, doch stellte das nicht mehr als eine grobe Richtungsangabe dar: Der Dreiliter-V6 mit Doppelturbo mobilisierte 243 kW (330 PS) bei 5.600 Touren, aus dem Stand katapultierte er den Supra samt Besatzung in 5,1 Sekunden zur 100 km/h-Marke. Der Vorwärtsdrang endete, elektronisch abgeregelt, bei 250 km/h. Für die Kraftübertragung sorgte ein neues Sechsgang-Getriebe, das der schwäbische Hersteller Getrag ins japanische Autowerk Motomachi lieferte. Auf Wunsch – und ohne Aufpreis – erledigte der Supra die Schaltarbeit auch ganz automatisch. Gute Gründe, gerade an dieser Stelle der

Starkes Stück: Mit Sechszylinder-Reihenmotor und zwei Turboladern leistete der Hecktriebler satte 330 PS.

Ausstattungsliste sein Kreuzchen zu machen, gab es allerdings nicht. „Kurze Schaltwege bei nicht zu hohem Kraftaufwand und eine sehr exakte Führung machen Gangwechsel zum wahren Genuss", lobte *auto motor und sport* und nahm gleich zu Beginn des Berichts das Fazit vorweg: „Die Japaner haben in der dritten Auflage einen luxuriösen Sportwagen auf die Räder gestellt, der allen Ansprüchen betuchter Kunden vollauf genügt", jubilierte Tester Döhmann, „einen Sportwagen, der den Vergleich mit den feinsten Angeboten aus Europa nicht zu scheuen braucht".

Nachdem der zunächst nur mit Heckflügel lieferbare Supra wegen seiner Optik kritisiert worden war, bot Toyota ihn auch ohne diesen an. Eine nachträgliche Umrüstung war allerdings nicht möglich.

Vans

Toyota Yaris Verso

Raum-Wunder

Der Yaris übertraf auch in Europa alle Verkaufserwartungen: Bis Ende des Jahres 1999 hatte Toyota seinen Marktanteil in diesem Segment europaweit um zwei auf 3,6 Prozent ausgebaut; im ersten halben Jahr waren bereits 110.000 Yaris verkauft worden. Und das Beste kam erst noch: Zur Frankfurter Automobilausstellung erweiterte Toyota seine Kleinwagen-Palette um ein neues 1,3-l-Triebwerk und um den Mini-Van Yaris Verso.

Toyota Yaris Verso (1999–2005)

Auf einer Gesamtlänge von 3,86 Metern und 1,69 Metern Breite bot der Toyota ein in dieser Klasse unerreichtes Platzangebot im Innenraum. Der Fünfsitzer gab sich „vielseitig wie ein Schweizer Taschenmesser" *(Auto Bild)*: Das Gepäckraumvolumen, das im Normalfall 390 Liter aufnahm, ließ sich problemlos verfünffachen. In diesem Fall verschwanden die hinteren – einzeln umklappbaren – Sitze vollständig im Wagenboden, so entstand eine große, ebene Ladefläche. „So viel Platz haben wir auf einparkfreundlichen 3,86 Metern noch nie gesehen", staunten die Tester, und die Zeitschrift *Auto/Straßenverkehr* aus Berlin ergänzte: „Ballsaal auf Rädern… der hoch bauende Kasten ist noch geräumiger, als er aussieht." Die Autotester aus der Hauptstadt verglichen ihn mit den deutschen Konkurrenten Audi A2 und Mercedes A 140, zwei ähnlich konzipierten Hochdach-Minis, die aber, vergleichbar ausgestattet, mindestens 3000 Mark mehr kosteten. Das Ergebnis war ernüchternd – für die Mitbewerber: Der mit Abstand günstigste Wagen – der getestete Verso in Linea-Sol-Ausstattung kostete 28.980 Mark – hatte am Ende die Nase vorn: In punkto

Modelle, Varianten, Preise:	
Modelle:	Mini-Van, Fünftürer
Bauzeit:	1999–2005
Motoren:	1299 ccm VVT-i / 63 kW (86 PS) bei 6000/min 1497 ccm VVT-i / 78 kW (106 PS) bei 6000/min 1364 ccm D-4D / 55 kW (75 PS) bei 4000/min ab 9.01
Ausstattung:	4 x Airbag, ABS, Servo, Wärmeschutzverglasung, RDS-Radio, stattung: Multi-Info-Display. Linea sol: Dachreling, Veloursbezüge, ZV, EFH, elektr. verst. Außenspiegel
Varianten:	Yaris Verso linea luna, linea sol
Preise:	€ 13.794,65 (linea luna 5-G.) bis 15.839,82 (linea sol Automatik)
Chronik:	
1999:	September: IAA-Premiere für Yaris Verso, hohe Variabilität, Sitze lassen sich im Wagenboden versenken.
2001:	Februar: Yaris Verso 1,5 Liter VVT-i 78 kW/106 PS, max. Drehmoment 145 Nm bei 4200/min. Linea sol-Ausstattung, Fünfgang-Schaltgetriebe. DM 30.941,23 September: Vorstellung Yaris Verso D-4D.
2002:	März: Einführung Yaris Verso D-4D, ‰ 15.360,–
2003:	März: Modellpflege: Modifizierte Fahrzeugfront (verchromte Scheinwerfer-Innenflächen), optimiertes Heck (Stoßfänger, Leuchten), neues Raddesign. Innen: Armaturenbrett, Lenkrad, neue Sitzbezüge, verbesserte Sitze. Fahrersitz höhenverstellbar (nicht Verso C) Sol: Klima, Lederlenkrad mit Audio-Bedienelementen, Chrom/Alu-Innenraum-Applikationen. Einführung 1,3 l VVT-i (64 kW, erfüllt Euro 4); 1,5 Liter (modifiziert auf Euro 4) weiterhin angeboten. Ab € 14.300,–.

Von wegen Kleinwagen: Der Hochdach-Mini war ein echtes Raumwunder. Mit fünf Passagieren besetzt, fasste er 390 Liter Gepäck, bei umgeklappten und im Boden versenkten Rücksitzen sogar knapp 2000 Liter.

FunVan: Den Verso gab es zunächst mit 1,3-Liter-, dann mit 1,5-Liter-TS-Motor. Die ungewöhnliche Variabilität war bei beiden Versionen gleich.

Karosserie und Platzangebot war er nicht zu schlagen, ebenso wenig im Kapitel Komfort und Handhabung und bei den Kosten. Geschlagen geben musste sich der Toyota einzig im Punkt Fahrwerk/Sicherheit: ohne ESP war das Fahrverhalten des Verso nicht ganz so narrensicher – „doch ein unsicheres Auto ist er beileibe nicht".

Noch besser in Szene setzen konnte sich der Yaris gegenüber der nicht ESP-bewehrten Konkurrenz. *Auto Bild* verglich den Yaris mit fernöstlicher Konkurrenz – eine unfaire, weil herzlich einseitige Angelegenheit. Innenraumkonzept, Kofferraum, Ausstattung, Fahrverhalten und Motor waren nicht zu schlagen: Das Maß aller Dinge in diesem Marktsegment hieß Verso.

Ungewöhnliche Optik, faszinierendes Konzept: der Yaris Verso, die Hochdach-Version des erfolgreichen Kleinwagens. Hier nach dem Facelift 2003.

Toyota Verso-S

Ein Herz und eine Krone

Was für Audrey Hepburn und Gregory Peck im Hollywood-Klassiker die Vespa, ist heute ein Verso-S: Pfiffig, praktisch und spaßig, ideal für die kleine Auszeit zwischendurch.

Das Gepäckabteil des Fünfsitzers fasst 429 Liter, kann aber auf 1388 Liter erweitert werden. Außerdem lassen sich die Rücksitzlehnen auch vom Kofferraum aus umklappen.

Prinzessin Ann ist die Thronprinzessin eines nicht genannten Landes und als solche auf großer Europatour, eingezwängt in ein starres Protokoll. In Rom geht sie stiften, Reporter Joe greift sie auf und sie verbringen gemeinsam eine kurze, unvergessliche Zeit. Ebenso unvergesslich, wenn auch weit weniger romantisch, war vielen ihre Beziehung zum Yaris Verso, gebaut zwischen 1999 und 2005. Der war ein durch und durch vernünftiges und darob etwas streng geratenes Auto gewesen, eines für das Protokoll, nicht fürs Herz. Autos sollen aber nicht nur vernünftig sein, sondern auch Spaß machen. Und genau das bietet die zweite Minivan-Auflage auf Yaris-Basis: Ein solides, gut durchdachtes Raumkonzept (19 Ablagefächer!) mit hohem Spaßfaktor, drinnen wie draußen, optisch und fahrdynamisch.

Der neue Minivan erschien im März 2011 und ist schon rein optisch eine ganz andere Nummer als der nüchterne Protokollchef: Mit einer Höhe von knapp 1,60 m, großzügigen Blechflächen und bulliger Front im aktuellen Familiengesicht wirkt dieses 3,99 m kurze Raumwunder ausgesprochen charmant.

Weitaus bequemer und geräumiger noch als der Sattel der Vespa, mit der Ann und Joe durch Rom flitzen, geriet der Innenraum mit der erhöhten zweiten Sitzreihe: Hier hätte auch Gregory Peck alias Joe Bradley mit seinen 1,90 Metern noch komfortabel unterkommen können. Die Ergonomie stimmt, die Schenkelauflagen sind lang genug und der Seitenhalt ist ausgeprägt; auch hinten thront es sich selbst bei ganz zurückgeschobenen Vordersitzen noch knitterfrei – wie beim iQ sind die Rücklehnen der Vordersitze schlank gehalten. Das Gepäckabteil fasst im Normalfall übrigens 429 Liter.

Mit 1145 Kilogramm gehört der Verso-S zu den leichtesten Minivans. Dafür wurde tief in die Leichtbau-Trickkiste gegriffen und zum Beispiel Ventildeckel sowie Ansaugkrümmer beim Benziner aus Kunstharz gefertigt.

Zur Wahl stehen ein 99 PS starker 1,3-Liter-Benziner und ein Dieselmotor mit 1,4 Litern Hubraum und 90 PS.

Wer mittels Easy-Flat-Entriegelung im Kofferraum per Hebeldruck die geteilt klappbaren Rücksitzlehnen umlegt, darf sich an einem nahezu ebenen, geräumigen Laderaum mit maximal 1388 Litern Fassungsvermögen erfreuen: Prinzessin Ann hätte nicht auf der Parkbank schlafen müssen ... Dachhoch vollgepackt oder allein, der Fünfsitzer liegt auf der Autobahn satt und ruhig, die Straßenlage mit neuer, kompakt bauender Verbundlenker-Hinterachse ist von der gleichen Präzision wie die Etikette beim Staatsempfang.

Toyotas Maxi-Mini wurde von Presse wie Käufern begeistert empfangen. Der süße Fratz eroberte rasch die Herzen („bietet viel Platz und dürfte für preisbewusste Kunden auch wegen der Drei-Jahres-Garantie eine Alternative darstellen" – *Firmenauto*), punktet mit kleinem Wendekreis und toller Übersichtlichkeit. Und dabei gibt sich der Verso-S flink und schlank wie ein Scooter, hier trifft ein Leergewicht von gerade 1.145 Kilogramm. Beim Kabelbaum

Trat die Nachfolge des Yaris Verso an: der Verso-S, der seit 2011 lieferbar ist.

Aufgeräumt und übersichtlich zeigt sich das Armaturenbrettlayout; das Touchscreen-Infotainmentcenter mit Farbbildschirm und Rückfahrkamera ist in den höheren Ausstattungen serienmäßig. Ein Sechsgang-Getriebe ist bei beiden Ausführungen serienmäßig, optional gibt es die stufenlose Multidrive S.

Modelle, Varianten, Preise:

Modelle:	Mini-Van fünftürig
Bauzeit:	seit 2011
Motoren	1329 ccm / 73 kW (99 PS) bei 6000/min 1364 ccm D-4D / 60 kW (90 PS) bei 3800/min
Ausstattungen:	Verso-S: 7 x Airbag, Blinkleuchten in Außenspiegeln, VSC+, TRC, ZV mit FB, EFH v., Fahrersitz höhenverstellb., Easy-Flat-Sitzsystem. Cool: Audiosystem, Klimaanlage manuell. Life: verstellb. Kofferraumboden, Lederlenkrad, Rückfahrkamera, Lenkradfernbed. für Multimedia, Mittelarmlehne vorn und hinten, Club: 16-Zoll-LM, Nebelscheinw., Privacy-Glas, EFH hinten, Klimaautomatik.
Varianten:	Verso-S, Cool, Life, Club
Preise:	ab € 14.950,-

Chronik:

2010:	Oktober: Weltpremiere auf dem Pariser Salon. Basis Yaris, Minivan mit Easy-Flat-Sitzsystem. Zwei Motoren im Angebot. November: Produktionsanlauf.
2011:	März: Markteinführung; zwei Motoren, vier Ausstattungslinien. A.W.: Multimedia-System Toyota Touch mit 6,1 Zoll großem Farbdisplay und Touch-Screen; ab Sommer mit Navigationssystem Touch & Go. Verso-S 1.33 (CO_2-Emissionen 117 g/km) optional mit stufenlos variablem Multidrive-S-Getriebe, Bedienung über Schaltwippen am Lenkrad; optional Start-Stopp-Automatik. Auch 1.4 D-4D (CO_2-Ausstoß 113 g/km) mit automatisiertem Schaltgetriebe (Schaltwippen) lieferbar.

Rekordverdächtig: 19 Ablagefächer, verteilt auf 3,99 Meter Länge, und dabei ist der Kofferraum mit doppeltem Boden noch nicht mitgerechnet: Toyotas Verso-S.

wurde Kupfer durch Aluminium ersetzt, was dessen Gewicht um ein Drittel verringerte. Auf Fahrspaß in Form der bekannt spritzigen Yaris-Antriebsquellen, des 1,33-Liter-Benziners mit 99 PS sowie des 1,4-Liter-Diesels mit 90 PS, muss nicht verzichtet werden. Beide haben ihre Vorzüge, der Diesel wirkt naturgemäß etwas gehaltvoller und bleibt auch auf der Autobahn herrlich leise. Geschaltet wird über ein Sechsgang-Schaltgetriebe, auf der Aufpreisliste steht die angenehm unaufgeregt agierende stufenlose Multidrive-S-Automatik.

Den kleinen Verso gibt es hierzulande in vier Ausstattungsversionen. Die höchste, die „Club“ heißt, lässt kaum noch etwas in der Wunschliste offen, auch wenn man bei Toyota natürlich entsprechende (Komfort-)Pakete geschnürt hat. Empfehlenswert indes ist die goldene Mitte namens „Life“, bei der Extras wie eine Klimaanlage, Multimediasystem, Touchscreen und Rückfahrkamera dazugehören, und wer das volle Prinzessinnen-Programm fahren will, ordert das gewaltige Panorama-Glasdach mit elektrischem Sonnenrollo für maßvolle 300 Extra-Euro. Audrey Hepburn wurde für ihre Darstellung übrigens mit einem Oscar belohnt. Der Verso-S hätte eigentlich auch einen solchen verdient.

Die Verso-S-Variante von Partner Subaru heißt Trezia und ist deutlich teurer als der Toyota, punktet aber mit besserer Ausstattung. In Japan wird er als Ractis verkauft.

Toyota Urban Cruiser

Toyotas tolle Kiste

Der Yaris wuchs und wuchs, und als er erwachsen geworden war, nannte man ihn Urban Cruiser – das wäre, in Kurzform, die Geschichte des stämmigen SUV mit den ultra-kompakten Ausmaßen. Seit 2007 in Japan unterwegs und in den USA als Scion xD, kam der Kleintransporter im SUV-Look 2009 auch nach Europa. Dort traf er auf ein weitgehend unbestelltes Feld: Daihatsu hatte den Materia gebracht, Nissan den Cube und Kia den Soul, doch solche tollen Kisten suchte man beim Toyota-Händler an der Ecke bislang vergeblich. Nun also der Urban Cruiser, der mit ausgestellten Kotflügeln, angedeutetem Unterfahrschutz und hoher Gürtellinie optisch auf Abenteurer machte.

Mit einer Länge von 3,93 m und einer Diensthöhe von 1,52 m hat der Urban Cruiser nur wenig mit den üblichen brachialen Offroadern zu tun, die die Innenstädte verstopfen und möglichst wenig Personen mit maximalem Aufwand von Ampel zu Ampel schieben. Ein normaler SUV sorgt eher für Aggressionen, der Urban Cruiser, der Beagle unter den SUV, dagegen nicht. Dass hier der emissionsärmste SUV parkt, das glaubte man ihm sofort.

So sehr er sich auch von den verfetteten Geländekreuzern unterscheidet, so bietet er doch alles, was die Kunden an dieser Spezies so schätzen: Hohe Sitzposition, gute Übersichtlichkeit und eine hohe Innenraum-Variabilität. Außerdem ist er, gefühlt, mindestens eine Nummer größer als die sieben Quadratmeter Verkehrsfläche, die er beansprucht. Wenn es in der Stadt dann gar zu eng wird, kann man sich mit ihm übrigens problemlos vom Acker machen: Hier gibt es sogar Allrad – zumindest optional. Der stammt vom SUV-Urgestein RAV4, ein echter Offroder ist der Urban Cruiser aber nicht: Mit einem vorderen Böschungswinkel von 19 Grad und einer Bodenfreiheit von 14 Zentimetern lassen sich zwar prima straßenbauliche Härtefälle jedweder Art bewältigen, bei der Jeepers Jamboure am Yukon Trail ist man damit fehl am Platz.

Dafür aber ist man mit Toyotas toller Kiste für so ziemlich jede andere Eventualität gewappnet. Bequeme, gut konturierte, wenn auch für Autobahnkuriere vielleicht etwas zu zierliche Sitze bieten gut zehn Zentimeter Freiraum über dem Scheitel, der sehr übersichtliche Armaturenträger mit einem zentral im Blickfeld platzierten Zentralinstrument vereint Tacho und Drehzahlmesser. Trotz des weit nach vorn gerückten Armaturenträgers hat man die Fahrbahn gut im Blick; beim Stadtslalom unterstützt durch eine leichtgängige

Kein Van, kein SUV, kein Stadtflitzer – dafür ein kompakter Crossover mit ungeahnten Talenten: Toyotas Urban Cruiser, 2009 in Deutschland eingeführt.

Die Basis-Architektur stammt vom Yaris, anders als diesen gibt es den Urban Cruiser jedoch mit Allradantrieb, wenn auch nur in Verbindung mit dem 1,4-Liter-Diesel. Dann aber entfällt die längs verschiebbare Rückbank, dafür steigt die Bodenfreiheit um 20 auf 160 Millimeter.

und hinreichend präzise Servolenkung. Vier Beifahrer dürfen mit, sogar im Fond kommt man sich nicht in die Quere, und wenn drei zu Hause bleiben, können die geteilt verstell- und klappbaren Rücksitzlehnen umgelegt und die Rücksitzbank hochgeklappt werden: Das ergibt dann einen 63 Zentimeter langen und rund einen Meter breiten Gepäckraum, der nach VDA-Messung zwischen 314 und 749 Liter schluckt.

Den Neuling gibt es mit zwei Motoren, einem Benziner mit 1,33 Liter Hubraum sowie einem 1,4-Liter-Diesel-Aggregat, jeweils in Verbindung mit einem Sechsgang-Getriebe. Und das sind echte Knauserkönige, wobei der Allradantrieb lediglich in Kombination mit dem mit fester Entschlossenheit zu Werke gehenden 90-PS-Diesel zu haben ist. Mit Rußpartikelfilter, einem Durchschnittsverbrauch von 4,9 Liter und einem CO_2-Ausstoß von 130 Gramm je Kilometer ist das dann der schadstoffärmste Allradler der Welt auf dem Markt – so zumindest Produktmanager Markus Ames bei der Pressevorstellung. Wer weder Allrad noch einen Selbstzünder will, kann zum alternativ angebotenen 1,33-Liter-Benziner greifen, der noch einen Hauch bessere Emissionswerte aufweist und mit 5,5 Liter Sprit auskommt. Mit seinen 101 PS ausreichend motorisiert, wuselt der Urban Cruiser durch das Stadtgetümmel, beschleunigt zügig und stellt, dank serienmäßiger Start-Stopp-Automatik, beim Stillstand den Motor unverzüglich ab. Ein Tritt auf die Kupplung erweckt ihn wieder zum Leben; der Anlasser ist – ein Novum – direkt an die Schwungscheibe gekoppelt, was die Geräuschkulisse beim Start reduziert. Eher Spielerei, aber eine nette, ist übrigens die Möglichkeit, am Display die Zeit abzulesen, die man auf der

Den 1,3-Liter-Benziner gibt es in Kombination mit einer ausgesprochen fixen Start-Stopp-Automatik. Auch sie trägt dazu bei, dass der Toyota sparsam zu Werke geht.

Für das Modelljahr 2011 überarbeitete Toyota seinen „City-SUV" behutsam und verbesserte die Qualitätsanmutung innen. Von außen sieht man es ihm nicht an.

Neben der Basis ist der Urban Cruiser auch als Life und Club bestellbar. Ab der mittleren Linie sind eine Klimaanlage und 16-Zoll-Leichtmetallräder mit an Bord; Club steht für Privacy-Glas, Smart-Key-System und weitere Extras.

Strecke mit abgestelltem Motor verbracht hat. Schöner stehen vor der Ampel lautet auch das Motto im Innenraum; ein anständiges Audiosystem, geschmackvoll arrangierte Ablagen, selbsterklärende Schalter sowie eine Qualitätsanmutung, die spätestens nach der Modellüberarbeitung vom Oktober 2010 dem tatsächlich Gebotenen entspricht, sorgen für Kurzweil. Sieben Airbags, ESP, ABS und elektronische Bremskraftverteilung pampern die Besatzung: Alles in allem eine wirklich tolle Kiste.

Der Urban Cruiser läuft in den USA als Scion xD und gilt, bei einer Außenlänge von 3,93 Metern, als echtes Raumwunder. Die Mischung aus Van und Kompaktwagen wird in Japan produziert.

Modelle, Varianten, Preise:	
Modelle:	Steilheck-Limousine fünftürig
Motoren:	1329 ccm VVT-i / 74 KW (101 PS) bei 6000/min 1364 ccm D-4D / 66 kW (90 PS) bei 3800/min
Ausstattungen:	Urban Cruiser: 7 x Airbag, ABS mit BA, EBD, VSC ,TRC, EPS, aktive Kopfstützen, EFH v., ZV mit FB, CD-/MP3-Audiosystem mit sechs Lautspr. Town: 16-Zoll-LM, Klima, Lederschaltknauf und -lenkrad mit Fernbed. Town Plus: hochglanzpolierte LM, Klimaautom., Smart-Key-System, Start-Stopp-Taste, Privacy-Glas, automatisch abblend. Innenspiegel.
Varianten:	Basis, Town, Trek, Town+, Trek+
Preise:	Ab € 16.950,-
Chronik:	
2006:	März: Konzeptfahrzeuge „Urban Cruiser“ auf dem Genfer Salon präsentiert.
2008	März: Europapremiere auf dem Genfer Salon als seriennahe Konzeptstudie Urban Cruiser.
2009:	April: Markteinführung als 4x2 mit 1,33-l-Dual VVT-i und 1,4-l-D-4D 4x4 mit DPF und 6-Gang-Getriebe. Town+: Klimaautom., Smart-Key, Privacy-Glas, autom. sbblendb. Innenspiegel, Außenspiegel elektr. anklappbar. Ab Town: Allradantrieb optional, dann Bezeichnung Trek bzw. Trek+.
	September: Urban Cruiser 1.4 D-4D jetzt auch als 4x2, Ausstattungslinien wie bekannt: Urban Cruiser, Town, Trek. Ab € 19.100,-.
2010	Oktober: Wegfall Ausstattungsvarianten Town und Trek sowie Town+ und Trek+; Ersatz durch Bezeichnungen Life und Club. Basisausstattung Urban Cruiser jetzt auch mit 1,4-Liter D-4D und Allradantrieb verfügbar. Wegfall des D-4D 4x2 in Town+ Ausstattung. DVD-Navi bereits ab Life bestellbar. Alle Modelle: Verbesserte Qualitätsanmutung innen (Applikationen in Titan-Optik, Sitzbezüge). Alle Motoren erfüllen nun die Abgasnorm Euro 5.
2011:	Sommer: Modellpflege: Chromringe an den Instrumenten, ab Life: 16-Zoll-LM, Privacy-Glas.

Corolla Verso

Familien-Packung

Zur neuen Corolla-Modellfamilie, die auf der IAA im September 2001 ihre Europa-Premiere feierte, gehörte auch ein kompakter MPV mit der Bezeichnung Corolla Verso. Er stellte nach dem erfolgreichen Yaris Verso und dem neu eingeführten Avensis Verso das dritte Mitglied der Verso-Familie von Toyota dar.

Toyota Corolla Verso (2002–2004)

Die Form des Corolla Verso wurde in Japan gestaltet, dort gab es einen Van auf Corolla-Basis bereits seit 1997 unter der Bezeichnung „Spacio". Den Entschluss, den Corolla-Van zu exportieren, diktierte der Markt, die Zuwachsraten bei den kompakten Familientransportern waren gigantisch. In Europa wurden im Jahr 2000 mehr als 800.000 Einheiten verkauft, bis zum Jahr 2005 gingen die Experten von einem Verkaufsvolumen von einer Million Fahrzeugen aus.

Wie es sich für einen neuen Van gehört, bot der Corolla ein hohes Maß an Vielseitigkeit. Fünf Erwachsene fanden auf zwei Sitzreihen bequem Platz. Die hintere Rücksitzbank konnte umgeklappt und versenkt oder komplett ausgebaut werden. Die Rücksitze ließen sich, je nach Bedarf, durch einen einfach zu bedienenden Mechanismus umklappen, verschieben oder ganz ausbauen. Um die Sitzkapazität und den Sitzkomfort zu verbessern, hatte Toyota eine Sitzreihe aus drei individuell einstellbaren Sitzen realisiert, wobei 2/3 die Lehnenneigung war je nach Geschmack justierbar. Diese Lösung erlaubte es auch, zwei Kindersitze zu fixieren. Darüber hinaus verfügte der Verso über nicht weniger als 22 unterschiedliche Stau- und Ablagefächer im gesamten Innenraumbereich mit einem Volumen von insgesamt 55 Litern.

Keinerlei Überraschungen bot die Verso-Technik. Mit seiner neuen Plattform (McPherson-Federbeine vorn und Drehstab-Radaufhängung hinten) und der in Europa vorgenommenen umfang-

***Bekannt:** In Japan war ein Van auf Corolla-Basis bereits seit 1997 lieferbar. In Europa debütiert der Corolla Verso dagegen erst zur IAA 2001.*

reichen Abstimmung entsprach der neue Corolla den anderen Versionen des Toyota-Bestsellers. Für Vortrieb sorgten die bekannten VVT-i-Motoren aus dem Limousinen-Programm, wobei der 1,8-Liter mit 135 PS nur im Verso zu haben war. Ordentliche Verzögerungswerte garantierten die je nach Bereifung, 255 oder 275 mm großen Bremsscheiben vorne und hinten. Der Bremskraftverstärker wurde in Sachen Leistung und Dosierbarkeit optimiert. Das Bremspedal selbst wurde verstärkt, um die Bremseffizienz zu maximieren. Im Ergebnis beeindruckt das System durch ein präzises Ansprechverhalten, eine ausgezeichnete Verzögerungsleistung und eine hohe Standfestigkeit. ABS gehörte zur Serienausstattung, bei der Schrägheckversion und beim Verso war das Fahrzeugstabilitätsprogramm VSC auf Wunsch erhältlich. Exklusiv dem Verso vorbehalten blieb das (aufpreispflichtige) Video-Park-System. Als erstes Fahrzeug seiner Klasse erlaubte der Verso per Kamera den Blick nach hinten.

Modelle, Varianten, Preise:	
Modelle:	Kompakt-Van
Bauzeit:	2002–2004
Motoren:	1598 ccm VVT-i / 81kW (110 PS) bei 6000/min 1795 ccm VVT-i / 99 kW (135 PS) bei 6000/min 1995 ccm D-4D / 66 kW (90 PS) bei 4000/min
Ausstattung:	ZV, Unterbodenstaufächer, EFH vorn mit Auf-/Abwärtsautomatik und Einklemmschutz. Corolla: intergrierte Kindersitze, Dachreling. Linea sol: Mittelarmlehnen für Fahrer/Beifahrer, EFH hinten mit Auf-/Abwärtsautomatik und Einklemmschutz.
Varianten:	Verso C, Verso, Verso linea sol
Preise:	ab € 17.950,–

Chronik:	
2001:	September: Europa-Premiere für den Corolla-Van. 11 cm höher als das Kombi-Modell; fünf Sitze, vier Motoren, drei Ausstattungen. 1,8-l-Motor nur als Linea Sol lieferbar. Alle Modelle: Zwei integrierte Kindersitze Serie, genormte Isofix-Halterungen. Kofferraumvolumen 417 bis 1760 Liter. Gegen Aufpreis: Audio-Navigationssystem mit Touchscreenfunktion, 6,5-Zoll-Monitor, Cassetten-/CD-Gerät, DVD-Europakarte; Rückfahrkamera. Aufpreis € 2640,-.

***Vielseitig nutzbar:** Die hintere Rücksitzreihe bestand aus drei einstellbaren Einzelsitzen. Diese konnten umgeklappt und versenkt oder komplett ausgebaut werden.*

Um eine ziemlich komplizierte Geschichte (zu dessen Hauptakteuren eine Weitwinkel-Kamera, Sensoren und das serienmäßig installierte Multi-Info-Display gehörten) abzukürzen: Dank dieses genialen Systems hatte der Fahrer den totalen Überblick über das, was sich hinter seinem Verso während des Einpark-Vorgangs abspielte. Der Sicherheitsgewinn – was vor allem Familien mit Kindern begrüßten – war enorm. Angenehmer Nebeneffekt: Das Video-Park-System erleichterte auch dank der Einparkführung vermittels grüner und roter Linien das exakte Zirkeln in engste Parklücken. Ebenso erfreulich: Die langen Wartungsintervalle. Der neue Corolla musste nur alle 30.000 km zum Service in die Werkstatt. Ein kurzer Zwischencheck (mit Ölwechsel) ist jährlich bzw. alle 15.000 km erforderlich. Die ersten der in Japan gebauten Verso wurden im Januar 2002 ausgeliefert.

***Ideal für Osterhasen:** Nicht weniger als 22 unterschiedliche Stau- und Ablagefächer machten die Eiersuche im Verso zu einer höchst kurzweiligen Angelegenheit.*

Toyota Corolla Verso (2004–2008)

Grand mit Vieren: Neben Yaris, Avensis und Previa hatte Toyota in die volumenträchtige Zafira-Klasse den Corolla Verso geschoben. So richtig glücklich waren die deutschen Händler mit dem vierten Toyota-Van aber nicht geworden – was nicht am Auto, sondern am Zeitgeschmack lag, dem fünf Sitze einfach zu wenig und das Sitzkonzept nicht innovativ genug war. Daher trumpfte Toyota nur 28 Monate nach der Europa-Premiere des ersten Corolla Verso mit der zweiten Auflage auf. Diese gab es ab 24. April zu Preisen ab 19.600 Euro beim Händler, exakt so viel, wie Renault für den praktisch zeitgleich vorgestellten Grand Senic aufrief.

Neben der Gnade der späten Geburt hatten Renault und Corolla Verso noch eine weitere Gemeinsamkeit: Beide verfügten über sieben Sitze und waren waschechte Franzosen, denn auch der Corolla Verso war im südfranzösischen Designzentrum entstanden – zum Glück, möchte man beinahe sagen, denn die Linie kam glänzend an. Hauptverantwortlicher in Sachen Karosserie-Design war der Italiener Elvio D'Aprile, der nach Stationen bei Ferrari und Porsche im Juli 1994 zu Toyota stieß. Vielleicht zeichnete sich der Corolla Verso deshalb durch eine Dynamik aus, die dem Vorgänger abging: „Das Design will Emotionen erzeugen und Gefühle wecken." Der Meinung durfte man sich vorbehaltlos anschließen. „Bullig" sei er geworden, befand die *FAZ*, dafür aber mit einer anmutigen, fast grazilen Silhouette gesegnet.

In Kombination mit dem 1,8 Liter VVT-i Motor war auch ein Fünfgang Multi-Mode Schaltgetriebe lieferbar.

Natürlich hatte der neue Van auch in jeder anderen Beziehung gewonnen, lockte mit reichlich Platz und Ablagen und trumpfte mit dem neuartigen „Easy7"-Sitzkonzept auf. Dabei ließen sich die fünf Rücksitze zu einem absolut ebenen Ladeboden zusammenfalten. Und wer beim ersten Corolla Verso noch über eine mangelhafte Variabilität gemeckert hatte, hatte jetzt die Qual der Wahl unter 32 möglichen Kombinationen. Damit das nicht in Schwerstarbeit ausartete, genügte ein einziger Handgriff, um einen Sitz vollständig zusammen zu klappen.

Mehr als mit schierer Ladekapazität überzeugte der Corolla Verso aber in Sachen Wohlgefühl. Natürlich konnte sich auch das Innenraum-Design der neuen Stilrichtung nicht entziehen und bot neu gestaltete Instrumente und Bedienelemente sowie in größerem Umfang eingesetzte textile Verkleidungsstoffe. Und dass die Bedien- und Kontrollinstrumente noch griffgünstiger und übersichtlicher angeordnet waren als bei dem in dieser Hinsicht ohnehin schon vorbildlichen Vorgänger, überraschte höchstens die Konkurrenz. Als zusätzliches As im Ärmel entpuppte sich bei der Corolla-Verso-Topversion „Executive" die in der Nase versteckten Minikamera, die jeweils 20 Meter links und rechts zur Seite blickte. Unübersichtliche Ausfahrten verloren so ihre Schrecken.

Über die Qualität, Passform und Verarbeitung der verwendeten Innenraum-Materialien musste sowieso nicht geredet werden, wohl aber über die Detailverliebtheit, die sich nun auch auf die Spaltmaße erstreckte. Um bis zu 90 Prozent seien diese reduziert worden, ließ Toyota wissen – ein klares Kontra an die Adresse der deutschen Konkurrenz.

Zur Sicherheitsausstattung gehörten die obligatorischen Airbags, diesmal ergänzt um ein Luftkissen für die Fahrer-Knie und

Der Corolla Verso nach der Modellpflege 2007: Die Frontgestaltung wies nun starke Anklänge auf zur neuen Designlinie, die von Yaris und Auris vertreten wurde.

Europäischer Geschmack: die Neuauflage des Corolla Verso erhielt ihr Styling im Toyota-Designzentrum bei Nizza.

Modelle, Varianten, Preise:

Modelle:	Kompakt-Van
Bauzeit:	2004–2008
Motoren:	1598 ccm VVT-i / 81 kW (110 PS) bei 6000/min 1794 ccm VVT-I / 95 kW (129 PS) bei 6000/min 1995 ccm D-4D / 85 kW (116 PS) bei 3600/min bis 10.05 2231 ccm D-4D / 100 kW (136 PS) bei 3600/min ab 10.05 2231 ccm D-CAT / 130 kW (177 PS) bei 3600/min ab 10.05
Ausstattung:	ABS, EBD, VSC, BA, Knieairbag, CD-Radio Luna: 3. Sitzreihe Easy7, höhenverstb. Kopfstützen + Dreipunkt-Gurte hinten, Klima. Sol: Frontwischer mit Regensensor, Nebelscheinw., Schweller in Wagenfarbe, EFH vorn/hinten, Tempomat, Klimaautomatik, Lederlenkrad. Executive: DVD, Front- und Heckkamera, LM-Räder
Varianten:	Corolla Verso, Verso luna, Verso sol, Verso executive
Preise:	ab € 19.600,–

Chronik:

2004:	März: Premiere für den neuen Corolla Verso auf dem Salon in Genf. Europäisches Design, bisheriger Corolla Verso (in Japan „Spacio") für andere Märkte weiter produziert. Umfangreiches Sicherheitspaket inkl. Knieairbag und Sicherheitsfahrgastzelle MICS. Nur Basismodell mit fünf Sitzen, Alle Otto-Motoren erfüllen Euro 4, Diesel folgt zum Jahresende. April: Produktionsanlauf im türkischen Toyota-Werk September: Einführung des Sondermodells Sportschau Edition, Basis Executive, dazu Privacy-Verglasung, 17"-LM sowie Fußmatten mit dem Logo der ARD Sportschau. Nur Siebensitzer mit 1,8-I-VVT-i; ab 25.900 Euro.
2005:	Februar: Sondermodell Corolla Verso Edition, limitiert auf 2500 Ex. Basis-Ausstattung Sol 1,8, dazu 17 Zoll-LM und Reifen 215/50 R17. Privacy Glas; Einparksensoren vorn/hinten, elektr. Geschwindigkeitsregelanlage. Fünf- bzw. Siebensitzer, ab € 22.700,-. Oktober: Einführung Corolla Verso 2.2 D-CAT mit Clean Power-Dieselmotor und DPNR-Speicherkatalysator (177 PS); erfüllt Abgasnorm Euro IV. 0-100 km/h in 8,8 s, Spitze 205 km/h. Varianten Sol und Executive mit 17-Zoll-LM und 215/50 R17, Privacy-Glas, Sportsitzbezüge; Sechsgang-Getriebe. Wegfall 2,0 D-4D, Einführung 2,2 D-4D (136 PS). Verbesserte Ausstattung Luna: EFH v./hi., Nebelscheinw., Armlehnen für die Vordersitze, Lederlenkrad u.a. Ab 23.000 Euro
2006:	August: Sondermodell Corolla Verso Edition. Ausstattung ähnlich Sportschau Edition, Parksensoren hi. Nur 1,8 VVT-i, Siebensitzer. 23.300 Euro, 5 Jahre Garantie.
2007:	Juli: Modellpflege, modifizierte Front, vergrößerte Stoßfänger und Rückleuchten, Chromleiste hinten. 2,2 D-4D mit 136 PS serienmäßig mit Rußpartikelfilter. Ausstattungsverbesserungen, alle Modelle bis auf Basis: Optional Ledersitze mit Sitzheizung. Verbesserte Frontkamera.

Kopfairbags für die 2. Sitzreihe sowie eine Traktions- und Stabilitätskontrolle (die hatte mancher beim Vorgänger noch vermisst).

Die Motorenfamilie für den rund 1,5 Tonnen schweren Fronttriebler aus dem türkischen Toyota-Werk bestand aus zwei Benzinern und einem Common-Rail-Diesel. Basistriebwerk bildete der 1,6 Liter Ottomotor mit 110 PS, darüber rangierte der 1,8-Liter-Avensis-Motor mit 129 PS. Bei beiden Aggregaten ersetzt eine elektronische Drosselklappensteuerung die vormals mechanische Betätigung. Freunde des Selbstzünders griffen zum Zweiliter-Diesel, der nun 116 PS leistete. Dabei wuchs das maximale Drehmoment von 215 auf 280 Nm an und lag nun schon bei Drehzahlen zwischen 2.000 und 2.200 U/min. Leider erfüllte er lediglich die Euro-3-Norm. Zumindest bis zum Oktober 2005, dann kam die Modellpflege.

Toyota Verso

Verkäufers Liebling

Da kam Bewegung auf in der Auslage: Kaum dass im Januar der IQ präsentiert, der Urban Cruiser aber noch gar nicht verkraftet worden war, machte sich schon wieder ein Neuer im Schaufenster breit. Allerdings war bei dem hier für die Verkaufsberater alles ganz einfach: Kein neuer Kleinwagen, kein Crossover, ein klassischer Modellwechsel war angesagt: Der Corolla Verso wurde durch den Verso ersetzt.

Dieser basiert jetzt auf der Avensis-Plattform. Diese geschickt gewählte technische Grundlage sorgt trotz einer lediglich um sieben auf 444 Zentimeter angewachsenen Außenlänge für noch großzügigere Platzverhältnisse im Innenraum als zuvor – was man allerdings kaum realisiert, weil die typischen Proportionen beibehalten wurden. Mitgewachsen sind Radstand (2780 mm), Spur (1540 mm) und Reifendimensionen, man fährt jetzt auf 16- oder gar 17-Zoll-Rädern bei der Kita vor. Dazu kommt eine ernsthaftere Linienführung, eine entschlossener dreinblickende Schnauze im Avensis-Stil und ein spannungsreicher Mix aus geraden Kanten und geschwungenen Sicken.

Der neuen Entschlossenheit angemessen, mit der Toyota das Van-Konzept angeht, zeigt sich der aufgefrischte Innenraum mit dem unschlagbar variablen Sitzkonzept, das bis zu 32 verschiedene Sitzkonfigurationen bietet, vom zweisitzigen Minitransporter mit durchgehender Ladefläche und 1700 Litern Stauraum bis hin zum aufgeräumten Kindergeburtstags-Siebensitzer mit 230-Liter-Kofferräumchen.

Es sind indes die im Innenraum klug versteckten Details, die aus jedem Verkäufer einen Zauberkünstler machen. Dritte Sitzreihe mit einem Handgriff im Wagenboden versenken, Unterflur-Staukästen dort, wo keiner sie vermutet; Stauräume unter dem Beifahrersitz, Staukästen in der zweiten Sitzreihe, diverse Getränkehalter, liebevoll um und an den Sitzen arrangiert: In der Zeit, in der die lieben Kleinen die Details erforschen, mit den Fingerspitzen über die Innenraum-Blenden im Titan-Design krabbeln und alle Drehschalter und Hebel betatschen (und die fühlen sich handschmeichlerisch an und liegen gut zur Hand, das wird also dauern), kann der Herr vom Autohaus einen Kaffee anbieten und in aller Ruhe das Ah und Oh der immer wieder aufs Neue verblüfften Mamas und Papas genießen. Zwischen Milcheingießen und Umrühren lässt sich dann trefflich jedwede aus der Unsicherheit eines Neukunden möglicherweise aufkeimende Sorge bezüglich der Sicherheitsausstattung ausräu-

In allen Testberichten gelobt wird die Dämmung des Innenraums. Die Anmutung des Innenraums wurde sukzessive verbessert, ab März 2010 die des Lenkrads, ab Mai dann am Schalthebel. Jetzt trägt die Mittelarmlehne einen Stoffbezug.

Unter der auf 4,44 Meter gewachsenen Schale des Verso steckt eine komplett neue Plattform mit Auris-/Avensis-Komponenten – und die ist von unten auch noch verkleidet.

Zur Wahl stehen zwei Benzin- und drei Dieselaggregate, allesamt bekannt aus dem Avensis. Die bei den Benzinern verbaute Valvematic, die sowohl die Steuerzeiten als auch den Hub der Ansaugventile dem Bedarf anpasst, steigert die Leistung und senkt den Verbrauch.

Zur Hälfte seines Lebenszyklus wurde der Verso an über 300 Positionen überarbeitet. Der auf dem Pariser Salon 2012 gezeigte Verso hat jetzt das neue Familiengesicht.

men: Ein Rundum-All-Inclusive-Sicherheits-Sorglospaket mit sieben Airbags und dem ganzen Sicherheits-ABC von ABS und aktiven Kopfstützen bis hin zur elektronischen Stabilitätskontrolle VSC+ verheißt die Unerschütterlichkeit einer in Ehren ergrauten Erzieherin, und mit dezenter Lässigkeit kann nun der Verkaufsberater auf die konstruktive Sorgfalt verweisen, die die Toyota-Konstrukteure bei der Fahrwerksabstimmung obwalten ließen. Erwähnen sollte er auch noch die gute Sitzposition für Nicht-Basketballer, die ausgezeichnete Geräuschdämmung und die Rundumsicht, die er allerdings eher im Nebensatz streifen dürfte: Vermutlich wäre das noch ein bisschen besser gegangen.

Breiter wird das Lächeln wieder, wenn die Rede auf die Motorenauswahl kommt. Verso-Fahren heißt die Auswahl haben zwischen zwei modernen Benzin-Motoren mit 1,6 und 1,8 Liter Hubraum mit variablen Steuerzeiten und ebensolchem Hub an den Einlassventilen, was bis zu 20 Prozent mehr Leistung bei zwölf Prozent geringeren Verbrauch ergibt: Der Normverbrauch wird mit 6,8 Litern angegeben, das schont die Familienkasse. Außerdem zu haben sind drei Diesel-Trieblinge, wobei das Top-Modell 2,2 D-CAT mit 177 PS bei einer Probefahrt für breites Grinsen bei Papa sorgt: 8,7 Sekunden für den Sprint zur 100er-Marke, Spitze 210 km/h, das sind Werte, die sich allemal sehen lassen können. Dafür grinst Mami, wenn sie die Preisliste studiert: Die beginnt nämlich bei fairen 21.150 Euro, und dabei hat der in der Türkei gebaute Verso schon alles Wichtige mit an Bord. Und wenn dann, solcherart überzeugt, der Kaufvertrag zu Stande kommt, ja spätestens dann stellt sich auch beim Verkaufsberater ungetrübte Heiterkeit ein.

Gute Reise: Der Verso Travel von 2012 basiert auf der mittleren Ausstattungsvariante Life, hat aber noch 17-Zoll-Leichtmetallfelgen, abgedunkelte hintere Seitenscheiben und Heckscheibe sowie das neue Multimedia- und Navigationssystem „Toyota Touch & Go" inklusive Rückfahrkamera.

Modelle, Varianten, Preise:

Modelle:	Kompakt-Van fünftürig
Bauzeit:	seit 2009
Motoren:	1598 ccm VVT-i / 97 KW (132 PS) bei 6400/min 1798 ccm VVT-i / 108 kW (147 PS) bei 6400/min 1998 ccm D-4D / 93 kW (126 PS) bei 3600/min 2231 ccm D-4D / 110 kW (150 PS) bei 3600/min 2231 ccm D-CAT / 130 kW (177 PS) bei 3600/min
Ausstattungen:	Verso: 7 x Airbag, ABS mit BA, EBD, VSC, TRC, EPS, EFH v., ZV mit FB, CD-/MP3-Audiosystem, elektr. einstell-/ beheizb. Außenspiegel, 2 Sitzreihen. Life: 3. Sitzreihe mit Kopfairbag, Nebelscheinw., EFH hi., Klima, Lederschaltknauf und -lenkrad mit Fernbed. Executive: Klimaautom., Parksensoren v./hi., 17-Zoll-LM, Xenon, Rückfahrkamera, Sitzheizung v., Smart-Key-System, automatisch abblend. Innenspiegel, Sonnenrollos hinten. Nur 2,2-l-D: Privacy-Glas
Varianten:	Verso, Life, Executive
Preise:	Ab € 21.150,-

Chronik:

2009:	März: Weltpremiere auf dem Genfer Salon; gegenüber dem Vorgänger 30 mm längerer Radstand, breitere Spur, c_W-Wert 0,295. Sitzkonzept Easy7 mit bis zu 32 Sitzkombinationen, Basismodell nur als Fünfsitzer. Fünf Motoren, davon drei Diesel und zwei neue Valvematic-Benziner mit 1,6 und 1,8 Liter. April: Markteinführung
2010:	Juni: Sondermodell Edition (nur 1,6 l und 1,8 l): Basis Life, dazu Panorama-Glasdach mit elektr. Lamellen-Rollo, Zwei-Zonen-Klimaautomatik, 16-Zoll-LM, Tempomat, Parksensoren vorn und hinten. Ab € 23.700,-. Gegen Aufpreis (€ 700,-): 3. Sitzreihe
2011:	März: Neuauflage Sondermodell Edition: Panorama-Glasdach mit elektr. Lamellen-Rollo, Parksensoren v./hi., Zwei-Zonen-Klimaautomatik, 16-Zoll-LM (nur 1,6 l und 1,8 L).
2012:	Januar: Sondermodell Travel: Basis Life, 17-Zoll-LM, Privacy-Glas, Multimedia-/ Navigationssystem „Toyota Touch & Go" inkl. Rückfahrkamera. Alle Motoren, ab € 23.950,-. August: Neuauflage Sondermodell Travel: Basis Life, dazu 17-Zoll-LM, Privacy-Glas, Toyota Touch & Go inkl. Rückfahrkamera. Oktober: Facelift, vorgestellt auf dem Pariser Salon: Neue Optik, überarbeiteter 2.0 D-4D Dieselmotor, verringertes Geräusch- und Vibrationsaufkommen.

Toyota Prius+

Eins Plus

Der Name „Prius" leitet sich vom lateinischen Wort „Primus" ab, und dass ein „Plus" ein „Mehr" bedeutet, weiß jeder. Daher hat Toyota bei der Namenswahl wieder einmal voll ins Schwarze getroffen: Das erfolgreichste Hybridfahrzeug der Welt, den Prius, gibt es jetzt auch mit einem Plus an Familiennutzen.

Toyotas einzigartiges Hybridkonzept ist bekanntlich vielseitig wie ein Schweizer Taschenmesser. Es lässt sich in zig verschiedenen Plattformen einsetzen und in unterschiedlichsten Variationen nutzen, als Plug-in, für Elektro- oder auch Brennstoffzellenfahrzeuge. Bevor es aber so weit ist, hält der Prius die Hybrid-Fahne hoch, und das mit gewaltigem Erfolg: Im ersten Quartal des Jahres 2012 stieg Toyotas Vorzeige-Hybrid erstmals zum meistverkauften Auto der Welt auf, übrigens vor Corolla/Auris. Bis 2015 sollen zehn weitere Hybrid-Modelle auf den Markt kommen, fünf Jahre später wird jede Baureihe von Belang mit einer Hybridvariante aufwarten können.

Als zweites Modell aus dem Prius-Baukasten ging, noch vor dem Plug-in im Oktober, der Prius+ ins Rennen. Der hat unter seiner Haube die aktuelle Hybrid-Technik, die in gewohnt unauffälliger Effizienz und Sauberkeit sich in Szene setzt. Technik und Antriebssystem, der Hybrid Synergy Drive HSD, stammen vom Prius III und bieten daher ebenfalls drei auf Knopfdruck anwählbare Fahr-Modi, die je nach Fahrertemperament, Streckencharakteristik und Einsatzmodus die Batteriekapazität mehr oder weniger beanspruchen. Die nötige Power für die maximal 2,5 rein elektrisch zu fahrenden Kilometer zieht das E-Werk aus einer wassergekühlten Lithium-Ionen-Batterie mit einer Kapazität von 4,4 kWh, die hier allerdings in einer massiven Mittelkonsole zwischen den Vordersitzen sitzt und nicht wie das Batteriepaket in der Limousine im Kofferraum sich breit macht. Der 1,8-Liter-Verbrenner mit 99 PS arbeitet im Atkinson-Zyklus, auch die beiden Motorgeneratoren mit Kraftweiche und stufenlos variablem Antrieb, In- und Konvertern sowie elektronischem Energiemanagement mit einer Leistung von 82 PS sind bekannt. Einziger Unterschied im Antriebsstrang gegenüber dem Schrägheck-Prius ist die Übersetzung des Endantriebs, die ist beim Prius-Van kürzer.

Worin sich der Mehrwert-Prius allerdings gewaltig vom Schrägheck-Bruder unterscheidet, ist die Karosserie: Der Prius mausert sich zum Van, Toyota zielt damit direkt auf das Segment der Familientransporter. Er ist um 155 Millimeter länger geworden, 30 Millimeter breiter, und höher sowieso: knapp 1,60 Meter, das sind 8,5 Zentimeter mehr als ein Prius in Normalform. Das neue Blechkleid steht ihm gut, zeigt klarer herausgearbeitete Konturen und die Van-typische Optik, ohne die Verwandtschaft zum Prius zu leugnen: „..fügt sich so unauffällig in die Hybrid-Familie von Toyota ein, als sei er schon immer dagewesen." (*Autozeitung*).

Der Prius mit der dritten Sitzreihe bietet ein Kofferraumvolumen von 505 bis 1750 Liter, bei Vollbesetzung schrumpft das Fassungsvermögen allerdings auf 232 Liter: Ein echter Raumriese ist er zwar nicht, doch sind die Platzverhältnisse zumindest auf den ersten beiden Reihen so bemessen, dass niemand Platzangst haben muss. Im Gegenteil: Man sitzt „erfreulich gut", stellt die Zeitschrift *Auto/Straßenverkehr* fest, vor allem auch, weil die drei Einzelsitze im Fond bis zu 18 Zentimeter verschiebbar sind und „schier endlos viele Variationen" erlauben. Der Faltmechanismus

Schon wieder Erster: Der Prius+ ist der erste Kompaktvan mit Hybridantrieb. Der Allrounder wird in drei Ausstattungsstufen angeboten.

Den im Vergleich zu einem konventionellen Van etwas höheren Kaufpreis relativiert der Prius+ über niedrigere Betriebskosten: Der Verbrauch liegt im EU-Mix bei 4,1 Litern auf 100 Kilometer.

Im Sommer 2012 erweitert der Prius+ die Hybrid-Familie um einen 4,61 m langen Kompaktvan.

Der Toyota Aqua kam im Dezember 2011 auf den japanischen Markt. Außerhalb Japans, etwa in den USA, wird er unter der Bezeichnung „Prius c" angeboten. In Europa ist er nicht zu haben.

für die Rücksitzbänke ist pfiffig und durchdacht, ein Handgriff, und fünf der sieben Sitze liegen flach.

Das Fahrverhalten ist tadellos und noch kommoder, weil weicher abgestimmt als bei der Limousine. Das Zusammenspiel der beiden Motoren verdient Bestnoten, und die Inneneinrichtung mit neuem Cockpit ist „Typisch Toyota: Quadratisch, praktisch, gut. Alles sauber und klapperfrei." (*Autobild*).

Dazu hält die Aufpreisliste einige Optionen bereit, die sich unbedingt anzukreuzen lohnen, allen voran das Panorama-Dach – serienmäßig ab Ausstattungsstufe „Life" – aus Kunstharz mit elektrisch bedienbaren Sonnenblenden. Das macht den Prius zu einer wahren Lichtgestalt und bietet gegenüber einem konventionellen Glasdach gleicher Größe eine Gewichtsreduzierung von rund 18 Kilogramm, ohne dass die Kopffreiheit der Besatzung darunter leidet: „Groß, variabel, komfortabel und sparsam – der Prius Plus hat reichlich Potenzial, um hybridinteressierte Kunden anzulocken." (*auto motor und sport*)

Bereits seit Spätsommer 2011 fährt der „Plus" in den USA, dort heißt er „Prius v", wobei das „v" für „versatility", „Vielseitigkeit", steht. Bislang nicht nach Deutschland gelangt der dritte im Prius-Bunde, der „Prius c", der stylishe Kompakte für den modernen Großstädter mit dem „c" für „City".

Letztlich ist aber egal, in welcher Form der Prius seine Käufer findet: Sein unerreicht intelligentes Antriebssystem bedeutet eine fortwährende Demütigung der Konkurrenz, eine „Eins Plus" für Toyotas Prius+: „Es wird schwer für die Prius-Gegner." (*auto motor und sport*).

Modelle, Varianten, Preise:	
Modelle:	Kompaktvan fünftürig
Bauzeit:	Seit 2012
Motor:	Hybrid-System, bestehend aus 1798 ccm VVT-i / 73 kW (99 PS) bei 5000/min permanent erregtem Synchronläufer 650 V / 60 kW
Ausstattung:	7 Airbags, Nebelscheinwerfer, LED-Tagfahrleuchten, VSC+ mit TRC, 16-Zoll-LM, Privacy Glas, EFH, Klimaautomatik, Regensensor, Geschwindigkeitsregelanlage, Lederlenkrad, Multimedia-Audiosystem Toyota TouchTM, Smart-Key-System, ZV mit FB. Life: Panoramadach mit elektr. Sonnenrollo, Fahrersitz höhenverstellb. mit elektrisch einstellbarer Lendenwirbelstütze, Head-up-Display, Rückfahrkamera. TEC: Abblendlichtautomatik, PCS, LED-Scheinwerfer mit Reinigungsanlage, 17-Zoll-LM, Einparkassistent, Navi mit 7-Zoll-Farbmonitor mit Touchscreen, Sitzheizung, Stoffpolster TEC-Edition.
Varianten:	Prius+, Prius+ Life, Prius+ TEC-Edition
Preise:	Von € 29.900,- bis € 36.800,-

Chronik:	
2010:	Januar: im Rahmen einer Pressekonferenz während der Automesse in Detroit gibt Toyota bekannt, die Prius-Familie ausweiten zu wollen.
2011:	Januar: Weltpremiere für den „Prius v" auf der North American International Auto Show in Detroit. März: Auf dem Genfer Salon wird der Siebensitzer als Studie gezeigt, Bezeichnung Prius+. September: Europapremiere der Serienausführung auf der IAA in Frankfurt. Oktober: Beginn der Auslieferung in den USA, ab $ 26.400,-.
2012:	Juni: Auslieferungsbeginn Prius+. Fünftürer, Hybridsystem mit stufenlosem Automatikgetriebe aus dem Prius III (1,8-l-VVT-i 73 kW/99 PS und Elektromotor 60 kW/82 PS, Systemleistung 100 kW/136 PS), aber neue Batterieeinheit. Verbrauch laut NEFZ-Norm 4,1 Liter/100 km; 96 gr/km CO_2. Drei Ausstattungsversionen.

Der Prius+ ist ein Siebensitzer. Er ist 155 mm länger, 30 mm breiter und 85 mm höher als der Standard-Prius. Der Radstand wurde um 80 mm verlängert.

Seinen ersten öffentlichen Auftritt in Europa feierte der Prius+ bei der Internationalen Automobil-Ausstellung (IAA) im September 2011 in Frankfurt. In den USA ist er als „Prius v" bereits beim Händler.

Toyota Picnic

Wochenend und Sonnenschein

Ein neuer Wagen mit der Verkaufsbezeichnung „Picnic“ konnte nur von Toyota kommen. Kein anderer japanischer Automobilhersteller schmückte seine Fahrzeuge mit so poetischen Namen. Auch wenn es ein Kunstname war: Irgendwie klang er nach Urlaub und Freizeit. Und dafür war der Toyota-Van goldrichtig.

Toyota Picnic (1996–2001)

Im November 1996 ausgeliefert, bereicherte er den boomenden Van-Markt um eine besonders attraktive Variante. Japans Antwort auf Renault Scénic und Opel Sintra basierte auf dem Erfolgsmodell Carina, war 21 Zentimeter höher als dieser und bestach durch seine knackige Optik mit dem charakteristischen Schwung in der D-Säule.

Eine gute Figur macht der Picnic auch in punkto Fahrverhalten. Schelte setzte es allerdings für die Bremsanlage, die trotz serienmäßiger ABS-Anlage unter Belastung mitunter zum Fading neigte – je nachdem, welcher Fahrzeug-Tester gerade am Steuer saß. Für die meisten Alltagssituationen jedenfalls war die Bremsleistung mehr als ausreichend. Das wiederum konnte man vom Kofferabteil nicht behaupten. Wenn alle sechs Einzelsitze an Bord waren, passte kaum mehr als ein Kosmetikköfferchen in den schmalen Schacht zwischen dritter Sitzreihe und Heckklappe. Vielleicht war das das größte Handicap des üppig ausgestatteten Hochdach-Toyota. Um im Konzert der großen Lademeister mitspielen zu können, fehlte es ihm an Variabilität: Die jeweils 14 Kilogramm schweren Sessel der dritten Sitzreihe ließen sich zwar leicht ausbauen, doch die mittleren konnten nur vorgeklappt und um 345 Millimeter in Längsrichtung verschoben werden. Dafür aber saßen sechs Personen hier so entspannt wie nirgends: Kein anderer Wagen dieser Klasse bot selbst in der dritten Reihe ein so hohes Maß an Kopf- und Beinfreiheit.

Die Konstruktion mit querliegendem Frontmotor und angetriebenen Vorderrädern entsprach dem Pkw-Konzept von Toyota und basierte auf dem in England gebauten Carina; der Picnic selbst entstand aber in Japan. Den Fronttriebler gab es zunächst mit dem bekannten Zweiliter-16V-Triebwerk mit 128 PS. Für die Kraftübertragung sorgte normalerweise ein Fünfgang-Getriebe, wahlweise brachte auch eine neue Vierstufen-Automatik mit Wandler-Überbrückung das Drehmoment auf die Straße. Der windschnittige Maxi-Kombi mit dem Luftwiderstandsbeiwert von 0,326 schaffte eine Höchstgeschwindigkeit von 180 km/h, jenseits der 130 km/h-Marke stressten aber Wind- und Motorgeräusche. Alternativ dazu erschien der Familienwagen im Mai 1997 auch

***Carina-Ableger:** In Japan hieß er Ispum, in Europa Picnic; gemeint war in jedem Fall ein Familien-Van auf Basis des Carina E.*

mit dem 2,2-l-Turbodiesel mit 90 PS/66 kW, allerdings fand der Diesel bei den Testern weniger Anklang. Die freuten sich dagegen um so mehr über die üppige Grundausstattung, die schon die Sparvariante Picnic f auszeichnete. Eine ganze Ecke komfortabler gab sich die Variante ohne Namenszusatz. Sie verfügte über Features wie Klimaanlage, Laderaumabdeckung und Dachreling. Nur für die Picknick-Körbe musste man auch hier selbst sorgen.

Modelle, Varianten, Preise:	
Modelle:	Großraum-Limousine
Bauzeit:	1996 – 2001
Motoren:	1998 ccm / 94 kw (128 PS) bei 5400/min 2184 ccm TD / 66 kW (90 PS) bei 4000/min ab 5.97
Ausstattung:	f: Elektr. Fensterheber, ZV, Wegfahrsperre, elektr. Außenspiegel, Servolenkung. Picnic: Klimaanlage, Nebelscheinwerfer, beheizb. Außenspiegel, Dachreling, Laderaumabdeckung.
Varianten:	Picnic f, Picnic
Preise:	ab DM 36.800,–

Chronik:	
1996:	November: Europa-Einführung des Picnic, japanische Bez. Ipsum. Sechssitziger Van auf Carina-Plattform. Einzelradaufhängung rundum, Verbundlenkerachse hinten. Viersensoren-ABS serienmäßig. Eine Motorisierungsmöglichkeit, zwei Ausstattungen.
1997:	Mai: Einführung Picnic TD (2,2-l-Turbodiesel)
1998:	Oktober: Luxus-Version des Ipsum/Picnic namens Gaia vorgestellt, wahlweise mit Allradantrieb, nicht für Deutschland bestimmt. Picnic wahlweise auch mit sieben Sitzen lieferbar
1999:	November: Sondermodelle Picnic blue sound/silver sound: Audioanlage mit 4-fach-CD-Wechsler, besondere Sitzbezüge. Dachreling, Stoßfänger und Seitenschutzleisten in Wagenfarbe, Frontgrill mit Chrom, LM-Reifen. Sonderlackierung. DM 44.480,–.
2001:	Produktionsende, die Nachfolge tritt zur IAA 2001 der Avensis Verso an.

Ansprechende Optik, tolle Verarbeitung, aber bei voller Bestuhlung nur knappes Platzangebot im Toyota Picnic.

Toyota Avensis Verso

Raum-Riese

Bis Mitte der 80er war die Sache ganz einfach: Es gab Kombis, es gab Limousinen, und es gab Kleinbusse. Und dann kam 1984 Renault mit dem Espace, und damit die Mischung aus allen dreien: Die Vans waren geboren und rollten in den 90er Jahren den Markt auf, allen voran Sharan, Zafira, Espace und Co. Die japanischen Hersteller allerdings parkten eher in der Nische, auch dem freundlichen Picnic gelang es nicht, die Konkurrenz auszubremsen. Also schickten ihn seine Väter aufs Altenteil und gaben dem Nachwuchs in Form des Avensis Verso eine Chance.

Toyota Avensis Verso (2002–2005)

Im Gegensatz zu dem in die Jahre gekommenen Picnic sehr dynamisch gestylt, bescherte die Gnade der späten Geburt dem neuen Verso – der Name weckte Assoziationen zum englischen Begriff „versatile", vielseitig – erhebliche Vorteile gegenüber der Konkurrenz. Mit 4.650 Millimetern übertraf er nicht nur seinen Vorgänger, sondern auch seine Mitbewerber deutlich. Zwölf Zentimeter in der Länge, 6,5 Zentimeter in der Breite und neun Zentimeter im Radstand hat der Kompaktvan im Vergleich zum Vormodell zu- und den Espaces dieser Welt vorgelegt, lediglich das Höhenwachstum hatten die Toyota-Ingenieure begrenzt: Der neue Van sollte optisch wie ein großer Kombi wirken.

Der Verso hatte mit 2.825 Millimetern den längsten Radstand und einen ebenen Fahrzeugboden mit 70-Liter-Staufach im Fahrzeugheck; das Ersatzrad lag zwischen den Achsen unter der Karosserie. Kein Wunder also, dass der Verso seine Insassen mit geräumiger Ballsaal-Atmosphäre verwöhnte, zumindest sofern diese nicht in der dritten Reihe logierten. Weiter punkten konnte der pieksauber verarbeitete Van mit seiner hohen Funktionalität. Je nach Ausstattung ließen sich bis zu sieben Einzelsitze in drei Reihen miteinander kombinieren; das Gepäckraum-Volumen variierte von 282 bis zu 2422 Litern, je nachdem, ob zwei oder sieben Personen an Bord waren. Eine geniale Lösung wie beim Yaris Verso mit seinen im Boden versenkbaren Sitzen ließ sich aber nicht realisieren: Die Sitze hätten dann nicht so fürstlich gepolstert werden können.

Üppig ging es auch unter der Haube zu. Der Verso-Fan hatte die Wahl zwischen zwei gleichermaßen hochmodernen und durchzugstarken Vierzylindern, jeweils mit zwei Litern Hubraum. Zwei obenliegende Nockenwellen, vier Ventile je Zylinder und VVT-i-Ventilsteuerung verhalfen dem 2,0-Liter-Benzin-Triebwerk zu einer Spitzenleistung von 110 kW (150 PS) bei 6000/min. Auf 9,8 verdichtet, lag das maximale Drehmoment von 192 Nm bei 4000 Umdrehungen an. Transistor-Zündanlage und Direktzündung gehörten zu den weiteren Merkmalen dieses leisen und vibrationsarmen Leichtmetall-Aggregats. Fast noch besser allerdings erledigte der Zweiliter-Common-Rail-Diesel mit 116 PS seine Aufgaben: „Wirkt im Fahrgefühl kräftiger und harmonischer", notierte die Motorpresse, die sich in ersten Tests auch einen

***Qual und Wahl:** Neben dem Zweiliter-VVT-i-Benziner mit 150 PS stand für den Avensis auch ein im Hubraum gleicher Common-Rail-Diesel mit 116 PS zur Wahl. Gerade die D-4D-Aggregate galten als vorbildlich.*

Im Gegensatz zu den Avensis-Modellen, die im englischen Burnaston gebaut wurden, entstand der Verso in Japan.

Eindruck von den Fahreigenschaften des Neuzugangs in der Family-Klasse machen konnte. Und der war ausgesprochen gut: Mit einer Agilität, die man diesem wuchtigen, immerhin 1,5 Tonnen schweren Familienauto gar nicht zugetraut hätte, wieselte der Verso um die Ecken. Auch schnelle Richtungswechsel stellten Verso-Piloten vor keinerlei Probleme: „Die Bemühungen um einen niedrigen Schwerpunkt haben sich also gelohnt". Und

Modelle, Varianten, Preise:	
Modelle:	Großraum-Limousine, viertürig mit Heckklappe
Bauzeit:	2001–2005
Motoren:	1998 ccm WT-i / 110 kW (150 PS) bei 6000/min 1995 ccm D-4D / 85 kW (116 PS) bei 4000/min
Ausstattung:	Servo, ABS, EBD, EFH, ZV. Verso C: 5 Sitze; Verso: 7 Sitze, Klimaanlage, Audiosystem; linea sol: Doppelklimaanlage, Multi-Display
Varianten:	Verso C, Verso, Verso linea sol
Preise:	ab € 23.000,–
Chronik:	
2001:	August: Einführung Picnic-Nachfolger; Technik entspricht Avensis Limousine. Drei Ausstattungslinien, zwei Motorisierungen.
2004:	Januar: Modellpflege, Neuordnung der Ausstattungslinien, Wegfall 6-Sitzer-Variante. Grundmodell Verso (5-Sitzer): VSC, TCR, Scheibenantenne, Seitenschutzleiste in Wagenfarbe, Klimaautomatik, Innenraumapplikationen Titan, Lenkrad höhenverstellb. mit integr. Audio-Bedienelementen; ab Euro 25.700,–. Verso Sol (7-Sitzer): LM-Räder, Lederlenkrad; ab 27.700,–. Verso Executive: DVD-Navigationssystem mit Heckkamera und Einparkführung, ab 30.900,–. Alle Modelle: Klarglasscheinwerfer, flacher gezeichnete Motorhaube, Modifikationen an Kühlergrill und Stoßfänger, rechteckige Nebelscheinwerfer, modifizierte Heckleuchten. 2,0-l-WT-i: Einstufung nach Euro 4.
2005:	Produktionsende

wenn es der Fahrer einmal übertrieb: Als einziger seiner Klasse hatte der Verso aktive Kopfstützen, die bei einem Heckaufprall die Schleuderbewegungen des Kopfes abfangen. Die drei Ausstattungslinien Verso C, Verso und linea sol boten für jeden Geschmack und Geldbeutel etwas. Bei allen Varianten waren ABS, EBD und Bremsassistent (der in Notsituationen den rechten Fuß unterstützte) mit an Bord.

Ab dem 18. August drehte der Avensis Verso zu Preisen ab € 23.000,– (DM 44.984,09) schließlich seine Runden – sehr zum Missvergnügen der Konkurrenten wie Sharan, Zafira und Co.

Nach der Modellpflege: der Avensis Verso im Modelljahr 2004.

Toyota Model F

Transporter im Sonntagsstaat

Schöner Wohnen im Transporter: Mit dem neuen „Model F“ stellte Toyota einen intelligenten Beitrag zur Lösung des Transportproblems kinderreicher Familien vor – und einen auch in Europa erfolgreichen Previa-Vorläufer.

Toyota Model F (1983–1990)

Der elegante Kleinbus, der nur noch entfernt an die nüchternen Commerical-Cars erinnerte, die irgendwo in seiner Ahnenlinie zu finden waren, gelangte 1983 nach Europa. Gleichwohl steckte unter der fein gemachten Schale solide Transporter-Ware, die für den anvisierten Verwendungszweck ein wenig aufgefrischt und aerodynamisch rundgeschliffen worden war: Über den großen Kunststoffstoßfängern waren die breiten Rechteck-Scheinwerfereinheiten mit den Parkleuchten um die Seite herumgeführt, und die schräg ansteigende Frontlinie mit der großen Windschutzscheibe drückte der nur 4,28 Meter langen Großraum-Limousine ihren Stempel auf.

Motor und Fahrwerk stammten ebenfalls aus dem Lieferwagen-Programm. Vorne Einzelradaufhängung, an Dreieckslenkern mit hydraulischen Teleskopstoßdämpfern und Stabilisator, hinten an vier Längslenkern geführte spur- und sturzkonstante Hinterachse mit Stabilisatoren, Schraubenfedern und Gasdruckstoßdämpfern – der HiAce ließ grüßen. Der hier zu Lande noch nicht angebotene 1,8-Liter-Motor leistete 57,5 kW (78 PS) bei 4800/min und verfügte über ein maximales Drehmoment von 140 Nm bei 3400/min. Das längs eingebaute Triebwerk übertrug seine Kraft über ein serienmäßiges 5-Gang-Getriebe auf die Hinterräder. Die Höchstgeschwindigkeit lag bei 140 km/h, und das war sogar auf Autobahnen schnell genug, um scharf gefahrenen Lastwagen zu entkommen. Auch im Innenraum bemühte sich der Previa-Vorläufer um ein wohnliches Ambiente; dazu gehörten zahlreiche Ablagen ebenso wie die Möglichkeit, durch Umlegen der hinteren beiden Sitzbänke eine Liegewiese zu erhalten. Auch wenn die Variabilität

Für manche Märkte gab es den Model F auch mit Allradantrieb und anderem Motor. Dieser 2,2-Liter-Kleinbus für die Schweiz stand auf dem Genfer Salon 1990.

Modelle, Varianten, Preise:	
Modelle:	Großraum-Limousine
Bauzeit:	1983–1990
Motoren:	1812 ccm / 58 kw (78 PS) bei 4800/min 1998 ccm / 64 kW (88 PS) bei 4600/min ab 10.84
Ausstattung:	DX: Schiebetür, Heckklappe, Econometer, Digitaluhr, Velours- bezüge, zwei Rücksitzbänke (umklappbar), fünf Schiebe- fenster. GL: Getönte Scheiben, in Wagenfarbe lackierte Stoß- fänger, vier Fond-Aschenbecher, Einstiegsleuchte.
Varianten:	DX; GL; DLX; Super GL
Preise:	ab DM 18.990,–
Chronik:	
1983:	April: Importbeginn Model F DX/GL. Selbsttragende Karosserie, Extras: Metallic-Lackierung, Super-Paket mit zwei Sonnendächern und Servolenkung.
1984:	Oktober: Neuer 2,0-l-Motor ersetzt bisherigen 1,8-Liter-Motor. Erhöhung der Anhängelast. Kürzere Hinterachsübersetzung. Ab DM 21.290,–.
1986:	Modellpflege, u.a. Dachreling, Servolenkung, Kopfstützen hinten, Armlehne für Beifahrer, Drehsessel mittlere Reihe (nur 7-Sitzer), modifiziertes Lenkrad (große Prallplatte), Sonnendächer Serie. Nur noch Ausstattung Super GL im Angebot.
1987:	Februar: Lenkung und Bremsen modifiziert, Radio-Cassettenanlage Serie. 7-Sitzer: Armlehnen und Kopfstützen auf allen Plätzen.
1990:	September: Import eingestellt, Restbestände bis 1991 ausverkauft.

Konstant: Während seiner gesamten Bauzeit änderte sich am Model F nur wenig, lediglich die Ausstattung wurde immer besser.

heutiger Vans noch nicht gegeben war, so ließ es sich im Model F – „das *F* steht für Familie, Freizeit, Ferien, besonders aber für funktionelles und fortschrittliches Fahrverhalten", schwadronierten die Toyota-Werber – doch ganz behaglich reisen.

Neben der Normalversion DX und dem gut ausgestatteten GL-Typ offerierten die Japaner auf der Aufpreisliste eine Sonderausstattung mit zwei Sonnendächern und Servolenkung. Toyota lieferte den Van ab Anfang April aus. Für 1984 verfeinerte Toyota den Model F durch einen Zweiliter-Motor, der 88 PS leistete. In Verbindung mit einer kürzeren Achsübersetzung und verbessertem Drehmoment wirkte er nun nicht mehr ganz so müde. Überdies durften nun Anhänger mit einem Gewicht von bis zu 1400 Kilogramm weggezogen werden. Die DLX-Version kostete DM 21.290,–, die GL-Ausstattung DM 23.190,– und die Sonderausrüstung (Servolenkung, zwei Schiebedächer) verteuerte die Anschaffung um weitere 2200 Mark. Letztere gehörte 1986 zum serienmäßigen Lieferumfang, ebenso wie 1987 eine Audioanlage serienmäßig mit an Bord war. Insgesamt entschieden sich hierzulande rund 13.000 Käufer für die immer wieder modifizierte Eigentumswohnung aus dem Hause Toyota, die bis 1991 abverkauft wurde.

Mit Transporter-Technik: der fein ausstaffierte Kleinbus Model F, Toyotas Antwort auf den Nissan Vanette und Mitsubishi 300.

Toyota Previa

Raum-Gleiter

Der Weltraum – unendliche Weiten. Und aus diesen beamte Toyota, völlig überraschend, zum Modelljahr 1991 den futuristischen Previa aus dem Orbit. Gut acht Jahre zuvor war der Model F erschienen, ein Kleinbus, der im Toyota-Universum als erste Großraum-Limousine des Hauses gehandelt wurde.

Toyota Previa (1990–2000)

Bis auf den Verwendungszweck hatte der Model F mit dem neuen Van aber nichts mehr gemeinsam: War der immerhin 13.000 Mal verkaufte Model F im Grunde seiner Ölwanne ein fein gemachter Transporter gewesen, wirkte das neue Raumschiff wie von einem anderen Stern. Und das ging schon bei der Optik los. Für das Überraschungsei auf Rädern zeichneten die Calty-Studios, das amerikanische Design-Zentrum von Toyota, verantwortlich. Die Mannen um Chefingenieur Yukata Ueda hatten vor allem den amerikanischen Markt im Visier, der Ende der 80er-Jahre gut 800.000 Vans pro Jahr schluckte – zumeist aus dem Chrysler-Konzern.

Gegen deren Voyager setzte Toyota sein ungewöhnliches Raumkonzept: Der mit 4,76 Meter recht kurze Van erhielt eine völlig eigenständige technische Basis, zu deren Merkmalen die Unterflur-Bauweise gehörte: Um einen möglichst glattflächigen und gut nutzbaren Innenraum zu erhalten, verbannten die Toyota-Techniker den Antrieb unter das Bodenblech. Der 2,4-Liter-Sechzehnventiler war eigens für den Einsatz im Previa entwickelt worden und leistete 97 kW/132 PS. Der kompakte, nur 440 Millimeter hohe Vierzylinder neigte sich im 75-Grad-Winkel und saß mittig zwischen den beiden Achsen, zusammen mit dem 75 Liter fassenden Tank: „Die Gewichtsverteilung liegt beim Previa nahe am technischen Ideal von 50 : 50 Prozent", wie die Pressemitteilung stolz erklärte. Wie ein Sportwagen fuhr sich das immerhin 1,8 Tonnen schwere Dickschiff dennoch nicht.

Die Fahrwerkkonstruktion mit Einzelradaufhängung vorn entsprach gängigen Mustern, der Radstand fiel mit 2.860 Millimetern ungewöhnlich groß aus.

Pluspunkte sammelte der Previa in punkto Handling wie auch in der Ausstattung. Pilot und Kommandant saßen auf bequemen

***Konsequent:** Auf anderen Märkten als Toyota Estima vermarktet, stand der Previa – die erste Großraumlimousine mit Unterflurmotor – ungewöhnlich lange im Angebot. Bis zum Produktionsende fanden keine größeren Modelländerungen statt.*

Einzelsesseln mit Armstützen, ebenso die Besatzung in zweiter Reihe. Deren Gestühl war allerdings um 180 Grad drehbar, so dass diese sich mit der Crew in der dritten Reihe unterhalten konnte. Diese war auf einer zweigeteilten, klappbaren Rückbank mit Lehnenverstellung aber nicht ganz so kommod untergebracht.

Ein feines Detail bestand auch in den serienmäßig vorhandenen Dachluken, und wer seinen Previa gegen Aufpreis mit Klimaanlage orderte, erhielt damit auch ein kleines Kühl- und Eisfach im Cockpit-Bereich: So machten ausgedehnte Milchstraßen-Touren besonders viel Spaß.

Modelle, Varianten, Preise:	
Modelle:	Großraum-Limousine
Bauzeit:	1990–2000
Motoren:	2438 ccm / 97 kW (132 PS) bei 5000/min
Ausstattung:	Wärmeschutz-Verglasung, elektr. Glas-Schiebedach, Dachreling, Mittelsitze drehbar, höhenverstellbares Lenkrad, Servolenkung, ZV, EFH.
Varianten:	Previa 2,4; Previa 2,4 GL
Preise:	ab DM 41.900,–

Chronik:	
1990:	Auslieferung ab Oktober. Fünfgang-Getriebe, viertürig, sieben Sitze; bei Achtsitzer: durchgehende mittlere Sitzbank. Unterflur-16V-Motor, G-Kat Serie. ABS, Automatik, Klima, Metallic gegen Aufpreis. Japan-Bezeichnung: Estima.
1991:	September zur IAA: ABS Serie.
1993:	Oktober: Previa mit Fahrer-Airbag, modifizierten Fahrersitzen, geändertes Scheibenwischer-Gestänge, geänderte Frontschürze mit integriertem Spoiler. DM 50.910,– (Handschaltung); DM 54.080,– (Automatik).
1994:	September: Einführung Basis-Modell ohne Zusatzbezeichnung, bisheriges Modell als GL weitergeführt. Technische Unterschiede: Basis mit Verbundlenker-Hinterachse statt Einzelradaufhängung, kein ABS (Aufpreis DM 1420,–), kein Fahrer-Airbag, Rückspiegel nicht elektr. verstellb., kein Schiebedach. Basispreis Achtsitzer DM 40.300,–. GL: DM 53.980,–. Previa GL: Auf Wunsch Klima-Anlage für Fond-Passagiere. Aufpreis DM 5.400,–.
1995:	Ausstattungsvariante GL: Dachreling, Viergang-Automatik, Tempomat, Klimaanlage.
1998:	April: Modellpflege: Gurtstraffer und Gurtkraftbegrenzer, Wärmeschutzverglasung. Größere Airbags, elektr. Fensterheber mit Einklemmschutz. Getränkehalter, Kleiderhaken und neue Sitzbezüge Serie; Mehrpreis DM 150,–

Gigantisch: Die Großraumlimousine bot bis zu acht Personen auf drei Sitzreihen Platz, das Kofferraumvolumen reichte von 670 bis 1.782 Litern.

Toyota Previa (2000–2005)

Der Name blieb, der Rest war neu: Previa, die Zweite. Am 17. Juni 2000 landete die Neuauflage des Raumschiffes aus Nagoya bei den Toyota-Händlern – und die erkannten ihn beinahe nicht wieder. Markante Kanten statt sanfter Rundungen machten das Dickschiff zu einer noch beeindruckenderen Erscheinung als den in dieser Beziehung ohnehin nicht schlechten Vorgänger.

Der geräumige Big-Van mit der keilförmigen Silhouette eines ICE war zwar kürzer als ein Mondeo-Kombi oder ein Passat Variant, wirkte aber ungleich wuchtiger als diese.

Das herausragende technische Merkmal des Previa, der Unterflur-Antrieb, blieb zwar erhalten, doch unter dem verzinkten Bodenblech saß nun ein neuer 2,4 Liter VVT-i Motor, ein hochmoderner Vierzylinder mit einem Drehmoment-Maximum von 225 Nm bei 4.000/min. Das langhubig ausgelegte Leichtmetall-Triebwerk entwickelte eine Leistung von 115 kW (156 PS) und trieb nun die Vorderräder an. Um Schwingungen und Vibrationen zu vermindern und den Fahrkomfort zu steigern, hatten die Techniker Motor und Getriebe vom Rest der Karosserie entkoppelt: Eine separate Rahmenkonstruktion trug den Antriebsstrang, erste Tests lobten die himmlische Ruhe im neuesten Nagoya-Express, der überdies dank des um 40 auf satte 2.900 Millimeter verlängerten Radstands mehr denn je wie auf Schienen seine Bahnen zog. Zusätzlich zur neuen Fahrwerksgeometrie kam ein umfassendes Sicherheitspaket. Zur Serienausstattung gehörten – neben der an allen wichtigen Stellen verstärkten Karosserie – energieabsorbierende Innenverkleidungen im Kopf- und Schulterbereich, Fahrer- und Beifahrerairbag, Dreipunkt-Automatikgurte mit Gurtstraffern und Gurtkraftbegrenzern vorne, ein elektronisch geregeltes Antiblockiersystem (ABS) und eine elektronische Bremskraftverteilung (EBD).

In Japan gab es den Previa auch mit Hybridantrieb in Verbindung mit einem stufenlosen Getriebe. Ein zweiter Elektromotor treibt die Hinterräder an, sobald ein Traktionsverlust vorn eintritt.

Mit voller Bestuhlung passten 375 Liter in den Kofferraum, als Zweisitzer fasste er sogar ein Ladevolumen von 3250 Litern.

Frontantrieb statt Heckantrieb und Unterflur: Beim neuen Previa war nichts mehr so, wie noch vom Vorgänger gewohnt.

Noch besser mit D-4D: Der ab Sommer 2001 lieferbare Diesel-Direkteinspritzer galt als idealer Antrieb für den Previa. Im Bild ein Modell vor dem Facelift.

Sieger nach Punkten: Das üppige Platzangebot, der variable Innenraum, der hohe Fahrkomfort und die noch bessere Sitzposition machten den Previa zum Sieger vieler Vergleichstests.

Die verschiedenen Modellvarianten – linea terra, linea luna und linea sol – standen nicht nur für unterschiedliche Ausstattungsniveaus, sondern auch für drei verschiedene Sitzkonzepte: Sechs- oder Siebensitzer mit Einzelsitzen sowie Achtsitzer mit Sitzbänken in der zweiten und dritten Reihe. Bei erhöhtem Platzbedarf ließen sich die Sitze schnell und sehr einfach verschieben, umklappen oder – bei linea luna und linea sol – ganz ausbauen. Unangetastet dagegen blieb die unvergleichlich bequeme Sitzposition, die auch schon zu den ganz großen Stärken der ersten Previa-Generation gehört hatte. Bloß gut, dass eben nicht alles neu am neuen Previa gewesen war.

Modelle, Varianten, Preise:	
Modelle:	Großraum-Limousine
Bauzeit:	2000–2005
Motoren:	2362 ccm WT-i / 115 kW (156 PS) bei 5600/min 1995 ccm D-4D / 85 kW (116 PS) bei 4000/min ab 4.01
Ausstattung:	Klima, Servo, ABS, EBD, Multi-Info-Display für Bordcomputer, Optitron-Anzeigen.
Varianten:	Linea terra (8 S.), linea luna (7 S.), linea sol (6 S.)
Preise:	ab € 27.175,– bis € 29.220,–
Chronik:	
2000:	März: Weltpremiere auf dem Genfer Salon: Frontmotor und Frontantrieb. Zwei seitliche Schiebetüren, längerer Radstand, als 6-, 7- oder 8-Sitzer lieferbar. 2,4-l-VVT-i-Motor, Fünfgang-Handschaltung, auf Wunsch: Automatik, Doppel-Glasdach, Navigations-System, CD-Wechsler. Juni: Auslieferungsbeginn. Alle Modelle mit Verbundlenker-Achse hinten.
2001:	April: Previa D-4D-Common-Rail-Diesel. Lieferbar in allen Ausstattungen. Einführung linea luna executive: Ledersitze, Einparkhilfe, Doppelklima, Audioanlage, 16"-LM-Räder.
2003:	Juli: Modellpflege: Klarglasscheinwerfer, modifizierte Stoßfänger mit Nebelscheinwerfern, (bestimmte Märkte: Scheinwerfer-Reinigungsanlage in Stoßfänger integriert); Kühlergrill und Heckleuchten überarbeitet. Neuordnung der Ausstattungslinien, grundsätzlich 7-Sitzer, außer Executive (6-Sitze). Aus Terra wird Previa. Alle Modelle: Stabilitätskontrolle VSC, Bremsassistent BA, Antriebsschlupfregelung TRC serienmäßig, Isofix-Befestigung. „Luna": Audiobedienung per Lenkrad. Sol: Soft-Close Türschließsystem, LM-Räder. Preise: von 29.900,– (Previa 2,4) bis 36.400,– (Executive D-4D).
2005:	Produktionsende, neue Generation nicht mehr importiert

Toyotas größter Van wurde nach dem Facelift 2003 noch attraktiver. Zu den Highlights der Aufpreisliste gehörte eine DVD-Anlage mit Heckkamera und Einparksystem.

Die dritte Previa-Generation von 2006 gelangte nicht mehr nach Deutschland. Wie bei Toyota üblich, heißt der Van, je nach Absatzmarkt, anders: Estima in Japan, Previa in Taiwan und Tarago in Australien. Es gibt ihn auch mit Allradantrieb und als Hybrid-Modell. Hier ein Previa des Jahres 2012, wie er in Hongkong verkauft wird.

Geländewagen und SUV

K OE 140

Toyota Land Cruiser

Die Legende lebt

Der Krieg, so wissen schon die alten Griechen, ist Vater aller Dinge – in dem Fall auch der des Land Cruiser. Im Zweiten Weltkrieg angedacht und in Form des Lastwagen-ähnlichen Zweitonners AK 10 in einigen wenigen Exemplaren auch realisiert, bedurfte es des Korea-Krieges, um diesem genialen Allradler ans Tagslicht zu verhelfen.

Nachdem chinesische Truppen den 38. Breitengrad überschritten hatten, benötigten die Amerikaner als Schutzmacht Süd-Koreas Lastwagen und militärisches Gerät, und das gab es am günstigsten in Japan: Mitsubishi produzierte den US-Jeep in Lizenz (und tat dies bis weit in die 70er Jahre hinein) und Nissan entwickelte den Patrol, während Toyota auf Basis eines Trucks die Fahrzeugentwicklung begann. Was die lukrativen Militäraufträge anging, so hatte Toyota Pech: Mitsubishi mit dem Lizenz-Jeep machte das Rennen.

Eine Legende entsteht: der BJ (1951–1955)

Toyota hatte seinen Geländewagen für das Militär innerhalb von fünf Monaten entwickelt und seinen Prototypen im Januar 1951 der Abnahmekommission vorgeführt, nur um dann abgelehnt zu werden. Danach begann Toyota indes, aus dem Militär- ein Zivilfahrzeug zu entwickeln, wobei der Änderungsaufwand sich in Grenzen

Wie alles begann: Toyota BJ von 1951. Die Ähnlichkeiten zum Willys-Jeep oder auch den Dodge-Dreivierteltonnern der amerikanischen Armee waren unverkennbar.

hielt und solche Positionen wie den Wegfall von Gewehrhaltern umfasst haben dürfte. Am ursoliden Grundkonzept änderte sich nichts, der „Toyota Jeep BJ" – wobei das „B" für den verwendeten Motor stand und das „J" ursprünglich für „Jeep", dann aber für die Geländewagenbaureihe – kombinierte das Leiterrahmenchassis des leichten Trucks vom Typ SB mit einem Sechszylinder-OHV-Benzinmotor, wie er zum Beispiel bei der mittelschweren Lastwagen-Baureihe zum Einsatz kam. Der Motor mit 3386 ccm Hubraum und 85 SAE-PS war für damalige Verhältnisse gewaltig und absolut überdimensioniert. Der Aufbau selbst war offen und die Windschutzscheibe abklappbar, wie das bei Militärfahrzeugen jener Epoche üblich war. Ein komplett abnehmbares Segeltuchverdeck bot der Besatzung ein Mindestmaß an Schutz, die Türen bestanden ebenfalls aus diesem Material. Sitze und Ausstattung waren karg. Die Dauererprobung des neuen Geländewagens begann im August 1951. Auf dem Programm standen unter anderem so schwierige Aufgaben wie Klettertouren am Fujijama, Japans heiligem Berg. Doch selbst die steilen, splitt- und geröllübersäten Hänge des seit 1792 erloschenen Vulkans vermochten den BJ nicht zu stoppen. Komfort war damals weniger ein Thema: Robuste Blattfedern, schwere Starrachsen und große 16-Zoll-Räder stellten die Verbindung zum Untergrund her. Nach den erfolgreichen Tests gingen bald die ersten Bestellungen ein. Unter anderem orderten Polizei, Feuerwehren und Forstverwaltung den Allrad-Toyota, der zwar keine Geländereduktion vorweisen konnte, allerdings durch die Übersetzung des Viergang-Getriebes und den gewaltigen Hubraum auch in schwerem Geläuf nicht aufzuhalten war. An große Stückzahlen war indes zunächst noch nicht zu denken: Bis Ende 1953 wurden auf Bestellung nur 298 Einheiten produziert, lediglich vier der intern als BJ40 bezeichneten Fahrzeuge gingen in den Export. Viel mehr wurden es auch 1954 nicht, der nunmehrige Land Cruiser – die Bezeichnung „Jeep" war nun geschützt und konnte nicht mehr verwendet werden – rollte exakte 457 Mal vom Fließband, wobei auch die Rohstoffrationierungen in Folge des Krieges eine Rolle gespielt haben mochten.

Die zweite Generation: der J2/J3 (1955–1960)

Zu diesem Zeitpunkt handelte es sich bereits um die Land Cruiser der zweiten Generation, die J2-Typen hatten in die Karosserie integrierte Scheinwerfer, nicht mehr frei stehende und weitere Verfeinerungen. Die Lage besserte sich erst im nächsten Jahr, als es Toyota zunehmend gelang, Exportmärkte zu erschließen. Das große Geld war damit zwar nicht verdient, doch gingen 1956 – dem Jahr, in dem der 3,4-Liter-Motor ausrangiert und durch einen 3,9-l-Reihensechszylinder ersetzt wurde, Kennbuchstabe „F" – knapp die Hälfte der 1000 Cruiser in den Export. 1957 verdreifachte sich die Produktion auf 2887 Einheiten, nur 450 davon blieben in Japan. Ende der 50er Jahre nahmen auch die ersten Land Cruiser amerikanische Pisten unter die Räder, *Motor Life* berichtete im September 1959 von einer Tour abseits des Highways 91 von Los Angeles nach Las Vegas – quer durch eine menschenleere Öde, durch den versandeten Mojave-River, hundert Meilen ohne eine Menschenseele zu sehen: „We were quite enthusiastic about the Toyota", wir waren begeistert, schrieben die Reporter, die den ungemein elastischen Sechszylinder ebenso lobten wie die absolute Zuverlässigkeit des unverwüstlichen FJ 25: Nordamerika war überzeugt, und Südamerika nahm der Toyota knapp zwei Jahre später im Sturm: Die 30.000-Kilometer-Rundfahrt quer durch Venezuela, Ecuador, Peru, Chile, Argentinien und Brasilien machten den bis dato ziemlich unbekannten japanischen Hersteller schnell bekannt und erleichterten den Export auch der Limousinen. In den folgenden Jahren baute Toyota seine Land-Cruiser-Flotte zügig aus.

Unter der kantigen Karosserie steckte das Fahrwerk der SB-Trucks. Da kein Militärauftrag folgte, wurde der BJ nur bis 1953 für Behörden und Forstverwaltungen gebaut. Die rundlichere J2-Baureihe löste die kantigen BJ ab. Seit 1954 hießen die J2-Varianten Land Cruiser. Die leicht überarbeitete J2-Reihe mit dem neuen F-Motor führte über den kurzlebigen J3 zum J4 des Jahres 1960: Der BJ hatte seine Form gefunden.

Ein Klassiker betritt die Bühne: der J4 (1960–1985)

Wesentliche Zäsur in der Land-Cruiser-Geschichte war der Facelift Ende 1960. Danach bot Toyota den jetzt 135 PS starken Land Cruiser als FJ 40 (Radstand 2285 mm), als FJ 43 (Radstand 2430 mm) wie auch mit langem Radstand (FJ 45, 2650 mm) an. Letzterer löste den 1960 nur drei Monate lang gebauten J3 ab – einen J2 mit langem Radstand, Bezeichnung J35/38 Station. Die optischen Unterschiede zum J2 waren gering – eine weiße Blende um Kühlergrill und Scheinwerfer kennzeichneten die J4-Baureihe; diese einfache kosmetische Änderung sollte zum Erkennungszeichen des Land Cruiser für die folgenden Jahrzehnte werden. Mehr Aufwand betrieben die Toyota-Techniker unter dem Blech. Ein neues Getriebe mit echter Geländereduktion und manuelle Freilaufnaben, um bei Bedarf die vorderen Antriebswellen zuschalten zu können, erhöhten die Geländetauglichkeit des Starrachsers. Für Vorschub sorgte, wie gehabt, der Sechszylinder-Benziner mit dem Kennbuchstaben F.

Im Juli 1967 ergänzte Toyota das Land-Cruiser-Programm um eine Hardtop-Version auf Basis des FJ 40 mit kurzem Radstand (2285 Millimeter); die bis dahin abnehmbaren Hardtops hatten aus Fiberglas bestanden. Das Blechdach war nicht abnehmbar, sondern fest mit dem Aufbau verbunden. Die Frontscheibe ließ sich noch immer nach vorn auf die Motorhaube umlegen. Der offene Land Cruiser hieß jetzt Vinyl Top BJ 43. Ab April 1972 konnten Land-Cruiser-Käufer parallel zum 3,9-Liter-Benziner wieder einen Dieselmotor kaufen. Das neu entwickelte Triebwerk mit dem Kennbuchstaben H stammte von der Toyota-Nutzfahrzeugtochter Hino und verfügte über 3,6 Liter Hubraum und leistete 85 PS. Die erste Ölkrise von 1973/74 ging auch am Geländewagenmarkt nicht spurlos vorbei. Toyota reagierte schnell und stellte dem 3,6-Liter-Diesel einen zweiten Selbstzünder mit knapp drei Litern Hubraum (2975 ccm, Bohrung 95, Hub 105 Millimeter), vier Zylindern und 76-DIN-PS zur Seite. Der neue Motor – Kennbuchstabe B, ebenfalls von Hino gebaut – hatte bereits eine elektronisch gesteuerte Einspritzpumpe (E.D.I.C. – Electronic Diesel Injection Control).

Den ehrwürdigen 3,9-Liter-Benziner löste ab Januar 1975 ein 4,2-Liter-Motor mit 135 PS ab (Bohrung x Hub: 94 x 101,6 Millimeter). Das bärenstarke Triebwerk war in allen Modellen, vom Vinyl-Top bis zum Station, verfügbar und erleichterte dem Land Cruiser auch den Start in Deutschland.

Wer hierzulande einen Land Cruiser fuhr, war entweder Förster, Bauleiter oder ein pfeiferauchender Individualist: Er suchte nicht nur ein Arbeitsgerät oder Mittel gegen Fernweh, sondern protestierte mit einem grimmigen Geländewagen gegen das Limousinen-Establishment. Ein echter High-Tech-Motor hätte nicht zu diesem Fahrzeugkonzept gepasst: Einen hubraummächtigen Vierzylinder, niedrig verdichtet und per Stoßstangen in Betrieb gesetzt – mehr braucht es nicht, um durch Wald, Flur und Wüsten zu kommen.

Für die Weiterleitung des bärigen Drehmoments (284 Nm bei 1800/min) war ein sauber zu schaltendes Viergangetriebe zuständig. Normalerweise war nur die Hinterradachse angetrieben, die vordere trug ihren Teil dazu bei, wenn die vorderen Freilaufnaben verriegelt und Vierradantrieb und Geländeübersetzung aktiviert wurden. Solcherart gerüstet, ließen sich auch schlimmste Weg- und Geröllstrecken passieren – die Bandscheiben seiner Besatzung machten eher schlapp als ein Land Cruiser. Und selbst wenn die mit Blattfederpaketen bewehrten Federelemente nicht gerade den Fahrer windelweich prügelten, so gab es etwas auf die Ohren: Wenn nacktes Blech als einzig aufrechte Art der Inneneinrichtung gilt und eventuellen Mitfahrern karge, längs in Fahrtrichtung angeordneten Arme-Sünder-Bänkchen zu genügen haben, sind Innengeräuschdämmung, gepolsterte Armaturenbretter oder auch ein Radio überflüssiger Firlefanz.

Dafür zog der Land Cruiser knapp über Leerlaufdrehzahl unbeirrbar wie ein Büffel voran und gab sich dabei überraschend wendig und spurtstark, 15 Sekunden von null auf 100 km/h waren für gut 1,8 Tonnen ein respektabler Wert. Kurzum: Der Land Cruiser war ein Nutzfahrzeug für echte Kerle, wie Presse und Werbung immer wieder betonten.

Länge läuft: Auch vor Erscheinen des Land Cruiser Station gab es bereits eine viertürige Karosserievariante: den FJ 45 Station.

Spezialist für schweres Gelände: Der in unzähligen Versionen lieferbare Land Cruiser gilt als schier unverwüstlich.

Die einzig bemerkenswerte Modelländerung im Laufe der Bauzeit des J4 bestand in der modifizierten Frontmaske. Sie wurde eckig.

Buschtaxi: Der J45 Pickup mit langem Radstand (2950 mm) wurde in Deutschland offiziell nie angeboten. Je nach Ausführung konnten im langen Pickup bis zu 13 Personen mitfahren.

Der J4 wurde zwischen 1960 und 1984 praktisch unverändert gebaut. Dieser kurze Landcruiser BJ 42 (Radstand 2285 mm) ist ein Vertreter der letzten Bauserie, wie die Form der Scheinwerferbrille beweist: Die war bis 1980 rund.

Allzuviele Naturburschen gab es im Deutschland der Mittsiebziger allerdings nicht, der Vertrieb des in vier Varianten lieferbaren Off-Roaders – drei mit kurzem Radstand, ein FJ55 – fand „unter Ausschluss der Öffentlichkeit" statt, wie *auto motor und sport* schrieb.

In den nächsten Jahren folgten in erster Linie optische Retuschen, die BJ-/FJ-Typen erhielten eine modifizierte Kühlermaske mit eckiger Brille und weiter auseinander liegenden Scheinwerfern. Technische Retuschen umfassten die Einführung eines Fünfgang-Getriebes wie auch von vorderen Scheibenbremsen. Dennoch tickte die Uhr, und dass die Modellpflege zunächst den jüngeren Station-Wagen J5 ereilte, hatte mit dem Erfolg der Station Wagons von Jeep auf dem US-Markt zu tun.

Der Land Cruiser für alle Fälle: der J7 (seit 1985)

34 Jahre nach der Präsentation des Urmodells wurden die kurzen J4-Cruiser (die bis 2001 noch als „Bandeirante" in Brasilien vom

In gemäßigteren Breitengraden mühten sich die J7 »Light Duty« mit Schraubenfedern an den Starrachsen um ein Mindestmaß an Komfort.

Erst 1985 löste Toyota den J4 ab. Die technische Konzeption hatte der J7 – zumindest in der Heavy-Duty-Version mit blattgefederten Starrachsen – vom Vorgänger geerbt.

1988 ergänzte Toyota sein Europa-Programm um Land Cruiser mit mittlerem Radstand. Auch eine offene Version war nun lieferbar.

Band liefen) durch eine völlig neu konstruierte Modellgeneration abgelöst. Das führte zu einem fröhlichen, bis heute währenden Nebeneinander von „light duty" Versionen mit Schraubenfedern und „heavy duty"-Cruisern mit den traditionellen Blattfedern. In der Regel entschied sich der deutsche Importeur für die Einfuhr der zivileren „light duty"-J7 mit Schraubenfedern, die andernorts als „Bundera" beziehungsweise „Prado" bezeichnet wurden. Insgesamt wurden über 100 verschiedene J7-Ausführungen gebaut.

Technisch und optisch hatte der neue LJ 70, der im März 1985 in die Bundesrepublik kam, mit dem Vorläufer kaum noch etwas gemein: Smoking statt Holzfällerhemd, etwas geschmeidigere Hüften – die Führung der Starrachsen erfolgte an Längslenkern, Panhardstäben und Schraubenfedern – und eine smartere Innenausstattung: Wären nicht die Trittbretter gewesen, deren es bedurfte, um die Kabine zu erklimmen, oder auch die unübersehbar auf dem Armaturenbrett thronenden Höhen- und Neigungsmesser, dann hätte man meinen können, man sitze in einem normalen Personenwagen. Unter dem geschniegelten Blech steckte allerdings ein kerniger Geländewagen, dessen wahre Qualitäten erst dort zum Vorschein kamen, „wo sich die Angst ums schiere Durchkommen in der Magengrube breit macht", wie Claus-Peter Becker in *auto motor und sport* schrieb: „Bei schweren und winkeligen Kletterpartien, da lässt er sich mit seiner leichten Lenkung folgsam und stoßfrei dirigieren. Selbst im tiefen Schlamm…", berichtete der Geländewagen-Spezialist.

Auch unter den Motorhauben agierten die LJ-Modelle zeitgemäßer: Statt der ohv-Triebwerke sorgten jetzt moderne ohc-Vierzylinder-Aggregate mit Leichtmetall-Zylinderköpfen und obenliegenden Nockenwellen für den nötigen Vortrieb. Basismotor bildete

Die modifizierte Fahrzeugfront mit Rechteck-Scheinwerfern war das Erkennungsmerkmal der nach 1989 gebauten Light-Duty-J7. Im Bild der Spezial.

ein durstiger, wenngleich kräftiger 2,4-Liter-Benziner mit 105 PS; der alternativ dazu angebotene 2,4-Liter-Wirbelkammerdiesel mit 72 PS war zwar sparsamer, aber kraftloser. Die erste LJ 70-Revision fand im Februar 1986 statt: Toyota ersetzte den etwas schwachbrüstigen Saugdiesel durch ein merklich leistungswilligeres Turbodiesel-Triebwerk. Der 2,4-Liter-Turbo fand sich auch im Crown wieder und entwickelte 86 PS; das maximale Drehmoment war gegenüber dem Saugdiesel von 155 auf 188 Nm bei 2400/min gestiegen. Bessere Beschleunigung, deutlich größeres Durchzugsvermögen am Berg und im Gelände sowie eine höhere Spitzengeschwindigkeit (130 km/h) waren das Ergebnis. Der 2,4-Liter-Benziner blieb (in der Bundesrepublik) nur noch bis 1987 im Programm. Im Oktober nahm Toyota zusätzlich eine Turbodiesel-Spezial-Version mit verchromten Rädern, Breitreifen, polierten Trittbrettern und Chromstoßstangen ins Programm auf.

Eine Spezialität für Leute, die gerne Frischluft pur genießen, stellte Toyota Deutschland im Januar 1988 vor – den Land Cruiser LJ 73 Middle Wheel Base. Dabei handelte es sich um eine Heavy-Duty-Variante mit mittlerem Radstand (2600 Millimeter) insgesamt gab es den HD-Cruiser in fünf, den LD-Cruser in drei Radständen. Eine letzte Aufwertung erfuhr die LJ-Baureihe im März 1989 mit Einführung des Sondermodells LJ 73 Hardtop Special. Zu den serienmäßigen Extras dieser Allrad-Variante gehörten Velours-Sitzpolster im modischen Streifendesign, verchromte Sporträder mit 15-Zoll-Breitreifen, mattschwarze Radlaufverbreiterungen aus Kunststoff, verchromte Stoßfänger und hochglänzende Trittbretter.

Zum neuen Jahrzehnt legte die J7-Baureihe neues Makeup auf. Rechteck- statt Rundscheinwerfer vor der Haube und stärke Motoren darunter prägten den neuen Jahrgang. Der Turbodiesel leistete nun 90 PS. Wohnlicher eingerichtet und besser ausgestattet, kam ein per Knopfdruck zuschaltbar Allradantrieb, eine Geländereduktion und eine automatische Differentialsperre an der Hinterachse. Ein Weichei war der J7 trotz der besseren Ausstattung dadurch nicht geworden, der kurze Radstand und die starren Achsen sprachen eine andere Sprache. Die letzte Verbesserung erhielt die J7-Generation im Sommer 1993: Toyota ersetzte den 2,4-Liter-TD durch einen Dreiliter-TD mit 125 PS. Damit war der Land Cruiser mit der Baureihenbezeichnung KJ mehr denn je für alle Geländegrobheiten auf und abseits der Straßen gerüstet.

Der Land Cruiser wird fein: der J9 (1996–2002)

Im Juli 1996 löste der J9 den J7 Prado ab. Da der J7 in der HD-Ausführung aber weiterhin gebaut wurde, stellte der J9 (andernorts wieder als „Prado“ vermarktet) die dritte Land Cruiser-Baureihe dar. Diese gab es mit kurzem wie auch mit mittlerem Radstand, außerdem als Zwei- und Viertürer und in allen Fällen mit komplett neuem Fahrwerk, bestehend aus Einzelradaufhängung vorn und einer Mehrlenkerachse hinten. Neu war auch das Antriebssystem des in Deutschland als „Land Cruiser 90“ angebotenen Geländegängers: Alle J9er erhielten einen permanenten Allradantrieb. Der Neuzugang auf der Motorseite betraf das Benzintriebwerk, der 3,4-Liter-V6 mit 178 PS stand für gute Fahrleistungen. Dem bekannten Vierzylinder-Turbodiesel mit 125 PS dagegen spendierten die Toyota-Techniker eine elektronisch geregelte Einspritzung, um ein besseres Abgasverhalten und eine Verbrauchsenkung zu erzielen: „Auf der Straße um Klassen komfortabler als der J7“, rapportierten die Tester. Zum neuen Jahrtausend erfuhr der J9 eine weitere Aufwertung, der Turbo-Selbstzünder kam mit Common-Rail-Einspritzung auf 163 PS bei 3400 Touren: „In jeder dynamischen Disziplin wie Beschleunigung und Zwischenspurt rennt der Toyota dem Mitsubishi auf und davon“, berichtete *Off Road* von seinen Eindrücken vom Land Cruiser 90, den es in zunächst zwei, ab August 1999 in drei Ausstattungsstufen (Basis, Special, Limited) gab. Die Preisspanne reichte von DM 58.469,- bis DM 88.530,- für den Fünftürer in Limited-Version mit V6-Motor und Vierstufen-Automatik.

Während der J7 Heavy Duty mit Blattfedern weiterhin produziert wurde, ersetzte Toyota die Light Duty-Reihe Prado im Herbst 1996 durch den J9.

Ein Team von deutschen Offroad-Spezialisten unter Leitung des Limburgers Matthias Jeschke stellte im Januar 2005 einen Weltrekord der besonderen Art auf: Mit dem Land Cruiser fuhren sie auf über 6.000 Meter Höhe. Der Geländegänger erhielt vorne und hinten Seilwinden montiert, einen speziellen Unterfahrschutz sowie ein Sonderfahrwerk. Zusatzscheinwerfer und ein Überrollkäfig sorgten für zusätzliche Sicherheit. Zudem wurde eine spezielle Luftansaugung auf dem Dach angebracht. Ort dieser außergewöhnlichen Leistung: die Atacama-Wüste in Chile und der dortige Ojos del Salado, mit fast 6.900 Metern der höchste Vulkan der Erde.

Die Versionen Basis und Special wurden für das Modelljahr 2000 weiter aufgewertet, die neue Ausstattungsvariante Limited stand für Luxus im Innenraum.

Bei allen Varianten neu gestaltet waren jetzt auch die Türverkleidung und die Instrumententafel. Neue Dreispeichen-Leichtmetallräder lösten das bisherige Fünfstern-Design ab. Akzentuierte Retuschen am Kühlergrill, verchromte Außenspiegel, der Einbau von Multireflektorlampen sowie – ab Special – die Verwendung von integrierten Nebelscheinwerfern machten den Land Cruiser fit für das neue Jahrtausend, zum Modelljahr 2001

Von Anfang gab es den J9-Land Cruiser als Drei- wie auch als Fünftürer. Alle vier Räder waren permanent angetrieben.

Typische Land Cruiser-Kunden sind, so Toyota, 45- bis 50-jährige Männer mit höherem Bildungsgrad, und Hobbies wie Reiten oder Segeln. Und außerdem sollten sie ordentlich Geld verdienen, immerhin kostete ein J12 mindestens 33.000 Euro.

gab es den 90er auch mit dem 3,0-Liter-Common-Rail-Diesel und 120 kW (163 PS). 2002 folgte dann die Ablösung in Form des J12.

Der Land Cruiser aus Europa: der J12 (2002–2009)

Die siebte Land-Cruiser-Generation entfernte sich optisch weit vom urigen Allrad-Arbeitstier der Anfänge: Geschniegelt und gebügelt, mit feinem Blechkleid, präsentierte sich der Cruiser auf dem Pariser Salon. Der feine Zwirn aber täuschte: Unter der glatten Schale steckte noch immer ein ganzer Kerl mit einem deutlich solideren Leiterrahmen und veritabler Allradtechnik. Des Cruisers neue Kleider stammten erstmals aus dem südfranzösischen Designstudio bei Nizza. Auch im eleganten Business-Anzug hatte der Land Cruiser das Klettern nicht verlernt. Lust auf Matsch machten das intelligente Allradsystem, die üppige Bodenfreiheit und die beachtliche Wattiefe von immerhin 70 Zentimetern. An Allradtraktion mangelte es nicht, und wenn es ganz dicke kam, war ja immer noch der Hebel für die Geländereduktion. Herzstück des unauffällig agierenden Allradsystems war das neu entwickelte Torsen-Zentraldifferenzial. Zur aufwändigen Antriebstechnik gesellte sich ein ganzes Bündel an elektronischen Fahrkontrollen, zu denen neben der Bergabfahrkontrolle erstmals auch eine elektronische Berganfahrkontrolle gehörte: Die im Radlager platzierten Sensoren erkannten, ob die Räder zurück rutschten und bremsten diese für die Dauer von fünf Sekunden an der Blockiergrenze ab. Der Fahrer konnte seine Aufmerksamkeit also voll und ganz auf die Bedienung des Gaspedals richten. Wie gehabt, war die J12-Baureihe in zwei Radständen und mit drei beziehungsweise fünf Türen erhältlich. Beide Karosserievarianten hatten gegenüber der letzten Modellgeneration an Radstand, in Länge und Breite zugelegt. Geschrumpft waren die Überhänge, was wiederum größere

Der Land Cruiser, wie er im Juni 2006 eingeführt wurde. Der Fünftürer war ungleich beliebter als die Ausführung mit kurzem Radstand. Die Topausstattung Executive war in der Regel an den 4,0-l-V6 gekoppelt.

Im Gegensatz zu diversen Mitbewerbern setzt der Land Cruiser auf die robuste Leiterrahmen-Konstruktion eine nicht selbsttragende Karosserie.

Permanenter Allradantrieb mit variabler Antriebskraftverteilung und modernste elektronische Fahrkontrollen wie die Berganfahrkontrolle HAC verkraften auch anspruchsvolle Offroad-Passagen. Die Executive-Ausstattung glänzt mit dem aktiven Federungssystem TEMS und Luftfederung an der Hinterachse.

Böschungswinkel ermöglichte. Die Technik stammte im Prinzip vom Vorgänger, wesentlichste Neuerung an der Vorderachse war die Position der Kugelgelenke in den Querlenkern.

Vorbildlich, wie stets, waren Verarbeitung und Ergonomie; die Ausstattung bereits im Grundmodell ließ nichts Wesentliches vermissen. Leider nur im Topmodell serienmäßig war die Luftfederung samt Niveauregulierung; die Dämpfer waren vom Fahrersitz aus einzustellen. Das semiaktive Fahrwerk TEMS (Toyota electronically modulated suspension) gestattete eine maximale Bodenfreiheit von 220 Millimetern – „arbeitet wirklich ganz hervorragend", notierten die Tester von *Off Road*. Die Motor-Palette blieb überschaubar und bestand aus dem modifizierten Dreiliter-Common-Rail-Diesel mit nach wie vor 163 PS und einem neuen Vierliter-Benziner mit 249 PS, der den bisherigen 3,4-l-V6 ablöste. Während der Diesel in seiner letzten Ausbaustufe auf 173 PS kam, blieb der V6-Benziner bis zur Ablösung 2009 in der Leistung unverändert.

Der Land Cruiser als SUV: der J15 (seit 2009)

Etwas modischer, etwas eleganter und vollgestopft mit Elektronik: Die gerade noch innenstadttaugliche Ausführung des Land Cruiser/Prado, wird seit November 2009 in Deutschland verkauft. Technisch ist er im Prinzip gleich geblieben und überzeugt als ein in den Grundfesten unerschütterlicher Geländegänger mit robustem Leiterrahmen, hinterer Starrachse und einem inzwischen sehr beachtlichen Premium-Flair. Hierzulande lediglich noch mit dem Dreiliter-Selbstzünder und 173 PS verkauft, bietet andernorts der Vierliter-Benziner mit inzwischen 287 PS eine Alternative. Der Ölbrenner schickt über ein manuelles Sechsganggetriebe (Fünfstufen-Automatik gegen Aufpreis) saftige 410 Newtonmeter in das Torsen-Differenzial, das den Vortrieb je nach aktuellen Erfordernissen auf Vorder- und Hinterachse verteilt (von 29:71 % bis 53:47 %). Ein sperrbares Zentraldifferenzial und eine Geländeuntersetzung weisen den Cruiser noch als echten

Die nächste Generation, Kürzel J15, ging knapp zwei Monate nach der Europapremiere auf der IAA 2009 an den Start.

Modelle, Varianten, Preise:

Modelle:	Geländewagen als Zwei-, Drei-, Fünftürer
Bauzeit:	seit 1977
Motoren:	Benziner: 2366 ccm / 81 kW (110 PS) bei 5000/min ab 3.85 4230 ccm / 99 kW (135 PS) bei 3600/min ab 4.77 4230 ccm / 88 kW (120 PS) bei 3600/min ab 3.85 3378 ccm V6 / 131 kW (178 PS) bei 4600/min ab 8.96 3998 ccm VVT-i / 183 kW (249 PS) bei 5200/min ab 9.03 Diesel/Turbodiesel: 2975 ccm / 56 kW (76 PS) bei 3600/min 3431 ccm / 66 kW (90 PS) bei 3500/min ab 5.81 2446 ccm / 53 kW (72 PS) bei 4000/min ab 3.85 2446 ccm / 63 kW (86 PS) bei 4000/min ab 3.86 2446 ccm / 66 kW (90 PS) bei 3500/min ab 4.90 2982 ccm / 92 kW (125 PS) bei 3600/min ab 7.93 2982 ccm / 120 kW (163 PS) bei 3400/min ab 11.00 2982 ccm D–4D / 120 kW (163 PS) bei 3400/min ab 1.03 2982 ccm D–4D / 123 kW (166 PS) bei 3400/min ab 9.04 2982 ccm D–4D / 127 kW (173 PS) bei 3400/min ab 3.07 2982 ccm D–4D / 140 kW (190 PS) bei 3400/min ab 1.11
Ausstattung:	J4: Dreispeichen-Lenkrad, abschließbarer Tankdeckel, Freilaufnabe, Allrad zuschaltbar. J7: Servo, Allradantrieb, Zwischengetriebe, Freilauf vorn, 5-Gang, Tageskilometerzähler, Digitaluhr, Teppichboden, verstellbare Kopfstützen. J9: Lenkrad-Höhenverstellung, ZV, Scheibenbremsen hinten. 90: Airbags, ABS, getönte Scheiben, Radiovorbereitung.
Varianten:	Vinyl Top, Hard Top, Special, Limited, Anniversary
Preise:	J4 ab DM 22.790,–; J7 ab DM 28.990,–; J9 ab DM 49.680,–; 90 ab DM 51.060,–

Chronik:

1950:	Toyota beginnt mit den Arbeiten am BJ-Prototyp.
1951:	Der BJ besteht am Mount Fuji seine Feuertaufe. Behörden (Polizei und Forstverwaltung) bestellen die ersten Fahrzeuge.
1954:	Der BJ wird umbenannt und feiert als Land Cruiser sein internationales Debüt. Die Massenproduktion beginnt.
1956:	Toyota ersetzt den 85-PS-Diesel-Motor durch einen 3.878-ccm-Benziner mit 125 PS.
1957:	Der FJ 25-Land Cruiser erscheint offiziell auf dem US-Markt.
1960:	Der J4 (BJ) ist da und wird bis zur Einstellung dieser Baureihe 1986 in verschiedenen Versionen gefertigt.
1961–1965:	In den USA ist der Land Cruiser der meistverkaufte Toyota.
1968:	Toyota vermeldet den Verkauf des 100.000. Land Cruiser. Der 4,2-l-Sechszylinder mit 135 PS ersetzt den 3,9-Liter-Motor.
1972:	Verkauf des 200.000. Land Cruiser.
1973:	Verkauf des 300.000. Land Cruiser.
1977:	Der J4 feiert Deutschland-Premiere. Weltweit sind nun mehr als eine halbe Million Land Cruiser verkauft.
1985:	März: Einführung des J7. Neue Karosserie, erstmals schräg stehende Frontscheibe. Servolenkung, umlegbare Rücksitzbank, Radstand: 2310 mm. Motoren: 2,4 l Benziner, 105 PS; 2,4 l Diesel, 72 PS.
1985:	März: Einführung Land Cruiser Hard Top Turbodiesel: 2,4 l, 63 kW (86 PS). Schraubenfedern und Panhardstäbe vorn und hinten, Spitze: 130 km/h. Softtop gegen Aufpreis nachrüstbar.
1986:	2,4-l-Diesel durch 2,4-l-TD (86 PS) ersetzt.
1987:	Wegfall 2,4-l-Benziner
1988:	Januar: Hardtop mit um 290 mm verlängertem Radstand und breiterer Spur hinten eingeführt, Bezeichnung LJ 73.
1989:	März: LJ 73 Special: Hardtop-Version, kurzer Radstand, Sitzbezüge und Teppichboden aus Velours, geteilte Rücksitzbank. Verchromte Sportfelgen, Reifen 10R–15, Radlaufverbreiterungen, verchromte Stoßfänger. DM 43.400,-
1990:	April: Modellpflege (Breitband-Scheinwerfer, Sporträder 215/80 R 16). Einführung 2,4 l TD (66 kw), 5-Gang.
1993:	Juli: Land Cruiser KJ 70: 3,0 l TD; 90 kW/125 PS b. 3500/min. Max. Drehmoment 295 Nm b. 2400/min. Varianten: KJ70 DM 40.950,–; KJ 70 Special (DM 47.180,–; elektr. FH, Schiebdach, Verchromte Stoßfänger, seitl. Trittbretter; LM-Räder 7 JJ x 15 m. 265/75 R 15 S), KJ73 (Radstand 2600 mm, nur Special: Abnehmbares Hardtop, RDS-Stereo-Kassetten-radio; innen Altimeter u. Neigungswinkelmesser. DM 49.990,–.) Alle Modelle: Toyota-Emblem links am Heck; Seitenaufpralls.; Ölstand-Kontrolle.
1996:	Die J9-Baureihe ersetzt die J7-Modelle. Zwei Radstände.
1999:	Veränderungen an der Karosserie und im Innenraum beim Land Cruiser 90, den es jetzt – neben Basis und Special – auch als Limited-Variante gibt. Motoren. 3,0 TD (125 PS) bzw. 3,4 l V6 (178 PS).
2000:	November: 3,0-l-D–4D-TD-Direkteinspritzer ersetzt bisherigen Turbodiesel; 120 kW/163 PS; Tempomat, Stabilitätskontrolle VSC z.T. Serie.
2001:	Verkaufsstart für die luxuriösen Jubiläumsmodelle 50th Anniversary. Basis D–4D Limited, dazu Klimaautomatik, Dachreling, Leder, polierte LM-Räder. Preise: DM 45.610,–. Befristeter Import von HZJ 71/73/78 Heavy Duty (2002 eingestellt).
2002:	September: Premiere für den neuen Land Cruiser auf dem Pariser Salon. November: Ablösung des Typ 90 durch den neuen Land Cruiser, der als Lexus-Typ bereits in den USA verkauft wird.
2003:	Januar: Einführung der Land Cruiser-Generation J12 auf dem deutschen Markt. Zwei Radstände, drei Ausstattungen. Zunächst nur mit TD lieferbar, ab Euro 33.100,– September: Einführung des Land Cruiser mit 4,0-V6-Benzintriebwerk.
2004:	Juli: Sondermodell Travel: Dachreling, Privacy-Glas, Reserverad unter dem Kofferraumboden. 6-fach CD-Wechsler, DVD-Navi, Sitzheizung vorn, Metalliclack. 500 Ex., ab € 43.600,–. September: Modellpflege, Premiere auf dem Pariser Salon: Modifizierter 3,0-Liter D–4D. 166 PS bei 3400/min; neues Sechsganggetriebe. Neue Fünfstufen-Automatik (Serie beim 4,0 V6), elektr. Schaltkontrolle. Verbesserter Bremskraftverstärker, optischer Gurtwarner für Fahrer und Beifahrer. Verbessertes Navigationssystem.
2007:	März: Modellpflege: Leistungssteigerung 3,0 D–4D jetzt 173 PS. Ausstattungsvarianten: C, Land Cruiser, Fünftürer auch Executive. Neueinführung Fünftürer Sol: DVD-Navi mit 7-Zoll-Bildschirm, Sechsfach-CD-Wechsler, Reserverad unter dem Fahrzeugheck. Oktober: Modellpflege und Neuordnung der Ausstattungslinien: Land Cruiser C heißt jetzt Land Cruiser; dann Luna (sechsfach CD-Wechsler, Multifunktionslenkrad); „Sol“ (Multifunktionslenkrad, Rückfahrkamera); Executive (Lederlenkrad, Holzapplikationen, Privacy-Glas, abgedunkelte Felgen, abgedunkelte Chromapplikationen am Kühlergrill und abgedunkelte Innenverschalungen der Halogenscheinwerfer. Ab 36.600 Euro.
2010:	April: Software-Update für das Automatikgetriebe. Oktober: Motorleistung des 3-Liter-D4D jetzt 140 kW/190 PS; DPF zur Erfüllung der Euro–5-Norm.; Änderungen im Automatikgetriebe. Optional für Executive: Glas-Schiebedach., Ersatzrad nicht mehr an der Hecktür, sondern unter dem Fahrzeugboden.
2011:	Januar: Markteinführung des überarbeiteten 190-PS-Land Cruiser. Ab € 36.950,- (Dreitürer; Fünftürer € 39.700,-). April: Sondermodell 60 Anniversary: Basis Life, Leder, Fußmatten, Festplatten-Navi mit Rückfahrkamera, Soundsystem, Bildband, Jubiläums-Logo.

Die Allrad-Ikone wird in zwei Karosserievarianten als 4,32 Meter langer Dreitürer oder als 4,76 Meter langer Fünftürer angeboten.

Dank der KDSS, einem Hydrauliksystem zur Entkoppelung der Stabilisatoren im Gelände, lassen sich geradezu abenteuerliche Achsverschränkungen erzielen.

Geländewagen aus, die komplette Riege der Fahrerassistenzsysteme spricht dagegen eher für einen weichgespülten SUV: Mit dem Multi-Terrain-Select-System lässt sich zum Beispiel vom Lenkrad aus das Ansprechverhalten von Motor, Bremssystem und Traktionskontrolle in vier Stufen dem jeweiligen Untergrund anpassen. Eine Neuheit ist die Crawl Control für schwieriges Gelände, bei dem der Fahrer sich nur noch aufs Lenken konzentrieren muss, während der Einsatz von Gas und Bremse vom Motormanagement erledigt wird. Das funktioniert gleichermaßen gut vorwärts wie rückwärts. Außerordentlich hilfreich ist auch das Kamerasystem mit Monitor im Armaturenbrett. Vier Kameras – an der Front, am Heck und an den beiden Außenspiegeln – senden ihre Bilder auf das zentrale Display und verhindern dadurch Kollisionen mit kleineren Hindernissen, die vom Fahrersitz aus nicht zu sehen sind.

Im Lastenheft des neuen Land Cruiser standen natürlich möglichst geringe Verbrauchs- und Emissionswerte weit oben auf der Liste, ein großer Geländewagen gilt ja nicht gerade als ökologisch korrekt. Daher wurde bei der Entwicklung des J15 viel Wert auf die Steigerung der Effizienz und die Verringerung von Verbrauch und Emissionen gelegt.

Der in vier Ausstattungslinien als Drei- und Fünftürer erhältliche Cruiser gehört mit einem Durchschnittsverbrauch von 8,0 Litern je 100 Kilometer (Fünftürer: 8,1 Liter) und CO_2-Emissionen von 210 g/km (Fünftürer: 214 g/km) zu den sparsamsten Fahrzeugen seiner Klasse – und zu „den letzten Offroadern, die man Komforthungrigen noch empfehlen kann", schreibt das Fachblatt *Off Road*, das auch die beiden Nachteile des „eigentlich perfekten Geländewagens" nennt: „den hohen Preis und den hohen Preis." Die Liste beginnt für den Dreitürer bei 36.950 Euro, das Topmodell in der TEC-Ausstattung kommt auf 65 500 Euro, hat dafür aber bereits alle Features wie Crawl Control, PreCrash-System und Kamerasystem mit an Bord.

Statt eines konventionellen Schalthebels für das Untersetzungsgetriebe hat der Land Cruiser einen Wählschalter, der zusammen mit den Schaltern für die vordere und hintere Differenzialsperre in der Mittelkonsole angebracht ist.

Mit mehr Leistung und weniger Verbrauch startete der Land Cruiser in das Modelljahr 2011. Der Dieselmotor entwickelt künftig 190 PS, was einem Zuwachs von 17 PS entspricht.

Toyota Land Cruiser Station

Länge läuft

Der Land Cruiser mit langem Radstand verdankt seine Existenz der Tatsache, dass über dem großen Teich alles gerne ein wenig größer sein darf. Der Station, 1967 vorgestellt, war mit einer Gesamtlänge von 4,67 Metern beinahe so lange wie eine S-Klasse von Mercedes, aber wesentlich rustikaler – und unvergleichlich geländetauglicher.

Der Land Cruiser Station J5 (1967–1981)

Im Februar 1967 verlängerte Toyota den sechssitzigen Station-Wagen der J4-Baureihe um 50 Millimeter, versah ihn mit einer zweiflügeligen Hecktür und einer streng blickenden Front. Dieser lange Land Cruiser war in erster Linie für den US-Markt entwickelt worden, wo es gerne etwas größer und luxuriöser sein durfte; Jeep hatte 1965 mit dem mächtigen Super Wagoneer die Richtung vorgegeben, der Toyota folgte. Der lange Geländewagen erhielt die Baureihenbezeichnung FJ55. Den langhubigen 3,9-Liter-Sechszylinder (Bohrung 90, Hub 101,6 Millimeter) übernahmen die Techniker weitgehend unverändert aus dem FJ45. Bei den Station-Exemplaren, die Anfang der 70er Jahre nach Europa kamen, betrug die Höchstleistung 120 DIN-PS bei 3.600/0min. Das genügte für eine Spitzen-Geschwindigkeit von 135 km/h. Die Kraft gelangte beim Station über ein Viergang-Getriebe mit zweistufiger Geländeuntersetzung an die Räder. Wie beim BJ-Modell war der Allrad-Antrieb nach Bedarf zu- und abschaltbar. Leiterrahmen, Blattfedern und Starrachsen sorgten für die nötige Belastbarkeit. Abseits der Wege kannte der Station kaum ein Limit, stets standen genügend Reserven zur Verfügung, um auch steilste Hänge hochzuwürgen.

Mit dem FJ55 begann 1967 die Geschichte der Land Cruiser-Station-Modelle. Technisch weitgehend unverändert, unterschied er sich durch seine Optik vom kurzen J4.

Ein Hauch von Luxus: der J6 (1981–1990)

Im neuen Land Cruiser Station von 1981 mit der Kennung HJ 60 hatte die Neuzeit in Form von Servolenkung, verstellbarer Lenksäule, getönten Scheiben und wohnlichem Interieur Einzug gehalten. Die Geländetauglichkeit litt darunter keineswegs, noch immer bewältigte der Land Cruiser auch schwerstes Geläuf ganz souverän. Und das tat er so gut, dass auch „bei härtesten Beanspruchungen noch von Komfort gesprochen werden kann", wie Fahrtests bestätigten. Die glattflächige fünftürige Karosserie bot bei unverändert respektablen Außenmaßen (Länge 4675, Breite 1800, Höhe 1800 Millimeter) Platz für fünf Personen – in anderen Ausführung für bis zu zehn – , und das gewaltige Gepäckabteil fasste mit umgelegter Rückbank notfalls eine komplette Expeditionsausrüstung. Eine Zuladung bis zu 680 Kilogramm und eine Anhängelast von 2,6 Tonnen prädestinierten den HJ 60 als energisches Zugfahrzeug. Zwei Motoren standen zur Wahl. Während der 4,2-Liter-Benziner mit 120 PS ein alter Bekannter war, präsentierte Toyota mit dem 4,0-Liter-Sechszylinder-Diesel eine bemerkenswerte Neuentwicklung. Der Direkteinspritzer leistete 105 PS bei 2500/min, das maximale Drehmoment betrug 240 Nm bei 2000/min: „Der Land Cruiser ist salonfähig geworden", bemerkte die *FAZ*, „hat beinahe Personenwagen-Charakter bekommen". Auch die J4-Modelle mit kurzem Radstand wurden verbessert: Den 3,0-Liter-Diesel ersetzte ein stärkeres Aggregat mit 3,4 Litern Hubraum und kräftigen 90 PS bei 3500/min. Das maximale Drehmoment stieg auf 216 Nm bei 2200 min. Mit einer Höchstgeschwindigkeit von 127 km/h konnte sich der J6 jetzt auch auf deutschen Autobahnen behaupten.

Bis Ende 1981 hatte Toyota über eine Million Land Cruiser produziert und ausgeliefert, darunter zumindest einen auch an den Vatikan: Im schneeweißen Toyota stehend, erteilte Johannes Paul II. von dort aus seinen Segen.

Der Nachfolger für den seit 1981 gebauten Station mit Saugdiesel-Motor und Rundscheinwerfern ging im Oktober 1987 an den Start, Er trug die Bezeichnung Land Cruiser Turbodiesel Station Wagon VX (intern: HJ 61) und machte durch die andere Frontpartie mit rechteckigen Doppelscheinwerfern seine Sonderstellung deutlich. Ein kompromissloses Arbeitsgerät war der neue VX nicht mehr, dagegen sprach die fürstliche Serienausstattung mit einer nach Limousinenart geschwungenen, voll gepolsterten Armaturentafel, Veloursgestühl.

Zum Modelljahr 1981 gehörte die knorrige Optik der Vergangenheit an. Der Station im eleganteren Blechkleid trug die Baureihenbezeichnung J6.

Luxus-Laster: Der HJ61 mit dem neuen Sechszylinder-Turbodiesel mobilisierte 136 PS bei 3.500 Touren – genug für eine Spitze von 155 km/h.

In Namibia entsteht auf Basis alter Landys oder 4Runner der Uri. Der „Sand-Cruiser" wird über landwirtschaftliche Genossenschaften vertrieben.

Auch elektrische Fensterheber und Zentralverriegelung gehörten beim Wagon bislang nicht zur Grundausrüstung. Unter dem schnieken Blech dagegen regierte dagegen noch der blanke Nutzwert. Beibehalten hatte der Station Wagon sein Fahrwerks- und Antriebskonzept mit blattgefederten Starrachsen und zuschaltbarem Vorderradantrieb. Doch anders als beim Vorläufer ließ sich der Allradantrieb nun elektropneumatisch zuschalten. Die Dreiliter-Maschine basierte zwar auf dem alten ohv-Sechszylinder, leistete jetzt jedoch dank Abgasturbolader 136 PS bei 3500/min. Das maximale Drehmoment stieg auf 315 Nm bei 1800/min. Die erreichbare Höchstgeschwindigkeit lag bei 155 km/h.

Freundlicher Riese: der J8 (1990–1998)

Der wackere Recke hatte allerdings gegen die neuen Lieblinge der autofahrenden Nation wie etwa den Mitsubishi Pajero, einen schweren Stand. Deren Konzept – wiewohl eher straßen- als geländetauglich – führte zu einem wahren Geländewagen-Boom, der Luxus-Allradler wie den Range Rover ganz nach oben spülte. Die Zulassungen in Deutschland schnellten innerhalb von zehn Jahren von 14.000 auf rund 60.000 Neufahrzeuge nach oben, und ein Ende war noch nicht abzusehen. Natürlich wollte auch Toyota mit dem neuen Station Wagon J8 vom Juni 1990 ein gewichtiges Wörtchen mitreden. Angetrieben wurde der 2,3 Tonnen schwere Brummer von einem Sechszylinder-Dieselmotor. Dank Turbo-Aufladung brachte es der Selbstzünder auf stattliche 123 kW (167 PS) und bot ein imposantes Drehmoment: Morgens Gang einlegen und vergessen, das Aggregat produzierte Schub in jeder Lebenslage. Neben diesem Pferd von einem Motor traten die anderen wichtigen Neuerungen fast ein wenig in den Hintergrund: Schrauben- statt Blattfedern für die beiden Starrachsen, permanenter Allradantrieb und Servolenkung waren weitere Gradmesser des technischen Fortschritts. 1992 wartete der nunmehr mit einem chromblitzenden Kühlergrill geschmückte Sechszylinder mit jetzt zu 100 % sperrbaren Vorder- und Hinterachsdifferenzialen auf. Mit vergleichsweise komfortablem Fahrwerk, ausgezeichneten Sitze, guter Geräuschdämmung und vorbildlicher Verarbeitung, ließ das Flaggschiff von Toyota kaum mehr Wünsche offen. Das galt um so mehr für den HDJ80 des Jahres 1995. Dem bewährten 4,2-Liter-TD setzten die Toyota-Ingenieure nun 24 Ventile in den Kopf und gaben ihm damit 170 PS mit auf den Weg, und der neue 4,5-Liter-Sechszylinder-Benziner entwickelte sogar imposante 205 PS. Weitere Änderungen – Toyota-Emblem im Fühlergrill anstelle des Schriftzugs, ABS, Airbags und höhenverstellbare Sicherheitsgurte vorn – komplettierten den noch einmal komfortabler abgestimmten Geländegänger, der erst abseits der Pisten zur Bestform auflief.

Marathon-Läufer: Mit zwei technisch weitgehend serienmäßigen Land Cruiser-Diesel ging das Araco-Team bei der 20. Rallye Paris-Dakar 1998 an den Start. Lohn der Mühe: Die Plätze 1 und 2 in der T1-Marathon-Wertung für Diesel-Fahrzeuge, in der Service nur eingeschränkt erlaubt ist.

Dem J6 mit Blattfederfahrwerk folgte 1990 der komfortablere J8 mit Schraubenfedern und permanentem Allradantrieb.

Die J10-Baureihe löste 1998 die J8er-Land Cruiser ab. Die ersten Modelle wurden hier zu Lande im Mai ausgeliefert.

Langer Lulatsch: der J10 (1998–2006)

Im März 1998 schließlich ersetzte Toyota den bisherigen Land Cruiser Station durch den neuen Land Cruiser 100. Chefingenieur Takao Kondo vereinigte im neuen Spitzenmodell der Toyota-Offroad-Palette das Beste zweier Welten: Die robuste Land-Cruiser-Technik, für die der Offroader seit einem halben Jahrhundert berühmt war, und die Anmutung einer Luxuslimousine. Der neue Geländeriese, konzipiert als Antwort auf den erfolgreichen Jeep Grand Cherokee verfügte, wie dieser, über eine Einzelradaufhängung vorn, während hinten eine an vier Längslenkern geführte Starrachse in Kombination mit Gasdruckstoßdämpfern und Stabilisatoren Halt gewährleistete – allerdings nur, wenn der Cruiser-Kapitän nicht zu schwungvoll um die Kurven swingte. Allzuforsche Gangart in engen Kurven war nicht sein Ding, vor allem nicht, wenn der Raumriese volle Ladung an Bord hatte. Immerhin durfte der Toyota bis zu 925 Kilogramm bunkern und bis zu 3,5 Tonnen in Schlepp nehmen.

Nach fünf Jahren stand neben dem – modifizierten – Diesel auch ein 4,5-Liter-Sechszylinder-Motor zur Wahl. Bester Hinweis auf den neuen J8-Jahrgang: Toyota-Logo im Grill statt eines Schriftzugs.

Im Maschinenabteil des Luxusliners grummelte entweder der modifizierte Sechszylinder-Direkteinspritzer mit 150 kW (204 PS) oder der prächtige 4,7-Liter-V8, eine Weiterentwicklung des Benzintriebwerks aus dem Lexus LS 400 mit 235 PS. Der Benziner mit dem massiven Gussblock – kein Leichtmetall wie beim Lexus – harmonierte bestens mit der perfekt abgestimmten Vierstufen-Automatik in der Special-Ausstattung, lief bis zu 175 km/h schnell und beschleunigte den gut 2,3 Tonnen schweren Brocken in 11,7 Sekunden von null auf 100 km/h. Das häufige Streben in Richtung Höchstgeschwindigkeit ließ allerdings den Spritverbrauch drastisch in die Höhe schnellen, auch der EG-Normverbrauch von 16,6 Litern pro 100 Kilometern sprach eine deutliche Sprache: Wenn es voran gehen sollte, mussten eifrig Kohlen geschippt werden. Dann aber machte der 4,89 Meter lange Riese viel Spaß, sowohl als fünfsitzige Kombi-Alternative wie auch als Kleinbus-Ersatz, denn mit der auf Wunsch lieferbaren dritten Sitzbank konnten sogar acht Personen in See stechen.

Wie eh und je für schwere Wetter bestens gerüstet zeigte sich das neue Fahrwerk mit Drehstabfederung und einzeln aufgehängten Vorderrädern. Der permanente Vierradantrieb, die auf Knopfdruck zuschaltbare Differentialsperre für die Hinterachse,

Modelle, Varianten, Preise:

Modelle:	Fünftüriger Geländewagen
Bauzeit:	seit 1967
Motoren:	Benziner: 4230 ccm / 99 kW (135 PS) bei 3600/min ab 4.77 4230 ccm / 88 kW (120 PS) bei 3600/min ab 3.85 4477 ccm V6 / 151 kW (205 PS) bei 4400/min ab 4.95 4664 ccm V8 / 173 kW (235 PS) bei 4800/min ab 3.98 4664 ccm VVT-i V8 / 212 kW (288 PS) bei 5400/min von 3.08–8.10 Diesel/Turbodiesel: 3980 ccm / 76 kW (103 PS) bei 3500/min ab 5.81 3980 ccm / 100 kW (136 PS) bei 3500/min ab 10.87 4164 ccm / 123 kW (167 PS) bei 3600/min ab 4.90 4164 ccm / 118 kW (160 PS) bei 3600/min ab 11.90 4164 ccm / 125 kW (170 PS) bei 3600/min ab 5.94 4164 ccm / 150 kW (204 PS) bei 3400/min ab 3.98 4461 ccm D–4D V8 / 210 kW (286 PS) bei 3400/min ab 3.08–4.12 4461 ccm D–4D V8 / 200 kW (272 PS) bei 3600/min ab 4.12
Ausstattung:	J5: Dreispeichen-Lenkrad, abschließbarer Tankdeckel, Freilaufnabe, Schalensitze, Handgas. J6: Scheinwerfer-Reinigungsanlage, get. Scheiben, Amperemeter, abschließbares Handschuhfach, Mittelkonsole, Fondheizung. J8: Lenkrad-Höhenverstellung, EFH, Sperrdifferenzial, Scheibenbremsen hinten. J10: Airbags, ABS, EBD, Stabilitätsprogramm, Audioanlage, Automatikgurte für alle Plätze, Wurzelholz-Dekor.
Varianten:	Station, Special, Limited, Anniversary
Preise:	J5 ab DM 28.990,–; J6 ab DM 40.890,–; 100 ab DM 85.900,–

Chronik:

1967:	Der Land Cruiser Station (FJ 55) feiert Premiere.
1968:	Toyota vermeldet den Verkauf des 100.000. Land Cruiser. Der 4,2-l-Sechszylinder mit 135 PS ersetzt den 3,9-Liter-Motor.
1972:	Verkauf des 200.000. Land Cruiser.
1973:	Verkauf des 300.000. Land Cruiser.
1981:	Der HJ60, Nachfolger des J5 Station, wird vorgestellt. 5-Gang. Motoren: 4,0 l Diesel (76 kW) bzw. 4,2 l Benzin (88 kW).
1983:	5-Gang-Getriebe für alle Motoren
1985:	Vierstufen-Automatik auf Wunsch.
1987:	Facelift: Rechteckige Doppelscheinwerfer, neue Armaturentafel, verbesserte Ausstattung (EFH, ZV). Allradantrieb elektropneumatisch zuschaltbar, neuer TD-Motor mit 136 PS. Bezeichnung Land Cruiser VX.
1990:	April: Land Cruiser Station J8 löst die J6-Baureihe ab. Völlige Neukonstruktion, permanenter Allradantrieb, Schrauben- statt Blattfedern. Motoren: 4,2 l TD (123 kW). DM 61.700,– (5-Gang). Zwei Millionen Land Cruiser sind gebaut.
1991:	September: Schiebedach Serie.
1992:	Februar: Verchromter Kühlergrill, Vorder- und Hinterachs-Differenzial zu 100 % sperrbar. DM 68.280,– (5-Gang). November: HDJ 80 mit ABS, größeren Bremsscheiben, LM-Rädern, automatischer Visko-Kupplung. Motor: 4,2 l TD mit 160 PS. Einführung Special: Lederausstattung, Klima, Radioanlage, Automatikantenne, Sitzheizung. DM 84.290,– (Automatik).
1993:	März: HDJ 80 ABS serienmäßig, neue LM-Räder, 16-Zoll-Reifen; Reifen 275/70 R 16. 30 mm breitere Stoßfänger, Radhäuser um 15 mm verbreitert. Einführung Special: Ledersitze, Klima- und Audioanlage. Modifizierte Automatik. Preise: DM 72.429,– (HDJ 80 5-Gang) bis DM 85.030,– (Special, Automatik)
1995:	April Modellpflege: 2 x Airbag Serie, modifiziertes Armaturenbrett. Einführung neuer Motoren: 4,2 l–6-Zyl.-TD, 125 kW/170 PS; 4,5 l–6-Zyl., 151 kW/205 PS. Ausstattungen: Basis bzw. Special.
1998:	Modellwechsel, neuer Land Cruiser Station heißt Land Cruiser 100. Verbesserte Raumökonomie und Fahrkomfort, neuer V8-Benzinmotor. Auf Wunsch: dritte Sitzreihe, Leder.
2000:	November: EFH mit Automatikfunktion, Außenspiegel elektr. anlegbar. Stabilitätskontrolle VSC Serie für alle Modelle.
2001:	Verkaufsstart für die luxuriösen Jubiläumsmodelle. Basis Special, dazu: Multi-Display mit DVD-Navi-System, höhenverstellb. Fahrwerk, Leder, Edelholz innen, elektr. Glas-Schiebedach. € 68.760,–.
2002:	August: Modellpflege, Wegfall der Basis-Ausstattung, Einführung Executive-Variante, u.a. mit DVD-Navisystem, LM-Räder 8 x 18,

Chronik:

	Leder, elektr. Glas-Schiebe-Hubdach, elektr. verstellb. Lenkrad, elektr. Sitzverstellung. Nur mit V8, Euro 64.360,–.
	Alle Modelle: Neuer Kühlergrill, Retuschen an Heckleuchten und Blinkerabdeckung. LM-Räder 8 x 17, höhenverstellb. Hydropneumatisch. Fahrwerk, verbesserte Geräuschdämmung, Innenraummodifikationen. Sicherheit: zweistufige Frontairbags, Seitenairbags vorn, Kopfairb. v./h. mit Überrollsensor, Regensensor, Scheinwerfer-Reinigungsanlage u.a. V8: 5-Gang-Automatik. Ab Euro 57.500,–.
2003:	November: 5-Gang-Automatik auch in Verbindung mit 4,2-l-TD lieferbar. Alle Automatik-Modelle mit modifizierter Servolenkung VGRS, verbesserte Isofix-Befestigung (alle Varianten). Executive: DVD-System mit Video-Einparksystem, Bluetooth-Technologie für kabellose Verbindung von Handy und Freisprecheinrichtung, Telefon-Bedienelemente ins Lenkrad integriert. Kühlfach in der Mittelkonsole.
2005:	Juli: Modellpflege: Neue Frontscheinwerfer, modifizierter Chromgrill; neue LED-Rückleuchten, neue 17-Zoll-LM-Räder. Automatisch abblendende Innenspiegel für alle Modelle. Ab € 57.800,-.
2006:	August: Einstellung der Modellreihe J10
2007:	Oktober: Weltpremiere des J20 in St. Petersburg, Produktionsbeginn ist November. Verkaufsbezeichnung Land Cruiser 200, in Deutschland Land Cruiser V8. International auch mit V6-Benzinmotor (3956 ccm, 243 PS) erhältlich; 6-Gang-Automatik jetzt mit Tiptronik.
2008	März: Auslieferung der ersten Fahrzeuge in Deutschland; zwei V8-Motoren (4,5 l D–4D; 4,7 l VVT-i). V8 D–4D: € 69.900,-, V8 VVT-i: € 79.900,- (Executive-Ausstattung).
2010.	August Wegfall des VVT-i-Motors; nur noch als Executive lieferbar. € 87.900,-.
2011	April: Sondermodell 60 Anniversary: Leder, Bildband, Jubiläums-Logo.
2012:	April: Modellpflege: Optimierter 4,5-Liter Turbodiesel mit 200 kW/272 PS bei 3.600 U/min erfüllt jetzt Euro 5; Wende-Assistent als Teil des fünfstufigen geländeabhängigen Geschwindigkeits-Regelsystems Crawl Control: Automatisches Abbremsen in engen Kurven des Hinterrad auf der Fahrzeugseite, in deren Richtung gelenkt wird. Das reduziert den Wendekreis. Neue Front (überarbeiteter Kühlergrill mit zweigeteilten, verchromten Horizontalstreben, neue Scheinwerfer, LED-Tagfahrleuchten, Bi-Xenon-Scheinwerfer). Executive: Multimedia-Navigationssystem „Toyota Touch Pro". Ab € 74.500,-.

Der Land Cruiser nach der Modellpflege 2002. Benziner oder Diesel? Deutsche Käufer bevorzugten den Turbodiesel, der V8-Benziner kam über eine Außenseiterrolle nicht hinaus. Der großvolumige V8-Benziner war ausschließlich in Verbindung mit der Vierstufen-Automatik erhältlich, Turbodiesel-Käufer dagegen konnten auch zur Fünfgang-Handschaltung greifen. Alle Modelle verfügten überdies über einen permanenten Allradantrieb sowie ein vollständig sperrbares Zentraldifferenzial und eine zuschaltbare Geländereduktion. Das zu 100 % sperrbare Hinterachsdifferenzial blieb wiederum dem Turbodiesel vorbehalten.

Der LC 100 nach der Modellpflege 2005. Die Änderungen sind sehr dezent ausgefallen. Der Nachfolger wurde in Lexus-Ausführung bereits im Frühjahr 2007 als Modell 2008 für den nordamerikanischen Markt vorgestellt.

das Reduktionsgetriebe mit integrierter Zentraldifferentialsperre, sowie die großen Böschungs- und Rampenwinkel erlaubten auch ausgedehnte Wüstentörns. Die meisten Cruiser allerdings kreuzten in ruhigen Gewässern. An Sicherheit und Komfortausstattung war alles mit an Bord, was Ende der Neunziger in der Luxusklasse erwartet werden durfte. Bei den Special-Versionen gehörten zum Beispiel 16-Zoll-Leichtmetallfelgen für die Bereifung der Größe 275/75 R 16 sowie Trittbretter an den Seiten dazu. Die Kabine war mit einer Klimaautomatik, Hifi-Audioanlage, edlem Leder und elektrisch einstellbaren Vordersitzen mit zweifacher Memory-Funktion für Fahrersitz, Lenkrad und Außenspiegel ausstaffiert: „So groß wie er ist, hat Toyota es geschafft, jede Menge Zeugs darin unterzubringen", lobte *Car and Driver* den Geländeriesen, der im Lauf seiner Bauzeit zwei kleineren Modellüberarbeitungen unterzogen wurde.

Der letzte Bulle: der J20 (seit 2008)

„Marmor, Stein und Eisen bricht", sang Drafi Deutscher, und selbst geschiedene Eigner der neuesten Auflage der Geländewagen-Legende wippen dazu im Takt: Die Zuversicht in die Fähigkeiten ihres Land Cruiser ist beinahe ebenso unerschütterlich wie der Glaube an die Große Liebe: Ein Land Cruiser, auch in der neuesten Auflage geht einfach nicht kaputt.

Der Land Cruiser 200 – V8 heißt er in Deutschland – wurde Ende 2007 in St. Petersburg erstmals gezeigt, was viel über den europäischen Absatzmarkt aussagt. Er präsentiert sich als ein Fünf-Meter-Geländeriese, der mit einer Höhe von 1,90 Metern gerade noch in die Parkhäuser passt. Innerstädtisch ist der zwei Meter breite V8 allerdings nicht wirklich gut aufgehoben, sein Revier ist die Weite, ist dort, wo alle Straßen enden. Dafür haben ihm seine Väter wieder alles mitgegeben, was man so braucht: Leiterrahmen-Chassis, Allradantrieb, Untersetzungen, Sperren und elektronische

Luxus hin, Luxus her: Der LC V8 ist ein echter Geländewagen geblieben, der auf einem Leiterrahmen aufbaut. So viel Luxus und Komfort war aber noch nie – und so viel Elektronik auch nicht.

Der Land Cruiser V8 der Baureihe J20 löste im März 2008 den bisherigen J10 ab. Andernorts wird er als Land Cruiser 200 verkauft.

Nicht zu stoppen: Mit der „Crawl Control" kriecht der Land Cruiser mit einem vorgewählten Tempo – von 0,8 bis 5,0 km/h – selbstständig die Hänge hoch- und runter. Der Fahrer muss nur noch lenken.

Assistenzsysteme, Berganfahrhilfen und aktive Radaufhängungen, die je nach Untergrund per Öldruck die Dämpferhärte regulieren – im Gelände soft für maximale Verschränkung –, die Crawl Control, Niveauregulierung und Kamerasysteme sind nur einige der Leckerbissen, mit denen der V8 die Herzen der Fans erobert. Der V8 verfügt – eine Weltneuheit – über einen Wende-Assistenten. Der ist Teil des fünfstufigen geländeabhängigen Geschwindigkeits-Regelsystems Crawl Control.

Die fünfte Generation des langen Land Cruiser ist unverkennbar ein Toyota geblieben. Optisch strahlt er die bekannt robuste Unerschütterlichkeit aus, welche die Stammkundschaft so schätzt, mit aufrecht in den Fahrtwind gerecktem Chromgrill, dicken Kotflügeln, steilem Heck und polierten 20-Zoll-Rädern mit 285er Niederquerschnittsreifen. Edle Materialien im Innenraum, eine selbst für Toyota-Maßstäbe außergewöhnlich gute Verarbeitung, Leder, Holz und richtig viel Platz auf bis zu sieben Sitzen und ein Frachtabteil mit bis zu zweieinhalb Kubikmetern Fassungsvermögen degradieren alles unterhalb eines Unimog zu bloßen Spielzeugen.

Überschaubar geblieben ist das Motorenangebot, lediglich zwei V8-Aggregate stehen zur Wahl: Das neue 4,5-Liter D–4D V8-Dieseltriebwerk bildet die Kernmotorisierung des Toyota Land Cruiser V8. Der Selbstzünder liefert mit 286 PS (210 kW) und 650 Nm ein enormes Maß an Leistung und Drehmoment. Das Triebwerk ist serienmäßig an eine komplett neue Sechsstufen-Automatik mit sequenziellem Schaltmodus gekoppelt. Angesichts der Spritpreise lediglich eine Randerscheinung blieb hierzulande der kurzzeitig angebotene, nur unwesentlich kräftigere 4,7-Liter V8-Benziner, der eine Nennleistung von 288 PS (212 kW) sowie ein maximales Drehmoment von 445 Nm aufwies. Die Kraftübertragung erfolgte hier über eine neue Fünfstufen-Automatik mit sequenziellem Schaltmodus. Bei beiden bildet das Herzstück des Allradantriebs ein neues Torsen-Differenzial mit begrenztem Schlupf, das je nach Fahrsituation die Antriebskraft auf die Achsen verteilt. Für Geländefahrten kann das Zentraldifferenzial zudem manuell zu 100 Prozent gesperrt werden, in diesem Fall erfolgt die Kraftverteilung jeweils hälftig auf Vorder- und Hinterachse: Trotz aller Luxusfeatures ist der Toyota ein kompetenter Geländegänger geblieben, und nahezu unkaputtbar. Ein Kerl wie er kennt keine Schwachstellen. Die Chance, mit ihm eine Panne zu haben, so das Fachblatt *Auto Bild alles allrad*, liegt unter einem Prozent: Marmor, Stein und Eisen bricht, ein Land Cruiser dagegen nicht...

Neben dem V8-Diesel stand zunächst auch ein Achtzylinder-Benziner im Angebot. Der ebenfalls lieferbare V6 wurde hierzulande erst gar nicht aufgeboten, fand sich aber zum Beispiel bei dem in der Schweiz verkauften Land Cruiser 300. In den USA gibt es ihn ausschließlich mit einem 5,7-l-V8 mit 381 PS: „Tankkarte bereithalten", empfehlen die Tester...

Der neue Land Cruiser V8 ist seit 21. April 2012 im Handel. Zu erkennen ist er an der neuen Front. LED-Tagfahrleuchten und Bi-Xenon-Scheinwerfer sind Standard; hinter dem neuen Kühlergrill sitzt der optimierte Diesel-V8 mit nun 272 PS bei 3.600 U/min und 650 Nm.

Ab der Ausstattungsstufe Executive übertragen vier Kameras den unmittelbaren Umgebungsbereich des Fahrzeugs auf den Multi-Terrain-Monitor im Cockpit.

Toyota 4Runner

Off-Roader im Edelzwirn

Die meisten Geländewagen seit den Tagen des seligen Willys-Jeeps sind ausschließlich auf befestigten Straßen unterwegs. Logisch, dass sie dabei nicht so komfortabel sein können wie ein normaler Personenwagen. Doch genau das sollte der neue 4Runner sein, den Toyota Ende 1988 auch nach Deutschland brachte.

Toyota 4 Runner (1988–1997)

Mit ihm ergänzte Toyota seine Geländewagen-Palette um das, was bislang gefehlt hatte, nämlich einen Allradler mit Komfort, Reisetauglichkeit und größerer Ladekapazität. Entstanden in enger Anlehnung an die Land Cruiser- und HiLux-Typen, schufen die Techniker einen ernsthaften Rivalen zum erfolgreichen Jeep Cherokee. Der Geländewagen verfügte über den schon klassischen Leiterrahmen und eine mit dem Bodenträger verschweißte Karosserie. In der Neuauflage von Anfang an als Fünftürer lieferbar, kam hinten eine an Längslenkern geführte Starrachse zum Einsatz. Federung und Dämpfung war Aufgabe zweier Schraubenfedern samt Gasdruck-Stoßdämpfern. Führende Aufgaben am 4Runner-Heck übernahm ein Panhard-Stab zwischen Karosserie und Achskörper, außerdem verbesserte ein Querstabilisator die Handlichkeit. An der Vorderachse des knapp 1,8 Tonnen schweren Offroaders vervollständigte eine Einzelradaufhängung an doppelten Dreiecks-Querlenkern, Drehstäben und Gasdruckstoßdämpfern das Chassis-Layout.

In Deutschland machte der 4Runner vor allen damit dem Nissan Terrano Konkurrenz. Für gut 40.000 Mark erhielt der Kunde einen Geländekombi mit Heckantrieb, bei dem dank der automatischen Freilaufnaben bei Geschwindigkeiten bis 80 km/h die Vorderräder zur Arbeit gerufen werden konnten. In Schwung brachte den

Der HiLux stand Pate: Mit dem 4Runner stellte Toyota seinen ersten vorwiegend für den Asphalt bestimmten Allradler vor.

Lange Federwege, ein zuschaltbarer Allradantrieb und eine Differenzialsperre an der Hinterachse machten den Runner zu einem ausgezeichneten Geländegänger.

Auch wenn der 4Runner in Europa schon lange nicht mehr angeboten wird, so ist er doch in den USA fester Bestandteil des Modellprogramms. Hier ein 4Runner SR5, Modell 2013.

Edel-Geländewagen ein kräftiger Dreiliter-V-Sechszylinder mit kompaktem 60-Grad-Zylinderwinkel, der 105 kW (143 PS) bei 4.600/min leistete. Die 3VZ-E-Maschine verfügte über obenliegende Nockenwellen und Mehrpunkt-Einspritzung. Für die Kraftübertragung sorgte das Fünfganggetriebe aus dem Supra.

Der bärenstarke Kombi bewältigte eine Anhängelast von 2.000 Kilogramm, und 685 Kilogramm durften zugeladen werden – was natürlich dem am besten gelang, der die Rückbank umklappte und die dann 1,86 m lange und 1,36 m breite Ladefläche nutzte. Im Herbst 1993 stand der 4Runner mit Turbodiesel-Motor bei den rund 850 Händlern. Ihn gab es in der Basisversion für DM 53.060,– und als luxuriösen „Special" mit Ledersitzen, beheizbaren Vordersitzen, Breitreifen auf Leichtmetallfelgen und einer Reihe weiterer Extras für DM 58.460,–. Der Vierzylinder-Vorkammer-Turbodiesel mit 3,0 Litern Hubraum, der auch die Land-Cruiser-Modelle der Baureihe J7 antrieb, leistete 92 kW (125 PS) bei 3.600/min und erreichte bei 2.000/min sein maximales Drehmoment von 295 Newtonmetern. Die Kraftübertragung erfolgte wie beim V6-Modell über ein Fünfgang-Schaltgetriebe auf die Hinterräder oder, bei Bedarf, auch auf alle vier Räder: Damit machte ein 4Runner on- und offroad eine glänzende Figur.

Modelle, Varianten, Preise:

Modelle:	Geländewagen, fünf Türen
Bauzeit:	1989–1997
Motoren:	2959 ccm V6 / 105 kW (143 PS) bei 3600/min 2982 ccm TD / 92 kW (125 PS) bei 3600/min ab 10.93
Ausstattung:	Versenkbare Heckscheibe, geteilt umklappbare Rücksitzbank, EFH, ZV, Servo. Special: LM-Räder, Kotflügelverbreiterungen, Sitzheizung vorn.
Varianten:	4Runner 3,0 V6; 3,0 TD; Special
Preise:	ab DM 39.430,–

Chronik:

1989:	September: OffRoad-Variante auf Basis des HiLux vorgestellt. Hinterradantrieb, Vorderräder elektrisch zuschaltbar. Nur eine Motorisierung lieferbar.
1991:	September: Einführung 4Runner Special: Aluräder 7 JJ x 15 mit Reifen 265/75 R 15. Kotflügelverbreiterungen, Ledersitze, 71-Liter-Tank. Alle Modelle: Neue Frontpartie mit größeren Scheinwerfern.
1993:	Oktober: Einführung 3,0-l-TD aus Land Cruiser J7 mit 92 kW/ 125 PS in beiden Ausstattungen. Höchstgeschwindigkeit 155 km/h. Ab DM 53.060,–.

Toyota RAV4

Autos die Geschichte machten

Wenn zwei das Gleiche tun, ist es nicht dasselbe, das ist hinlänglich bekannt. Nicht viel älter ist auch die Reaktion, die jeder neue japanische Autotyp hervorruft. Schon wieder eine Kopie, tönt es mit schöner Regelmäßigkeit dann aus dem Blätterwald, fällt denen denn nichts Eigenes ein? Doch. Tut es. Und das macht dann gleich Geschichte – genau wie es der VW Golf von 1974, der Renault Espace 1984 und der RAV4 1994 taten.

Toyota RAV4 (1994–2000)

Seit 1994 hat auch Toyota einen solchen Trendsetter: Ohne den RAV4 hätte es das Marktsegment der SUVs, der „Sport Utility Vehicles", nicht gegeben. Der knuffige Allrad-Mini bewältigte mit geradezu spielerischer Leichtigkeit den Spagat zwischen Limousine und Geländewagen. Der Verzicht auf Features, welche kernige Geländewagen auszeichneten, kam dabei dem Handling auf der Straße zugute.

Die Karriere des 3,70 m langen Phänomens begann 1993 als Show-Studie auf der Tokio Motor Show, die Weltpremiere des Serienmodells erfolgte auf dem Genfer Automobilsalon im März 1994. Der Geländekombi für die Straße bot Platz für vier Personen (wobei die Benutzung der Rücksitze eine gewisse Leidensfähigkeit abverlangte) auf einem Radstand von 2200 Millimetern. Die kurzen Überhänge vorne und hinten machten den Wagen sehr wendig und erleichterten das Mitschwimmen im innerstädtischen Verkehrsgewühl, dem idealen Terrain des kleinen Offroaders. Gleichwohl machte er auch abseits befestigter Pisten ein gute Figur. Der permanente Allradantrieb samt sperrbarem Verteilergetriebe, ausreichend Bodenfreiheit und – dank der kurzen Überhänge – große Böschungswinkel sorgten dafür, dass der Vortrieb nicht schon auf Schotterpisten endete. Für letzteren sorgte der 2,0-Liter-16-Ventil-Motor aus dem Carina E. Der 129 PS starke Vierzylinder mit der Baureihen-Bezeichnung 3S-FE baute extrem kompakt, saß quer im Bug und dabei leicht nach hinten geneigt, so dass er unter die kurze, flach abfallende Haube passte. Das temperamentvolle Carina-Aggregat beschleunigte den FunCruiser in 10,1 Sekunden zur 100-km/h-Marke und erlaubte eine Höchstgeschwindigkeit von 170 km/h. Kleine Fehlzündung

Mit Folgen: Der FunCruiser RAV4 begann seine Karriere als Stylingstudie und löste dann, als Serienmodell, die SUV-Welle aus.

Softroader: Einzelradaufhängung und selbsttragende Karosserie zählten bis dahin nicht zu den typischen Merkmalen eines geländegängigen Wagens. Der RAV4 machte dieses Konzept populär.

Familientauglich: Der RAV4 zeigte sich auf dem Genfer Salon 1995 erstmals auch als Fünftürer.

***RAV4 EV:* Das Elektroauto auf Basis des FunCruiser verfügte über Nickel-Hybrid-Batterien und stellte seine Tauglichkeit bei einer Rallye in Schweden unter Beweis. Der 125 km/h schnelle Softroader hatte eine Reichweite von 180 Kilometern.**

eines ansonsten gelungenen Triebwerks: Wenn die Nadel des Drehzahlmessers über 4000 Touren kletterte, wurde es ungemütlich laut im RAV – was nicht zuletzt auch daran liegen mochte, dass jenseits der 130-km/h-Marke der Wind mächtig aufspielte.

Im Gegensatz zu den anderen Geländewagen des Hauses verfügte der RAV über einen selbsttragenden Aufbau, der Verzicht auf einen soliden Leiterrahmen führte zu einem vernehmlichen Knirschen im Gebälk bei hoher Beanspruchung. Im Alltagsbetrieb allerdings war das kein Thema, der FunCruiser mit den einzeln aufgehängten, 16 Zoll großen Rädern zeigte sich auf der Straße jeder Situation gewachsen: „Macht den universellsten Eindruck“, notierten die Fachmänner von *Off Road*, die ihn mit den ähnlich konzipierten SUVs von Suzuki und Mitsubishi verglichen: Komfort und Sportlichkeit zeichneten ihn im Straßenbetrieb aus, und abseits der Pisten wurde er auch mit so ziemlich allem fertig, was auf ihn warten mochte. Nur schwerstes Geläuf war nicht sein Revier, doch wer ihn als reinrassigen Offroader ansah, hatte ihn nicht recht verstanden: Der RAV war ein pfiffiger Kompaktwagen der ganz anderen Sorte und als solcher das Maß aller Dinge in seiner Nische. Und ganz ohne Vorbild…

***An die Luft gesetzt:* Den FunCruiser als Cabrio gab es ab Frühjahr 1999 zu kaufen. Trotz der Karosserieverstärkungen wog der offene RAV gut 40 kg weniger als sein geschlossenes Pendant.**

Modelle, Varianten, Preise:

Modelle:	Geländewagen als Drei-, Fünftürer, Cabrio
Bauzeit:	1994–2000
Motoren:	1998 ccm / 95 kW (129 PS) bei 5600/min
Ausstattung:	ZV, elektr. FH, elektr. verstellb. Außenspiegel, Lenkrad-Höhenverstellung. Herausnehmbare Dachteile, Allradantrieb permanent, Servolenkung
Varianten:	RAV4, Colour Plus, Ocean, Fantasy
Preise:	ab DM 33.490,–

Chronik:

1994:	Premiere auf dem Genfer Salon: RAV4 (Recreational Active Vehicle with 4-Wheel-Drive) als 3-Türer; ein Motor.
1995:	Juli: Einführung RAV4 mit langem Radstand als Fünftürer. Technik entspricht Dreitürer (5-Gang, manuell sperrbares Zentraldiff.etc.) Ab DM 36.390,–.
1996:	Februar: RAV4 Colour Plus: Sonderausstattung, Kombination aus 7 Karosserie- und 4 Zusatzfarben, inkl. LM-Räder, Frontbügel, Dachspoiler, Reserveradabdeckung.
1997:	März: RAV4-Sondermodelle „Ocean“ bzw. „Fantasy“: Klima, Stoßfänger und Flanken in Wagenfarbe. Reserverad-Abdeckung aus Edelstahl, Aluräder. DM 42.830,–/DM 46.500,–. „Fantasy“: Wie Ocean, aber Metallic-Lackierung, Kotflügelverbreiterung, farbige Kopfstützen. Vorstellung RAV4 mit Brennstoffzellen-Technologie (Prototyp).
	Juni: Sondermodell Vogue: 3-T, Basis Fun-Paket, Sonderlack + Bezüge, Klima
1998:	Februar: Einführung RAV4 Cabrio (nur 3-Türer), Modellpflege (Freiflächen-Reflektoren). Auf Wunsch: Fun-Paket (Zweifarben-Lackierung, lackierte Außenspiegel, EFH, ZV). Special: Karosserieverbreiterung, LM-Räder 235/60 R 16. Sondermodell Wave/Cool Wave (8/98), ZV, EFH, elektr. Außenspiegel, LM-Räder. DM 37.360,-/DM 40.980,-
	Cool Wave: wie Wave, zusätzlich: Klima, Kunststoffteile in Quarzsilber. DM 40.980,-/DM 44.600,-.

Toyota RAV4 (2000–2006)

Als der neue Toyota RAV4 am 19. August 2000 in Deutschland an den Verkaufsstart ging, übernahm er ein schweres Erbe: Sein Vorgänger hatte die Nische der kleinen Sport Utility Vehicles (SUV) überhaupt erst geschaffen. Mit einem Marktanteil von über 20 Prozent gehörte er zu den absoluten Topsellern in diesem Bereich. Daher erfolgte die Modellpflege in homöopathisch verträglichen Dosen: Evolution, nicht Revolution war angesagt, wiewohl die anvisierte Klientel – gut situiert, Anfang bis Mitte 40, kinderlos – Neuem gegenüber sehr aufgeschlossen sein sollte. Verständnis für Innovation erforderte in erster Linie nur die Optik, an die Stelle des eher rundlichen, braven FunCruiser-Dirndls trat ein fetziger Technik-Fummel, das den alten RAV zum Mauerblümchen degradierte.

Erfolg macht selbstbewusst: Der FunCruiser war erwachsen geworden, in jeder Beziehung größer, stabiler – was auf das Konto der zahlreichen Versteifungen ging – und damit auch schwerer.

***Vielfalt:** Vier Ausstattungspakete, drei Motoren sowie zwei Radstände und Karosserievarianten machten die Entscheidung nicht leicht. In jedem Fall aber war der RAV4 variabler als mancher Van.*

***Erfrischend neu:** Deutlich erwachsener präsentierte sich der Maßstab bei den kleinen Geländewagen im Modelljahr 2001.*

Im Innenraum durften sich die RAV-Eigner über die großzügigeren Platzverhältnisse freuen, insbesondere im Fond hatten die Toyota-Entwickler ganze Arbeit geleistet.

Angeboten wurde der Techno-RAV4 mit zwei Radständen als Drei- und Fünftürer in insgesamt fünf Ausstattungsvarianten, wahlweise auch nur mit Frontantrieb zu ordern. Die allradgetriebenen Modelle verfügten über ein neu entwickeltes 2,0-Liter-Aggregat und wurden wahlweise mit einem Fünfgang-Schaltgetriebe oder einer Vierstufen-Automatik ausgeliefert. Beide Motoren nutzten die intelligente variable Ventilsteuerung VVT-i, die eine hohe Spitzenleistung und eine verbesserte Drehmomentausbeute bei gleichzeitig reduzierten Verbrauchs- und Emissionswerten ermöglichte. Dem frontgetriebenen RAV4 1,8 4x2 – er sollte die jüngeren Käufer ansprechen – stand eine Spitzenleistung von 92 kW und ein maximales Drehmoment von 161 Nm zur Verfügung, laut Werk schaffte der FunCruiser damit eine Höchstgeschwindigkeit von 175 km/h. Der Zweiliter dagegen mobilisierte 110 kW (150 PS) und entwickelte ein maximales Drehmoment von 192 Nm. Den Spurt aus dem Stand auf 100 km/h legte

***Fürs Grobe zu schade:** Der RAV war eher ein Kombi, der auch mit Allradantrieb geordert werden konnte, kein echter Offroader. Ihm fehlte dazu nicht nur die Geländeuntersetzung.*

Noch immer das Maß aller Dinge im SUV-Segment: Toyotas RAV4 ist auch in den USA ein echter Bestseller. Zuverlässigstes Erkennungsmerkmal der Facelift-Variante ist die Form der Nebelscheinwerfer.

der mit Fünfgang-Schaltgetriebe ausgerüstete Toyota in nur 10,6 Sekunden zurück, die Automatik-Version benötigte 10,8 Sekunden. Die Höchstgeschwindigkeit betrug 185 beziehungsweise 175 Kilometer pro Stunde.

Der RAV4 mit Frontantrieb kostete als Dreitürer 34.500 Mark; den Zweiliter-RAV bot Toyota in drei Ausstattungsstufen, jeweils mit Allradantrieb, an. Die dreitürige Basisausführung kam auf 41.300 Mark, der Fünftürer kostete 46.450 Mark, wobei wichtige Features wie ABS, Klimaanlage, Servolenkung und Airbags aufpreisfrei inkludiert waren. Wer die Special-Ausstattung orderte, erhielt Breitreifen und Cassettenradio mit dazu, und wer die Limited-Variante bestellte, bei dem stand der RAV mit Ledersitzen, CD-Player und elektrischem Schiebedach in der Garage. Überdies verfügte er noch zusätzlich über ein Differenzial mit begrenztem Schlupf.

Der RAV wurde auf Anhieb zu einem Bestseller. Im Segment der SUV avancierte er mit Abstand zum beliebtesten Wagen in seiner Kategorie. 2002 entschieden sich über 16.000 Käufer für eine RAV4, im Jahr darauf waren es schon über 17.000 Kunden und ein Nachlassen des Interesses war nicht abzusehen, um so mehr, als Toyota zum Spätjahr 2003 seinen Bestseller überarbeitete. Und dass er der jüngeren Konkurrenz von Nissans X-Trail ebenso gewachsen war wie dem neuen Mitsubishi Outlander, bewies er im *auto motor und sport*-Vergleichstest vom Januar 2004. Das Fazit war einmal mehr ein schallende Ohrfeige für die Konkurrenz: „Unter den allradgetriebenen Spaßmobilen ist der RAV4 immer noch erste Wahl."

Modelle, Varianten, Preise:

Modelle:	Geländewagen SUV, drei und fünf Türen
Bauzeit:	2000–2006
Motoren:	1794 ccm, VVT-i / 92 kW (125 PS) bei 6000/min 1998 ccm VVT-i / 110 kW (150 PS) bei 6000/min 1995 ccm D–4D / 85 kW (116 PS) bei 4000/min ab 10.01
Ausstattung:	ABS, EBD, Servo, elektr. einstellbare Außenspiegel, Dachreling.
Varianten:	1,8 C 4x2; 1,8 4x2, 2,0 4x4, 4x4 Special, 4x4 Limited
Preise:	DM 35.713,– (4x2 C, 3-t) bis DM 54.500,– (4x4 Ltd. 5-t Automatik)

Chronik:

2000:	März: Premiere auf dem Genfer Salon. Zwei Karosserievarianten, wahlweise Front- oder Allradantrieb. Vier Ausstattungen, Grundmodell: RAV4 1,8 4x2 C. 4-Stufen-Automatik nur bei 4x4–2,0-Modellen.
2001:	Oktober: Auslieferung RAV4 mit D–4D-Motor: 2,0 l Hubraum, TD-Direkteinspritzer 82 kW/113 PS bei 4000/min. Max. Drehmoment 250 Nm/2000/min. Motorhaube mit Lufthutze. Nur in Verbindung mit Allradantrieb.
2003:	Juni: Sondermodell RAV4 blue: Teilleder, CD-Player, Klima, Getränkehalter, abnehmbare Innentaschen an der Hecktür. Sonderlackierung, nur Dreitürer 4x2, € 21.600,–.
	November: Modellpflege: Kühlergrill, Scheinwerfer und Heckleuchten, Seiten-, Kopfairbags, verbesserte Innenausstattung (Stoffe, weiße Instrumente, verbesserte Geräuschdämmung D–4D). Ausstattungslinien jetzt RAV4, RAV4 Sol und RAV4 executive. Sol: Klimaautomatik. Executive: Tempomat serienmäßig. 2,0 l VVT-i / D–4D: VSC, TRC, BA. 2,0 l VVT-i: Euro 4. Ab € 20.800,–.
2005:	Juli: Sondermodell Edition: Zusätzlich zur Basisausstattung CD-Radio, beheizb. Außenspiegel, 16-Zoll-LM 215/70 R 16; Leder-Lenkrad und -Schaltknauf. Alle Motorisierungen, ab € 21.000,-.

Toyota RAV4 (ab 2006)

Wenn ein Hund nett und höflich zu seinen Besitzern ist und stets bemüht, es allen recht zu machen, handelt es sich um einen Golden Retriever. Wohnt er in der Garage, heißt er RAV4.

Der 1994 eingeführte Welpe mit noch nicht einmal 3,80 Meter Länge war allein auf weiter Flur, ein Arbeitstier, das sich brav wie ein PKW fuhr und für kleines Geld zu haben war. Mangels anderweitiger Konkurrenz mussten irgendwelche Suzuki-Geländewagen zu Vergleichszwecken dienen. Die Kunden liebten ihn, kauften wie verrückt – 650.000 von den ersten beiden Generationen, knapp 130.000 Stück allein in Deutschland. Mit den Jahren legte er zu, mit der dritten Auflage reichte er an die viereinhalb Meter-Marke heran. Auf der IAA im September 2005 gezeigt und im März 2006 beim Händler im Schaufenster, war im Grunde genommen nur der Name gleich, alles andere dagegen neu – Bodengruppe (die, so Toyota, nicht für die Aufnahme eines Hybridantriebs ausgelegt ist), das Fahrwerk (Herzstück: die hintere Mehrlenkerachse) und die Karosserie, die sich um 13 Zentimeter in die Länge gestreckt hatte (davon sieben zwischen den Achsen). Der kurze Dreitürer war Geschichte, und die Variante mit nur einer angetriebenen Achse zunächst auch, für Deutschland zumindest.

Erheblich erwachsener und vielseitiger als zuvor geht es seither im Innenraum zu. Die Fondsitze sind um 165 Millimeter in Längsrichtung verschiebbar, und der Klappmechanismus der geteilt umlegbaren Rückbanklehne erweist sich als nahezu genial: Ein Griff, und das Sitzmöbel liegt flach, es bleibt nur eine kleine Stufe in der Hütte. Das Gepäckraumvolumen wächst dann von 425 auf 1752 Liter.

Das Gangwerk – McPherson-Federbeine an der Vorderachse und eine Mehrlenker-Hinterachse mit Doppelquerlenkern und Längslenker – erfüllt jeden Rassestandard, jenseits der Norm dagegen ist der aktive Allradantrieb ATC 4WD (Active Torque Control Four Wheel Drive), das elektronische Antriebsmanagement mit variabler Kraftverteilung zwischen Vorder- und Hinterachse. Die elektrische Servolenkung EPS (Electric Power Steering), verbraucht nur dann elektrische Energie, wenn eine Lenkunterstützung tatsächlich erforderlich ist. Dank dieser und der damit einhergehenden Vernetzung mit dem Fahrdynamik-Management IADS gibt sich der rund 1,7 Tonnen schwere Fünfsitzer außerordentlich leichtführig – beinahe schon zu viel des Guten, das kennt man ja bei Retrievern: Sie werden gerne einmal überschwänglich. Beim Gassigehen auf der Autobahn wie auch Überland benimmt er sich dienstbeflissen, umrundet Kurven jedweder Art neutral und reagiert gutmütig auch auf hektische Last- und Richtungswechsel. Schwere Geländeeinsätze zählen allerdings nicht zu einer artgerechten Haltung, ihm fehlt die Geländereduktion. Dafür apportiert er bis zu 570 Kilogramm.

Auch bei der Grundausstattung kann der RAV4 punkten. Sieben Airbags passen auf, dass Herrchen oder Frauchen nichts passiert, außerdem sind alle elektronischen Brems- und Anfahrhilfen serienmäßig. Der 2,0-Liter-Benziner mit 152 PS bewegt den Toyota anständig und kultiviert, andere Benzintriebwerke wie etwa die in den USA-Ausführungen zu findenden Vierzylinder mit 2,4 Liter und

Größer, stärker, teurer: die dritte Generation des SUV-Meilensteines feierte auf der IAA in Frankfurt 2005 ihre Weltpremiere. Gute Fahrleistungen, eine ebensolche Straßenlage, die vorbildliche Verarbeitung und das gute Platzangebot zeichnen auch den neuen RAV aus. Einer der wertstabilsten SUV überhaupt, erst recht in der heiß geliebten Diesel-Ausführung.

Modelle, Varianten, Preise:

Modelle:	SUV, Fünftürer
Bauzeit:	ab 2005
Motoren:	1998 ccm VVT-i / 112 kW (152 PS) bei 6000/min bis 3.2009 1998 ccm VVT-i / 116 kW (158 PS) bei 6000/min ab 4.2009 2331 ccm D–4D / 100 kW (136 PS) bei 3600/min bis 3.2009 2331 ccm D–4D / 110 kW (150 PS) bei 3600/min ab 4.2009 2331 ccm D-CAT / 130 kW (177 PS) bei 3600/min
Ausstattung:	7 x Airbag, Klima, EFH, Funk-ZV. Sol: Nebelscheinwerfer, 17-Zoll-LM, Handschuhfach mit Kühlautom., 6-fach CD-Wechsler. Executive: Leder, Sitzheizung, Smart-Key-System. D-CAT: 18-Zoll-LM, Chromgrill, Privacy-Glas.
Varianten:	RAV4; RAV4 Sol; RAV4 Executive; RAV4 D-CAT Executive
Preise:	von € 25.700,- bis € 33.800,-.

Chronik:

2005:	September: Premiere auf der IAA. Eine Karosserievariante, ausschließlich Allradantrieb. Neues Design, verlängerter Radstand und größere Abmessungen bei reduziertem Wendekreis. 2,2 D-CAT (136 PS) erst ab Sol-Ausstattung; Spitzenmodell 2,2 D-CAT Executive mit 177 PS. Grundmodell: RAV4 2,0 VVT-i. Alle Motoren mit 4-Stufen-Automatik zu ordern.
2006:	März: Auslieferung RAV4 mit einem Benzin- sowie zwei D–4D-Motoren. Ausschließlich als Fünftürer lieferbar; D–4D serienmäßig mit Sechsgang-Handschaltung.
2007	März: 136-PS-Diesel serienmäßig mit Rußpartikelfilter bei unveränderter Leistung. Nur D-CAT-Modelle: Gegen Minderpreis auch mit Stoffausstattung. Nur Sol: Leder gegen Aufpreis lieferbar; Rückseite d. Fondsitze mit Stoffbezug wie Ladeboden. Executive bzw. D-CAT: Metalliclack serienmäßig. Ab € 26.370,-. September: Ankündigung Sondermodell Cross Sport. Oktober: Sondermodell Travel: Basis Sol, Audio-/Navisystem mit Touchscreen und Sprachsteuerung, Wegfall Reserverad am Heck. Ab € 30.500,- Alle Ausstattungen: 2,2 D–4D jetzt mit Partikelfilter serienmäßig.
2008	Januar: Sondermodell RAV4 Cross Sport: Basis Sol, Einparkhilfe hi., lackierte Sensoren; 17-Zoll-LM,; Reifenreparaturset; Multi-Navisystem; Privacy-Glas, Scheibenwischerablage beheizbar, Sitzheizung. Motoren: 2,0-l-VVT-i 4x4; 2,2-l-D–4D. Ab € 32.065,- März: Sol-Ausstattung jetzt wahlweise mit und ohne Reserverad am Heck; Executive: jetzt auch mit 2.2-l-D–4D erhältlich, optional mit Multi-Navisystem und Rückfahrkamera. September: Sondermodell Team: Regentblau mica (andere Farben Aufpreis), Chromapplikationen am Kühlergrill, 17-Zoll-LM, Privacy-Glas, Lederlenkrad mit Fernbed., Sitzheizung, Einparkhilfe. Ab € 27.900,-. Dezember: Betriebsanlauf im neuen Werk Woodstock (Kanada), ausschließlich für die RAV4-Fertigung; erste RAV4-Produktionsstätte außerhalb Japans. Weltpremiere auf der Motorshow in Bologna für den überarbeiteten RAV4.
2009	April: Modellpflege, Markteinführung des In Bologna gezeigten Modells. Benziner als 4x2 in Verbindung mit neuem 2,0-l-Valvematic-Dual VVT-i. Feinarbeit beim D–4D-Motor. Drei neue Getriebevarianten, darunter Einführung Multidrive S. Modellpflege an Front und Heck; Außenspiegel mit integriertem Blinker; Innenraum-Modifikationen (Graumetallic). Aktive Kopfstützen, verbesserte Bremsen, elektr. Sperrdiff. für 4x2-RAV. Neue Lenkräder, neue Felgen. Ab Sol: Privacy-Glas; Abblendlichtautomatik, Regensensor sowie ein automatisch abblendender Innenspiegel. Executive: Innenspiegel mit integriertem Videomonitor September: RAV4 D–4D 4x2 auf Basis RAV4 und Sol lieferbar. Ab € 25.300,-.
2010:	April: Deutschland-Premiere auf der AMI, Leipzig, für den modifizierten Toyota RAV4. Mai: Markteinführung nach Modellpflege (neue Frontpartie) mit Ausstattungsverbesserungen, Sol-Ausstattung heißt jetzt Life. Basis: RAV4 (Nebelscheinwerfer, Audioanlage mit sechs Lautsprechern, Klima, LED-Rückleuchten, Dachreling, VSC+, TRC). Ab € 23.800,-. Life: 17-Zoll LM, Abblendautomatik, Regensensor, Zwei-Zonen-Klimaautomatik, Lederschaltknauf und –lenkrad mit Fernbed. Ab € 26.250,-. Executive: Nur Diesel, Kotflügelverbreiterr., 18-Zoll-LM, Chromzierleiste am Heck, Leder, Smart-Key-System, Rückfahrkamera mit Bild im automatisch abblendenden Rückspiegel. Ab € 34.950,-. November: Vorstellung des RAV4 EV Concept auf der Los Angeles Auto Show. Elektrofahrzeug mit elektrischen Antrieb von Entwicklungspartner Tesla, Reichweite im Elektrobetrieb rund 160 Kilometer.
2011:	Februar: Vorstellung Tagfahrlicht-Set zur Nachrüstung bei den Modellen ab 2010. € 329,- zzgl. Einbaukosten.
2012	Februar: Einführung Sondermodell Travel: Basis Life, dazu Leder-Alcantara, Navisystem Touch & Go Plus, Unterfahrschutz. Ab € 28.850,-. Alle Modelle: Life: neue 17-Zoll-LM, Touch-Multimediasystem mit Rückfahrkamera, Smart Key, Chromleiste am Heck. Executive: 18-Zoll-LM, Touch-Multimediasystem mit Rückfahrkamera. Sommer: Markteinführung des RAV4 EV mit Elektromotor in den USA.

In den USA ist der RAV4 optional auch mit einem 3,5-l-V6 lieferbar. Ein feines, aber durstiges Triebwerk. In Deutschland bildet der 2,0-Liter-VVT-i-Motor die einzige Alternative zu den beiden Dieseln. Den sehr leisen Benziner gibt es auch mit Automatik-Getriebe.

Ein Jahr nach dem Modellstart erhielt der 2.2 D–4D serienmäßig Rußpartikelfilter. An den Leistungswerten änderte sich nichts. Nur die Diesel-Topausstattung hat kein Ersatzrad auf dem Rücken.

der sehr durstige 3,5-Liter-V6 werden vernünftigerweise hierzulande gar nicht angeboten. Wer gerne etwas mehr Durchzug schätzt, kommt um die beiden Turbodiesel nicht herum, die stets mit einem Sechsganggetriebe kombiniert werden. Wer es vorzieht, sich führen zu lassen, kann auch eine Viergang-Automatik ordern, doch gehört diese Kombination nicht gerade zu Testers Lieblingen.

Der einstige Stammvater des ganzen SUV-Rudels schwächelte allerdings in den letzten Jahren ein wenig, die jungen Rüden, allen voran der Tiguan aus Wolfs(!)- burg machten sich in seinem Revier breit. Um denen auch in Zukunft gewachsen zu sein – wiewohl die Golden in der Regel ja freundlich und friedfertig gegenüber Artgenossen sind – kreuzte Toyota 2010 frisches Blut in die Zuchtlinie ein.

Die optischen Änderungen an der Schnauze fielen erheblich aus. Der Kühlergrill wurde breiter und hatte eine Querleiste aus Chrom, dazu kamen neu gestaltete Scheinwerfergehäuse

Im Mai 2010 legte der RAV4 neues Makeup auf; erkenntlich an der Frontpartie. Mit dem Facelift kam es auch zu einer Neuordnung der Ausstattungslinien.

Über die Jahre hat Toyota seinen Bestseller immer wieder überarbeitet; für 2009 kam ein neuer 2,0-l-Benziner zum Einsatz. Diesen gab es jetzt auch als Fronttriebler. Die Diesel wurden aufgefrischt, der 2.2 D–4D erhielt eine Sechsgang-Automatik.

Das Kofferraumvolumen bietet ein Fassungsvermögen von 450 bis 1752 Litern; die Ladekante ist nur 62 cm hoch. Ein RAV4 biete „frustation-free driving", urteilte ein amerikanisches Magazin, und viel schöner kann man es nicht sagen.

samt Projektionsleuchten für das Abblendlicht, auch Motorhaube und Stoßfänger erhielten neue Ersatzteilnummern. Einziger Wermutstropfen bleibt die immer wieder kritisierte rechts angeschlagene Hecktür, die den Zugang freilegt zum 450 bis maximal 1752 Liter großen Kofferraum.

Die Spitzenmotorisierung des RAV4 bildet der 2,2-Liter D-CAT Diesel mit 177 PS und einem maximalen Drehmoment von 400 Nm. Er gilt als Muster an Laufkultur, knurrt kaum und macht wenig Dreck, der Abgasreinigung mit D-CAT-System sei Dank. Dabei sprintet er wie ein Windhund, in 9,3 Sekunden von 0 auf 100 km/h laut der Papiere, die ihm eine Spitzengeschwindigkeit von 200 km/h attestieren. Nicht ganz so flink ist der 2.2 D–4D mit inzwischen 150 PS und einem maximalen Drehmoment von 340 Nm – auch er mit Rußpartikelfilter, formidabler Beschleunigung (0–100 km/h: 10,0 s) und prächtiger Höchstgeschwindigkeit (190 km/h) gesegnet. Zur freundlichen Rasselbande gehörte außerdem noch der bekannte 158-PS-Benziner mit dem 2.0 VVT-i, der in 10,2 Sekunden zur 100-km/h-Marke wetzt; ihm geht erst bei 185 km/h die Puste aus. Wie viele Pfoten den 4,36 Meter langen Wuffi nach vorne treiben, ist abhängig von der jeweiligen Ausstattung, lediglich den Rudelführer mit D-CAT gibt es ausschließlich mit Allrad.

Im Grunde genommen hat der RAV4 nur eine einzige echte Schwäche: Er kann nicht mit der Rute wedeln.

Mit dem neuen Sondermodell Travel startete der Toyota RAV4 ins Modelljahr 2012, lieferbar seit 18. Februar. Das Travel-Paket umfasste eine Leder-Alcantara-Innenausstattung, das neue Navigationssystem „Toyota Touch & Go Plus" sowie einen Unterfahrschutz für den vorderen Stoßfänger. Ein gleichnamiges Sondermodell hatte es auch schon Ende 2007 gegeben. Das LED-Tagfahrlicht gab es als Nachrüstsatz.

Im September 2012 sollten die ersten RAV4 EV nach Kalifornien rollen, zu haben im Rahmen eines Leasing-Programms. Der Elektromotor leistet 154 PS, die Reichweite dürfte bis zu 140 Kilometer betragen.

Der Elektro-RAV4

Im Mai 2010 hatten Toyota und Tesla eine Zusammenarbeit bei der Entwicklung und Produktion von Elektrofahrzeugen und deren Komponenten vereinbart. Als erstes Zwischenergebnis dieser Kooperation wurde im November 2010 auf der Los Angeles Auto Show ein batterie-elektrisch betriebenes Konzeptfahrzeug auf RAV4-Basis vorgestellt. Anfang Mai 2012 folgte dann der nächste Schritt: der Prototyp war serienreif. Im Rahmen des 16. International Electric Vehicle Symposium in Los Angeles im US-Bundesstaat Kalifornien enthüllte dann Toyota den zusammen mit Tesla Motors entwickelten RAV4 EV.

Der elektrisch angetriebene Kompakt-SUV basiert auf dem konventionell angetriebenen RAV4 und ist mit einem Elektro-Antriebsstrang von Tesla ausgerüstet. Die Reichweite beträgt rund 140 Kilometer. Beeindruckend ist, dass trotz einer 41,8 kWh großen Batterie das Fahrzeug mit einem Gewicht von 1829 Kilogramm lediglich 213 Kilogramm schwerer ist als der V6-Benziner. Der 115 kW starke RAV4 hat eine Höchstgeschwindigkeit von 160 km/h und soll innerhalb von sechs Stunden zu laden sein. Der RAV4 EV wurde im Spätsommer 2012 zu Preisen ab 49.800 US-Dollar auf dem kalifornischen Markt eingeführt. Toyota rechnete mit einem Absatz von etwa 2600 Einheiten in den nächsten drei Jahren. Produziert wird das ausschließlich in Nordamerika verkaufte Fahrzeug im Werk Woodstock der Toyota Motor Manufacturing Canada.

Toyota und Tesla Motors, Inc., entwickelten gemeinsam eine Elektro-Version des RAV4 für den US-Markt. Hier ein Prototyp.

Der E-RAV entsteht auf der gleichen Fertigungslinie wie der benzingetriebene RAV4 bei Toyota Motor Manufacturing Canada (TMMC) im Werk Woodstock im Bundesstaat Ontario. Im Bild die Serienausführung.

Toyota HiLux

Team-Work

Lange bevor der HiLux in Europa gebaut wurde, war er schon in den USA ein Thema. Der unverwüstliche Mini-Truck gehörte in die Kategorie der höchst populären Pick-ups und war mit einer der Wegbereiter des Toyota-Erfolgs in den USA.

Toyota HiLux (1968–1988)

Der erste Kleinlieferwagen des Herstellers mit offener Ladefläche, der „Toyopet Truck“ mit 27 PS, 995 ccm Hubraum und 2.400 Millimetern Radstand war bereits im April 1947 vom Band gelaufen. Der erste Pick-up, also ein PKW-Fahrerhaus mit angesetzter Stahlblechpritsche, erschien 1956. Nach Gehversuchen mit dem ziemlich misslungenen Stout-Pick-up der Jahre 1964 bis 1967 präsentierte Toyota 1968 den HiLux. Dieser war vor allem für den amerikanischen Markt gedacht, Erzrivale Datsun hatte nur dank seiner Minitrucks dort überlebt. Der HiLux hatte zunächst den 70 SAE-PS starken 1,5-Liter-Corona-Motor, Anfang der 70er kam ein Zweiliter mit 97 SAE-PS zum Einsatz: Unter den japanischen Minitrucks war keiner so schnell und kraftvoll wie der Toyota. Zehn Jahre lang wurde der schier unverwüstliche HiLux praktisch unverändert gebaut, zuletzt mit dem 20R-Vierzylinder, der auch im Celica zu finden war. Der HiLux-Modellwechsel 1979 bescherte dem Raubein den endgültigen Durchbruch, Toyota verpflanzte den Allrad-Antrieb aus dem Land Cruiser in den HiLux und bot diesen nun als 4x2 oder 4x4 an. 1984 unterzog Toyota seinen Pick-up einem umfassenden Restyling ohne am grundsätzlichen Konzept zu rütteln.

Ein Hilux der ersten Generation RN10, gebaut zwischen 1968 und 1972. Die Basis bildete der Toyota Stout, entwickelt hatten ihn die Nutzfahrzeug-Spezialisten von Toyota-Tochter Hino.

Die zweite Hilux-Generation RN20 erschien 1972. Grundlegend überarbeitet 1975, lief die Baureihe bis 1978 weiter. Der Europa-Export begann erst mit der Folgegeneration.

Toyota HiLux (1989–1998)

Gemeinsam mit dem Volkswagenwerk baute Toyota im Transporter-Werk Hannover-Stöcken Anfang 1989 einen leichten Pick-up-Lastwagen, den HiLux. Der Eintonner mit der offenen Ladefläche stand sowohl bei Toyota- als auch Volkswagen-Nutzfahrzeug-Händlern, dort allerdings unter dem Namen Taro.

Konzeption und Konstruktion stammten von Toyota, die Niedersachsen übernahmen die Montage, zunächst aus von Toyota gelieferten Teilen. Im Laufe der Zeit allerdings sollte der local content, also der Anteil an einheimischen oder europäischen Komponenten, auf über 50 Prozent steigen. „Diese Kooperation dient beiden", freute sich Toyota-Deutschland, „sie bringt ein neues und attraktives Modell und sichert Arbeitsplätze".

Wohl wahr – denn gerade dieses konnten die Wolfsburger auch dringend brauchen. Die Transporter-Produktion lief schlecht, Volkswagen steckte in der Krise, und der bevorstehende Modellwechsel – der allerdings erst 1990 erfolgte – schaffte am Transporterwerk freie Kapazitäten.

Grundlegend neu an diesem Leichttransporter war allerdings nur die Tatsache, dass er erst jetzt auch in Deutschland zu haben war. Seine Technik mit Leiterrahmen-Chassis, Längsmotor und Heckantrieb entsprach dem in über 100 Jahren Lastwagenbau erprobten Rezept. Auch die Motoren waren nicht neu. Sowohl der 1,8-Liter-Benziner (Typ 2Y) und der 2,4-Liter-Diesel (Typ 2L) stammten aus dem HiAce, waren allerdings überarbeitet worden. Anders als etwa beim älteren HiAce-Motor wirkten die Nocken beim Selbstzünder nicht mehr über Kipphebel, sondern direkt auf die Ventile ein. Der 1,8-Liter-Vergaser-Motor, der im HiAce 79 PS leistete, brachte hier 83 PS (61 kW). Die Motoren gehörten zu den Sahnestücken des gefällig gestylten Eintonners. Sie galten als flott, leise und sparsam und entsprachen eher den Pkw-Standards, was man vom Fahrwerk nicht behaupten konnte: Der bretthart gefederte HiLux bot im Leerzustand nicht mehr Fahrkomfort als ein Lastwagen. „Erst beladen halbwegs komfortabel", notierten die Tester und rieten dringend dazu, die aufpreispflichtige Servolenkung gleich mit zu ordern. Auch bei dem ab November 1994 lieferbaren HiLux Xtra-Cab 4x4 stand sie auf der Aufpreisliste. Der Allradler rollte auf Breitreifen der Dimension 205 R 16 und hatte eine etwas längere Kabine mit zwei zusätzlichen Notsitzen und eine feinere Ausstattung. Technik und Fahrwerk entsprachen – abgesehen von den Allrad-typischen Besonderheiten wie zweistufigem Verteilergetriebe an der Hinterachse, Freilaufnaben an den Vorderrädern (die leider nur von Hand zu verriegeln waren) sowie einem Hinterachsdifferenzial mit begrenztem Schlupf – dem weiterhin angebotenen HiLux mit Normalkabine.

***Multitalent:** Der praktische Transporter durfte eine dreiviertel Tonne zuladen. Es gab ihn mit verschiedenen Aufbauten, so auch mit Kühlkoffer.*

***Nutzfahrzeug:** Überall dort, wo gearbeitet wird, ist HiLux-Revier. Den besonders in den USA sehr beliebten Pick-up gab es schon seit Anfang der 80er Jahre mit verschiedenen Aufbauten in der Schweiz.*

Zwillinge: Toyota HiLux und Volkswagen Taro waren baugleich. Obwohl der robuste HiLux günstiger angeboten wurde, war der in Hannover gebaute Taro erfolgreicher.

Toyota HiLux (1998–2005)

Auch die Neuauflage des Jahres 1998 verzichtete auf unnötigen Schnickschnack, und das wiederum half, die Preise niedrig zu halten: Mit 25.440 Mark zuzüglich Mehrwertsteuer und Überführung gehörte der neue HiLux mit Einzelkabine zu den preisgünstigsten Pick-ups. Erheblich zugelegt hatte der HiLux in punkto Sicherheit, denn mit Airbags für Fahrer und Beifahrer, Gurtstraffer und -kraftbegrenzer sowie dem auf Wunsch lieferbaren ABS bot der Eintonner Features auf Pkw-Niveau. Auch die gute Stube war recht hübsch geraten, allerdings ernüchterte ein Blick auf den Kabinenboden: Der gesamte Fußraum war mit strapazierfähigem Vinyl ausgelegt – praktisch, aber nicht schön. Dafür versöhnte der Kleinlaster mit großen Ablagen, einer guten Sitzposition mit ausreichender Kopffreiheit (die Innenhöhe war im Vergleich zum Vorgänger um drei Zentimeter gewachsen) und der serienmäßigen Servolenkung.

Der HiLux Xtra-Cab (zwei Türen/zwei Notsitze) sollte vor allem Freizeit-Abenteurer ansprechen.

Eine Kombination aus Schiebereglern und Drehschaltern regulierte Heizung und Lüftung, eine Klimaanlage gab es gegen Aufpreis. Ebenfalls auf der Zubehörliste, aber sehr empfehlenswert: die hintere Stoßstange, die als Hecktritt ausgelegt war und den Zugang zur Pritsche erleichterte.

Ausreichend Platz fand auch das Ladegut an Bord des HiLux, der mit 4,73 Metern Länge, 1,69 Metern Breite und 1,62 Metern Höhe in allen Dimensionen gegenüber dem Vorgänger zugelegt hatte. Knapp 41 Zentimeter hohe Bordwände schützten die Ladung vor Verrutschen und Verlust, zwölf Verzurrhaken an der äußeren Bordwand halfen, das Ladegut zu sichern. Den Hecktriebler in Schwung brachte der schon aus dem Vorgänger bekannte 2,4-Liter-Diesel mit einer Leistung von 55 kW (75 PS), der in zahlreichen Details überarbeitet worden war. Nach der Einführung des Allradler-HiLux Xtra-Cab im März 1998 stand endlich auch ein Turbodiesel zur Wahl. Der 2,4-Liter-Turbodiesel mit 66 kW (90 PS) bot ein maximales Drehmoment von 226 Nm bei 2200/min und brachte den Bauarbeiter im Edelzwirn auf eine Höchstgeschwindigkeit von 135 km/h. Die Kraftübertragung erfolgte über ein Fünfgang-Schaltgetriebe und ein zweistufiges Verteilergetriebe wahlweise auf die Hinterräder oder auf beide Achsen. Manuell schaltbare Freilaufnaben gestatteten den Allradbetrieb in der Basisversion. Der mit 43.290 um 1900 Mark teurere HiLux Xtra-Cab 4x4 Special verfügte über automatisch sperrbare Vorderachsnaben. Zum Modelljahr 1999 schließlich erweiterte sich die HiLux-Palette um den 4x4-Double Cab als Basis und als Special. Diese Versionen mit Doppelkabine, die mit allerlei Zubehör zum Lifestyle-Transporter hochgerüstet werden konnten, kosteten DM 46.000,– beziehungsweise DM 50.000,–.

Modelle, Varianten, Preise:	
Modelle:	Leichtes Nutzfahrzeug
Bauzeit:	1989–2005
Motoren:	1812 ccm / 61 kW (83 PS) bei 4800/min 2446 ccm Diesel / 61 kw (83 PS) bei 4200/min 2446 ccm Diesel /55 kW (75 PS) bei 4000/min 2446 ccm Diesel / 58 kW (79 PS) bei 4000/min ab 9.97 2446 ccm TD / 66 kW (90 PS) bei 3500/min ab 3.98 2494 ccm D-4D / 65 kW (88 PS) bei 3800/min ab 11.01 2494 ccm D-4D / 75 kW (102 PS) bei 3800/min ab 11.01 2494 ccm D-4D / 94 kW (128 PS) bei 3800/min ab 3.05
Ausstattung:	Zwei Außenspiegel, abschließbare Tankklappe, zwei Einzelsitze, Zweispeichen-Lenkrad.
Varianten:	HiLux 4x2; 4x4 Xtra-Cab/Special; 4x4 Double Cab/Special
Preise:	ab DM 22.042,–

Chronik:	
1968:	Einführung der Modellreihe auf dem US-Markt. Leiterwagen-Chassis, Pkw-Kabine.
1979:	Modellwechsel, HiLux auch als 4x4 lieferbar. Exportbeginn nach Europa mit zwei Radständen (2.585/2.800 mm), auch als Doppelkabine. Ab sFr. 17.750,-
1984:	Facelift. Verschiedene Aufbauten lieferbar.
1989:	Einführung in Deutschland; Parallelmodell zum Volkswagen Taro, gebaut im VW-Transporter-Werk Hannover. Leiterrahmen-Chassis, hintere Starrachse an Blattfedern. Taro nur mit 2,4-l-Diesel. HiLux: Zwei Motorisierungen, ein Radstand.
1991:	März: Detailverbesserungen (Leuchtweitenregulierung Scheinwerfer, Nebelrückleuchten), Reifengröße 195 R 14.
1992:	April: Modellpflege. Hinterachsdifferenzial mit begrenztem Schlupf, Servolenkung Serie. Innenraummodifikationen (Sitzbezüge, Beifahrer-Haltegriff), Scheibenwischer-Intervallschaltung. Neues Hardtop aus GfK. Verchromtes Toyota-Logo im Kühlergrill, vorher: Schriftzug.
1993:	August: HiLux gegen Aufpreis als Hubschwing-Kipper lieferbar. Aufbau von Pfau Kommunalgeräte, Springe, Nutzlast 905 kg.
1994:	November: HiLux 4x4 mit Doppelkabine (Double Cab).
1996:	Produktionsstopp für den baugleichen VW Taro
1997:	November: Facelift, verbesserte Ausstattung: Doppel-Airbag, Gurtstraffer und -begrenzer, Servolenkung, getönte Scheiben. Länge der Ladefläche: 2,26 m, Nutzlast 1,0 to.
1998:	März: Auslieferung HiLux 4x4 Xtra-Ccab/Special; Nutzlast 0,8 to. September: Double Cab/Special. Oktober: Double Cab/Special: 2 x Airbag, ABS, get. Scheiben. Special: elekztr. Außenspiegel, Teppichboden, Stoffpolster, EFH vorn, ZV, Chrompaket, DM43.000,–/ 47.270,–
1999:	Februar: Sondermodell Canyon: Basis Double Cab/Special, zusätzlich: Chrom, verchr. Felgen u. Trittbretter. Klimaanlage. DM 50.900,–
2001:	November: Einführung Hilux D-4D, neuer Kühlergrill, Hinterachsdifferenzial Serie. Ausstattungsverbesserungen. 65-kW-TD nur als 4x2 Single Cab; Preise von E 18.246,- bis E 29.110,- (4x4 Double Cab Special)
2002:	Juni: Modellpflege: Neuer Kühlergrill, Klarglas-Scheinwerfer, modifizierte Motorhaube, neue Stoßfänger, Heckleuchten und -klappe, D-4D-Logo. Nur Special: 15-Zoll-LM-Räder, Kotflügelverbreiterungen in farblich abgestimmter Lackierung, zuschaltbare Hinterachsdifferenzialsperre. Double Cab: Sportsitze vorn. Neuer D-4D TD: Für HiLux 4x2 65 kW (88 PS), für 4 x4 Xtra / Double Cab 75 kW (102 PS).
2004:	Januar: Double Cab / X-tra Cab Special: manuelle Klimaanlage serienmäßig. Preissenkung um 2 % für entsprechende Basismodelle.
2005:	März: Einführung Hilux 4x4 mit 94 kW (Double X-tra-Cab)

Kein anderer Toyota hatte mehr Raum zwischen den Achsen: Mit einem Radstand von 3100 Millimetern übertraf der HiLux sogar einen Land Cruiser.

Ende 1997 folgte die nächste HiLux-Generation. Erst auf den zweiten Blick zeigten sich die Unterschiede zum Vormodell. Im Bild der Double-Cab Spezial.

Der IMV Hilux wird in Südafrika auch für Langstreckenrallyes eingesetzt. Er fuhr zum Beispiel bei der 1000-km-Rallye durch die Wüsten- und Steppenlandschaft in Botswana.

Toyota Hilux (2005–2008)

Gefühlt liegen ein Toyota Hilux und eine Dampflokomotive gar nicht so weit auseinander. Groß und imposant sind beide, sie können gehörige Lasten ziehen und es braucht schon einen Schneidbrenner, um sie kleinzukriegen. Mindestens.

Während aber die Zahl der Dampfloks weltweit rapide sinkt, steigt die der Hiluxe ständig an. Zwölf Millionen waren es seit 1967 gewesen, der Absatz in Europa hatte sich innerhalb von drei Jahren nach Einführung der sechsten Generation 2005 in Europa auf knapp 39.000 Exemplare glatt verdreifacht.

Die sechste Hilux-Auflage, die im Oktober hierzulande Dampf aufnahm, zeigte sich noch einmal robuster. Mit Fug und Recht mochte von einer kompletten Neuentwicklung geredet werden, auch wenn sich am Prinzip des Eintonners mit offener Ladefläche auf Leiterrahmen-Chassis, Heckantrieb und robusten, längs eingebauten Motoren nichts änderte. Und doch war hier alles anders. Das fing schon beim Rahmen an. Wiewohl noch immer ein Leiterrahmen, hatten die Konstrukteure die Torsionssteifigkeit von Rahmenwangen und Querverbindungen wesentlich verbessert. Toyota sprach von einem Plus an Steifigkeit von 45 Prozent – als ob der Hilux das nötig gehabt hätte: Er galt ja sowieso schon als schier unzerstörbar, ein Ruf, dem die britische BBC im TV-Magazin *Top Gear* nachspürte: Die Briten bretterten mit einem Hilux Treppen hinunter, rammten Bäume und kachelten gegen Mauern, versenkten den Pickup im Meer, holten ihn wieder raus und fuhren weiter, traktierten ihn mit Brandsätzen und Abrissbirnen, warfen ihm einen Wohnwagen auf's Dach und parkten ihn zu guter Letzt auf dem Dach eines 80 Meter hohen Hauses, das anschließend gesprengt wurde. Der Hilux war danach immer noch fahrbereit.

Nicht jeder Autotest geriet so extrem, doch zum Nimbus der Unzerstörbarkeit trugen auch diese bei. Dass aber ein Hilux jetzt auch noch relativ viel Fahrspaß vermittelte, das war die vielleicht größte Überraschung. Mit dazu bei trug das Fahrwerk mit Einzelradaufhängung vorn und Starrachse hinten – auch das im Prinzip bekannt, aber dennoch kaum wiederzuerkennen: Kein Hilux bisher hatte mit besseren Fahr- und Handlingeigenschaften geglänzt. Vergessen war all das, was man den bisherigen Hilux-Modellen angekreidet hatte, etwa die unkomfortable Federung, die erst mit zunehmender Belastung erträglich wurde, die Wankneigung in schnellen Kurven oder die mangelhafte Spurtreue – ruhig und unbeirrt bügelte der Hilux auch schlechte Wegstrecken glatt. In Sachen Radstand (3085 Millimeter) und Spurweite (1510 beziehungsweise 1540 Millimeter) legte der Hilux mächtig zu.

In ein großes Auto gehört natürlich ein großer Treibsatz, der zunächst angebotene 2,5 Liter-Common-Rail-Diesel gehörte allerdings nicht zu den kräftigsten, dafür aber zu den sparsamsten. Sowohl Leistung (102 PS) als auch Drehmoment hätten indes gerne etwas üppiger ausfallen dürfen. Nach der Modellpflege für 2007 war aber auch das kein Thema mehr, die nunmeh-

Die sechste Generation von Toyotas unverwüstlichem Pickup-Bestseller feierte im Mai 2005 auf dem Salon in Barcelona ihre Europa-Premiere.

rigen 120 PS gehörten zu der besonders kräftigen Sorte. Als Verkehrshindernis eignete sich ein Hilux so oder so nicht, wie stets aber empfahl es sich, bei feuchter Straße und leerer Ladefläche (2315 x 1520 mm beim Single Cab, 1805 x 1515 mm beim Extra Cab und 1520 x 1515 mm beim Doppelkabiner) etwas weniger forsch angehen zulassen. Eine blattgefederte Starrache ist bekanntlich kein Garant für Spurtreue in jeder Lebenslage, ohne ESP gleichgar. Die Bremsen – innenbelüftete Scheiben vorn, Trommeln hinten, ABS – bissen aber ordentlich zu. Der Vorderradantrieb ließ sich per separatem Wählhebel zuschalten, die Kraft wurde dann gleichmäßig verteilt. Ein mit Tastendruck aktivierbares, zu 100 Prozent sperrbares Heckdifferenzial erhöhte die Geländetauglichkeit; je nach Ausführung war eine selbsttätige Ausgleichssperre samt Schlupfbegrenzung am Werke. Für den Einsatz im schweren Gelände sprachen die Geländereduktion wie auch die anständige Bodenfreiheit von 212 Millimetern und eine Wattiefe von bis 700 Millimetern, dagegen die mangelnde Achsverschränkung. Andererseits gehörten Extremtouren im Gelände ohnehin nicht zur Pickup-Domäne. Ganz und gar untypisch dagegen war der dezente Geräuschpegel in der Kabine, mit Dämmmaterial wurde nicht gegeizt: Design und Verarbeitung wussten zu überzeugen. Auch im Handwerker-Grundmodell, dem Single Cab mit Heckantrieb, kam wenig Nutzfahrzeugambiente auf; nur die Heavy-Duty-Ausstattung (bei der auf einige Komfortdetails verzichtet wurde) wirkte etwas ärmlicher. Doch auch deren Führerstand bot Pkw-Komfort allerorten, sauber verarbeitetes Kunststoff und exakte Spaltmaße inklusive. Die besser ausgestatteten Extra- und Doppelkabiner mühten sich um Reisende in der Ersten Klasse, es gab zahlreiche Kleinigkeiten, die das Leben leichter und den Hilux sympathischer machten. Lieferbar in insgesamt drei Kabinen-Varianten, wiesen alle Hilux die gleiche Länge und einen identischen Radstand von 3085 Millimeter auf. Dafür war der Wendekreis von 11,8 Meter (4x2) beziehungsweise 12,4 Meter (4x4) klein ausgefallen, das Rangieren auch in der Stadt fiel leicht.

Ein Jahr nach der Markteinführung in Deutschland im Oktober 2005 baute Toyota das Hilux-Motorenangebot aus. Die neuen Turbodiesel mit 2,5 und 3,0-l-Hubraum erfüllten die Euro-IV-Norm. Kennzeichen des 07er-Jahrgangs war die Lufthutze auf der Haube.

Toyota Hilux (seit 2008)

Den Nimbus der Unzerstörbarkeit zelebrierte auch die modifizierte Auflage der sechsten Generation im Jahre 2008. Die 6b-Hilux, jetzt mit trapezförmigem Kühlergrill und silberfarbener oberer Leiste, neuem Stoßfänger und einigen Innenraum-Änderungen, schoben den Schwermaschinenbau deutlich in Richtung Personenwagen-Optik. Zu den weiteren „Kernoptimierungen“ *(Autorevue)* gehörten Feinarbeit an den Motoren und eine Fünfstufenautomatik beim Dreiliter-Hilux, neu gezeichnete Instrumente, bessere Sitze und noch mehr Erster-Klasse-Komfort wie eine Klimaautomatik mit neuem Bediendisplay, wiewohl allzuviel Fahrkomfort (das Fahrwerk wurde weiter hin in Richtung soft getrimmt) und digitaler Schwurbel nicht so recht zu dieser ehrlichen Haut passen mögen. Mit einer Länge von 5,26 Meter und einer Breite von 1,83 Meter ist der weiterhin auch mit Allrad erhältliche Hilux andererseits noch immer ein ausgesprochenes Trumm von einem Nutzfahrzeug geblieben, lieferbar in drei Klassen: Mit 63 Prozent am häufigsten gebucht wird der viertürige Double Cab, in der zweiten Klasse dann der Extra Cab mit 26 Prozent, und die restlichen elf Prozent entfallen auf die Güterwagen-Version namens „Single Cab“, die auf ihrer 2,31 Meter langen Ladefläche knapp 1,1 Tonnen wegschleppen darf.

Weitere drei Jahre später folgte die nächste Modellpflege, das Update brachte eine neue Optik, mehr Wohnkomfort für Schaffner und Passagiere sowie deutlich mehr Dampf im Kessel: Durch Einsatz eines Turboladers mit variabler Schaufelgeometrie und neuer Injektoren bringt der 2,5-Liter D-4D jetzt 144 PS bei 3600 U/min

Nahe dran am SUV, ohne die Lastesel-Qualitäten zu vernachlässigen: Die sechste Hilux-Generation wird mit jeder Modellpflege feiner. Hier ein Double Cab von 2009.

Keine komplette Neukonstruktion, aber verbessert in vielerlei Beziehung: der Hilux des Modelljahres 2009.

und entwickelt ein Drehmoment von 343 Nm bei 2000 U/min: Damit zieht der Hilux jetzt ordentlich was weg.

Der Hilux gehört zu einer Dreier-Gruppe von Pickups und Mehrzweckfahrzeugen, die Toyota für den weltweiten Markt im Rahmen des 2004 ins Leben gerufenen IMV-Projektes (International Multipurpose Vehicle) produziert. Dabei wurde eine globale Plattform für viele verschiedene Fahrzeugmodelle geschaffen. Zunächst umfasste die Modellpalette die Pickups Toyota Hilux/Vigo, den Minivan Innova und das SUV Fortuner. Aktuell werden Fahrzeuge der IMV Plattform an elf Standorten gefertigt. Die vier Länder Thailand, Indonesien, Argentinien und Südafrika fungieren dabei als globale IMV-Lieferzentren. Wichtige Komponenten wie die in Thailand produzierten Dieselmotoren, die in Indonesien gefertigten Benzinmotoren sowie die in Indien und auf den Philippinen hergestellten Getriebe werden an die IMV-produzierenden Länder geliefert. Die für Europa bestimmten Versionen Single Cab 4x2 und der viertürige Double Cab 4x4 werden in Südafrika montiert, der Extra Cab 4x4 mit seinen Notsitzen entsteht in Thailand. Toyota Südafrika setzt den Hilux übrigens immer wieder bei Langstrecken-Rallyes wie der Dakar ein. Das sind dann Veranstaltungen, bei denen mitunter selbst eine Dampflok passen müsste.

Für die Dakar-Rallye im Januar 2012 brachte Toyota Südafrika zwei Hilux an den Start, ein dritter war für einen argentinischen Privatier gemeldet. Im Gesamtklassement platzierten sich alle drei in den Topten; der dritte Platz von Giniel de Villiers und Dirk von Zitzewitz im Imperial Toyota Hilux galt als Sensation.

Modelle, Varianten, Preise:	
Modelle:	Leichtes Nutzfahrzeug
Bauzeit:	seit 2005
Motoren:	2494 ccm D-4D / 75 kW (102 PS) bei 3600/min bis 11.2006 2494 ccm D-4D / 88 kW (120 PS) bei 3600/min 11.2006-1.2012 2494 ccm D-4D / 96 kW (144 PS) bei 3600/min ab 1.2012 2982 ccm D-4D / 126 kW (171 PS) bei 3400/min ab 1.2007
Ausstattung:	4x2: 2 x Airbag, ZV, EFH vorn, Radiovorber., Lenkrad höhenverstellb. 4x4: Hinterachsdiff., Geländereduktion, Unterfahrschutz, Grill und Stoßfänger in Wagenfarbe. Sol: Chromgrill, -Rückspiegel, -Türgriffe u. -Stoßfänger; Trittbretter, Audioanlage, Klima, Kotflügelverbr., LM-Räder 15 Zoll.
Varianten:	Hilux 4x2 Single Cab; Single Cab HD 4x2; 4x4 Extra Cab/Sol; 4x4 Double Cab/Sol
Preise:	von € 19.546,- bis € 27.956,-

Chronik:	
2005	Mai: Premiere Hilux auf dem Salon in Barcelona. Eine Motorisierung, ein Radstand, zwei Ausstattungslinien, drei Karosserievarianten. Oktober: Markteinführung
2006	November: Modellpflege: Lufthutze, 88-kW-Motor. Lieferbeginn Extra Cab.
2007	Januar: Lieferbeginn 2.5 Single Cab / Double Cab. Einführung 3.0 D-4D (neues Interieur, Tempomat, Optitron-Armaturen). Ab € 30.821,-. Neue Ausstattungslinie Executive: DVD, Leder, Sitzheizung, 16-Zoll-LM-Räder (nur 3.0).
2008:	November: Modellpflege: Geänderter Kühlergrill, neue Scheinwerfer, neues Lenkrad, Heckklappe abschließbar. Executive: 17-Zoll-Räder.
2011:	März: Single Cab Variante auch als 4x4; Anhängelast jetzt 2500 kg. Neue Ausstattungslinie: Aus Sol wird Life; (Ausstattungsumfang unverändert, aber CD-Radio TAS 200 mit mehr Funktionen). Executive mit Navigationssystem TNS510. Ab € 17.300,- netto. Dezember: Modellpflege, neue Frontpartie (Motorhaube, Kühlergrill, Scheinwerfer, Stoßfängern), neue Kotflügel vorn und hinten, 15-/17-Zoll-Stahl- oder LM-Felgen, beheizb. Außenspiegel. Neues Interieurmaterialien, neugestaltetes Armaturenbrett mit horizontalem Kombi-Instrument und 6,1-Zoll-Touch-Screen-Farbmonitor. Motoroptimierungen, Diesel-Partikel-Filter serienmäßig (Euro-5-Norm erreicht). Ab Life: Rückfahrkamera.. Single Cab: Schiebefenster in der Heckscheibe. Single Cab 2WD mit Chassis 4x4. Der Hilux wird bei Toyota Motor Thailand und bei Toyota South Afrika Motors für 36 europäische Länder und mehr als 135 Länder weltweit gefertigt. In Europa wurden 2011 28.888 Einheiten abgesetzt, ein Zuwachs von 21 Prozent gegenüber dem Vorjahr. Damit war der Hilux im dritten Jahr in Folge der meistverkaufte Pickup in Europa.
2012:	März: Toyota hat zum Monatsende das fünfmillionste Fahrzeug auf IMV-Plattform verkauft.

Toyota bietet im Modelljahr 2012 den Hilux mit eleganterem Karosseriedesign, qualitativ hochwertigerem Innenraum und einer aufgewerteten Serienausstattung zu Preisen ab 21.420 Euro an. Außerdem haben die Versionen mit Heckantrieb deutlich mehr Leistung.

NUTZFAHRZEUGE

Toyota HiAce

Schwerarbeiter

An Leichtlastwagen hat es in der Toyota-Geschichte wahrlich nicht gemangelt, die ersten Personenwagen basierten auf Lastwagen-Technik. In den Europa-Export gelangten die Transporter aber erst in den Siebzigern.

Toyota HiAce (1967–1977)

Erster HiAce war 1967 der Typ H1, ein karg ausgestatteter Lieferwagen, der als Hoch- oder Tiefbett-Pritschenwagen (Pick-up) sowie als Kastenwagen oder Bus lieferbar war. Alle Versionen verfügten über das gleiche Leiterrahmen-Chassis und einen 41 kW (55 PS) starken 1,5-Liter-Benzinmotor, ein Viergang-Getriebe und Heckantrieb. 1971 wurde die Modellfamilie durch eine Ausführung mit Doppelkabine erweitert, die jedoch nur in Verbindung mit tiefem Ladebett lieferbar war. Gleichzeitig erfuhr der Motor eine Hubraumsteigerung auf 1,6 Liter, wodurch die Leistung um 8 kW (11 PS) auf 49 kW (66 PS) kletterte. Seine Höchstgeschwindigkeit lag, je nach Ausführung, bei 130 km/h, die Nutzlast betrug im Falle des Pick-up (der ein Eigengewicht von 1115 Kilogramm auf die Waage brachte) 1200 Kilogramm. Dem Kastenwagen durften 1.100 Kilogramm zugemutet werden. Beide Versionen – die besonders häufig verkauft wurden – unterschieden sich nicht zuletzt auch im Radstand, der 2290 mm (Pick-up) beziehungsweise 2340 mm (Transporter) betrug. Mit 2650 mm am meisten Raum zwischen den Achsen hatte der HiAce mit der Code-Nummer RH16B-B: Dahinter verbarg sich ein Zubringerbus mit Platz für 15 Personen.

Der Vorläufer der späteren Dyna-Baureihe erschien 1956 in Gestalt des damaligen RK52. Die Technik des Frontlenkers entsprach der des RK23.

Der HiAce-Vorläufer SKB in der Eintonnen-Klasse stand zwischen 1954 und 1959 im Programm. Als Pritschen- oder Kastenwagen stellte er eine interessante Alternative zu den Dreirad-Lieferwagen von Mazda und Daihatsu dar, die den Markt beherrschten.

Schwerarbeiter unter sich: Mit dem HiAce komplettierte Toyota seine Transporter-Palette. Auf dieser Aufnahme von 1981 sind von links nach rechts zu sehen: Cressida, Crown, Carina, Corolla und Starlet als Kombi – alle überragt vom neuen HiAce.

Toyota HiAce (1977–1981)

1977, zehn Jahre nach Produktionsstart und nach etwa 130.000 gebauten Fahrzeugen, folgte der erste Modellwechsel. Als Antriebsquelle diente weiter der bewährte 1,6-Liter-Benziner mit 49 kW (66 PS), später gab es als Alternative für bestimmte Varianten auch noch einen 1,9-Liter.

Im November 1978 gelangten dann die ersten HiAce nach Europa. Der Verkauf in Deutschland begann unmittelbar darauf. Der Zeitpunkt hätte nicht günstiger gewählt sein können: Volkswagen, als Marktführer, hatte nur den seit 1967 gebauten Transporter T2 zu bieten, und als im September 1979 der T3 präsentiert wurde, gab es lange Gesichter bei allen kommerziellen Nutzern: Zwar waren Fahrwerk und Karosserie ausgesprochen gelungen, doch das Beharren auf den luftgekühlten Heckmotor kostete nicht nur nutzbare Ladefläche, sondern auch richtig viel Geld: Die VW-Boxer waren keine Spritverächter, über 16 Liter auf 100 Kilometer waren immer drin. Und das war, im Zeichen der zweiten Ölkrise, eindeutig zu viel. Der japanische Kastenwagen dagegen bot nicht weniger Nutzlast und Ladevolumen, hatte aber den erheblich sparsameren Motor und den deutlich günstigeren Einstandspreis. Für Vortrieb sorgte, wie gesagt, der 1,6-Liter-Vierzylinder-Benzinmotor, der für eine Höchstgeschwindigkeit von 125 km/h gut war und auch im harten Alltagseinsatz noch nicht einmal 13 Liter auf 100 Kilometer verlangte.

Überdies bewegte sich die Verarbeitung auf ebenso hohem Niveau wie beim Bestseller aus Niedersachsen. Zu den weiteren Pluspunkten gehörte die durchgehende, ebene Ladefläche und die mit 1400 Kilogramm höchste Anhängelast in der Eintonnen-Klasse. Im Modellprogramm standen zunächst Kasten und Kombi, Mitte 1979 folgten Pritsche und Fahrgestell mit Fahrerhaus, jeweils mit dem 1,6-Liter-Benzinmotor. In den ersten beiden Verkaufsmonaten wurden bis Jahresende noch 93 HiAce zugelassen, im Jahr darauf entschieden sich bereits knapp 1600 und 1980 rund 3800 Käufer für den vielseitigen Transporter von Toyota, der ab 1979 auch als Wohnmobil im Prospekt stand. Im Oktober dieses Jahres ging übrigens in Portugal die erste HiAce-Produktionsstätte außerhalb Japans in Betrieb.

1981 kam der HiAce mit Dieselmotor auf den deutschen Markt, erstmals angeboten worden war er 1979. Der Selbstzünder mit 2,2 Litern Hubraum war für alle Aufbauten und Radstände lieferbar und

Der neue Maßstab: Ende 1978 führte Toyota den HiAce auf dem europäischen Markt ein.

Schöner wohnen: Der preisgünstige Transporter bildete die ideale Basis für den Umbau zum Wohnmobil.

Modelle, Varianten, Preise:	
Modelle:	Kombi, Kasten, Pritsche, Fahrerhaus mit Fahrgestell
Bauzeit:	1977–1981
Motoren:	1587 ccm / 49 kW (66 PS) bei 5000/min 1968 ccm / 65 kW (88 PS) bei 5000/min ab 5/81 2188 ccm Diesel / 46 kW (62 PS) bei 4200/min ab 5/81
Ausstattung:	Kombi/Kasten: Zwei Rückfahrscheinwerfer, abschließbarer Tank, heizbare Heckscheibe, zwei Schiebetüren, Heckklappe.
Varianten:	Kombi 1,6; Kasten 1,6; Kasten lang 2,0/2,2
Preise:	k. A.

Chronik:	
1978:	Vier Aufbauten, eine Motorisierung. Höchste Zuladung seiner Klasse (1000 kg), größte Anhängelast. Höchstgeschwindigkeit 125 km/h. Zwei Schiebetüren serienmäßig.
1979:	Vorstellung HiAce Campingwagen, Aufbauten: z.B. Bischofsberger
1981:	Ausweitung der Modellpalette: Einführung 2,2-l-Diesel-Motor und 2,0-l-Benziner; Kombi als Fünf- und Achtsitzer, zwei Radstände.

leistete 49 kW (66 PS). Der Untersitzmotor machte im Fahrbetrieb zwar durch kerniges Nageln auf sich aufmerksam – der Heckmotor-VW agierte dezenter –, doch war ein Mercedes-Lieferwagen auch nicht leiser. Und besser gefedert schon gar nicht: Hier wie dort kam eine blattgefederte Antriebsachse zum Einsatz, und in beiden Fällen zeigten sich die Starrachser der gut abgestimmten Schräglenker-Hinterachse des Volkswagen-Transporters klar unterlegen.

Zusammen mit dem Diesel erschienen weitere Varianten, die interessantesten darunter waren der Kombi mit fünf- und achtsitziger Bestuhlung (ein oder zwei Sitzbänke) sowie der um 35 Zentimeter längere HiAce mit Zweiliter-Benziner oder Diesel. Die Modellpalette war damit auf fünf Modellvarianten mit zwei Radständen angewachsen – beim Klassenprimus VW war die Auswahl nie so groß gewesen.

Toyota HiAce (1982–1995)

Von der dritten Frontlenker-Generation, die 1982 vorgestellt wurde, gab es sogar noch mehr Varianten. Gleich sechsfach standen die im Februar 1983 eingeführten HiAce im Importprogramm: als Kastenwagen mit oder ohne Verglasung, als Kombi und Kleinbus jeweils mit kurzem (2295 mm) sowie als Kombi und Kastenwagen mit langem (2495 mm) Radstand. Auf besonderen Kundenwunsch war auch noch das Fahrgestell mit Fahrerhaus lieferbar. Weniger vielfältig dagegen die Wahl bei den Motoren, die Alternative zum 1,8-Liter Benzinmotor mit 58 kW (79 PS) bestand im 2,2-Liter Diesel mit 49 kW (67 PS), wobei die Modelle mit langem Radstand ausschließlich damit erhältlich waren. Der durchzugstarke, aber etwas raue Selbstzünder nagelte auch im neuen Flaggschiff der Reihe, dem neunsitzigen Bus. Dieser HiAce ersetzte die bisherigen Fünf- und Neunsitzer, war gut 30 Zentimeter länger als diese und musste als Pkw zugelassen werden. Mit einem Leergewicht von gut 1,6 Tonnen gehörte er nicht zu den komfortabelsten Personen-Transportern, dafür war das Preis-/Leistungsverhältnis erstklassig: 23.690 Mark wurden für ihn aufgerufen, kein Wunder also, dass er (zusammen mit seinen Brüdern von der Lastwagen-Abteilung, die der wesentlich billigeren LKW-Besteuerung unterlagen) im ersten Jahr 1760 Käufer fand. Bis zum Jahresende kletterte damit die Zahl der in Deutschland verkauften HiAce auf 12.679 Einheiten.

Zu den weiteren Neuerungen der frühen 80er Jahre gehörten die Drehstäbe an der Vorderachse anstelle der bisher verwendeten

Neuauflage: Der neue HiAce erschien 1982 zunächst mit Rundscheinwerfern. Nach dem Facelift 1986 waren die Scheinwerfer rechteckig.

Schraubenfedern. Sie verbesserten den Fahrkomfort, und das im Bus lieferbare Fünfgang-Getriebe senkte den Geräuschpegel im Innenraum. Der Hubraum des Dieselmotors wuchs auf 2,4 Liter, die Leistung auf 55 kW (79 PS), und das war auch gut so: Schließlich war der HiAce 85 mm länger, 30 mm breiter und 15 mm höher geworden, großzügiger verglast und dank einer vergrößerten Schiebetür auch besser zu beladen. Außerdem durften vorn nun drei Personen sitzen. Der Wendekreis verringerte sich auf 10,8 m, beim langen HiAce reduzierte er sich sogar auf 11,6 m. Das Jahr 1984 brachte neben Designretuschen und Ausstattungsverbesserungen auch mehr Platz für Fahrer und Passagiere sowie die Einführung eines neuen Zweiliter-Benziners. 1986 ergänzte eine nicht überall angebotene Variante mit zuschaltbarem Allradantrieb das HiAce-Angebot; dieser Jahrgang unterschied sich durch die Rechteck-Scheinwerfer von den kulleräugigen Vormodellen. Zur IAA 1987 noch einmal überarbeitet (was an der Frontpartie zu sehen war), stand zwei Jahre später der neue Transporter in den Startlöchern, der dann im Januar 1990 auch ausgeliefert wurde.

Bei dieser Generation hatten die Konstrukteure großen Wert auf die Fahrer-Sicherheit gelegt, nicht zuletzt auch, um den immer schärferen Crash-Normen zu genügen. Zusätzliche Y-Träger verstärkten die Frontpartie, eine intelligent abtauchende Si-cherheitslenksäule schützte den Fahrer besser, und die Bremsanlage wurde standfester. Kennzeichen dieser nach wie vor als drei- oder neunsitziger Bus sowie als dreisitziger Kastenwagen mit normalem oder kurzem Radstand lieferbaren HiAce-Generation war die neue Frontpartie mit dem dicken schwarzen Kunststoff-Vorbau. Von der B-Säule an blieb allerdings alles beim alten. Der überarbeitete Dieselmotor leistete jetzt 55 kW (74 PS), neu dagegen war der Zweiliter-Benzinmotor mit 74 kW (101 PS). Der Motor versteckte sich, wie gehabt, unter der vorderen Sitzbank. „Fährt sich wie ein Pkw", lobten die Tester, die auch die gute Dämpfung des Selbstzünders positiv herausstrichen. Nach zwei Jahren folgten kleinere Design- und Ausstattungsänderungen. Dazu zählten unter anderem Räder mit 15 Zoll Durchmesser und größere Bremsen. Im Juni des gleichen Jahres begannen in Portugal die auf drei Jahre veranschlagten Bauarbeiten für ein neues Transporter-Werk. 1993 folgte der lange HiAce mit Hochdach, der Aufbau stammte von Sommer in Bielefeld. Überdies erhielten die Eintonner neue Räder, die vierte Generation rollte mit Reifen der Größe 195/70 R 15 in den verdienten Ruhestand.

Modelle, Varianten, Preise:	
Modelle:	Kombi, Kasten, Fahrerhaus mit Fahrgestell
Bauzeit:	1982–1995
Motoren:	1587 ccm / 49 kW (66 PS) bei 5000/min 2188 ccm Diesel / 49 kW (67 PS) bei 4200/min 1812 ccm / 58 kW (79 PS) bei 4800/min 2446 ccm Diesel / 55 kW (75 PS) bei 4000/min ab 4.84 1984 ccm / 65 kW (88 PS) bei 4600/min ab 6.86 1998 ccm / 74 kW (101 PS) bei 5400/min ab 9.89 2446 ccm Diesel / 57 kW (78 PS) bei 3900/min ab 9.89 2438 ccm Kat/ 88 kW (120 PS) bei 4800/min ab 6.91
Ausstattung:	Verstellbare Kopfstützen, Trittstufe in Schiebetür, zwei Außenspiegel, zwei Schiebetüren, Heckklappe. Kasten: Drei Sitze; Kombi: drei bis neun Sitze.
Varianten:	Kombi, Kasten, Kasten lang
Preise:	ab DM 17.440,– (Fahrerhaus mit Fahrgestell, 1985)
Chronik:	
1983:	Januar: Auslieferung neuer HiAce. Zwei Motorisierungen zur Wahl; Kombi und Kasten kurz (drei Sitze) jeweils mit 1,8 l und 2,2 l Diesel. Neunsitzer-Bus/Kasten langer Radstand nur Diesel. 5-Gang-Getriebe nur in Verbindung mit Diesel. Radstände: 2.340 mm (Fahrgestell), 2.295 mm (Kasten kurz), 2.495 mm (Kasten lang). Fahrgestell mit Fahrerhaus entspricht Vormodell.
1984:	Modellpflege, Einführung 2,4-l-Diesel (75 PS, 5-Gang). 2,2-l-Diesel entfällt.
1986:	Modellpflege (Rechteckscheinwerfer), Einführung 2,0-l-Benziner (88 PS, 5-Gang). Mögliche Kombinationen: Neunsitzer-Kombi kurz mit 2,0 l bzw. 2,4 l Diesel; Kasten kurz: 1,8 l bzw. 2,4 l Diesel; Kasten lang: 2,4 l Diesel. Radstände: Kombi/Kasten kurz: 2295 mm, Kasten lang: 2495 mm. HiAce Allrad nicht für alle Märkte.
1987:	September: Modellpflege, modifizierte Front mit Halogenscheinwerfern. Bessere Geräuschdämmung. Wegfall HiAce-Fahrgestell mit Fahrerhaus sowie Bus mit langem Radstand.
1988:	Dezember: Detailverbesserungen.
1989:	September: HiAce Facelift, drei Aufbauten (Kombi, Kasten, Kasten lang), zwei Motoren: 2,0 l 74 kW (101 PS) bzw. 2,5 l Diesel 55 kW (75 PS). Radstände: Neunsitzer-Kombi, Kasten kurz: 2.330 mm, Kasten lang: 2.590 mm. Combi mit einer Schiebetür, Kasten beidseitig. Kasten lang: Drehflügeltür statt Heckklappe (Aufpreis). Neue Frontpartie, verbessertes Sicherheitspaket. Nutzlast: 1,09 to bzw. 1,06 to.
1991:	Modellpflege: HiAce mit neuem 2,4-l-Benziner (120 PS) (nur kurzer Radstand, G-Kat). Servo, Intervall-Wischer, höhenverstellbare Gurte vorn.
1992:	Modellpflege, 15-Zoll-Räder.
1993:	Einführung HiAce Hochdach, Modellpflege (Reifendimension 195/70 R 15). November: Modellpflege Reifen 195/70 R 15 auf 6 JJ x 15. Kastenwagen mit Heckklappe: Heckscheibenwischer serienmäßig. Motorleistung Diesel: 78 PS (vorher: 75 PS). Ab DM 32.913,–. (Kasten, kurz).
1994:	September: Seitenaufprallschutz in Fahrer-, Beifahrer- und Schiebetür. Verstärkte Sicherheitsstruktur der Frontpartie.

Dicke Lippe: Veränderte Sicherheitsbestimmungen führten zum HiAce des Modelljahres 1990. Nach wie vor bot Toyota den bewährten Kastenwagen auch als besser ausgestatteten Bus an.

Toyota HiAce (1995–2012)

1995 hatten die Frontlenker – seit dem Verkaufsstart waren in Deutschland rund 46.500 HiAce verkauft worden – das Rentenalter erreicht: Im September stand die fünfte Lieferwagen-Generation auf der IAA; die Markteinführung der in Portugal gebauten Wagen begann im November. Mit dem Vorgänger hatten sie kaum mehr als den Namen gemeinsam, und das signalisierte schon die Optik: Der HiAce rollte nicht länger als Frontlenker, sondern als Kurzhauber an den Start. Der 4,72 Meter lange Kastenwagen fasste rund sechs Kubikmeter Laderaum und bis zu 1145 Kilogramm Nutzlast.

Drei Aufbauvarianten standen zur Wahl; die Motorenpalette umfasste drei 2,5-Liter-Vierzylinder: Einen Saugdiesel mit 58 kW (79 PS), einen Turbodiesel mit 66 kW (90 PS) und einen Benziner mit 85 kW (115 PS), der dem neunsitzigen Combi vorbehalten blieb. Kennzeichen aller Motoren waren deren Drehmomentstärke und Wirtschaftlichkeit: Mit den 75 Litern Kraftstoff an Bord ließen sich je nach Version Reichweiten bis zu 700 Kilometern realisieren. Der Antrieb erfolgte grundsätzlich über ein Fünfgang-Schaltgetriebe auf die Hinterräder. Das Preisband begann bei 39.330 Mark für den Kastenwagen mit Dieselmotor und endete bei 46.713 Mark für den neunsitzigen Turbodiesel-Combi.

Gründlich renoviert zeigte sich das Fahrwerk. Vier einzeln aufgehängte Räder, vorne an unteren Quer- und oberen Dreiecksquerlenkern sowie an Drehstäben, hinten an Schräglenkern und Schraubenfedern, gewährleisteten ein besseres Fahrverhalten: Höhere Fahrwerks-Reserven hatte noch keine HiAce-Generation geboten. Gleiches galt für die Bremsen: Mit innenbelüfteten

Seit 1999 gibt es HiAce auch mit zweiflügeliger Hecktür und langem Radstand

Scheiben vorne, großen, selbstnachstellenden Trommeln hinten und serienmäßigem Vier-Sensoren-Antiblockiersystem befand sich der HiAce-Fahrer auf der sicheren Seite. Zur Sicherheitsausstattung zählten auch serienmäßige Airbags für Fahrer und Beifahrer, Gurtstraffer vorne, eine Sicherheitskarosserie, Seitenaufprallschutz und ein elektronisch geregeltes Antiblockiersystem. Die nächsten Neuerungen am HiAce ergaben sich zum Modelljahr 2000: Ausstattungsverbesserungen wie Cupholder oder besser gepolsterte

Hauben- statt Frontlenker, Einzelradaufhängung rundum und eine ordentliche Sicherheitsausstattung sind Merkmale des HiAce, der seit 1996 vom Band läuft.

Mit aufgefrischter Verpackung, stärkeren Motoren und Allrad (auf Wunsch) ging der Hiace in das Modelljahr 2007.

Sitze gehörten ebenso dazu wie die nun wahlweise lieferbaren Drehflügeltüren anstelle der bisherigen Heckklappe. Topmodell war der neue GL-Minibus, ein fein ausstaffierter Achtsitzer mit chromfarbenem Kühlergrill und lackierten Stoßfängern.

4,5 Kubikmeter fasst der Laderaum des kurzen, 5,4 Kubikmeter des langen Toyota. Mit knapp drei Tonnen Gesamtgewicht schleppt er gut eine beziehungsweise 1,2 Tonnen Nutzlast weg. Bis zum Modelljahr 2006 wirkte der einzig angebotene Selbstzünder mit 2,5 Liter Hubraum in der Basis-Ausführung mit 88 PS arg angestrengt, für höhere Ansprüche war die hubraumgleiche, aber 14 PS stärkere Hochleistungsvariante die bessere Wahl.

Neu im Deutschland-Programm für 2007 ist eine allradgetriebene Kastenwagen-Variante mit 117-PS-Motor und Visco-Kupplung, wie sie für andere Märkte schon längstens im Angebot ist. Komplett neu ist auch die Frontgestaltung, durch die der vordere Überhang um acht Zentimeter wuchs.

Seit dem Modelljahr 2009 gibt es den Allrad-Antrieb auch für die Edel-Ausführung Hiace GL, bei der Gelegenheit wurde auch im Innenraum noch einmal Rouge aufgelegt: Bei allen Modell- und Karosserievarianten wurde – die Besatzung bedankt sich herzlich – die Geräuschisolierung verstärkt. Im Armaturenbrett findet sich eine Ölwechselintervallanzeige sowie eine Kontrollleuchte für nicht geschlossene Türen, von außen gibt sich das neue Modell durch zusätzliche Chromapplikationen an Kühlergrill und Hecktür sowie an geänderten Radkappendesign zu erkennen. Beim GL sind die Außenspiegel jetzt beheizbar und elektrisch verstellbar, außerdem gehört eine Klimaanlage zur Serie.

Der Hiace GL nach der Modellpflege 2009. Chrom am Kühlergrill, und optional auch mit Allradantrieb.

Modelle, Varianten, Preise:	
Modelle:	Combi, Kasten, Minibus
Bauzeit:	1995–2012
Motoren:	2438 ccm /85 kW (115 PS) bei 4600/min 2446 ccm Diesel / 58 kW (79 PS) bei 4000/min 2446 ccm TD / 66 kW (90 PS) bei 3500/min 2694 ccm / 105 kW (143 PS) bei 4800/min 2446 ccm Diesel / 55 kW (75 PS) bei 4000/min bis 10.01 2494 ccm D-4D / 65 kW (88 PS) bei 3800/min ab 11.01 2494 ccm D-4D / 75 kW (102 PS) bei 3800/min ab 11.01 2494 ccm D-4D / 70 kW (95 PS) bei 3600/min ab 10.06 2494 ccm D-4D / 86 kW (117 PS) bei 3800/min ab 10.06
Ausstattung:	2 x Airbag, ABS, Gurtstraffer, höhenverst.Lenkrad, Servo. Combi: 2 x Sitzbänke im Fond, Automatikgurte, Schiebefenster seitlich, 3. Bremsleuchte, Teppichboden.
Varianten:	Combi, Kasten, Combi GL
Preise:	DM 39.330,– bis DM 46.713,– (TD Combi)

Chronik:	
1995:	November: Einführung HiAce Combi (2-,3-,9-Sitzer)/Kasten (2-/3-Sitzer). Ein Radstand, drei Motorisierungen; Benziner nur Combi-Modell. Extras: Klimaanlage, Zentralverriegelung (Combi); 2. Schiebetür (Kasten).
1997:	Mai: Neue HiAce Einstiegsversionen (ohne ABS, ohne Beifahrerairbag) Zusätzliches Angebot: Langer Radstand für HiAce Kasten Diesel.
1999:	Oktober: Modellüberarbeitung, Einführung Combi GL, Einführung langer Radstand für HiAce Kasten mit Turbodiesel, Einführung langer Radstand für Combi, Einführung Flügeltüren für HiAce Kasten, Neue Außenfarben und Sitzbezüge.
2001:	November: Modellüberarbeitung, Wegfall 2.4 l TD, ersetzt durch 2.5 l TD mit Common-Rail-Direkteinspritzung in zwei Leistungsstärken (65kW/75kW); neuer Kühlergril.
2004:	Juni: Kombimodell nur noch als Achtsitzer lieferbar.
2006:	Oktober: Modellpflege, modifizierter 2.5-Liter Common-Rail Diesel der Baureihe 2KD-FTV. 95 / 117 PS bei 3600/min; u.A. größerer Ladeluftkühler; Öl-Managementsystem OMMS (Oil Maintenance Management System). Vergrößerter Grill, Klarglasscheinwerfern. Vierspeichenlenkrad, silbern lackiertes Armaturenträgermittelteil; neue Sitzbezüge.
2008:	November: Chromzierleisten an Kühlergrill und Heckklappe, neue Farbe: Schwarz; Allrad für den Hiace GL optional.
2012:	Import eingestellt.

Toyota ProAce

Leistungsträger

Nach dem Auslaufen des HiAce klaffte im Toyota-Modellprogramm eine Lücke, und die war so groß, dass da bequem ein neuer Leistungsträger parken konnte: Vorhang auf also für den ProAce.

Mit dem neuen, 4,80 Metzer langen ProAce rundet Toyota ab 2013 sein Nutzfahrzeug-Portfolio für Europa ab. Der als Kombi, Kasten- und Pritschenwagen gebaute HiAce-Nachfolger bietet zwei verschiedene Radstände und zwei Dachhöhen, seitliche Schiebetüren, Heckklappe oder zweiteilige Flügeltür. Abhängig davon ist das Volumen des Frachtraums, minimal 3,5 Kubikmeter, in der Maxi-Version sind es dann sieben Kubikmeter. Der Nutzlastbereich beträgt bis zu 1,2 Tonnen, der Toyota darf bis zu zwei Tonnen an den Haken nehmen.

Das Motorenprogramm umfasst bislang drei Euro-5-Diesel. Der Basis-1,6-Liter-Selbstzünder (66 kW/90 PS, 180 Nm maximales Drehmoment) wird über ein manuelles Fünfgang-Getriebe geschaltet. Für den 2,0-Liter-Diesel mit 94 kW (128 PS) und einem maximalen Drehmoment von 320 Nm steht ein manuelles Sechsgang-Getriebe zur Verfügung. Das 120 kW (163 PS) starke 2,0-Liter-Dieselaggregat mit einem maximalen Drehmoment von 340 Nm wird wahlweise mit einer Sechsstufen-Automatik oder einem Sechsgang-Getriebe angeboten.

Wie inzwischen üblich, bietet auch ein Lieferwagen Fahrkomfort und Sicherheit auf Pkw-Niveau. Die Serienausstattung ist absolut auf der Höhe der Zeit und umfasst Features wie elektrische Fensterheber, eine fernbedienbare Zentralverriegelung und ein höhenverstellbares Lenkrad. Auch eine Klimaanlage, ein Audio-System mit Bluetooth-Schnittstelle für Mobiltelefone, Tempomat sowie elektrisch verstellbare und beheizbare Außenspiegel. sind selbstverständlich mit an Bord. Umfangreich fällt auch die Sicherheitsausstattung des ProAce aus, die neben ABS mit elektronischer Bremskraftverteilung und Tagfahrlicht serienmäßig auch eine elektronische Stabilitätskontrolle (VSC) umfasst. Optional ist zudem das VSC+ erhältlich, das auch in schwierigsten Fahrsituationen oder bei außergewöhnlichen Witterungsbedingungen (Schnee, Eis, extremer Regen) für Traktion und Sicherheit sorgt.

Toyotas neuer Leistungsträger wird im Laufe des Jahres 2013 in Europa in den Verkauf gehen.

2013 erweitert Toyota sein Nutzfahrzeug-Angebot in Europa um den ProAce.

Der Kunde hat die Wahl zwischen einer oder zwei seitlichen Schiebetüren sowie zwischen einer hinteren Laderaumklappe oder einer zweiteiligen Türe mit einem Öffnungswinkel von 270 Grad.

Toyota Lite-Ace

Kleine Laster

Nur eine Zigarettenlänge länger als der Golf war der Lite-Ace, der kleine Bruder des HiAce, den Toyota im Mai 1981 in sein Lieferprogramm für Deutschland aufnahm.

Toyota Lite-Ace (1981–1990)

Dass er dennoch alle überragte, lag an seinem Hochdach – das ihn zwar, allen gegenteiligen Beteuerungen der Werbeabteilung zum Trotz, nicht zum Raumwunder machte, dem kleinen Kompakten aber zu ungeahnter Variabilität verhalf: Als Mini-Bus mit sieben Sitzen wie auch als Kleintransporter, der seine Vorzüge vornehmlich im Stadtverkehr ausspielen konnte, machte der nur 3,90 Meter lange, aber immerhin fast zwei Meter hohe Lite-Ace eine gute Figur. Mit zum guten Eindruck trug die Technik des konventionell aufgebauten Kleintransporters bei. Wie sein großer Bruder mit Frontmotor und Heckantrieb versehen, sorgte hier der hunderttausend Mal bewährte Corolla-1300-Motor für Vortrieb. Der wendige Cityrutscher (Wendekreis 9,60 Meter) schaffte damit eine Spitze von immerhin 120 km/h. Als Transporter packte der Lite-Ace eine halbe Tonne Last, und um diese gut verstauen zu können, war der Lite-Ace wie sein größerer Bruder HiAce mit Schiebetüren an beiden Seiten ausgerüstet.

Zwei Jahre nach seiner Einführung ergänzte Toyota das Kleintransporter-Programm um eine Variante mit normalem Dach, der gut 20 Zentimeter höhere Hochdach-Lite-Ace passte nicht in jede Garage. Gleichzeitig entfiel die zweite seitliche Schiebetür, doch da auch auf dem Preisschild der Rotstift regierte, ließ sich dieser Verlust verschmerzen. Im Preis unverändert blieb der nun mit Flachdach angebotene Lite-Ace-Kombi, der jetzt als Achtsitzer lieferbar war. Ein neuer Spoiler zierte die platte Transporterschnauze, die überdies um knapp fünf Zentimeter länger geworden war. Neu geformte Sitze, Modifikationen an Heizung und Lüftung sowie Detailverbesserungen am Fahrwerk (zum Beispiel hinterer Stabilisator) vervollständigten die Modifikationen des Kompaktladers.

Der LiteAce, 1984, mit Parkhaus-freundlichem Dach.

Der Anfang der neunziger Jahre zum Beispiel noch in der Schweiz angebotene LiteAce basierte auf dem Modell von 1986, hatte aber eine neue Front erhalten.

Zum Modelljahr 1986 präsentierte Toyota dann den grundlegend erneuerten Lite-Ace – mit neu gestylter Karosserie, schräger gestellter Frontscheibe und höher gezogener Dachpartie, modifiziertem Fahrwerk, größeren Scheinwerfern und neuer Lenkung. Hinter der attraktiven Front verbarg sich ein neuer 1,5-Liter-Motor mit 51 kW (69 PS). In der Bundesrepublik stand der Lite-Ace in zwei Varianten zur Auswahl. Letztmals zur IAA 1989 am Toyota-Stand ausgestellt, endete der Import des Kleinkombis mit Beginn des neuen Jahrzehnts.

Modelle, Varianten, Preise:	
Modelle:	Kasten, Kombi
Bauzeit:	1981–1990
Motoren:	1290 ccm / 42 kW (57 PS) bei 5200/min 1475 ccm / 51 kW (69 PS) bei 5000/min ab 2.86
Ausstattung:	Schiebetüren beidseitig, Heckklappe, zweiter Außenspiegel, heizbare Heckscheibe, Heckwischer.
Varianten:	Kombi, Kasten
Preise:	DM 15.990,– / 18.540,– (Kasten/Kombi)

Chronik:	
1981:	Mai: Einführung in Deutschland, eine Motorisierung, zwei Aufbauten. Selbsttragende Ganzstahl-Karosserie, Einzelradaufhängung vorn, Starrachse hinten, Nutzlast 0,7 to. Höchstgeschwindigkeit lt. Werk: 125 km/h. Dezember: Umstellung von Lenkrad- auf Mittelschaltung, größere Reifen (175 SR 14).
1983:	Modellpflege; Einführung Lite-Ace mit Hochdach.
1986:	Februar: Facelift, 1,5-l-Motor. Siebensitzer-Bus, nur noch mit halbhohem Dach lieferbar. Verbesserte Ausstattung für Bus: Fünfgang, hydraulische Kupplung, Schraubenfedern hinten, Zuladung 620 kg. Transporter: Viergang, mechanische Kupplung, Blattfedern hinten, Nutzlast 810 kg.
1991:	Deutschland-Import eingestellt; auf anderen Märkten (Schweiz) weiterhin lieferbar.

LEXUS

RX

Toyodas Traum

Eiji Toyoda war kein Mann, der seine Hände müßig in den Schoß legte. Auch jetzt, im Sommer 1983, verschwendete er keinen Gedanken an seinen Ruhestand. Gleichwohl – er war 70 Jahre alt und hatte im Vorjahr den Sessel des Toyota-Präsidenten gegen den des Aufsichtsrat-Vorsitzenden vertauscht. Formal lag damit die Macht in den Händen seines Nachfolgers.

De facto leitete der kleine, untersetzte Mann mit der dicken Hornbrille noch immer die Geschicke des Unternehmens. Als Mitglied des Toyoda-Clans und einer, der noch die Gründerzeit miterlebt hatte, kam ihm eine ganz besondere Rolle im Unternehmen zu. Seine Stimme hatte Gewicht. Und das war im Moment ganz besonders wichtig. Denn irgendwann stellt sich den Managern eines jeden Automobilherstellers die Frage nach der Zukunftsfähigkeit. Genügt es, immer weiter Autos für die breite Masse zu bauen? Hat das Weiter-so Perspektive? Wenn Wachstum in den angestammten Segmenten nicht mehr möglich scheint – was ist dann die angemessene Reaktion?

Eiji hatte lange darüber nachgedacht – und eine Antwort gefunden. Die Zeit ist reif, um sich der letzten großen Herausforderung zu stellen: Dem Kampf mit den Besten der Welt.

Und genau darum wird es in der von ihm anberaumten Vorstandssitzung im heißen Sommer des Jahres 1983 gehen. Surrende Klimaanlagen, ein langer Tisch, weiße Hemden, gedeckte Anzüge. Der Toyota-Chairman spricht – und seine Manager staunen: Toyoda will ein völlig neues Auto bauen, eines, das es mit den Besten der Welt aufnehmen kann. Seine Topmanager, meist viel weniger innovativ als er, sind skeptisch: Mercedes und BMW angreifen – hängen diese Trauben nicht zu hoch? Fast.

Sie hängen verdammt hoch – was Eiji auch genau weiß. Allerdings weiß er auch, was dieses Unternehmen, das er aus dem Nichts zur Nummer drei in der Welt gemacht hat, zu leisten vermag – egal was die Bedenkenträger im Vorstand auch dagegen einwenden mögen. So einfach weichen seine Manager diesmal aber nicht zurück. Es ist die Stunde der Zweifler und Skeptiker, der Vorsichtigen und der Konservativen. Doch er heißt Toyoda. Und er überzeugt sie schließlich alle.

In den folgenden Wochen und Monaten setzte sich der ganze gewaltige Entwicklungsapparat von Toyota in Bewegung. Tausende von Technikern, Ingenieuren, Arbeitern und Angestellten machten sich daran, den Traum eines alten Mannes zur Wirklichkeit werden zu lassen.

Noch bevor die einzelnen Konstruktionsmerkmale der geplanten Luxus-Limousine in einem Lastenheft niedergeschrieben wurden, leisteten zwei Dutzend Forschungs- und Entwicklungsteams intensive Vorarbeiten. 1.400 Ingenieure, Konstrukteure und Marketing-Experten untersuchten alle relevanten Angebote auf dem Weltmarkt, trugen Schritt für Schritt alle technischen Highlights zusammen und sammelten alle Ideen rings ums Auto. Doch das war nur der erste Schritt. Eiji nämlich hatte seiner Crew zur Auflage gemacht, keine Anlehnung an ein bestehendes Toyota-Produkt zu suchen. Die Lexus-Crew konnte zwar auf die über fünfzigjährigen Erfahrungen des Konzerns im Autobau zurückgreifen, stand aber letztlich in der Verpflichtung, das Auto quasi noch einmal neu erfinden zu müssen – so wie Kiichiro Toyoda vor einem halben Jahrhundert damit begonnen hatte, den ersten rein japanischen Wagen zu entwickeln. „Die ersten Schritte der Lexus-Entwicklung waren eine lehrreiche Zeit", erinnerte sich Shiro Sasaki, Vorstand für Forschung und Entwicklung, an die Anfänge des Projekts. „Das ganze Team analysierte damals die Weltstandards im Automobilbau, verglich sie mit dem eigenen Know-how und übernahm die besten Lösungen in das Lexus-Konzept."

Spätestens in dieser Phase war klar, dass Eijis Zielvorgabe ganz besondere Anforderungen stellte. „Die Weltstandards entsprachen nicht immer unseren ehrgeizigen Zielen", erklärte Chefingenieur Shigero Suzuki, „doch das Team durfte sich mit 08/15-Lösungen nicht zufrieden geben. Wir waren ja schließlich angetreten, um mit dem Lexus neue Maßstäbe zu setzen."

Dass dies nach sechsjährigen Forschungs- und Entwicklungsarbeiten sowie dem Einsatz von gut 1,5 Milliarden Mark alleine für die Fahrzeug-Entwicklung schließlich gelang, überraschte die gesamte Fachwelt. Nur Eiji nicht.

Der LS 400 debütierte im September 1989. Lexus lautete nur seine Exportbezeichnung. Vor allem von der deutschen Konkurrenz belächelt, gehört Eijis Wunderkind zehn Jahre später fest zum Straßenbild der USA. Über eine Million verkaufter Autos, ein Serienabonnement auf den Spitzenplatz bei den jährlichen Befragungen zur Kundenzufriedenheit und ein Image, das dem der deutschen Nobelmarken nicht nachsteht – Eijis Vision hat sich erfüllt. Innerhalb weniger Jahre hat Toyota geschafft, was noch keinem Massenhersteller in einem ähnlichen Zeitraum auch nur ansatzweise gelungen wäre.

Der Lexus-Erfolg allerdings war (und ist noch) in erster Linie ein amerikanisches Phänomen. In den Staaten verkauften sich die Wagen auf Anhieb rund dreimal so gut wie die Edelmarken Infiniti und Acura von Nissan und Honda. Im Gegensatz zu den europäischen Händler-Kollegen hatte der amerikanische Lexus-Vertrieb allerdings nicht nur den LS400 im Programm. In den Showrooms standen auch modifizierte Camry-Typen (ES) und das Luxus-Coupé SC, das auf dem nur in Japan verkauften Toyota Soarer basierte.

Der deutsche Lexus-Vertrieb nahm zeitgleich mit den Lexus-Organisationen in Österreich und der Schweiz 1990 die Arbeit auf. Zunächst konnten 22 Partnerbetriebe gewonnen werden, etwas weniger als in der Schweiz, während in Österreich acht Stützpunkthändler tätig waren. Dass kein dichteres Netz geknüpft werden konnte, lag an den strengen Auswahl-Kriterien, nicht nur was die Gestaltung der Schauräume oder die hohen Anforderungen an die Kundenbetreuung betraf. Sogar die Pressearbeit unterschied sich in den ersten Jahren deutlich von der für Toyota. In Deutschland wird die Lexus-Familie über ein Netz von 41 Stützpunkten vertreten.

Im August 2005 ging Lexus schließlich auch im Heimatland Japan an den Start – 16 Jahre nach dem Beginn in den USA und 15 Jahre nach dem ersten Auftritt in Europa. Verkauft werden allerdings aber nur die Personenwagenbaureihen IS, GS, LS und SC, die SUV- und Geländewagen bleiben unter Toyota-Label im Handel. Die entsprechenden Limousinen-Pendants mit den Toyota-Ellipsen wurden vom Markt genommen, wer einen neuen Toyota Soarer kaufen will, muss zum Lexus-Händler gehen und dort einen Lexus SC erwerben.

Um den Umstieg von Toyota auf Lexus schmackhaft zu machen, legte Toyota (oder richtiger: Lexus) größten Wert auf einen Service, der selbst im servicefreundlichen Japan seinesgleichen sucht. Die Schauräume sind ganz klar ein Fall für „Schöner Wohnen", auf Hochglanz getrimmt: Granit, Marmor und Leder, kühle Ästhetik, Plasmabildschirme. Ein Empfangsbereich wie im Luxushotel, in der Werkstatt arbeiten keine Mechaniker, sondern Diagnostiker im weißen Kittel – und dafür zahlt der Kunde in den ersten drei Jahren keinen Cent: Fünf Inspektionen sind für den Käufer kostenlos. Die Finanzierungsraten liegen im 1-Prozent-Bereich, und wenn der Kunde seinen Lexus zur Inspektion abgibt (der in Japan übrigens deutlich weniger kostet als in Europa), kann er darauf warten: Die Wartezeit beträgt vielleicht eine Stunde, und währenddessen wird der Wagen auch noch gewaschen und einer Innenreinigung unterzogen. Bis zum Jahresende 2006 wurden in Japan insgesamt 41.400 Lexus zugelassen. Für einen Newcomer war das richtig gut, Lexus lag damit leicht über Plan.

Allerdings verlangsamte die Wirtschaftskrise den Vormarsch an die Spitze, 2009 waren in Japan lediglich 28.167 Lexus in Umlauf gekommen. Weltweit waren es 367.100 Einheiten, 2172 davon landeten in Deutschland.

In der Mitte Europas ist Lexus also nach wie vor eher eine Randerscheinung. Zwar begegnet man der deutschen Konkurrenz auf Augenhöhe, doch, so der damalige Deutschland-Chef Ulrich Selzer 2009 im Gespräch mit *Spiegel Online*: „Nirgendwo sonst auf der Welt haben es Import-Oberklasse-Fahrzeuge so schwer wie im Land von Mercedes, Audi und BMW". Andererseits: „Man kann nicht beweisen, dass man gut ist, wenn man nicht auf dem wichtigsten Markt für Premiumautos antritt."

Dabei setzt Lexus voll auf den Hybridantrieb, mit diesem Alleinstellungsmerkmal hofft man, die Wahrnehmungsgrenze zu überschreiten – damit, und mit einer Erweiterung des Modellportfolios. Einen ersten Schritt in diese Richtung stellte der Eintritt in die Golf-Klasse mit dem CT 200h dar. Der sorgte für einen spürbarem Zuwachs der Verkaufszahlen in Deutschland, 2011 wurden 2696 Fahrzeuge zugelassen, davon 1525 CT 200h.

In anderen Ländern ist die Akzeptanz für die Luxusmarke bereits wesentlich höher: Großbritannien zum Beispiel importiert jährlich rund 9000 Lexus, während in Osteuropa der Marktanteil von Lexus in der Oberklasse zwischen 20 und 25 Prozent liegt. Indes: „Wir wollen keine Zahlen jagen", sagte Paul van der Burgh, der europäische Lexus-Chef im Gespräch mit der *Automobil Produktion* im April 2012 und nannte die wesentlichen Eckpunkte für ein weiteres Wachstum: Mehr Bekanntheit durch ein attraktiveres Design – Stichwort LF-LC, das Concept Car von Genf 2012 – und eine Verbesserung des Fahrgefühls, also das, was Toyota-Kooperationspartner BMW einst griffig mit „Freude am Fahren" umschrieben hat. Ein dritter Schwerpunkt der Lexus-Entwicklungen bis 2015 besteht in der Verfeinerung des Lexus Hybrid Drive. „Wir werden zukünftige Produkte haben, um das anhaltende Wachstum vorantreiben zu können", gab sich van der Burgh überzeugt, ohne konkrete Verkaufsziele in Europa zu nennen. Nur so viel ist klar: Weltweit will die Toyota-Tochter alsbald mindestens eine halbe Million Fahrzeuge pro Jahr absetzen. Und je mehr davon mit Hybrid, desto besser.

Lexus-Chronik

Lexus, Toyotas Edel-Marke, ist in Europa vorläufig noch eine Randerscheinung. Ganz anders dagegen in den USA. Das Unternehmen genießt dort eine glänzende Reputation und hat es verstanden, die deutschen Premium-Marken in arge Bedrängnis zu bringen.

Die Erfolgsgeschichte in Stichworten

1983 August: Eiji Toyoda gibt den Anstoß für die Schaffung eines Edel-Labels. Es geht ihm darum, die Besten der Welt zu fordern und zu überrunden.

1984 Das Luxuswagen-Projekt läuft unter der Code-Bezeichnung „F1", wobei das F für „Flaggschiff" und die „1" für das erste Projekt, eine Luxus-Limousine steht. Das Projekt steht unter der Leitung der Chefingenieure Shoiji Jimbo und Ichiro Suzuki.

1985 Juli: Die ersten der insgesamt 450 Prototypen werden gebaut.

1986 Mai: Auf deutschen Autobahnen finden Erprobungsfahrten statt.

1988 November: Aus dem Projekt F1 wird LS 400: LS steht für „Luxury Sedan", die 400 für den Vierliter-V8.
Der zweite Lexus, er basiert auf dem Toyota Vista/Camry, erhält die Bezeichnung (ES Executive Sedan), die 250 weist auf den 2,5-l-V6 unter der Haube hin.

1989 Mai: Die ersten LS 400 verlassen die Fließbänder des Werks Tahara, in Japan wird der LS als Toyota Celsior vermarktet.
September: Europa-Premiere für den LS 400 in Frankfurt, der kleine Lexus bleibt den USA vorbehalten. Im ersten

Auf Basis des Toyota Soarer: Lexus SC 300, das nur in den USA angebotene Luxuscoupé. Hier in der Ausführung vor dem umfassenden Facelift zum Modelljahr 1998.

Der Lexus ES 300 basierte auf dem Camry und bildete den Einstieg in die Lexus-Welt. Das Parallel-Modell wurde in Japan als Toyota Windom vermarktet.

Monat werden in den USA 2919 LS und 1216 ES verkauft.

1990: Oktober: Im ersten vollen Verkaufsjahr hat Lexus über 63.000 Einheiten verkauft.

1991 Mai: Lexus erweitert sein Angebot um das SC 400 Coupé. Der Wagen wurde in den Toyota-Designstudios in Kalifornien entworfen. Die japanische Variante wird als „Soarer" vermarktet. Im August folgt die Dreiliter-Ausführung SC 300.

September: Der ES 250 wird aus dem Programm genommen, ihn ersetzt der ES 300. Japan-Bezeichnung: Toyota Windom.

1991 Dezember: Am Jahresende steht fest: Lexus hat insgesamt 71.206 Wagen verkauft, mehr als Mercedes-Benz oder BMW. Der japanische Hersteller ist damit der erfolgreichste Importeur in der Oberklasse.

1993 Januar: Der GS 300, die Lexus-Variante des Toyota Aristo, debütiert in Nordamerika.

1995 Juli: Bereits zum fünften Mal in Folge steht Lexus bei der jährlichen Umfrage des J.D. Power unangefochten an der Spitze. Das gab es noch nie.

1996 Januar: Mit dem LX 450 auf Basis des großen Toyota Land Cruiser steigt Lexus in den lukrativen SUV-Markt ein.

September: Die Neuauflage des ES 300 geht an den Start.

Nur knapp zwei Jahre lang ist der Lexus LX 450 im Handel, bevor er abgelöst wird.

So sehen Sieger aus: Die mehrfach ausgezeichnete Lexus-Modellpalette 1997 mit (von links nach rechts) LS 400, GS 300, LX 450, SC 400 und ES 300

1997 September: Lexus führt die nächste GS–300/400-Generation ein. Einführung neuer VVT-i-Triebwerke. Der GS 400 hat einen V8-Motor mit Fünfgang-Automatik und 300 PS, der GS 300 einen V6 mit 225 PS und Viergang-Automatik. Die SC-Typen werden einer umfassenden Modellpflege unterzogen.
Dezember: Einführung des LX 470 (V8, semiaktives Fahrwerk, Basis Land Cruiser 100).
Lexus avanciert zu erfolgreichsten Luxuswagenhersteller auf dem US-Markt. Insgesamt werden 97.593 Lexus verkauft. Damit hat die Marke auch Cadillac und Lincoln überholt.

1998 Januar: Premiere für den RX 300 auf Camry-Bodengruppe, die Japan-Ausführung heißt Toyota Harrier.
Dezember: Lexus vermeldet mit 156.260 Einheiten einen neuen Rekord. Das sind 60 Prozent mehr als 1997 und 90 Prozent mehr im Vergleich zu 1996.

1999 November: Lexus hat bis zu diesem Zeitpunkt bereits mehr Autos verkauft als im gesamten Jahr 1998. Insgesamt werden es in diesem Jahr 185.890 Einheiten.
Das neu gegründete Team Lexus bringt den GS 400 im Motorola Cup, den späteren Grand-Am Cup, an den Start. In dieser Sport Touring Class ist man bis 2000 dabei.

2000 Januar: Debüt für den IS 300 in Los Angeles
Juni: Lexus hat die erste Million Autos verkauft; zum zehnten Mal in Folge belegt Lexus im Power-Report den ersten Rang.
September: Der GS 430 ersetzt den bisherigen GS 400.
Oktober: Der LS 430 geht in den Verkauf.

2001 Januar: Lexus präsentiert den IS 300 SportCross und den neuen SC 430, der in Japan wieder als Soarer verkauft wird.
März: Verkaufsbeginn für den SC 430.
August: Verkaufsbeginn für den SportCross.
September: Die nächste Generation des ES 300 geht an den Start.

Der LX 470 von 1998 basierte wiederum auf dem entsprechenden Land Cruiser-Modell. Im Lexus-Outfit verkaufte sich der J8 stets besser als im Toyota-Trimm, obwohl der Lexus rund 10.000 Dollar teurer war.

Der GX 470 aus dem Jahr 2002. Die technische Basis stammt von 4Runner beziehungsweise Land Cruiser J12.

Dezember: Lexus ist erneut die meist verkaufte Luxusmarke in den USA. Insgesamt 223.983 Neuzulassungen.

2002 Januar: Lexus zeigt den Sportwagen, der im „Minority Report" eine wichtige Rolle spielt.

September: Vorstellung des GX 470, der Lexus-Ausgabe des Land Cruiser J12.

Dezember: Die Vorjahresabsätze werden noch einmal übertroffen.

Team Lexus wechselt vom GS 400 auf den IS 300 und setzt diesen bei den Läufen 2002 ein.

2003 September: Der ES 300 erhält einen 3.3-Liter-Motor und eine verbesserte Sicherheitsausstattung. Damit erfüllt er Voraussetzung, um als Ultra Low Emissions Vehicle (ULEV) eingestuft zu werden.

2004 Januar: Premiere für den neuen ES 330, den Nachfolger des ES 300 mit neuem Motor auf der Detroit Auto Show.

Lexus beteiligt sich an der Grand American Rolex Sports Car Series und liefert Motoren für die Daytona-Prototypenklasse an vier Teams. Im Renntrimm bringt der 4.3 Liter-Achtzylinder über 500 PS. Im ersten Rennen steht ein Wagen mit Lexus-Power auf der Pole, im vierten Rennen dann gleich ein Doppelsieg. Am Ende der Saison

Die Ablösung für den erfolgreichen Lexus ES 300 stand 2004 in Detroit.

2004 stehen elf Poles und fünf Siege zu Buche, das reicht für den Sieg in der Teamwertung in der Daytona-Klasse der Rolex-Serie.
Premiere für den neuen GS bei der North American International Auto Show in Detroit.
April: Lexus vermeldet den Verkauf des zweimillionsten Wagens, eine RX 330.
November: Der GX 470 wird mit einem auf VVT-i-Steuerung umgestellten 4.7-Liter-V8 ausgestattet. Dadurch steigt die Leistung von 235 auf 263 PS. Außerdem erfüllt der GX nun die Ultra Low Emissions Vehicle II (ULEV II).

2005 Januar: Premiere für den RX 400h in Detroit. Das Lexus LF-S Concept Car wird in Los Angeles enthüllt, während der LF-A ebenfalls in Detroit zu sehen ist.
Februar: Verkaufsbeginn der dritten GS-Generation.
März: Lexus zeigt den neuen IS 350 bei der New York International Auto Show.
April: Verkaufsbeginn für den RX 400h.
Mai: Verkaufsbeginn für den an Front und Heck modifizierten LX 470 mit 275 PS.
August: Markteinführung in Japan, 143 Händlerbetriebe werden am gleichen Tag eröffnet.
Oktober: Einführung von IS 250 und IS 350; IS 250 auch mit Allrad und Handschaltung lieferbar.
Dezember: RX 400h auch mit Frontantrieb lieferbar.

2006 Januar: Der LS 460 wird als 2007er Modell auf der North American International Auto Show in Detroit gezeigt, zusammen mit dem LS 460 L.
Februar: Premiere für den 2007er ES 350 bei der Chicago Auto Show. Der 2007 RX 350 ersetzt den RX 330.
April: Verkaufsbeginn für den ES 350; der LS 600h L

Der LF-C gab 2004 einen Vorgeschmack auf das IS-Klappdach-Coupé, auf Basis der zweiten Generation.

(Modell 2008) ist in New York zu sehen. Der Lexus GS 450h steht beim Händler.
September: Der SC 430 erhält Knie-Airbags für Fahrer und Beifahrer, erfüllt jetzt ULEV II. Der GS 350 mit 306 PS starkem 3.5-l-V6 ersetzt in den USA den bisherigen GS 300.
In der deutschen Presse wird über ein europäisches Lexus-Werk an einem deutschen Standort spekuliert.

2007 Januar: Der Nachfolger des GX 470 wird vorgestellt. Der nunmehrige LX 570 erfüllt ULEV II und ist mit seinem 5,7-l-V8 über 110 PS stärker als sein Vorgänger.
Der IS F wird als 2008er Modell in Detroit gezeigt. Auch der LF-A wird als Studie gezeigt.
Im Juli geht der LS 600h L in den Verkauf; im Dezember erweist sich Lexus das achte Jahr in Folge als die erfolgreichste Luxus-Marke auf dem US-Markt. 329.177 Fahrzeuge werden verkauft.

Der GX 570 wurde 2007 vorgestellt. Der V8-Lexus unterschied sich in erster Linie durch Ausstattung und Optik von dem später präsentierten Land Cruiser 140.

Was sonst noch passieren könnte: 2008 zeigte Lexus beim Concorso d'Eleganza Villa D'Este , wie ein Roadster auf LF-A-Basis aussehen könnte. Zum ersten Mal war ein Lexus zu diesem Schaulaufen zugelassen worden.

2008 Januar: Verkaufsstart für den Land Cruiser-Klon GX 570, auch der IS F gelangt in die Schauräume der amerikanischen Händler (von denen es 226 gibt).
März: Erstmals in Deutschland zu sehen ist der LF-A als Roadster, die Studie wird wie in einer Vitrine präsentiert.
Oktober: Auf dem Salon in Paris feiern der IS 250 C und der IS 350 C ihre Premiere; das Sechszylinder-Cabriolet mit 3,5-l-Motor wird nicht in Europa verkauft. Infolge der Krise kommt es zu einem gewaltigen Rückgang der Verkaufszahlen auf 260.087 Einheiten, dennoch bleibt Lexus die bestverkaufte Marke auf dem US-Markt.

2009 Januar: Mit dem HS 250h wird das vierte Hybrid-Modell in der Modellpalette gezeigt; die Limousine kombiniert den Antriebsstrang des Camry Hybrid (Systemleistung nach US-Norm 187 PS) mit einer kompakten viertürigen Stufenheck-Limousine. Ausschließlich in den USA angeboten.
Februar: Einführung der neuen RX-Generation RX 350 als 2010er Modell in den USA, Verkaufsstart.
Mai: Verkaufsstart IS C 250/350.
Juni: Einführung des neuen RX 450h als 2010er Modell, Verkaufsstart.
Juli: Mehr als eine Million Hybrid-RX verkauft.
August: Der HS 250h steht bei den Händlern.
Oktober: Weltpremiere der Serienausführung des LFA auf der Motor Show in Tokio.
Dezember: Der GX 460 kombiniert, runderneuert, Technik und Karosserie des Toyota 4Runner mit dem 4,6-Liter-V8 aus dem Land-Cruiser-Programm. Der LF-Ch gibt sein Nordamerika-Debüt auf der Messe in Los Angeles.
Der Absatz sinkt auf 215.975 verkaufte Fahrzeuge; Lexus bleibt dennoch die absatzstärkste Premiummarke.

Der ES 350 als Nachfolger des ES 300 kam 2007 – auch er keine fahrdynamische Offenbarung. Der Motor, ein 3,5-l-V6 mit 268 PS, war vom Organspender Camry bekannt.

Schöne Aussichten: Im nächsten Jahrzehnt ist mehr Emotionalität angesagt: Der LF-LC, im Januar 2012 vorgestellt, weist die Richtung.

Das 2+2 Hybrid Sport Coupé Concept war der Star der Autoshow von Detroit 2012. Auch er trägt den Diabolo-Kühlergrill, der in den nächsten Jahren zum Lexus-Erkennungsmerkmal werden soll.

2010 März: Weltpremiere für den CT 200h auf dem Salon in Genf.
August: IS 350 jetzt auch mit Allrad-Antrieb lieferbar (nur USA).
Dezember: Produktionsanlauf des LFA. 229.329 Fahrzeuge verkauft, das elfte Jahr in Folge ist Lexus die meistverkaufte Luxuswagen-Marke.

2011 Januar: Erster LFA in den USA ausgeliefert.
März: Verkaufsstart für den CT 200h.
April: Premiere für das Konzeptfahrzeug LF-Gh in New York.
August: Premiere für die neue GS-Generation in Pebble Beach.

2012 April: Auslieferung des ersten LFA mit Nürburgring-Package in Europa an einen britischen Kunden. Oktober: Auf dem Pariser Salon steht der Lexus LS-CC. Die Studie nimmt den kommenden IS vorweg. Der heckgetriebene Vollhybrid LF-CC greift zahlreiche Designmerkmale des LF-LC auf.

Der HS 250h wurde als Modell 2010 in Nordamerika eingeführt. Von der Größe her mit dem Prius vergleichbar, sorgt hier der Hybridantrieb des Toyota Camry für Vortrieb.

Der kommende IS? Auf dem Pariser Salon 2012 präsentierte Lexus mit dem LF-CC erstmals ein Mittelklasse-Concept-Coupé.

Lexus CT 200h

Wie die Sache mit dem Hybridantrieb geht, hat man ja schon bei Prius und Auris gesehen: Man kombiniert einen 1,8-Liter-Benzimotor mit einem 650-Volt-Elektromotor, schiebt unter den Gepäckraumboden ein Päckchen Nickel-Metallhybrid-Batterien dazu und hat damit einen ökologisch streng korrekten Musterantrieb geschaffen, der zwei Kilometer am Stück rein elektrisch durch die Stadt schnürt. Das allerdings bei maximal 45 km/h, was in dem Fall auch gar nicht schlimm ist: So können die Hinterherfahrer in ihren Einser-BMW und Audi A3 besser die Lexus-Herausforderung betrachten. Allzuoft haben sie ja diese Gelegenheit nicht, daher lohnt schon eine intensivere Betrachtung: Mit einem Radstand von 2600 Millimetern rollt laut- und emissionslos ein eleganter Gleiter mit modischem Steilheck, selbstbewusst ausgestellten hinteren Radhäusern und blau hinterlegtem Hybrid-Logo vor, der so gar nicht nach Prius aussieht: Willkommen im massenkompatiblen Geschmacksbereich.

Mit gnadenloser Seriosität ist Toyota angetreten, das Prius-Konzept in die Luxus-Klasse zu übertragen, oder den Lexus-Luxus unter das gemeine Volk zu tragen, ganz nach Standpunkt. Dafür wurden, wieder einmal, keine halben Sachen gemacht: Neue Bodengruppe, neues Fahrwerk, neue Karosseriestruktur, nur der Antrieb stammt noch aus dem bürgerlichen Lager. Dass der

Mit ausgesprochen niedrigen Preisen kann der Vollhybrid zwar nicht glänzen, dafür punktet er mit einer umfangreichen Ausstattung inklusive Hi-Fi-Anlage mit Lenkradfernbedienung, Klimaautomatik, Velours-Sportsitzen und hochwertiger Verarbeitung.

Mit dem CT 200h greift Lexus seit März 2011 bei den Premium-Kompakten an. Der bis dahin kleinste Lexus überhaupt nutzt dabei den Antriebsstrang des Prius, die Hinterachskonstruktion ist neu. CT steht übrigens für „Creative Technology"; der „Kreative" verkaufte sich europaweit 17.000 Mal. Rund 10 Prozent davon gingen nach Deutschland.

Der CT 200h spielt eine zentrale Rolle in den Lexus-Absatzplanungen für Europa. Mittelfristig sollen über 50.000 Lexus verkauft werden, davon zwei Drittel Fünftürer. Getönte hintere Scheiben sind Merkmal der zweithöchsten Ausstattungsstufe Dynamic Line. In Japan gibt es den Steilheck-Lexus auch mit konventionellem Benziner.

CT 200h mit den dafür erforderlichen Nütz- und Annehmlichkeiten ausgestattet ist, versteht sich von selbst, und dass der Lexus mehr ist als ein Prius in gefälligerer Form, daran kann auch kein Zweifel bestehen. Das spürt man schon, wenn man einsteigt: So fühlt sich Luxus an, und die Bedienerführung durch das Navisystem und die Audioanlage – von Panasonic oder Mark Levinson, sechs oder dreizehn Lautsprecher, je nach Kreuzchen bei der Bestellung – erfolgt mit Klick hier und Tastdruck da im Stile einer Computermaus, nur dass eine solche sich niemals so wertig anfühlt. Dazu gibt es schöne, große Rundinstrumente, weiche Softtouch-Oberflächen, ein Lederlenkrad mit Fernbedienung, eine Klimaautomatik und Veloursportsitze, um nur einiges des Guten zu nennen, das einen CT 200h-Eigner erwartet. Und wer noch ein wenig Geld übrig behalten hat – 165 Euro, um genau zu sein – sollte unbedingt

Der Kofferraum des 4,32 Meter langen Fünftürers hat ein Volumen von 375 Litern bei dachhoher Beladung. Hobby-Spediteure können die Rücksitzlehnen getrennt umlegen und werden mit einer durchgehend ebenen Ladefläche belohnt, die bis zu 985 Liter Gepäck aufnimmt.

Modelle, Varianten, Preise:	
Modelle:	Steilheck-Limousine, Fünftürer
Bauzeit:	seit 2011
Motoren:	HSD-System, bestehend aus 1798 cm³ VVT-i / 73 kW (99 PS) bei 5200/min permanent erregtem Synchronläufer 650 V / 60 kW
Ausstattung:	10 x Airbag, ABS, VSC, EBD, BA, 2-Zonen-Klimaautomatik, Panasonic CD/Audio, 15-Zoll-LM, LED-Tagfahrlicht, Velours-Sportsitze. Executive Line: 16-Zoll-LM, Nebelsch., Sport-Dachspoiler. Dynamic Line: 17-Zoll-LM, Privacy Glas. Impression Line: Festplatten-Navi mit 7-Zoll-LCD, Heckkamera, Regensensor, Cruise Control, Mark-Levison-Audio mit 6-fach-CD, Park Assist Einparksensoren v./h., Smart Key, LED-Scheinwerfer, Sitzheizung, Regensensor.
Varianten:	CT 200h, Executive Line, Dynamic Line, Impression Line
Preise:	von € 28.900,- bis € 40.850,-
Chronik:	
2009:	September: Auf der IAA in Frankfurt wird der LF-Ch als Designstudie eines kommenden Kompakten mit Vollhybrid vorgestellt.
2010:	September: Premiere auf dem Pariser Salon für den CT 200h; der erste Vollhybrid im Premium-Kompakt-Segment und der erste kompakte Lexus.
2011:	März: Markteinführung. Nur eine Karosserieform; Impression Line kostet 10.200 Euro Aufpreis. November: Europapremiere des neuen CT 200h F Sport mit Sportfahrwerk auf der IAA in Frankfurt.
2012:	Januar: Markteinführung F Sport: Exklusives Karosserie- und Innenraumdesign, neu abgestimmtes Fahrwerk; CO_2-Emissionen 94 g/km, Verbrauch 4,1 l / 100 km.

Zur IAA 2011 gezeigt und Anfang 2012 ausgeliefert wurde der CT 200h F Sport. Zur nachgeschärften Optik kommen ein Sportfahrwerk, eine Geschwindigkeitsregelanlage, ein Querdämpfersystem und ein selbsttätig abblendender Innenspiegel mit integriertem Rückfahrkamera-Display.

die Zierleisten im Bambus-Ton ausfassen. Der wächst nämlich in nachhaltig bewirtschafteten Plantagen, was wiederum das Umweltgewissen erfreut. Für das dazu passende Auto muss man zusätzliche 28.900 Euro in die Hand nehmen.

Für diese 6689,82 Euro pro Meter Lexus gibt es darüber hinaus eine raumsparende Mehrlenker-Hinterachse, die stufenlose variable Automatik mit Planetengetriebe und Gummiband-Effekt, Farbenspiele in der Instrumentenbeleuchtung – blau im Elektro-, Eco- und Normalmodus, rot im Sport –, eine Motorhaube aus Aluminium, zehn Airbags, die geringsten CO_2-, NOx- und Rußpartikel-Emissionen in dieser Klasse und das Versprechen eines Verbrauchs von 3,8 Liter auf 100 Kilometer.

Die meisten Fahr- und Testberichte erreichen das aber kaum, was einerseits am Messzyklus und andererseits am Fahrstil liegt. Die Schweizer *auto-illustrierte* absolvierte mit einem CT 200h eine 800 Kilometer lange Tour de Suisse und kam dabei auf einen Schnitt von 5,8 Liter: „Kein Fabelwert, aber eine realistische Ansage. Und das soll erst mal ein anderer nachmachen". Falls die nicht wissen, wie: Der CT 200h bietet dafür eine prima Blaupause ...

Im Mai 2011 beim VLN-Langstreckenrennen auf dem Nürburgring: der Gazoo Racing Lexus CT 200h. Statt des 1,8-Liter-Benzinmotors kam ein 2,4-Liter-Triebwerk aus dem Lexus HS 250h zum Einsatz.

Lexus IS-Serie

Geschäft ist Krieg, so lautet ein japanisches Sprichwort, und Lexus gehörte zu den Gewinnern: Nach kaum zehn Jahren und einer Million Fahrzeuge hatte Lexus die deutschen Nobelmarken Mercedes und BMW in der Gunst vieler amerikanischer Käufer ein-, wenn nicht sogar überholt. In allen Erhebungen und Befragungen erteilten die Eigner ihrem Lexus Bestnoten, das Lexus-Image stand dem der deutschen Automobil-Ikonen nicht mehr nach.

Lexus IS 200/IS 300 (1999–2005)

Kein Wunder also, dass Lexus sein exklusives Angebot mit dem IS 200 nach unten abrundete – ein „klares Bekenntnis zum alten Kontinent, ein Auto für Europa", wie Lexus verkündete. Der 4,40 Meter lange Viertürer mit der ausgeprägt keilförmigen Silhouette, dem langen Radstand, extrem kurzen Überhängen, großen, sportlichen Rädern im 16- bzw. 17-Zoll-Format, seitlich eingezogenen Blinkleuchten und markanten, verglasten Rückleuchten zielte eindeutig gegen die drei Publikumslieblinge Mercedes C-Klasse, Audi A 4 und BMW 3er-Reihe.

Europas Replik ließ nicht lange auf sich warten: Der Einsteiger-Lexus – IS stand für Individual Sport Sedan – sei die „gnadenlose Kopie eines BMW Dreiers", tönte es aus der weißblauen Ecke, besonders die Münchener Autobauer beschäftigten sich intensiv mit dem in Japan als Toyota Altezza verkauften Viertürer. Das Ergebnis der internen Untersuchungen fiel alarmierend aus. Auch wenn die BMW-Mannen ihren E-46-Dreier – wie zu erwarten – noch in Front sahen, so gab das Fazit doch zu denken: „Somit kann er [der Lexus] also in der Champions League mitspielen."

Auch die Fachpresse schenkte dem dritten Ableger der Toyota-Nobelmarke viel Aufmerksamkeit. Natürlich sah man auch hier Parallelen zum Dreier-BMW und ging mit entsprechend hohen Erwartungen in die Tests – die der IS glänzend bestand.

Unisono bescheinigten ihm auch kritische Geister ein hohes Maß an Sportlichkeit. Mit einer feinfühligen, sehr direkt ausgelegten Servolenkung und dem straff ausgelegten Fahrwerk glitt er wie auf Schienen um die Kurven – „hält auch in heiklen Situationen am eingeschlagenen Kurs fest wie Finanzminister Eichel an seinem Sparplan", lobte *Auto Bild*. „Das Auto fährt sich bemerkenswert gut", befand *auto motor und sport*, und die Kollegen von *Auto/Straßenverkehr* urteilten: „Schnelle Kurvenfahrt meistert der IS 200 souverän, wobei das straffe Fahrwerk mehr zum Komfort tendiert als zur Sportlichkeit".

Bei seiner Sportlimousine setzte Chefentwickler Nobuaki Katayama mit Frontmotor und Heckantrieb auf erprobte Rezepte. Für den europäischen Markt stand zunächst ein Zweiliter-Reihensechszylinder mit 114 kW/155 PS zur Verfügung, womit er sich gegenüber dem BMW 320i geringfügig besser in Szene setzen konnte, in den USA war der Lexus von Anfang an mit einem leistungsstarken Dreiliter-Motor lieferbar. Trotz der variablen Ventilsteuerung VVT-i vermeinten einige Tester eine gewisse Durchzugschwäche zu vermerken, die meisten allerdings attestierten dem Vierventilmotor eine hohe Laufkultur und eine ausgeprägte Drehfreude. Über jeden Zweifel erhaben war auch die Güte der Sechsgang-Schaltung, ebenso wie die Verarbeitung oder die attraktive Preisgestaltung. Gegenüber einem vergleichbar ausgestatteten 320i war der 50.000 Mark teure IS 200 rund 12 % günstiger. Und gerade die interne BMW-Studie ließ keine Zweifel offen: Sollte es Lexus jetzt noch gelingen, Image und Vertrieb entsprechend zu verbessern, würde der IS 200 auch in Europa zu einem ernstzunehmenden Wettbewerber. Das „beste japanische Auto in seiner Klasse" *(auto motor sport)* war der IS 200 schon geworden.

Mitten ins Herz: Der IS 200 war eine unmissverständliche Kampfansage an die BMW-Dreier-Reihe.

SportCross taufte Toyota seinen im Januar 2001 in den USA vorgestellten Lifestyle-Kombi mit Dreiliter-Motor.

Und das gab es alsbald auch schriftlich: Der erste in Deutschland veröffentlichte J.D. Power Report sah den IS 200 als überragenden Gesamtsieger. Das Marktforschungsinstitut, in den USA seit 30 Jahren eine Institution, befragte 15.000 deutsche Autofahrer nach ihren Erfahrungen mit ihren Fahrzeugen. Die Kundenzufriedenheitsstudie sah einen überragenden Gesamtsieger: den Lexus IS 200, in der Gesamtwertung waren sechs Toyota unter den Top-Ten, und dass der IS 300 in der Wertung noch nicht aufgeführt war, lag daran, dass der Dreiliter-IS erst Ende 2001 präsentiert wurde. Letzterer, als Limousine wie als Kombimodell „Sport Cross" lieferbar, verfügte über den Reihensechszylinder mit stufenlos variabler Ventilsteuerung aus dem GS 300, gekoppelt mit einer Fünfgang-Automatik. An der angetriebenen Hinterachse sorgten Antischlupfregelung und Torsen-Sperrdifferential für optimale Traktion; das Stabilitätsprogramm VSC ließ sich abschalten. Als Familientransporter taugte der Sport Cross allerdings nur bedingt, das mit feinem Teppichboden ausgeschlagene Gepäckabteil fasste lediglich 380 Liter. Dafür bestand die Heckklappe aus Aluminium. Nicht ganz so bescheiden war dagegen die Preisgestaltung, auch in dieser Beziehung erwies sich der IS als starker Konkurrent der BMW-Dreier-Reihe. Wem das zu viel war, wartete bis zum Herbst 2002, dann erschien der Sport Cross auch mit dem Zweiliter-Sechszylinder, der rund 7000 Euro günstiger war als der 300er.

Das beste japanische Auto seiner Klasse wurde mit dem ab Ende 2001 angebotenen Dreiliter-Motor noch attraktiver.

Modelle, Varianten, Preise:	
Modelle:	Limousine, Kombi
Bauzeit:	1999–2005
Motoren:	1988 ccm VVT-i/ 114 kW (155 PS) bei 6200/min 2997 ccm VVT-i/ 157 kW (214 PS) bei 5800/min ab 9.01
Ausstattung:	ABS, ASR, Sidebags, Cassetten-CD-Radio, Klimaautomatik, EFH, ZV, selbstreinigende Außenspiegelgläser, 16"-LM-Räder. Sport: Torsen-Differenzial, Sportpedalerie, 17"-Räder.
Varianten:	IS 200, IS 200 Sport, IS 300, IS 300 SportCross
Preise:	DM 49.700,– (IS 200 6-Gang) bis 55.230,– (IS 200 Sport Automatik)
Chronik:	
1999:	Neue Sportlimousine mit Frontmotor und Heckantrieb; Parallelmodell in Japan als Toyota verkauft. April: Einführung des Europa-Modells mit 2,0 VVT-i-Motor. Zwei Ausstattungsstufen, auf Wunsch: Vierstufen-Automatik mit Tempomat, Navigationssystem, elektr. Glasschiebe-Hubdach, Lederausstattung mit elektr. verstellbarem Fahrersitz.
2001:	Januar: Detroit Motor Show: Präsentation IS 300/IS 300 SportCross (Kombi). Verkaufsbeginn in den USA. September: Premiere der Europa-Modelle. Ausschließlich mit Fünfstufen-Automatik, Fahrzeugstabilitätsprogramm VSC; Xenonlicht, Torsen-Diff. Preise: € 35.700,– bzw. € 37.200,–.
2002:	September: Weltpremiere IS 200 Sport Cross auf dem Salon in Paris. Optischer Unterschied zum IS 300: Das Marken-Emblem am Kühlergrill sitzt tiefer, andere Frontschürze. Alle Modelle: Verbesserte Vordersitze, Modifikationen an Cupholder und Ablagefach unter der Mittelkonsole. EFH und elektr. Schiebe-/Hebedach mit optimierter Bedien-Logik. November: Auslieferung IS 200 SportCross, ab € 28.100,–.
2003:	September: Modellpflege: Verwindungssteifere Karosserie, überarbeitete Fahrwerksgeometrie, neue Federbein-Aufnahme, verbesserte Aerodynamik. Europaweit wurden bislang rund 35.000 Lexus IS verkauft.
2004:	Januar: Sondermodell IS 200 limited: Lederausstattung, 16"-LM, Aerodynamik-Kit, Klimaautomatik, elektr. einstellb. Sportsitze mit Sitzheizung, Audioanlage mit 6fach-CD-Wechsler. Auch als SportCross, ab € 24.900,–.

IS 220/250 (seit 2005)

Eines konnte man dem IS in Deutschland bisher nicht vorwerfen: Übermäßigen Erfolg. Im Duell mit Dreier-BMW, Audi A4 und Mercedes C-Klasse war dem kleinsten Lexus-Modell kaum mehr als ein Achtungserfolg beschieden. Anders dagegen in den USA, wo er sich als veritable BMW-Alternative etabliert hatte.

Inzwischen fühlte man stark genug, das auch in Europa zu versuchen. BMW hat die klassische Niere – Lexus die L-Finesse. Nein, das ist keine neue Salatcreme, sondern bezeichnet das Lexus-Designkonzept, das der Kunstmarke Profil verleiht. Fein ausbalancierte Proportionen, charakteristische Sicken und Kanten, die in bestimmten, wohl erwogenen Verhältnissen zueinander stehen, formen markante Details und einen unverwechselbaren Auftritt. Dabei unverzichtbar ist die keilförmig, spitz zulaufende Frontpartie, die an die Pfeilspitzen japanischer Bogenschützen erinnern soll. Anders ausgedrückt: der IS ist ein Stückchen unverwechselbarer geworden. Und erwachsener. Er bringt es auf eine Gesamtlänge von 4,58 Meter, in der Breite legte er um 7,5 auf 180 cm zu. Satt steht er auf seinen 205er Reifen, natürlich Leichtmetall–16-Zöller. Mit diesem stämmigen Hecktriebler darf man beruhigt beim zwanzigjährigen Abiturtreffen vorrollen.

Vielleicht liegt es an der Erwartungshaltung, die man einem Lexus entgegen bringt, aber schon kurz nach dem Einsteigen – so handschmeichlerisch-solide müssen sich Türgriffe anfühlen – beginnt man alles unter dem Eindruck penibler Akkuratesse zu betrachten. Und der Lexus enttäuscht nicht, kaum vorstellbar, dass geschäumter Kunststoff sich noch wertiger anfühlen oder Ziernähte noch exakter sitzen können. Allerlei Elektromotoren rücken das überraschend bequeme Gestühl in die richtige Position, nur in der Basisausstattung will das noch schnöde von Hand erledigt werden. Die Instrumente, im Vormodell noch ein wenig fitzelig-verschachtelt, wichen großen, klaren Instrumenten in der schon aus den volkstümlicheren Toyotas bekannten Optitron-Technik. Davor baut sich der griffig-dicke Kranz des Lederlenkrads auf: Die Ergonomie passt auch für groß gewachsene Europäer, rund um die Mittelkonsole gruppieren sich diverse Knöpfe und Tasten, darunter auch für das Audiosystem mit Sechsfach-CD-Wechsler und 13 Lautsprechern, und wer die 3900 Euro für das Navisystem beipackt, bekommt die Edel-Anlage von Mark Levinson mit dazu. Und einen weiteren Lautsprecher. So aufwändig beschallt die Konkurrenz nicht. Ein bisschen kleinlich vielleicht, dass es den Regensensor nicht schon für die Basis gibt, ansonsten wird nichts

Dieser IS 250 von 2010 hat die F-Ausstattung, die sich zum neuen Jahr dann kräftig änderte. Kühlergrill und unterer Lufteinlass wurden im Stil des Lexus IS F mit einem Rautengitter versehen, der Grill verfügte über einen getönten Rahmen. Außerdem gab es einen neuen Stoßfänger mit Spoilerlippen unterhalb der Nebelscheinwerfer und ein auffälligeres Logo.

Die zweite IS-Generation erschien 2005. Chefingenieur Suguya Fukusato versprach ein gegenüber dem Vorgänger „intensiveres Fahrerlebnis“. Tester dagegen bemerkten eine ungewohnt straffe Fahrwerksabstimmung, die so gar nicht in das Lexus-Klischee passte.

Angeboten wurde die japanische Konkurrenz zur Dreier-Reihe von BMW mit zwei Triebwerken, einem 2,5-Liter-V6-Benziner sowie einem 2,2-Liter-Diesel. Der optische Auftritt war gleich.

von dem vermisst, was das Fahren angenehmer macht. Und selbst die Intimität verheißenden eng geschnittenen Rücksitze untermauern den Lexus-Ruf, auch von der Produktqualität her in einer eigenen Liga zu spielen. Wie langweilig da der Hinweis auf das mit 378 Liter arg knapp geschnittene Kofferabteil, aufgeblähte Familienkutschen gibt's woanders. Immerhin gibt es für das verlängerte Ski-Wochenende eine Laderaum-Durchreiche.

Beifall verdienen die fahrdynamischen Qualitäten der Lexus-Limousine. Dank des gewachsenen Radstandes läuft der IS dienstbeflissen geradeaus und lässt sich auch in kurvenreichem Gebiet zügig bewegen. Geradezu leichtfüßig schiebt er seine 1,6 Tonnen durch die Biegungen, die Gewichtsverteilung ist ausgeglichen, und bevor es delikat wird, greift das Fahrdynamiksystem ein: Für einen Schumacher vielleicht zu früh, alle anderen sind froh, dass die Elektronik vor einem Ausflug in die Botanik bewahrt.

Bei der Fahrwerksauslegung haben die Lexus-Techniker viele Runden auf der Nürburgring-Nordschleife gedreht, das merkt man an der kernigen Auslegung: Der Grad von sportlich-

Der 2,2-l-D-CAT mit 177 PS stammte aus dem Avensis-Programm, der V6 dagegen war für Deutschland neu. Er basiert auf dem Dreiliter-Sechszylinder der GS-Reihe. Das Bild zeigt ein Modell 2009.

Als Einstiegsvariante wurde auf dem Pariser Salon Ende 2010 der IS 200d vorgestellt, abgeleitet vom bekannten 2,2-Liter-Common-Rail-TD mit Leichtmetall-Zylinderblock. Er trug das neue IS-Gesicht mit tiefer angesetztem und neu eingefasstem Kühlergrill. Modelle mit Xenon-Scheinwerfern hatten LED-Tagfahrlicht.

straff zu unkomfortabel-hart ist, insbesondere in Sport-Line-Ausführung, schmal und schnell überschritten. Die umfangreiche Sicherheitsausstattung beruhigt aber, und die Liste der serienmäßig beigepackten Ausstattung ist ellenlang, die des Zubehörs dafür um so kürzer. Die Konkurrenz steht vergleichsweise nackt da. Und solche Feinheiten wie ein elektronisches Unfallwarnungssystem PCS gibt es dort teilweise noch nicht einmal gegen Aufpreis.

Außerdem findet seit dem Modellwechsel erstmals ein Selbstzünder unter der Alu-Haube des IS Platz, der aus Avensis und RAV4 bekannte 2,2-Liter-D-CAT. Dieses Prunkstück feinster japanischer Ingenieurskunst ist einer der saubersten Diesel der Welt, klettert hier aber nicht ganz so leichtfüßig wie gewohnt die Drehzahlleiter nach oben: Den 177 PS starken Selbstzünder plagt ein Turboloch, was am lang übersetzten Sechsgang-Getriebe liegt. Alternativ steht ein V6-Benziner zu Wahl, der den bisherigen Reihen-Sechszylinder ablöst. Aus 2,5 Litern Hubraum schöpft er 208 PS. Mit einer überragenden Laufkultur gesegnet, möchte dieses auf größtmögliche Sparsamkeit getrimmte Triebwerk aber mit Drehzahlen bei Laune gehalten werden. Das ist gar nicht so widersinnig, wie es scheint: Bei Topspeed überzeugt die straffe

Rock am Ring: Neben dem LFA schickte Gazoo 2011 einen IS zum 4-Stunden-Rennen im April als Vorbereitung auf die 24-Stunden-Hatz. Im Endeffekt sprang hier Platz drei in der Klasse heraus.

Fahrwerksauslegung, wer das nicht mag, fährt halt langsamer und wird mit akzeptablem Komfort und Knauser-Verbräuchen belohnt.

Seit April 2009 hat der IS mehr Rouge aufgelegt. Dabei wurden die Front neu gestaltet, die Heckleuchten vergrößert und in der Form verändert. Außerdem zeigt sich die Technik verfeinert. Im Rahmen einer weiteren Modellpflege im November 2010, die einen veränderten Kühlergrill sowie Stoßfänger ausweist und ebenso neu gestaltete Scheinwerfer und Heckleuchten beinhaltet, folgte eine zweite Diesel-Version mit einer Leistung von 110 kW. Der Verbrauch sank dafür auf 5,1 l / 100 km und einen Schadstoffausstoß von 134 g CO_2 pro km.

Modelle, Varianten, Preise:	
Modelle:	Stufenheck-Limousine, Viertürer
Bauzeit:	seit 2005
Motoren:	2500 ccm V6 / 153 kW (208 PS) bei 6400/min 2231 ccm D-CAT / 130 kW (177 PS) bei 3600/min 2231 ccm D–4D / 110 kW (150 PS) bei 3600/min ab 11.2010
Ausstattung:	10 x Airbag, Sechsganggetr., ABS, VSC, EBD, BA, Smart Entry & Start, Tempomat, Klimaautomatik, 6-fach-CD-Wechsler, 16-Zoll-LM, LED-Rückleuchten. Luxury Line: Bi-Xenon-Scheinwerfer, Kurvenlicht (AFS), elektr. einstell-/beheiz-/belüftb. Ledersitze; Park Assist Einparksensoren v./h. 17-Zoll-LM, Reifen 225/45R17 (v.) und 245/45R17 (h.) Elektr. ausfahrb. Sonnenblende im Heck, Regensensor. Sport Line: tiefer gelegtes Fahrwerk, 18-Zoll-LM, Reifen 225/40 R 18 (v.) und 255/40 R 18 (h.). Aluminiumapplikationen. Nur IS 220d: Fahrdynamik-Management VDIM.
Varianten:	IS 220D, 250; Sport Line, Luxury Line
Preise:	von € 29.600,- (IS 220d) bis € 37.200,- (IS 250 Luxury Line)
Chronik:	
2005:	März: Europa-Premiere auf dem Genfer Salon für die zweite IS-Generation. Gewachsene Abmessungen, neues Design. September: Deutschland-Premiere auf der IAA: Eine Karosserieform, drei Ausstattungslinien, zwei Motoren: V6-Direkteinspritzer sowie D-CAT. Erster Lexus mit Diesel-Triebwerk. Aufpreis Luxury Line: € 6200,-; Sport Line: € 5500,-/€ 4850,-. Lieferbare Extras: 6-Stufen Automatik mit Schaltwippen am Lenkrad (€1800,-, nur für V6); Adaptives Geschwindigkeitsregelsystem mit PCS (3400,-); DVD-System € 3900,-], Glas-/Schiebdach(€ 980,-), Leder (€ 3050,- bzw. € 1200,-) Metallic (€ 700,-). Dezember: Lieferbeginn.
2007:	Januar: Premiere auf der Detroit Motor Show für den IS F mit V8-Motor. März: Europa-Premiere für den IS F.
2008:	Februar: Sonderedition IS 220d „Limited": elektr. verstellb. und beheizb. Lederisitze, akustische und optische Einparkhilfe Lexus Park-Assist, 17-Zoll-LM-Räder, Farben: Onyxschwarz und Eissilber Mica Metallic, ab 32.000 Euro.
2009:	März: Auslieferungsbeginn für den IS F. November: Modellpflege: IS 250: modifizierte Sechsstufen-Automatik serienmäßig, IS 220d: mod. Sechsgang-Handschaltung, optionale Hinterachsübersetzung jetzt 2,9 : 1 (vormals 3,2 : 1, Serie: 2,4 : 1). Alle Modelle: Fahrdynamik-Management VDIM, verbessertes Pre-Crash Safety System PCS. Retuschen an Scheinwerfern und Kühlergrill, Außenspiegel mit integr. Blinker; größere Rückleuchten, neuer Heckstoßfänger.
2010:	Januar: Einführung Ausstattungslinie „F Sport": spezieller Kühlergrill, Heckspoiler, 18-Zoll-LM-Räder, Sitze in Leder-Alcantara, neues Sportlenkrad und Dachhimmel. Alle Modelle: USB-Anschluss, Bluetooth-Schnittstelle, verbessertes (optionales) Navi. November: Modellpflege: Retuschen an Karosserie (Kühlergrill, neue Frontschürze, get. Klarglas-Scheinwerfer und Heckleuchten, neue LM-Räder) und Innenraum (Türverkleidungen, Applikationen, Optitron-Instrumente). Innermotorische Maßnahmen reduzieren Verbrauchs- und Emissionswerte. Einführung IS 200d: 2,2-l-Diesel mit 150 PS. 0–100 km/h 10,2 s, Vmax 205 km/h. Erweiterung „F Sport"-Ausstattung.
2011:	April: Ausweitung der Anschlussgarantie auf acht Jahre und eine Laufleistung bis 1.000.000 Kilometer. November: Sondermodell „Limited Edition" IS 250: Basis „Executive Line", 18- Zoll-LM, Xenon-Scheinwerfer mit Tagfahrlichtfunktion. Ab € 38.970,-.
2012:	Oktober: Modellpflege. Elektrisch einklappb. Außenspiegel und Regensensor ab Basis, Polster für die Mittelkonsole, verbesserte Geräuschdämmung im Motorraum, verbesserte Fahrwerksabstimmung. Luxury Line und F Sport: Beifahrersitz 4-fach elektrisch einstellbar, neue Farben, verbesserte Ausstattungspakete.

Lexus IS F

Optisch pflegt der IS F mit üppigen Schürzen vorn und hinten, einer vierflutigen Auspuffanlage sowie mächtigen Luftauslässen hinter den vorderen Radhäusern und ausgestellten Radläufen den sportlichen Auftritt.

Dass die Mission nicht ganz einfach werden würde, war von Anfang an klar. Daher holte man sich auch göttlichen Beistand: Bei der Namensgebung stand der Fuji, Japans heiliger Berg, Pate. Und die ersten 50 Exemplare gingen an den Weihnachtsmann.

Der hieß in dem Fall Neiman Marcus und war ein Luxus-Versandhändler in den USA, der zum Weihnachtsfest 2007 die Sonderserie eines Autos anbot, das es noch gar nicht gab: die Sportversion des Lexus IS. Die Power-Variante wiederum hatte nicht nur schwarzes Leder mit weißen Kedern, ein weißes Lederlenkrad, handpolierte Felgen und weitere exklusive Details, sondern auch einen Fünfliter-V8 mit satt dreistelligen Leistungswerten. Eine solche festliche Liebesgabe hatten allerdings noch ein Menge mehr Kunden auf dem Wunschzettel als jene glücklichen fünfzig, die tatsächlich diesen automobilen Leckerbissen ergattern konnten: Großer Motor in einem kompakten Auto, das geht nicht nur zur Weihnachtszeit.

Die Geschenkpackung für alle wird unter der Bezeichnung IS F seit März 2008 ausgeliefert und verdankt ihre Modellbezeichnung dem Fuji. An dessen Fuß nämlich liegen die Rennstrecke Fuji Speedway und ein technisches Entwicklungszentrum. Beide spielten eine maßgebliche Rolle bei der Entstehung des Nippon-M3.

Die 2007 erstmals zu vernehmenden Werksangaben pulverisierten alle bisherigen Vorstellungen vom Mittelklasse-Lexus. V8. 423 PS. 505 Newtonmeter – wer jetzt nicht andachtsvoll in die Knie sank, unterließ dies mutmaßlich nur, weil er befürchten musste, aus lauter Ehrfurcht nicht wieder hochzukommen. Damit kommt dem Chef des IS-Clans auch eine ganz besondere Aufgabe zu: Er soll die jungen Wilden unter den Autofahrern abgreifen und diese dazu bringen, ihrem Irrglauben, der ihnen bislang den BMW M3 oder einen Mercedes-Benz C 63 AMG als die Krönung automobiler Lebenslust und Fahrdynamik erscheinen ließ, abzuschwören.

Noch bevor der erste IS F beim Händler stand, konnte man ihn bei Neiman Marcus bereits bestellen: Die amerikanische Luxuskette bot in ihrem Christmas Book eine limitierte IS-Sonderserie an mit exklusiver Innenausstattung und Sonderlack.

Diesem Unterfangen diente die Zusammenarbeit von Lexus- und Yamaha-Entwicklern, die den Fünfliter-Achtzylinder-Zylinderblock aus GS- und LS-Klasse erst ausweideten und dann mit liebevoller Sorgfalt wieder zusammensetzten, nicht ohne Titan-Innereien und weitere Schmackazien zu verbauen, die sich auf dem Papier gut und im Fahrbetrieb noch besser machen. Die Leistungswerte – 0–100 km/h in 4,9 s, Spitze 270 km/h – beschreiben aber nur dürftig das, was jenseits von 3600 Umdrehungen losbricht. Mit der vorgetäuschten Liebenswürdigkeit einer Raubkatze streicht der IS F unterhalb dieser Marke durch die Vorstädte, brabbelt trügerisch sanft und zurückhaltend, um dann mit einem Mal, wenn der zweite Ansaugkanal freigegeben wird, loszuknurren und sich in die Kurven zu stürzen, sie durchzuschütteln und nicht eher wieder auszuspucken, bis dass sie keiner Gegenwehr mehr fähig sind. Dabei benimmt sich der Lexus sehr gesittet, scheint nichtsdestotrotz die Gedanken des Fahrers förmlich lesen zu können und folgt ohne Widerstreben der vorgegebenen Linie, egal ob man enge oder weite Radien füttert. Das Fahrwerk zeigt dabei keine Emotionen, auch dank entsprechend großzügig dimensionierter Sicherheitssysteme, deren vollständige Aufzählung den Umfang des üblichen Kleingedruckten übersteigen würde. Zu den ganz besonderen technischen Leckerbissen gehört das integrierte Fahrdynamik-Management mit neu entwickeltem Sport-Modus, ein Pre-Crash-Safety-System (dafür muss allerdings zusätzlich bezahlt werden) und eine neu entwickelte, außerordentlich wirkungsvolle und fein dosierbare Brembo-Anlage mit gelochten Bremsscheiben: „Entweder kraftvoller Gleiter mit besten Manieren oder messerscharfer Racer mit Suchtpotenzial", lobt *Auto Bild sports Cars*, und: „auf der Rennstrecke beeindruckend schnell". Ein besonderes Ausrufezeichen setzt die welterste Achtgang-Wandlerautomatik, die sanft, aber blitzartig die jeweilige Fahrtstufe nachschiebt. Das geht sogar noch etwas

An der Vorderachse kommen innenbelüftete Bremsscheiben mit 360 Millimetern Durchmesser und Sechskolben-Bremszangen zum Einsatz, während an der Hinterachse 345 Millimeter große Scheiben und Doppelkolben-Sättel verwendet werden. Aufgezogen sind Pneus im Format 225/40 vorn und 255/35 hinten.

Yukihiko Yaguchi, Chefingenieur des IS F: „Ich wollte ein Automobil entwickeln, das jeden Augenblick des Fahrens zu einem wunderbaren Erlebnis macht." Das ist ihm gelungen, denn „der Fünfliter-V8 kämpft in allen Disziplinen auf Augenhöhe mit der deutschen Premiumkonkurrenz", lobte die Auto Zeitung.

Nicht zur Nachahmung empfohlen: Beim Goodwood Festival of Speed demonstrierte Timo Glock 2009, wie man dicke schwarze Kreise auf den Asphalt radiert. Vorderräder einschlagen, elektronische Hilfsmittel aus und schlagartig Vollgas geben ...

Am Pikes Peak wurde Walther Röhrl mit seinem Audi Quattro S1 zur Legende, Lexus versuchte dasselbe: Beim berühmtesten Bergrennen der Welt startete Lexus 2012 erstmals mit dem IS F CCS-R Race Car, der mit vielen Karbonteilen rund 315 kg weniger auf die Waage brachte als ein Serien-IS F.

„Wer glaubt, dass ein Lexus zwar gediegen-komfortabel, aber selten aufregend ist, wird mit dem 423 PS starken IS F eines Besseren belehrt. Der 4,66 Meter lange Viersitzer schafft auf der Rennstrecke und im Slalom aus dem Stand die Annäherung an BMW M3 und Co“, urteilte Sport Auto.

Nachdem 2010 ein neues Torsen-Sperrdifferential zum Einsatz kam, wurde für 2012 nachgelegt: Mit verbessertem Fahrwerk, neuem Cockpit, Sportsitzen, LED-Tagfahrlicht und neuen Ausstattungsoptionen, darunter auch 19-Zoll Leichtmetallrädern von BBS.

explosiver, wenn man den Sportmodus vorgibt, der ist aber mit seinen zackigen Lastwechseln nur etwas für beinharte Racer. Selbst kleinste Bewegungen mit dem rechten Fuß setzt der IS F sofort in Vortrieb um. Die Spitze beträgt 270 km/h, dann regelt die Elektronik ab. Das Übermaß an Drehmoment überfordert mitunter die Traktion der Hinterräder, was die Antriebsschlupfregelung auf den Plan ruft, die eine noch schärfere Gangart verhindert: Ein echtes Sperrdifferential ist allerdings seit der Modellpflege 2009 serienmäßig.

Am Limit bewegt, bietet der IS F dennoch genügend Möglichkeiten, ungezogen zu sein, und ohne Rennstreckenerfahrung tut man gut daran, die Finger vom ESP-Sportknopf zu lassen: Oftmals kommt es querer als man denkt. Normalerweise aber gibt sich der IS F sanft wie ein Chorknabe zu Weihnachten. Wenn auch wie ein recht übermütiger.

Den Innenraum trimmen Sportsitze und der sonst übliche Luxus auf F-Tauglichkeit. Gegenüber dem normalen IS verfügt der IS F zusätzlich über eine Öl-Temperaturanzeige, ein Schaltdisplay – und einen bis 300 Stundenkilometer reichenden Tacho.

Modelle, Varianten, Preise:	
Modelle:	Stufenhecklimousine viertürig
Bauzeit:	seit 2008
Motor:	4969 ccm V8 / 311 kW (423 PS) bei 6600/min
Ausstattung:	ABS, TRC, VSC, TRC, Bi-Xenon, elektr. verstell- und beheizbare Leder-Sportsitze, Multifunktionslenkrad mit Schaltwippen, Smart Key, Zweizonen-Klimaautomatik, elektr. Sonnenschutzrollo; Mark-Levinson-Surroundanlage mit 6-fach-DVD, 14 Lautsprecher. 7-Zoll-Touchscreen-Farbbildschirm in der Mittelkonsole, Navi. 19-Zoll-BBS-LM
Varianten:	IS F
Preise:	€ 69.900,-

Chronik:	
2004:	Beginn der Arbeiten des „Project F"-Entwicklungsteams um Chefingenieur Yukihiko Yaguchi. Der Lexus IS F wird auf insgesamt neun Rennstrecken erprobt; die Bezeichnung „F" im Modellnamen erinnert an den Fuji Speedway. Weitere Entwicklungsstationen: Paul Ricard, Laguna Seca, Nürburgring-Nordschleife u.a.
2007:	September: Weltpremiere auf der IAA in Frankfurt. Dezember: Produktionsanlauf am 25. 12. in der Lexus-Fabrik Tahara für den IS F. Mit einer Höchstgeschwindigkeit von 270 km/h und einer Beschleunigungszeit von Null auf 100 km/h in unter 5 Sekunden ist dieser Lexus die schnellste Serienlimousine, die in Japan bis dahin gebaut wurde.
2008:	März: Markteinführung in Europa, V8-Motor mit D–4S Direkteinspritzung, variabler Ventilsteuerung VVT-iE, hohlgebohrten obenliegenden Nockenwellen und elektronischer Drosselklappensteuerung. Nur Viertürer. Achtgang-Direktschaltgetriebe serienmäßig, Fahrdynamik-Regelsystem Sport VDIM. Extras: Adaptives Geschwindigkeitsregelsystem mit Pre-Crash-Saftety (€ 3500,-); Glasdach (€ 1010,-), Metalliclack (€ 720,-).
2009:	Mai: neues Torsen-Sperrdifferential für schärferes Handling, ein Festplatten-Navigationssystem, 10-GB-Speicherfunktion für das Mark-Levinson-Audiosystem, neu erhältliche weiß/schwarze Lederausstattung. Ab € 70.600,-.
2010:	November: geänderte Fahrwerksgeometrie, Anpassungen bei Federrate und Dämpfung. V8 jetzt mit Abgasnorm Euro 5; LED-Tagfahrlicht; neues Cockpit mit zentralem Drehzahlmesser und integrierter Schaltanzeige; neue Sportsitze, neue Außenfarbe Diamantschwarz Glass Flake.
2011:	November: Modellpflege: Neue Einrohrstoßdämpfer von ZF mit neu abgestimmten Federraten, stärkere Querstabilisatoren, neue Lager, geänderte Achsgeometrie. Neue Extras, ab € 70.600,-.
2012:	April: Beim zweiten Lauf der VLN-Langstrecken-Meisterschaft am Nürburgring belegt der Lexus IS F mit den Fahrern Uwe Kleen (D), Klaus Völker (D) und Yamauchi Kazunori (J) den dritten Platz in der SP8. Oktober: Modellpflege: Überarbeitetes Fahrwerk, neue Lackfarben mit „selbstheilendem" Klarlack.

Lexus IS C

Ein Klappdach-Cabriolet ist was ganz Feines: Schnittig wie ein Coupé, offen wie ein Cabriolet, ganzjahrestauglich wie eine Limousine; Mercedes-Benz hatte mit dem SLK anno 1996 der alten Idee zum Durchbruch verholfen. In den folgenden beiden Jahrzehnten sprossen solche Cabrios mit Stahlmütze bei allen Herstellern aus dem Boden. Das war das eine. Das andere: Von allen Dreiern, die Lexus IS-Hauptkonkurrent BMW auf dem wichtigen US-Markt verkaufte, entfielen rund ein Drittel auf die Cabrios und Coupés der Baureihe. Logisch, dass man in Tokio da nicht länger zuschauen wollte, das tat man ja bereits seit knapp zehn Jahren und zwei Generationen. Daher gab es grünes Licht für die US-Tochter zur Entwicklung eines Cabriolets, wobei der Aufwand, der betrieben werden musste, um aus dem verlöteten Viertürer einen offenherzigen Zweitürer zu machen, groß ausfiel: Es war nicht damit getan, mit der Bügelsäge das Dach zu kupieren und das hintere Türenpaar zuzuschweißen; am Ende stand ein Fahrzeug, das lediglich noch die Motorhaube, die Scheinwerfer und einiges Kleinzeugs wie Spiegel von der Limousine übernahm – und natürlich die technische Basis samt Antrieb. Auf dem Pariser Salon 2008 erstmals gezeigt, bestand das erklärte Ziel von Chefentwickler Keiichi Yoneda darin, „ein einzigartiges, hochwertiges Cabriolet zu entwickeln, das sich deutlich vom Wettbewerb abhebt". Man wolle mit dem IS 250 C „in Sachen Stil und Eleganz neue Maßstäbe setzen", und das gelang zweifelsohne zumindest in der Dachkonstruktion, einem dreiteiligen Alu-Klappdach (das in 20 Sekunden in seinen Bau flüchtet, das konnte seinerzeit keiner schneller). 15 Elektromotoren und 37 Sensoren sind dafür zuständig, von denen einige beim Klippklapp den rückwärtigen Luftraum überwachen: Um das Dach zu verstauen, hebt sich der Kofferraumdeckel mit der Oberkante um bis zu 25 Zentimeter nach hinten, und in engen Parklücken kann es da schon eng werden. Mit angelegten Ohren passt eine Golfausrüstung noch in den Kofferraum von 165 Litern, und wenn das Dach oben bleibt, sogar deren zwei und noch ein wenig Kleinkram, denn dann können 420 Liter verstaut werden. Ein Klappdach schränkt allerdings nicht nur den Kofferraum ein, es tut auch nur in den seltensten Fällen der eleganten Cabrio-Linie gut. Und dem Temperament, Cabrios sind immer schwerer als ihre Pendants von der Hosenträgerfraktion, schließlich muss der Wegfall des Daches kompensiert werden. Daher schleppt der IS C ein Handicap von rund 140 Kilogramm mit sich herum, versteckt in diversen Zusatzträgern, V-Verstärkungen, dickeren Kastenprofilen, Quertraversen unter der Rücksitzbank und Versteifungen im Bereich der Windschutzscheibe.

Da die zweite IS-Generation bereits seit 2005 vom Band läuft, ist der IS C technisch gesehen bereits ein alter Hase. Will heißen: Es gibt den Hecktriebler mit den bekannten, weich und nachdrücklich agierenden Sechszylindern, hierzulande allerdings lediglich mit dem kleineren 2,5-Liter-Benzin-Direkteinspritzer mit 208 PS, der ein Drehmoment von 252 Nm bei 4800/min wuchtet. In Vergleichstests nahezu unisono gelobt werden die besondere Atmosphäre („Strandkorb-Heimeligkeit" – *auto motor und sport*) dank der ausgeklügelten Aerodynamik, die ein Windschott überflüssig erscheinen lässt, die „kuscheligen Clubsessel" für die beiden Fondpassagiere, das perfekte Gestühl für Fahrer und Beifahrer, die umfassende Ausstattung, und, eigentlich keine Überraschung, der seidenweich laufende Lexus-Sechszylinder. Hektisches Hakenschlagen ist nicht sein Ding, dafür aber sanftes, entspanntes Dahingleiten: „Auf kurvigen Landstraßen macht der Lexus mit seiner mustergültig ausgewogenen Gewichtsverteilung und der direkten, wenngleich nicht allzu gefühlvollen Lenkung

Im Oktober 2008 stand der IS C auf dem Pariser Salon. Mit einer Cabrio-Ausführung des IS war schon länger gerechnet worden, nicht aber mit einer so eleganten.

***Suchbild:* Bei der Modellpflege für 2011 wurde die IS-Baureihe optisch sehr dezent verfeinert, etwa durch dunkel getönte Scheinwerferabdeckungen. Modelle mit Xenon-Scheinwerfern haben nun LED-Tagfahrlicht.**

schon mehr Spaß. Zudem wiegt seine aufnahmefreudige Federung auch heftige Wellen gelassen aus und spricht nur auf kurzen Fugen etwas hölzern an."

Einzig echte Schwachstelle bleibt damit die geringe Zuladung von 317 Kilogramm. Das in den USA erhältliche 3,5-Liter-Triebwerk wird dagegen kaum jemand ernsthaft vermissen, zumindest nicht, solange der IS C artgerecht bewegt wird. Denn der ist schließlich ein Cruiser, kein Sportler. Und auf jeden Fall ein ganz Feiner.

Einzig lieferbare Motorisierung bildet der 2,5-Liter-Sechszylinder, der 3,5-Liter bleibt auf die USA beschränkt. Dort gab es im März 2010 und im Februar 2011 eine Sonderserie in F-Ausstattung, limitiert auf 100 beziehungsweise 175 Exemplare.

Modelle, Varianten, Preise:	
Modelle:	Cabriolet-Coupé, zweitürig
Bauzeit:	seit 2009
Motoren:	2500 ccm V6 / 153 kW (208 PS) bei 6400/min
Ausstattung:	10 x Airbag, Sechsgang-Automatik, ABS, VSC, EBD, BA, Smart Key, Ledersitze, Park Assist mit Sensoren v./h., Klimaautomatik, 6-fach-CD, 18-Zoll-LM, LED-Rückleuchten, Alu-Pedale. Luxury Line: Edelholz-Leisten, Bi-Xenon-Scheinwerfer, LED-Tagfahrlicht, Sitze elektr. beheiz-/belüftb.; Regensensor, Card Key.
Varianten:	IS 250C, Luxury Line
Preise:	Von € 49.650,- bis € 53.350,-
Chronik:	
2008:	Oktober: Auf dem Pariser Salon wird die Cabrio-Ausführung der IS-Limousine mit 2,5- und 3,5-Liter-V6 vorgestellt.
2009:	Februar: US-Premiere für IS C 250 / 350. Juni: Lieferbeginn in den USA. Juli: Auslieferung in Deutschland mit 2,5-Liter-Motor.
2010:	März: USA-Sondermodell IS 350C F Sport Special Edition. 100 Ex., F Sport-Ausstattung, Nummernplakette, blaue Ziernähte.
2011:	Februar: USA-Sondermodell IS 350C F Sport Special Edition. 175 Ex., F Sport-Ausstattung, Nummernplakette, rote Ziernähte. März: Modellpflege: V6 erfüllt jetzt Euro-5, Xenon-Scheinwerfer mit LED-Tagfahrlicht, Zentraltaste zum Öffnen und Schließen aller Fenster; neue Karosserie- und Innenraumfarben.

15 Elektromotoren und 37 Sensoren verwandeln das Coupé in ein Cabriolet. Dabei kommt ein Abstands-Sonar zum Einsatz: Wenn nicht genug Freiraum bleibt, um den Kofferraumdeckel zu öffnen, ertönt ein Warnsignal und der Vorgang wird gestoppt.

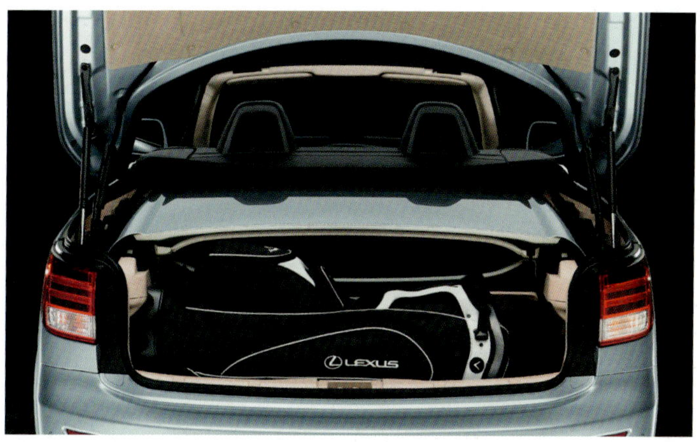

Das aus drei Teilen bestehende Blechdach faltet sich in 20 Sekunden in den Gepäckraum. Das allerdings reduziert dessen nutzbares Volumen von 420 auf kümmerliche 165 Liter.

Lexus GS-Serie

Der Lexus schrumpfte und schrumpfte, und als er genügend geschrumpft war, erhielt er einen neuen Namen: Der GS 300 war die Übertragung des LS-Erfolgsrezeptes in die Klasse von 5er-BMW und Mercedes E-Klasse. Zumindest in den USA gelang das glänzend, dort avancierte der Mittelklasse-Lexus zum Bestseller, der den deutschen, mehr aber noch den amerikanischen Marken starke Konkurrenz machte.

Lexus GS 300 (1993–1997)

Die Lexus-Magerstufe basierte auf dem 1991 vorgestellten Toyota Aristo und bescherte der halben Hundertschaft deutscher Lexus-Händler das dringend benötigte Einstiegs-Modell. Der elegante Viertürer – dessen Karosserieentwurf von Giugiaro stammte – schien für diese Rolle wie geschaffen. Gleichwohl besaß dieser Neuzugang in den Verkaufsräumen noch immer King-size-Format. Was salopp als „kleiner Lexus" bezeichnet wurde, war ein ausgewachsenes Fünf-Meter-Schiff, das nur unwesentlich weniger Standfläche beanspruchte als ein LS 400.

Neben den offenkundigen optischen Merkmalen – der GS wirkte dynamischer als der große Bruder – war es vor allem der kleine Unterschied unter der Haube, der für Distanz zum LS sorgte: Der GS verfügte über einen Sechszylinder-Vierventiler mit einer Leistung von 156 kW/212 PS, der LS über einen Vierliter-V8. Beiden gemeinsam war die einzigartige Laufkultur. Der seidige Reihensechszylinder – der mit Turboaufladung auch den Toyota Supra beflügelte – oblag seinen Aufgaben genau so, wie man das von einem perfekt arbeitenden Komfortantrieb (und einem Lexus sowieso) erwarten durfte: Geschmeidig, kultiviert, stets dienstbeflissen und diskret, aber bei Bedarf zupackend und aggressiv. Seine Domäne – das bewies auch die weich schaltende und vorzüglich abgestimmte Vierstufen-Automatik – war das sanft gleitende Cruisen, wiewohl das gut abgestimmte Fahrwerk auch sportliche Umtriebe klaglos verkraftete.

Gehobene Mittelklasse: Mit dem GS 300 stand deutschen Lexus-Händlern ab 1993 ein zweites Modell zur Verfügung.

Stattlich: Mit fast fünf Metern Länge war der GS 300 nur unwesentlich kleiner als der LS 400.

Wie beim V8 stand Lexus auch im V6 in erster Linie für Luxus – die schier unglaubliche Komfortausstattung mit allem, was gut und teuer war, ließ keine Wunsche mehr offen. Neben den selbstverständlichen Features wie Airbags, ABS und Antischlupfregelung überzeugten auch die bei Tage hintergrundbeleuchteten Displays für Tacho und Drehzahlmesser, eine hervorragend arbeitende Klimaanlage oder das mit Leder ummantelte Lenkrad, das elektrisch in Position rückte. Ausstattungsbereinigt, kostete ein Mercedes-Benz E 320 knapp DM 20.000,– mehr als der mit DM 78.350,– ausgezeichnete GS 300.

Mitte 1995 stellte die Toyota-Rennabteilung den GS 300 T3 vor – mit leistungs- und drehmomentoptimiertem Motor und 219 PS, einem strafferen Fahrwerk, 18-Zoll-Sporträdern und Sportauspuff. Die ohnehin schon üppige Grundausstattung beinhaltete nun die Lederausstattung sowie das elektrisch betätigte Schiebe-/Hubdach aus getöntem Sicherheitsglas. Mit einem Grundpreis von DM 102.630,- manövrierte sich der 230 km/h schnelle T3 allerdings selbst ins Abseits. Nachdem 1996 noch mit dem Modell Edition eine weitere Variante erschienen war, folgte zum November 1997 die zweite Generation: Trotz deutlich reduzierter Außenabmessungen eine völlig neue Größe in der gehobenen Mittelklasse.

Modelle, Varianten, Preise:	
Modelle:	Limousine
Bauzeit:	1993–1997
Motoren:	2997 ccm V6 / 156 kW (212 PS) bei 5800/min 2997 ccm V6 / 161 kW (219 PS) bei 5900/min ab 6.95
Ausstattung:	ABS, ASR, Klimaautomatik, Audiosystem mit CD-Wechsler, ZV, elektr. einstellb. Vordersitze, Lederlenkrad, Metalliclack
Varianten:	GS 300; GS 300 T3; GS 300 Edition
Preise:	DM 78.350,–

Chronik:	
1991:	Premiere auf der Tokio Motor Show als Toyota Aristo. Entwurf Giugiaro, Technik basierte auf Supra/Soararer-Technik.
1993:	Vorstellung als Lexus GS 300 für den amerikanischen Markt. Europa-Premiere im September. Serienmäßig mit Vierstufen-Automatik, Höchstgeschwindigkeit 230 km/h. Gegen Aufpreis: Lederausstattung, elektrisch betätigtes Schiebe-/Hebedach.
1995:	Juni: Einführung GS 300 T3: Leicht gestiegene Motorleistung, Sportfahrwerk.
1996:	Juni: Einführung Sondermodell Edition, DM 79.950,-:
1997:	Modellwechsel.

Im Juni 1995 erfolgte die Einführung des GS 300 T3. Den Aufbau der Sportlimousine übernahm die Toyota Motorsport GmbH, die dem Lexus unter anderem ein Sportfahrwerk spendierte.

Lexus GS 300/430 (1997–2005)

Der neue GS hatte zweifelsohne an Format gewonnen. Mit garagenfreundlichen 4,80-Metern gehörte der GS mehr denn je zu den Topangeboten. Chefingenieur Yasushi Nakagawa samt seinen Mannen hatte ganze Arbeit geleistet. Seit 1994 am Werk, hatten sie die zweite Aristo/GS-Generation gründlich überarbeitet und die wenigen Schwachstellen des Konzeptes ausgemerzt: So konnte das Platzangebot im noch luxuriöseren Innenraum spürbar verbessert werden, während der Kofferraum auf ein konkurrenzfähiges Volumen wuchs: Mit über 500 Litern nach VDA-Norm erreichte der 1,6 Tonnen schwere Viertürer problemlos das Klassenziel.

Hinter dem markanten Vieraugengesicht verbarg sich der im Prinzip bereits aus dem Vorgänger bekannte Dreiliter-Reihensechszylinder, der nun mit der variablen Ventilsteuerung VVT-i ausgestattet worden war und 163 kW/222 PS leistete. Die VVT-i übernahm das Timing der Einlassventile für Drehzahl und Last, allen übrigen im Motorenbau üblichen Standards wie Vierventiltechnik, variables Ansaugluftsystem und elektronisches Motormanagement (elektronisches Gaspedal mit schaltbaren Drosselklappen-Kennlinien) genügte das Dreiliter-Aggregat sowieso. Gleichfalls neu waren die Fünfstufen-Automatik sowie die elektronische Stabilitätskontrolle VSC.

Der ganze Aufwand hatte sich gelohnt. Wie selbstverständlich konnte sich der Lexus – was vor zehn Jahren für einen Japaner noch undenkbar gewesen wäre – mit der europäischen Auto-Elite von Mercedes (E-Klasse), BMW (5er-Reihe) und Jaguar (S-Type) messen. Den Sprung an die Spitze verpasste der GS dabei nur knapp. *Auto motor sport* begründete dies mit leichten Schwächen im Fahrverhalten, dem ausgeprägten Stuckern beim Überfahren kleiner Bodenunebenheiten sowie der zwar leichtgängigen und exakten Lenkung, die aber in Mittellage Rückstellkräfte und damit Fahrbahnkontakt missen ließ. Die Stunde des Lexus schlug naturgemäß im Kostenkapitel. Den von der Fahrdynamik-Regelung bis zur Klimaautomatik komplett ausgestatteten Luxusliner gab es für DM 75.560,–.

Zur Halbzeit im Modellzyklus unterzog Toyota den GS einem Facelift. Ein neuer Kühlergrill und modifizierte Heckleuchten gehörten zu den äußeren Attributen des Modelljahres 2001. Dem nun 219 PS starken GS 300 stellte Lexus überdies den GS 430 mit dem bekannten 4,3-Liter-V8 zur Seite. Dazu kam ein Garantie- und Servicepaket, von dem die Fahrer anderer Marken nur träumen konnten. Neuwagengarantie über drei Jahre/100.000 Kilometer, zwölf Jahre gegen Durchrostung und drei Jahre auf die Lackierung boten vielleicht noch andere, doch die dreijährige, 7-Tage–24-Stunden-Mobilitätsgarantie ab dem Tag der Erstzulassung war ziemlich einzigartig. Im Falle einer Reparatur konnte der Lexus-Eigner die Fahrt mit Leihwagen, Bahn oder Flugzeug fortsetzen. Für die entstehenden Kosten inklusive eventueller Hotel- und Transportkosten für die Rückholung kam der Hersteller auf: Zumindest in dieser Beziehung war der Lexus einsame Spitze.

Modelle, Varianten, Preise:	
Modelle:	Limousine
Bauzeit:	1997–2005
Motoren:	2997 ccm VVT-i V6 / 163 kW (222 PS) bei 5800/min 3997 ccm VVT-i V8 / 161 kW (219 PS) bei 5800/min 4293 ccm VVT-i V8 / 208 kW (282 PS) bei 5600/min ab 9.01
Ausstattung:	ABS, ASR, Klimaautomatik, Audiosystem mit CD-Wechsler, Tempomat, LM-Räder, Metalliclack
Varianten:	GS 300; GS 430
Preise:	DM 75.560,–
Chronik:	
1997:	Europa-Premiere auf IAA in Frankfurt. Markantes Vieraugen-Gesicht, verringerte Außenabmessungen bei verbessertem Platzangebot. Fahrzeugstabilitätskontrolle, Antriebsschlupfregelung und Seitenairbags serienmäßig. Fünfstufen-Automatikgetriebe. Auf Wunsch: Lederausstattung, Navigationssystem mit Touchscreen-Monitor.
2001:	Modellpflege, Einführung GS 430.

Mit modischem Vieraugengesicht versehen, präsentierte Lexus Ende 1997 den neuen GS 300. In 2001 folgte dann der GS 430 mit LS V8.

Lexus GS 300/430/460 (2005–2012)

Musterknaben haben's schwer. Liegt es daran, dass sie stets zuverlässig sind, gewissenhaft ihre Aufgaben erledigen und sich still und bescheiden im Hintergrund halten – irgendwie wie die stillen Jungs mit dicker Brille und Pullunder, die leicht übersehen werden? So ähnlich erging es auch der Lexus-GS-Baureihe: Wahrscheinlich die beste Limousine, die man in dieser Klasse kaufen konnte, aber irgendwie kein echter Hingucker. Doch damit sollte nun Schluss sein: Der auf dem Genfer Salon 2004 gezeigte neue GS 430 sollte nicht länger derjenige sein, der auf dem Schulhof Klassendresche bezog.

Die japanische Alternative zu BMW und Co. markierte, so Kengo Matsumoto, General Manager bei der Lexus Design Divison, den Aufbruch in eine neue Zeit: Emotionale Autos mit europäischem Stil würden entstehen, der neue GS avancierte zum ersten Vertreter der neuen L-Finesse-Stilrichtung.

Sein Wachstum war, so weit es die Außenabmessungen betraf, nicht der Rede wert, viel wichtiger als die 16 Millimeter mehr an Gesamtlänge war der gegenüber dem Vormodell um 50 Millimeter längere Radstand. Nun war das Platzangebot tatsächlich eines der wenigen Fächer, in denen der bisherige GS von der Kritik keine Eins mit Sternchen erhalten hatte, doch konnte dieser Tadel nun aus dem Klassenbuch gestrichen werden.

Doch nicht nur optisch brach der neue GS mit seinem Vorgänger, auch unter der Haube blieb nicht alles beim Alten. Zum Start rollte der Klassenprimus mit zwei Benzintriebwerken. Neben der jüngsten Ausbaustufe des seidenweichen 4,3-Liter- V8 punktete der GS nun auch mit einem sahnigen, komplett neuen, 249 PS starken V6, der den bisherigen Reihen-Sechszylinder ersetzte. Beide Motoren waren mit einer neuen Sechsgang-Automatik gekoppelt, die einen sequentiellen, manuellen Schaltmodus aufwies. Ebenfalls neu: das adaptive Fahrwerk mit vier verschiedenen Dämpfungsstufenkennlinien, die dem individuellen Temperament des Fahrers noch weiter entgegen kamen.

Die große Stunde des GS schlug naturgemäß, wenn es um die Ausstattung ging. Alles, was bei der Konkurrenz gut und teuer war, gehörte hier bereits zur Serienausstattung. Die Ausstattungsliste war ellenlang, bot ein Fahrdynamik-Management und ein Pre-Collision-System, das in der Lage war, bei einer drohenden Kollision selbstständig die vorderen Sicherheitsgurte zu straffen und den Bremsassistenten zu aktivieren. Zur Serienausstattung zählten ferner ein Reifendruck-Überwachungssystem sowie ein

Ab April 2005 beim Händler: die dritte GS-Generation. Als Antriebsquelle standen der 4,3-Liter-V8 und ein neuer, 249 PS starker V6 zur Wahl. Die Kraftübertragung erfolgte über eine neue Sechsstufen-Automatik mit manuellem Schaltmodus.

Schließ- und Zündsystem ohne Schlüssel. Ein Kurvenlicht-System war ebenso erhältlich wie eine Heckkamera, die allerdings nur in Verbindung mit dem Navigationssystem zu haben war: Auch Musterknaben müssen mitunter wissen, wo's langgeht.

Auch wenn Toyota mit dem GS das Auto nicht neu erfunden hatte, brachte Lexus mit einigen guten Ideen eine erstaunlich stimmige Alternative zum deutschen Premium-Einerlei – und eine, die Pannen und Werkstattärger nur vom Hörensagen kennt: Die Lexus-Kunden sind die zufriedensten überhaupt, das wissen die Verbraucherorganisationen ebenso wie die Statistiker. Wer mit einem Lexus eine Panne erleidet, sollte unbedingt sein Glück beim Lottospiel versuchen.

Bei der Lektüre der einschlägigen Testberichte stellte man dann schnell fest, dass anscheinend auch den verwöhntesten Testprofis nur wenig Nachteiliges einfiel. Es gab objektiv nicht viel, das einem GS vorgeworfen werden konnte. Mit Sicherheit in jedem Testbericht zu lesen war eine Anmerkung zum Gepäckvolumen. Das schien mit 420 Litern unterdurchschnittlich zu sein, da die Konkurrenz mindestens 100 Liter mehr fasste. Bei einer Reiselimousine der Business-Class jenseits der 4,80 Meter erwartete man mehr, zumal auch die Zuladung geringer ausfiel. Die Sitze boten bei schnell gefahrenen Kurven nicht besonders viel Seitenhalt, und das serienmäßige ESP griff frühzeitig ein. Der Lexus richtete sich an fahraktive, aber nicht ausgesprochen flotte Fahrer. Ansonsten?

Das adaptive Fahrwerk erlaubte vier verschieden Dämpfereinstellungen, die über einen Schalter im Cockpit gewählt wurden. Neben den üblichen Sicherheitsfeatures verfügte der GS auch über ein Radarsystem zur Verhinderung möglicher Auffahrunfälle.

Die neue Generation war 4,82 m lang und 1,82 m breit, das waren jeweils 20 mm mehr als noch beim Vorgänger. Der Kofferraum fasste laut VDA 430 Liter; in den Heckleuchten strahlten Leuchtdioden, keine profanen Glühbirnen mehr.

Zum Modelljahr 2008 löste der GS 460 den bisherigen GS 430 ab. Der neue Achtzylinder-Motor mit 4,6 Liter Hubraum stammte samt der Achtgang-Automatik von Aisin aus dem LS 460. Erkennungszeichen des neuen Jahrgangs war die Chromspange.

Ein Loblied auf die Lexus-Mittelklasse, auf den feinen Dreiliter-V6 mit Direkteinspritzung, der so leise und geschmeidig lief, dass der Drehzahlmesser seine Berechtigung erhielt – als Indiz dafür, dass der Fahrer tatsächlich den Startknopf gedrückt hatte. Einen Tusch auf den V8 im GS 430, der die perfekte Symbiose aus Laufkultur und souveräner Kraftentfaltung bot. Eine Hymne auf die harmonisch abgestimmte Sechsgangautomatik, die drei Fahrprogramme bereit hielt und auch im Power-Modus druckvoll, aber immer noch beinahe unhörbar nach vorne schob. Eine Fanfare für das überkomplette Sicherheitspaket mit bis zu zehn Airbags. Und einen ehrlichen Glückwunsch an alle, die „das Prestige ihres Autos [...] auf intelligente Art bewerten" (*mot*).

Für das Modelljahr 2008 präsentierte sich die GS-Baureihe mit zahlreichen Detailverbesserungen. Die wichtigste Änderung bestand in der Einführung des Achtzylinder-Triebwerk aus dem LS 460 samt Achtstufen-Automatik auf. Hinzu kamen optische Verfeinerungen und neue Ausstattungsoptionen, so waren alle Varianten serienmäßig mit dem integrierten Fahrdynamik-Management VDIM und dem adaptiven variablen Dämpfungssystem AVS ausgerüstet. 2010 hatte man dann noch einmal nachgelegt: Es gab jetzt aktive Kopfstützen auf den vorderen Plätzen für alle Modelle; das auf Wunsch lieferbare Pre-Crash Safety System (PCS) arbeitete nun mit einem Pre-Crash Bremsassistenten.

Nichts geändert hatte sich an der Begeisterung der Presse und dem, zugegebenermaßen, hierzulande immer noch mäßigen Kundenzuspruch, was sich mit der vierten Auflage endlich ändern sollte.

Auf der amerikanischen Tuningmesse SEMA stellte Lexus im November 2009 den bei der hauseigenen Rennsportabteilung TRD aufgebauten F-Sport vor. Dabei handelte es sich um einen GS 350, der im September 2007 den GS 300 ersetzt hatte.

Während der GS 300 auf 17-Zoll-Leichtmetallfelgen mit Reifen der Dimension 225/50 R17 rollte, waren GS 460 und GS 450h serienmäßig mit 18 Zoll großen Leichtmetallrädern und Breitreifen im Format 245/40 R18 ausgerüstet.

Modelle, Varianten, Preise:	
Modelle:	Limousine, viertürig
Bauzeit:	2005–2012
Motoren:	2995 ccm V6 / 183 kW (249 PS) bei 6200/min 4293 ccm V8 / 208 kW (283 PS) bei 5600/min
Ausstattung:	8 x Airbag, ABS, EBD, BA, TRC, VSC, Reifen-Luftdrucküberwachung, Xenon, elektr. Servo, elektrisch einstellb. Außenspiegel, Klimaautomatik, Fernentriegelung für die Heckklappe, Wegfahrsperre, Colorglas, lackierte Stoßfänger. RDS-Radio, CD-Player m. 6-fach-Wechsler. Reifen 225/55 R16. Executive: Seitenairbags hinten, Park-Assistent, Regensensor, Leder, Sonnenschutzrollo. Luxury: Mark Levinson-Audioanlage, DVD, 18-Zoll-LM, Heckspoiler. GS 430: wie Executive, dazu Fahrdynamik-Management VDIM, adaptives Fahrwerk AVS, Reifen 235/45 R17. GS 430 Luxury Line: Mark Levinson, DVD, Adaptives Geschwindigkeitsregelsystem mit Pre-Collision-System.
Varianten:	GS 300, Executive Line, Luxury Line; GS 430, Luxury Line
Preise:	von € 41.500,- bis € 55.600,-
Chronik:	
2004:	Januar: Neu gestaltete dritte Generation des Lexus-GS debütiert auf der NAIAS in Detroit. März: Europa-Premiere auf dem Salon in Genf. Erster Lexus im neuen L-Finesse-Design.
2005:	April: Markteinführung, in Europa zwei Motorvarianten mit zwei Ausstattungslinien.
2006:	September: In den USA ersetzt der GS 350 den bisherigen GS 300. GS 430 optional mit aktiven Fahrwerksstabilisator-System AVS.
2008::	Januar: Der GS 460 mit dem 342 PS starken 4,6-Liter-V8 aus dem LS 460 ersetzt den GS 430 mit 4,3-l-V8. Alle Modelle: Neue Chromumrandung des Kühlergrills, modifizierte Lufteinlässe, Außenspiegel mit integrierten Seitenblinkern; neues Lenkrad. VDIM, AVS.
2010:	Mai: Modellpflege: aktive Kopfstützen vorn, verbessertes Audiosystem. Navi-System mit 40 Gigabyte. Aktive Kopfstützen vorn, optionale Pre-Crash Safety System jetzt mit Pre-Crash-BA.
2011:	August: Präsentation des Nachfolgers in den USA.

Lexus GS 450h (2006–2012)

Vornehme Zurückhaltung gilt als eine der wichtigsten japanischen Tugenden – was ein Grund dafür sein mag, dass Toyota seinen ersten Mittelklasse-Hybriden in das gefällige, wenn auch keineswegs extravagante Blechkleid von GS 300/430 steckte. Von außen war der Hybrid lediglich am Schriftzug zu erkennen, wobei die Zahl 450 nicht für den tatsächlichen, sondern für den gefühlten Hubraum stand: Ein dicker V8 ging auch nicht besser. Das dahinter klemmende „h“ allerdings ließ keinen Zweifel: Hier war ein Hybrid am Werke, der zu den knapp 300 PS des konventionellen Sechszylinders noch 200 Elektro-PS zuschoss. Eine bloße Addition der beiden Werte war aber nicht möglich, Toyota sprach in dem Zusammenhang von einer Systemleistung, die bei 340 PS lag. War ja auch nicht schlecht, zumal sich der Verbrauch auf dem Niveau eines gutbügerlich-sparsamen Zweiliter-Vierzylinders einpendelte. Das war allerdings nicht allein dem Elektromotor zu verdanken, auch in den V6 floss eine ganze Menge Gehirnschmalz.

Dieses 3,5-Liter-Triebwerk, das in den USA zum Einsatz kam (dort gab es den Lexus auch mit Allrad), kombinierte Saugrohr- und Direkteinspritzung miteinander. Dieses D-4S-System optimierte den Wirkungsgrad in jeder automobilen Lebenslage. Wer's krachen ließ, war mit einem Direkteinspritzer besser bedient, bei niedrigeren Drehzahlen dagegen hatte eine Saugrohreinspritzung Vorteile. Im Teillastbereich – bei niedrigen bis mittleren Drehzahlen – arbeiteten im D-4S beide Systeme zusammen, was für eine maximale Gemischbildung bürgte. Das sorgte in allen Betriebsbereichen für bestmögliche Leistung bei geringstmöglichen Emissionen. Der Fahrer merkte vom trickreichen Zusammenspiel nichts, er freute sich viel mehr an der sämigen Sechszylindermaschine und an der Gewissheit, auch bei Topspeed – die Spitze lag, abgeriegelt, bei 250 km/h – mit relativ niedrigen Schadstoffemissionen unterwegs zu sein.

Natürlich konnte bei häufigen Vollgasattacken der Hybrid seine Verbrauchsvorteile nicht voll ausspielen. Der Elektroantrieb mit zweistufiger Untersetzung, der seinen Saft von der Batterie im Heck zog, schob bis etwa 50 km/h an, danach griff der V6 ein. Die Funktionsweise des Hybrid Synergy Drive war im Prinzip aus dem

Topmodell der GS-Reihe und exklusive Diesel-Alternative: der GS 450h.

RX bekannt, dort allerdings fehlte diese Untersetzung, was beim RX die Höchstgeschwindigkeit auf 200 km/h limitierte. Die Aufladung erfolgte durch zurückgewonnene Bremsenergie oder per Generator vom Benzinmotor. Das Energiemanagement erfolgte über eine schuhkartongroße elektronische Steuereinheit; ein Planetengetriebe verteilte die Leistung von Verbrennungsmotor, Elektromotor und Generator. Den Kraftfluss konnte der Fahrer über einen Monitor im Cockpit verfolgen, was im Normalfall so ziemlich die einzige Chance darstellte, zu registrieren, welche Antriebsart nun gerade am Werke war. Der Übergang vollzog sich still, leise und unauffällig, ohne dass der Fahrer irgend etwas dazu tat. Keine sechs Sekunden vergingen, bis er Tempo 100 erreicht hatte, Sprints und Überholmanöver wurden durch den Drehmoment-Wellenberg zum ungetrübten Freudenquell: Wer es nicht wusste, vermutete in der Tat einen deutlich hubraumstärkeren Gesellen unter der Haube, der mit einer fein sortierten Sechsstufen-Automatik (die eigentlich gar keine ist, ein Tester sprach in dem Zusammenhang von „virtuellen Schaltstufen“) zusammenwirkte. Sämtliche Fahrdynamiksysteme waren miteinander vernetzt, Lexus nannte dieses technische Highlight Vehicle Dynamic Integrated Management System (VDIM). „Im Stadtverkehr die reinste

Die Systemkomponenten im GS 450h. Dazu gehörten der 3,5-l-V6 mit kombinierter Saugrohr- und Direkteinspritzung, der Elektromotor, ein Generator als Stromerzeuger und Anlasser sowie eine 36 kW starke Nickel-Metallhybridbatterie als Speichermedium im Kofferraum.

Bei den 24 Stunden von Tokachi brachte SARD im Juli 2006 einen GS 450h an den Start. Der Antrieb war serienmäßig, geändert hatte man die Fahrwerksabstimmung, die Bremsen und die Reifen. Trotz Überrollkäfig wog der Renn-Lexus nur 1.550 kg.

Down under: Seit September 2009 wird ein Lexus GS 450h in Australien als Safety-Car beim Eastern Creek Raceway eingesetzt. Denn der, so Rennstreckenchef Geoff Arnold, „kann in der Boxengasse die ganze Zeit laufen, ohne Benzin zu verbrauchen".

Wohltat", lobte etwa *auto motor und sport*, das im Fahrbetrieb von erfreulichen Handlingqualitäten sprach, mit der Federung allerdings nicht zufrieden war: „hart bis bretthart" sei diese, beschwerten sich die Experten des Stuttgarter Fachmagazins, die sich aber, wie die Kollegen aus Hamburg auch, richtig schwer taten, geeignete Kandidaten für Vergleichstests heranzuziehen. Denn der 4,83 Meter lange Hybrid war eine rollende Ohrfeige für die deutschen Premium-Hersteller, die mit Audi A6, Fünfer-BMW und Mercedes E-Klasse gegen Toyotas Edel-Marke antraten.

In diesem Konkurrenzumfeld schaffte es der knapp zwei Tonnen schwere Lexus erwartungsgemäß nicht, einen der Vergleichstests zu gewinnen. Aufschlussreich aber waren die Kritikpunkte, die eine optimale Punktausbeute verhinderten. Zum einen der Verbrauch: Der GS war sparsam, gewiss, aber im Testmittel zumindest agierte ein deutscher Luxusliner noch sparsamer – der BMW 530d mit seinem neuen Wunderdiesel. Der war ebenfalls seit 2006 auf dem Markt und hatte vor allem die Mercedes-Entwickler in Aufregung versetzt. *Auto Bild* ermittelte für den BMW einen Verbrauch von 5,3 Liter Diesel; der Lexus kam auf 6,0 Liter Super. Der Audi A6 3.0 TDI indes schluckte 6,2 Liter und der Mercedes E 320 CDI sogar 6,5 Liter. Unbestritten mickrig: das Kofferraumvolumen. Schon im normalen GS mit 420 Liter nicht besonders groß, schrumpfte sein Volumen durch den in den Kofferraum hineinragenden Batteriekomplex auf kümmerliche 280 Liter zusammen, praktisch die Hälfte dessen, was ein A6 fasste. Und dann war da noch die Preisgestaltung, die auf dem Papier den Lexus ins Hintertreffen geraten ließ. Die Preise der Konkurrenz wirkten auf den ersten Blick viel freundlicher, wer einen Ausstattungsvergleich vornahm, erholte sich allerdings von diesem Schock wieder ziemlich rasch. Die Extraliste gab lediglich Metalliclack, ein elektrisches Glas-Schiebe/Hubdach und ein Audio/DVD-System her, wobei letzteres bereits im Luxury Line-Paket inkludiert war. Dennoch: Mit knapp 60.000 Euro Grundpreis hatte der GS gegenüber den konventionellen Limousinen deutscher Provenienz auf den ersten Blick wenig Chancen. Doch gerade im Fall der zurückhaltend auftretenden mittleren Lexus-Baureihe lohnte ein intensiver zweiter.

Ein neuer Kühlergrill, neue 18-Zoll-Leichtmetallräder und neue Rückleuchten mit größeren Abdeckungen unterschieden seit der Modellpflege zur Jahresmitte 2010 den Hybriden vom konventionellen Benziner.

Modelle, Varianten, Preise:

Modelle:	Limousine, viertürig
Bauzeit:	2006–2012
Motoren:	HSD-System, bestehend aus 3456 ccm / 218 kW (296 PS) bei 6400/min permanent erregtem Synchronläufer 147 kW (200 PS) bei 5613/min
Ausstattung:	10 x Airbag, ABS, EBD, BA, TRC, VSC, Reifen-Luftdrucküberwachung, Xenon Kurvenlicht, elektr. Servo, elektrisch einstellb. Außenspiegel, Klimaautomatik, Fernentriegelung/Zuziehhilfe für die Heckklappe, Wegfahrsperre, Colorglas, lackierte Stoßfänger. RDS-Radio, CD-Player m. 6-fach-Wechsler. Park-Assistent, Regensensor, Leder, Sonnenschutzrollo. 18-Zoll-LM, Heckspoiler, Fahrdynamik-Management VDIM, adaptives Fahrwerk AVS, Reifen 245/40 R18. Luxury Line: DVD, Mark-Levinson-Audio, Pre-Collision-System, adaptives Geschwindigkeitsregelsystem ACC.
Varianten:	GS 450h; GS 450h Luxury Line
Preise:	von € 57.600,- bis € 66.000,-

Chronik:

2005:	September: Europa-Premiere des Lexus GS 450h auf der Internationalen Automobil Ausstellung in Frankfurt. Verbrauchswerte wie ein 2,0-Liter-Vierzylinder, Schadstoffausstoß 195 g/km. Gesamtsystemleistung 340 PS.
2006:	Mai: Auslieferungsbeginn in Deutschland. Zwei Ausstattungslinien
2010:	Mai: Modifizierter Kühlergrill, neue 18-Zoll-LM, Rückleuchten mit größeren Abdeckungen, neues Interieurdesign in Seidengrau. Ausstattungsverbesserungen wie GS 300/460.

Lexus GS 250/350 (seit 2012)

Wenn es ein Auto gibt, das Isnogud, dem Comic-Helden, ähnelt, dann ist es der GS: Der will auch Kalif werden anstelle des Kalifen – und scheitert immer wieder an der Tücke des Objekts. Der Kalif, das ist in diesem Fall die deutsche Premium-Konkurrenz von BMW 5er, Mercedes E-Klasse und Audi A6, und dass es dem GS noch nicht gelungen ist, sie von der Spitze zu verdrängen, liegt an der Gutmütigkeit, die selbst die von Kalif Harun al Pussha noch in den Schatten stellt. Sogar im Lexus-Stammland USA verkam der GS zu einer Fußnote, und angeblich war man schon dabei, der Baureihe den Stecker zu ziehen. Man hat dann doch anders entschieden.

Dass andererseits Lexus außerordentlich gute, bestens verarbeitete Automobile herstellt, hat sich herumgesprochen. Mit der neuesten Auflage indes will Toyota beweisen, dass man auch sportlich-elegant und nicht nur zurückhaltend-elegant kann. Japans Antwort auf die übergroße Konkurrenz aus Deutschland soll nicht nur den Kopf, sondern auch den Bauch treffen. Und das hat die Firma ebenso konsequent wie raffiniert umgesetzt.

Erstmals im Rahmen des Concours d'Elegance im kalifornischen Pebble Beach am 18. August 2011 gezeigt und in den USA im Februar 2012 auf dem Markt eingeführt, wirkt der neue Mittelklasse-Lexus tatsächlich wesentlich dynamischer und aggressiver als noch der Vorgänger.

Die USA sind der wichtigste Absatzmarkt für Lexus, kein Wunder also, dass die vierte Lexus-Generation dort debütierte: im August 2011 beim alljährlichen Concours d'Elegance im kalifornischen Pebble Beach. Bei der Premiere war Akio Toyoda dabei.

Die Karosserie bringt den gegenwärtigen Zeitgeschmack auf den Punkt, Lexus selbst bezeichnet sie als Weiterentwicklung der L-Finesse-Formensprache. Dabei wurde der neue Lexus nicht größer als der alte, der Radstand blieb unverändert, und in die Länge hat er sich auch nur unwesentlich gestreckt, und das ist auch ganz in Ordnung. Der GS wirkt jetzt stabiler – die Spurweite ging vorn um 40 und hinten um 50 Millimeter in die Breite – und selbstbewusster, was sich insbesondere an der Kühlerfront mit den hinter flachen Deckgläsern gruppierten und mit LED-Girlanden behängten Scheinwerfern zeigt, die höher angeordnet sind als der Grill selbst. Damit sollen „Geschwindigkeit und Agilität" dokumentiert werden. Das ist nicht übertrieben, der GS schaut im Stand richtig schnell aus, allerdings auf eine unaufdringliche Art. Außerdem wirkt er in der Seitenansicht erheblich dynamischer, obwohl er um drei Zentimeter höher ist als der Vorgänger.

Der erste Eindruck beim Einsteigen erinnert an den kleineren CT200h, was nicht das Schlechteste ist. Verarbeitungsqualität und atmosphärische Anmutung des Innenraums sind vom Feinsten, stylish und perfekt (mit großartigem State-of-the-Art-Infotainment und sonstigen Luxus-Features, von denen wir früher noch nicht einmal wussten, dass wir sie vermissen). Gut so, denn die Wellness-Oase des Innenraums war schon immer die große Stärke des Lexus. Bei gleichem Radstand ist das Innenraumgefühl deutlich luftiger, die Produktpresse erklärt das mit schlankeren Vordersitzlehnen, welche den Mitfahrern hinten 20 Millimeter mehr Kniefreiheit bescheren. Zudem wächst die Kopffreiheit im Fond um 25 Millimeter.

Reden wir auch nicht lange vom Fahrwerk, das noch ein Quäntchen perfekter geworden ist, ohne dass grundsätzlich etwas anders gemacht worden wäre als bei den Generationen davor. So, wie es ist, passt es bestens zum angestrebten sportlich-dynamischen Auftritt, ohne durch ungebührliche Härte zu erschrecken. An Bord ist, so gewünscht, ein adaptives Fahrwerk AVS (Adaptive Variable Suspension), das über ein Drehrad auf der Mittelkonsole das Zusammenspiel von Dämpfern, Lenkung und Motormanagement dirigiert, von seriös bis übermütig. Die neu abgestimmten Stoßdämpfer wurden außerdem an der Hinterhand anders angelenkt und ihre Aufhängung steifer ausgelegt. Im Alltagsbetrieb lässt sich dazu nur sagen: Es funktioniert tadellos und verleiht dem GS eine bis dahin Lexus-unbekannte Leichtigkeit. Dank des knackig abgestimmten Chassis ist der Lexus-Fahrer mittendrin statt nur dabei, erst recht, wenn der entsprechende Fahrmodus – deren gibt es vier – gewählt ist. Das Fahrerlebnis ist erhaben wie eh und je, auch wenn es jetzt wesentlich flotter um die Kurven gehen kann als zuvor: „In Sachen

Karosserie und Innenraum sind neu, das Fahrwerk ist neu abgestimmt und verbessert worden. Beim GS 250 kommt auch eine Hinterachse mit separaten Feder- und Dämpferelementen zum Einsatz, was das Kofferraumvolumen um ein Drittel auf 566 Liter vergrößert.

Emotionaler, sparsamer, und geräumiger sollte sie sein, die neue Mittelklasse von Lexus. Dafür vergrößerten die Lexus-Designer auch die vorderen und hinteren Türöffnungen, um das Ein- und Aussteigen zu erleichtern. Die ersten Testberichte fielen sehr wohlwollend aus.

Fahrdynamik heißt unser Maßstab BMW", räumt Chefentwickler Yoshihiko Kanamori im *Spiegel Online*-Interview ein. Oder aber: Es gibt nichts, was die Lebensgeister stärker mobilisiert als ein Blick in das schon offene Grab, wie ein amerikanisches Automagazin den neuen Auftritt kommentierte.

Und um zu beweisen, dass man es auch ernst meint mit der Sportlichkeit, hat Lexus auf der wichtigsten nordamerikanischen Tuningmesse SEMA (Speciality Equipment Market Association) in Las Vegas Ende Oktober 2011 die Ausstattungslinie FSport mit grimmigem Frontdesign und serienmäßigen 19-Zoll-Rädern vorgestellt.

Die vierte Generation der Lexus GS-Baureihe kommt in Europa mit drei Modellen in den Handel, nämlich als GS 250, als leistungsstarkes Spitzenmodell GS 450h mit Vollhybridantrieb und – nicht für Deutschland – als GS 350 AWD: Wunderwerke der Technik allesamt, modern, sympathisch und höchst aufwendig konstruiert, welche die sich entfaltende Kraft der mindestens 209 PS im Einstiegsmodell GS 250 souverän auf die Straße bringen. Sie haben nur einen Nachteil: Sie halten noch immer dem ottoschen Verbrennungsprinzip die Treue. Das mit dem Kalif werden

Modelle, Varianten, Preise:	
Modelle:	Limousine viertürig
Bauzeit:	Seit 2012
Motor:	2500 ccm V6 Dual-VVT-i / 154 kW (209 PS) bei 6400/min
Ausstattung:	Klimaautomatik, Remote-Touch mit Multifunktionsdisplay, Rückfahrkamera, Soundsystem, Smart Key, elektr. einstellb. Sitze. Fahrdynamik-Management VDIM, LED-Tagfahrlicht, Bi-Xenon-Scheinwerfer. Executive Line: Adaptives Fahrwerk AVS mit Fahrmodusschalter, Außenspiegel elektr. einklappbar und stufenlos abblendend, beheizb. Ledersitze, 18-Zoll-LM, Park Assist. F Sport: Applikationen in Alu, Kurvenlicht, Navigationssystem mit 8-Zoll-Farbdisplay, Heckspoiler, Kofferraumdeckel „Easy Load", 19-Zoll-LM, Sonnenschutzrollo für die Heckscheibe, Alu-Sportpedalerie, Sportsitze in Leder. Luxury Line: Holz-/Lederlenkrad und -Wählhebel, 3-Zonen-Klimautomatik, Komfortsitze in Semianilinleder, Reifenluftdruck-Überwachung.
Varianten:	GS 250, Executive Line, F Sport und Luxury Line
Preise:	Von € 45.200,- bis € 60.350,-

Chronik:	
2011:	August: Die vierte GS-Generation feiert als GS 350 ihre Weltpremiere beim Pebble Beach Concours d'Elegance. Komplette Neukonstruktion (cW = 0,26); Torsionssteifigkeit der Karosserie im Vergleich zum Vorgänger um 14 Prozent vergrößert. Verbesserte Fahrwerk mit Doppelquerlenker-Vorderachse und Mehrlenker-Hinterachse. Motoren: 2,5-/3,5-Liter-V6; Hybrid. September: Europa-Premiere für den GS 350 AWD, der nicht in Deutschland angeboten wird. Weltpremiere für den GS 450h.
2012:	Juni: Markteinführung für den neuen GS 250. Ein Benzinmotor, vier Ausstattungslinien: GS 250, Executive Line, F Sport, Luxury Line.

anstelle des Kalifen wird Isnogud mutmaßlich dieses Mal noch nicht gelingen, zumindest nicht in Deutschland. Harun al Pussha der Dieselige ist einfach zu beliebt.

Lexus GS 450h (seit 2012)

Das Spitzenmodell der neuen GS-Baureihe stellt wieder der zur Diesel-Alternative erklärte GS 450h dar, den es dann auch in der neuen Ausstattungslinie F Sport geben wird – und mit einem großen Wörterbuch, das die immer vielschichtigeren elektronischen Machbarkeiten erläutert. Als da wären: LDH, DRS, VGRS und EPS.

Auf der IAA 2011 in Frankfurt feierte Lexus die Weltpremiere des neuen GS 450h mit Vollhybridantrieb. Außerdem präsentiert Japans feinste Automarke erstmals in Europa den GS 350 AWD mit permanentem Allradantrieb. Die Basismotorisierung bildet der 2,5-l-V6; der GS 350 wird in Deutschland nicht verkauft.

Deutlich größer: Der Gepäckraum der neuen GSh-Generation. Dank der kompakteren Hinterradaufhängung packt er jetzt 23 % mehr ein als noch der Vorgänger, in Zahlen nach VDA-Norm sind das 482 Liter.

Erstmals bei der Lexus-Mittelklasse kommt eine Allradlenkung zum Einsatz, außerdem gibt es auch für alle Varianten eine straffer abgestimmte F-Sport-Ausführung.

Alle Lexus F-Sport-Modelle verfügen über ein Sportfahrwerk, modifizierte maßgeschneiderte Radaufhängungen, verstärkte Bremsen und entsprechende Räder. Getestet wurden sie auf dem Nürburgring, in den USA und auch auf dem Fuji-Rennkurs – daher das „F".

LDH steht für das (optionale) Lexus Dynamic Handling System, das die aktive Hinterradlenkung DRS (Dynamic Rear Steering) mit der variablen Lenkübersetzung VGRS (Variable Gear Ratio Steering) und der elektrischen Servolenkung EPS (Electric Power Steering) kombiniert. Oder auch, ganz kurz: der GS 450h F Sport hat 4WS (Four Wheel Steering, Allradlenkung).

Nachdem das nun geklärt ist, geht der Rest ganz schnell: Herzstück des GS 450h ist der in allen Bauteilen weiterentwickelte Vollhybridantrieb der zweiten Generation, Lexus verspricht einen auf 5,9 Liter auf 100 km gesenkten Kraftstoffverbrauch und nochmals stark reduzierte CO_2-, NOx- und Rußpartikel-Emissionen bei Fahrleistungen auf dem Niveau der Mitbewerber mit konventionellem Achtzylinder. Die Wechsel zwischen den beiden Motoren – eigentlich drei, ein V6-Benzintriebwerk, das nach dem Atkinson-Prinzip arbeitet, und zwei leistungsstarke Elektromotoren – funktioniert so weich und unmerklich wie nirgends sonst. Der Rest ist nicht anders als bei den konventionelleren Schwestern, Hightech-Ausstattungselemente wie die neue, energiesparende Klimaautomatik mit „S-Flow" und Nano-Technologie, das intuitiv bedienbare „Remote Touch"-Element, kombiniert mit dem weltweit größten in einem Serien-Automobil verbauten Multiinfo-Display, sowie eine Palette neuer Audiosysteme gibt es hier wie dort. Allerdings fordert das Batteriepäckchen weiterhin seinen Tribut in Form eines eingeschränkten Kofferraumvolumens: Passen normalerweise 566 Liter in das Kofferabteil, reisen hier lediglich 482 mit. Das ist zwar bei Vollbesetzung nicht die Welt, aber in der Praxis dürfte dieser Fall sowieso nicht allzu häufig vorkommen.

Seine Weltpremiere feierte der Vollhybrid auf der Frankfurter Autoshow im September 2011, im Oktober folgte dann die Vorstellung in Japan vor heimischem Publikum; die Einführung auf den verschiedenen Märkten erfolgte im Verlauf des Jahres 2012, beginnend mit den USA.

Modelle, Varianten, Preise:	
Modelle:	Limousine viertürig
Bauzeit:	Seit 2012
Motor:	Hybrid-System, bestehend aus 3456 ccm Dual-VVT-i V6 / 215 kW (292 PS) bei 6000/min permanent erregtem Synchronläufer 147 kW (200 PS) Systemleistung 245 kW (345 PS)
Ausstattung:	Klimaautomatik, Remote-Touch mit Multifunktionsdisplay, Rückfahrkamera, Soundsystem, Smart Key, elektr. einstellb. Sitze. Fahrdynamik-Management VDIM, LED-Tagfahrlicht, Bi-Xenon-Scheinwerfer. Executive Line: Adaptives Fahrwerk AVS mit Fahrmodusschalter, Außenspiegel elektr. einklappbar und stufenlos abblendend, beheizb. Ledersitze, 18-Zoll-LM, Park Assist. F Sport: Applikationen in Alu, Bi-LED, Kurvenlicht, Navigationssystem mit 8-Zoll-Farbdisplay, Heckspoiler, Kofferraumdeckel „Easy Load", 19-Zoll-LM, Sonnenschutzrollo für die Heckscheibe, Alu-Sportpedalerie, Sportsitze in Leder. Lexus Dynamic Handling System mit Allradlenkung und elektr. Servolenkung mit variablem Übersetzungsverhältnis VGRS. Luxury Line: Holz-/Lederlenkrad und -Wählhebel, 3-Zonen-Klimautomatik, Komfortsitze in Semianilinleder, Reifenluftdruck-Überwachung.
Varianten:	GS 450h, Executive Line, F Sport und Luxury Line
Preise:	Von € 54.750,- bis € 70.500,-
Chronik:	
2011:	August: Die vierte GS-Generation feiert als GS 350 ihre Weltpremiere beim Pebble Beach Concours d'Elegance. September: Weltpremiere für den GS 450h mit Vollhybridantrieb der zweiten Generation: Reduzierung des Benzinverbrauchs des V6 um 23 % auf nur noch 5,9 l / 100 km und der CO_2-Emissionen auf 137 g/km. Durch die Verwendung eines neuen Batteriepakets steigt das Kofferraumvolumen um mehr als 50 Prozent auf 482 Liter. Oktober: GS 450h-Premiere für den Heimatmarkt auf dem Salon in Tokio.
2012:	Juni: Markteinführung des neuen GS 450h. Vier Ausstattungslinien: GS 450h, Executive Line, F Sport, Luxury Line. Ab F Sport: Neue aktive Allradlenkung „Lexus Dynamic Handling"-System LDH: weltweit erste Vernetzung der dynamischen Hinterradlenkung DRS, der variablen Lenkuntersetzung VGRS und der elektrischen Servolenkung EPS. Maximaler Lenkwinkel 2,0 Grad, Wendekreis mit LDH 10,8 Meter. Der Lexus GS 450h ist damit der erste Serien-Pkw der Welt mit Hybridantrieb und integrierter Allradlenkung.

Das Interieur wurde erheblich überarbeitet, Herzstück ist das aus RX und CT bekannte Remote-Touch-System. Außerdem gibt es den zur Zeit größten Informations-Bildschirm (12,3 Zoll) sowie ein Head-Up-Display für den Fahrer. Weitere Highlights sind: adaptiver Tempomat, Spurhalte-Assistent, Totwinkel-Warner sowie ein Nachtsichtgerät.

Lexus LS-Serie

Mit dem Flaggschiff LS 400 präsentierte 1989 nicht nur die Marke Lexus ein neues – ihr erstes(!) – Modell, sondern auch Toyota eine ganz neue Edel-Marke. Um auf dem Markt der Luxuslimousinen Fuß fassen und sich dann auch behaupten zu können, so hatten die Strategen bei Toyota befunden, sei es besser, eine neue Marke zu positionieren, statt dem eher bieder-zuverlässigen Toyota-Image entsprechenden Glanz zu verleihen. Von Anfang an war klar, dass die Marke gegen die Besten der Welt antreten musste. Und dieses Konzept ging voll auf: Zumindest in den USA erzielte Toyota mit dem Lexus schöne (und deutliche Verkaufs-)Erfolge. In Europa allerdings sollten sich die Japaner in dieser Hinsicht überraschend schwer tun.

Lexus LS 400 (1990–1994)

Das ehrgeizigste Projekt in der bis dahin über 50-jährigen Geschichte des Toyota-Konzerns wurde 1983 in Angriff genommen. Damals fiel der Startschuss für den Bau eines Autos, das technisch und stilistisch neue Maßstäbe setzen sollte. Chairman Eiji Toyoda selbst hatte grünes Licht gegeben. Sechs Jahre lang hatten dann rund 1.400 Ingenieure, 2.300 Techniker und 220 Hilfskräfte der Toyota Motor Corporation an der Entwicklung dieser neuen Luxus-Limousine gearbeitet, die „in allen Belangen dem Standard der weltbesten Limousinen entsprechen" sollte. Rund 1,5 Milliarden Mark hatte die Entwicklung verschlungen, etwa 300 Patente waren in ihrem Verlauf vom Lexus-Team weltweit angemeldet worden.

So verkörperte der Name „Lexus" einen neuen Anspruch in der Luxus-Klasse, stand aber gleichzeitig auch für ein neues Vertriebssystem mit eigenständigen Verkaufs- und Servicestützpunkten. Toyotas Nobel-Marke wurde zunächst von einem selbstständigen Unternehmen vertreten, in der Bundesrepublik war das die Lexus Automobile Deutschland GmbH mit Sitz in Köln.

Der Lexus LS 400 war zunächst nur in den USA zu haben, wo er am 1. September 1989 zu den Händlern kam. Im März 1990 erfolgte seine Markteinführung in der Schweiz, zeitgleich mit seiner Vorstellung auf dem Genfer Autosalon, und im September 1990 schließlich gab es ihn auch in Deutschland zu kaufen. Anders als in den USA war der LS 400 in Europa über einen Zeitraum von mehreren Jahren das einzige Modell der neuen Luxus-Marke – erst 1993 kam in Europa mit dem GS 300 ein zweites Modell hinzu. Auf dem US-Markt dagegen hatte es von Anfang an neben dem LS 400 einen Lexus ES 250 gegeben, hinter dem sich aber keine

Mit der Achtzylinder-Limousine Lexus LS 400 startete Toyota in einem Markt, der bislang als Domäne europäischer Nobelmarken galt.

Während in Deutschland die Lexus-Verkäufe nur schleppend anliefen, war der repräsentative Viersitzer in den USA auf Anhieb ein Erfolg.

komplette Neuentwicklung verbarg: Der ES 250 mit 2,5-Liter-V6-Motor basierte auf dem Toyota Camry beziehungsweise dem Toyota Vista.

Für Toyota steckte hinter dem Lexus LS 400 eine ganz neue Philosophie: Jahrelang hatte man alles Wissen gesammelt, das es im Automobilbau und vor allem im Bau von Luxuslimousinen gab, hatte alle Lösungen bis ins kleinste Detail untersucht und sich dann schlichtweg angeschickt, einfach alles besser zu machen. Damit, so war in einer Presse-Information zur Markteinführung des Luxus-Wagens in Deutschland zu lesen, sei mit dem Lexus LS 400 zwar „das Auto… nicht neu erfunden, der Reifegrad bekannter Lösungen allerdings erheblich gesteigert" worden.

Wohin das schließlich geführt hatte, durften Anfang 1989 rund 160 Journalisten aus aller Welt auf bundesdeutschen Autobahnen und Landstraßen erleben. Als eine „Hochgeschwindigkeits-Wolke" bezeichnete Patrick Bedard von *Car & Driver* anschließend den Lexus und beschrieb damit seine Eindrücke von den Fahreigenschaften, der Ruhe im Wageninneren selbst bei hohen Geschwindigkeiten und der Kraft des Vierliter-Motors, dessen acht Zylinder 245 PS produzierten – eine „sündhafte Versuchung", wie der Motorjournalist meinte, der abschließend über den LS 400 urteilte: „Er pflügt durch den Wind mit einer Leichtigkeit, die normalerweise Dingen vorbehalten ist, die Flügel haben."

Schnurrwerk: Der Vierliter-Achtzylinder galt rasch als Maß aller Dinge im Luxus-Segment. Auch bei der Entwicklung der Mercedes-S-Klasse W 140 (1991–1998) zogen die Mercedes-Techniker den Lexus als Referenz heran.

Modelle, Varianten, Preise:	
Modelle:	Limousine
Bauzeit:	1989–1994
Motoren:	3969 ccm V8 / 180 kW (245 PS) bei 5400/min
Ausstattung:	Elektr. verstell- und beheizbare Außenspiegel mit Zeitrelais, beheizbare Heckscheibe mit Zeitrelais, Halogen-Hauptscheinwerfer, Scheinwerfer-Reinigungsanlage, elektr. geregelte Vierstufen-Automatik, Servo, Lederlenkrad mit Längs- und elektrischer Höhenverstellung, elektr. verstellb. Frontsitze, Airbag, ZV, Tempomat, Antriebsschlupf-Regelung (TRC), ABS, LM-Räder, Stereo-Kassettenradio mit sieben Lautsprechern, Klima-Automatik, EFH
Varianten:	LS 400
Preise:	DM 87.650,–

Chronik:	
1990:	September: IAA-Premiere für den Lexus LS 400. Die Luxus-Limousine wird über ein exklusives Netz von 22 Autohändlern vertrieben. Der LS 400 wird mit dem „Goldenen Lenkrad 1990" ausgezeichnet.
1992:	Anfang des Jahres wählen die Leser von auto motor und sport den LS 400 zum besten Importwagen in der Luxusklasse. Ende März umfasst das Händlernetz in der Bundesrepublik 32 Autohäuser. April: Preiserhöhung von DM 92.000,– auf DM 94.800,–. Oktober: 200.000ste LS 400 weltweit verkauft, davon Europa: 5196 Ex., in Deutschland: 1335 Einheiten. November: Modellpflege (Verkleidungen der Türschweller, unteren Partien an Front- und Heckschürze sowie an den Seiten sind lackiert, Kühlergrill). Gurtstraffer und ein Beifahrer-Airbag serienmäßig, vergrößerte Scheibenbremsen, 16-Zoll-LM-Räder.
1993:	Juli: LS 400 optinal mit Fahrwerkskit, 30 mm tiefer gelegt. September: Preiserhöhung auf DM 99.667,–; Händlernetz in Deutschland auf über 40 Stationen angewachsen.

Lexus LS 400 (1994–2000)

Im Oktober 1994 feierte der neue Lexus LS 400 Doppel-Premiere, er wurde nahezu zeitgleich auf der AAA in Berlin und auf dem Auto-Salon in Birmingham vorgestellt. Zu diesem Zeitpunkt waren von der ersten Generation weltweit über 300.000 Exemplare verkauft worden, in Europa waren es knapp 9.000. In Deutschland hatten die inzwischen rund 45 Lexus-Händler den LS 400 seit 1990 über 2.000 Mal verkaufen können. Der Oberklasse-Wagen bot in der zweiten Generation mehr Platz, mehr Komfort, mehr Ausstattung und mehr Leistung, war aber gleichzeitig sparsamer, leichter, sicherer und aerodynamischer als sein Vorgänger geworden.

Trotzdem ließ er sich äußerlich kaum von diesem unterscheiden. Die Front war etwas stärker konturiert, gekennzeichnet durch neue, große Scheinwerfer mit integrierten Nebelleuchten und einen neu gestalteten, geschwungenen Stoßfänger. Das Heck erschien gestreckter, besaß neue Rückleuchten und eine stärker ausgeprägte Abrisskante, und im Heckfenster erstrahlte jetzt eine dritte Bremsleuchte. Die Dachpartie wurde geringfügig abgesenkt. Mit 1.435 Millimetern fiel die Höhe des Automobils um 0,5 Zentimeter geringer aus, Länge und Breite blieben mit 5.005 bzw. 1.830 Millimetern exakt gleich. Dagegen wurde die Spur etwas verbreitert und der Radstand wuchs um 35 Millimeter, was sich im Verbund mit neugestalteten Innenverkleidungen in mehr Kopf-, Bein- und Schulterfreiheit niederschlug.

Überhaupt waren die Veränderungen im Innenleben der großen Limousine gravierender als die an ihrer äußeren Erscheinung. Die Motorleistung wurde um 19 auf 264 PS angehoben, das maximale Drehmoment stieg von 350 auf 365 Nm bei 4.600/min. Erreicht wurde dies unter anderem durch eine Erhöhung der Verdichtung auf 10,4:1, geänderte Ventilfedern und geänderte Steuerzeiten der Einlassventile. Die Höchstgeschwindigkeit blieb mit 250 km/h gleich, die Beschleunigung von 0 auf 100 km/h erfolgte nunmehr in 7,5 statt wie bisher in 8,5 Sekunden. Und trotz dieser gestiegenen Fahrleistungen fiel der Benzinverbrauch um fünf Prozent geringer aus als beim Lexus der ersten Generation. Eine Gewichtsreduzierung um 90 auf 1.680 kg und ein von 0,29 auf 0,27 gesenkter c_W-Wert machten sich hier vorteilhaft bemerkbar: Der neue Lexus LS 400, der intern unter der Bezeichnung 250 T lief, war der leichteste und der strömungsgünstigste Wagen seiner Klasse.

Auch in puncto Sicherheit hatte sich etwas getan: Der Seitenaufprallschutz war nochmals verbessert worden, die Einzelradaufhängungen waren rundum neu abgestimmt. Und die Ausstattung war nochmals komplettiert worden: Jetzt gehörten Ledersitze zur Serie, vorn und hinten beheizbar, die Klimaanlage ließ sich endlich für Fahrer und Beifahrer getrennt regeln und der Sechsfach-CD-Wechsler war nicht nur aus dem Kofferraum in ein zusätzliches Handschuhfach, sondern auch von der aufpreispflichtigen Zubehörliste in die Liste der Serienausstattung gewandert. Aufpreis kosteten beim LS 400 jetzt nur noch zwei Dinge: Ein elektrisch betätigtes Glas-Schiebe-/Hubdach und eine erstmals angebotene elektronisch geregelte Luftfederung.

Diese Luftfederung, wenn auch nur optional erhältlich, war vielleicht das Highlight des neuen LS 400. Sie passte das Fahrwerk automatisch nicht nur an den Beladungszustand des Wagens an, sondern auch an die Fahrgewohnheiten des Lenkers. Bei sportlich-schneller Fahrweise stellte sie das Fahrwerk straff und direkt ein und senkte den Fahrzeugaufbau für optimale Stabilität ab, bei entspannt-gleitender Fahrweise wurde die Bodenfreiheit vergrößert und das Fahrwerk auf makellosen Federungs-Komfort abgestimmt.

In das Modelljahr 1998 rollte der Lexus LS 400 in stark überarbeiteter Form.

Die Änderungen umfassten mehr als ein bloßes „Facelift“, gleichwohl konnte von einer neuen Generation noch keine Rede sein. Der

Zum Modelljahr 1995 präsentierte sich der Lexus in überarbeiter Form.

Modelle, Varianten, Preise:

Modelle:	Limousine
Bauzeit:	1994–2000
Motoren:	3969 ccm V8 / 194 kW (264 PS) bei 5400/min 3969 ccm VVT-i V8 / (284 PS) bei 5900/min ab 12.97
Ausstattung:	2 x Airbag, Leder-Vollausstattung mit beheizbaren Sitzen vorne und hinten, elektrisch verstellbare Frontsitze (Fahrersitz mit Memory-Funktion), D-Netz-Telefon mit Freisprecheinrichtung und Lenkradbedienung
Varianten:	LS 400
Preise:	DM 116.400,–

Chronik:

1994:	Im Oktober wird die zweite Generation des Lexus LS 400 auf der AAA in Berlin und auf dem Auto-Salon in Birmingham präsentiert – serienmäßig mit Seiten-Airbag. In Deutschland umfasst das nach wie vor exklusive Händler-Netz jetzt rund 45 Autohäuser, die in diesem Jahr genau 369 Exemplare des LS 400 verkaufen.
1995:	März: Auf Wunsch: Luftfederungs-System
1997:	Dezember: Umfassende Modellpflege, stärkerer Motor, bessere Ausstattung, Facelift.

Die Front prägten der geänderte Stoßfänger, die neue Frontpartie mit Xenon-Scheinwerfern und ein stärker konturierter Kühlergrill.

Das Heck prägten die neuen Rückleuchten.

V8-Motor leistete jetzt 284 PS, eine elektronisch gesteuerte, variable Verstellung für die Einlassnockenwellen (VVT-i-System) ließ das maximale Drehmoment um zehn Prozent auf 398 Nm bei 4.100/min anwachsen. Der stärkere Motor übertrug seine Kraft mittels eines neuen Fünfstufen-Automatikgetriebes auf die Hinterräder, sie sorgte auch für eine noch bessere Beschleunigung (6,9 statt bisher 7,5 Sekunden von 0 auf 100 km/h). Zur Serienausstattung gehörte jetzt eine elektronisch gesteuerte Fahrzeugstabilitätskontrolle (VSC, Vehicle Stability Control). Diesmal war das neue Modell auch von außen auf den ersten Blick zu erkennen, vor allem an der modifizierten Frontpartie mit den neuen Xenon-Doppelscheinwerfern (mit An- und Abschaltautomatik und automatischer Leuchtweitenregulierung), dem geänderten Kühlergrill und den weicher geformten, tiefer heruntergezogenen Kotflügeln. Der Stoßfänger war wuchtiger und verfügte über Nebelscheinwerfer. Das Heck wies neue Rückleuchten auf, statt der Zehn-Speichen-Felgen gab es jetzt hochglanzpolierte Fünf-Speichen-Felgen der Größe 7 JJ x 16.

Die Klima-Automatik maß nun auch den Schadstoffgehalt der Außenluft. Wurde der für zu hoch befunden, schaltete sie prompt auf Umluft. Die Fensterscheiben bestanden aus neuem, dickerem Glas. Trotz dieser unzweifelhaften Verbesserungen blieb der Preis mit DM 119.650,- gegenüber dem Vorjahresmodell unverändert.

Luxusklasse: Innen wie außen überzeugte die japanische Oberklasse durch Ausstattung und die gediegene Verarbeitung.

Lexus LS 430 (2000–2003)

In der dritten Generation erhielt das Flaggschiff von Toyotas Luxus-Marke Lexus einen neuen Namen: LS 430. Der deutete auch gleich eine der gravierendsten Änderungen an, war doch der Hubraum des bewährten und für seine Laufruhe vielgelobten V8 auf nunmehr 4.293 ccm angehoben worden. Das Aggregat leistete 282 PS und verfügte über ein maximales Drehmoment von 417 Nm bei 3500 U/min. Am 25. November 2000 kam der komplett neue Lexus LS 430 zu den deutschen Händlern, die ihn für die runde Summe von € 70.000,– oder DM 136.908,10 verkauften.

Erneut hatten die Ingenieure versucht, ein Auto, das in allen Belangen bereits echtes Oberklasse-Niveau aufwies, nochmals in sämtlichen Details zu verbessern. Ein nahezu sensationelles Ergebnis erzielten sie dabei beim cW-Wert, der von sehr guten 0,27 nochmals auf 0,25 gesenkt werden konnte. Damit zählte der LS 430 auch zu den leisesten Oberklasse-Limousinen der Welt – ein von den Ingenieuren vorrangig angestrebter Effekt. Zu den Weltneuheiten, die in diesem Modell debütierten, zählten unter anderem eine Klima-Automatik mit oszillierenden Luftdüsen, klimatisierte Frontsitze und ein High-End-Audiosystem von Mark Levinson, das zusammen mit einem DVD-Navigationssystem als Sonderausstattung angeboten wurde.

In Deutschland wurde das Flaggschiff der Lexus-Flotte, das nicht nur, aber vor allem auch in der Heckansicht deutlich an die alte S-Klasse von Mercedes (W 140) erinnerte, serienmäßig mit semi-aktivem Fahrwerk und Luftfederung ausgeliefert. In dieser Kombination verband sich ein Höchstmaß an Fahrkomfort mit hervorragenden Stabilitäts- und Handlingeigenschaften. Der LS 430 rollte auf 17-Zoll-Leichtmetallrädern und Reifen der Größe 255/55 R 17. Er verfügte über vier innenbelüftete Scheibenbremsen, ABS und elektronische Bremskraftverteilung (EBD) und war darüber hinaus mit allen elektronisch gesteuerten

Modelle, Varianten, Preise:	
Modelle:	Limousine
Bauzeit:	2000–2003
Motoren:	4293 ccm VVT-i V8 / 207 kW (282 PS) bei 5600/min
Ausstattung:	6 x Airbag, ABS, Fünfstufen-Automatik, Bordcomputer, Brems-Assistent, elektrische Fensterheber, Lederausstattung, Luftfederung mit automatischer Niveauregulierung, Multifunktions-Lenkrad in Holz-/Lederausführung, Park Assist, automatisch und stufenlos abblendender Rückspiegel, Scheibenwischer über Regensensor aktiviert, schlüsselloses Ver- und Entriegelungssystem Smart-Key, Xenon-Licht mit dynamischer Leuchtweitenregulierung
Varianten:	LS 430
Preise:	DM 136.908,10
Chronik:	
2000:	November: Einführung LS 430 als Nachfolger des LS 400.
2003:	November: Modellpflege, bessere Ausstattung, Facelift.

Der LS 430 war den Luxuslimousinen dieser Welt mehr als ebenbürtig. Nach wie vor faszinierte der außergewöhnlich laufruhige V8, der nun 4,3 Liter Hubraum aufwies.

Fahrhilfen ausgestattet, die sich denken ließen. Dazu gehörten z.B. ein Bremsassistent, das Fahrzeugstabilitätsprogramm VSC sowie die Antriebsschlupfregelung TRC.

Die neue Premium-Limousine entsprach in Länge und Breite den Maßen des Vorgängers, doch sorgten unter anderem eine Verlängerung des Radstands um 7,5 cm und die Verlegung des Kraftstoffbehälters für ein deutliches Plus an Innen- und Gepäckraum. Und dass Lexus immer schon auch Luxus bedeutete, das bewiesen im LS 430 Details wie die Geschwindigkeitsregelanlage, die sensorgestützte Einparkhilfe, die ebenfalls sensorgestützte automatische Aktivierung von Scheinwerfern und Scheibenwischern oder eine so unmerkliche Kleinigkeit wie die automatisch und stufenlos abblendenden Rückspiegel innen und außen.

Die Liste mit der aufpreispflichtigen Sonderausstattung war auch beim neuen LS 430 nicht lang, sie umfasste nach wie vor das Glas-Schiebe-/Hubdach, jetzt auch wieder das Mobiltelefon mit Freisprecheinrichtung und Lenkradbedienung, das in der zweiten Generation schon einmal zur Serie gehört hatte, und das bereits erwähnte DVD-Navigationssystem mit High-End-Audioanlage. Erstmals gab es auch ein bescheiden „President-Line“ genanntes Ausstattungspaket, das neben Navigation und HiFi noch elektrisch einstellbare Fondsitze außen beinhaltete mit Massagefunktion in der Rückenlehne und Memory-Funktion, Rückenlehne im Fond mit integriertem Kühlfach, Mittelarmlehne mit integrierter Bedieneinheit für Audio und separate Fond-Klima-Automatik sowie Seitenfenster mit integriertem Sonnenschutzrollo.

Lexus LS 430 (2003–2006)

Früher war alles besser. Damals galten zwar Individualisten auch eher als Eigenbrötler, sie konnten ihren Nonkonformismus aber wenigstens im Auto bestens zum Ausdruck bringen. Ente, Käfer oder ein alter Roadster, ein rostiger Volvo oder ein R4 passten vorzüglich zum dunkelbraunen Cordanzug und Bruyere-Pfeife. Doch was trägt der gereifte Nonkonformist heute? New Beetle, Pluriel oder MGF? Stille Genießer mit entsprechendem finanziellen Hintergrund, so die Hoffnung von Lexus, setzten sich vielleicht in einen LS 430. Es gibt kaum eine Möglichkeit, sich so positiv von der Menge abzuheben. Gleichwohl: Individualismus ist nicht nur eine Frage des Standpunkts, sondern auch des Wohnorts.

In den USA ist der LS nun wahrhaftig keine Ausnahmeerscheinung. In Deutschland schon. Mit mehr als 250 Lexus-LS-Verkäufen rechnet man zumindest im ersten Jahr auch gar nicht.

Die Evolutionsstufe des nur drei Jahre zuvor präsentierten LS feierte auf der 60. Internationalen Automobil-Ausstellung IAA in Frankfurt im September 2003 ihre Premiere, und man musste schon sehr genau hinsehen, wollte man gravierende Unterschiede entdecken. Der umfassende Facelift zeigte sich mit niedrigerer Motorhaube, modifizierter Front, schräg gestellten, serienmäßigen Xenon-Klarglasscheinwerfern, dynamisch geregeltem Kurvenlicht und LED-Rückleuchten. Und wer besonders scharf hinschaute, konnte auch die riesigen 18 Zöller entdecken, die mit Reifen der Dimension 245/45 bestückt waren und die 17-Zoll-Räder des

Im September 2003 stellte Toyota den milde aufgefrischten LS 430 vor.

Dank neu gestalteter Front und neuen Rädern noch eine Spur eleganter als zuvor: der LS 430, mit einem c_W-Wert 0,26 gesegnet. Und außerdem noch günstiger: 72.000 Euro.

Vormodells ersetzten. Unter der ausgesprochen konservativen Karosserie brillierte das Flaggschiff der Marke durch eine Unzahl von Verbesserungen, die ein schönes Beispiel sind für das, was Toyota zum Prinzip erhoben hat: „Kaizen“, die ständige und beständige Verbesserung. Unter der Haube verrichtete der sanft säuselnde 4,3 Liter-V8 seine Arbeit. Unaufgeregt, ruhig, gewandt und geschmeidig, unterstrich die neue Sechsgang-Automatik mit sequenzieller Ebene die Vorzüge dieses leisen Riesen noch zusätzlich: „Ihre enge Abstufung und die längere Übersetzung im höchsten Gang sorgen für optimale Ausnutzung des Drehmoments“ (*auto motor und sport*). Und selbst die Konkurrenz musste zugeben, dass Lexus wieder einmal ein ganz großer Wurf gelungen war: „Von der Produktsubstanz ist der Lexus ein sehr gutes Auto, das mittlerweile in vielen Eigenschaften mit der S-Klasse gleichgezogen hat oder sie sogar übertrifft“, so das Urteil von BMW über den Konkurrenten der Siebener-Reihe. In dem internen Vergleichspapier findet sich allerdings kein Wort über die Vorzüge des neu abgestimmten, semi-aktiven Fahrwerks mit Luftfederung („selbst bei hohen Tempi vermittelt er ein Gefühl großer Sicherheit“ – *ams*), nichts über das erweiterte Airbag-Paket mit Knieairbags für Fahrer und Beifahrer, das neue System der Reifenluftdrucküberwachung, das schlüssellose Schließsystem oder die klimatisierten Vordersitze. Das Fazit der BMW-Mannen („luxuriös, aber langweilig … Lexus ist eine Kunstmarke ohne Heritage und Persönlichkeit“) deckte sich denn auch nicht mit der Meinung der Tester („Nie zuvor spielte der Lexus seine Rolle als Refugium der Ruhe so überzeugend“) und schon gar nicht mit dem der Kunden, die den Lexus in den Kundenzufriedenheitsstatistiken um Längen vor allen anderen platzierten.

Individualismus kann so schön sein…

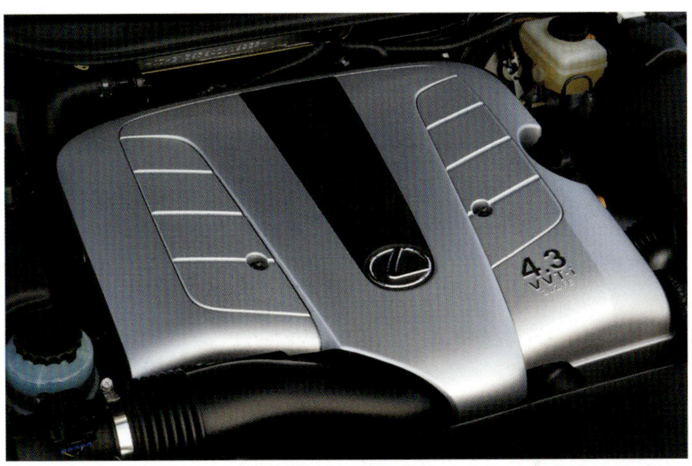

Nach Beobachtungen von Eurotax Schwacke sind Lexus LS wertstabiler als deutsche Premium-Produkte. Der Restwert eines vergleichbaren Audi A8 beträgt nach zwei Jahren nur noch knapp 50 %, der LS hat noch 64 % Restwert. Mit dazu bei trägt, neben den Bestnoten in den Kundenzufriedenheitsstudien, auch die Tatsache, dass ein Lexus ein deutlich exklusiveres Fortbewegungsmittel darstellt als Audi & Co.

Modelle, Varianten, Preise:	
Modelle:	Limousine
Bauzeit:	2003–2006
Motoren:	4293 ccm VVT-i V8 / 207 kW (282 PS) bei 5600/min
Ausstattung:	8 x Airbag, ABS, BA, VSC, TRC, 6-Stufen-TipMatic, Lederausst., Cruise-Control, autom. Ein-/Ausschaltfunktion, Scheinw.-Reinigung, Klimaautomatik, LM-Räder 18 Zoll, Luftfederung, Reifendruck-Warnsystem, Sitze beheizt und elektr. verstellbar, Xenon-Kurvenlicht. President Line: GPS, Mark Levinson Soundsystem, Einparkhilfe mit 10 Sensoren, Fondsitze elektr. einstellbar mit Massagefunktion, Fond-Rückenlehne mit Kühlfach, Klimaautomatik hinten, Seitenfenster mit integr. Sonnenrollos.
Varianten:	LS 430
Preise:	€ 72.000,–

Chronik:	
2003:	September: Premiere auf der IAA in Frankfurt für den modifizierten Lexus LS 430. Facelift, 18-Zoll-Räder, verbesserte Ausstattung, Knieairbags für Fahrer und Beifahrer. Auf der Aufpreisliste: Metalliclack (€ 900,–); Glas-Schiebe-/Hebedach (€ 1.300,–); GPS/Audio-System (€ 4.700,–), President-Linie (€ 8.300,–)

Lexus LS 460 (2006–2012)

624 Seiten. In Worten: Sechshundertvierundzwanzig. Das entspricht dem Umfang der Harry-Potter-Bände eins und zwei, kennzeichnet in diesem Zusammenhang aber das Format der Bedienungsanleitung des LS 460. Der Unterhaltungswert ist vielleicht geringer, aber die Lektüre nicht minder spannend und mitunter sogar rätselhaft: Was um Himmels willen ist ein ACC? Oder ein PCS? Und wie viel Phantasie muss man haben, um sich ein ODS einfallen zu lassen?

Andererseits: Über den Lexus LS, diese Krone japanischer Automobilschöpfung, ist schon viel geschrieben worden. Über seine Herkunft, seine Bedeutung für den Automobilbau. Vom Ansatz des Von-innen-nach-außen-Entwickelns, vom ehrgeizigen Vorhaben, das beste Auto der Welt zu bauen, und vom Bestreben, einen Motor mit unerreichter Laufkultur zu schaffen. Jetzt also, zum Genfer Salon 2006, erschien das beste Auto der Welt. Wieder einmal. Und diese vierte LS-Generation zeigte sich so sehr auf Fahrkomfort und Luxus hin abgestimmt, dass man andere Bewertungskategorien lieber beiseite lässt, um diesen Lexus in seinem wahren Kern zu ergründen.

Und das geht vielleicht am besten von der Rückbank aus. Der Rücksitz, früher profan zur Mitnahme eines Passagiers gedacht, ist in der Langversion – jawohl, erstmals gibt es den LS auch mit verlängertem Radstand – auszieh- und belüftbar, in schmeichlerisches Leder gehüllt und von dicken Bodenteppichen umflort. Wer hier Platz nimmt, hat ein gutes halbes Stündchen zu tun, um alle Funktionen des Gestühls zu erkunden, die Kopfstützen elektrisch auf und ab oder die Sonnenrollos vor- und zurückgleiten zu lassen. Natürlich sind auch in einem Lexus diese Goodies nicht zum Nulltarif zu haben, wer sich die 8500 Extra-Euros für die Ambience-Ausstattung leisten kann, sollte sich das aber ruhig gönnen: der Spielwert ist enorm. Das hier ist eine rollende Wellness-Oase, die außerdem noch verdammt gut klingt: Eine Pioneer-Konzertanlage mit zehn Lautsprechern ist sowieso schon in der Basisausstattung an Bord. Wobei: Dem Wörtchen Basis haftet der Ruch von Ärmlichkeit und Entsagung an, man sollte einen Lexus aber nicht nach diesen Maßstäben messen. 624 Seiten Bedienungsanleitung wollen gefüllt sein.

Lexus rollte den LS 460 auf der Autoshow in Detroit im Januar 2006 ins Rampenlicht. Die Japaner hatten statt des erwarteten wuchtigen Möbelwagens einen optisch eleganten, fast grazilen Wagen geschaffen.

Doch als erstes sollte man nicht die Tür, sondern die Motorhaube öffnen. Wohl verwahrt unter edel wirkendem Kunststoff, der einen unwillkürlich nach einem Designerlabel suchen lässt, säuselt der neu konstruierte 4,6-Liter-V8 mit kombinierter Schaltsaugrohr- und Direkteinspritzung, wunderbar kultiviert, aber sportlicher Gangart eher abhold. Eine 381 PS starke, breitbandige Horrorvision für die Freunde kernigen Achtzylindersounds, aber ein Garant dafür, dass die Herzfrequenz nicht über 75 Schläge steigt. Unterstützt wird diese Großtat automobilen Schaffens von einem neuen Automatikgetriebe, das acht Fahrstufen aufweist. Darunter tut es der neue LS nicht, und nur Kleingeister werden deren Notwendigkeit in Frage stellen. Die Souveränität, mit der der Lexus beschleunigt, heischt

Der LS 460 verkörpert, so Lexus, die Quintessenz der Marke. Er läuft im japanischen Werk Takahara vom Band. Jeder V8-Motor wird dort per Stethoskop auf den richtigen Klang hin untersucht.

Respekt, und bei Tempo 180 liegt der Innengeräuschpegel bei 71 d(BA). Ein Schnarchen ist lauter.

Bestimmt haben sich auch über das Fahrwerk ganze Heerscharen von Entwicklern hergemacht. Glückwunsch an die Ingenieure, sie haben geschmiedetes Aluminium sowie sinnreich geformte Achsschenkel und Querlenker, schwingungsdämpfende Lager und Vorspurkorrekturlenker in nahezu perfekte Beziehung zueinander gebracht, die elektrohydraulische Bremsanlage wie auch die elektrische Servolenkung samt variabler Lenkübersetzung listenreich und verantwortungsbewusst aufeinander abgestimmt. Und dennoch gibt es darüber eigentlich nichts zu sagen, außer: Der Zweitonner ist in jeder Lebenslage sicher auf dem Asphalt verankert. Die Präzision, mit der das Dickschiff um die Ecken wischt, weckt Vertrauen. Dass engste Serpentinenstraßen nicht unbedingt zum bevorzugten LS-Terrain gehören, ist trotz automatischer Wankstabilisierung aber ebenso klar. Die Federelemente, über die man normalerweise auch keine Worte verlieren müsste, steigern sich zum tragenden Bestandteil des Luxus-Konzeptes. Das adaptive Luftfahrwerk lässt kaum Rückschlüsse auf die Fahrbahnunebenheiten zu; Lexusfahren ist wie Schweben auf einem fliegenden Teppich.

Letztlich haben nicht nur die Techniker, sondern auch die Designer Mut bewiesen: Lexus Nummer vier ist aus dem langen Schatten der S-Klasse herausgetreten und hat das L-Finesse-Design umgesetzt, ohne dabei ins Plumpe zu verfallen: Der Fünf-Meter-Riese mit dem auf 2,97 Meter gereckten Radstand zeigt Pfiff und Eleganz, und nur von deutschen Magazinen kann der Hinweis auf einen Kofferraum kommen, der zwar mit 505 Liter ganz anständig, andernorts aber noch größer ausfällt. Wohl wahr: Fünf stämmige Wohlstandsbürger haben im ICE bestimmt mehr Platz. Aber bestimmt keine geschmackvoll aufgemachte, 624 Seiten starke Bedienungsanleitung im gediegenen Einband.

Modelle, Varianten, Preise:	
Modelle:	Limousine viertürig
Bauzeit:	Seit 2006
Motoren:	4608 ccm Dual VVT-i V8 / 280 kW (380 PS) bei 6400/min
Ausstattung:	10 x Airbag, ABS, EBD, BA, TRC, VSC, Reifen-Luftdrucküberwachung, Fahrdynamik-Management VDIM, adaptives Fahrwerk AVS, Luftfederung, Zuziehhilfe f. Türen und Kofferraum. Reifen 245/40 R18, Bi-Xenon, Kurvenlicht, RDS-Radio, CD-Player m. 6fach-Wechsler, DVD m. Sprachsteuerung, Leder, Park Assistent, elektr. Sonnenschutzrollo. Ambience: Glas-Schiebe-/Hubdach, beheizb. Lenkrad, klimatisierte Sitze im Fond, Semianilin-Leder. Impression: Einparkassistent, Mark-Levinson-Audioanlage, Kofferraumautomatik.
Varianten:	LS 460, Ambience, Impression
Preise:	€ 82.000,-
Chronik:	
2006:	März: Weltpremiere auf dem Genfer Salon für die vierte LS-Generation und die zweite, die von Grund auf neu entwickelt worden ist.
2008:	August: Weltpremiere für den Lexus LS 460 AWD („All-Wheel-Drive") mit permanentem, variablem Allradantrieb des LS 600h auf der internationalen Automobilausstellung in Moskau. Auslieferung ab Dezember, ab € 88.850,-. Modellpflege: Gepäckraumvolumen um 60 auf bis zu 565 Liter gewachsen.
2010:	Einführung Ausstattung Dynamic Line

Der neue Lexus LS 460 AWD mit permanentem, variablem Allradantrieb wurde Ende August 2008 in Moskau vorgestellt und ging in Deutschland Anfang Dezember in den Handel.

Nur dem LS 460 mit Hinterradantrieb vorbehalten bleibt die 2010 eingeführte Sportausführung „Dynamic Line" mit geschmiedeten 19-Zoll-BBS-Räder, einer strafferen Antriebs- und Fahrwerksauslegung, Brembo-Bremsen, Schaltwippen am Lenkrad und Sportsitzen. Ein Sportwagen ist der LS trotzdem nicht.

Lexus LS 600h (seit 2007)

Der Untergang des Schwabenlandes hat noch nicht stattgefunden. 25 Jahre nach seiner Premiere gibt der Lexus LS in Deutschland noch die exotische Alternative. Zu häufig wird er als verunglückter Mercedes angesehen, vor allem von jenen, die selbst die Kopfstützenschonbezüge mit dem Stern dekorieren.

Die optische Zurückhaltung an der Grenze zur Selbstverleugnung hat mit dem LS 460 ihr Ende gefunden, und der LS 600h ist die mit dem gleichen frischen Schwung gezeichnete Hybrid-Version davon. Dank des neuen L-Finesse-Designs darf nun ein LS auch optisch den Charakterdarsteller geben. Mit Achtzylinder, Elektromotoren, Allrad, Leder und sonstigem Allerlei hat das Weltauto des Jahres 2007 zwar ein anständiges Päckchen zu tragen, doch aus dem Anzug quillt er nicht: Mit einem Gewicht von 2,2 Tonnen ist der Hybrid nicht schwerer als ein Stuttgarter Zwölfzylinder.

Was eine gewisse Gemeinsamkeit impliziert, andererseits trennen die beiden Welten. Denn der Hybrid-LS hat das Zeug, die vielleicht letzte Bastion der deutschen Premium-Hersteller zum Wanken zu bringen und einen Imagewandel einzuläuten: Weg vom Mercedes-Kopisten hin zur Technik-Führerschaft: Objekterkennung mittels Infrarotkamera, Notfall-Lenkassistent, ein Gesichtsfeldmonitor wie auch das Heck-Pre-Crash Safety System sind Weltneuheiten, die Lexus in den Serienbau einfließen lässt. Und dann, natürlich, das alternative Antriebskonzept.

Die Lexus-Technikoffensive hat, trotz Ansage, die Deutschen auf dem falschen Fuß erwischt. Mercedes-Entwickler wurden abkommandiert, um dem amerikanischen Partner Chrysler auf die Beine zu helfen, und dort gab es ganz andere Probleme. Dazu kamen der Zeitgeist, die explodierenden Ölpreise auch in den USA und die Diskussion um die Klimaerwärmung und den Anteil des Automobils daran.

In den süddeutschen Landen hat man sich auf die immer sparsameren Diesel verlassen und dabei die Oberklasse zunächst ausgeklammert. Dort galten Zwölfzylinder, zu haben etwa im 600er Mercedes, als Inbegriff des automobilen Luxus. Der kostete zum Zeitpunkt der LS-Premiere rund 150.000 Euro, bot einen 517 PS starken V12 und ein Drehmoment-Gebirge von 830 Nm. Der Durchschnittsverbrauch lag bei 14,3 Liter (und über 21 Liter im Stadtverkehr), die CO_2-Emmission bei 340 Gramm pro Kilometer. Das Ganze verteilte sich auf 5,26 Meter Länge und reichlich 3,615 Meter Radstand. Die 5,08 Meter lange Kurzvariante, der 500er mit 388 PS starkem V8-Motor, wurde mit einem Durchschnittswert von knapp unter 12 Liter angegeben, und in der Stadt schrammte der Schrumpfgermane an der 18-Liter-Marke vorbei. Die CO_2-Emission lag bei rund 280 g/km. Die Preisliste begann bei schlanken 92.000 Euro. Mit einer eigenen Hybrid-S-Klasse konnten die Schwaben erst 2009 aufwarten. Dabei handelte es sich aber um einen Mildhybrid.

In München kann man immerhin auf eine Alternative in der Luxusliga verweisen. Dort gibt es, theoretisch zumindest, eine 260 PS starke Variante des Sechsliter-Zwölfzylinders 760iL mit Wasserstoffantrieb – wenn auch nur auf Leasingbasis für rund 100 VIPs und Politiker, aber immerhin. Bestimmt hat man in Tokio mit einem Gläschen Sake auf den Erfolg der bayerischen Konkurrenz angestoßen, möglicherweise auch in vollendeter japanischer Höflichkeit eine Glückwunschadresse formuliert, um sich dann dem Serienanlauf der dritten Hybrid-Generation zu widmen – die dann dank der Kooperation künftig auch Partner BMW zugute kommen wird.

Doch schon diese zweite legt sich energischer mit der deutschen Elite an als jeder andere Mitbewerber – auch wenn der 600h kein Sechsliter-V12 ist, sondern ein Fünfliter-V8. Allerdings einer mit Zwölfzylinder-Fahrleistungen bei einem Durchschnittsverbrauch im einstelligen Bereich und einem CO_2-Ausstoß von 230 Gramm. Das ist zwar immer noch weit von den EU-Grenzwerten von 140 g/km entfernt, aber um Welten besser, als es bis zu dem Zeitpunkt die Gralshüter deutscher Premium-Herrlichkeit hinbekommen hatten. Und freundliche 50.000 Euronen günstiger als der S 600, Allradantrieb per Torsen-Differenzial inkludiert. Die Systemleistung liegt bei 445 PS, wenn der V8 alleine schuften muss, schiebt er mit 394 PS und 520 Newtonmeter den Asphalt nach hinten. Technisch leitet sich der Hybridantrieb vom bewährten GS 450h ab.

Die Kombination ist unglaublich gut gelungen, bietet feistes Drehmoment (300 Nm!) schon ab Leerlauf (nicht umsonst hat ein Elektroantrieb den größten Wirkungsgrad), enttäuscht lediglich in der Sprintwertung: Der S 600 passiert klar schneller die 100-km/h-Marke. Zum sprichwörtlichen Tritt ins Kreuz lässt sich der Lexus auch bei heftigem Gaspedaleinsatz nicht verleiten, der LS marschiert eher

Der LS 600h riss auch die deutsche Motorpresse zu Begeisterungsstürmen hin. „Den Lexus zu sehen heißt einen Premiumhersteller im Zenit seine Schaffen zu erleben", schwärmte die Auto Revue, und „nach unserem Eindruck gab es noch nie ein Auto aus Japan, das dem deutschen Ideal des fahraktiven Luxusmobils so nahe gekommen ist wie der Lexus", ergänzte die FAZ.

Hoflieferant: Kein Maybach, Bentley oder Mercedes, ein Lexus: Das Fürstenhaus in Monaco fährt Feines aus Japan. Die Vorarbeiten am Landaulet-Projekt begannen im September 2010.

Den Umbau führte die belgische Firma Carat Duchatelet in Lüttich durch. Diese hatte 1968 als Tuningschmiede für Luxusfahrzeuge begonnen und parallel dazu mit dem Bau von gepanzerten Limousinen.

Der Umbau verschlang rund 2000 Arbeitsstunden; allein Endmontage und Qualitätskontrolle beschäftigten zehn Techniker und Ingenieure mehr als zwei Wochen lang.

Einzelstück: Das LS 600h L Landaulet für die Hochzeit im monegassischen Fürstenhaus im Juli 2011. Das transparente Dach bestand aus einem Stück Polycarbonat, war acht Millimeter dünn und wog lediglich 26 Kilogramm.

Die vierte LS-Generation wurde erstmals auch mit langem Radstand angeboten. Im Bild die in den USA vermarktete Sonderserie Pebble Beach von 2008.

mit der Sturheit eines Schwaben, der zum abendlichen Stammtisch strebt, voran. Das Fahrwerk ist ganz auf der komfortablen Seite und gibt sich viel handlicher, als man dem Dampfer zutrauen möchte. Sauberes Einlenken trotz eines vielleicht etwas synthetischen Lenkgefühls, zartes Gleiten über lange Bodenwellen, nur im Sportmodus – die serienmäßige Luftfederung kann per Schalter auf der Mittelkonsole verstellt werden – erfährt der Lexus-Pilot etwas von den Schlampereien der Straßenbauämter. Als Kurvenfeger sollte man den Lexus sowieso nicht missverstehen, wiewohl die komplette Riege der Fahrdynamik-Regelsysteme Gewehr bei Fuß steht und sanft, wenn auch mit Nachdruck, eingreift. Ein entspanntes, völlig unaufgeregtes Fahren, wie geschaffen für lange Autobahnetappen. Der Innengeräuschpegel ist so niedrig, dass nur der Blick auf die mit bis zu 250 km/h vorbeiziehende Landschaft verrät, dass sich hier auch wirklich etwas bewegt. In Eisenbahnmuseen sieht man gelegentlich noch alte Wagenschilder mit der Aufschrift „Blumenpflücken während der Fahrt verboten“. Lexus sollte sich überlegen, so einen Aufkleber in die Liste der Extras aufzunehmen. Dann hätten sie wieder etwas zu bereden an ihren Stammtischen. Besonders im schwäbischen Stammland.

Wer sich für die Langversion entscheidet, sollte auch das Wellnesspaket mit hinterem Ottomanen ordern, kann sich dabei den Rücken massieren lassen und, mit „Rear Seat Entertainment“ und 9-Zoll-Bildschirm, das TV-Programm empfangen.

Der LS 600h erhielt 2010 einen eigenständigeren Kühlergrill mit vier statt fünf Horizontalstreben und blauem Hybrid-Logo sowie weitere Detailmodifikationen wie Brembo-Bremsen. Außerdem wuchs das Gepäckraumvolumen auf 420 Liter.

Modelle, Varianten, Preise:	
Modelle:	Limousine viertürig
Bauzeit:	Seit 2007
Motoren:	HSD-System, bestehend aus 4608 ccm / 280 kW (380 PS) bei 6400/min permanent erregtem Synchronläufer
Ausstattung:	Allrad, 10 x Airbag, ABS, EBD, BA, TRC, VSC, Reifen-Luftdrucküberwachung, Fahrdynamik-Management VDIM, adaptives Fahrwerk AVS, Luftfederung, Zuziehhilfe f. Türen und Kofferraum. Reifen 245/40 R18, LED, Kurvenlicht, RDS-Radio, CD-Player m. 6-fach-Wechsler, DVD m. Sprachsteuerung, Leder, Park Assistent, Sonnenschutzrollo elektr. Ambience: Glas-Schiebe-/Hubdach, beheizb. Lenkrad, klimatisierte Sitze im Fond, Semianilin-Leder. Wellness: Ottomanen-Liegesitz mit Massagefunktion.
Varianten:	LS 600h, LS 600h L
Preise:	€ 99.850,-/€ 107.350,-
Chronik:	
2006:	April: Weltpremiere für den LS 600h auf der New York International Automobile Show. September: Europa-Premiere des Lexus LS 600h beim „Mondial de l'Automobile“ in Paris. Auch mit zwölf Zentimeter längerem Radstand als LS 600h L lieferbar.
2007:	April: Deutschland-Premiere für den LS 600h auf der Automesse AMI in Leipzig. Unterschiede zum LS 460: „Hybrid“-Embleme, blaue Applikationen im Bereich der Heckleuchten, polierte LM-Räder, Sonderlack, LED-Scheinwerfer mit transparenten blauen Ringen.
2010:	August: Markteinführung.
2011:	Juli: Ein vom belgischen Karossier Carat Duchatelet umgebauter LS 600h L kommt am 2. Juli 2011 als Hochzeitsfahrzeug bei der Hochzeit von Fürst Albert von Monaco und Mademoiselle Charlene Wittstock zum Einsatz. Der Wagen bleibt ein Einzelstück.

Lexus LS 460/600h (seit 2013)

Montag, 30. Juli 2012: In San Francisco stellte Lexus mit den Modellen LS 460 und LS 600h die neue LS-Baureihe vor. Der Auftrieb ist gewaltig, immerhin ist der LS nicht irgendein neuer Lexus: Er ist das Flaggschiff der Marke, jener Wagen, mit dem die Lexus-Erfolgsstory begonnen hat. Mehr als 500 geladene Gäste aus Kunst und Kultur, Designer, Models, Schauspieler und Fotografen kamen in chilliger Club-Atmosphäre zusammen – die Zeiten, in denen man einfach einen neuen Wagen in Showrooms rollte und ein paar Fähnchen aufhängte, sind längst vorbei. Dabei hat der neue LS die Lifestyle-Inszenierungen mit edlen Fotos an den Wänden, Neon-Flitter und hipper Lounge-Attitude eigentlich gar nicht nötig. Er wirkt auch so.

Auch wenn sich die Seitenlinie nicht groß geändert hat, gibt es doch unter dem Blech, abgesehen vom prachtvollen V8-Motor und der Achtstufen-Automatik, jede Menge Neues zu entdecken – wenn man denn weiß, wo man suchen muss. Rund 3000 Änderungen flossen in die neue Generation gegenüber dem aktuellen LS ein, darunter Optimierungen in punkto Fahrdynamik und Komfort sowie der Einsatz branchenführender Technologien. Ohne jetzt jede Schraube im Einzelnen nachsehen zu wollen: Dass die Lexus-Entwickler ihr Meisterstück wieder ein Stückchen näher an die Vollendung gebracht haben, darf man getrost voraussetzen.

Geprägt wird der Auftritt vom neuen Design, insbesondere der neuen Frontgestaltung mit dem Diabolo-Kühlergrill, der die Designlinie „L-Finesse" weiterführt. Und alles, was leuchten kann – chic: die vertikal angeordneten Nebelscheinwerfer mit den weltweit kleinsten PES-Projektionsscheinwerfern –, tut dies, zumindest optional, mittels energiesparender LED-Technologie.

Der Fortschritt im Verborgenen lässt sich am besten an unzäligen kleinen Verbesserungen und Optimierungen ausmachen, von denen man vielleicht zunächst nur wenig merkt. Dass etwa durch neue Laserschweißverfahren und Klebetechnologien Lexus die Steifigkeit der Karosserie weiter erhöht hat, nimmt man gerne

Am 30. Juli 2012 wurde der neue LS in San Francisco vorgestellt, eingerahmt von Bildern der Mode-Fotografin Ellen von Unwerth. „Lexus Laws of Attraction" hieß die exklusive Fotoserie.

Der Diabolo-Kühlergrill verleiht den neuen LS eine größere Präsenz und eine stärkere Markenidentität. Das neue Markengesicht steht auch für eine signifikante Verbesserung der Fahrdynamik, von Ansprech- und Fahrverhalten.

Der Lexus LS zählte bislang schon zu den leisesten Fahrzeugen der Welt, der LS des Jahres 2013 ist aber noch besser gedämmt. Gegen Aufpreis gibt es besonders leise abrollende Hohlkammer-Räder.

Die Überarbeitung fand vor allem unter dem Blech statt. Gut 3000 Teile wurden gegenüber dem Vorgänger verändert. Natürlich gibt es wieder einen LS mit langem Radstand.

Das Advanced Illumination System (AIS) mit champagnerfarbenen Leuchten und LED-Instrumentenbeleuchtung wertet den edlen Innenraum noch weiter auf. Über das Remote-Touch-Bedienelement und das 12,3 Zoll große Display lassen sich sämtliche Funktionen des Infotainment-Systems intuitiv bedienen.

Die Klimatisierung aller Sitze erfolgt über die zentrale Klimatisierungsautomatik (Lexus Klima Concierge), die mit 13 Sensoren die optimale Temperatur für jeden Passagier regelt.

zur Kenntnis, ohne sich richtig was darunter vorstellen zu können: Bislang hat es noch bei keinem Lexus im Gebälk geknarrt …

Allerdings machen ja bekanntlich die kleinen Fortschritte die größte Arbeit, und so lässt sich kaum ermessen, wie viel Mühe es gekostet hat, die Regelung des adaptiven variablen Fahrwerks so zu überarbeiten, dass sie mit der optimierten automatischen Niveau-Regulierung noch mehr Fahrkomfort bietet. Nicht weniger aufwändig, aber immerhin im direkten Vergleich erfahrbar sind die unzähligen Entwicklungsstunden, die aufgewendet werden mussten, um das Lenkgefühl weniger synthetisch und das Bremsgefühl energischer wirken zu lassen. Fünf Fahrmodi (ECO, COMFORT, NORMAL, SPORT S und SPORT S+) bieten dem glücklichen Lexus-Eigner die Möglichkeit, je nach Gusto die Antriebs- und Federungscharakteristik zu wählen – von kraftstoffsparend und komfortabel bis zu dynamisch und sportlich, und dank der fahrdynamischen Verfeinerungen wird sich der LS davon in Zukunft noch weniger beeindrucken lassen als bisher schon.

Für die Sportfraktion unter den LS-Herrenfahrern bietet Lexus für den 460er ebenso wie für den 600er die F-Sport-Varianten mit Sportfahrwerk und Tieferlegung um zehn Millimeter, Sechskolben-Bremszangen von Brembo vorn sowie Schaltwippen am Lenkrad an, um nur die wichtigsten technischen Änderungen zu nennen. An den Start gehen hierzulande der heckgetriebene LS 460 und der LS 600h mit Allrad-Antrieb; letzterer ist wieder mit langem Radstand zu ordern: der LS hat zweifelsohne den Maßstab für Perfektion wieder weiter nach oben geschoben. So gesehen, hat der Lexus LS den Wirbel, der bei seiner Präsentation um ihn veranstaltet wurde, doch mehr als verdient …

Der heckgetriebene LS 460 verfügt als F Sport über ein Torsen-Sperrdifferenzial mit begrenztem Schlupf und automatischem Zwischengas beim Herunterschalten.

Lexus SC-Serie

Es gibt Marken, die wurden zu Mythen, und Modelle, die reiften zu Legenden. BMW ist dies mit dem 507 gelungen, Porsche schaffte es mit dem 911, Mercedes verewigte den SL – und Lexus dürfte mit dem SC auf dem besten Wege dorthin sein. Toyotas Neuzugang im automobilen Olymp begann seine Karriere als Stylingstudie auf der Tokio Motor Show im Herbst 1999, ein Jahr später wurde auf dem Pariser Salon die Serienversion enthüllt: Toyota vergriff sich an den Ikonen des deutschen Sportwagenbaus, und kaum ein Fachblatt verkniff sich die Anspielung auf den Mercedes SL. Dabei war der gar nicht seetüchtig: „Die Linienführung hat mit den Jachten der Riviera eine Menge gemeinsam", erklärte der Grieche Sotiris Kovos, der im südfranzösischen Stylingzentrum ED_2 für das SC-Design verantwortlich zeichnete, „der Wagen verfügt über fließende Konturen und eine natürliche Formschönheit". Letztere allerdings ging ein wenig zu Lasten der Funktionalität, ein Viersitzer war das gut 1,8 Tonnen schwere Cabrio-Coupé freilich nicht: Knieraum gleich null, steil stehende Lehnen – die hintere Strafbank belegten die SC-Eigner am besten mit zusätzlichem Reisegepäck und minderten so ein wenig die drangvolle Enge des eigentlichen Kofferabteils, in das bei abgeklapptem Dach kaum mehr passte als in den Tankrucksack eines Motorrads. Bei längeren Törns reiste das Gepäck am besten separat voraus – vielleicht per Bahn, wie etwa die Schweizer *Automobil Revue* empfahl. Bestens aufgehoben fühlte sich dagegen die Besatzung. Sie umschmeichelte feinstes Leder – übrigens von einem deutschen Zulieferer –, ein geschmacksicher arrangiertes Cockpit mit hellem Echtholz-Dekor (für die Yamaha verantwortlich zeigte) und zahllose elektrische Luxus-Accessoires in einer für die Ewigkeit geschaffenen Qualität und Verarbeitung. Zum Ausstattungsumfang gehörten eine High-End-Anlage mit neun Lautsprechern von Mark Levinson, die wohl auch zur Beschallung

Der SC war der erste Lexus beziehungsweise Toyota mit dreiteiligem Stahldach. Der SC erledigte den Dach-Strip in 25 Sekunden. Als Coupé betrug das Kofferraumvolumen 368 Liter, als Cabrio dann 135 Liter.

Der 1,8 Tonnen schwere SC war ein Entwurf des 1956 geborenen griechischen Automobildesigners Sotiris Kovos. Das Design wurde während der zehnjährigen Bauzeit nicht angetastet. Die Zahlen in Deutschland blieben unter der Wahrnehmungsgrenze, 2008 taucht der SC zum letzten Mal in der Statistik des Kraftfahrbundesamtes auf. 57 Exemplare wurden demnach zwischen Januar und Dezember neu zugelassen ...

eines mittleren Opernhauses getaugt hätte, eine (sonnenabhängige!) Klimaanlage, Cruise-Control und Reifendruck-Warnanlage ebenso wie achtfach elektrisch verstell- und beheizbare Sitze – lediglich Metallic-Lackierung und GPS-Navigationssystem standen nicht auf der ellenlangen Ausstattungsliste. Der besondere Clou allerdings war das klappbare Stahldach, das sich innerhalb von 25 Sekunden zusammenfaltete und im Kofferraum versteckte.

Zum Start offerierte Lexus den SC lediglich mit einer V8-Maschine. Der 4,3-Liter-Einspritzer mit vier obenliegenden Nockenwellen, 40 Ventilen und VVT-i stammte aus dem LS 430. Noch immer bestach dieser feine Achtzylinder durch seine wunderbare Laufruhe. Eine ähnlich souveräne Vorstellung lieferte auch die perfekt abgestimmte Fünfgang-Automatik, die für den Kraftschluss zu den Hinterrädern sorgte. Obwohl das ganze Lexus-Paket mehr auf eine besonders geschmeidige Art der Fortbewegung ausgelegt worden war, verkraftete es auch schnellere Gangarten. Der Luxustourer überraschte durch eine knackig-straffe Fahrwerksabstimmung und agiles Handling, ohne übertrieben sportlich zu wirken: Der Lexus SC war sicher kein Sportwagen, aber der wahrscheinlich beste Gran Turismo, den man zu Beginn des 21. Jahrhunderts kaufen konnte.

Modelle, Varianten, Preise:	
Modelle:	Cabrio-Coupé, zweisitzig
Bauzeit:	2001–2010
Motoren:	4293 ccm VVT-i V8 / 210 kW (286 PS) bei 5600/min
Ausstattung:	4 x Airbags, versenkbares LM-Dach mit beheizbarer Heckscheibe, Xenon-Scheinwerfer, automatische Türentriegelung im Crash-Fall, 18"-LM-Räder, Audioanlage, Cruise Control, Klimaautomatik, Lederausstattung, Reisegepäck-Set, Innenausstattung in Holz-/Lederkombination
Varianten:	SC 430
Preise:	€ 69.000,–

Chronik:	
2001:	Februar: Europa-Premiere für den Lexus SC 430, in Japan als Toyota Soarer verkauft. Neuentwicklung mit LS 430 V8-Motor. Komplettausstattung inklusive Traktionskontrolle, Fahrzeugstabilitätskontrolle, Bremsassistent und SRS-Airbags. August: Auslieferungsbeginn, in Japan und den USA überragender Erfolg. Kontingent für den deutschen Markt: 100–200 Fahrzeuge im Jahr.
2003:	September: Detailmodifikationen. Überarbeitete Fahrwerksabstimmung, Abblendautomatik für Rückspiegel, graphitbeschichtete Wischerblättergummis.
2008:	Dezember: Import eingestellt
2010:	Produktion eingestellt

2010 verschwand der SC still und leise aus dem Lexus-Angebot, leider konnte sich der japanische SL-Konkurrent nicht in der Luxusklasse etablieren. An Versuchen fehlte es nicht. Vor allem in den USA gab es diverse Sonderserien und Marketingaktionen. Das führte zum Pace Car von 2005 (oben) und den Pebble-Beach-Sondermodellen (unten).

Lexus RX-Serie

Ein Geländewagen, so die landläufige Meinung, ist eine Art Enduro auf vier Rädern: Hart im Nehmen, schlicht in Technik und Aufbau, eher zweckmäßig als schön, kurzum: Ein Auto für die Baustelle, nicht für die Boulevards. Und dann kamen die SUVs im Edelzwirn, die im Grunde ihres hochbeinigen Wesens nur noch wenig mit den Gelände-Machos in den verschwitzten Unterhemden zu tun hatten. Dafür bewegten sie sich stilsicher durch den Asphaltdschungel. Das Maß aller Dinge in diesem Segment markierte, einmal mehr, Japans Nummer 1. Der Primus in der gewiss nicht kleinen SUV-Schar debütierte im Herbst 1997 auf dem amerikanischen Markt, hieß RX 300 und stellte die nobelste Möglichkeit dar, im Gutsherrensitz durch die Landschaft zu kutschieren.

Um die gigantische Nachfrage befriedigen zu können, wurde der RX 300 als erster Lexus überhaupt auch außerhalb Japans gebaut.

Lexus RX 300 (2000–2003)

Entstanden auf der Basis und Plattform des in den USA höchst erfolgreichen ES 300 – der Lexus-Version des Toyota Camry –, war der Lexus vom Start weg so erfolgreich, dass er die Mercedes M-Klasse zeitweilig von Platz eins der amerikanischen Zulassungs-Statistik verdrängte. Binnen eines Jahres hatten sich die Absatzzahlen fast verdoppelt, 1999 waren über 73.000 Lexus verkauft worden. Mit einem ähnlichen Erfolg in Europa rechnete zwar niemand, doch beobachtete vor allem die Konkurrenz den US-Bestseller mit Argusaugen: BMW sah im RX 300 einen der drei Hauptkonkurrenten für den X5 von 1999 (die anderen beiden hießen Mercedes M-Klasse und Jeep Grand Cherokee), und die Porsche-Entwickler in Weissach zogen den Lexus als Referenz für den Ende 2002 ausgelieferten „Cayenne" heran. Letztere allerdings hatten – anders als die BMW-Entwickler – den Vorteil, bereits die für Europa bestimmten Exemplare untersuchen zu können.

Unter der schicken Schale unterschied sich der Europa-Lexus von seinem USA-Pendant durch ein modifiziertes Fahrwerk

Senkrechtstarter: Mit dem RX 300 setzte Toyota erstmals den Fuß in die Welt der Luxus-Geländewagen – mit überragendem Erfolg: Der Lexus avancierte auf Anhieb zu einem Bestseller in den USA.

und bessere Bremsen, der Rest entsprach mit selbsttragender Karosserie, permanentem Allradantrieb (in den USA aufpreispflichtig), einem anständigen Maß an Bodenfreiheit und einer erhöhten Sitzposition der dortigen Klassennorm. In den meisten Disziplinen deklassierte der luxuriöse RX seine SUV-Konkurrenz. In Sachen Fahrdynamik mochte vielleicht der jüngere BMW X5 die Schnauze vorn haben, das änderte aber nichts daran, dass der RX 300 durch agiles Handling und sichere Fahreigenschaften bestach, auch auf kurvigen Landstraßen. Dank des permanenten Allradantriebs (Kraftverteilung 50:50 auf beide Achsen) gab sich der Softroader bis in den Grenzbereich hinein neutral und gutmütig, wobei eine Vielzahl elektronischer Helfer unterstützend eingriff. Vierkanal-ABS, elektronische Bremskraftverteilung EBD, Brems-Assistent sowie ein Stabilitätssystem (das nervtötend piepste, wenn es in Aktion trat) waren serienmäßig mit an Bord: „Die Lenkung ist leichtgängig und zielsicher. Federung und Dämpfung garantieren ein geschmeidiges Abrollen, selbst Naturstraßen werden mit Eleganz gemeistert“, wusste *auto motor und sport* nach einer ersten Ausfahrt mit einem der weicher abgestimmten US-Exemplare zu berichten – eine positive Einschätzung, welche die Ende 2000 lieferbaren Europa-RX noch verstärkten. Das Interieur war so luxuriös und üppig, wie sich das für einen Lexus gehörte, die Verarbeitung tadellos und die mehrfach verstellbaren Vordersitze ausgezeichnet.

Für angemessenen Schub sorgte der enorm laufruhige und leistungsstarke Dreiliter-V6 aus dem Camry-Programm. Das Leichtmetall-Triebwerk mit zwei obenliegenden Nockenwellen und lastabhängiger, variabler Einlassventilsteuerung leistete 201 PS bei 5600/min und entwickelte ein maximales Drehmoment von 283 Nm bei 4400/min. Den Sprint zur 100 km/h-Marke absolvierte der RX in 9,3 Sekunden, die Höchstgeschwindigkeit betrug 180 km/h und lag damit auf dem Niveau der wesentlich teureren und längst nicht so gut verarbeiteten M-Klasse. Ausgeliefert wurde der Lexus ausschließlich mit der US-typischen Viergang-Automatik. Sie kam perfekt ihrer Aufgabe nach, die Gangwechsel gingen nahezu unbemerkt vonstatten. Tester rund um den Globus lobten in seltener Eintracht das harmonische Zusammenspiel.

Modelle, Varianten, Preise:	
Modelle:	SUV, vier Türen
Bauzeit:	2000–2003
Motoren:	2995 ccm V6 VVT-i / 148 kW (201 PS) bei 5600/min
Ausstattung:	Airbags, ABS, EBD, Stabilitätsprogramm VSC, Traktionskontrolle TRC, Klimaautomatik, Multidisplay
Varianten:	RX 300
Preise:	€ 41.700,–

Chronik:	
1997:	USA-Premiere für den RX 300/Toyota Harrier. Fünfsitziger Geländewagen mit vier Türen, Technik und Bodengruppe von ES 300 übernommen.
1998:	Einführung auf US-Markt, erfolgreichstes Lexus-Modell.
1999:	US-Absatzrekord mit über 73.000 Verkäufen
2000:	Premiere des Europa-Modells mit modifizierter Fahrwerksabstimmung.

Ebenso einig waren sie sich aber auch, was der RX 300 nicht war: ein beinharter Offroader. Wer den suchte, musste sich in der Abteilung Hoch- und Tiefbau umschauen. Oder beim Motorrad-Händler, Abteilung Enduros.

Kein beinharter Offroader, sondern ein SUV mit selbsttragender Karosserie und einzeln aufgehängten Rädern: Lexus RX 300. Den Softroader gab es in den USA auch als 4x2. Hierzulande war er ausschließlich als 4x4 lieferbar.

Lexus RX 300/350/400h (2003–2009)

In den USA war in Sachen RX 300 alles klar: Der Lexus-SUV, diese geniale Kombination aus Geländewagen und Luxuskombi, hatte die Konkurrenz regelrecht vorgeführt, ach was: mit ihr den Boden aufgewischt: In punkto Verkaufszahlen ebenso wie in Sachen Kundenzufriedenheit und Zuverlässigkeit. Damit das auch in Zukunft so bliebe, ließ Lexus im Modelljahr 2003 die zweite RX-Generation vom Stapel. Und wie es sich für das Flaggschiff der Softroader-Flotte gehörte, hatte er auch zugelegt: Gut 16 Zentimeter in der Länge, 10,5 Zentimeter im Radstand und auch in der Breite hatten die Lexus-Ingenieure noch etwas draufgepackt. Ungeachtet dessen aber reduzierte sich der Wendekreis von 13,2 auf 12,2 Meter.

Der erfolgreichste SUV überhaupt bot aber mehr als schiere Größe. In den USA mit einem 3,3 Liter V6 lieferbar und folgerichtig als RX 330 bezeichnet, hatte die Europaversion den überarbeiteten Dreiliter-V6 mit einer Spitzenleistung von 204 PS sowie jede Menge technischer Details mit an Bord, die sich hinter geheimnisvollen Abkürzungen verbargen. Die Bezeichnung VVT-i für die intelligente variable Ventilsteuerung kannte man ja schon aus dem Vormodell, auch DIS (Direct Ingnition System) ließ sich ohne viel Mühe entziffern. Kniffeliger wurde die Sache bei ETCS-i für die elektronische Drosselklappensteuerung, und dass ACIS die dreistufige Ansaugluftsteuerung bezeichnete, wussten auch nur ausgesprochene Spezialisten. Die Liste ließe sich beliebig fortsetzen, belegte aber letztlich immer nur eines, nämlich: der neue RX war vollgestopft mit High-Tech-Elektronik.

Im Gegensatz zu der USA-Ausführung war der RX 300 ausschließlich mit permanentem Allradantrieb lieferbar, ohne dass Lexus damit in das Terrain der Offroader eingedrungen wäre. Anstelle schwerer konventioneller Differenzialsperren verteilte beim neuen RX 300 eine Antriebsschlupfregelung TRC das Antriebsmoment auf die vier Räder. Beim Vormodell war es noch eine Viskosperre gewesen, in der aktuellen Variante regelte das die Elektronik. Schwerstes Geläuf war also seine Sache nicht, doch für Schotter- und Waldwege reichte es auch ohne Geländereduktion allemal. In der Top-Variante Luxury verfügte der

Die tadellose Verarbeitung, die hochwertige Ausstattung, der überragende Federungskomfort und der unglaublich kultivierte V6 galten als die Schokoladenseiten des gut 200 km/h schnellen RX 300.

RX über eine Luftfederung mit automatischer Niveaukontrolle und variabler Bodenfreiheit: Je nach Einstellung und Bedarf, hob sich der Zweitonner um 30 mm aus den Federn oder sank um 15 mm ab. Über den Sinn dieses Ausstattungsmerkmals zeigte sich die Presse gespalten: Hoher Federungskomfort auf langen Wellen, bei kurzen Wellen sprach sie nicht geschmeidig genug an – ein Vorwurf allerdings, den man so ziemlich bei jedem Test jedes beliebigen Fahrzeugs mit Luftfederung lesen konnte. Und wem das nicht passte, konnte ja noch zu den Basis-Varianten mit den guten alten Stahlfedern greifen.

Die Leistung des seidenweich laufenden V6 brachte eine neue Fünfstufen-Automatik mit sequenziellem Schaltmodus TipMatic auf die 18-Zoll-Räder. Ein besonderer Pluspunkt der auch manuell zu betätigenden Kraftübertragung war die elektronische Getriebesteuerung ETC, die ständig mit dem Motormanagement kommunizierte. Im Ergebnis sorgte das Zusammenwirken der Systeme für unmerklich ablaufende Fahrstufenwechsel, bei der die elektronische Schaltkontrolle Steigungs- und Gefällstrecken

Der neue RX 300 feierte auf der North American International Auto Show im Januar 2003 in Detroit Weltpremiere.

Der RX 300 der zweiten Generation war die behutsame Weiterentwicklung des bekannten Konzeptes. Auch in der Allrad-Ausführung gab es keine Geländerreduktion.

In Europa nicht verkauft wurde der RX 330, hier von 2005. Der im Hubraum vergrößerte Sechszylinder löste im März 2003 in den USA den RX 300 ab. Er wurde im Februar 2006 wiederum durch den auch in Europa angebotenen RX 350 ersetzt.

erkannte und selbsttätig die jeweils adäquate Gangstufe und das optimale Antriebsdrehmoment auswählte: „Oberklasseähnlicher Antriebskomfort", urteilte *auto motor und sport* im ersten Kurztest, „vor allem auf der Autobahn schlägt die Stunde des RX. ... Ein echter Cruiser". Und *auto/Straßenverkehr* ergänzte: „Ein Cruiser nach bester amerikanischer Tradition". Kein Wunder also, dass der neue RX als erster Lexus überhaupt in Nordamerika gebaut wurde. An seiner beherrschenden Marktposition änderte sich daran nichts. In Europa war die Begeisterung längst nicht so groß. Das versuchte man dann mit der Modellpflege 2006 zu ändern. Denn: Auch ein Lexus hatte Schwächen – genauso wie die X5, Touareg, Cayenne, ML oder wie die wamperten Möchtegern-Kraxler alle heißen. Ein Auto ist immer ein Kompromiss, es kommt nur darauf an, was man daraus macht.

Und Lexus hatte verdammt viel daraus gemacht – etwa über eine Million RX, die seit der ersten Baureihe anno 1997 auf den Straßen zirkulierten, während im gleichen Zeitraum die weltweit verkaufte Mercedes-M-Klasse auf die Hälfte kam.

Doch weil ein Auto, und sei es noch so grazil und elegant wie diese Kirschblüte aus Fernost, nie perfekt sein durfte, fand die Autojournaille immer ein Haar in der Suppe. Musste sie ja, denn kein Mensch liest gerne nur Lobeshymnen. Verrisse sind viel unterhaltsamer.

Also wurde mit der Lupe gesucht, die nicht gerade kartmäßig direkte elektrische Lenkung bekrittelt, der Innenraum auf Schwachstellen abgeklopft, die Bremsen gescholten, die V6-Akustik bemängelt und das Serpentinensurfen versucht – als ob einer im RX täglich über den Großglockner brettern würde.

Und dann geschah im April 2006 etwas, mit dem niemand gerechnet hatte: Im Rahmen der MODELLPFLEGE – die so umfangreich ausfiel, dass sie in Großbuchstaben geschrieben werden musste – wurde ausgemerzt, was sowieso nur Testern aufstieß. Die überarbeiteten ABS-Bremsen bissen besser, Fahr- und Abrollkomfort enthoben die Besatzung der Notwendigkeit, sich über den Fahrbahnzustand Gedanken zu machen, und der neue 3,5-Liter-V6 mit variabler Ein- und Auslasssteuerung war nicht nur um 72 PS stärker als im Vorgänger, sondern extrem sanftmütig und leise. Der saftig ausdrehende Sechszylinder war für einen Benziner ein vergleichsweise sparsames Ding, der Normverbrauch liegt bei 11,2 Litern. Ein komplett hergerichteter RX 350 übersprang ohne zu zögern die 44.000-Euro-Grenze, und wenn noch das Executive-Paket beigepackt wurde, standen fast 50.000 Euro im Kaufvertrag. Nichts geändert hatte sich an der Skepsis der deutschen Tester: Preis, Eleganz und Fahrkomfort machten den Lexus zwar noch immer nicht zum besten Auto der Welt, aber zum idealen Statement für Andersdenker – um so mehr in der Ausführung mit Hybridantrieb.

RX 300, 330, 350 oder 400h? Optisch waren die verschiedenen Varianten kaum zu unterscheiden. Einen Anhaltspunkt bot lediglich der Kühlergrill, der mit Einführung des RX 350 sich vom Vormodell unterschied.

Der erste außerhalb Japans gebaute Lexus – 2003 begann die Produktion in Kanada – ist ein komfortabler Straßenkreuzer, kein beinharter Geländegänger. Er wurde auch in der zweiten Generation nur mit fünf, nicht mit sieben Sitzen angeboten.

Lexus RX 400h (2005–2009)

„Bildung", so befand der unvergleichliche Sir Peter Ustinov, „ist wichtig. Wenn man schon", so fuhr er fort, „Gefangener seines Geistes ist, sollte die Zelle wenigstens anständig möbliert sein." So gesehen, machte sich Toyota mit dem Hybrid-Lexus nicht nur um die Umwelt ganz besonders verdient: Das Unternehmen erweiterte bei den Konkurrenten den Horizont und bewies allen Zweiflern, dass die Hybrid-Technologie ebenso ausgereift wie zukunftsträchtig war – auch wenn diese Zukunft, streng genommen, bereits 100 Jahre auf dem Buckel hatte.

Und so alt sind auch die Vorbehalte dagegen. Ein Hybrid ist kompliziert aufgebaut und damit teuer, außerdem leistungsschwach und wegen der schweren Batteriebänke nur sehr eingeschränkt nutzbar. Außerdem, heißt es in letzter Zeit, ist die Entsorgung der Altbatterien nicht befriedigend geklärt. Schließlich ist man auch heute noch, ein Jahrhundert Automobilentwicklung später, der Meinung, dass hohe Fahrleistungen und geringe Verbrauchswerte unvereinbare Gegensätze darstellen. Osamu Sadakata, Chefingenieur des Lexus RX 400h, sah das anders. Er versprach das Leistungsvermögen eines Achtzylinders zu den Verbrauchswerten eines Vierzylinders – die „400" steht für den Hubraum, den ein Verbrennungsmotor haben müsste, um eine entsprechende Leistung zu erzielen, und das „h" für Hybrid.

Lexus hatte in seinen Marktuntersuchungen drei Käufer-Gruppen von Premiumprodukten definiert. Nur eine davon, die so genannte Konservative Klientel mit Durchschnittsalter von 52 Jahren, die rund ein Drittel ausmacht, gehörte dabei nicht zu den anvisierten Kernzielgruppen von Lexus. Wohl aber die beiden anderen, die statusbewussten Käufer (Durchschnittsalter 38) sowie die weltoffenen Premiumkäufer (42 Jahre laut Statistik), die bei ihren Kaufentscheidungen nicht nur die Marke in den Vordergrund schieben. Doch auch bei diesen beiden Zielgruppen, die sich ein Stück weit als gesellschaftliche Elite verstehen mochten, drückten Benzinkosten und Umweltgewissen auf Brieftasche und Stimmung. Mit dem 400h konnten sie aus der Ecke des ökologischen Schmutzfinken herausfahren.

Der RX 400h war im Wesentlichen ein aufgewerteter RX 300, mehr wert durch die Hybrid-Kraft. Allein über die hochglänzenden 18-Zoll-Felgen, die modifizierte Front und, am Heck, LED-Rückleuchten sowie den Schriftzug gab sich der Hybrid-SUV zu erkennen. Dieser zurückhaltend distinguierte Auftritt gehörte vielleicht zu den größten Schwachstellen des SUV, mehr Understatement erschien kaum vorstellbar.

Der RX 400h stellte die Hybrid-Ausführung des RX 300 dar und gelangte im ersten Quartal 2005 in den Handel. Der Allrad-Hybrid hatte den 3,3-Liter-V6-Benziner unter der Haube und jeweils einen Elektromotor an Vorder- und Hinterachse.

Das Antriebssystem dieses ersten Hybrid-Lexus verfügte über zwei Elektro-Motoren und einen Benzin-Motor. Zum Gesamtpaket gehörte außerdem ein Generator, eine Hochleistungsbatterie und eine Kraftweiche, welche die Verteilung der Energie vom Verbrennungsmotor, von den Elektromotoren und vom Generator dem jeweiligen Bedarf anpasst. Herzstück des Systems, und das, wo Toyota der Konkurrenz um Jahre voraus ist, war das elektronische Steuersystem, das die Zusammenarbeit zwischen allen Komponenten blitzschnell regelt. Das Antriebssystem wurde denkbar einfach über einen einzigen Schalthebel in der Armaturentafel bedient, und nur der Blick auf den (optionalen) 7-Zoll-Touchscreen-Monitor gab Aufschluss darüber, wo welche Pferde gerade mittels stufenlos variabler Getriebeautomatik schoben oder zogen. Während der Fahrt suchte sich der Hybrid Synergy Drive den jeweils günstigsten Betriebsmodus, schaltete an der Ampel den V6 ab und schaltete ihn zu, wenn die Elektrokraft nicht mehr ausreicht. Trat der Fahrer auf die Bremse, wurde die auftretende Energie dazu genutzt, die Batterie aufzuladen, so dass immer genügend Saft zur Verfügung steht.

Die Elektromotoren – einer für die Vorder-, einer für die Hinterräder – und der V6-Verbrennungsmotor kamen hervorragend miteinander aus. Was aber wirklich beeindruckte, war das unmerkliche Zusammenwirken der drei und das Beschleunigungsvermögen. Die Leistung des Gesamtsystems lag bei 270 PS. So gerüstet

Serienmäßig mit Navi und Soundsystem ausgerüstet, kostete der Hybrid rund 4500 Euro mehr als der Benziner. Dennoch entschieden sich die meisten Käufer für den RX 400h.

In schwerem Gelände ging dem kultivierten Umweltfreund mangels Sperren und sonstigen geländewagentypischen Besonderheiten relativ rasch die Puste aus. Ein RX, gleich welcher Antriebskonfiguration, war auf der Straße besser aufgehoben.

Modelle, Varianten, Preise:	
Modelle:	SUV, vier Türen
Bauzeit:	2003–2009
Motoren:	2995 ccm V6 VVT-i / 150 kW (204 PS) bei 5600/min 3456 ccm V6 VVT-i / 203 kW (276 PS) bei 6200/min ab 3.2006
Ausstattung:	Knieairbag, ABS, EBD, BA, TRC, VSC, Klimaautomatik, verstellb. Ablagefach vorn, längenverstellb. Einzelsitze hinten, LM-Räder 235/55–18. (Basis: 225/60–17). 6fach CD-Wechsler. Luxury: Luftfederung , Kurvenlicht I-AFS, Leder, Mark-Levinson-Audio. Heckklappe öffnet/schließt elektr., mit Fernbed., a.W: Video-Einparkhilfe im Heck,
Varianten:	RX 300, Executive, Luxury
Preise:	ab € 50.800,-

Chronik:	
2003:	März: Debüt auf dem Salon in Genf. Verbesserte Ausstattung, leichte Leistungssteigerung, verringerter Verbrauch. Euro–4-Einstufung. In den USA als RX 330 lieferbar.
2006:	März: Zum Monatsende Auslieferung des RX 350. Neuer 3,5-l-V6 mit Dual VVT-i. Verbesserte Geräuschdämmung, verbesserte DVD-/Audioanlage. Grundpreis € 44.600,- Aufpreis Executive Line: € 5.050,-
2007:	Oktober: Modellpflege RX 400h: neu gestaltete Frontpartie, neue Bügeltürgriffe in Chrom-Design, neue Außenfarben. RX 400h ab € 51.000,-; RX 350 ab € 45.750,-.

erreichte der RX 400h eine Höchstgeschwindigkeit – elektronisch abgeregelt – von 200 km/h, erledigte den Spurt von Null auf 100 km/h hingegen in rund acht Sekunden.

Zum innovativen Antrieb gesellte sich ein überarbeitetes Fahrwerk mit neu abgestimmten Federelementen, eine elektronisch gesteuerte Servolenkung (EPS, Electronic Power Steering) sowie das Fahrdynamik-Management VDIM (Vehicle Dynamics Integrated Management) – wenig Chancen für den Fahrer, etwas falsch zu machen. Alle Zurückhaltung fahren ließ der Lexus in punkto Ausstattung, was bei der Konkurrenz teuer zugekauft werden muss, hatte ein RX bereits serienmäßig an Bord – leider auch den mit 439 Litern vergleichsweise kleinen Kofferraum und die mit 430 Kilo nur mäßige Zuladung.

Lexus setzte 82 Prozent seiner Fahrzeuge in den USA ab, daher wurde das Fahrwerk eher auf die Ansprüche der amerikanischen denn der europäischen Fahrkultur abgestimmt. Die eher sportlich eingestellten Motortester beurteilten die Fahreigenschaften daher nicht ganz so enthusiastisch wie den Antrieb: Ein softer Cruiser, kein Kurvenfresser, und bei Vollgas über die Autobahn – wo vorwiegend der kernige V6 zum Einsatz kommt – durstiger als die großen deutschen Diesel-SUV, die hierzulande auf einen Marktanteil von 87 Prozent kommen. Und dazu bot der Lexus die elegante Alternative, ein kultivierter Gleiter für kostenbewusste und ökologisch korrekte Herrenfahrer. Der Allradler galt als ganz vorzügliches Reiseauto mit allen Features einer großen Limousine und musterhafter Geräuschdämmung. Schließlich ist, um noch einmal Sir Peter Ustinov zu zitieren, „die Stille des Menschen höchstes Gut".

Der RX 400h in der Durchsichtszeichnung. Mit 4,76 Meter war er um 20 Millimeter länger als der RX 350.

Die Ausstattungsreihen wurden 2007 gestrafft, neben der Basis gab es nur noch die Executive-Line mit Kurvenlicht, Heckklappe mit Fernbedienung, 18-Zoll-LM-Rädern und einer im Verhältnis 40:20:40 teilbaren Rücksitzbank. Das Glasdach stand für 1300 Euro in der Aufpreisliste.

Lexus RX 350/450h (seit 2009)

Regelrecht Verblüffung löst man als Fahrer eines Lexus RX nicht mehr aus – man hat sich an den lautlosen Kreuzer gewöhnt, schließlich sind fast 98 Prozent aller RX, derer man hierzulande ansichtig wird, Teilzeit-Stromer. Und letztlich ist es ja auch das, was Lexus sich auf die Fahne geschrieben hat: „Die Hybridtechnik ist für uns eine Schlüsseltechnik", erklärte Toyotas Vorstandsvorsitzender Katsuaki Watanabe bereits 2008 am Rande der Tokio Motor Show. Und: „Wir arbeiten zurzeit sehr intensiv daran, die Komponenten des Hybridantriebs in Bezug auf Größe, Gewicht und Kosten zu halbieren ..."

Was Toyota darunter versteht, zeigt die dritte RX-Generation des Jahres 2009: Größer, schöner und geräumiger, ohne am bewährten Konzept etwas zu ändern. Mit 4,77 Meter Länge, 1,89 Meter Breite und 1,69 Meter Höhe hat er in etwa die Maße seines Vorgängers; ein gutes und innenstadtfreundliches Maß mit reichlich Platz auf allen Ebenen und einem nicht gigantischen, aber ausreichenden Gepäckraumvolumen von 446 bis 1570 Liter.

Und wie schon die Vorgänger widersetzt sich ein RX gängigen Schubladen: Gewiss, es handelt sich um ein nicht allzu schlank geschnittenes, 2,1 Tonnen schweres Trumm von einem SUV, das aber – und dieses Aber ist ein großes – mit Hybridtechnik vorfährt. Und das kann kein Mercedes ML und auch kein VW Touareg bieten. Der Fortschritt findet da statt, wo man ihn nicht gleich erkennt.

Beim neuen Modell ist jedoch eine deutliche Effizienz-Steigerung festzustellen: Bei zehn Prozent höherer Systemleistung verbraucht der RX 450h 23 Prozent weniger Kraftstoff.

Der V6-Benziner mit 3,5 Liter Hubraum leistet 240 PS. Ihm zur Seite steht ein 167 PS starker E-Motor. Das Antriebskonzept,

Die neue RX-Generation debütierte 2008 auf dem nordamerikanischen Markt, was den Stellenwert dieses Marktes für die Modellreihe beweist.

Der Vollhybrid RX 450h ersetzte den RX 400h, übernahm aber dessen Allrad-Konzept ohne Kardanwelle zur Hinterachse. Wenn Kraft an allen vier Rädern benötigt wird, erfolgt der Antrieb elektrisch.

Leichtere Geländeeinlagen und Neuschnee bewältigt der RX mühelos, dafür gibt es jetzt den SNOW-Modus.

bestehend aus Elektromotoren, Planetengetriebe und V6-Verbrennungsmotor, ist im Prinzip bekannt, auch auf welch verzweigten Pfaden es die Batterien – hier wieder Nickel-Hybrid-Batterien – auflädt und die rückgewonnene Energie den mechanischen Vortrieb unterstützt. Untergebracht wurde das im Detail überarbeitete Umspannwerk mit allem, was dazu gehört – also auch samt Untersetzungsgetriebe für den Elektromotor – in einem leichten Gehäuse, das nicht größer ist als eine konventionelle Getriebeglocke. Das Hybrid-Steuergerät befindet sich ebenfalls im Motorraum.

Außerdem gibt es einen Elektromotor an der Hinterachse. Dieses 68-PS-Aggregat treibt bedarfsweise die Hinterräder an; die Elektromotoren stammen aus dem RX 400h. Auch hier wurde die Steuerelektronik optimiert, und durch die Weiterentwicklung des Hybrid-Steuergeräts konnte dessen Stromverbrauch um zehn Prozent verringert werden.

Nach wie vor überflüssig ist eine Kardanwelle, das spart Gewicht und damit Sprit. Die Gesamtsystemleistung beträgt nun 299 PS. Die Hinterachskonstruktion an Doppelquerlenkern ist neu (und verbreitert, ganz nebenbei, die nutzbare Kofferraumbreite zwischen den Federbeinen um satte 150 Millimeter), während man sich vorn mit grundlegenden Verfeinerungen begnügte.

Revolutionär ist das Ganze nicht mehr, doch noch einmal konsequenter und feiner umgesetzt als noch bei der vorherigen Generation. Toyotas Entwicklungsvorsprung auf diesem Gebiet dürfte nach Expertenmeinung mindestens zehn Jahre betragen, und das nächste große Aufgabenfeld ist schon ausgemacht: die Energiespeicher. Toyota arbeitet auf diesem Gebiet eng mit Panasonic zusammen und verzeichnet schon jetzt bemerkenswerte Fortschritte in der Batterieentwicklung. Beim RX kommen drei gebläsegekühlte Blöcke aus jeweils zehn Modulen, jedes aus acht Zellen bestehend, zum Einsatz. Die luftgekühlten Nickel-

Um den Bekanntheitsgrad der Marke zu steigern, bot Lexus die Möglichkeit an, den RX im Vergleich mit direkten Konkurrenten wie Mercedes oder BMW zu testen.

Typisch Hybrid: Auch der RX 450h unterscheidet sich optisch kaum vom RX 350, Ausnahme: Bei den Hybriden ist das Firmenlogo blau unterlegt.

Neben dem Hybridantrieb gibt es noch einen konventionellen 3.5-l-V6-Benziner. Bei dem 277 PS starken RX 350 werden die Hinterräder bei Bedarf automatisch zugeschaltet.

Feiner ist keiner: Der RX in Editionsausstattung erschien im Oktober 2011. Die 19-Zoll-Räder waren die beste Möglichkeit, das Editionsmodell vom Executive zu unterscheiden.

Kennzeichen des Jahrgangs 2012: der sogenannte Diabolo-Kühlergrill. Dabei sind der obere und der untere Kühlergrill zu einem zusammenhängenden Designelement vereint, das den vorderen Stoßfänger überspannt.

Metallhybrid-Akkus mit einer Nennspannung von 288 Volt stecken unter der umklappbaren Rücksitzbank; anders als vielleicht zu erwarten setzt Toyota in dieser Generation noch nicht auf Lithium-Ionen-Speicher.

Der neue RX ist also ein rollendes Rechenzentrum, das seinen Fahrer nach Kräften unterstützt, ihm aber auch so ziemlich alles vom Leibe hält, was Rückschlüsse auf den Straßenzustand, die Geschwindigkeit oder sonst etwas, das an Fahrdynamik erinnert, gestatten würde. Selbst das Geschehen im Motorraum kann der Fahrer allenfalls noch am Rande beeinflussen, die allgegenwärtige Elektronik entscheidet nahezu unmerklich, wann und wo elektrisch gefahren wird und der Benziner ein- oder anspringt. Die stufenlose CVT-Automatik waltet, sofern der Fahrer nicht mit ungestümem Gaseinsatz dazwischenpfuscht, willfährig und legt blitzschnell die entsprechende Übersetzung zurecht, logisch, ruckfrei und manchmal auch ein wenig synthetisch. Der RX verfügt überdies über vier unterschiedliche Fahrmodi, Normal, Eco, Snow und EV, wobei bei letzterem lediglich die Elektromotoren in Aktion treten und den Lexus rund drei Kilometer weit voranbringen. Die Spareffekte sind im Eco-Modus natürlich am ausgeprägtesten, da korrigiert die Elektronik die Leistung der Klimaanlage und das Ansprechverhalten des elektronischen Gaspedals.

Die konsequente Entkopplung vom gesamten Antrieb führt zu einem sensationell niedrigen Innengeräuschniveau von 62,4 dB bei 120 km/h im höchsten Gang. Da sind dann höchstens die Windgeräusche ein Thema. Schlichtweg verblüffend sind die Angaben zum Normverbrauch, der in der neuen Generation von 8,1 auf 6,3 Liter auf hundert Kilometer gesunken ist. Auch wenn dieser ECE-Normverbrauch im Alltag kaum zu erreichen ist, mit etwas Sparehrgeiz steht immerhin eine satte Sieben vor dem Komma, und das ist in der Klasse nicht zu toppen, auch für deutsche Diesel nicht.

Erreicht wurden diese Sensationswerte durch Feinarbeit am V6-Motor vom Typ 2GR-FXE, der jetzt im sogenannten Atkinson-Zyklus arbeitet. Dabei schließen die Einlassventile im Verdichtungstakt später als bei einem konventionellen Benzinmotor, wodurch der Kraftaufwand beim Verdichten reduziert wird. Im Arbeitstakt dagegen bleiben die Auslassventile länger geschlossen als bei herkömmlichen Viertaktmotoren, sodass der volle Verbrennungsdruck länger auf die Kolben einwirken kann. Dadurch wird mehr Verbrennungsenergie in Bewegung umgesetzt. Ebenfalls den Wirkungsgrad verbessert die Abgasrückführung EGR (Exhaust Gas Recirculation) und die Abgaswärme-Rückgewinnung EHR (Exhaust Heat Recovery), die dafür sorgt, dass der Benziner beim Kaltstart schneller die Betriebstemperatur erreicht: Aufwändige Kleinarbeit,

Je nach Ausstattung bringen Xenonlampen oder LEDs Licht ins Dunkel. Auch die LED-Tagfahrleuchten im Pfeilspitzen-Motiv setzten ein weiteres neues markentypisches Erkennungsmerkmal.

gewiss, aber mit spürbaren Verbrauchs- und Emissionsvorteilen. Außerdem wurden die elektronischen Komponenten kompakter, leistungsfähiger und leichter. Wer nun partout keinen Hybriden will, kann den RX natürlich auch ganz konventionell mit dem aus dem Vormodell bekannten V6-Benziner und 277 PS ordern.

Hybridtechnik ist schön und gut, die alltägliche Andacht findet aber innen statt, und da zählt, wie der RX sich anfühlt, die Materialien aussehen und sich anfassen. Lexus leistet sich in der Verarbeitung erwartungsgemäß keine Fehler, auch nicht in den Ecken, wo man nicht zuerst hinsieht. Die Sitze sind außerordentlich bequem, die Bedienung ist kinderleicht und die Ausstattung sehr umfangreich. Sie umfasst schon in der Basis Bi-Xenon-Licht, Lederpolster, eine Berganfahrhilfe und Weiteres, was gut und teuer ist. Darüber angesiedelt sind drei weitere Levels, zur Top-Linie Impression gehören dann sogar aktive Stabilisatoren an den Achsen, die elektrisch verstellbar sind und – verblüffend wirkungsvoll – die Wankneigung der Karosserie reduzieren.

Modelle, Varianten, Preise:	
Modelle:	SUV, vier Türen
Bauzeit:	seit 2009
Motoren:	3456 ccm V6 Dual-VVT-i / 204 kW (277 PS) bei 6200/min HSD-System, bestehend aus 3.456 ccm V6 VVT-i / 183 kW (249 PS) bei 6000/min permanent erregtem Synchronläufer vorn 650 V / 123 kW (167 PS) bei 4500/min permanent erregtem Synchronläufer hinten 650 V / 50 kW (68 PS) bei 4615/min
Ausstattung:	10 x Airbag, ABS, VSC, TRC, EBD, BA, VDIM, Berganfahrkontrolle HAC, Nebelscheinwerfer, Bi-Xenon, Scheibenbremsen innenbel. v./h., LED-Blinker in Außenspiegel, Smart Key, Dachspoiler, EFH, Ledersitze, Sitzheizung, LM-Räder 18 Zoll, Privacy Glas, Regensensor, 6fach- CD, Rückfahrkamera. RX 350: Allradantrieb permanent, 6-Gang-Getriebeautomatik. RX 450h: Kurvenlicht AFS, Allradantrieb E-FOUR, blau getönte Abdeckungen für Frontscheinwerfer und Heckleuchten, blau unterlegtes Lexus Logo, HYBRID-Schriftzug an den hinteren Türen; stufenloses Automatikgetriebe mit Fahrmodi ECO, E-CVT, EV, Snow.
Varainten:	RX 350, RX 450h; Executive Line; Ambience Line; RX 450h Impression Line
Preise:	€ 53.030,- / 59.950,-
Chronik:	
2008:	November: Weltpremiere für die neue RX-Generation auf der Messe in Los Angeles. Neu bzw. modifiziert sind Atkinson-V6, Abgasrückführung, Abgaswärmenutzung, Verringerung der Reibungsverluste im Hybridantriebsstrang, Getriebesteuerung, Hybrid-Steuergerät, Drehmomentverlauf der E-Motoren, Einführung ECO- und EV-Modus.
2009:	März: Europapremiere auf dem Genfer Salon. Wie bisher auch sowohl mit konventionellem V6-Ottomotor sowie als Hybrid-Fahrzeug. Neue Optik, gesteigerte Leistung bei geringerem Verbrauch. Deutschland-Premiere auf der AMI in Leipzig. Mai: Markteinführung. Ausstattungen: Executive Line (Adaptives Kurvenlicht AFS, Applikationen in Edelholz, Festplatten-Navi mit 8-Zoll-LCD-Farbmonitor, elektr. Heckklappe, 19-Zoll-LM, Park Assist v./h.; Aufpreis € 5.680,-). Ambience Line (High-End-Audiosystem, Komfortsitze, Lenkrad und Automatik-Wählhebel in Holz-/Lederausführung, Schlüsselmodul im Scheckkartenformat, Luftfederung, Park Assist mit Seitenkamera im rechten Außenspiegel, Aufpreis: € 6.900,-). Nur RX 450h: Impression Line: Basis Ambience, dazu Einstiegsleisten, LED-beleuchtet; aktive Fahrwerksstabilisatoren, Head-up-Display mit auf die Windschutzscheibe projizierten Informationen zu Fahrzeuggeschwindigkeit, Pfeilnavigation, Audio, ACC/PCS (wenn vorhanden). Aufpreis € 9.380,-.
2010:	Januar: Detailoptimierungen: Optionales Rear Seat Entertainment-System; erweitertes Angebot an Außenfarben; Start/Stopp-Knopf nun blau gestaltet.
2011:	Oktober: Sondermodell RX 450h „Limited Edition“: Basis Executive, dazu Panorama-Glasdach; dunkel getönte 19-Zoll-LM-Räder, schwarzer Kühlergrill, Xenon-Scheinwerfer mit getönter Abdeckung, dunkelgraue Applikationen innen. Ab € 65.000,-.
2012:	März: Premiere auf dem Genfer Salon für die überarbeitete RX-Reihe: Neue Front („Diabolo-Kühlergrill“), neues Lenkrad, neues Kombinationsinstrument und „Remote Touch“-Bediensystem. Klarglas-Rückleuchten. Nur RX 450h: Zusätzlicher Fahrmodus „Sport“; elektrischer EV-Modus per separatem Schalter aktivierbar. Vorstellung Ausstattungsvariante „F Sport“ (Wabengitter-Kühlergrill, tiefer nach unten gezogene Stoßfänger, grau lackierte 19-Zoll-LM, F-Sport-Emblem, hydraulisches Querdämpfersystem). Juli: Markteinführung. Preise: € 53.030,- (RX 350); € 59.950,- (RX 450h); Ausstattungslinien: Basis, Executive Line, Ambience Line, Impression Line, F Sport

Neue Klarglas-Rückleuchten betonen die Heckansicht, außerdem hat Lexus die Farbpalette um vier neue Farbtöne erweitert.

Ganz neu ist die F-Sport-Ausstattung. Sie setzt sich deutlich von den anderen Ausstattungslinien ab, hat exklusive 19-Zoll-Felgen, eigenständige Designmerkmale an Karosserie und Innenraum sowie ein sportlicheres Fahrwerk. Rund 30 Prozent aller Kunden sollen sich dafür entscheiden.

Lexus LFA

Jeder James-Bond-Film funktioniert nach dem gleichen Aufbau: Dem Hauptfilm geht ein in sich abgeschlossener Mini-Action-Thriller voraus. Es folgt die typische Pre-Title-Sequenz mit dem James-Bond-Song, erst dann beginnt Bond an exotischen Schauplätzen mit atemberaubenden Verfolgungsszenen, unglaublichen Stunts – und dann, natürlich, das Happy End. Die Geschichte des LFA hat viel von einem James Bond, nur ohne Ursula Andress.

Der Auftakt hat also nichts mit der eigentlichen Handlung zu tun, erzählt aber die Vorgeschichte. Im vorliegenden Fall beginnt sie beim Toyota 2000 GT von 1967 – jawohl, eben jenem, der auch in *Man lebt nur zweimal* eine tragende Rolle spielte – und endet mit der vorerst letzten Celica-Generation 2005. Dazwischen liegt reichlich Action an exotischen Schauplätzen, etwa in der Rallye-WM: Sportwagen und Toyota ging in der Vergangenheit schon hervorragend zusammen. Cut und Beginn der Main-Title-Sequenz, geschrieben und komponiert von Haruhiko Tanahasi: Er, seit 1978 bei Toyota, erhielt im Jahr 2000 die Aufgabe, die Welt zu retten. Die Welt bedeutet in dem Fall: Image und Reputation, heißt, den Beweis anzutreten, dass Lexus (und damit auch Toyota) deutlich mehr kann als funktionale, wenn auch hervorragend verarbeitete Massenware auf die Straßen zu schicken.

Die Welt, und damit beginnt dann der eigentliche Film, ist in dem Fall aber nicht genug: Tanahasi erhält (was M Bond eigentlich nie einräumt) von Firmenchef Akio Toyoda freie Hand, um Lexus auf Augenhöhe mit Ferrari, Porsche und Mercedes-McLaren SLR zu bringen; Audi R8 und Mercedes SLS gab es damals noch nicht. Die Geschichte indes, eher untypisch für Bond, entwickelt sich erst allmählich: Beinahe zehn Jahre verstreichen bis zur Auslieferung der ersten Serienexemplare im Dezember 2010. In der Zeit stellen die rührigen Japaner normalerweise zweieinhalb

***Besonders viel Wert wurde auf die fahrdynamischen Qualitäten gelegt. Im Endergebnis hatten die ein „höheres Niveau als Ferrari 599 GTB oder Lamborghini Murciélago ...", notierte* auto motor und sport.**

neue Corolla-Generationen auf die Räder. Bleibt die Frage, was das Entwicklungsteam so lange gemacht hat. In der Rückblende wird klar: Es hat den Supersportwagen-Sektor revolutioniert.

Die Operation läuft unter dem Decknamen „LF-A" ab; der Bindestrich wird erst beim Serienfahrzeug entfallen. Für alle, die den Code noch nicht knacken konnten: „LF" steht für „Lexus Fuji", das A indes könnte nicht nur für den ersten Buchstaben des Alphabets stehen, sondern auch für den Vornamen „Akio" von Firmenchef Akio Toyoda, der das Projekt von Anfang mit derselben Aufmerksamkeit überwacht wie M Bond. Toyoda stellt für

Tarnung ist alles: Zehn Jahre lang feilte Lexus an seinem Supersportwagen. Die Erprobung erfolgte auf der Rennstrecke, vor allem auf dem Nürburgring.

Unerreichbar: Der Traumwagen aus dem Hause Toyota wird nur 500 Mal gebaut, gut ein Dutzend wird in Deutschland verkauft. In Lackfarbe und Innenraumausstattung richtet man sich nach den Wünschen des Käufers. Serienmäßig mit an Bord ist der herausragende Fahrkomfort bei messerscharfem Handling.

diese besondere Mission ein ganz besonderes Team zusammen. Dieser Braintrust des Konzerns – Toyotas Doppel-Null-Agenten sozusagen – beginnt buchstäblich mit einem weißen Blatt Papier. Es gibt keine Vorschriften und Budgetlimits von Bleistiftzählern und Zahlenfüchsen, keine wie auch immer gearteten Vorgaben in Sachen Materialien, Leistung und Prozesstechnologien: Nur der Auftrag zählt.

Die Mission erfordert zunächst die Erstellung einer Liste von 500 Kerneigenschaften, den sogenannten „Must Haves", die der LF-A aufweisen muss. Dieser Supersportwagen muss es mit den besten der Besten aufnehmen.

Ein technologischer und emotionaler Imageträger lebt natürlich in erster Linie von seinem Motor, da muss man nicht lange drumherumreden. Wenn Bond etwas anfängt, geht er in die Vollen. Der Technik-Overkill hinter der Vorderachse hat die Form eines 72-Grad-V10-Motors, der Hubraum von 4,8 Litern stellt, so der Chefentwickler, den besten Kompromiss aus Leistung und Masse dar. Innerhalb eines Jahres nach Ankunft von Tanahashisan beginnen die Arbeiten daran. Mitte 2003 sind erste Erfolge zu vermelden, der erste Prototyp wird im Oktober 2004 erstmals um den Nürburgring getrieben. Überhaupt der „Ring": Er wird zum zentralen Schauplatz. Keine Palmen, keine Martinis im Casino, stattdessen dunkle Wälder, Eifelwetter und 20,83 Kilometer Streckenlänge, gespickt mit 73 Kurven, Sprungkuppen und Querbeschleunigungskräften von bis zu 1,45 g. Das wird sein Zuhause, denn der Ring hat in Japan Kultsstatus. Hier spult er unzählige Kilometer ab, hier „trennt sich die Spreu vom Weizen", wie Redakteur Lüscher von der Schweizer *auto illustrierten* feststellt: „Niemals", so der in einigen Rennschlachten über 24 Stunden gestählte Testprofi, „durfte ich ein nur annähernd so schnelles Auto über die anspruchsvolle Strecke jagen." Wie schon beim 2000 GT (und vielen folgenden Projekten, wir erinnern nur an den fantastischen Vierventil-Motor etwa im MR2) feilen die Motorradbauer und Motorenspezialisten von Yamaha kräftig mit am Zehnzylinder. Der Direkteinspritzer mit Titan-Pleueln und -Ventilen, der 560 PS bei 8700 Umdrehungen an die mit 305/30 bereiften Hinterräder

Im Oktober 2009 stellte Lexus in Tokio den lange erwarteten LFA in Serienausführung vor; die Europa-Premiere erfolgte beim Festival of Speed in Goodwood..

Von Null auf Hundert in 3,7 Sekunden, Höchstgeschwindigkeit 325 km/h – daran muss man sich erst gewöhnen: Lexus bot Interessenten in Goodwood die Gelegenheit, unter Anleitung erfahrener Instruktoren den Supersportwagen kennenzulernen. Auch der Chefingenieur war vor Ort.

Keine Spur von rennsportlicher Kargheit: Das eigens entwickelte Lenkrad besteht aus Karbon und weist handliche Griffmulden und Schaltwippen auf, dazu Klimaautomatik, Leder, eine Highend-Audioanlage – im LFA-Cockpit ist alles vom Feinsten.

schickt, ist von der ersten bis zur letzten Schraube neu entwickelt worden.

Auch der einmalige Sound – was wäre ein Bond-Film ohne Titelsong? – macht ihn zum Erlebnis, die „Oktavenharmonie", wie Tanahashi ihn bezeichnet, haben ebenfalls die Zweiradbauer mit den drei gekreuzten Stimmgabeln im Firmenzeichen komponiert (die bis auf den heutigen Tag auch Musikinstrumente bauen). Diese Soundmaschine platziert Tanahasi hinter die Vorder- und nicht vor die Hinterachse; diese Front-Mittelmotor-Einbaulage verteilt 48 Prozent des LFA-Gewichts nach vorne und 52 Prozent nach hinten – perfekt für die Balance. Für die hurtige Kraftentfaltung sorgt ein in Hinterachsnähe gelegtes sequenzielles Sechsganggetriebe mit einstellbaren Schaltzeiten – 0,2 Sekunden für die Jungdynamiker mit eigener Rennstrecke bis zur Ein-Sekunden-Schaltpause für die Älteren unter uns. Der erste Gang reicht bis 83 km/h: „Ihn akustisch zu vernehmen, heißt die Engel singen zu hören", jubilierte Horst von Saurma im Fachblatt *sportauto*, „glockenhell, metallisch schreiend und trotzdem nicht aufdringlich laut ...", so sein Schweizer Kollege Lüscher, „einfach nur geiler Sound."

Dieses erste Teilziel kann also abgehakt werden, jetzt aber folgt ein herber Rückschlag, und für den sorgt ausgerechnet M: Bislang hat Bond bei Fahrgestell und Karosserie im Wesentlichen auf Leichtmetall gesetzt, und in dieser Konfiguration wird der Superheld auch 2005 als Studie vorgestellt. Alu-Space-Frame und Leichtmetall-Karosserie sind ja an sich schön und gut und eine tolle Ansage, aber nun auch nicht gerade revolutionär. Firmenchef Toyoda (der es damals noch nicht war) bedeutet seinem Oberagenten, sich die Sache bitteschön noch einmal zu überlegen. Etwas exklusiver darf es dann doch sein, was Tanahashi-Bond zunächst wieder an den Ausgangspunkt zurückwirft. Was dann folgt, heißt im Pressedeutsch „radikales Überdenken der mit dem LFA angestrebten Ziele". Letztlich wird, in Zusammenarbeit mit den vielen Qs der Toyota-Labore, die Karosserie dann aus Karbonfaser geklöppelt. Dafür müssen Karbonfaser-Webstühle entwickelt werden, eine schöne Rückbesinnung auf das, was den Konzern groß gemacht hat. Die gegenüber Leichtmetall um das Vierfache höhere Festigkeit gibt zum Beispiel der CFRP-(„Carbon Fibre Reinforce Plastic") Mittelsektion nicht nur eine außerordentlich steife und feste Struktur, sondern bringt auch eine Gewichtsersparnis von etwa 100 Kilogramm gegenüber einer vergleichbaren Aluminiumkarosserie mit sich. Außerdem dauert die Produktion der Formteile dann nicht mehr so lange. Nicht dass Eile notwendig wäre, mehr als 20 LFA werden pro Monat sowieso nicht entstehen, jeder gebaut von handverlesenen Edelschraubern. Aber man kann nie wissen, wann man's mal braucht. Nun gehört die dauerhafte Verbindung zwischen Karbonfaser- und Metallteilen zu den schwierigsten Übungen im modernen Karosseriebau. Es dauerte denn auch noch

Der 4,8-l-V10 schiebt 480 Newtonmeter Drehmoment in das sequentielle Sechsganggetriebe vor der Hinterachse, ein Torsen-Sperrdifferential wacht über die Balance. Jeder Motor wird von einem Ingenieur zusammengesetzt, der dann sein Werk entsprechend signiert.

Gänsehaut garantiert: die Heckansicht mit den drei Auspuffrohren über dem Heckdiffusor. Je nach Drehzahl tritt ein Klangverstärker im Auspuffsystem in Aktion. Der mischt die Abgase der beiden Zylinderbänke so zusammen, dass der Lexus wie ein Formel-1-Renner klingt.

Modelle, Varianten, Preise:	
Modelle:	Coupé, Zweitürer
Bauzeit:	2010–2012
Motoren:	4805 ccm V10 / 412 kW (560 PS) bei 8700/min
Ausstattung:	Kohlefaser-Karosserie, V10-Motor, automatisiertes sequenzielles Sechsganggetr., ABS, VSC, EBD, BA, Fahrdynamik-Management VDIM, Klimaautomatik, HDD-Navigationssystem, Mark-Levinson-Audiosystem, „Remote Touch"-Bediensystem, LED-Rückleuchten, Bi-Xenon-Scheinwerfer, elektr. einstell-/beheiz-/belüftb. Ledersitze; 20-Zoll-LM BBS, Reifen 265/35 ZR20 (v.), 305/30 ZR20 (h.), elektr. ausfahrb. Spoiler im Heck. Aluminiumapplikationen, Alu-Pedalerie.
Varianten:	LFA, LFA Nürburgring-Performance-Paket
Preise:	€ 375.000,-

Chronik:	
2000:	Startschuss für das Supersportwagen-Projekt.
2001:	Die Entscheidung für einen V10-Motor fällt. Die Entwicklung erfolgt in Zusammenarbeit mit Yamaha.
2002:	Januar: der V10-Zylinder läuft auf dem Prüfstand.
2003:	Juni: Fertigstellung des 1. Prototyps.
2004:	Oktober: Beginn der Fahrerprobung auf dem Nürburgring.
2005:	Januar: Lexus zeigt 500-PS-Konzeptstudie LF-A auf der Detroit Motorshow. Der Wechsel vom Aluspaceframe-Konzept zu einem neuartigen Kohlefaser-Konzept bedingt eine komplette Neukonstruktion mit entsprechenden Testzyklen. Oktober: Concept Car auf der Tokio Motor Show gezeigt.
2006:	April: Erste Nürburgring-Tests. Oktober: Weitere Nordschleifen-Tests.
2007:	Frühjahr: Überarbeitete LF-A-Studie in USA und Europa gezeigt. Design geändert: höher platzierte Scheinwerfer, größere vordere Lufteinlässe, Kühlöffnungen unter der C-Säule geändert. Flacher verlaufende Diffusorkanäle; es bleibt bei den mittig im Dreieck angeordneten Auspuffendrohren. Im Jahresverlauf intensive Abstimmungsfahrten auf dem Nürburgring. Oktober: erste 300-km/h-Tests.
2008:	Januar: Studie des Lexus LF-A Roadster feiert Premiere auf der North American International Auto-Show (NAIAS) in Detroit. Mai: Die Teilnahme des Prototyps am 24-Stunden-Rennen auf dem Nürburgring endet mit einem Klassensieg in der Kategorie SP8. November: Vorstellung des LF-A in Japan im Rahmen des Toyota Motorsport Festivals auf dem Fuji Speedway.
2009:	April: Vier-Stunden-Rennen auf dem Nürburgring, Klassensieg Mai: Lexus startet mit zwei LF-A beim 24-Stunden-Rennen am Nürburgring in der Division 2 SP8 für Rennwagen mit mehr als vier Liter Hubraum. Oktober: Tokio Motor Show: Weltpremiere der Serienausführung des Lexus LFA; absolute Neuentwicklung, Karbonfaser-Konstruktion, V-10-Motor, Transaxle-Bauweise, Gangwechsel über Schaltwippen mit sieben Schaltgeschwindigkeiten und vier Fahrmodi zur Verfügung – AUTO, SPORT, NORMAL und WET. Zweiteilige Bremsscheiben aus Karbon-Keramik. Höchstgeschwindigkeit von 325 km/h, Produktion auf 500 handgefertigte Fahrzeuge begrenzt, nicht mehr als 20 Einheiten pro Monat werden gebaut. Dezember: An der Londoner Park Lane wird für den LFA ein Showroom für europäische Kunden eingerichtet.
2010:	April: Lexus kündigt ein Nürburgring-Performance-Paket an (Aufpreis € 70.000,-): Modifizierte Aerodynamik mit größerem Frontspoiler, finnenartige Seitenspoiler und ein fester Heckflügel verstärken den Anpressdruck. Motorleistung steigt auf 570 PS, Schaltzeiten des Getriebes um 0,05 s auf 0,15 s verringert; modifizierte Fahrwerksabstimmung, exklusive Räder mit speziell entwickelten Reifen. Vier Außenlackierungen, drei Farben bzw. Farbkombinationen für das Interieur. Rennsport-Schalensitze mit Alcantara; Mittelkonsole und Innenverkleidungen der Türen aus CFRP (Karbonfaserverstärkter Kunststoff). Mai: Klassensieg beim 24-Stunden-Rennen auf dem Nürburgring, für Lexus / GAZOO Racing Team LFA in der Klasse SP8 für seriennahe Fahrzeuge ab vier Liter Hubraum; im Gesamtklassement Platz 18. Juni: Auf dem Weg vom Ring kommend stirbt Cheftestfahrer Hiromu Naruse am Steuer eines LF-A-Prototyps. Er stößt mit einem BMW zusammen, der ebenfalls von Testingenieuren gesteuert wird, die gerade auf dem Weg zum Ring sind. „Der Meister", wie er ehrfurchtsvoll genannt wurde, hat allen Sportwagen-Entwicklungen seit dem 2000 GT seinen Stempel aufgedrückt. Europapremiere für die Serienausführung beim Goodwood Festival of Speed. Dezember: Fertigungsanlauf.

Am 31. August 2011 umrundete ein LFA mit Nürburgring-Package die Nordschleife in nur 7 Minuten und 14,64 Sekunden – schneller als bei den 24-Stunden-Rennen.

Bevor noch der erste Wagen ausgeliefert worden war, präsentierte Toyota im Mai 2010 die erste Ausbaustufe, das Nürburgring-Package.

Chronik:	
2011:	März: Genfer Salon: Weltpremiere für den LFA mit „Nürburgring-Performance-Paket". Mai: Erster LFA in Deutschland ausgeliefert. Klassensieg beim VLN-Cup für den Gazoo-Racing-LFA. November: LFA mit Performance-Paket erzielt eine Rundenzeit von 7:14,64 auf der Nordschleife.
2012:	April: Am 13. April wird der erste Lexus LFA mit Nürburgring-Performance-Paket (Außenfarbe orange, innen schwarz) an einen Käufer aus Großbritannien übergeben. April: Beim zweiten und dritten Lauf der VLN-Langstrecken-Meisterschaft am Nürburgring siegt der Lexus LFA des GAZOO Racing Teams in der Klasse SP8. Mai: Klassensieg beim 24-Stunden-Rennen auf dem Nürburgring; LFA mit Nürburgring-Paket an einen deutschen Käufer ausgeliefert.

Am 12. April 2012 wurde der erste LFA mit Nürburgring-Spezifikationen in Europa ausgeliefert – gegen einen Aufschlag von 70.000 Euro gegenüber den anderen 450 gebauten LFA. Dafür gibt es ein Aerodynamik-Kit aus Front- und Heckflügel, das den Abtrieb und damit die Bodenhaftung steigert, ein modifiziertes Fahrwerk, exklusives Schuhwerk und eine Portion Extra-PS: 571, elf mehr als in der Serie.

drei Jahre, aber dann ist auch diese Mission erfüllt.

Bis ins Detail durchkonstruiert und geplant, nichts dem Zufall überlassen – das große Finale kündigt sich an. Ist die Welt gerettet? Die Presse lässt daran keinen Zweifel: Der LFA ist ganz großes Kino, weil Lexus-typisch außerordentlich sorgsam verarbeitet, vergleichsweise luxuriös ausgestattet und als Fahrmaschine ebenso unerreicht wie Bond als Geheimagent: „Sehr gut fahrbar, kein bisschen biestig, keine Diva", stellte Stefan Lüscher fest, „nur richtig schnell". Erst recht im sogenannten Nürburgring-Package: 50 der 500 LFA – jeweils 200 für Japan und die USA, der Rest für den Rest der Welt, davon 14 für Deutschland – werden mit diesem Performance-Paket ausgeliefert. Für zusätzliche 70.000 Euro erhält der Kenner einen in Aerodynamik, Fahrwerk, Motor und Getriebe nachgeschärften LFA, der mit seinen speziell entwickelten Brückensteinen in den Größen 265/35 ZR 20 vorn und 305/30 ZR 20 hinten die Nürburgring-Nordschleife in Rekordzeit umrundet. Schon während der Erprobungsphase hatte hier ein Vorserien-LFA 24-Stunden-Rennen bestritten, 2009 sogar mit TMC-Präsident und Motorsport-Fan Akio Toyoda im Cockpit („Ich fahre nur selbst mit, wenn unsere Chancen auf ein gutes Ergebnis ohnehin gering sind"). Toyoda selbst war es, der den LFA (dann ohne Bindestrich) auf der 41. Tokyo Motor Show 2009 in Japan enthüllte. Und erst dort, auf dem Messestand, fanden sich endlich auch die Bond-Girls ein, die in dieser ganzen Geschichte noch gefehlt haben – wenn auch nur als Staffage. Doch auch das ist ja typisch für die meisten Bond-Filme ...

Der 4,51 Meter lange LFA weist ein Leergewicht von 1480 Kilogramm aus, eine Folge des konsequenten Leichtbaus. Allein die Bremsscheiben aus Karbon und Keramik sind 20 Kilogramm leichter als konventionelle Stahlscheiben.

Der LFA ist ein Front-Mittelmotor-Sportwagen: Der Motor befindet sich hinter der Vorderachse und das Getriebe vor der Hinterachse. Die Bodenfreiheit beträgt 115 Millimeter.

Für die Rennstrecke geboren

Der LF-A mit der Startnummer 15 fiel 2009 allerdings nach 22 von 24 Stunden aus, der Lexus strandete im Streckenabschnitt Breitscheid. Die schnellste Rennrunde lag bei 8:50,458 Minuten.

Gazoo Racing hatte 2009 pro Wagen sechs Mechaniker im Einsatz, außerdem waren vier Renningenieure an der Box. Der LF-A mit der Startnummer 14 hatte eine rein japanische Besatzung und legte insgesamt 114 Runden zurück. Das Steuer der Startnummer 15 teilten sich Armin Hahne, Andre Lotterer und Jochen Krumbach.

Trotz diverser Probleme gab es für die Startnummer 50 und ihre japanische Besatzung einen Klassensieg 2010 und den 18. Rang in der Gesamtwertung.

Das 24-Stunden-Rennen von 2010 sah den letzten Renneinsatz von Chef-Testingenieur Hiromu Naruse. Die beiden Lexus gingen von den Startplätzen 26 und 28 ins Rennen. In den Vorjahren rollten die LF-A noch auf Spezialfelgen, diesmal auf den Serienrädern.

Gruppenbild mit Chef: Akio Toyoda (Bildmitte, kniend) unterstützte 2010 sein Team. Links hinter ihm steht Teamchef Naruse. Er starb kurze Zeit später bei einem Verkehrsunfall unweit des Rings.

24 Stunden, die Vierte: Lexus und Gazoo Racing waren im Juni 2011 wieder bei den 24 Stunden am Start. Einen der beiden LFA steuerte der Le-Mans-Sieger Andre Lotterer, der auch in der japanischen Super GT für Toyota unterwegs war. Foto: ISP Wolfgang Grube

Beide Lexus hatten erhebliche Schwierigkeiten, unter anderem musste am Lotterer-LFA ein kompletter Motorwechsel vorgenommen werden, beim anderen gab es Probleme mit den Bremsen. Mehr als ein dritter Platz in der SP8 sprang nicht heraus – zu wenig, 2012 wurde ein neuer Anlauf unternommen. Foto: ISP Wolfgang Grube

Heimspiel: Beim zweiten Lauf der VLN-Langstrecken-Meisterschaft am 14. April 2011 war dem LFA der Klassensieg nicht zu nehmen. Die schnellste Rundenzeit lag bei 8:36,972 Minuten, was einem Schnitt von knapp 170 km/h entsprach. Platz drei in der SP8 ging an den Lexus IS F, den ebenfalls Gazoo Racing einsetzte.

Der Gazoo-LFA holte beim ADAC-24-Stunden-Rennen am Nürburgring im Mai 2012 den Klassensieg und außerdem einen hervorragenden 15. Rang in der Gesamtwertung. Die schnellste Rundenzeit betrug 8:44,636 Minuten.

TECHNISCHE DATEN

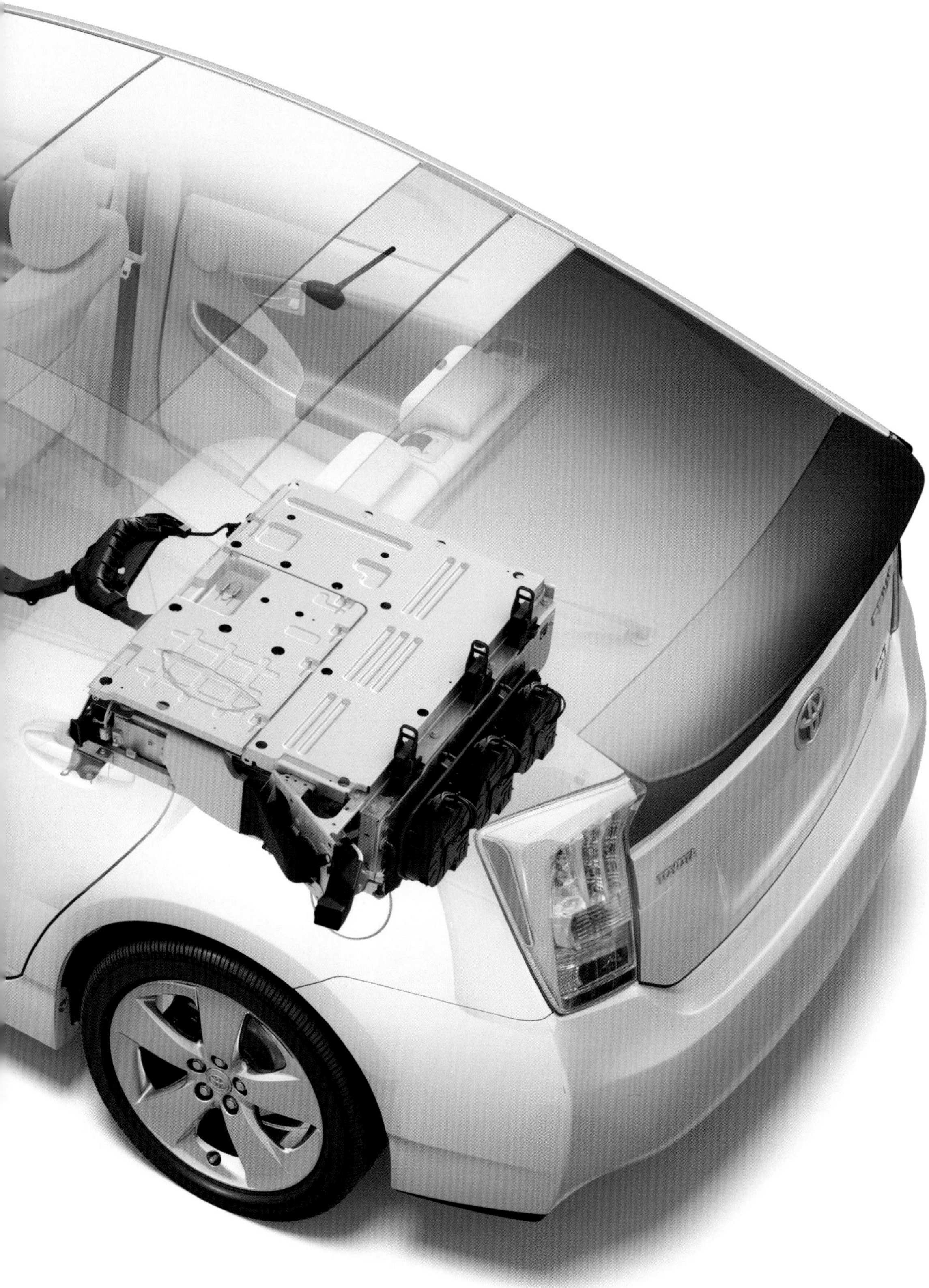

PERSONENWAGEN

Aygo 1,0i

Typ /Baujahr	Aygo 1,0i / 2005
Zylinder / Bauart	3, Reihe
Bohrung x Hub (mm)	71 x 84
Hubraum cm³	998
Leistung (kW/PS/min)	50 (68) bei 6.000
Max. Drehmoment (Nm/min)	93 / 3.600
Verdichtung	10,5
Gemischaufbereitung	elektronisch geregelt, Mehrpunkt
Ventile / Steuerung	3 / ohc, WT-i
Batterie	12 V 42 Ah
Antrieb	Vorderräder
Getriebe	5–Gang
Übersetzungen	3,545 / 1,913 / 1,310 / 1,027 / 0,850 / R 3,214
Radaufhängung vorn	McPherson-Federbeine, Querlenker, Stabilisator
Radaufhängung hinten	Torsionslenker, Schraubenfedern, Stoßdämpfer
Lenkung	Zahnstange, elektronisch
Bremsen	Scheibenbremsen innenbel. vorn, Trommeln hinten, ABS, EBD
Abmessungen (L x B x H mm)	3410 x 1615 x 1465
Radstand (mm)	2340
Spur vorn/hinten (mm)	1420 / 1410
Felgen	4,5 J x 14
Reifen	155 / 65 R 14
Leergewicht (kg)	820
Zul. Gesamtgewicht (kg)	1.180
Höchstgeschwindigkeit (km/h)	157
Beschleunigung; 0–100 km/h (sec)	14,4
Verbrauch (Liter/100 km)	4,6 S
Tankinhalt (Liter)	35
Kofferraumvolumen (Liter)	130

iQ 1.33

Typ /Baujahr	iQ 1.33 Start-Stop / 2009
Zylinder / Bauart	4, Reihe
Bohrung x Hub (mm)	72,5 x 80,5
Hubraum cm³	1329
Leistung (kW/PS/min)	72 (98) bei 6.000
Max. Drehmoment (Nm/min)	123 / 4.400
Verdichtung	11,5
Gemischaufbereitung	L-JETRONIC
Ventile / Steuerung	4 / dohc, Dual-WT-i
Batterie	12 V 60 Ah
Antrieb	Vorderräder
Getriebe	6–Gang, Start / Stop-Automatik
Übersetzungen	3,583 / 1,913 / 1,310 / 1,029 / 0,875 / 0,743 / R 3,333
Radaufhängung vorn	McPherson, Querlenker
Radaufhängung hinten	Torsionslenker
Lenkung	Zahnstange, elektrisch servounterstützt
Bremsen	Scheiben, innenbelüftet vorn, ABS, EBD
Abmessungen (L x B x H mm)	2.985 x 1.680 x 1.500
Radstand (mm)	2.000
Spur vorn/hinten (mm)	1.480 / 1.460
Felgen	5 J x 16
Reifen	175 / 60 R 16
Leergewicht (kg)	1.005–1.030
Zul. Gesamtgewicht (kg)	1.270
Höchstgeschwindigkeit (km/h)	170
Beschleunigung; 0–100 km/h (sec)	11,8
Verbrauch (Liter/100 km)	4,9 S
Tankinhalt (Liter)	32
Kofferraumvolumen (Liter)	32

1000

Typ /Baujahr	1000 / 1976
Zylinder / Bauart	4, Reihe
Bohrung x Hub (mm)	73 x 61
Hubraum cm³	993
Leistung (kW/PS/min)	34 (45) bei 5.600
Max. Drehmoment (Nm/min)	69 / 3.800
Verdichtung	9,0
Gemischaufbereitung	Fallstrom-Registervergaser
Ventile / Steuerung	2 / ohv
Batterie	12 V 40 Ah
Antrieb	Hinterräder
Getriebe	4–Gang
Übersetzungen	3,789 / 2,220 / 1,435 / 1,000 / R 4,316
Radaufhängung vorn	McPherson-Federbeine, Quer- / Schräglängslenker, Stabilisator
Radaufhängung hinten	Starrachse, Blattfedern, Stoßdämpfer
Lenkung	Kugelumlauf
Bremsen	Scheiben vorn, Trommeln hinten
Abmessungen (L x B x H mm)	3.695 x 1.450 x 1.380
Radstand (mm)	2.160
Spur vorn/hinten (mm)	1.235 / 1.200
Felgen	4 J x 12
Reifen	155 SR 12
Leergewicht (kg)	735
Zul. Gesamtgewicht (kg)	1.045
Höchstgeschwindigkeit (km/h)	140
Beschleunigung; 0–100 km/h (sec)	17,2
Verbrauch (Liter/100 km)	7,8 N
Tankinhalt (Liter)	38
Kofferraumvolumen (Liter)	252

Starlet 1,0 DL

Typ /Baujahr	Starlet 1,0 DL / 1978
Zylinder / Bauart	4, Reihe
Bohrung x Hub (mm)	72 x 61
Hubraum cm³	993
Leistung (kW/PS/min)	33 (45) bei 5.600
Max. Drehmoment (Nm/min)	64 / 3.800
Verdichtung	9,0
Gemischaufbereitung	Fallstrom-Registervergaser
Ventile / Steuerung	2 / ohv
Batterie	12 V 40 Ah
Antrieb	Hinterräder
Getriebe	4–Gang
Übersetzungen	3,789 / 2,220 / 1,435 / 1,000 / R 4,316
Radaufhängung vorn	McPherson-Federbeine, Quer- / Schräglenker, Stabilisator
Radaufhängung hinten	Starrachse, Schraubenfedern, Längslenker, Gasdruckstoßdämpfer; Kombi: Blattfedern
Lenkung	Zahnstangen
Bremsen	Scheiben vorn, Trommeln hinten
Abmessungen (L x B x H mm)	3.680 x 1.525 x 1.380
Radstand (mm)	2.300
Spur vorn/hinten (mm)	1.290 / 1.275
Felgen	4,5 J x 13
Reifen	145 SR 13, Kombi 155 SR 13
Leergewicht (kg)	735, Kombi 815
Zul. Gesamtgewicht (kg)	1.140, Kombi 1.220
Höchstgeschwindigkeit (km/h)	143, Kombi 134
Beschleunigung 0–100 km/h (sec)	16,0, Kombi 17,7
Verbrauch (Liter/100 km)	8,3 N
Tankinhalt (Liter)	40
Kofferraumvolumen (Liter)	138, Kombi 389

Starlet 1,2 S

Typ /Baujahr	Starlet 1,2 S / 1980
Zylinder / Bauart	4, Reihe
Bohrung x Hub (mm)	75 x 66
Hubraum cm³	1.165
Leistung (kW/PS/min)	40 (55) bei 5.600
Max. Drehmoment (Nm/min)	64 / 3.800
Verdichtung	9,0
Gemischaufbereitung	Fallstrom-Registervergaser
Ventile / Steuerung	2 / ohc
Batterie	12 V 40 Ah
Antrieb	Hinterräder
Getriebe	4–Gang
Übersetzungen	3,789 / 2,220 / 1,435 / 1,000 / R 4,316
Radaufhängung vorn	McPherson-Federbeine, Quer- / Schräglenker, Stabilisator
Radaufhängung hinten	Starrachse, Schraubenfedern, Längslenker, Gasdruckstoßdämpfer; Kombi: Blattfedern
Lenkung	Zahnstangen
Bremsen	Scheiben vorn, Trommeln hinten
Abmessungen (L x B x H mm)	3.755 x 1.530 x 1.380
Radstand (mm)	2.300
Spur vorn/hinten (mm)	1.305 / 1.290
Felgen	5 J x 13
Reifen	165 / 70 SR 13
Leergewicht (kg)	765
Zul. Gesamtgewicht (kg)	1.140
Höchstgeschwindigkeit (km/h)	148
Beschleunigung 0–100 km/h (sec)	13,5
Verbrauch (Liter/100 km)	8,5 N
Tankinhalt (Liter)	40
Kofferraumvolumen (Liter)	138

Starlet 1,0 DL

Typ /Baujahr	Starlet 1,0 DL / 1983
Zylinder / Bauart	4, Reihe
Bohrung x Hub (mm)	72 x 61
Hubraum cm³	993
Leistung (kW/PS/min)	33 (45) bei 5.600
Max. Drehmoment (Nm/min)	64 / 3.800
Verdichtung	9,0
Gemischaufbereitung	Fallstrom-Registervergaser
Ventile / Steuerung	2 / ohv
Batterie	12 V 40 Ah
Antrieb	Hinterräder
Getriebe	4–Gang
Übersetzungen	3,789 / 2,220 / 1,435 / 1,000 / R = 4,316
Radaufhängung vorn	McPherson-Federbeine, Quer- / Schräglenker, Stabilisator
Radaufhängung hinten	Starrachse, Schraubenfedern, Längslenker, Gasdruckstoßdämpfer; Kombi: Blattfedern
Lenkung	Zahnstangen
Bremsen	Scheiben vorn, Trommeln hinten
Abmessungen (L x B x H mm)	3.760 x 1.525 x 1.380
Radstand (mm)	2.300
Spur vorn/hinten (mm)	1.290 / 1.275
Felgen	4,5 J x 13
Reifen	145 SR 13, Kombi 155 SR 13
Leergewicht (kg)	765, Kombi 815
Zul. Gesamtgewicht	1.160, Kombi 1.220
Höchstgeschwindigkeit (km/h)	140, Kombi 134
Beschleunigung 0–100 km/h (sec)	18,6, Kombi 18,7
Verbrauch (Liter/100 km)	8,2 N
Tankinhalt (Liter)	40
Kofferraumvolumen (Liter)	138, Kombi 389

Starlet 1, 3 S	
Typ /Baujahr	Starlet 1,3 S / 1985
Zylinder / Bauart	4, Reihe
Bohrung x Hub (mm)	73 x 77
Hubraum cm³	1.295
Leistung (kW/PS/min)	55 (74) bei 6.200
Max. Drehmoment (Nm/min)	103 / 4.200
Verdichtung	9,5
Gemischaufbereitung	Venturi-Vergaser
Ventile / Steuerung	3 / ohc
Batterie	12 V 40 Ah
Antrieb	Vorderräder
Getriebe	5–Gang
Übersetzungen	3,545 / 1,904 / 1,310 / 0,969 / 0,816 / R 3,250
Radaufhängung vorn	McPherson-Federbeine, Querlenker, Stabilisator
Radaufhängung hinten	McPherson-Federbeine, Längslenker, Torsions- / Panhardstab
Lenkung	Zahnstangen
Bremsen	Scheiben, innenbelüftet vorn, Trommeln hinten
Abmessungen (L x B x H mm)	3.700 x 1.590 x 1.395
Radstand (mm)	2.300
Spur vorn/hinten (mm)	1.385 / 1.345
Felgen	5 J x 13
Reifen	165 / 70 SR 13
Leergewicht (kg)	765
Zul. Gesamtgewicht	1.225
Höchstgeschwindigkeit (km/h)	169
Beschleunigung 0–100 km/h (sec)	10,5
Verbrauch (Liter/100 km)	8,1 N
Tankinhalt (Liter)	40
Kofferraumvolumen (Liter)	331

Starlet 1, 5 XL Diesel	
Typ /Baujahr	Starlet 1,5 XL Diesel / 1987
Zylinder / Bauart	4, Reihe
Bohrung x Hub (mm)	74 x 84,5
Hubraum cm³	1.453
Leistung (kW/PS/min)	40 (854) bei 5.200
Max. Drehmoment (Nm/min)	91 / 3.800
Verdichtung	22,0
Gemischaufbereitung	Verteiler-Einspritzpumpe
Ventile / Steuerung	2 / ohc
Batterie	12 V 60 Ah
Antrieb	Vorderräder
Getriebe	5–Gang
Übersetzungen	3,545 / 1,904 / 1,310 / 1,031 / 0,864 / R 3,250
Radaufhängung vorn	McPherson-Federbeine, Querlenker, Stabilisator
Radaufhängung hinten	McPherson-Federbeine, Längslenker, Torsions- / Panhardstab
Lenkung	Zahnstangen
Bremsen	Scheiben, innenbelüftet vorn, Trommeln hinten
Abmessungen (L x B x H mm)	3.700 x 1.590 x 1.395
Radstand (mm)	2.300
Spur vorn/hinten (mm)	1.385 / 1.345
Felgen	4,5 J x 13
Reifen	145 SR 13
Leergewicht (kg)	810
Zul. Gesamtgewicht (kg)	1.265
Höchstgeschwindigkeit (km/h)	1.265
Beschleunigung 0–100 km/h (sec)	14,5
Verbrauch (Liter/100 km)	5,1 D
Tankinhalt (Liter)	40
Kofferraumvolumen (Liter)	331

Starlet 1,3 XLi	
Typ /Baujahr	Starlet 1,3 XLi / 1990
Zylinder / Bauart	4, Reihe
Bohrung x Hub (mm)	73 x 74,4
Hubraum cm³	1.295
Leistung (kW/PS/min)	55 (75) bei 6.000
Max. Drehmoment (Nm/min)	101 / 4.800
Verdichtung	9,5
Gemischaufbereitung	Einspritzung D-Jetronic
Ventile / Steuerung	3 / ohc
Batterie	12 V 50 Ah
Antrieb	Vorderräder
Getriebe	5–Gang
Übersetzungen	3,545 / 1,904 / 1,310 / 0,969 / 0,815 / R 3,250
Radaufhängung vorn	McPherson-Federbeine, Querlenker, Stabilisator
Radaufhängung hinten	McPherson-Federbeine, Längslenker, Torsions- / Panhardstab, Stabilisator
Lenkung	Zahnstangen
Bremsen	Scheiben, innenbelüftet vorn, Trommeln hinten
Abmessungen (L x B x H mm)	3.720 x 1.600 x 1.385
Radstand (mm)	2.300
Spur vorn/hinten (mm)	1.390 / 1.370
Felgen	4,5 J x 13
Reifen	145 SR 13
Leergewicht (kg)	720
Zul. Gesamtgewicht (kg)	1.225
Höchstgeschwindigkeit (km/h)	170
Beschleunigung 0–100 km/h (sec)	10,3
Verbrauch (Liter/100 km)	6,4 N
Tankinhalt (Liter)	40
Kofferraumvolumen (Liter)	226

Starlet (Automatik)	
Typ /Baujahr	Starlet (Automatik) / 1996
Zylinder / Bauart	4, Reihe
Bohrung x Hub (mm)	74 x 77,4
Hubraum cm³	1.332
Leistung (kW/PS/min)	55 (75) bei 5.400
Max. Drehmoment (Nm/min)	115 / 4.300
Verdichtung	9,6
Gemischaufbereitung	D-Jetronic
Ventile / Steuerung	4 / dohc
Batterie	12 V 33 Ah
Antrieb	Vorderräder
Getriebe	5–Gang
Übersetzungen	3,545 / 1,904 / 1,310 / 1,031 / 0,864 / R 3,250
Radaufhängung vorn	McPherson-Federbeine, Querlenker, Stabilisator
Radaufhängung hinten	Verbundlenkerachse, Zugstreben, Querlenker, Schraubenfedern, Stabilisator, Gasdruck-Stoßdämpfer
Lenkung	Zahnstangen, servounterstützt
Bremsen	S. v., Tr. h.,-ABS
Abmessungen (L x B x H mm)	3.740 x 1.635 x 1.400
Radstand (mm)	2.300
Spur vorn/hinten (mm)	1.400 / 1.405
Felgen	5 J x 13
Reifen	165 / 70 R 13
Leergewicht (kg)	905 (935)
Zul. Gesamtgewicht (kg)	1.345 (1.370)
Höchstgeschwindigkeit (km/h)	170 (165)
Beschleunigung 0–100 km/h (sec)	11,2 (17,4)
Verbrauch (Liter/100 km)	7,0 (7,8) S
Tankinhalt (Liter)	45
Kofferraumvolumen Liter)	214

Yaris 1,3 (1,5 TS)	
Typ /Baujahr	Yaris 1,3 3–Türer / 5–Türer (1,5) / 1999
Zylinder / Bauart	4, Reihe
Bohrung x Hub (mm)	75 x 73,5
Hubraum cm³	1.299
Leistung (kW/PS/min)	63 (86) bei 6.000
Max. Drehmoment (Nm/min)	124 / 4.400
Verdichtung	10,5
Gemischaufbereitung	Multipoint, sequentiell
Ventile / Steuerung	4 / dohc, VVT-i
Batterie	12 V 36 Ah
Antrieb	Vorderräder
Getriebe	5–Gang
Übersetzungen	3,545 / 1,913 / 1,310 / 1,027 / 0,850 / R 3,214
Radaufhängung vorn	McPherson-Federbeine, Querlenker, Stabilisator,
Radaufhängung hinten	Verbundlenker, Stabilisator
Lenkung	Zahnstange, servounterstützt
Bremsen	Scheiben, innenbelüftet vorn
Abmessungen (L x B x H mm)	3.635 x 1.660 x 1.500
Radstand (mm)	2.370
Spur vorn/hinten (mm)	1.445 / 1.420
Felgen	5,5 J x 14
Reifen	175 / 65 R 14
Leergewicht (kg)	980–1.075
Zul. Gesamtgewicht (kg)	1.365
Höchstgeschwindigkeit (km/h)	175
Beschleunigung 0–100 km/h (sec)	12,1
Verbrauch (Liter/100 km)	6,0S
Tankinhalt (Liter)	45
Kofferraumvolumen (Liter)	226

Yaris 1,0	
Typ /Baujahr	Yaris 1,0 3–Türer / 2000
Zylinder / Bauart	4, Reihe
Bohrung x Hub (mm)	69 x 66,7
Hubraum cm³	998
Leistung (kW/PS/min)	50 (68) bei 6.000
Max. Drehmoment (Nm/min)	90 / 4.100
Verdichtung	10,0
Gemischaufbereitung	Multipoint, sequentiell
Ventile / Steuerung	4 / dohc, VVT-i
Batterie	12 V 36 Ah
Antrieb	Vorderräder
Getriebe	5–Gang
Übersetzungen	3,545 / 1,913 / 1,310 / 1,027 / 0,850 / R 3,214
Radaufhängung vorn	McPherson-Federbeine, Querlenker, Stabilisator
Radaufhängung hinten	Verbundlenker, Stabilisator, Gasdruck-Stoßdämpfer
Lenkung	Zahnstange, servounterstützt
Bremsen	Scheiben, innenbelüftet vorn
Abmessungen (L x B x H mm)	3.615 x 1.660 x 1.500
Radstand (mm)	2.370
Spur vorn/hinten (mm)	1.440 / 1.420
Felgen	5,5 J x 14
Reifen	175 / 65 R 14
Leergewicht (kg)	945–1.050
Zul. Gesamtgewicht (kg)	1.350
Höchstgeschwindigkeit (km/h)	155
Beschleunigung 0–100 km/h (sec)	13,8
Verbrauch (Liter/100 km)	5,7 S
Tankinhalt (Liter)	45
Kofferraumvolumen (Liter)	205

Yaris TS	
Typ /Baujahr	Yaris TS / 2007
Zylinder / Bauart	4, Reihe
Bohrung x Hub (mm)	82,2 x 94
Hubraum cm³	1.798
Leistung (kW/PS/min)	98 (133) bei 6.000
Max. Drehmoment (Nm/min)	173 / 4.400
Verdichtung	10,0
Gemischaufbereitung	elektronisch geregelt, Mehrpunkt
Ventile / Steuerung	4 / dohc, Dual VVT-i
Batterie	12 V 45 Ah
Antrieb	Vorderräder
Getriebe	5–Gang
Übersetzungen	3,166 / 1,904 / 1,392 / 1,031 / 0,815 / R 3,250
Radaufhängung vorn	McPherson-Federbeine, Querlenker, Stabilisator
Radaufhängung hinten	Torsionskörper, Schraubenfedern, Stoßdämpfer
Lenkung	Zahnstange, elektronisch
Bremsen	Scheiben, innenbel. vorn, ABS, EBD, ESP
Abmessungen (L x B x H mm)	3800 x 1695 x 1530
Radstand (mm)	2460
Spur vorn/hinten (mm)	1.460 / 1.450
Felgen	6,5 JJ x 17
Reifen	205 / 45 R 17
Leergewicht (kg)	1.115
Zul. Gesamtgewicht (kg)	1.545
Höchstgeschwindigkeit (km/h)	195
Beschleunigung 0–100 km/h (sec)	9,3
Verbrauch (Liter/100 km)	7,2 S
Tankinhalt (Liter)	42
Kofferraumvolumen (Liter)	228

Yaris 1,0	
Typ /Baujahr	Yaris 1,0 3–Türer / 2011
Zylinder / Bauart	3, Reihe
Bohrung x Hub (mm)	71 x 84
Hubraum cm³	998
Leistung (kW/PS/min)	51 (69) bei 6.000
Max. Drehmoment (Nm/min)	93 / 3.600
Verdichtung	10,5
Gemischaufbereitung	D-Jetronic
Ventile / Steuerung	4 / dohc, VVT-i
Batterie	12 V 45 Ah
Antrieb	Vorderräder
Getriebe	5–Gang
Übersetzungen	3,545 / 1,913 / 1,310 / 1,027 / 0,850 / R 3,214
Radaufhängung vorn	McPherson-Federbeine, Querlenker
Radaufhängung hinten	Verbundlenker
Lenkung	Zahnstange, elektrisch servo-unterstützt
Bremsen / Fahrdynamikregelsysteme	Scheiben, innenbelüftet vorn, ABS, EBD, VSC, TRC
Abmessungen (L x B x H mm)	3.785 x 1.695 x 1.510
Radstand (mm)	2.460
Spur vorn/hinten (mm)	1.480 / 1.470
Felgen	5 J x 14
Reifen	165 / 70 R 14
Leergewicht (kg)	1.065–1.105
Zul. Gesamtgewicht (kg)	1.440
Höchstgeschwindigkeit (km/h)	155
Beschleunigung 0–100 km/h (sec)	15,7
Verbrauch (Liter/100 km)	5,0 S
Tankinhalt (Liter)	42
Kofferraumvolumen (Liter)	275

Yaris Hybrid	
Typ /Baujahr	Yaris Hybrid / 2012
Antriebssystem	Hybrid
Zylinder / Bauart	4, Reihe
Bohrung x Hub (mm)	75,0 x 84,7
Hubraum cm³	1.497
Leistung (kW/PS/min)	55 (74) / 4.800
Max. Drehmoment (Nm/min)	111/3.600
Verdichtung	13,4
Ventile / Steuerung	4 / dohc, VVT-i
Batterie	12 V 45 Ah
Elektromotor	Permanenterregter Synchronmotor
Systemleistung (kw/PS)	74/100
Batterie	Nickel-Metallhybrid
Antrieb	Vorderräder
Getriebe	E-CVT
Radaufhängung vorn	McPherson-Federbeine, Doppelquerl.
Radaufhängung hinten	Torsionslenker
Lenkung	Zahnstange, elektrisch unterstützt
Bremsen / Fahrdynamikregelsysteme	Regenerativ zur Energierückgewinnung, Scheiben, innenbelüftet vorn, ABS, EBD, BA, VSC, TRC
Abmessungen (L x B x H mm)	3.905 x 1.695 x 1.510
Radstand (mm)	2.510
Spur vorn/hinten (mm)	1.485 / 1.470
Felgen	5J x 15
Reifen	185/60 R 15
Leergewicht (kg)	1.160–1.235
Zul. Gesamtgewicht (kg)	1.565
Höchstgeschwindigkeit (km/h)	165
Beschleunigung 0–100 km/h (sec)	11,8
Verbrauch (Liter/100 km)	3,5 S
Tankinhalt (Liter)	36
Kofferraumvolumen (Liter)	286

Tercel

Typ /Baujahr	Tercel / 1979
Zylinder / Bauart	4, Reihe
Bohrung x Hub (mm)	76 x 71,4
Hubraum cm^3	1.295
Leistung (kW/PS/min)	48 (65) bei 5.600
Max. Drehmoment (Nm/min)	101 / 3.800
Verdichtung	9:1
Gemischaufbereitung	Fallstrom-Registervergaser
Ventile / Steuerung	2 / ohc
Batterie	12 V 40 Ah
Antrieb	Vorderräder
Getriebe	4–Gang
Übersetzungen	3,467 / 2,076 / 1,380 / 1,000 / R 3,377
Radaufhängung vorn	McPherson-Federbeine, Quer- und Schräglenker, Stabilisator
Radaufhängung hinten	Schräglenker, Schraubenfedern, Stabilisator; Teleskopstoßdämpfer
Lenkung	Zahnstangen
Bremsen	Scheiben vorn, Trommeln hinten
Abmessungen (L x B x H mm)	3.960 x 1.550 x 1.370
Radstand (mm)	2.500
Spur vorn/hinten (mm)	1.330 / 1.315
Felgen	4,5 J x 13
Reifen	145 SR 13
Leergewicht (kg)	830
Zul. Gesamtgewicht (kg)	1.260
Höchstgeschwindigkeit (km/h)	150
Beschleunigung 0–100 km/h (sec)	14,7
Verbrauch (Liter/100 km)	10,0 N
Tankinhalt (Liter)	45
Kofferraumvolumen (Liter)	340

Tercel

Typ /Baujahr	Tercel / 1982
Zylinder / Bauart	4, Reihe
Bohrung x Hub (mm)	76 x 71,4
Hubraum cm^3	1.295
Leistung (kW/PS/min)	48 (65) bei 6.000
Max. Drehmoment (Nm)	98 / 3.800
Verdichtung	9,3:1
Gemischaufbereitung	Zweistufen-Doppelregister-Fallstromvergaser
Ventile / Steuerung	2 / ohc
Batterie	12 V 40 Ah
Antrieb	Vorderräder
Getriebe	5–Gang
Übersetzungen	3,667 / 2,071 / 1,377 / 1,000 / 0,825 / R 3,419
Radaufhängung vorn	McPherson-Federbeine, Stabilisator
Radaufhängung hinten	McPherson-Federbeine, Stabilisator Doppelquerlenker
Lenkung	Zahnstangen
Bremsen	Scheiben vorn, Trommeln hinten
Abmessungen (L x B x H mm)	3.880 x 1.615 x 1.390
Radstand (mm)	2.430
Spur vorn/hinten (mm)	1.385 / 1.370
Felgen	4,5 J x 13
Reifen	155 SR 13
Leergewicht (kg)	870
Zul. Gesamtgewicht (kg)	1.340
Höchstgeschwindigkeit (km/h)	155
Beschleunigung 0–100 km/h (sec)	16,6
Verbrauch (Liter/100 km)	9,2 N
Tankinhalt (Liter)	45
Kofferraumvolumen (Liter)	226

Corolla 1100

Typ /Baujahr	Corolla 1100 / 1967
Zylinder / Bauart	4, Reihe
Bohrung x Hub (mm)	75 x 61
Hubraum cm^3	1.077
Leistung (kW/PS/min)	60 SAE-PS bei 6.000
Max. Drehmoment (Nm/min)	85 SAE / 3.800
Verdichtung	9,0
Gemischaufbereitung	Fallstrom-Registervergaser
Ventile / Steuerung	2 / ohv
Batterie	12 V 32 Ah
Antrieb	Hinterräder
Getriebe	4–Gang
Übersetzungen	3,684 / 2,050 / 1,383 / 1,000 / R 4,316
Radaufhängung vorn	McPherson-Federbeine, Querblattfeder
Radaufhängung hinten	Starrachse, Blattfedern, Hilfsfeder, Stoßdämpfer
Lenkung	Kugelumlauf
Bremsen	Scheiben vorn, Trommeln hinten
Abmessungen (L x B x H mm)	3.855 x 1.485 x 1.380; Coupé 3.855 x 1.485 x 1.345
Radstand (mm)	2.285
Spur vorn/hinten (mm)	1.245 / 1.2420
Felgen	4 J x 12
Reifen	6.00–12
Leergewicht (kg)	735
Zul. Gesamtgewicht (kg)	k.A.
Höchstgeschwindigkeit (km/h)	140
Beschleunigung 0–100 km/h (sec)	16
Verbrauch (Liter/100 km)	8,4 S
Tankinhalt (Liter)	36
Kofferraumvolumen (Liter)	k.A.

Corolla 1200

Typ /Baujahr	Corolla 1200 / 1971
Zylinder / Bauart	4, Reihe
Bohrung x Hub (mm)	75 x 66
Hubraum cm^3	1.166
Leistung (kW/PS/min)	43 (58) bei 6.300
Max. Drehmoment (Nm/min)	81 / 3.900
Verdichtung	9,0
Gemischaufbereitung	Fallstrom-Registervergaser
Ventile / Steuerung	2 / ohv
Batterie	12 V 60 Ah
Antrieb	Hinterräder
Getriebe	4–Gang
Übersetzungen	3,684 / 2,050 / 1,383 / 1,000 / R 4,316
Radaufhängung vorn	McPherson-Federbeine, Quer- und Schräglenker, Stabilisator
Radaufhängung hinten	Starrachse, Blattfedern, Hilfsfeder, Stoßdämpfer
Lenkung	Kugelumlauf
Bremsen	Scheiben vorn, Trommeln hinten
Abmessungen (L x B x H mm)	3.945 x 1.505 x 1.375; Kombi: 3.980 x 1.505 x 1.405
Radstand (mm)	2.335
Spur vorn/hinten (mm)	1.255 / 1.245
Felgen	4 J x 12
Reifen	155 SR 12
Leergewicht (kg)	780, Kombi 810
Zul. Gesamtgewicht (kg)	1.185, Kombi 1.275
Höchstgeschwindigkeit (km/h)	145, Kombi 135
Beschleunigung 0–100 km/h (sec)	15,8
Verbrauch (Liter/100 km)	10,3 S
Tankinhalt (Liter)	45
Kofferraumvolumen (Liter)	Limousine 310, Kombi 700

Corolla 1200

Typ /Baujahr	Corolla 1200 / 1975
Zylinder / Bauart	4, Reihe
Bohrung x Hub (mm)	75 x 66
Hubraum cm^3	1.166
Leistung (kW/PS/min)	40 (55) bei 5.600
Max. Drehmoment (Nm/min)	85 / 3.800
Verdichtung	9,0
Gemischaufbereitung	Fallstrom–Registervergaser
Ventile / Steuerung	2 / ohv
Batterie	12 V 40 Ah
Antrieb	Hinterräder
Getriebe	4–Gang
Übersetzungen	3,684 / 2,050 / 1,383 / 1,00 / R 4,316
Radaufhängung vorn	Federbeine, Querlenker, Stabilisator, Stoßdämpfer
Radaufhängung hinten	Starrachse, Blattfedern, Teleskop-stoßdämpfer
Lenkung	Kugelumlauf
Bremsen	Scheiben vorn, Trommeln hinten
Abmessungen (L x B x H mm)	3.995 x 1.570 x 1.375; Kombi: 4.050 x 1.570 x 1.390
Radstand (mm)	2.370
Spur vorn/hinten (mm)	1.295 / 1.285
Felgen	4,5 J x 13
Reifen	155 SR 13
Leergewicht (kg)	865, 890 (Coupé), 905 (Kombi)
Zul. Gesamtgewicht (kg)	1.320, Kombi 1.365
Höchstgeschwindigkeit (km/h)	143, Coupé 150,
Beschleunigung 0–100 km/h (sec)	15,6, Coupé 15,4
Verbrauch (Liter/100 km)	8,9, Kombi 9,5 S
Tankinhalt (Liter)	50
Kofferraumvolumen (Liter)	320, Coupé 312, Kombi k.A.

Corolla Liftback 1600 GSL	
Typ /Baujahr	Corolla Liftback 1600 / 1977
Zylinder / Bauart	4, Reihe
Bohrung x Hub (mm)	85 x 70
Hubraum cm3	1.588
Leistung (kW/PS/min)	55 (75) bei 5.200
Max. Drehmoment (Nm/min)	115 / 3.800
Verdichtung	9,4
Gemischaufbereitung	Register (Doppelregister)-Fallstromvergaser
Ventile / Steuerung	2 / ohc
Batterie	12 V 60 Ah
Antrieb	Hinterräder
Getriebe	5–Gang
Übersetzungen	3,587 / 2,022 / 1,384 / 1,000 / 0,861 / R 3,484
Radaufhängung vorn	McPherson, Quer, Stabi
Radaufhängung hinten	Starrachse, Blattfedern, Teleskopstoßdämpfer
Lenkung	Kugelumlauf
Bremsen	Scheiben vorn, Trommeln hinten
Abmessungen (L x B x H mm)	4.120 x 1.600 x 1.320
Radstand (mm)	2.370
Spur vorn/hinten (mm)	1.320 / 1.335
Felgen	5 J x 13
Reifen	165 SR 13
Leergewicht (kg)	935
Zul. Gesamtgewicht (kg)	1.395
Höchstgeschwindigkeit (km/h)	155
Beschleunigung 0–100 km/h (sec)	13,2
Verbrauch (Liter/100 km)	9,6 S
Tankinhalt (Liter)	40
Kofferraumvolumen (Liter)	320

Corolla 1300	
Typ/Baujahr	Corolla 1300 / 1980
Zylinder / Bauart	4, Reihe
Bohrung x Hub (mm)	75,3 x 73
Hubraum cm^3	1.290
Leistung (kW/PS/min)	44 (60) bei 5.400
Max. Drehmoment (Nm/min)	97 / 3.600
Gemischaufbereitung	Register–Fallstromvergaser
Ventile / Steuerung	2 / ohv
Batterie	12 V 60 Ah
Antrieb	Hinterräder
Getriebe	4–Gang
Übersetzungen	3,789 / 2,220 / 1,435 / 1,000 / R 4,136
Radaufhängung vorn	McPherson-Federbeine, Querlenker, Stabilisator
Radaufhängung hinten	Starrachse, Schraubenfedern, Längsl., Panhardstab, Stoßd.
Lenkung	Zahnstangen
Bremsen	Scheiben vorn, Trommeln hinten
Abmessungen (L x B x H mm)	4.050 x 1.610 x 1.395
Radstand (mm)	2.400
Spur vorn/hinten (mm)	1.320 / 1.335
Felgen	4,5 J x 13
Reifen	155 SR 13
Leergewicht (kg)	860
Zul. Gesamtgewicht (kg)	1.320
Höchstgeschwindigkeit (km/h)	148
Beschleunigung 0–100 km/h (sec)	14,5
Verbrauch (Liter/100 km)	10,0 N
Tankinhalt (Liter)	50, Kombi 47
Kofferraumvolumen (Liter)	371, Liftback 374, Kombi 432

Corolla 1300	
Typ /Baujahr	Corolla 1300 / 1983
Zylinder / Bauart	4, Reihe, quer
Bohrung x Hub (mm)	76 x 71,4
Hubraum cm^3	1.295
Leistung (kW/PS/min)	51 (69) bei 6.000
Max. Drehmoment (Nm/min)	102 / 3.800
Gemischaufbereitung	Register-Fallstromvergaser
Ventile / Steuerung	2 / ohc
Batterie	12 V 40 Ah
Antrieb	Vorderräder
Getriebe	5–Gang
Übersetzungen	1300: 3,545 / 1,905 / 1,310 / 0,970 / 0,816 / R 3,250
Radaufhängung vorn	McPherson-Federbeine, Querlenker, Stabilisator
Radaufhängung hinten	McPherson-Federbeine, Doppelquerlenker, Längszugstr., Stabilisator
Lenkung	Zahnstangen
Bremsen	Scheiben vorn, Trommeln hinten
Abmessungen (L x B x H mm)	4.135 x 1.635 x 1.385
Radstand (mm)	2.430
Spur vorn/hinten (mm)	1.425 / 1.405
Felgen	5 J x 13
Reifen	155 SR 13
Leergewicht (kg)	884–917
Zul. Gesamtgewicht (kg)	1.395
Höchstgeschwindigkeit (km/h)	160
Beschleunigung 0–100 km/h (sec)	14,4
Verbrauch (Liter/100 km)	7,5 N
Tankinhalt (Liter)	50
Kofferraumvolumen (Liter)	352–412

Corolla 1300	
Typ /Baujahr	Corolla 1300 / 1985
Zylinder / Bauart	4, Reihe
Bohrung x Hub (mm)	73 x 77,4
Hubraum cm^3	1.295
Leistung (kW/PS/min)	55 (74) bei 6.200
Max. Drehmoment (Nm/min)	103 / 4.200
Gemischaufbereitung	Venturi-Vergaser
Ventile / Steuerung	3 / ohc
Batterie	12 V 40 Ah
Antrieb	Vorderräder
Getriebe	5–Gang
Übersetzungen	3,545 / 1,905 / 1,310 / 0,969 / 0,815 / R 3,250
Radaufhängung vorn	McPherson-Federbeine, Querlenker, Stabilisator
Radaufhängung hinten	McPherson-Federbeine, Doppelquerlenker, Längszugstr., Stabilisator
Lenkung	Zahnstangen
Bremsen	Scheiben vorn, Trommeln hinten
Abmessungen (L x B x H mm)	Limousine: 4.135 x 1.635 x 1.385
Radstand (mm)	2.430
Spur vorn/hinten (mm)	1.425 / 1.405
Felgen	5 J x 13
Reifen	155 SR 13
Leergewicht (kg)	Limousine 860
Zul. Gesamtgewicht (kg)	1.385
Höchstgeschwindigkeit (km/h)	160
Beschleunigung 0–100 km/h (sec)	14,1
Verbrauch (Liter/100 km)	7,5 N
Tankinhalt (Liter)	50
Kofferraumvolumen (Liter)	Limousine 412

Corolla 1,8 Diesel	
Typ /Baujahr	Corolla 1,8 Diesel / 1986
Zylinder / Bauart	4, Reihe, quer
Bohrung x Hub (mm)	83 x 85
Hubraum cm^3	1.839
Leistung (kW/PS/min)	47 (64) bei 4.700
Max. Drehmoment (Nm/min)	118 / 2.600
Verdichtung	23,0
Gemischaufbereitung	Verteiler-Einspritzpumpe
Ventile / Steuerung	2 / ohc
Batterie	12 V 65 Ah
Antrieb	Vorderräder
Getriebe	5–Gang
Übersetzungen	3,538 / 2,041 / 1,322 / 0,945 / 0,731 / R 3,153
Radaufhängung vorn	McPherson-Federbeine, Querlenker, Stabilisator
Radaufhängung hinten	McPherson-Federbeine, Doppelquerlenker, Längszugstr., Stabilisator
Lenkung	Zahnstangen, servounterstützt
Bremsen	Scheiben vorn, Trommeln hinten
Abmessungen (L x B x H mm)	Compact: 3.970 x 1.635 x 1.385; Liftback: 4.135 x 1.635 x 1.385
Radstand (mm)	2.430
Spur vorn/hinten (mm)	1.425 / 1.405
Felgen	5 J x 13
Reifen	155 SR 13
Leergewicht (kg)	Compact 955, Liftback 990
Zul. Gesamtgewicht (kg)	1.470
Höchstgeschwindigkeit (km/h)	155
Beschleunigung 0–100 km/h (sec)	14,5
Verbrauch (Liter/100 km)	5,7 D
Tankinhalt (Liter)	50
Kofferraumvolumen (Liter)	Compact 366, Liftback 525

Corolla 1600	
Typ /Baujahr	Corolla 1600 / 1986
Zylinder / Bauart	4, Reihe
Bohrung x Hub (mm)	81 x 77
Hubraum cm^3	1.588
Leistung (kW/PS/min)	54 (73) bei 5.400
Max. Drehmoment (Nm/min)	122 / 3.400
Verdichtung	9,5
Gemischaufbereitung	Venturi-Vergaser
Ventile / Steuerung	2 / ohc
Batterie	12 V 60 Ah
Antrieb	Vorderräder
Getriebe	5–Gang
Übersetzungen	3,166 / 1,904 / 1,310 / 0,969 / 0,815 / R 3,250
Radaufhängung vorn	McPherson, Querl., Stabi.
Radaufhängung hinten	McPherson, Doppelquerlenker, Längszugstreben, Stabilisator
Lenkung	Zahnstangen
Bremsen	Scheiben vorn, Trommeln hinten
Abmessungen (L x B x H mm)	Compact: 3.970 x 1.635 x 1.385; Limousine 4.135 x 1635 x 1.385; Liftback 4.135 x 1.635 x 1.380
Radstand (mm)	2.430
Spur vorn/hinten (mm)	1.425 / 1.405
Felgen	5 J x 13
Reifen	155 SR 13
Leergewicht (kg)	Liftback 880; Limousine 860
Zul. Gesamtgewicht (kg)	1.410
Höchstgeschwindigkeit (km/h)	160
Beschleunigung 0–100 km/h (sec)	11,6
Verbrauch (Liter/100 km)	7,5 N, bleifrei
Tankinhalt (Liter)	50
Kofferraumvolumen (Liter)	374
Liftback / Limousine DX 1,6 G-Kat ab 1986 lieferbar	

Corolla Coupé GT 16V	
Typ /Baujahr	Corolla Coupé GT 16V / 1984
Zylinder / Bauart	- / 4, Reihe
Bohrung x Hub (mm)	81 x 77
Hubraum cm³	1.587
Leistung (kW/PS/min)	91 (124) bei 6.600
Max. Drehmoment (Nm/min)	142 / 5.200
Verdichtung	10,0
Gemischaufbereitung	EFI-D-Jetronic
Ventile / Steuerung	4 / dohc
Batterie	12 V 45 Ah
Antrieb	Hinterräder
Getriebe	5–Gang
Übersetzungen	3,587 / 2,022 / 1,384 / 1,000 / 0,861 / R 3,484
Radaufhängung vorn	McPherson-Federbeine, Querlenker, Zugstrebe, Stabilisator
Radaufhängung hinten	Starrachse, Schraubenf. Längsll., Panhardstab, Stabi
Lenkung	Zahnstangen
Bremsen	Scheiben, innenbel. v
Abmessungen (L x B x H mm)	4.180 x 1.625 x 1.390
Radstand (mm)	2.400
Spur vorn/hinten (mm)	1.355 / 1.345
Felgen	5,5 J x 13
Reifen	185 / 70 HR 13
Leergewicht (kg)	970
Zul. Gesamtgewicht (kg)	1.345
Höchstgeschwindigkeit (km/h)	199
Beschleunigung 0–100 km/h (sec)	8,4
Verbrauch (Liter/100 km)	10 S
Tankinhalt (Liter)	50
Kofferraumvolumen (Liter)	246

ab 5 / 1985 wahlweise auch mit G-Kat 85 kW / 116 PS, 190 km / h, Kraftstoffart Normal bleifrei. Räder / Bereifung 6 J x 14, 195 / 60 VR 14,

Corolla Tercel XLi 4x4	
Typ /Baujahr	Corolla Tercel XLi 4x4 / 1988
Zylinder / Bauart	4, Reihe, quer
Bohrung x Hub (mm)	81 x 77
Hubraum cm³	1.587
Leistung (kW/PS/min)	77 (105) bei 5.600
Max. Drehmoment (Nm/min)	142 / 4.800
Verdichtung	9,5
Gemischaufbereitung	TCCS-D-Jetronic, G-Kat
Ventile / Steuerung	4 / dohc
Batterie	12 V 60 Ah
Antrieb	Allrad permanent, zuschaltbare Sperre im Zentraldifferenzial
Getriebe	5–Gang
Übersetzungen	3,833 / 2,045 / 1,333 / 0,918 / 0,775 / R 3,583
Radaufhängung vorn	McPherson-Federbeine, Querlenker, Stabilisator
Radaufhängung hinten	Starrachse, Schraubenfedern, Längszugstreben, Panhardstab, Stabilisator, Gasdruck-Stoßdämpfer
Lenkung	Zahnstangen, servounterstützt
Bremsen	Scheiben vorn, Trommeln hinten
Abmessungen (L x B x H mm)	4.250 x 1.655 x 1.450
Radstand (mm)	2.430
Spur vorn/hinten (mm)	1.440 / 1.380
Felgen	5 J x 13
Reifen	185 / 70 HR 13
Leergewicht (kg)	1.135
Zul. Gesamtgewicht (kg)	1.590
Höchstgeschwindigkeit (km/h)	170
Beschleunigung 0–100 km/h (sec)	12
Verbrauch (Liter/100 km)	8,6 S
Tankinhalt (Liter)	50
Kofferraumvolumen (Liter)	327

Corolla 1,3 XL	
Typ /Baujahr	Corolla 1,3 XL / 1987
Zylinder / Bauart	4, Reihe
Bohrung x Hub (mm)	73 x 77,4
Hubraum cm³	1.295
Leistung (kW/PS/min)	55 (74) bei 6.200
Max. Drehmoment (Nm/min)	103 / 4.200
Verdichtung	9,5
Gemischaufbereitung	Venturi-Vergaser, Eurokat
Ventile / Steuerung	3 / ohc
Antrieb	Vorderräder
Getriebe	5–Gang
Übersetzungen	3,545 / 1,904 / 1,310 / 0,969 / 0,815 / R 3,250
Radaufhängung vorn	McPherson, Dreiecksquerl.
Radaufhängung hinten	McPherson, Querl., Längszugstr., Stabi.
Lenkung	Zahnstangen
Bremsen	Scheiben vorn, Trommeln hinten
Abmessungen (L x B x H mm)	Compact: 3.995 x 1.655 x 1.365; LB: 4.215 x 1.665 x 1.365; Kombi: 4.205 x 1.655 x 1.425
Radstand (mm)	2.430
Spur vorn/hinten (mm)	1.430 / 1.410
Felgen	5 J x 13
Reifen	155 SR 13
Leergewicht (kg)	Compact: 930 (3–t) / 960 (5–t); Lim. / Liftb. 960, Kombi: 980
Zul. Gesamtgewicht (kg)	1.450
Höchstgeschwindigkeit (km/h)	160
Beschleunigung 0–100 km/h (sec)	11,7
Verbrauch (Liter/100 km)	7,3 N, bleifrei
Tankinhalt (Liter)	50
Kofferraumvolumen (Liter)	Compact 281, Lim 440, LB 385, Kombi 370

Corolla 1,8 XL Diesel	
Typ /Baujahr	Corolla 1,8 XL Diesel / 1987
Zylinder / Bauart	4, Reihe, quer
Bohrung x Hub (mm)	83 x 85
Hubraum cm^3	1.839
Leistung (kW/PS/min)	47 (64) bei 4.700
Max. Drehmoment (Nm/min)	118 / 2.600
Verdichtung	23,0
Gemischaufbereitung	Verteiler-Einspritzpumpe
Ventile / Steuerung	2 / ohc
Antrieb	Vorderräder
Getriebe	5–Gang
Übersetzungen	3,538 / 2,041 / 1,322 / 0,945 / 0,731 / R 3,153
Radaufhängung vorn	McPherson, Dreiecksquerlenker
Radaufhängung hinten	McPherson, Doppelquerl. Längszugstr., Stabilisator
Lenkung	Zahnstangen
Bremsen	Scheiben vorn, Trommeln hinten
Abmessungen (L x B x H mm)	Compact: 3.995 x 1.665 x 1.365; Liftback: 4.215 x 1.665 x 1.365; Kombi: 4.205 x 1.655 x 1.425
Radstand (mm)	2.430
Spur vorn/hinten (mm)	1.430 / 1.410
Felgen	5 J x 13
Reifen	165 SR 13
Leergewicht (kg)	Compact 1.020, Liftback 1.070 Kombi 1.100
Zul. Gesamtgewicht (kg)	1.555
Höchstgeschwindigkeit (km/h)	155
Beschleunigung 0–100 km/h (sec)	14,5
Verbrauch (Liter/100 km)	5,9 D
Tankinhalt (Liter)	50
Kofferraumvolumen (Liter)	Comp. 281, Liftb 385, Kombi 370

Corolla Compact 1.6 GTi	
Typ /Baujahr	Corolla Compact 1.6 GTi / 1987
Zylinder / Bauart	4, Reihe, quer
Bohrung x Hub (mm)	81 x 77
Hubraum cm^3	1.587
Leistung (kW/PS/min)	85 (116) bei 6.600
Max. Drehmoment (Nm/min)	138 / 5.000
Verdichtung	9,5
Gemischaufbereitung	TCCS-D-Jetronic, G-Kat
Ventile / Steuerung	4 / ohc
Batterie	12 V 60 Ah
Antrieb	Vorderräder
Getriebe	5–Gang
Übersetzungen	3,166 / 1,904 / 1,310 / 0,969 / 0,815 / R 3,250
Radaufhängung vorn	McPherson-Federbeine, Dreiecksquerlenker,
Radaufhängung hinten	McPherson-Federbeine, Querlenker, Längszugstreben, Stabilisator
Lenkung	Zahnstangen
Bremsen	Scheiben, innenbelüftet vorn, Trommeln hinten
Abmessungen (L x B x H mm)	3.995 x 1.655 x 1.365
Radstand (mm)	2.430
Spur vorn/hinten (mm)	1.430 / 1.410
Felgen	5,5 JJ x 13
Reifen	185 / 60 HR 14
Leergewicht (kg)	1.025
Zul. Gesamtgewicht (kg)	1.525
Höchstgeschwindigkeit (km/h)	190
Beschleunigung 0–100 km/h (sec)	8,5
Verbrauch (Liter/100 km)	7,4 S
Tankinhalt (Liter)	50
Kofferraumvolumen (Liter)	281

Corolla Compact 1,6 Si	
Typ /Baujahr	Corolla Compact 1,6 Si / 1989
Zylinder / Bauart	4, Reihe
Bohrung x Hub (mm)	81 x 77,4
Hubraum cm^3	1.587
Leistung (kW/PS/min)	77 (105) bei 5.600
Max. Drehmoment (Nm/min)	142 / 4.800
Verdichtung	9,5
Gemischaufbereitung	TCCS-L-Jetronic, G-Kat
Ventile / Steuerung	4 / dohc
Antrieb	Vorderräder
Getriebe	5–Gang
Übersetzungen	3,166 / 1,904 / 1,310 / 0,969 / 0,815 / R 3,250
Radaufhängung vorn	McPherson-Federbeine, Dreiecksquerlenker
Radaufhängung hinten	McPherson, Querlenker, Längszugstr., Stabilisator.
Lenkung	Zahnstangen, servounterstützt
Bremsen	Scheiben vorn, Trommeln hinten
Abmessungen (L x B x H mm)	3.995 x 1.655 x 1.365
Radstand (mm)	2.430
Spur vorn/hinten (mm)	1.430 / 1.410
Felgen	5 J x 13
Reifen	175 / 70 HR 13
Leergewicht (kg)	980
Zul. Gesamtgewicht (kg)	1.490
Höchstgeschwindigkeit (km/h)	175
Beschleunigung 0–100 km/h (sec)	10,8
Verbrauch (Liter/100 km)	7,3 S, bleifrei
Tankinhalt (Liter)	50
Kofferraumvolumen (Liter)	281

Corolla 1,4 XLi	
Typ /Baujahr	Corolla 1,4 XLi / 1992
Zylinder / Bauart	4, Reihe
Bohrung x Hub (mm)	74 x 77,4
Hubraum cm³	1.332
Leistung (kW/PS/min)	65 (88) bei 6.000; 55 (75) bei 5.400
Max. Drehmoment (Nm/min)	111 / 4.800; 115 / 4.100
Verdichtung	9,8 / 9,6
Gemischaufbereitung	D-EFI
Ventile / Steuerung	4 / dohc
Batterie	12 V 40 Ah
Antrieb	Vorderräder
Getriebe	5–Gang
Übersetzungen	3,545 / 1,904 / 1,310 / 0,969 / 0.815 / R 3,250
Radaufhängung vorn	McPherson, Querl., Stabi.
Radaufhängung hinten	McPherson, Querl., Längszugstr., Stabi.
Lenkung	Zahnstangen, servounterstützt
Bremsen	Scheiben vorn, Trommeln hinten
Abmessungen (L x B x H mm)	Compact 4.095 x 1.685 x 1.380; Liftback 4.295 x 1.685 x 1.375; Limousine 4.270 x 1.685 x 1.380; Kombi 4.260 x 1.685 x 1.460
Radstand (mm)	2465
Spur vorn/hinten (mm)	1.460 / 1.450
Felgen	5,5 J x 14
Reifen	165 / 70 R 14
Leergewicht (kg)	1.005–1.050
Zul. Gesamtgewicht	1.555
Höchstgeschwindigkeit (km/h)	170
Beschleunigung 0–100 km/h (sec)	12,5
Verbrauch (Liter/100 km)	6,9 S, Kombi 7,5
Tankinhalt (Liter)	50
Kofferraumvolumen (Liter)	309–420

Corolla 1,6 Si	
Typ /Baujahr	Corolla Compact 1,6 Si / Liftback 1,6 Gi / 1992
Zylinder / Bauart	4, Reihe
Bohrung x Hub (mm)	81 x 77
Hubraum cm³	1.587
Leistung (kW/PS/min)	84 (114) bei 6.000
Max. Drehmoment (Nm/min)	145 / 4.800
Verdichtung	9,5
Gemischaufbereitung	D-EFI
Ventile / Steuerung	4 / dohc
Batterie	12 V 40 Ah
Antrieb	Vorderräder
Getriebe	5–Gang
Übersetzungen	3,166 / 1,904 / 1,310 / 0,969 / 0.815 / R 3,250
Radaufhängung vorn	McPherson, Dreiecksquerl.
Radaufhängung hinten	McPherson, Querl., Längszugstr., Stabi.
Lenkung	Zahnstangen, servounterstützt
Bremsen	S. innenbel. vorn, Tr. hinten
Abmessungen (L x B x H mm)	Compact: 4.095 x 1.685 x 1.380; Liftback: 4.295 x 1.685 x 1.375
Radstand (mm)	2.465
Spur vorn/hinten (mm)	1.460 / 1.450
Felgen	5,5 J x 14
Reifen	Compact: 185 / 65 HR 14; **Liftback: 175/65 HR 14**
Leergewicht (kg)	Compact 1.067, **Liftback 1.097**
Zul. Gesamtgewicht	1.595
Höchstgeschwindigkeit (km/h)	195
Beschleunigung 0–100 km/h (sec)	10,0
Verbrauch (Liter/100 km)	7,9 S
Tankinhalt (Liter)	50
Kofferraumvolumen (Liter)	Compact 309, Liftback 400

Corolla 1,4	
Typ /Baujahr	Corolla 1,4 / 1997
Zylinder / Bauart	4, Reihe
Bohrung x Hub (mm)	74 x 77,4
Hubraum cm³	1.332
Leistung (kW/PS/min)	63 (86) bei 5.400
Max. Drehmoment (Nm/min)	120 / 4.200
Verdichtung	9,8
Gemischaufbereitung	D-EFI
Ventile / Steuerung	4 / dohc
Antrieb	Vorderräder
Getriebe	5–Gang
Übersetzungen	3,545 / 1,904 / 1,310 / 0,969 / 0,815 / R 3,250
Radaufhängung vorn	McPherson, Querlenker, Stabi
Radaufhängung hinten	McPherson-Federbeine, Querlenker, Längszugstr., Stabilisator
Lenkung	Zahnstangen, servounterstützt
Bremsen	S. innenbel. v., Tr h. ABS
Abmessungen (L x B x H mm)	Comp: 4.100 x 1.690 x 1.385; Liftback: 4.270 x 1.690 x 1.385; Limousine: 4.295 x 1.690 x 1.385
Radstand (mm)	2465
Spur vorn/hinten (mm)	1.470 / 1.460
Felgen	5,5 J x 14
Reifen	165 / 70 R 14 (G6: 175 / 65 R 14)
Leergewicht (kg)	1.095–1.135
Zul. Gesamtgewicht	1.580 (Kombi: 1.615)
Höchstgeschwindigkeit (km/h)	175
Beschleunigung 0–100 km/h (sec)	12,5 (G6: 12,3)
Verbrauch (Liter/100 km)	6,9 (G6: 7,9, Kombi 7,1) S
Tankinhalt (Liter)	50
Kofferraumvolumen (Liter)	281–390

Corolla 1,6	
Typ /Baujahr	Corolla 1,6 Liftback / Kombi 1997
Zylinder / Bauart	4, Reihe
Bohrung x Hub (mm)	81 x 77
Hubraum cm³	1.587
Leistung (kW/PS/min)	81 (110) bei 6.000
Max. Drehmoment (Nm/min)	145 / 4.800
Verdichtung	9,5
Gemischaufbereitung	D-EFI
Ventile / Steuerung	4 / ohc
Antrieb	Vorderräder
Getriebe	5–Gang
Übersetzungen	3,166 / 1,904 / 1,310 / 0,969 / 0,815 / R 3,25
Radaufhängung vorn	McPherson-F., Querl., Stabi
Radaufhängung hinten	McPherson-F., Querl., Längszugstr., Stabi.
Lenkung	Zahnstangen, servounterstützt
Bremsen	S. innenbel. vorn, Tr. hinten, ABS
Abmessungen (L x B x H mm)	Compact: 4.100 x 1.690 x 1.385; Liftback: 4.270 x 1.690 x 1.385; Limousine: 4.295 x 1.690 x 1.385; Kombi: 4.320 x 1.690 x 1.490
Radstand (mm)	2465
Spur vorn/hinten (mm)	1.470 / 1.460
Felgen	5,5 J x 14
Reifen	165 / 70 R 14 (G6: 175 / 65 R 14)
Leergewicht (kg)	1.235, Kombi: 1.250
Zul. Gesamtgewicht (kg)	1.650, Kombi: 1.685
Höchstgeschwindigkeit (km/h)	195
Beschleunigung 0–100 km/h (sec)	10,2
Verbrauch (Liter/100 km)	8,0, Kombi 10,2 S
Tankinhalt (Liter)	50
Kofferraumvolumen (Liter)	Compact: 281, Liftback: 372, Limousine: 390, Kombi: 308

Corolla 2,0 D	
Typ /Baujahr	Corolla 2,0 D Liftback / Kombi 1997
Zylinder / Bauart	4, Reihe
Bohrung x Hub (mm)	86 x 85
Hubraum cm³	1.975
Leistung (kW/PS/min)	53 (72) bei 4.600
Max. Drehmoment (Nm/min)	131 / 2.600
Verdichtung	23,0
Gemischaufbereitung	Verteiler-Einspritzpumpe
Ventile / Steuerung	2 / ohc
Batterie	12 V 64 Ah
Antrieb	Vorderräder
Getriebe	5–Gang
Übersetzungen	3,538 / 2,041 / 1,322 / 0,945 / 0,713 / R 3,153
Radaufhängung vorn	McPherson-F., Querl. Stabi.
Radaufhängung hinten	McPherson-F., Querl., Längszugstr., Stabi.
Lenkung	Zahnstangen, servounterstützt
Bremsen	Scheiben, innenbelüftet vorn, Trommeln hinten, ABS
Abmessungen (L x B x H mm)	4.270 x 1.690 x 1.385; Kombi: 4.320 x 1.690 x 1.490
Radstand (mm)	2465
Spur vorn/hinten (mm)	1.470 / 1.460
Felgen	5,5 J x 14
Reifen	165 / 70 R 14
Leergewicht (kg)	1.235, Kombi: 1.250
Zul. Gesamtgewicht (kg)	1.650, Kombi: 1.685
Höchstgeschwindigkeit (km/h)	165
Beschleunigung 0–100 km/h (sec)	14,4
Verbrauch (Liter/100 km)	6,4, Kombi 6,7 D
Tankinhalt (Liter)	50
Kofferraumvolumen (Liter)	372, Kombi 308

Corolla 1,4	
Typ /Baujahr	Corolla 1,4 / 2000
Zylinder / Bauart	4, Reihe
B x H (mm) Hubraum cm3	79 x 71,3 / 1.398
Leistung (kW/PS/min)	71 (97) bei 6.000
Max. Drehmoment (Nm/min)	130 / 4.400
Verdichtung	10,5
Gemischaufbereitung	D-EFI
Ventile / Steuerung	4 / dohc, VVT-i
Antrieb	Vorderräder
Getriebe	5–Gang
Übersetzungen	3,545 / 1,904 / 1,310 / 0,969 / 0,815 / R 3,250
Radaufhängung vorn	McPherson-F., Querl., Stabi
Radaufhängung hinten	McPherson-Federbeine, Querl. Längszugstr., Stabi.
Lenkung	Zahnstangen, servounterstützt
Bremsen	S. innenbel. vorn, S. hi., ABS, el.. Bremskraftverteilung EBD
Abmessungen (L x B x H mm)	Compact: 4.120 x 1.690 x 1.385; Liftback: 4.290 x 1.690 x 1.385; Limousine: 4.315 x 1.690 x 1.385; Kombi: 4.340 x 1.690 x 1.490
Radstand (mm)	2465
Spur vorn/hinten (mm)	1.460 / 1.440
Felgen	5,5 J x 14
Reifen	175 / 65 R 14
Leergewicht (kg)	1.115–1.160
Zul. Gesamtgewicht	1.580 (Kombi: 1.615)
Höchstgeschwindigkeit (km/h)	185
Beschleunigung 0–100 km/h (sec)	11,8
Verbrauch (Liter/100 km)	6,8, Kombi 6,9 S
Tankinhalt (Liter)	50
Kofferraumvolumen (Liter)	281–308

Corolla 1,6 G6	
Typ /Baujahr	Corolla 1,6 Compact (G6), Liftback (G6) / 2000
Zylinder / Bauart	4, Reihe
Bohrung x Hub (mm)	79 x 81,5
Hubraum cm^3	1598
Leistung (kW/PS/min)	81 (110) bei 6.000
Max. Drehmoment (Nm/min)	150 / 3.800
Verdichtung	10,5
Gemischaufbereitung	D-EFI
Ventile / Steuerung	4 / dohc, WT-i
Antrieb	Vorderräder
Getriebe	6–Gang
Übersetzungen	3,166 / 1,904 / 1,310 / 0,969 / 0,815 / 0,682 / R 3,250
Radaufhängung vorn	McPherson-F., Querlenker, Stabilisator
Radaufhängung hinten	McPherson-F., Querlenker, Längszugstr., Stabilisator
Lenkung	Zahnstangen, servounterstützt
Bremsen	Scheiben, innenbelüftet v., ABS, EBD
Abmessungen (L x B x H mm)	Compact: 4.120 x 1.690 x 1.385; Liftback: 4.290 x 1.690 x 1.385
Radstand (mm)	2465
Spur vorn/hinten (mm)	1.460 / 1.440
Felgen	G6: 6 JJ x 14
Reifen	145 SR 13
Leergewicht (kg)	1.180 (G6: 1.115–1.190)
Zul. Gesamtgewicht (kg)	1.615
Höchstgeschwindigkeit (km/h)	195
Beschleunigung 0–100 km/h (sec)	9,8
Verbrauch (Liter/100 km)	7,4 S
Tankinhalt (Liter)	50
Kofferraumvolumen (Liter)	Compact: 281, Liftback: 372

Corolla 1,4 / 1,6	
Typ /Baujahr	Corolla 1,4 / 1,6 / 2002
Zylinder / Bauart	4, Reihe
Bohrung x Hub (mm)	79 x 71,3 / 79 x 81,5
Hubraum cm^3	1.398 / 1.598
Leistung (kW/PS/min)	71 (97) bei 6.000; 81 (110) bei 6.000
Max. Drehmoment (Nm/min)	130 / 4.400; 150 / 4.800
Verdichtung	10,5
Gemischaufbereitung	Kraftstoff-Einspritzung
Ventile / Steuerung	4 / ohc, WT-i
Antrieb	Vorderräder
Getriebe	5–Gang
Übersetzungen	3,545 / 1,904 / 1,310 / 0,969 / 0,815 / R 3,250
Radaufhängung vorn	McPherson-Federbeine
Radaufhängung hinten	Torsionslenker, Schraubenf., Stoßd.
Lenkung	Zahnstangen, servounterstützt
Bremsen	Scheiben, ABS
Abmessungen (L x B x H mm)	Compact 3–t / 5–t 4.180 x 1.710 x 1.475; Limousine: 4.385 x 1.710 x 1.470; Kombi 4.385 x 1.710 x 1.500
Radstand (mm)	2.600
Spur vorn/hinten (mm)	1.490 / 1.470 / 1.480 / 1.460
Felgen	1,4: 5,5 J x 14; 1,6: 6 J x 15
Reifen	175 / 70 HR 14; 195 / 60 HR 15
Leergewicht (kg)	1.100–1.165
Zul. Gesamtgewicht (kg)	1.655
Höchstgeschwindigkeit (km/h)	185 / 190
Beschleunigung 0–100 km/h (sec)	12,0 / 10,2
Verbrauch (Liter/100 km)	6,7 S / 7,0 S
Tankinhalt (Liter)	55
Kofferraumvolumen (Liter)	289, Lim 437, Kombi 402

Corolla 1,8 TS	
Typ /Baujahr	Corolla 1,8 TS / 2002
Zylinder / Bauart	4, Reihe
Bohrung x Hub (mm)	82 x 85
Hubraum cm^3	1.795
Leistung (kW/PS/min)	141 (192) bei 7.800
Drehmoment (Nm/min)	180 / 6.800
Verdichtung	11,5
Gemischaufbereitung	Kraftstoff-Einspritzung
Ventile / Steuerung	4 / ohc, WT-i
Batterie	12 V
Antrieb	Vorderräder
Getriebe	5–Gang
Übersetzungen	3,545 / 1,904 / 1,310 / 0,969 / 0,815 / R 3,250
Radaufhängung vorn	McPherson-Federbeine
Radaufhängung hinten	Torsionslenker, Schraubenf., Stoßd.
Lenkung	Zahnstangen, servounterstützt
Bremsen	Scheiben, ABS; EBD
Abmessungen (L x B x H mm)	Compact 3–t 4.180 x 1.710 x 1.475
Radstand (mm)	2.600
Spur vorn/hinten (mm)	1.480 / 1–460
Felgen	6 J x 16
Reifen	195 / 55 VR 16
Leergewicht (kg)	1.210–1.265
Zul. Gesamtgewicht (kg)	1.655
Höchstgeschwindigkeit (km/h)	225
Beschleunigung 0–100 km/h (sec)	8,4
Verbrauch (Liter/100 km)	8,3 S
Tankinhalt (Liter)	55
Kofferraumvolumen (Liter)	289

Corolla 2,0 D – 4D	
Typ /Baujahr	Corolla 2,0 D-4D PS / 2002
Zylinder / Bauart	4, Reihe
Bohrung x Hub (mm)	82,2 x 94
Hubraum cm^3	1.995
Leistung (kW/PS/min)	66 (90) bei 4.000 / min; 81 (110) bei 4.000 / min
Max. Drehmoment (Nm/min)	215 / 2.400; 250 / 2.400
Verdichtung	18,6
Gemischaufbereitung	Common-Rail, Turbolader, 81 kW: mit Ladeluftkühler
Ventile / Steuerung	4 / dohc
Batterie	12 V
Antrieb	Vorderräder
Getriebe	5–Gang
Radaufhängung vorn	McPherson-Federbeine
Radaufhängung hinten	Torsionslenker, Schraubenf., Stoßd.
Lenkung	Zahnstangen, servounterstützt
Bremsen	Scheiben, ABS
Abmessungen (L x B x H mm)	Compact 3–t / 5–t 4.180 x 1.710 x 1.475; Limousine 4.385 x 1.710 x 1.470; Kombi 4.385 x 1.710 x 1.500
Radstand (mm)	2.600
Spur vorn/hinten (mm)	1.490 / 1.470
Felgen	5,5 J x 14 / 6 J x 15
Reifen	175 / 70 HR 14 / 195 / 60 HR 15
Leergewicht (kg)	1.270–1.310
Zul. Gesamtgewicht	1.655
Höchstgeschwindigkeit (km/h)	180 / 185
Beschleunigung 0–100 km/h (sec)	18,3 / 17,8
Verbrauch (Liter/100 km)	5,7 D
Tankinhalt (Liter)	55
Kofferraumvolumen (Liter)	289, Lim 437, Kombi 402

Auris 1,6 luna	
Typ /Baujahr	Auris 1,6 luna / 2007
Zylinder / Bauart	4, Reihe
Bohrung x Hub (mm)	86 x 86
Hubraum cm^3	1.598
Leistung (kW/PS/min)	91 (124) bei 6.000
Max. Drehmoment (Nm/min)	157 / 5,200
Verdichtung	10,2
Gemischaufbereitung	elektronisch geregelt, Mehrpunkt
Ventile / Steuerung	4 / dohc, Dual VVT-i
Batterie	12 V 60 Ah
Antrieb	Vorderräder
Getriebe	5–Gang
Übersetzungen	3,545 / 1,904 / 1,310 / 0,969 / 0,815 / R 3,250
Radaufhängung vorn	McPherson-Federbeine, Doppelquerlenker
Radaufhängung hinten	Torsionslenker, Schraubenfedern, Stoßdämpfer
Lenkung	Zahnstange, elektronisch
Bremsen / Fahrdynamikregelsysteme	Scheiben, innenbelüftet vorn, ABS, EBD, BA, VSC, TRC
Abmessungen (L x B x H mm)	4.220 x 1.760 x 1.515
Radstand (mm)	2600
Spur vorn/hinten (mm)	1.525 / 1.525
Felgen	6,5 J x 16
Reifen	205 / 55 R 16
Leergewicht (kg)	1.305
Zul. Gesamtgewicht (kg)	1.750
Höchstgeschwindigkeit (km/h)	190
Beschleunigung 0–100 km/h (sec)	10,4
Verbrauch (Liter/100 km)	7,1 S
Tankinhalt (Liter)	55
Kofferraumvolumen (Liter)	354

Auris Hybrid	
Typ /Baujahr	Auris Hybrid Life / 2010
Antriebssystem	Hybrid
Zylinder / Bauart	4, Reihe
Bohrung x Hub (mm)	88,3 x 80,5
Hubraum cm^3	1.798
Leistung (kW/PS)	73 (99) / 4.800
Max. Drehmoment (Nm)	142/4.000
Verdichtung	13,4
Gemischaufbereitung	L-Jetronic
Ventile / Steuerung	4 / dohc, VVT-i
Batterie	12 V / 45 Ah
Elektromotor	Permanenterregter Synchronmotor
Systemleistung (kW/PS)	100/136
Batterie	Nickel-Metallhybrid
Antrieb	Vorderräder
Getriebe	E-CVT
Radaufhängung vorn	McPherson, Doppelquerlenker
Radaufhängung hinten	Torsionslenker, Schraubenfedern, Gasdruck-Stoßdämpfer
Lenkung	Zahnstange, elektrisch unterstützt
Bremsen / Fahrdynamikregelsysteme	Regenerativ zur Energierückgewinn. Scheiben, innenbel. vorn, ABS, EBD
Abmessungen (L x B x H mm)	4.245 x 1.760 x 1.510
Radstand (mm)	2.600
Spur vorn/hinten (mm)	1.535 / 1.535
Felgen	6J x 15
Reifen	195/65 R 15
Leergewicht (kg)	1.455–1.495
Zul. Gesamtgewicht	1.805
Höchstgeschwindigkeit km/h	180
Beschleunigung 0–100 km/h (sec)	11,4
Verbrauch (Liter/100 km)	3,8 S
Tankinhalt (Liter)	45
Kofferraumvolumen (Liter)	310

Prius	
Typ /Baujahr	Prius / 2001
Antriebssystem	Hybrid-THS
Zylinder/Bauart	4, Reihe
Bohrung x Hub (mm)	75 x 84,7
Hubraum cm^3	1497
Leistung (kW/PS/min)	53 (72) bei 4.500
Max. Drehmoment (Nm/min)	115 / 4.200
Verdichtung	13,0
Ventile / Steuerung	4 / dohc, VVT-i
Batterie	12 V 27 Ah
Elektromotor	Permanent erregter Synchronmotor
Systemleistung (kW/PS)	73 /99
Batterie	Nickel-Metallhybrid
Antrieb	Vorderräder
Getriebe	E-CVT
Radaufhängung vorn	McPherson, Querl.
Radaufhängung hinten	Verbundlenker
Lenkung	Zahnstangen, servounterstützt
Bremsen	Regenerativ zur Energierück-gewinnung, Scheiben, ABS, EBD
Abmessungen (L x B x H mm)	4.315 x 1.695 x 1.385
Radstand (mm)	2.550
Spur vorn/hinten (mm)	1.475 / 1.480
Felgen	5,5 JJ x 14
Reifen	175 / 65 R 14
Leergewicht (kg)	1.325–1.340
Zul. Gesamtgewicht (kg)	1645
Höchstgeschwindigkeit (km/h)	160
Beschleunigung 0–100 km/h (sec)	13
Verbrauch (Liter/100 km)	5,1 S
Tankinhalt (Liter)	50
Kofferraumvolumen (Liter)	390

Prius	
Typ/Baujahr	Prius / 2004
Motor	Hybrid
Zylinder / Bauart	4 / Reihe
Bohrung x Hub	75 x 84,7
Hubraum cm^3	1497
Leistung (kW/PS/min)	57 / 78 bei 5.000
Max. Drehmoment (Nm/min)	115 bei 4.000
Verdichtung	13,0
Ventile / Steuerung	4 / dohc, VVT-i
Batterie	12 V 27 Ah
Elektromotor	Permanenterregter Synchronmotor
Systemleistung (kW/PS)	81 / 110
Batterie	Nickel-Metallhydrid, 201,6 V
Antrieb	Vorderräder
Getriebe	E-CVT
Radaufhängung vorn	McPherson-Federbeine, Querl., Stabi.
Radaufhängung hinten	Verbundlenker, Schraubenfeder, Gasdruckstoßd., Stabilisator
Lenkung	elektrisch, servounterstützt
Bremsen / Fahrdynamikregelsysteme	Regenerativ zur Energierückgewin-nung; Scheiben vorn / hinten, ABS, BA, Bremskraftvert. EBD, TRC, VSC+.
Abmessungen (L x B x H mm)	4.450 x 1.725 x 1.490
Radstand (mm)	2.700
Spur vorne/hinten (mm)	1.510 / 1.480
Felgen	6 JJ x 16
Reifen	195 / 55 R 16
Leergewicht	1.300 kg
Zul. Gesamtgewicht	1.725 kg
Höchstgeschwindigkeit (km/h)	170
Beschleunigung 0–100 km/h (sec)	10,9
Verbrauch (Liter/100 km)	4,3 S
Tankinhalt (Liter)	45
Kofferraumvolumen (Liter)	410

Prius	
Typ /Baujahr	Prius Life / 2010
Antriebssystem	Hybrid
Zylinder / Bauart	4, Reihe
Bohrung x Hub	80,5 x 88,3
Hubraum cm^3	1.798
Leistung (kW/PS)	73 (99) / 4.800
Max. Drehmoment (Nm)	142/4.000
Verdichtung	13,4
Gemischaufbereitung	L-Jetronic
Ventile / Steuerung	4 / dohc, VVT-i
Batterie	12 V / 45 Ah
Elektromotor	Permanenterregter Synchronmotor
Systemleistung (kW/PS)	100/136
Batterie	Nickel-Metallhybrid
Antrieb	Vorderräder
Getriebe	E-CVT
Radaufhängung vorn	McPherson-Federbeine, Querlenker
Radaufhängung hinten	Torsionslenker
Lenkung	Zahnstange, elektrisch unterstützt
Bremsen / Fahrdynamikregelsysteme	Regenerativ zur Energierück-gewinn. Scheiben, innenbel. v., ABS, EBD, TRC, VSC
Abmessungen (L x B x H mm)	4.480 x 1.745 x 1.490
Radstand (mm)	2.700
Spur vorn/hinten (mm)	1525 / 1520
Felgen	7J x 17
Reifen	215/45 R 17
Leergewicht (kg)	1.500
Zul. Gesamtgewicht	1.805
Höchstgeschwindigkeit km/h	180
Beschleunigung 0–100 km/h (sec)	10,4
Verbrauch (Liter/100 km)	4,1 S
Tankinhalt (Liter)	45
Kofferraumvolumen (Liter)	445

Carina 1600	
Typ /Baujahr	Carina 1600 / 1971
Zylinder / Bauart	4, Reihe
Bohrung x Hub (mm)	85 x 70
Hubraum cm³	1.588
Leistung (kW/PS/min)	58 (79) bei 5.800
Max. Drehmoment (Nm/min)	123 / 3.700
Verdichtung	8,5
Gemischaufbereitung	Fallstrom-Registervergaser
Ventile / Steuerung	2 / ohv
Batterie	12 V 35 Ah
Antrieb	Hinterräder
Getriebe	4–Gang
Übersetzungen	3,587 / 2,022 / 1,384 / 1,000 / R 3,384
Radaufhängung vorn	McPherson-Federbeine, Querlenker, Stabilisator
Radaufhängung hinten	Starrachse, Längsl., Panhardstab, Schraubenfe., Stoßdä.
Lenkung	Kugelumlauf
Bremsen	Trommeln vorn / hinten
Abmessungen (L x B x H mm)	4.135 x 1.570 x 1.385
Radstand (mm)	2.425
Spur vorn/hinten (mm)	1.280
Felgen	4,5 J x 13
Reifen	165 SR 13
Leergewicht (kg)	980
Zul. Gesamtgewicht	1.350
Höchstgeschwindigkeit (km/h)	150
Beschleunigung 0–100 km/h (sec)	14,5
Verbrauch (Liter/100 km)	12,2 S
Tankinhalt (Liter)	55
Kofferraumvolumen (Liter)	k.A.

Carina 1600	
Typ /Baujahr	Carina ST / 1974
Zylinder / Bauart	4, Reihe
Bohrung x Hub (mm)	85 x 70
Hubraum cm³	1.588
Leistung (kW/PS/min)	63 (86) bei 5.600
Max. Drehmoment (Nm/min)	xx
Verdichtung	8,5
Gemischaufbereitung	Doppelregister-Fallstromvergaser
Ventile / Steuerung	2 / ohc
Batterie	12 V 35 Ah
Antrieb	Hinterräder
Getriebe	5–Gang
Übersetzungen	3,587 / 2,022 / 1,384 / 1,000 / R 3,384
Radaufhängung vorn	McPherson-Federbeine, Querlenker, Stabilisator
Radaufhängung hinten	Starrachse, Längslenker, Panhard-stab, Schraubenf., Stoßd.
Lenkung	Kugelumlauf
Bremsen	Scheiben vorn, Trommeln hinten
Abmessungen (L x B x H mm)	4.135 x 1.570 x 1.385
Radstand (mm)	2.425
Spur vorn/hinten (mm)	1.285
Felgen	4,5 J x 13
Reifen	165 SR 13
Leergewicht (kg)	980
Zul. Gesamtgewicht (kg)	1.350
Höchstgeschwindigkeit (km/h)	158
Beschleunigung 0–100 km/h (sec)	14,5
Verbrauch (Liter/100 km)	11,5
Tankinhalt (Liter)	50
Kofferraumvolumen (Liter)	307

Carina 1600	
Typ /Baujahr	Carina 1600 / 1978
Zylinder / Bauart	4, Reihe
Bohrung x Hub (mm)	85 x 70
Hubraum cm³	1.588
Leistung (kW/PS/min)	55 / 75) bei 5.200 / min
Max. Drehmoment (Nm/min)	112 / 3.600
Verdichtung	9
Gemischaufbereitung	Fallstrom-Registervergaser
Ventile / Steuerung	2 / ohv
Batterie	12 V 60 Ah
Antrieb	Hinterräder
Getriebe	4–Gang
Übersetzungen	3,587
Radaufhängung vorn	McPherson-Federbeine, Quer- / Schräglenker, Stabilisator
Radaufhängung hinten	Starrachse, Längslenker, Panhardstab, Schraubenfedern, Stoßdämpfer
Lenkung	Kugelumlauf
Bremsen	Scheiben vorn, Trommeln hinten
Abmessungen (L x B x H mm)	4.360 x 1.630 x 1.395
Radstand (mm)	2.500
Spur vorn/hinten (mm)	1.350 / 1.365
Felgen	4,5 J x 13
Reifen	165 SR 13
Leergewicht (kg)	990
Zul. Gesamtgewicht	1.465
Höchstgeschwindigkeit (km/h)	155
Beschleunigung 0–100 km/h (sec)	15
Verbrauch (Liter/100 km)	11 N
Tankinhalt (Liter)	61
Kofferraumvolumen (Liter)	k.A.

Carina 1600	
Typ /Baujahr	Carina 1600 / 1982
Zylinder / Bauart	4, Reihe
Bohrung x Hub (mm)	85 x 70
Hubraum cm³	1.588
Leistung (kW/PS/min)	55 / 75) bei 5.200
Max. Drehmoment (Nm/min)	112 / 3.600
Verdichtung	9
Gemischaufbereitung	Fallstrom-Registervergaser
Ventile / Steuerung	2 / ohv
Batterie	12 V 60 Ah
Antrieb	Hinterräder
Getriebe	4–Gang
Übersetzungen	3,587 / 2,022 / 1,384 / 1,000 / R 3,484
Radaufhängung vorn	McPherson-F., Quer-Schrägl., Stabi.
Radaufhängung hinten	Starrachse, Längsl., Panhardstab, Schraubenfe., Stoßdä.
Lenkung	Kugelumlauf
Bremsen	Scheiben vorn, Trommeln hinten
Abmessungen (L x B x H mm)	4.360 x 1.630 x 1.395
Radstand (mm)	2.500
Spur vorn/hinten (mm)	1.350 / 1.365
Felgen	4,5 J x 13
Reifen	165 SR 13
Leergewicht (kg)	990
Zul. Gesamtgewicht	1.465
Höchstgeschwindigkeit (km/h)	155
Beschleunigung 0–100 km/h (sec)	15
Verbrauch (Liter/100 km)	11 N
Tankinhalt (Liter)	61
Kofferraumvolumen (Liter)	380

Carina II 1,6	
Typ /Baujahr	Carina II / 1984
Zylinder / Bauart	4, Reihe
Bohrung x Hub (mm)	81 x 77
Hubraum cm³	1.587
Leistung (kW/PS/min)	62 (84) bei 5.600
Max. Drehmoment (Nm/min)	130 / 3.600
Verdichtung	9,3
Gemischaufbereitung	Fallstrom-Registervergaser
Ventile / Steuerung	2 / ohc
Batterie	12 V 40 Ah
Antrieb	Vorderräder
Getriebe	5–Gang
Übersetzungen	3,167 / 1,905 / 1,310 / 0,970 / 0,816 / R 3,250
Radaufhängung vorn	McPherson-F., Querlenker
Radaufhängung hinten	McPherson-Federbeine, Querlenker, Längsquerstreben, Stabilisator
Lenkung	Zahnstangen
Bremsen	Scheiben vorn, Trommeln hinten
Abmessungen (L x B x H mm)	Liftback: 4.330 x 1.670 x 1.365
Radstand (mm)	2.515
Spur vorn/hinten (mm)	1.425 / 1.435
Felgen	5 J x 13
Reifen	175 / 70 SR 13
Leergewicht (kg)	Liftback: 1.005
Zul. Gesamtgewicht	1.490
Höchstgeschwindigkeit (km/h)	170
Beschleunigung 0–100 km/h (sec)	12,9
Verbrauch (Liter/100 km)	7,5 N
Tankinhalt (Liter)	55
Kofferraumvolumen (Liter)	450 / Liftback:580

Carina II Diesel	
Typ /Baujahr	Carina II Liftback Diesel / 1986
Zylinder / Bauart	4, Reihe
Bohrung x Hub (mm)	86 x 85
Hubraum cm³	1.974
Leistung (kW/PS/min)	51 (69) bei 4.600
Max. Drehmoment (Nm/min)	128 / 2.600
Verdichtung	23,0
Gemischaufbereitung	Verteiler-Einspritzpumpe
Ventile / Steuerung	2 / ohc
Batterie	12 V 80 Ah
Antrieb	Vorderräder
Getriebe	5–Gang
Übersetzungen	3,538 / 2,042 / 1,323 / 0,946 / 0,732 / R 3,154
Radaufhängung vorn	McPherson-F., Querlenker
Radaufhängung hinten	McPherson-Federbeine, Querlenker, Längsquerstreben, Stabilisator
Lenkung	Zahnstangen, servounterstützt
Bremsen	Scheiben vorn, Trommeln hinten
Abmessungen (L x B x H mm)	4.360 x 1.670 x 1.365
Radstand (mm)	2.515
Spur vorn/hinten (mm)	1.425 / 1.435
Felgen	5 J x 13
Reifen	165 SR 13
Leergewicht (kg)	1.085
Zul. Gesamtgewicht (kg)	1.530
Höchstgeschwindigkeit (km/h)	160
Beschleunigung 0–100 km/h (sec)	15,9
Verbrauch (Liter/100 km)	6,3 D
Tankinhalt (Liter)	55
Kofferraumvolumen (Liter)	450 / Liftback:580

Carina 1,6 XL / GLi	
Typ /Baujahr	Carina 1,6 XL / GLi / 1988
Zylinder / Bauart	4, Reihe
Bohrung x Hub (mm)	81 x 77
Hubraum cm³	1.587
Leistung (kW/PS/min)	XL: 66 (90) bei 6.000; GLi: 75 (102) bei 5.800
Max. Drehmoment (Nm/min)	XL:; GLi: 142 / 3.000
Verdichtung	9,5
Gemischaufbereitung	XL: Venturi-Vergaser; GLi:EFI-L-Jetronic, U-Kat
Ventile / Steuerung	4 / dohc
Antrieb	Vorderräder
Getriebe	5–Gang
Übersetzungen	1,6: 3,166 / 1,904 / 1,310 / 0,969 / 0,815 / R 3,250
Radaufhängung vorn	McPherson-Federbeine, Querlenker, Stabilisator
Radaufhängung hinten	McPherson-F., Querl., Längsl., Stabi.
Lenkung	Zahnstange, servounterstützt
Bremsen	Scheiben, innenbelüftet vorn, Trommeln hinten
Abmessungen (L x B x H mm)	Limousine / Liftback 4.440 x 1.690 x 1.370; Kombi 4.435 x 1.690 x 1.400
Radstand (mm)	2.525
Spur vorn/hinten (mm)	1.467 / 1.437
Felgen	5 J x 13
Reifen	165 HR 13
Leergewicht (kg)	1569, Kombi 1.085
Zul. Gesamtgewicht	Kombi 1.585
Höchstgeschwindigkeit (km/h)	180
Beschleunigung 0–100 km/h (sec)	10,4
Verbrauch (Liter/100 km)	6,7 S
Tankinhalt (Liter)	60
Kofferraumvolumen (Liter)	535, Liftback 450, Kombi 764

Carina 1,6/2,0 XLi/GLi	
Typ /Baujahr	Carina 1,6 / 2,0 XLi / GLi / 1990
Zylinder / Bauart	4, Reihe
Bohrung x Hub (mm)	81 x 77 / 86 x 86
Hubraum cm³	1.587 / 1.998
Leistung (kW/PS/min)	XLi 72 (98) bei 5.800; GLi 89 (121) bei 5.600
Max. Drehmoment (Nm/min)	XLi 133 / 3.000;; GLi 176 / 4.400
Verdichtung	9,5 / 9,8
Gemischaufbereitung	D-EFI, Magermix-Sensor, G-Kat
Ventile / Steuerung	4 / dohc
Antrieb	Vorderräder
Getriebe	5–Gang
Übersetzungen	1,6: 3,166 / 1,904 / 1,310 / 0,969 / 0,815 / R 3,250; 2,0: 3,285 / 2,041 / 1,322 / 1,028 / 0,820 / R 3,153
Radaufhängung vorn	McPherson-F., Querl., Stabi.
Radaufhängung hinten	McPherson-Federbeine, Querl., Längsl., Stabi.
Lenkung	Zahnstange, servounterstützt
Bremsen	S. innenbel vorn, Tr. hinten
Abmessungen (L x B x H mm)	Limousine / Liftback 4.440 x 1.690 x 1.370, Kombi 4.435 x 1.690 x 1.400
Radstand (mm)	2.525
Spur vorn/hinten (mm)	1470 / 1440
Felgen	XLi: 5 J x 14; GLi: 5,5 J x 14
Reifen	185 / 65 R 14
Leergewicht (kg)	1,6: 830; 2,0: 875
Zul. Gesamtgewicht	1,6: 1.560; 2,0: 1.650
Höchstgeschwindigkeit (km/h)	178; 195
Beschleunigung 0–100 km/h (sec)	10,4; 9,3
Verbrauch (Liter/100 km)	6,9; 7,7 S
Tankinhalt (Liter)	60
Kofferraumvolumen (Liter)	Limousine 535, Liftback 450, Kombi 764

Carina E 1,6	
Typ /Baujahr	Carina E 1,6 1992
Zylinder / Bauart	4, Reihe
Bohrung x Hub (mm)	81 x 77
Hubraum cm³	1.587
Leistung (kW/PS/min)	79 (107) bei 6.000
Max. Drehmoment (Nm/min)	137 / 4.600
Verdichtung	9,5
Gemischaufbereitung	D-EFI
Ventile / Steuerung	4 / dohc
Batterie	12 V 48 Ah
Antrieb	Vorderräder
Getriebe	5–Gang
Übersetzungen	3,545 / 1,904 / 1,233 / 0,885 / 0,725 / R 3,250
Radaufhängung vorn	McPherson-Federbeine, Querlenker, Stabilisator
Radaufhängung hinten	McPherson-Federbeine, Querlenker, Längsl., Stabilisator
Lenkung	Zahnstangen, servounterstützt
Bremsen	Scheiben innenbelüftet vorn, Trommeln hinten
Abmessungen (L x B x H mm)	4.530 x 1.695 x 1.410
Radstand (mm)	2.580
Spur vorn/hinten (mm)	1.465 / 1.445
Felgen	5,5 JJ x 14
Reifen	175 / 70 R 14
Leergewicht (kg)	1.110–1.130
Zul. Gesamtgewicht	1.600
Höchstgeschwindigkeit (km/h)	190
Beschleunigung 0–100 km/h (sec)	11,4
Verbrauch (Liter/100 km)	6,9 S
Tankinhalt (Liter)	60
Kofferraumvolumen (Liter)	470–545

Carina E 2,0 GTi	
Typ /Baujahr	Carina E Liftback 2,0 GTi / 1992
Zylinder / Bauart	4, Reihe
Bohrung x Hub (mm)	86 x 86
Hubraum cm³	1.998
Leistung (kW/PS/min)	116 (158) bei 6.600
Max. Drehmoment (Nm/min)	186 / 4.400
Verdichtung	10,0
Gemischaufbereitung	D-EFI
Ventile / Steuerung	4 / dohc
Batterie	12 V 48 Ah
Antrieb	Vorderräder
Getriebe	5–Gang
Übersetzungen	(3,285 / 1,960 / 1,322 / 1,028
Radaufhängung vorn	McPherson-F., Querlenker, Stabilisator
Radaufhängung hinten	McPherson-Federbeine, Querlenker, Zugstreben, Stabilisator
Lenkung	Zahnstangen, servounterstützt
Bremsen	Scheiben vorn, Trommeln hinten, 4-Sensoren-ABS
Abmessungen (L x B x H mm)	4.530 x 1.695 x 1.410
Radstand (mm)	2.580
Spur vorn/hinten (mm)	1.470 / 1.445
Felgen	6 JJ x 15
Reifen	195 / 60 VR 15
Leergewicht (kg)	1.258
Zul. Gesamtgewicht	1.710
Höchstgeschwindigkeit (km/h)	215
Beschleunigung 0–100 km/h (sec)	8,4
Verbrauch (Liter/100 km)	8,6 S
Tankinhalt (Liter)	60
Kofferraumvolumen (Liter)	470

Carina 1,6 (1,8)

Typ /Baujahr	Carina 1,6 (1,8) / 1996
Zylinder / Bauart	4, Reihe
Bohrung x Hub (mm)	81 x 77 (81 x 85,5)
Hubraum cm³	1.587 (1.762)
Leistung (kW/PS/min)	73 (99) bei 5.800; 79 (107) bei 5.600
Max. Drehmoment (Nm/min)	130 / 4.600; (150 / 3.200)
Verdichtung	9,5 (9,8)
Gemischaufbereitung	D-EFI
Ventile / Steuerung	4 / dohc
Antrieb	Vorderräder
Getriebe	5–Gang
Übersetzungen	3,166 / 1,904 / 1,310 / 0,969 / 0,815 / R 3,250; (3,166 / 1,904 / 1,233 / 0,969 / 0,725 / R 3,250)
Radaufhängung vorn	McPherson-F., Querl., Stabi
Radaufhängung hinten	McPherson-F., Längsl., Stabi
Lenkung	Zahnstangen, servounterstützt
Bremsen	S. innenbel. vorn, Tr. hinten, 4-Sensoren-ABS
Abmessungen (L x B x H mm)	4.530 x 1.695 x 1.410, Kombi: 4.545 x 1.695 x 1.470
Radstand (mm)	2.580
Spur vorn/hinten (mm)	1.465 / 1.445
Felgen	5,5 JJ x 14 (6 JJ x 14)
Reifen	175 / 70 R 14 (185 / 65 HR 14)
Leergewicht (kg)	1.213, Liftb. 1.233, Kombi 1.248
Zul. Gesamtgewicht	1.720
Höchstgeschwindigkeit (km/h)	185 (190)
Beschleunigung 0–100 km/h (sec)	12,3 (11,8)
Verbrauch (Liter/100 km)	7,5, Kombi 7,8 S
Tankinhalt (Liter)	60
Kofferraumvolumen (Liter)	545, Liftb. 470, Kombi 485

a.W. Carina 1,8 mit 4–Stufen-Automatik (4,.005 / 2,208 / 1,425 / 0,981 / R 3,272, Verbrauch 8,6 / 8,8 l.

Carina 2,0 TD

Typ /Baujahr	Carina Liftback / Kombi 2,0 TD / 1996
Zylinder / Bauart	4, Reihe
Bohrung x Hub (mm)	86 x 85
Hubraum cm³	1.975
Leistung (kW/PS/min)	61 (83) bei 4.000
Max. Drehmoment (Nm/min)	174 / 3.000
Verdichtung	23
Gemischaufbereitung	Verteiler-Einspritzpumpe, Turbolader
Ventile / Steuerung	4 / ohc
Batterie	12 V 64 Ah
Antrieb	Vorderräder
Getriebe	5–Gang
Übersetzungen	3,538 / 1,960 / 1,250 / 0,945 / 0,731 / R 3,153
Radaufhängung vorn	McPherson-Federbeine, Querl., Stabi.
Radaufhängung hinten	McPherson-Federbeine, Querlenker, Stabilisator
Lenkung	Zahnstangen, servounterstützt
Bremsen	S. innenbel vorn,Tr. hi., ABS
Abmessungen (L x B x H mm)	4.530 x 1.695 x 1.410, Kombi 4.545 x 1.695 x 1.470
Radstand (mm)	2.580
Spur vorn/hinten (mm)	1.465 / 1.445
Felgen	5,5 JJ x 14
Reifen	175 / 70 HR 14
Leergewicht (kg)	1.308, Kombi 1.323
Zul. Gesamtgewicht	1.750, Kombi 1.780
Höchstgeschwindigkeit (km/h)	175, Kombi 170
Beschleunigung 0–100 km/h (sec)	12,3
Verbrauch (Liter/100 km)	6,7 D
Tankinhalt (Liter)	60
Kofferraumvolumen (Liter)	470, Kombi 485

Avensis 1,6

Typ /Baujahr	Avensis 1,6 / 1997
Zylinder / Bauart	4, Reihe
Bohrung x Hub (mm)	81 x 77
Hubraum cm³	1.598
Leistung (kW/PS/min)	81 (110) bei 6.000
Max. Drehmoment (Nm/min)	145 / 4.800
Verdichtung	9,5
Gemischaufbereitung	EFI D-Jetronic
Ventile / Steuerung	4 / dohc
Antrieb	Vorderräder
Getriebe	5–Gang
Übersetzungen	3,545 / 1,904 / 1,310 / 0,969 / 0,815 / R 3,250
Radaufhängung vorn	McPherson-F., Querlenker, Stabilisator
Radaufhängung hinten	McPherson-F., Querlenker, Längsl., Stabi.
Lenkung	Zahnstangen, servounterstützt
Bremsen	S. innenbel. vorn, Tr. hinten, 4-Sensoren-ABS
Abmessungen (L x B x H mm)	Limousine / Liftback: 4.490 x 1.710 x 1.425; Kombi: 4.570 x 1.710 x 1.500
Radstand (mm)	2.630
Spur vorn/hinten (mm)	1.480 / 1.450
Felgen	6 J x 15
Reifen	195 / 60 R 15
Leergewicht (kg)	L 1.280–1.365, Liftb. 1.300; Kombi 1.315
Zul. Gesamtgewicht	1.730
Höchstgeschwindigkeit (km/h)	195
Beschleunigung 0–100 km/h (sec)	11,7; Kombi 11,5
Verbrauch (Liter/100 km)	7,8; Kombi 8,1 S
Tankinhalt (Liter)	60
Kofferraumvolumen (Liter)	Limousine 500, Liftback 510, Kombi 530

Avensis 1,8

Typ /Baujahr	Avensis 1,8 / 1997
Zylinder / Bauart	4, Reihe
Bohrung x Hub (mm)	79 x 91,5
Hubraum cm³	1.762
Leistung (kW/PS/min)	81 (110) bei 5.600
Max. Drehmoment (Nm/min)	155 / 4.800
Verdichtung	9,5
Gemischaufbereitung	EFI D-Jetronic
Ventile / Steuerung	4 / dohc
Batterie	12 V 48 Ah
Antrieb	Vorderräder
Getriebe	5–Gang
Übersetzungen	3,545 / 1,904 / 1,310 / 0,969 / 0,815 / R 3,250
Radaufhängung vorn	McPherson-F., Querl., Stabi.
Radaufhängung hinten	McPherson-F., Doppelquerl., Längslenker, Stabi.
Lenkung	Zahnstangen, servounterstützt
Bremsen	S. innenbelt vorn, Tr. hinten, 4-Sensoren-ABS
Abmessungen (L x B x H mm)	4.490 x 1.710 x 1.425; Kombi: 4.570 x 1.710 x 1.500
Radstand (mm)	2.630
Spur vorn/hinten (mm)	1.480 / 1.450
Felgen	6 JJ x 15
Reifen	195 / 60 R 15
Leergewicht (kg)	Limousine 1.280–1.365, Liftback 1.300–1.385, Kombi 1.315–1.400
Zul. Gesamtgewicht (kg)	1.760
Höchstgeschwindigkeit (km/h)	200; Kombi 195
Beschleunigung 0–100 km/h (sec)	11,0
Verbrauch (Liter/100 km)	7,6; Kombi 8,0 S
Tankinhalt (Liter)	60
Kofferraumvolumen (Liter)	500, Liftback 510, Kombi 530

Avensis 2,0

Typ /Baujahr	Avensis 2,0 / 1997
Zylinder / Bauart	4, Reihe
Bohrung x Hub (mm)	86 x 86
Hubraum cm³	1.998
Leistung (kW/PS/min)	94 (128) bei 5.400
Max. Drehmoment (Nm/min)	178 / 4.400
Verdichtung	9,8
Gemischaufbereitung	EFI D-Jetronic
Ventile / Steuerung	4 / dohc, VVT-i
Antrieb	Vorderräder
Getriebe	5–Gang
Übersetzungen	3,538 / 2,041 / 1,322 / 1,028 / 0,820 / R 3,153
Radaufhängung vorn	McPherson-F., Doppelquerl., Torsionsstrebe, Stabilisator
Radaufhängung hinten	McPherson-F., Doppelquerl., Längslenker, Stabilisator
Lenkung	Zahnstangen, servounterstützt
Bremsen	Scheiben, innenbelüftet vorn, Scheiben hinten, 4-Sensoren-ABS
Abmessungen (L x B x H mm)	4.520 x 1.710 x 1.425; Kombi: 4.600 x 1.710 x 1.500
Radstand (mm)	2.630
Spur vorn/hinten (mm)	1.480 / 1.450
Felgen	6 JJ x 15
Reifen	195 / 60 R 15
Leergewicht (kg)	Limousine 1.320–1.395, Liftback 1.340–1.415, Kombi 1.355–1.430
Zul. Gesamtgewicht	1.800; Kombi 1.830
Höchstgeschwindigkeit (km/h)	205; Kombi 200
Beschleunigung 0–100 km/h (sec)	9,3; Kombi 9,5
Verbrauch (Liter/100 km)	8,3; Kombi 9,5 S
Tankinhalt (Liter)	60
Kofferraumvolumen (Liter)	226

Avensis 2,0 D-4D

Typ /Baujahr	Avensis 2,0 D-4D / 1998
Zylinder / Bauart	4, Reihe
Bohrung x Hub (mm)	82,2 x 94
Hubraum cm³	1.995
Leistung (kW/PS/min)	81 (110) bei 4.000
Max. Drehmoment (Nm/min)	250 / 2.000
Verdichtung	18,6
Gemischaufbereitung	Common-Rail, Turboaufl., Ladeluftk.
Ventile / Steuerung	4 / dohc, VVT-i
Batterie	12 V 80 Ah
Antrieb	
Getriebe	5–Gang
Übersetzungen	3,538 / 2,045 / 1,333 / 0,972 / 0,731 / R 3,583
Radaufhängung vorn	McPherson-F., Querl., Stabi.
Radaufhängung hinten	McPherson-F., Doppelquerl., Längslenker, Stabilisator
Lenkung	Zahnstangen, servounterstützt
Bremsen	S. innenbel. vorn S hinten, 4-Sensoren-ABS, EBD
Abmessungen (L x B x H mm)	Limousine / Liftback: 4.490 x 1.710 x 1.425; Kombi: 4.570 x 1.710 x 1.500
Radstand (mm)	2.630
Spur vorn/hinten (mm)	1.480 / 1.450
Felgen	6 JJ x 15
Reifen	195 / 60 R 15
Leergewicht (kg)	Limousine 1.395–1.470, Liftback 1.415–1.490, Kombi 1.430–1.505
Zul. Gesamtgewicht (kg)	1.830
Höchstgeschwindigkeit (km/h)	195; Kombi 190
Beschleunigung 0–100 km/h (sec)	11,4; Kombi 11,6
Verbrauch (Liter/100 km)	5,9; Kombi 6,0 S
Tankinhalt (Liter)	60
Kofferraumvolumen (Liter)	500, Liftback 510, Kombi 530

Avensis 1,8	
Typ /Baujahr	Avensis 1,8 / 2003
Zylinder / Bauart	4, Reihe
Bohrung x Hub (mm)	79 x 91,5
Hubraum	1.794
Leistung (kW/PS)	95 (129) bei 6000 / min
Max. Drehmoment (Nm)	170 / 4.200
Verdichtung	10,0
Gemischaufbereitung	EFI, VVT-i
Ventile / Steuerung	4 / dohc
Batterie	12 V 60 Ah
Antrieb	Vorderräder
Getriebe	5–Gang
Übersetzungen	3,545 / 1,904 / 1,310 / 1,031 / 0,815 / R 3,250
Radaufhängung vorn	McPherson-F., Dreiecksquerl., Stabi.
Radaufhängung hinten	McPherson-F., Doppelquerl., Längsl., Stabilisator
Lenkung	Zahnstangen, elektr. servounterstützt
Bremsen / Fahrdynamikregelsysteme	S. innenbel., Tr. hinten, ABS, EBD, TRC
Abmessungen (L x B x H mm)	Limousine / Liftback: 4.630 x 1.760 x 1.480, Kombi: 4.700 x 1.760 x 1.525
Radstand (mm)	2.700
Spur vorn/hinten (mm)	1.505 / 1.510
Felgen	6,5 J x 16
Reifen	205 / 55 R 16
Leergewicht (kg)	Lim: 1.320–1.395; Liftback: 1.340–1.405; Kombi: 1.370–1.420
Zul. Gesamtgewicht (kg)	1.820
Höchstgeschwindigkeit (km/h)	200
Beschleunigung 0–100 km/h (sec)	10,0
Verbrauch (Liter/100 km)	7,2 S; Euro 4
Tankinhalt (Liter)	60
Kofferraumvolumen	Lim. 520, Liftb. 510, Kombi 520

Avensis 2,0 D-CAT	
Typ /Baujahr	Avensis 2,0 D-CAT / 2003
Zylinder / Bauart	4, Reihe
Bohrung x Hub (mm)	82,2 x 94
Hubraum	1.995
Leistung (kW/PS)	85 (116) bei 3.600
Max. Drehmoment (Nm)	280 / 2.000
Verdichtung	17,8
Gemischaufbereitung	DI, Turbo, variable Turbinengeometrie, Ladeluftkühlung, EGR
Ventile / Steuerung	4 / dohc
Batterie	12 V 70 Ah
Antrieb	Vorderräder
Getriebe	5–Gang
Übersetzungen	3,538 / 1,913 / 1,258 / 0,918 / 0,690 / R 3,583
Radaufhängung vorn	McPherson-F., Querl., Stabi.
Radaufhängung hinten	McPherson-Federbeine, Doppelquerl., Längsl., Stabilisator
Lenkung	Zahnstangen, servounterstützt
Bremsen / Fahrdynamikregelsysteme	S. innenbel. vorn, Tr. hinten, ABS, EBD, TRC
Abmessungen (L x B x H mm)	4.630 x 1.760 x 1.480
Radstand (mm)	2.700
Spur vorn/hinten (mm)	1.505 / 1.510
Felgen	6,5 J x 16
Reifen	205 / 55 R 16
Leergewicht (kg)	1.380–1.465
Zul. Gesamtgewicht (kg)	1.905
Höchstgeschwindigkeit (km/h)	195
Beschleunigung 0–100 km/h (sec)	11,4
Verbrauch (Liter/100 km)	6,1 D; Euro 4
Tankinhalt (Liter)	60
Kofferraumvolumen	520, Kombi 530

Avensis 1,6	
Typ /Baujahr	Avensis 1,6 Limousine/2011
Zylinder / Bauart	4, Reihe
Bohrung x Hub (mm)	80,5 x 78,5
Hubraum	1598
Leistung (kW/PS)	97 (132) bei 6.400
Max. Drehmoment (Nm)	160 / 4.400
Verdichtung	10,7
Gemischaufbereitung	L-Jetronic
Ventile / Steuerung	4 / dohc, VVT-i
Batterie	12 V 60 Ah
Antrieb	Vorderräder
Getriebe	6–Gang
Übersetzungen	3,538 / 1,913 / 1,310 / 0,971 / 0,818 / 0,700 / R 3,333
Radaufhängung vorn	McPherson-Federbeine, Querlenker, Stabi
Radaufhängung hinten	McPherson-Federbeine, Doppelquerl., Längsl., Stabilisator
Lenkung	Zahnstange, elektrisch servounterstützt
Bremsen / Fahrdynamikregelsysteme	Scheiben, innenbelüftet vorn, ABS, EBD, BA, TRC
Abmessungen (L x B x H mm)	4.710 x 1.810 x 1.480
Radstand (mm)	2.700
Spur vorn/hinten (mm)	1.560 / 1.560
Felgen	6,5 J x 16
Reifen	205/60 R 16
Leergewicht (kg)	1.450–1.500
Zul. Gesamtgewicht (kg)	1.970
Höchstgeschwindigkeit (km/h)	200
Beschleunigung 0–100 km/h (sec)	10,4
Verbrauch (Liter/100 km)	5,0 S
Tankinhalt (Liter)	60
Kofferraumvolumen	509

Toyopet Corona/Tiara	
Typ /Baujahr	Corona / Tiara / 1961
Zylinder / Bauart	4, Reihe
Bohrung x Hub (mm)	77 x 78
Hubraum cm^3	1.500
Leistung (kW/PS/min)	75 SAE-PS / 5.000
Max. Drehmoment (Nm/min)	116 / 3.000
Verdichtung	8,4
Gemischaufbereitung	Doppelregister-Fallstromvergaser
Ventile / Steuerung	2 / ohv
Batterie	12 V 32 Ah
Antrieb	Hinterräder
Getriebe	4–Gang
Übersetzungen	k.A.
Radaufhängung vorn	Dreiecksquerlenker oben, Querlenker unten, Längszugstrebe, Stabilisator, Stoßdämpfer
Radaufhängung hinten	Starrachse, Schraubenfedern, Panhardstab, Stoßdämpfer
Lenkung	Kugelumlauf
Bremsen	Trommeln vorn / hinten
Abmessungen (L x B x H mm)	3.990 x 1.490 x 1.440
Radstand (mm)	2.400
Spur vorn/hinten (mm)	1.230 / 1.230
Felgen	4 J x 13
Reifen	5.60–13
Leergewicht (kg)	980
Zul. Gesamtgewicht	k.A.
Höchstgeschwindigkeit (km/h)	k.A.
Beschleunigung 0–100 km/h (sec)	k.A.
Verbrauch (Liter/100 km)	k.A.
Tankinhalt (Liter)	45
Kofferraumvolumen (Liter)	k.A.

Corona 1600 Coupé	
Typ /Baujahr	Corona 1600 Coupé / 1965
Zylinder / Bauart	4, Reihe
Bohrung x Hub (mm)	80,5 x 78
Hubraum cm^3	1.587
Leistung (kW/PS/min)	95 SAE-PS / 5.800
Max. Drehmoment (Nm/min)	116 / 3.000
Verdichtung	9,2
Gemischaufbereitung	2 x Register-Fallstromvergaser
Ventile / Steuerung	2 / ohv
Batterie	12 V 40 Ah
Antrieb	Hinterräder
Getriebe	4–Gang
Übersetzungen	k.A.
Radaufhängung vorn	Dreiecksquerlenker oben, Querlenker unten, Längszugstrebe, Stabilisator, Stoßdämpfer
Radaufhängung hinten	Starrachse, Schraubenfedern, Panhardstab, Stoßdämpfer
Lenkung	Kugelumlauf
Bremsen	Trommeln vorn / hinten
Abmessungen (L x B x H mm)	4.110 x 1.565 x 1.375
Radstand (mm)	2.420
Spur vorn/hinten (mm)	1.290 / 1.290
Felgen	4 J x 13
Reifen	6,15–14
Leergewicht (kg)	980
Zul. Gesamtgewicht	k.A.
Höchstgeschwindigkeit (km/h)	160
Beschleunigung 0–100 km/h (sec)	k.A.
Verbrauch (Liter/100 km)	7,5 N
Tankinhalt (Liter)	45
Kofferraumvolumen (Liter)	k.A.

Corona 1500	
Typ /Baujahr	Corona 1500 / 1970
Zylinder / Bauart	4, Reihe
Bohrung x Hub (mm)	78 x 78
Hubraum cm^3	1.490
Leistung (kW/PS/min)	82 SAE-PS bei 5.200
Max. Drehmoment (Nm/min)	124 / 2.800
Verdichtung	8,3
Gemischaufbereitung	Fallstrom-Registervergaser
Ventile / Steuerung	2 / ohv
Batterie	12 V 60 Ah
Antrieb	Hinterräder
Getriebe	4–Gang
Übersetzungen	3,673 / 2,114 / 1,403 / 1,000 / R 4,183
Radaufhängung vorn	Schraubenfedern, Stoßdämpfer, Stabilisator
Radaufhängung hinten	Starrachse, Blattfedern, Stoßdämpfer
Lenkung	Kugelumlauf
Bremsen	Scheiben vorn, Trommeln hinten
Abmessungen (L x B x H mm)	4.170 x 1.570 x 1.400
Radstand (mm)	2.430
Spur vorn/hinten (mm)	1.290 / 1.270
Felgen	4 J x 13
Reifen	5.60–13
Leergewicht (kg)	940
Zul. Gesamtgewicht (kg)	k.A.
Höchstgeschwindigkeit (km/h)	145
Beschleunigung 0–100 km/h (sec)	k.A.
Verbrauch (Liter/100 km)	k.A.
Tankinhalt (Liter)	50
Kofferraumvolumen (Liter)	306

Corona 2000	
Typ /Baujahr	Corona 2000 / 1976
Zylinder / Bauart	4, Reihe
Bohrung x Hub (mm)	88,5 x 80
Hubraum cm^3	1.968
Leistung (kW/PS/min)	65 (89) bei 5.000
Max. Drehmoment (Nm/min)	148 / 3.500
Verdichtung	8,5
Gemischaufbereitung	Doppelregister-Fallstromvergaser
Ventile / Steuerung	2 / ohc
Batterie	12 V 60 Ah
Antrieb	Hinterräder
Getriebe	4–Gang
Übersetzungen	3,579 / 2,081 / 1,397 7 1,000 / R 4,399
Radaufhängung vorn	McPherson-Federbeine, Quer- / Schräglenker, Stabilisator
Radaufhängung hinten	Starrachse, Blattfedern, Längslenker, Stoßdämpfer
Lenkung	Kugelumlauf
Bremsen	Scheiben vorn, Trommeln hinten
Abmessungen (L x B x H mm)	4.320 x 1.620 x 1.430
Radstand (mm)	2.500
Spur vorn/hinten (mm)	1.345 / 1.320
Felgen	5 J x 14
Reifen	175 SR 14
Leergewicht (kg)	1.140
Zul. Gesamtgewicht	1.540
Höchstgeschwindigkeit (km/h)	160
Beschleunigung 0–100 km/h (sec)	14,4
Verbrauch (Liter/100 km)	12,5 S
Tankinhalt (Liter)	55
Kofferraumvolumen (Liter)	780

Corona 1800	
Typ /Baujahr	Corona 1800 / 1979
Zylinder / Bauart	4, Reihe
Bohrung x Hub (mm)	85 x 78
Hubraum cm^3	1.770
Leistung (kW/PS/min)	63 (86) bei 5.200
Max. Drehmoment (Nm/min)	142 / 3.400
Verdichtung	9
Gemischaufbereitung	Register-Fallstromvergaser
Ventile / Steuerung	2 / ohc
Batterie	12 V 60 Ah
Antrieb	Hinterräder
Getriebe	4–Gang
Übersetzungen	3,579 / 2,081 / 1,397 / 1,000 / R 4,339
Radaufhängung vorn	McPherson-Federbeine, Quer- / Schräglenker, Stabilisator
Radaufhängung hinten	Starrachse, Schraubenfedern, Längslenker, Panhardstab, Stoßdämpfer
Lenkung	Kugelumlauf
Bremsen	Scheiben vorn, Trommeln hinten
Abmessungen (L x B x H mm)	4.290 x 1.645 x 1.410; Liftback 4.290 x 1.645 x 1.385
Radstand (mm)	2.500
Spur vorn/hinten (mm)	1.350 / 1.350
Felgen	5 J x 14
Reifen	175 SR 14
Leergewicht (kg)	1.070, Liftback 1.100
Zul. Gesamtgewicht (kg)	1.540
Höchstgeschwindigkeit (km/h)	158
Beschleunigung 0–100 km/h (sec)	15,1
Verbrauch (Liter/100 km)	12,6 N
Tankinhalt (Liter)	61
Kofferraumvolumen (Liter)	402, Liftback 347

Corona 1900 Mk II	
Typ /Baujahr	Corona 1900 Mk II / 1968
Zylinder / Bauart	4, Reihe
Bohrung x Hub (mm)	86 x 80
Hubraum cm^3	1.858
Leistung (kW/PS/min)	64 (87) bei 5.500
Max. Drehmoment (Nm/min)	149 / 2.300
Verdichtung	9
Gemischaufbereitung	Fallstrom-Registervergaser
Ventile / Steuerung	2 / ohv
Batterie	12 V 60 Ah
Antrieb	Hinterräder
Getriebe	4–Gang
Übersetzungen	3,673 / 2,114 / 1,403 / 1,000 / R 4,183
Radaufhängung vorn	McPherson-Federbeine, Querlenker, Stabilisator
Radaufhängung hinten	Starrachse, Blattfedern, Stoßdämpfer
Lenkung	Kugelumlauf
Bremsen	Scheiben vorn, Trommeln hinten
Abmessungen (L x B x H mm)	4.300 x 1.605 x 1.405
Radstand (mm)	2.510
Spur vorn/hinten (mm)	1.325 / 1.320
Felgen	4,5 J x 13
Reifen	165 SR 13
Leergewicht (kg)	1.060
Zul. Gesamtgewicht	1.450
Höchstgeschwindigkeit (km/h)	160
Beschleunigung 0–100 km/h (sec)	13,8
Verbrauch (Liter/100 km)	12,2 S
Tankinhalt (Liter)	52
Kofferraumvolumen (Liter)	430 , Coupé 440

Corona 2000 MK II	
Typ /Baujahr	Corona 2000 Mk II Coupé / 1972
Zylinder / Bauart	4, Reihe
Bohrung x Hub (mm)	88,5 x 80
Hubraum cm^3	1.968
Leistung (kW/PS/min)	65 (89) bei 4.900
Max. Drehmoment (Nm/min)	158 / 3.400
Verdichtung	8,5
Gemischaufbereitung	Fallstrom-Registervergaser
Ventile / Steuerung	2 / ohc
Batterie	12 V 35 Ah
Antrieb	Hinterräder
Getriebe	4–Gang
Übersetzungen	3,579 / 2,081 / 1,397 / 1,000 / R 4,399
Radaufhängung vorn	Doppelquer-, Schräglängslenker, Stabi., Schraubenf., Stoßdämpfer
Radaufhängung hinten	Starrachse, Längslenker, Schraubenf., Panhards., Stoßd.
Lenkung	Kugelumlauf
Bremsen	Scheiben vorn, Trommeln hinten
Abmessungen (L x B x H mm)	4.380 x 1.625 x 1.380
Radstand (mm)	2.510
Spur vorn/hinten (mm)	1.355 / 1.345
Felgen	4,5 J x 13
Reifen	165 SR 13
Leergewicht (kg)	1.120
Zul. Gesamtgewicht	1.560
Höchstgeschwindigkeit (km/h)	165
Beschleunigung 0–100 km/h (sec)	14,4
Verbrauch (Liter/100 km)	12,5 S
Tankinhalt (Liter)	60
Kofferraumvolumen (Liter)	440

Cressida	
Typ /Baujahr	Cressida / 1977
Zylinder / Bauart	4, Reihe
Bohrung x Hub (mm)	88,5 x 80
Hubraum cm^3	1.967
Leistung (kW/PS/min)	66 (90) bei 5.000
Max. Drehmoment (Nm/min)	150 / 3.400
Verdichtung	8,5
Gemischaufbereitung	Fallstrom-Registervergaser
Ventile / Steuerung	2 / ohc
Antrieb	Hinterräder
Getriebe	4–Gang (5–Gang)
Übersetzungen	3,579 / 2,081 / 1,397 / 1,000 / R 4,399
Radaufhängung vorn	McPherson-Federbeine, Quer- / Längslenker, Stabilisator
Radaufhängung hinten	Starrachse, Längsl., Schraubenf., Panhardstab, Stoßd., Kombi: Blattf.
Lenkung	Kugelumlauf
Bremsen	Scheiben vorn, Trommeln hinten
Abmessungen (L x B x H mm)	Limousine: 4.530 x 1.680 x 1.445; Coupé 4.530 x 1.680 x 1.420; Kombi 4.530 x 1.680 x 1.445
Radstand (mm)	2.645
Spur vorn/hinten (mm)	1.375 / 1.350
Felgen	5 J x 14
Reifen	175 SR 14
Leergewicht (kg)	120, Coupé 1.140, Kombi 1.160
Zul. Gesamtgewicht	1.540, Kombi 1.650
Höchstgeschwindigkeit (km/h)	158
Beschleunigung 0–100 km/h (sec)	13
Verbrauch (Liter/100 km)	12,2 N
Tankinhalt (Liter)	65, Kombi 61
Kofferraumvolumen (Liter)	450

Cressida	
Typ /Baujahr	Cressida / 1981
Zylinder / Bauart	4, Reihe
Bohrung x Hub (mm)	88,5 x 80
Hubraum cm^3	1.972 / 1.988
Leistung (kW/PS/min)	77 (105) bei 5.200; 80 (109) bei 5.000
Max. Drehmoment (Nm/min)	160 / 3.600
Verdichtung	9,0
Gemischaufbereitung	Fallstrom-Registervergaser
Ventile / Steuerung	2 / ohc
Batterie	12 V 60 Ah
Antrieb	Hinterräder
Getriebe	5–Gang
Übersetzungen	3,567 / 2,056 / 1,385 / 1,000 / 0,850 / R 4,399
Radaufhängung vorn	McPherson-F., Querlenker, Stabi
Radaufhängung hinten	Starrachse, Längslenker, Schraubenf., Panhardstab, Stoßd.
Lenkung	Kugelumlauf
Bremsen	Scheiben vorn, Trommeln hinten
Abmessungen (L x B x H mm)	Lim.: 4.670 x 1.690 x 1.445; Kombi: 4.665 x 1.690 x 1.470
Radstand (mm)	2.645
Spur vorn/hinten (mm)	1.390 / 1.385
Felgen	5,5 J x 14
Reifen	185 / 70 HR 14
Leergewicht (kg)	120, Coupé 1.140, Kombi 1.160
Zul. Gesamtgewicht (kg)	1.540, Kombi 1.650
Höchstgeschwindigkeit (km/h)	170
Beschleunigung 0–100 km/h (sec)	14,3
Verbrauch (Liter/100 km)	10,1 S
Tankinhalt (Liter)	65
Kofferraumvolumen (Liter)	420

Cressida 2.2 Diesel	
Typ /Baujahr	Cressida 2.2 Diesel / 1981
Zylinder / Bauart	4, Reihe
Bohrung x Hub (mm)	90 x 86
Hubraum cm^3	2.188
Leistung (kW/PS/min)	49 (67) bei 4.200
Max. Drehmoment (Nm/min)	130 / 2.600
Verdichtung	21,5
Gemischaufbereitung	Verteiler-Einspritzpumpe
Ventile / Steuerung	2 / ohc
Batterie	12 V 70 Ah
Antrieb	Hinterräder
Getriebe	5–Gang
Übersetzungen	3,567 / 2,056 / 1,385 / 1,000 / 0,850 / R 4,399
Radaufhängung vorn	McPherson-Federbeine, Querlenker, Stabilisator
Radaufhängung hinten	Starrachse, Längslenker, Schraubenf., Panhardstab, Stoßd.
Lenkung	Kugelumlauf, servounterstützt
Bremsen	Scheiben, innenbelüftet vorn, Trommeln hinten
Abmessungen (L x B x H mm)	4.670 x 1.690 x 1.445
Radstand (mm)	2.645
Spur vorn/hinten (mm)	1.390 / 1.385
Felgen	5,5 J x 14
Reifen	185 / 70 HR 14
Leergewicht (kg)	1.265
Zul. Gesamtgewicht	1.690
Höchstgeschwindigkeit (km/h)	145
Beschleunigung 0–100 km/h (sec)	20,8
Verbrauch (Liter/100 km)	9,5 D
Tankinhalt (Liter)	65
Kofferraumvolumen (Liter)	420

Camry 1,8 DX	
Typ /Baujahr	Camry 1,8 DX / 1983
Zylinder / Bauart	4, Reihe
Bohrung x Hub (mm)	80,5 x 90
Hubraum cm³	1.832; 1.995
Leistung (kW/PS/min)	66 (90) bei 5.200 / min
Max. Drehmoment (Nm/min)	142 / 3.400
Verdichtung	9
Gemischaufbereitung	Fallstrom-Register
Ventile / Steuerung	2 / ohc
Batterie	12 V 60 Ah
Antrieb	Vorderräder
Getriebe	5–Gang
Übersetzungen	3,538 / 1,960 / 1,250 / 0,946 / 0,732 / R 3,154
Radaufhängung vorn	McPherson-Federbeine, Querlenker
Radaufhängung hinten	McPherson-Federbeine, Doppelquer- / Längslenker, Stabilisator
Lenkung	Zahnstangen
Bremsen	Scheiben vorn, Trommeln hinten
Abmessungen (L x B x H mm)	4.415 x 1.690 x 1.395; Liftback 4.415 x 1.690 x 1.370
Radstand (mm)	2.600
Spur vorn/hinten (mm)	1.465 / 1.420
Felgen	5 J x 13
Reifen	165 SR 13
Leergewicht (kg)	1.035, Liftback 1.055
Zul. Gesamtgewicht	1.550
Höchstgeschwindigkeit (km/h)	170
Beschleunigung 0–100 km/h (sec)	12
Verbrauch (Liter/100 km)	10,5 S
Tankinhalt (Liter)	55
Kofferraumvolumen (Liter)	400, Liftback 495

ab 1986 auch mit G-Kat angeboten

Camry 2,0 GLi	
Typ /Baujahr	Camry 2,0 GLi / 1984
Zylinder / Bauart	4, Reihe
Bohrung x Hub (mm)	80,5 x 90
Hubraum cm³	1.995
Leistung (kW/PS/min)	79 (107) bei 5.200; 73 (99) bei 4.800
Max. Drehmoment (Nm/min)	166 / 4.000 158 / 4.000
Verdichtung	8,7
Gemischaufbereitung	Einspritzung L-Jetronic
Ventile / Steuerung	2 / ohc
Batterie	12 V 60 Ah
Antrieb	Vorderräder
Getriebe	5–Gang
Übersetzungen	3,286 / 2,041 / 1,323 / 0,945 / 0,731 / R 3,154
Radaufhängung vorn	McPherson-Federbeine, Querlenker
Radaufhängung hinten	McPherson-Federbeine, Doppelquer- / Längslenker, Stabilisator
Lenkung	Zahnstangen, servounterstützt
Bremsen	Scheiben vorn, Trommeln hinten
Abmessungen (L x B x H mm)	4.435 x 1.690 x 1.395; Liftback 4.435 x 1.690 x 1.370
Radstand (mm)	2.600
Spur vorn/hinten (mm)	1.465 / 1.420
Felgen	5 J x 13
Reifen	185 / 70 HR 13
Leergewicht (kg)	Lim. 1.096, LB 1.121
Zul. Gesamtgewicht (kg)	1.550
Höchstgeschwindigkeit (km/h)	170
Beschleunigung 0–100 km/h (sec)	11,5
Verbrauch (Liter/100 km)	10,6 S
Tankinhalt (Liter)	55
Kofferraumvolumen (Liter)	400, Liftback 495

Camry 2,0 GLi	
Typ /Baujahr	Camry 2,0 GLi / 1987
Zylinder / Bauart	4, Reihe, quer
Bohrung x Hub (mm)	86 x 86
Hubraum cm³	1.998
Leistung (kW/PS/min)	94 (128) bei 5.600; 89 (121) bei 5.600
Max. Drehmoment (Nm/min)	176 / 4.400
Verdichtung	9,8
Gemischaufbereitung	TCCS-L-Jetronic, G-Kat
Ventile / Steuerung	4 / dohc
Batterie	12 V 50 Ah
Antrieb	Vorderräder
Getriebe	5–Gang
Übersetzungen	3,285 / 2,041 / 1,322 / 1,082 / 0,820 / R 3,153
Radaufhängung vorn	McPherson-Federbeine, Querlenker
Radaufhängung hinten	McPherson-Federbeine, Zugstreben, Längslenker, Stabilisator
Lenkung	Zahnstangen, servounterstützt
Bremsen	Scheiben v., Trommeln h., ABS
Abmessungen (L x B x H mm)	Limousine 4.520 x 1.710 x 1.400, Kombi: 4.610 x 1.710 x 400
Radstand (mm)	2.600
Spur vorn/hinten (mm)	1.475 / 1.445
Felgen	5,5 J x 14
Reifen	185 / 70 R 14
Leergewicht (kg)	1.280
Zul. Gesamtgewicht	1.785
Höchstgeschwindigkeit (km/h)	185
Beschleunigung 0–100 km/h (sec)	9,7
Verbrauch (Liter/100 km)	8,3 N
Tankinhalt (Liter)	60
Kofferraumvolumen (Liter)	505

Camry 2,5 V6 GXi	
Typ /Baujahr	Camry 2,5 V6 GXi 1988–1991
Zylinder / Bauart	V6
Bohrung x Hub (mm)	87,5 x 69,5
Hubraum cm³	2.508
Leistung (kW/PS/min)	118 (161) bei 5.800
Max. Drehmoment (Nm/min)	206 / 4.600
Verdichtung	9
Gemischaufbereitung	TCCS-L-Jetronic
Ventile / Steuerung	4 / dohc
Batterie	12 V 60 Ah
Antrieb	Vorderräder
Getriebe	5–Gang (4–Gang-Automatik)
Übersetzungen	3,230 / 2,045 / 1,333 / 0,972 / 0,820 / R 3,583 (2,810 / 1,549 / 1,000 / 0,734 / R 2,296)
Radaufhängung vorn	McPherson-F., Querlenker, Stabi
Radaufhängung hinten	McPherson-F., Zugstr., Längsl., Stabi.
Lenkung	Zahnstangen, servounterstützt
Bremsen	Scheiben, innenbelüftet vorn, Trommeln hinten, ABS
Abmessungen (L x B x H mm)	4.520 x 1.710 x 1.400
Radstand (mm)	2.600
Spur vorn/hinten (mm)	1.470 / 1.440
Felgen	5,5 J x 15
Reifen	195 / 60 VR 15
Leergewicht (kg)	1.280 (1.305)
Zul. Gesamtgewicht	1.795 (1.820)
Höchstgeschwindigkeit (km/h)	205 (195)
Beschleunigung 0–100 km/h (sec)	9,0 (10,0)
Verbrauch (Liter/100 km)	9,7 S (10,2)
Tankinhalt (Liter)	60
Kofferraumvolumen (Liter)	505

Camry 2,2 GL (V6 GX) Kombi

Typ /Baujahr	Camry 2,2 GL (V6 GX) Kombi / 1992
Zylinder / Bauart	4, Reihe (V6)
Bohrung x Hub (mm)	87 x 91 (87,5 x 82)
Hubraum cm^3	2.164 (2.959)
Leistung (kW/PS/min)	138 (188) bei 5.400
Max. Drehmoment (Nm/min)	(255 / 4.400)
Verdichtung	9,8 (9,6)
Gemischaufbereitung	D-EFI (L-EFI)
Ventile / Steuerung	3 / ohc
Batterie	12 V 50 Ah
Antrieb	Vorderräder
Getriebe	5–Gang
Übersetzungen	3,285 / 2,041 / 1,322 / 1,028 / 0,820 / R 3,153 (3,583 / 2,045 / 1,333 / 1,028 / 0,820 / R 3,583)
Radaufhängung vorn	McPherson-Federbeine, Querlenker, Stabilisator
Radaufhängung hinten	McPherson-Federbeine, Doppel-querlenker, Zugstrebe, Stabilisator
Lenkung	Zahnstangen, servounterstützt
Bremsen	S. innenbel. vorn, ABS
Abmessungen (L x B x H mm)	4.795 x 1.770 x 1.490
Radstand (mm)	2.620
Spur vorn/hinten (mm)	1.545 / 1.490
Felgen	5,5 JJ x 14 (6 JJ x 15)
Reifen	195 / 70 VR 14 (205 / 65 VR 15)
Leergewicht (kg)	1.545–1.595 / (1.565–1.615)
Zul. Gesamtgewicht (kg)	2.150
Höchstgeschwindigkeit (km/h)	195 (210)
Beschleunigung 0–100 km/h (sec)	10,4 (9,2)
Verbrauch (Liter/100 km)	9,1 (10,3) S
Tankinhalt (Liter)	70
Kofferraumvolumen (Liter)	517

Camry 2,2 (V6)

Typ /Baujahr	Camry 2,2 (V6) / 1996
Zylinder / Bauart	4, Reihe (V6)
Bohrung x Hub (mm)	87 x 91 (87,5 x 82)
Hubraum cm^3	2.164 (2.959)
Leistung (kW/PS/min)	96 (131) bei 5.200; (140 (190) bei 5.400)
Max. Drehmoment (Nm/min)	196 / 4.200; (275 / 4.400)
Verdichtung	9,8 (10,5)
Gemischaufbereitung	TCCS-EFI
Ventile / Steuerung	4 / dohc
Batterie	12 V 48 Ah
Antrieb	Vorderräder
Getriebe	5–Gang (4–Stufen-Automatik)
Übersetzungen	3,285 / 2,041 / 1,322 / 1,028 / 0,820 / R 3,153 (2,810 / 1,549 / 1,000 / / 0,735 / R 2,296)
Radaufhängung vorn	McPherson-F., Querlenker, Stabilisator
Radaufhängung hinten	McPherson-F., Doppelquerlenker, Zugstrebe, Stabilisator
Lenkung	Zahnstangen, servounterstützt
Bremsen	S., innenbel. vorn, Tr. hinten, ABS
Abmessungen (L x B x H mm)	4.765 x 1.785 x 1.430
Radstand (mm)	2.670
Spur vorn/hinten (mm)	1.545 / 1.520
Felgen	6 JJ x 15
Reifen	205 / 65 VR 15
Leergewicht (kg)	1.460–1.480 (**1.520**)
Zul. Gesamtgewicht	1.860 (1.915)
Höchstgeschwindigkeit (km/h)	200 (220)
Beschleunigung 0–100 km/h (sec)	10,4 (9,0)
Verbrauch (Liter/100 km)	8,8 (11,6) S
Tankinhalt (Liter)	70
Kofferraumvolumen (Liter)	518

Camry 2,4 (3,0 V6)

Typ /Baujahr	Camry 2,4 (3,0 V6) / 2002
Zylinder / Bauart	4, Reihe (V6)
Bohrung x Hub (mm)	88,5 x 96 (87,5 x 83)
Hubraum cm^3	2.362 (2.995)
Leistung (kW/PS/min)	112 (152) bei 5.600; 137 (186) bei 5.300
Max. Drehmoment (Nm/min)	218 / 3.800 (273 / 4.300)
Verdichtung	9,6 (10,5)
Gemischaufbereitung	EFI
Ventile / Steuerung	4 / dohc, VVT-i (4 / dohc)
Batterie	12 V 65 Ah
Antrieb	Vorderräder
Getriebe	5–Gang (4–Gang-Automatik)
Übersetzungen	3,538 / 2,045 / 1,333 / 1,028 / 0, 820 / R 3,583 (3,938 / 2,194 / 1,411 / 1,019 / R 3,141)
Radaufhängung vorn	McPherson-Federbeine
Radaufhängung hinten	Verbundlenker
Lenkung	Zahnstangen, servounterstützt
Bremsen	Scheiben, innenbelüftet vorn, ABS, EBD, BA
Abmessungen (L x B x H mm)	4.815 x 1.795 x 1.500
Radstand (mm)	2.720
Spur vorn/hinten (mm)	1.550 / 1.535
Felgen	6,5 JJ x 16
Reifen	215 / 60 VR 16
Leergewicht (kg)	1.390 (1.500)
Zul. Gesamtgewicht	1.935 (2.015)
Höchstgeschwindigkeit (km/h)	210 (225)
Beschleunigung 0–100 km/h (sec)	9,4 (9,1)
Verbrauch (Liter/100 km)	8,6 (11,0) S
Tankinhalt (Liter)	70
Kofferraumvolumen (Liter)	519

Crown Deluxe

Typ /Baujahr	Crown Deluxe / 1961
Zylinder / Bauart	4, Reihe
Bohrung x Hub (mm)	88 x 78
Hubraum cm^3	1.897
Leistung (kW/PS/min)	95 SAE-PS bei 5.000
Max. Drehmoment (Nm/min)	152 / 3.400
Verdichtung	8,0
Gemischaufbereitung	Register-Fallstromvergaser
Ventile / Steuerung	2 / ohv
Batterie	12 V 40 Ah
Antrieb	Hinterräder
Getriebe	4–Gang + Overdrive
Übersetzungen	3,059 / 1,645 / 1,152 / 1,000 / 0,700
Radaufhängung vorn	Schraubenfedern, Stabilisator, Stoßdämpfer
Radaufhängung hinten	Starrachse, Doppellängslenker. Schraubenfedern, Stoßdämpfer
Lenkung	Kugelumlauf
Bremsen	Trommeln vorn und hinten
Abmessungen (L x B x H mm)	4.610 x 1.695 x 1.460
Radstand (mm)	2.690
Spur vorn/hinten (mm)	1.360 / 1.380
Felgen	5 J x 14
Reifen	7.00–13
Leergewicht (kg)	1.265
Zul. Gesamtgewicht	1.845
Höchstgeschwindigkeit (km/h)	140
Beschleunigung 0–100 km/h (sec)	k.A.
Verbrauch (Liter/100 km)	11 N
Tankinhalt (Liter)	50
Kofferraumvolumen (Liter)	k.A.

Crown Deluxe 2600

Typ /Baujahr	Crown Deluxe 2600 / 1970
Zylinder / Bauart	6, Reihe
Bohrung x Hub (mm)	80 x 85
Hubraum cm^3	2.563
Leistung (kW/PS/min)	150 SAE-PS bei 5.400
Max. Drehmoment (Nm/min)	226 / 3.800
Verdichtung	8,5
Gemischaufbereitung	Register-Fallstromvergaser
Ventile / Steuerung	2 / ohc
Batterie	12 V 70 Ah
Antrieb	Hinterräder
Getriebe	4–Gang
Übersetzungen	3,579 / 2,081 / 1,397 / 1,000 / R 4,399
Radaufhängung vorn	Schraubenf., Querl., Stabilisator, Stoßdämpfer
Radaufhängung hinten	Starrachse, Doppellängslenker. Schraubenf., Querl., Stoßd.
Lenkung	Kugelumlauf
Bremsen	Scheiben vorn, Trommeln hinten
Abmessungen (L x B x H mm)	4.680 x 1.690 x 1.420
Radstand (mm)	2.690
Spur vorn/hinten (mm)	1.390 / 1.380
Felgen	5 J x 14
Reifen	175 SR 14
Leergewicht (kg)	1.380
Zul. Gesamtgewicht (kg)	1.845
Höchstgeschwindigkeit (km/h)	170
Beschleunigung 0–100 km/h (sec)	k.A.
Verbrauch (Liter/100 km)	11 N
Tankinhalt (Liter)	70
Kofferraumvolumen (Liter)	226

Crown 2,8i

Typ /Baujahr	Crown Saloon 2,8i (Combi) / 1980
Zylinder / Bauart	6, Reihe
Bohrung x Hub (mm)	83 x 85
Hubraum cm^3	2.758
Leistung (kW/PS/min)	107 (145) bei 5.000
Max. Drehmoment (Nm/min)	226 / 4.000
Verdichtung	9,2
Gemischaufbereitung	Kraftstoffeinspritzung
Ventile / Steuerung	2 / ohc
Batterie	12 V 70 Ah
Antrieb	Hinterräder
Getriebe	5–Gang
Übersetzungen	3,287 / 2,043 / 1,394 / 1,000 / 0,853 / R 4,039
Radaufhängung vorn	McPherson-F., Doppelquerl., Stabi.
Radaufhängung hinten	Starrachse, Längsl, Stoßd., Schraubenf., Panhardstab, Stabi.
Lenkung	Kugelumlauf, servounterstützt
Bremsen	Scheiben, innenbel. v., Trommeln h.
Abmessungen (L x B x H mm)	4.860 x 1.715 x 1.430; (4.690 x 1.690 x 1.475)
Radstand (mm)	2.690
Spur vorn/hinten (mm)	1.430 / 1.400
Felgen	5,5 J x 14
Reifen	195 / 70 HR 14 (185 / HR 14)
Leergewicht (kg)	1.495 (1.470)
Zul. Gesamtgewicht	1.915 (2.130)
Höchstgeschwindigkeit (km/h)	185
Beschleunigung 0–100 km/h (sec)	11,5 (11,5)
Verbrauch (Liter/100 km)	14,9 S
Tankinhalt (Liter)	72
Kofferraumvolumen (Liter)	510

SPORTWAGEN

Paseo

Typ /Baujahr	Paseo / 1996 (Paseo Cabriolet)
Zylinder / Bauart	4, Reihe
Bohrung x Hub (mm)	74 x 87
Hubraum cm^3	1.497
Leistung (kW/PS/min)	66 (90) bei 5.400
Max. Drehmoment (Nm/min)	130 / 4.200
Verdichtung	9,4
Gemischaufbereitung	D-EFI
Ventile / Steuerung	4 / dohc
Batterie	12 V 40 Ah
Antrieb	Vorderräder
Getriebe	5–Gang
Übersetzungen	3,545 / 1,904 / 1,310 / 0,969 / 0,815 / R 3,250
Radaufhängung vorn	McPherson-Federbeine, Querlenker, Stabilisator
Radaufhängung hinten	Verbundlenker, Schraubenf.
Lenkung	Zahnstangen, servounterstützt
Bremsen	Scheibenbremsen innenbelüftet vorn, Trommeln hinten, 4-Sensoren-ABS
Abmessungen (L x B x H mm)	4.160 x 1.660 x 1.290 (1.320)
Radstand (mm)	2.380
Spur vorn/hinten (mm)	1.405 / 1.395
Felgen	5,5 J x 14
Reifen	185 / 60 R 14
Leergewicht (kg)	995 (1.020)
Zul. Gesamtgewicht	1.385
Höchstgeschwindigkeit (km/h)	185
Beschleunigung 0–100 km/h (sec)	10,9
Verbrauch (Liter/100 km)	7,0 (7,1) S
Tankinhalt (Liter)	45
Kofferraumvolumen (Liter)	277 (200)

MR2

Typ /Baujahr	MR2 / 1994
Zylinder / Bauart	4, Reihe, Mittelmotor
Bohrung x Hub (mm)	86 x 86
Hubraum cm^3	1.998
Leistung (kW/PS/min)	125 (170) bei 7.000 / min
Max. Drehmoment (Nm/min)	186 / 4.800 min
Verdichtung	10,3
Gemischaufbereitung	EFI-D-Jetronic
Ventile / Steuerung	4 / dohc
Batterie	12 V 40 Ah
Antrieb	Hinterräder
Getriebe	5–Gang
Übersetzungen	3,285 / 1,960 / 1,322 / 1,028 / 0,820 / R 3,153
Radaufhängung vorn	McPherson-Federbeine, Zugstreben, Querstabilisator,
Radaufhängung hinten	McPherson-Federbeine, Längslenker, Querlenker, Querstabilisator
Lenkung	Zahnstange, servounterstützt
Bremsen	Scheiben, innenbelüftet, 4-Sensoren-ABS
Abmessungen (L x B x H mm)	4.180 x 1.700 x 1.235
Radstand (mm)	2.400
Spur vorn/hinten (mm)	1.470 / 1.450
Felgen	6 JJ x 15
Reifen	195 / 95 R 15
Leergewicht (kg)	1.280–1.390
Zul. Gesamtgewicht	1.570
Höchstgeschwindigkeit (km/h)	225
Beschleunigung 0–100 km/h (sec)	7,5
Verbrauch (Liter/100 km)	9,1 S
Tankinhalt (Liter)	55
Kofferraumvolumen (Liter)	219

MR2 2,0 GTi

Typ /Baujahr	MR2 2,0 GTi / 1990
Zylinder / Bauart	4, Reihe, Mittelmotor
Bohrung x Hub (mm)	86 x 86
Hubraum cm^3	1.998
Leistung (kW/PS/min)	115 (156) bei 6.600
Max. Drehmoment (Nm/min)	186 / 4.800
Verdichtung	10,0
Gemischaufbereitung	EFI-D-Jetronic
Ventile / Steuerung	4 / dohc
Batterie	12 V 48 Ah
Antrieb	Hinterräder
Getriebe	5–Gang
Übersetzungen	3,285 / 1,960 / 1,322 / 1,028 / 0,820 / R 3,153
Radaufhängung vorn	McPherson-Federbeine, Zugstreben, Querstabilisator,
Radaufhängung hinten	McPherson-Federbeine, Längslenker, Querlenker, Querstabilisator
Lenkung	Zahnstange, servounterstützt
Bremsen	Scheiben, innenbelüftet, 4-Sensoren-ABS
Abmessungen (L x B x H mm)	4.180 x 1.700 x 1.235
Radstand (mm)	2.400
Spur vorn/hinten (mm)	1.470 / 1.450
Felgen	6,5 JJ x 15
Reifen	195 / 95 R 15 v., 225 / 50 R 15 h.
Leergewicht (kg)	1.260–1.315
Zul. Gesamtgewicht	1.570
Höchstgeschwindigkeit (km/h)	220
Beschleunigung 0–100 km/h (sec)	7,9
Verbrauch (Liter/100 km)	8,6 S
Tankinhalt (Liter)	55
Kofferraumvolumen (Liter)	219

MR2 Roadster 1.8

Typ /Baujahr	MR2 Roadster 1.8 / 2000
Zylinder / Bauart	4, Reihe, Mittelmotor
Bohrung x Hub (mm)	79,0 x 91,5
Hubraum cm^3	1.794
Leistung (kW/PS/min)	103 (140) bei 6.400
Max. Drehmoment (Nm/min)	170 Nm / min bei 4.400
Verdichtung	10,0
Gemischaufbereitung	EFI
Ventile / Steuerung	4 / dohc, VVT-i
Batterie	12 V 45 Ah
Antrieb	Heckantrieb
Getriebe	5–Gang
Übersetzungen	3,166 / 1,904 / 1,310 / 0,969 / 0,815 / R 3,250
Radaufhängung vorn	McPherson-F., Querlenker, Querstabi.
Radaufhängung hinten	McPherson-F., Längsl., Querlenker, Stabilisator
Lenkung	Zahnstange, servounterstützt
Bremsen	Scheiben, innenbel., 4-Sensoren-ABS
Abmessungen (L x B x H mm)	3.885 x 1.695 x 1.240
Radstand (mm)	2.450
Spur vorn/hinten (mm)	1.475 / 1.460
Felgen	6 JJ x 15 vorn / 6,5 JJ x 15 hinten
Reifen	185 / 55 R 15 vorn
205/50 R 15 hinten	
Leergewicht (kg)	1.050–1.165
Zul. Gesamtgewicht	1.225
Höchstgeschwindigkeit (km/h)	210
Beschleunigung 0–100 km/h (sec)	7,9
Verbrauch (Liter/100 km)	7,4 S
Tankinhalt (Liter)	48
Kofferraumvolumen (Liter)	90

Celica LT (ST) Coupé

Typ /Baujahr	Celica LT (ST) Coupé / 1970
Zylinder / Bauart	4, Reihe
Bohrung x Hub (mm)	85 x 70
Hubraum cm^3	1.588
Leistung (kW/PS/min)	58 (79) bei 5.800 / min; 63 (86) bei 5.600 / min
Max. Drehmoment (Nm/min)	123 / 3.700
Verdichtung	8,5, ST 9,4
Gemischaufbereitung	Fallstrom-Registervergaser; ST Doppelregistervergaser
Ventile / Steuerung	2 / ohv
Batterie	12 V 35 Ah
Antrieb	Hinterräder
Getriebe	5–Gang
Übersetzungen	3,579 / 2,081 / 1,397 / 1,000 / 0,861 / R 4,399
Radaufhängung vorn	McPherson-F., Quer- / Schrägl., Stabi.
Radaufhängung hinten	Starrachse, Längsl., Schraubenf., Panhardst., Stoßd.
Lenkung	Kugelumlauf
Bremsen	Scheiben vorn, Trommeln hinten
Abmessungen (L x B x H mm)	4.165 x 1.610 x 1.310
Radstand (mm)	2.425
Spur vorn/hinten (mm)	1.280 / 1.285
Felgen	4,5 J x 13
Reifen	165 SR 13
Leergewicht (kg)	960
Zul. Gesamtgewicht	1.405
Höchstgeschwindigkeit (km/h)	160; ST 165
Beschleunigung 0–100 km/h (sec)	13,6; ST 11,8
Verbrauch (Liter/100 km)	8,5 S
Tankinhalt (Liter)	50
Kofferraumvolumen (Liter)	273

Celica GT-Coupé

Typ /Baujahr	Celica GT-Coupé / 1973
Zylinder / Bauart	4, Reihe
Bohrung x Hub (mm)	85 x 70
Hubraum cm^3	1.588
Leistung (kW/PS/min)	86 (108) bei 6.200 / min
Max. Drehmoment (Nm/min)	135 / 6.200
Verdichtung	2 x Doppel-Horizontalvergaser
Ventile / Steuerung	2 / dohc
Batterie	12 V 60 Ah
Antrieb	Hinterräder
Getriebe	5–Gang
Übersetzungen	3,587 / 2,022 / 1,384 / 1,000 / 0,861 / R 3,484
Radaufhängung vorn	McPherson-Federbeine, Quer- / Schräglängslenker, Stabilisator
Radaufhängung hinten	Starrachse, Längslenker, Schraubenfedern, Panhardstab, Stoßdämpfer
Lenkung	Kugelumlauf
Bremsen	Scheiben vorn, Trommeln hinten
Abmessungen (L x B x H mm)	4.165 x 1.610 x 1.310
Radstand (mm)	2.425
Spur vorn/hinten (mm)	1.305 / 1.305
Felgen	4,5 J x 13
Reifen	165 HR 13
Leergewicht (kg)	970
Zul. Gesamtgewicht	1.405
Höchstgeschwindigkeit (km/h)	190
Beschleunigung 0–100 km/h (sec)	10,9
Verbrauch (Liter/100 km)	8,8 S
Tankinhalt (Liter)	50
Kofferraumvolumen (Liter)	273

Celica 1600 ST/LT	
Typ /Baujahr	Celica 1600 / 1978
Zylinder / Bauart	4–Reihe
Bohrung x Hub (mm)	85 x 70
Hubraum cm^3	1.588
Leistung (kW/PS/min)	55 (75) bei 5.200; 66 (90) bei 5.000
Max. Drehmoment (Nm/min)	122 / 3.400; 126 (121) / 4.000
Verdichtung	9,0; 9,4
Gemischaufbereitung	LT Register-Fallstromverg.; ST 2 x Register-Fallstromverg.
Ventile / Steuerung	2 / ohv; GT 2 / dohc
Antrieb	Hinterräder
Getriebe	LT 4–Gang, ST 5–Gang
Übersetzungen	3,587 / 2,022 / 1,384 / 1,000 / 0,861 / R 3,484
Radaufhängung vorn	McPerson-F., Quer-/Schrägl., Stabi
Radaufhängung hinten	Starra., Schraubenf., Längsl., Panhardst., Stoßd.
Lenkung	Kugelumlauf
Bremsen	S vorn, Tr hinten
Abmessungen (L x B x H mm)	4.330 x 1.640 x 1.320; Liftback ST 4.330 x 1.635 x 1.310
Radstand (mm)	2.500
Spur vorn/hinten (mm)	1.350 / 1.365
Felgen	5 J x 14
Reifen	165 SR 13
Leergewicht (kg)	LT 980, ST 990; Liftback ST 1.010
Zul. Gesamtgewicht	1.440
Höchstgeschwindigkeit (km/h)	LT 160
Beschleunigung 0–100 km/h (sec)	LT 13,5
Verbrauch (Liter/100 km)	13 S
Tankinhalt (Liter)	61
Kofferraumvolumen (Liter)	360, Liftback 415

Celica 2000 GT	
Typ /Baujahr	Celica 2000 / 1978
Zylinder / Bauart	4–Reihe
Bohrung x Hub (mm)	88,5 x 80
Hubraum cm^3	1.967
Leistung (kW/PS/min)	GT 90 (123) bei 5.800
Max. Drehmoment (Nm/min)	GT 157 / 5.200
Verdichtung	9,7
Gemischaufbereitung	2 x Flachstromvergaser
Ventile / Steuerung	2 / dohc
Batterie	12 V 60 Ah
Antrieb	Hinterräder
Getriebe	5–Gang
Übersetzungen	3,287 / 2,043 / 1,394 / 1,000 / 0,853 / R 4,039
Radaufhängung vorn	McPerson-Federbeine, Quer- / Schräglenker, Stabilisator
Radaufhängung hinten	Starrachse, Schraubenf., Längsl., Stabi., Panhardst., Stoßd.
Lenkung	Kugelumlauf
Bremsen	Scheiben vorn, Trommeln hinten
Abmessungen (L x B x H mm)	GT 4.370 x 1.640 x 1.315
Radstand (mm)	2.500
Spur vorn/hinten (mm)	1.350 / 1.365
Felgen	5,5 J x 14
Reifen	185 / 70 HR 14
Leergewicht (kg)	GT 1.125
Zul. Gesamtgewicht	1.550
Höchstgeschwindigkeit (km/h)	GT 185
Beschleunigung 0–100 km/h (sec)	11
Verbrauch (Liter/100 km)	10,6 S
Tankinhalt (Liter)	61
Kofferraumvolumen (Liter)	415

Celica Coupé Liftback ST	
Typ /Baujahr	Celica / Liftback ST1982
Zylinder / Bauart	4, Reihe
Bohrung x Hub (mm)	85 x 77
Hubraum cm3	1.588
Leistung (kW/PS/min)	63 (86) bei 5.400
Max. Drehmoment (Nm/min)	118 / 4.000
Verdichtung	9,4
Gemischaufbereitung	2 x Register-Fallstromvergaser
Ventile / Steuerung	2 / ohc
Batterie	12 V 60 Ah
Antrieb	Hinterräder
Getriebe	5–Gang
Übersetzungen	3,587 / 2,022 / 1,384 / 1,000 / 0,861 / R 3,484
Radaufhängung vorn	McPherson-Federbeine, Querlenker, Zugstreben, Stabilisator
Radaufhängung hinten	Starrachse, Längsl., Schraubenf., Panhardstab, Stabi., Stoßd.
Lenkung	Zahnstangen
Bremsen	Scheiben vorn, Trommeln hinten
Abmessungen (L x B x H mm)	4.450 x 1.665 x 1.310
Radstand (mm)	2.500
Spur vorn/hinten (mm)	1.390 / 1.365
Felgen	5 J x 13
Reifen	165 SR 13
Leergewicht (kg)	1.045
Zul. Gesamtgewicht	1.475
Höchstgeschwindigkeit (km/h)	170
Beschleunigung 0–100 km/h (sec)	13,5
Verbrauch (Liter/100 km)	8,9 S
Tankinhalt (Liter)	61
Kofferraumvolumen (Liter)	226 / 335

Celica Coupé GT	
Typ /Baujahr	Celica Coupé GT / 1983
Zylinder / Bauart	4, Reihe
Bohrung x Hub (mm)	81 x 77
Hubraum cm^3	1.587
Leistung (kW/PS/min)	91 (124) bei 6.600
Max. Drehmoment (Nm/min)	142 / 5.200
Verdichtung	10,0
Gemischaufbereitung	EFI-D-Jetronic
Ventile / Steuerung	4 / dohc
Batterie	12 V 60 Ah
Antrieb	Hinterräder
Getriebe	5–Gang
Übersetzungen	3,587 / 2,022 / 1,384 / 1,000 / 0,861 / R 3,484
Radaufhängung vorn	McPherson-Federbeine, Querlenker, Zugstreben, Stabilisator
Radaufhängung hinten	Schräglenker, Schraubenfedern, Stabilisator Stoßdämpfer
Lenkung	Zahnstangen
Bremsen	Scheiben, innenbelüftet vorn
Abmessungen (L x B x H mm)	4.435 x 1.665 x 1.320
Radstand (mm)	2.500
Spur vorn/hinten (mm)	1.395 / 1.385
Felgen	5,5 J x 14
Reifen	185 / 70 HR 14
Leergewicht (kg)	1.125
Zul. Gesamtgewicht	1.600
Höchstgeschwindigkeit (km/h)	190
Beschleunigung 0–100 km/h (sec)	10,5
Verbrauch (Liter/100 km)	7,6 S
Tankinhalt (Liter)	61
Kofferraumvolumen (Liter)	356

Celica GT / GT 2,0 Kat	
Typ /Baujahr	Celica GT 2,0 / 2.0 Kat / 1985
Zylinder / Bauart	4, Reihe
Bohrung x Hub (mm)	86 x 86
Hubraum cm^3	1.998
Leistung (kW/PS/min)	GT 110 (150) bei 6.400; Kat: 103 (140) bei 6.000
Max. Drehmoment (Nm/min)	GT 180 / 4.800;; GT Kat 173 / 4.800
Verdichtung	9,8; GT Kat 9,2
Gemischaufbereitung	EFI-D-Jetronic 2,0 / 2,0 Kat EFI-L-Jetronic (G-Kat)
Ventile / Steuerung	4 / dohc
Antrieb	Vorderräder
Getriebe	5–Gang
Übersetzungen	3,285 / 2,041 / 1,322 / 1,028 / 0,820 / R 3,153
Radaufhängung vorn	McPherson-F., Dreiecksquerl., Stabi.
Radaufhängung hinten	McPherson-F., Doppelquerl., Längszugstr., Stabi.
Lenkung	Zahnstangen
Bremsen	S. innenbel. vorn, S. hinten
Abmessungen (L x B x H mm)	4.365 x 1.710 x 1.290
Radstand (mm)	2.525
Spur vorn/hinten (mm)	1.465 / 1.430
Felgen	6 JJ x 14
Reifen	195 / 60
Leergewicht (kg)	1.161
Zul. Gesamtgewicht	1.620
Höchstgeschwindigkeit (km/h)	210; GT Kat 200,
Beschleunigung 0–100 km/h (sec)	8,7; GT Kat 8,8
Verbrauch (Liter/100 km)	7,8 S; GT Kat 8,3 N
Tankinhalt (Liter)	60
Kofferraumvolumen (Liter)	395

Celica GT 2,0 Turbo 4 WD	
Typ /Baujahr	Celia GT 2,0 Turbo 4 WD / 1987
Zylinder / Bauart	4, Reihe
Bohrung x Hub (mm)	86 x 86
Hubraum cm^3	1.998
Leistung (kW/PS/min)	150 (204) bei 6.000
Max. Drehmoment (Nm/min)	275 / 3.200
Verdichtung	8,8
Gemischaufbereitung	EFI-L-Jetronic, Turbolader, Ladeluftkühlung, G-Kat
Ventile / Steuerung	4 / dohc
Batterie	12 V 60 Ah
Antrieb	Allrad permanent, Zwischendifferenzial, Visco-Kupplung, Torsen-Sperre
Getriebe	5–Gang
Übersetzungen	3,583 / 2,045 / 1,333 / 0,972 / 0,731 / R 3,545
Radaufhängung vorn	McPherson-F., Dreiecksquerl., Stabi.
Radaufhängung hinten	McPherson-Federbeine, Doppelquerlenker, Längszugstrebe, Stabilisator
Lenkung	Zahnstangen, servounterstützt
Bremsen	Scheiben (innenbel vorn), ABS
Abmessungen (L x B x H mm)	4.430 x 1.745 x 1.300
Radstand (mm)	2.585
Spur vorn/hinten (mm)	1.475 / 1.440
Felgen	6,5 JJ x 15
Reifen	215/50 VR 15
Leergewicht (kg)	1.525
Zul. Gesamtgewicht (kg)	1.890
Höchstgeschwindigkeit (km/h)	230
Beschleunigung 0–100 km/h (sec)	6,9
Verbrauch (Liter/100 km)	9,2 S
Tankinhalt (Liter)	68
Kofferraumvolumen (Liter)	395

Celica 2.0 Cabrio	
Typ /Baujahr	Celica 1,6 GT 2.0 Cabrio / 1988
Zylinder / Bauart	4, Reihe
Bohrung x Hub (mm)	86 x 86
Hubraum cm³	1.998
Leistung (kW/PS/min)	103 (140) bei 6.000
Max. Drehmoment (Nm/min)	175 / 4.800
Verdichtung	9,8
Gemischaufbereitung	EFI-L-Jetronic, G-Kat
Ventile / Steuerung	4 / dohc
Batterie	12 V 70 Ah
Antrieb	Vorderräder
Getriebe	5–Gang
Übersetzungen	3,285 / 2,041 / 1,322 / 1,028 / 0,820 / R 3,153
Radaufhängung vorn	McPherson-Federbeine, Dreiecksquerlenker, Stabilisator
Radaufhängung hinten	McPherson-F., Doppelquerlenker, Längszugstr., Stabi
Lenkung	Zahnstangen, servounterstütz
Bremsen	Scheiben, innenbel. vorn
Abmessungen (L x B x H mm)	4.410 x 1.690 x 1.320
Radstand (mm)	2.525
Spur vorn/hinten (mm)	1.465 / 1.430
Felgen	6 J x 14
Reifen	195 / 60–14
Leergewicht (kg)	1.220
Zul. Gesamtgewicht	1.620
Höchstgeschwindigkeit (km/h)	200
Beschleunigung 0–100 km/h (sec)	9,0
Verbrauch (Liter/100 km)	8,1 S
Tankinhalt (Liter)	60
Kofferraumvolumen (Liter)	395

Celica 2,0 GTi	
Typ /Baujahr	Celica 2,0 GTi / 1989
Zylinder / Bauart	4, Reihe
Bohrung x Hub (mm)	86 x 86
Hubraum cm³	1.998
Leistung (kW/PS/min)	115 (156) bei 6.600
Max. Drehmoment (Nm/min)	186 / 4.800
Verdichtung	10,0
Gemischaufbereitung	EFI-L-Jetronic, G-Kat
Ventile / Steuerung	4 / dohc
Batterie	12 V 60 Ah
Antrieb	Vorderräder
Getriebe	5–Gang
Übersetzungen	3,285 / 2,041 / 1,322 / 0,945 / 0,731 / R 3,153
Radaufhängung vorn	McPherson-Federbeine, Querlenker, Stabilisator
Radaufhängung hinten	McPherson-Federbeine, Doppelquerlenker, Längszugstrebe, Stabilisator
Lenkung	Zahnstangen, servounterstütz
Bremsen	Scheiben, innenbelüftet vorn
Abmessungen (L x B x H mm)	4.430 x 1.705 x 1.300
Radstand (mm)	2.525
Spur vorn/hinten (mm)	1.465 / 1.430
Felgen	6 JJ x 14
Reifen	205 / 60 VR 14
Leergewicht (kg)	1.200
Zul. Gesamtgewicht	1.695
Höchstgeschwindigkeit (km/h)	220
Beschleunigung 0–100 km/h (sec)	8,4
Verbrauch (Liter/100 km)	7,8 S
Tankinhalt (Liter)	60
Kofferraumvolumen (Liter)	319

Celica Turbo 4WD	
Typ /Baujahr	Celica Turbo 4WD / 1989
Zylinder / Bauart	4, Reihe
Bohrung x Hub (mm)	86 x 86
Hubraum cm³	1.998
Leistung (kW/PS/min)	150 (204) bei 6.000
Max. Drehmoment (Nm/min)	275 / 3.200
Verdichtung	8,8
Gemischaufbereitung	EFI-L-Jetronic, Turbolader, Ladeluftkühlung, G-Kat
Ventile / Steuerung	4 / ohc
Antrieb	Allrad permanent, Zwischendiff., Visco-Kupplung, Torsen-Sperre an Hinterachse
Getriebe	5–Gang
Übersetzungen	3,583 / 1,904 / 1,310 / 0,969 / 0,816 / R 3,250
Radaufhängung vorn	McPherson-Federbeine, Doppelquerlenker, Längszugstrebe, Stabilisator
Radaufhängung hinten	McPherson-F., Längsl., Torsions- / Panhardstab, Stabi.
Lenkung	Zahnstangen, servounterstützt
Bremsen	Scheiben, innenbel. v., ABS
Abmessungen (L x B x H mm)	4.440 x 1.745 x 1.300
Radstand (mm)	2.525
Spur vorn/hinten (mm)	1.475 / 1.440
Felgen	6,5 JJ x 15
Reifen	215 / 50 VR 15
Leergewicht (kg)	1.890
Zul. Gesamtgewicht (kg)	1.225
Höchstgeschwindigkeit (km/h)	230
Beschleunigung 0–100 km/h (sec)	6,9
Verbrauch (Liter/100 km)	9,3 S
Tankinhalt (Liter)	68
Kofferraumvolumen (Liter)	217

Celica 1,6 STi	
Typ /Baujahr	Celica 1,6 STi / 1994
Zylinder / Bauart	4, Reihe
Bohrung x Hub (mm)	81 x 85,5
Hubraum cm³	1.762
Leistung (kW/PS/min)	85 (115) bei 5.800
Max. Drehmoment (Nm/min)	154 / 4.400
Verdichtung	9,5
Gemischaufbereitung	TCCS-Multipoint, G-Kat
Ventile / Steuerung	4 / dohc
Batterie	12 V 48 Ah
Antrieb	Vorderräder
Getriebe	5–Gang
Übersetzungen	3,166 / 1,904 / 1,310 / 0,969 / 0,815 / R 3,250
Radaufhängung vorn	McPherson-Federbeine, Querlenker, Stabilisator
Radaufhängung hinten	McPherson-Federbeine, Doppelquerlenker, Längszugstrebe, Stabilisator
Lenkung	Zahnstangen, servounterstütz
Bremsen	Scheiben, innenbelüftet vorn, ABS
Abmessungen (L x B x H mm)	4.425 x 1.750 x 1.305
Radstand (mm)	2.540
Spur vorn/hinten (mm)	1.510 / 1.490
Felgen	6 JJ x 14
Reifen	195 / 65 R 14 H
Leergewicht (kg)	1.110
Zul. Gesamtgewicht	1.510
Höchstgeschwindigkeit (km/h)	200
Beschleunigung 0–100 km/h (sec)	10,2
Verbrauch (Liter/100 km)	7,5 S
Tankinhalt (Liter)	60
Kofferraumvolumen (Liter)	283

Celica GT-Four	
Typ /Baujahr	Celica GT-Four / 1994
Zylinder / Bauart	4, Reihe
Bohrung x Hub (mm)	86 x 86
Hubraum cm³	1.998
Leistung (kW/PS/min)	178 (242) bei 6.000
Max. Drehmoment (Nm/min)	302 / 4.000
Verdichtung	8,5
Gemischaufbereitung	EFI-L-Jetronic, Turbolader, Ladeluftkühlung, G-Kat
Ventile / Steuerung	4 / dohc
Batterie	12 V 48 Ah
Antrieb	Allrad permanent, Zwischendifferenzial, Visco-Kupplung, Torsen-Sperre an der Hinterachse
Getriebe	5–Gang
Übersetzungen	3,384 / 1,913 / 1,258 / 1,918 / 0,731 / R 3,545
Radaufhängung vorn	McPherson-Federbeine, Querl., Stabi.
Radaufhängung hinten	McPherson-Federbeine, Doppelquerlenker, Längszugstrebe, Stabilisator
Lenkung	Zahnstangen, servounterstützt
Bremsen	Scheiben, innenbelüftet vorn, ABS
Abmessungen (L x B x H mm)	4.420 x 1.750 x 1.305
Radstand (mm)	2.540
Spur vorn/hinten (mm)	1.510 / 1.490
Felgen	7,5 JJ x 16
Reifen	215 / 50 R 16 W
Leergewicht (kg)	1.390
Zul. Gesamtgewicht	1.785
Höchstgeschwindigkeit (km/h)	240
Beschleunigung 0–100 km/h (sec)	6,1
Verbrauch (Liter/100 km)	9,5 S
Tankinhalt (Liter)	68
Kofferraumvolumen (Liter)	283

Celica 1,8	
Typ /Baujahr	Celica 1,8 / 1999
Zylinder / Bauart	4, Reihe
Bohrung x Hub (mm)	79 x 91,5
Hubraum cm³	1.794
Leistung (kW/PS/min)	105 (143) bei 4.200
Max. Drehmoment (Nm/min)	170 / 4.200
Verdichtung	10,0
Gemischaufbereitung	EFI, Multipoint
Ventile / Steuerung	4 / dohc, VVT-i
Batterie	12 V 48 Ah
Antrieb	Vorderräder
Getriebe	6–Gang
Übersetzungen	3,166 / 1,904 / 1,310 / 1,031 / 0,864 / 0,725 / R 3,250
Radaufhängung vorn	McPherson-Federbeine, Querlenker, Stabilisator
Radaufhängung hinten	McPherson-Federbeine, Doppelquerlenker, Stabilisator
Lenkung	Zahnstangen, servounterstützt
Bremsen	Scheiben, innenbelüftet vorn, ABS
Abmessungen (L x B x H mm)	4.335 x 1.735 x 1.315
Radstand (mm)	2.600
Spur vorn/hinten (mm)	1.490 / 1.480
Felgen	6,5 JJ x 15
Reifen	195 / 60 R 15
Leergewicht (kg)	1.175–1.260
Zul. Gesamtgewicht	1.565
Höchstgeschwindigkeit (km/h)	205
Beschleunigung 0–100 km/h (sec)	8,7
Verbrauch (Liter/100 km)	7,7 S
Tankinhalt (Liter)	55
Kofferraumvolumen (Liter)	365

Celica 1,8 TS	
Typ /Baujahr	Celica 1,8 TS / 2000
Zylinder / Bauart	4, Reihe
Bohrung x Hub (mm)	82 x 85
Hubraum cm^3	1.796
Leistung (kW/PS/min)	141 (192) bei 7.800
Max. Drehmoment (Nm/min)	180 / 6.800
Verdichtung	11,5
Gemischaufbereitung	EFI, Multipoint
Ventile / Steuerung	4 / dohc, VVTL-i
Batterie	12 V 50 Ah
Antrieb	Vorderräder
Getriebe	6–Gang
Übersetzungen	3,166 / 2,050 / 1,481 / 1,166 / 0,916 / 0,725 R 3,250
Radaufhängung vorn	McPherson-Federbeine, Querlenker, Stabilisator
Radaufhängung hinten	McPherson-Federbeine, Doppelquerlenker, Stabilisator Panhardstab, Stabilisator
Lenkung	Zahnstangen, servounterstützt
Bremsen	Scheiben, innenbelüftet vorn, ABS, EBD
Abmessungen (L x B x H mm)	4.335 x 1.735 x 1.315
Radstand (mm)	2.600
Spur vorn/hinten (mm)	1.490 / 1.480
Felgen	6,5 JJ x 16
Reifen	205 / 50 R 16
Leergewicht (kg)	1.215–1.290
Zul. Gesamtgewicht (kg)	1.565
Höchstgeschwindigkeit (km/h)	225
Beschleunigung 0–100 km/h (sec)	7,4
Verbrauch (Liter/100 km)	8,4 S
Tankinhalt (Liter)	55
Kofferraumvolumen (Liter)	365

GT86	
Typ /Baujahr	GT86 / 2012
Zylinder / Bauart	4, Boxer
Bohrung x Hub (mm)	86 x 86
Hubraum cm^3	1.998
Leistung (kW/PS/min)	147 (200) bei 7.000
Max. Drehmoment (Nm/min)	205 / 6.600
Verdichtung	12,5
Gemischaufbereitung	D4–S
Ventile / Steuerung	4 / dohc, VVT-i
Batterie	12 V 48 Ah
Antrieb	Hinterräder
Getriebe	6–Gang
Übersetzungen	3,626 / 2,188 / 1,541 / 1,213 / 1,000 / 0,767 / R 3,437
Radaufhängung vorn	McPherson-Federbeine
Radaufhängung hinten	Doppelquerlenker
Lenkung	Zahnstangen,elektrisch servounterstützt
Bremsen / Fahrdynamikregelsysteme	Scheiben, innenbelüftet ABS, EBD, BA, TRC, VSC+
Abmessungen (L x B x H mm)	4.240 x 1.775 x 1.285
Radstand (mm)	2.570
Spur vorn/hinten (mm)	1.520 / 1.540
Felgen	6,5 J x 16
Reifen	205 / 55 R 16
Leergewicht (kg)	1.239
Zul. Gesamtgewicht (kg)	1.670
Höchstgeschwindigkeit (km/h)	226
Beschleunigung 0–100 km/h (sec)	7,6
Verbrauch (Liter/100 km)	7,8 S
Tankinhalt (Liter)	50
Kofferraumvolumen (Liter)	243

Celica Supra 2,8i	
Typ /Baujahr	Celica Supra 2,8i / 1982
Zylinder / Bauart	6, Reihe
Bohrung x Hub (mm)	83 x 85
Hubraum cm^3	2.759
Leistung (kW/PS/min)	125 (170) bei 5.600
Max. Drehmoment (Nm/min)	230 / 4.600
Verdichtung	9,2
Gemischaufbereitung	EFI
Ventile / Steuerung	4 / dohc
Batterie	12 V 60 Ah
Antrieb	Hinterräder
Getriebe	5–Gang
Übersetzungen	3,286 / 1,849 / 1,276 / 1,000 / 0,861 / R 3,769
Radaufhängung vorn	McPherson-Federbeine, Doppelquerlenker, Stabilisator
Radaufhängung hinten	Schräglenker, Schraubenfedern, Stabilisator, Gasdruck-Stoßdämpfer
Lenkung	Zahnstangen, servounterstützt
Bremsen	Scheiben, innenbelüftet
Abmessungen (L x B x H mm)	4.620 x 1.685 x 1.315
Radstand (mm)	2.615
Spur vorn/hinten (mm)	1.425 / 1.385
Felgen	5,5 J x 14
Reifen	195 / 70 VR 14
Leergewicht (kg)	1.280
Zul. Gesamtgewicht	1.700
Höchstgeschwindigkeit (km/h)	210
Beschleunigung 0–100 km/h (sec)	9,3
Verbrauch (Liter/100 km)	14,4 S
Tankinhalt (Liter)	61
Kofferraumvolumen (Liter)	k.A.

Supra 3,0i	
Typ /Baujahr	Supra 3,0i / 1986
Zylinder / Bauart	6, Reihe
Bohrung x Hub (mm)	83 x 91
Hubraum cm³	2.954
Leistung (kW/PS/min)	150 (204) bei 6.000
Max. Drehmoment (Nm/min)	254 / 4.800
Verdichtung	9,2
Gemischaufbereitung	TCCS-EFI
Ventile / Steuerung	4 / dohc
Batterie	12 V 70 Ah
Antrieb	Hinterräder
Getriebe	5–Gang
Übersetzungen	3,285 / 1,894 / 1,275 / 1,000 / 0,783 / R 3,768
Radaufhängung vorn	McPherson-Federbeine, Doppelquerlenker, Stabilisator
Radaufhängung hinten	McPherson-Federbeine, Dreiecks- / Querlenker, Zugstreben, Stabilisator
Lenkung	Zahnstangen,servounterstützt
Bremsen	Scheiben, innenbelüftet
Abmessungen (L x B x H mm)	4.630 x 1.745 x 1.310
Radstand (mm)	2.595
Spur vorn/hinten (mm)	1.485 / 1.480
Felgen	7 J x 16
Reifen	225 / 50 VR 16
Leergewicht (kg)	1.590
Zul. Gesamtgewicht	2.070
Höchstgeschwindigkeit (km/h)	220
Beschleunigung 0–100 km/h (sec)	8,2
Verbrauch (Liter/100 km)	10,1 S
Tankinhalt (Liter)	70
Kofferraumvolumen (Liter)	288

Supra 3,0 Turbo	
Typ /Baujahr	Supra 3,0 Turbo / 1987
Zylinder / Bauart	6, Reihe
Bohrung x Hub (mm)	83 x 91
Hubraum cm³	2.954
Leistung (kW/PS/min)	173 (235) bei 5.600
Max. Drehmoment (Nm/min)	344 / 3.200
Verdichtung	8,4
Gemischaufbereitung	TCCS-EFI, Turbolader, Ladeluftkühlung, G-Kat
Ventile / Steuerung	4 / dohc
Batterie	12 V 70 Ah
Antrieb	Hinterräder
Getriebe	5–Gang
Übersetzungen	3,251 / 1,955 / 1,310 / 1,000 / 0,753 / R 3,180
Radaufhängung vorn	McPherson-Federbeine, Doppelquerlenker, Stabilisator
Radaufhängung hinten	McPherson-Federbeine, Dreiecks- / Querlenker, Zugstreben, Stabilisator
Lenkung	Zahnstangen, servounterstützt
Bremsen	Scheiben, innenbelüftet, ABS
Abmessungen (L x B x H mm)	4.630 x 1.745 x 1.310
Radstand (mm)	2.595
Spur vorn/hinten (mm)	1.485 / 1.480
Felgen	7 JJ x 16
Reifen	225 / 50 VR 16
Leergewicht (kg)	1.540
Zul. Gesamtgewicht (kg)	2.070
Höchstgeschwindigkeit (km/h)	245
Beschleunigung 0–100 km/h (sec)	6,3
Verbrauch (Liter/100 km)	11,3 S
Tankinhalt (Liter)	70
Kofferraumvolumen (Liter)	232

Supra	
Typ /Baujahr	Supra / 1993
Zylinder / Bauart	6, Reihe
Bohrung x Hub (mm)	86 x 86
Hubraum cm³	2.997
Leistung (kW/PS/min)	243 (330) bei 5.600
Max. Drehmoment (Nm/min)	441 / 4.800
Verdichtung	8,5
Gemischaufbereitung	TCCS-L-EFI, Bi-Turbo, Ladeluftkühlung, G-Kat
Ventile / Steuerung	4 / dohc
Batterie	12 V 55 Ah
Antrieb	Hinterräder
Getriebe	6–Gang
Übersetzungen	3,827 / 2,360 / 1,685 / 1,312 / 1,000 / 0,793 / R 3,280
Radaufhängung vorn	McPherson-Federbeine, Doppeldreiecksquerlenker, Stabilisator
Radaufhängung hinten	McPherson-Federbeine, Dreiecks- / Querlenker, Stabilisator
Lenkung	Zahnstangen,servounterstützt
Bremsen	Scheiben, innenbelüftet, ABS
Abmessungen (L x B x H mm)	4.520 x 1.810 x 1.275
Radstand (mm)	2.550
Spur vorn/hinten (mm)	1.520 / 1.525
Felgen	8 JJ x 17 vorn, 9,5 JJ x 17 hinten
Reifen	235 / 45 ZR 17 vorn, 255 / 40 ZR 17 hinten
Leergewicht (kg)	1.705–1.715
Zul. Gesamtgewicht	2.960
Höchstgeschwindigkeit (km/h)	250 (elektr. begrenzt)
Beschleunigung 0–100 km/h (sec)	5,1
Verbrauch (Liter/100 km)	11,5 S
Tankinhalt (Liter)	80
Kofferraumvolumen (Liter)	185

VANS

Yaris Verso 1,3

Typ /Baujahr	Yaris Verso 1,3 / 1999
Zylinder / Bauart	4, Reihe
Bohrung x Hub (mm)	75 x 73,5
Hubraum cm³	1.299
Leistung (kW/PS/min)	63 (86) bei 6.000
Max. Drehmoment (Nm/min)	124 / 4.400
Verdichtung	10,5
Gemischaufbereitung	EFI
Ventile / Steuerung	4, dohc VVT-i
Batterie	12 V 36 Ah
Antrieb	Vorderräder
Getriebe	5–Gang
Übersetzungen	3,545 / 1,904 / 1,310 / 1,031 / 0,864 / R 3,250
Radaufhängung vorn	McPherson-Federbeine, Stabilisator
Radaufhängung hinten	Torsionslenkerachse, Stabilisator
Lenkung	Zahnstangen
Bremsen	Scheiben, innenbelüftet vorn, ABS, EBD
Abmessungen (L x B x H mm)	3.860 x 1.690 x 1.680
Radstand (mm)	2.500
Spur vorn/hinten (mm)	1.440 / 1.420
Felgen	5,5 J x 14
Reifen	175 / 65 R 14
Leergewicht (kg)	1.055–1.150
Zul. Gesamtgewicht	1.500
Höchstgeschwindigkeit (km/h)	165
Beschleunigung 0–100 km/h (sec)	12,5
Verbrauch (Liter/100 km)	6,4 S
Tankinhalt (Liter)	45
Kofferraumvolumen (Liter)	390–1.930

Verso-S

Typ /Baujahr	Verso-S Life 1,4 D-4D/ 2011
Zylinder / Bauart	4, Reihe
Bohrung x Hub (mm)	73 x 81,5
Hubraum cm³	1.364
Leistung (kW/PS/min)	66 (90) bei 3.800
Max. Drehmoment (Nm/min)	205 / 1.800
Verdichtung	16,5
Gemischaufbereitung	Common-Rail, Turbodiesel
Ventile / Steuerung	4, ohc
Batterie	12 V 65 Ah
Antrieb	Vorderräder
Getriebe	6–Gang
Übersetzungen	3,538 / 1,913 / 1,310 / 0,971 / 0,714 / 0,619 / R 3,333
Radaufhängung vorn	McPherson-Federbeinachse
Radaufhängung hinten	Verbundlenker
Lenkung	Zahnstange, elektrisch servounterstützt
Bremsen / Fahrdynamikregelsysteme	Scheiben, innenbelüftet vorn, ABS, EBD, VSC, TRC+
Abmessungen (L x B x H mm)	3.990 x 1.695 x 1.595
Radstand (mm)	2.550
Spur vorn/hinten (mm)	1.470 / 1.460
Felgen	5,5 J x 15
Reifen	185/65 R 15
Leergewicht (kg)	1.210–1.275
Zul. Gesamtgewicht	1.600
Höchstgeschwindigkeit (km/h)	175
Beschleunigung 0–100 km/h (sec)	12,1
Verbrauch (Liter/100 km)	4,3 D
Tankinhalt (Liter)	42
Kofferraumvolumen (Liter)	430–1.388

Urban Cruiser

Typ /Baujahr	Urban Cruiser 1,33 / 2009
Zylinder / Bauart	4, Reihe
Bohrung x Hub (mm)	72,5 x 80,5
Hubraum cm³	1.329
Leistung (kW/PS/min)	73 (99) bei 6.000
Max. Drehmoment (Nm/min)	128 / 3.800
Verdichtung	11,5
Gemischaufbereitung	L-Jetronic
Ventile / Steuerung	4, dohc VVT-i
Batterie	12 V 60 Ah
Antrieb	Vorderräder
Getriebe	6–Gang
Übersetzungen	3,538 / 1,913 / 1,310 / 1,029 / 0,875 / 0,743/ R 3,333
Radaufhängung vorn	McPherson-Federbeinachse, Stabilisator
Radaufhängung hinten	Verbundlenker
Lenkung	Zahnstange, elektrisch servounterstützt
Bremsen / Fahrdynamikregelsysteme	Scheiben, innenbelüftet vorn, ABS, EBD, VSC, TRC+
Abmessungen (L x B x H mm)	3.930 x 1.725 x 1.540
Radstand (mm)	2.460
Spur vorn/hinten (mm)	1.725 / 1.725
Felgen	6 J x 16
Reifen	195/60 R 16
Leergewicht (kg)	1.195–1.230
Zul. Gesamtgewicht	1.590
Höchstgeschwindigkeit (km/h)	175
Beschleunigung 0–100 km/h (sec)	12,5
Verbrauch (Liter/100 km)	4,9 S
Tankinhalt (Liter)	42
Kofferraumvolumen (Liter)	314–388

Corolla Verso	
Typ /Baujahr	Corolla Verso 2,0 D-4D / 2004
Zylinder / Bauart	4, Reihe
Bohrung x Hub (mm)	82,2 x 94
Hubraum cm³	1.995
Leistung (kW/PS/min)	85 (116) bei 3.600
Max. Drehmoment (Nm/min)	280 / 2.200
Verdichtung	17,8
Gemischaufbereitung	Common-Rail, Turbolader, Ladeluftkühler, Abgasrückführung EGR
Ventile / Steuerung	4 / dohc
Batterie	12 V 70
Antrieb	Vorderräder
Getriebe	5–Gang
Übersetzungen	3,833 / 1,913 / 1,258 / 0,918 / 0,731 / R 3,583
Radaufhängung vorn	McPherson-Federbeinachse
Radaufhängung hinten	Torsionslenkerachse
Lenkung	Zahnstangen, servounterstützt
Bremsen / Fahrdynamikregelsysteme	Scheiben, innenbelüftet vorn, ABS, EBD, VSC, TRC
Abmessungen (L x B x H mm)	4.360 x 1.770 x 1.620
Radstand (mm)	2.750
Spur vorn/hinten (mm)	1.505 / 1.495
Felgen	6,5 J x 16
Reifen	205 / 55 R 16
Leergewicht (kg)	1.550–1.615
Zul. Gesamtgewicht (kg)	2.140
Höchstgeschwindigkeit (km/h)	180
Beschleunigung 0–100 km/h (sec)	12,6
Verbrauch (Liter/100 km)	6,2 D
Tankinhalt (Liter)	55
Kofferraumvolumen (Liter)	423–1.563

Verso 2,2	
Typ /Baujahr	Verso 2,2 D-CAT Executive / 2010
Zylinder / Bauart	4, Reihe
Bohrung x Hub (mm)	86 x 96
Hubraum cm³	2.231
Leistung (kW/PS/min)	130 (177) bei 3.600
Max. Drehmoment (Nm/min)	400 / 2.000
Verdichtung	15,7
Gemischaufbereitung	Common-Rail, Turbolader
Ventile / Steuerung	4 / dohc,
Batterie	12 V 84 Ah
Antrieb	Vorderräder
Getriebe	6–Gang
Übersetzungen	3,3 / 1,9 / 1,42 / 1,0 / 0,713 / 0,608 / R 4,148
Radaufhängung vorn	McPherson-Federbeinachse
Radaufhängung hinten	Torsionslenker
Lenkung	Zahnstangen, elektrisch servounterstützt
Bremsen / Fahrdynamikregelsysteme	Scheiben, innenbelüftet vorn, ABS, EBD, BA, VSC+, TRC
Abmessungen (L x B x H mm)	4.440 x 1.790 x 1.620
Radstand (mm)	2.780
Spur vorn/hinten (mm)	1.540 / 1.540
Felgen	7 J x 17
Reifen	215/55 R 17
Leergewicht (kg)	1.630–1.710
Zul. Gesamtgewicht	2.260
Höchstgeschwindigkeit (km/h)	210
Beschleunigung 0–100 km/h (sec)	8,7
Verbrauch (Liter/100 km)	6,0 D
Tankinhalt (Liter)	55
Kofferraumvolumen (Liter)	178–699

Toyota Prius+	
Typ /Baujahr	Toyota Prius+ Life / 2012
Antriebssystem	Hybrid
Zylinder / Bauart	4, Reihe
Bohrung x Hub (mm)	80,5 x 88,3
Hubraum cm³	1.798
Leistung (kW/PS)	73 (99) / 5.000
Max. Drehmoment (Nm)	142/4.000
Verdichtung	13,4
Gemischaufbereitung	L-Jetronic
Ventile / Steuerung	4 / dohc, VVT-i
Batterie	12 V / 45 Ah
Elektromotor	Permanenterregter Synchronmotor
Systemleistung (kW/PS)	100/136
Batterie	Lithium-Ionen
Antrieb	Vorderräder
Getriebe	E-CVT
Radaufhängung vorn	McPherson-Federbeinachse
Radaufhängung hinten	Torsionslenker
Lenkung	Zahnstangen, elektrisch unterstützt
Bremsen / Fahrdynamikregelsysteme	Regenerativ zur Energierückgewinnung. Scheiben, innenbel. v., ABS, EBD, VSC, TRC+
Abmessungen (L x B x H mm)	4.615 x 1.775 x 1.575
Radstand (mm)	2.780
Spur vorn/hinten (mm)	1540 / 1545
Felgen	7J x 17
Reifen	215/45 R 17
Leergewicht (kg)	1.495–1.565
Zul. Gesamtgewicht	1.805
Höchstgeschwindigkeit km/h	165
Beschleunigung 0–100 km/h (sec)	11,3
Verbrauch (Liter/100 km)	4,1 S
Tankinhalt (Liter)	45
Kofferraumvolumen	232–1.750

Picnic TD 6/7–Sitzer	
Typ /Baujahr	Picnic TD 6 / 7–Sitzer / 1998
Zylinder / Bauart	4, Reihe
Bohrung x Hub (mm)	86 x 94
Hubraum cm³	2.184
Leistung (kW/PS/min)	66 (90) bei 4.000
Max. Drehmoment (Nm/min)	205 / 2.200
Verdichtung	22,6
Gemischaufbereitung	Verteiler-Einspritzpumpe, Abgas-Tubolader
Ventile / Steuerung	4 / ohc
Batterie	12 V 55 Ah
Antrieb	Vorderräder
Getriebe	5–Gang
Übersetzungen	3,538 / 2,041 / 1,322 / 1,028 / 0,820 / R 3,153
Radaufhängung vorn	McPherson, Querlenker, Stabilisator
Radaufhängung hinten	Schraubenfedern, Verbundlenker, Längszugstrebe
Lenkung	Zahnstangen, servounterstützt
Bremsen	Scheiben, innenbelüftet vorn, Trommeln hinten, ABS
Abmessungen (L x B x H mm)	4.530 x 1.695 x 1.620
Radstand (mm)	2.735
Spur vorn/hinten (mm)	1.470 / 1.450
Felgen	6 JJ x 14
Reifen	195 / 65 R 14
Leergewicht (kg)	1.455–1.540
Zul. Gesamtgewicht (kg)	2.010
Höchstgeschwindigkeit (km/h)	165
Beschleunigung 0–100 km/h (sec)	13,9
Verbrauch (Liter/100 km)	7,8 D
Tankinhalt (Liter)	60
Kofferraumvolumen (Liter)	182–1.841

Avensis Verso 2,0	
Typ /Baujahr	Avensis Verso 2,0 / 2001
Zylinder / Bauart	4, Reihe
Bohrung x Hub (mm)	86 x 86
Hubraum cm³	1.998
Leistung (kW/PS/min)	110 (150) bei 6.000
Max. Drehmoment (Nm/min)	192 / 4.000
Verdichtung	9,8
Gemischaufbereitung	EFI
Ventile / Steuerung	4 / dohc, VVT-i
Batterie	12 V 60 Ah
Antrieb	Vorderräder
Getriebe	5–Gang
Übersetzungen	3,833 / 2,045 / 1,333 / 1,028 / 0,775 / R 3,583
Radaufhängung vorn	McPherson-Federbeine, Querlenker, Stabilisator
Radaufhängung hinten	Verbundlenkerachse, Stabilisator
Lenkung	Zahnstangen, servounterstützt
Bremsen	Scheiben, innenbelüftet vorn, ABS, EBD, BA
Abmessungen (L x B x H mm)	4.650 x 1.760 x 1.725
Radstand (mm)	2.825
Spur vorn/hinten (mm)	1.505 / 1.500
Felgen	6,5 J x 15
Reifen	205 / 65 R 15
Leergewicht (kg)	1.495–1.610
Zul. Gesamtgewicht	2.140
Höchstgeschwindigkeit (km/h)	192
Beschleunigung 0–100 km/h (sec)	11,4
Verbrauch (Liter/100 km)	8,6 S
Tankinhalt (Liter)	60
Kofferraumvolumen (Liter)	282–2.422

Model F 1.8 (2.0) DX	
Typ /Baujahr	Model F 1.8 (2.0) DX / 1983 (1984)
Zylinder / Bauart	4, Reihe
Bohrung x Hub (mm)	86 x 78 (86 x 86)
Hubraum cm³	1.812 (1.998)
Leistung (kW/PS/min)	57,5 (78) bei 4.800 / min; (65 (88) bei 4.600)
Max. Drehmoment (Nm/min)	140 / 3.400; (162 / 2.600)
Verdichtung	8,8
Gemischaufbereitung	Fallstrom-Registervergaser
Ventile / Steuerung	2 / ohv
Batterie	12 V 50 Ah
Antrieb	Hinterräder
Getriebe	5–Gang
Übersetzungen	3,704 / 2,020 / 1,369 7 1.000 / 0,802 / R 4,473
Radaufhängung vorn	Dreiecksquerl., Drehstabf., Zugstrebe, Stabi., Stoßdämpfer
Radaufhängung hinten	Starrachse, Schraubenf., Stabi., Panhardstab, Stoßdämpfer
Lenkung	Kugelumlauf
Bremsen	Scheiben, innenbel. v., Trommel hi.
Abmessungen (L x B x H mm)	4.285 x 1.670 x 1.815
Radstand (mm)	2.235
Spur vorn/hinten (mm)	1.425 / 1.380
Felgen	5,5 J x 14
Reifen	175 SR 14
Leergewicht (kg)	1.300
Zul. Gesamtgewicht	2.030
Höchstgeschwindigkeit (km/h)	140
Beschleunigung 0–100 km/h (sec)	20,5 (18,5)
Verbrauch (Liter/100 km)	10,3 N (10,8)
Tankinhalt (Liter)	55
Kofferraumvolumen (Liter)	k.A.

Previa 2,4	
Typ /Baujahr	Previa 2,4 / 1990
Zylinder / Bauart	4, Reihe, Unterflur
Bohrung x Hub (mm)	95 x 86
Hubraum cm³	2.438
Leistung (kW/PS/min)	97 (132) bei 5.000
Max. Drehmoment (Nm/min)	204 / 4.000
Verdichtung	9,3
Gemischaufbereitung	Einspritzung L-EFI
Ventile / Steuerung	4 / dohc
Batterie	12 V 65 Ah
Antrieb	Hinterräder
Getriebe	5–Gang (4–Gang-Automatik)
Übersetzungen	3,704 / 2,020 / 1,368 / 1,000 / 0,854 / R 4,472 (2,452 7 1,452 / 1,000 7 0,730 / R 2,212)
Radaufhängung vorn	McPherson-Federbeine, untere Querlenker, Stabilisator
Radaufhängung hinten	Doppelquerlenker, Schraubenfedern
Lenkung	Zahnstange, servounterstützt
Bremsen	Scheiben, innenbelüftet, a.W. ABS
Abmessungen (L x B x H mm)	4.765 x 1,800 x 1,845
Radstand (mm)	2.860
Spur vorn/hinten (mm)	1.560 / 1.550
Felgen	6 JJ x 15
Reifen	215 / 65 R 15
Leergewicht (kg)	1.670–1.810
Zul. Gesamtgewicht	2.450
Höchstgeschwindigkeit (km/h)	175
Beschleunigung 0–100 km/h (sec)	11,5
Verbrauch (Liter/100 km)	10,3 S
Tankinhalt (Liter)	75
Kofferraumvolumen (Liter)	670

GELÄNDEWAGEN UND SUVS

Previa 2,4

Typ /Baujahr	Previa 2,4 / 2000
Zylinder / Bauart	4, Reihe, Unterflur
Bohrung x Hub (mm)	96 x 88,5
Hubraum cm³	2.362
Leistung (kW/PS/min)	115 (156) bei 5.600
Max. Drehmoment (Nm/min)	225 / 4.000
Verdichtung	9,6
Gemischaufbereitung	EFI
Ventile / Steuerung	4 / dohc, WT-i
Batterie	12 V 60 Ah
Antrieb	Vorderräder
Getriebe	5–Gang (4–Gang-Automatik)
Übersetzungen	3,833 / 2,045 / 1,333 / 1,028 / 0,820 / R 3,583 (3,943 / 2,197 7 1,413 / 1,020 / R 3,145)
Radaufhängung vorn	McPherson-Federbeine, untere Querlenker, Stabilisator
Radaufhängung hinten	Torsionslenkerachse, Schraubenfedern, Stabilisator
Lenkung	Zahnstange, Servo
Bremsen	Scheiben, innenbelüftet, ABS, EBD
Abmessungen (L x B x H mm)	4.750 x 1.790 x 1.820
Radstand (mm)	2.900
Spur vorn/hinten (mm)	1.545 / 1.530
Felgen	6,5 JJ x 15 (6,5 JJ x 16 LM-Rad)
Reifen	205 / 65 R 15 (215 / 60 R 16 LM)
Leergewicht (kg)	1.630–1.810
Zul. Gesamtgewicht (kg)	2.240–2.400
Höchstgeschwindigkeit (km/h)	185 (180 Automatik)
Beschleunigung 0–100 km/h (sec)	10,9 (11,2 Automatik)
Verbrauch (Liter/100 km)	9,5 (10,8 Automatik) S
Tankinhalt (Liter)	75
Kofferraumvolumen (Liter)	495

LandCruiser J4 Benzin

Typ /Baujahr	J4 Vinyl Top / 1977
Zylinder / Bauart	6, Reihe
Bohrung x Hub (mm)	94 x 101,6
Hubraum cm³	4.230
Leistung (kW/PS/min)	99 (135) bei 3.600 / min
Max. Drehmoment (Nm/min)	296 / 1.800
Verdichtung	7,8
Gemischaufbereitung	Fallstrom-Registervergaser
Ventile / Steuerung	2, ohv
Batterie	12 V 70 Ah
Antrieb	Hinterr., Vorderräder zuschaltbar, Zwischengetr., Differenzial
Getriebe	4–Gang
Übersetzungen	4,925 / 2,643 / 1,519 / 1,000 / R 4,925
Radaufhängung vorn	Starrachse, Blattfedern, Stoßdämpfer
Radaufhängung hinten	Starrachse, Blattfedern, Stoßdämpfer
Lenkung	Kugelumlauf
Bremsen	Trommeln / Trommeln
Abmessungen (L x B x H mm)	3.870 x 1.665 x 1.950
Radstand (mm)	2.285
Spur vorn/hinten (mm)	1.404 / 1.400
Felgen	5,5 F x 16
Reifen	7,50–16 / 6 / 205 SR 16
Leergewicht (kg)	1.650
Zul. Gesamtgewicht	2.265
Höchstgeschwindigkeit (km/h)	140
Beschleunigung 0–100 km/h (sec)	k.A.
Verbrauch (Liter/100 km)	12,5–20 N
Tankinhalt (Liter)	62
Kofferraumvolumen (Liter)	k.A.

LandCruiser J4 Diesel

Typ /Baujahr	LandCruiser J4 Hard Top Diesel / 1981
Zylinder / Bauart	4, Reihe
Bohrung x Hub (mm)	102 x 105
Hubraum cm³	3.431
Leistung (kW/PS/min)	66 (90) bei 3.500 / min
Max. Drehmoment (Nm/min)	216 / 2.200
Verdichtung	20,0
Gemischaufbereitung	Reihen-Einspritzpumpe
Ventile / Steuerung	2, ohv
Batterie	2 x 12 V 70 Ah
Antrieb	Hinterräder, Vorderräder zuschaltbar, Zwischengetriebe, Differenzial
Getriebe	4 Gang
Übersetzungen	4,843 / 2,619 / 1,519 / 1,000 / R 4,843
Radaufhängung vorn	Starrachse, Blattf., Stoßd., Torsionsstr.
Radaufhängung hinten	Starrachse, Blattfedern, Stoßdämpfer, Torsionsstrebe
Lenkung	Kugelumlauf
Bremsen	Scheiben vorn, Trommel hinten
Abmessungen (L x B x H mm)	3.975 x 1.665 x 1.950
Radstand (mm)	2.285
Spur vorn/hinten (mm)	1.415 / 1.400
Felgen	5,5 F x 16
Reifen	205 SR 16
Leergewicht (kg)	1.735
Zul. Gesamtgewicht	2.340
Höchstgeschwindigkeit (km/h)	115
Beschleunigung 0–100 km/h (sec)	k.A.
Verbrauch (Liter/100 km)	13,5 D
Tankinhalt (Liter)	85
Kofferraumvolumen (Liter)	k.A.

LandCruiser J7 Benzin

Typ /Baujahr	LandCruiser J7; Hard Top / 1985
Zylinder / Bauart	4, Reihe
Bohrung x Hub (mm)	92 x 89
Hubraum cm³	2.366
Leistung (kW/PS/min)	77 (105) bei 4.800 / min
Max. Drehmoment (Nm/min)	184 / 3.200 / min
Verdichtung	9,0
Gemischaufbereitung	Fallstrom-Registervergaser
Ventile / Steuerung	2, ohc
Batterie	12 V 50 Ah
Antrieb	Hinterräder, Vorderräder zuschaltbar, Zwischengetriebe, Sperrdifferenzial
Getriebe	5–Gang
Übersetzungen	3,928 / 2,333 / 1,451 / 1,000 / 0,851 / R 4,925
Radaufhängung vorn	Starrachse, Schraubenfeder, Stoßdämpfer
Radaufhängung hinten	Starrachse, Schraubenfeder, Stoßdämpfer
Lenkung	Kugelumlauf
Bremsen	Scheiben vorn, Trommel hinten
Abmessungen (L x B x H mm)	3.970 x 1.690 x 1.880
Radstand (mm)	2.310
Spur vorn/hinten (mm)	1.415 / 1.415
Felgen	6 J x 16
Reifen	205 SR 16
Leergewicht (kg)	1.615
Zul. Gesamtgewicht	2.110
Höchstgeschwindigkeit (km/h)	140
Beschleunigung 0–100 km/h (sec)	20,5
Verbrauch (Liter/100 km)	13,6 N
Tankinhalt (Liter)	90
Kofferraumvolumen (Liter)	k.A.

LandCruiser J7 Diesel

Typ /Baujahr	LandCruiser J7 Diesel / 1986
Zylinder / Bauart	4, Reihe
Bohrung x Hub (mm)	92 x 92
Hubraum cm³	2.446
Leistung (kW/PS/min)	53 (72) bei 4.000
Max. Drehmoment (Nm/min)	155 / 2.200
Verdichtung	22,3
Gemischaufbereitung	Verteiler-Einspritzpumpe
Ventile / Steuerung	2 / ohc
Batterie	2 x 12 V 70 Ah
Antrieb	Hinterräder, Vorderräder zuschaltbar, Zwischengetriebe, Sperrdifferenzial
Getriebe	5–Gang
Übersetzungen	3,928 / 2,333 / 1,451 / 1,000 / 0,851 / R 4,925
Radaufhängung vorn	Starrachse, Schraubenfeder, Stoßdämpfer
Radaufhängung hinten	Starrachse, Schraubenfeder, Stoßdämpfer
Lenkung	Kugelumlauf
Bremsen	Scheiben vorn, Trommel hinten
Abmessungen (L x B x H mm)	3.970 x 1.690 x 1.880
Radstand (mm)	2.310
Spur vorn/hinten (mm)	1.415 / 1.415
Felgen	6 J x 16
Reifen	205 SR 16
Leergewicht (kg)	1.695
Zul. Gesamtgewicht (kg)	2.110
Höchstgeschwindigkeit (km/h)	120
Beschleunigung 0–100 km/h (sec)	25,8
Verbrauch (Liter/100 km)	10,5 D
Tankinhalt (Liter)	90
Kofferraumvolumen (Liter)	k.A.

LandCruiser J7 Turbodiesel

Typ /Baujahr	LandCruiser J7 Turbodiesel Hard Top / 1986
Zylinder / Bauart	4, Reihe
Bohrung x Hub (mm)	92 x 92
Hubraum cm³	2.446
Leistung (kW/PS/min)	63 (86) bei 4.000
Max. Drehmoment (Nm/min)	188 / 2.400
Verdichtung	20,0
Gemischaufbereitung	Reihen-Einspritzpumpe, Turbolader
Ventile / Steuerung	2 / ohc
Batterie	12 V 70 Ah
Antrieb	Hinterräder, Vorderräder zuschaltbar, Zwischengetriebe, Sperrdifferenzial
Getriebe	5–Gang
Übersetzungen	4,313 / 2,330 / 1,436 / 1,000 / 0,838 / R 4,220
Radaufhängung vorn	Starrachse, Schraubenfedern, Teleskopstoßdämpfer
Radaufhängung hinten	Starrachse, Schraubenfedern, Teleskopstoßdämpfer
Lenkung	Kugelumlauf, servounterstützt
Bremsen	Scheiben vorn, Trommeln hinten
Abmessungen (L x B x H mm)	4.075 x 1.690 x 1.885
Radstand (mm)	2.310
Spur vorn/hinten (mm)	1.415 / 1.410
Felgen	6 J x 16
Reifen	205 SR 16
Leergewicht (kg)	1.730
Zul. Gesamtgewicht	2.210
Höchstgeschwindigkeit (km/h)	130
Beschleunigung 0–100 km/h (sec)	25,0
Verbrauch (Liter/100 km)	11,5 D
Tankinhalt (Liter)	90
Kofferraumvolumen (Liter)	k.A.

LandCruiser J7	
Typ /Baujahr	LandCruiser J7 TD Hard Top / 1994
Zylinder / Bauart	4, Reihe
Bohrung x Hub (mm)	96 x 103
Hubraum cm³	2.982
Leistung (kW/PS/min)	62 (125) bei 3.600
Max. Drehmoment (Nm/min)	295 / 2.000
Verdichtung	21,2
Gemischaufbereitung	Verteiler-Einspritzp., Turbolader
Ventile / Steuerung	2 / ohc
Batterie	12 V 83 Ah
Antrieb	Hinterräder, Vorderräder zuschaltbar, Geländered., Differenzialsperre
Getriebe	5–Gang
Übersetzungen	3,830 / 2,062 / 1,436 / 1,000 / 0,838 / R 4,220
Radaufhängung vorn	Starrachse, Längslenker, Schraubenf., Panhardst., Stabi. Teleskopstoßd.
Radaufhängung hinten	Starrachse, Längslenker, Panhardstab, Schraubenfedern, Teleskopstoßdämpfer
Lenkung	Kugelumlauf, servounterstützt
Bremsen	Scheiben v., Trommeln h.
Abmessungen (L x B x H mm)	4.050 x 1.690 x 1.900
Radstand (mm)	2.310; 2.600
Spur vorn/hinten (mm)	1.415 / 1.400
Felgen	6 J x 16
Reifen	215 / 80 R 16
Leergewicht (kg)	1.800
Zul. Gesamtgewicht	2.510
Höchstgeschwindigkeit (km/h)	150
Beschleunigung 0–100 km/h (sec)	26,6
Verbrauch (Liter/100 km)	11,6 D
Tankinhalt (Liter)	90
Kofferraumvolumen (Liter)	331–930

LandCruiser J9 3,0 TD	
Typ /Baujahr	LandCruiser J9 3,0 TD / 1996
Zylinder / Bauart	4, Reihe
Bohrung x Hub (mm)	96 x 103
Hubraum cm³	2.982
Leistung (kW/PS/min)	92 (125) bei 3.600 / min
Max. Drehmoment (Nm/min)	295 Nm / min / 2.400 / min
Verdichtung	21,2
Gemischaufbereitung	Verteiler-Einspritzpumpe, Turbolader
Ventile / Steuerung	2 / ohc
Batterie	2 x 12 V 64 Ah
Antrieb	permanent Allrad, Viscokupplung, Zentraldifferenzial, a.W: Hinterachsdifferenzial
Getriebe	5–Gang
Übersetzungen	3,830 / 2,062 / 1,436 / 1,000 7 0,838 / R 4,220
Radaufhängung vorn	Einzelrad vorn, Gasdruckstoßdämpfer
Radaufhängung hinten	Starr, Mehrlenker
Lenkung	Zahnstangen, servounterstützt
Bremsen	Scheiben, innenbel., ABS
Abmessungen (L x B x H mm)	4.290 x 1.730 x 1.855
Radstand (mm)	2.370
Spur vorn/hinten (mm)	1475 / 1480
Felgen	6 JJ x 16
Reifen	215 / 80 R 16
Leergewicht (kg)	1.775
Zul. Gesamtgewicht	2.510
Höchstgeschwindigkeit (km/h)	160
Beschleunigung 0–100 km/h (sec)	14,0
Verbrauch (Liter/100 km)	10,9 D
Tankinhalt (Liter)	90
Kofferraumvolumen (Liter)	450

LandCruiser J9 3,4 V6	
Typ /Baujahr	LandCruiser J9 3,4 V6; 5–Türer Special / 1996
Zylinder / Bauart	V6
Bohrung x Hub (mm)	93,5 x 82
Hubraum cm³	3.378
Leistung (kW/PS/min)	131 (178) bei 4.600 / min
Max. Drehmoment (Nm/min)	303 / 3.600 / min
Verdichtung	9,6
Gemischaufbereitung	EFI
Ventile / Steuerung	4 / dohc
Batterie	12 V 48 Ah
Antrieb	permanent Allrad, Viscokupplung, Zentraldifferenzial, a.W: Hinterachsdiff.
Getriebe	5–Gang
Übersetzungen	3,830 / 2,062 / 1,436 / 1,000 7 0,838 / R 4,220
Radaufhängung vorn	Einzelrad vorn, Gasdruckstoßdämpfer
Radaufhängung hinten	Starr, Mehrlenker
Lenkung	Zahnstangen, servounterstützt
Bremsen	Scheiben, innenbelüftet, ABS
Abmessungen (L x B x H mm)	4315 x 1820 x 1870
Radstand (mm)	2.675
Spur vorn/hinten (mm)	1505 / 1510
Felgen	7 JJ 16
Reifen	265 / 70 R 16
Leergewicht (kg)	1.755
Zul. Gesamtgewicht	2.680
Höchstgeschwindigkeit (km/h)	180
Beschleunigung 0–100 km/h (sec)	10,4
Verbrauch (Liter/100 km)	13,5 S
Tankinhalt (Liter)	90
Kofferraumvolumen (Liter)	742

LandCruiser J9 3,0 D-4D	
Typ /Baujahr	LandCruiser 90 3,0 D-4D / 1999
Zylinder / Bauart	4, Reihe
Bohrung x Hub (mm)	96 x 103
Hubraum cm³	2.982
Leistung (kW/PS/min)	120 (163) bei 3.400 / min
Max. Drehmoment (Nm/min)	343 Nm / min / 2.400 / min
Verdichtung	21,2
Gemischaufbereitung	Direkteinspritzung, Common-Rail, Turbolader
Ventile / Steuerung	4 / dohc
Batterie	2 x 12 V 80 Ah
Antrieb	permanent Allrad, Visco-Kupplung, Geländereduktion Zentraldifferenzial
Getriebe	5–Gang
Übersetzungen	3,830 / 2,062 / 1,436 / 1,000 / 0,838 / R 4,220
Radaufhängung vorn	Einzelrad vorn, Gasdruckstoßdämpfer
Radaufhängung hinten	Starr, Mehrlenker
Lenkung	Zahnstangen, servounterstützt
Bremsen	S innenbel, 4-Sensoren-ABS. EBD, BA bei Special / Limited mit Automatik)
Abmessungen (L x B x H mm)	4.305 x 1.730 x 1.855
Radstand (mm)	2.365
Spur vorn/hinten (mm)	1475 / 1480
Felgen	6 J x 16
Reifen	215 / 80 R 16
Leergewicht (kg)	1.835
Zul. Gesamtgewicht	2.510
Höchstgeschwindigkeit (km/h)	165
Beschleunigung 0–100 km/h (sec)	12,5
Verbrauch (Liter/100 km)	9,5 D
Tankinhalt (Liter)	90
Kofferraumvolumen (Liter)	450

LandCruiser J12 3,0 D-4D	
Typ /Baujahr	LandCruiser J12 3,0 D-4D; 5–Türer / 2003
Zylinder / Bauart	4, Reihe
Bohrung x Hub (mm)	96 x 103
Hubrau^m	2.982
Leistung (kW/PS)	120 (163) bei 3.400 / min
Max. Drehmoment (Nm)	343 Nm / 1.600 / min
Verdichtung	18,4
Gemischaufbereitung	Direkteinsprit., Common-Rail, Turbol.
Ventile / Steuerung	4 / dohc
Batterie	2 x 12 V 80 Ah
Antrieb	Allrad, Viscokuppl., Geländered. Torsen-Zentraldiff., Traktionskontr. TRC, Diff. an Vorder- / Hinterachse
Getriebe	5–Gang
Übersetzungen	3,830 / 2,062 / 1,436 / 1,000 / 0,838 / R 4,220
Radaufhängung vorn	Einzelrad, Schraubenfeder vorn, Gasdruckstoßdämpfer
Radaufhängung hinten	Starr Mehrlenker
Lenkung	Zahnstangen, servounterstützt
Bremsen	Scheiben, innenbel., ABS, EBD
Abmessungen (L x B x H mm)	4.810 x 1.875 x 1.865
Radstand (mm)	2.665 mm
Spur vorn/hinten (mm)	1475 / 1480
Felgen	7,5 JJ x 17 LM
Reifen	265 / 65 R 17
Leergewicht (kg)	2.015
Zul. Gesamtgewicht	2.850
Höchstgeschwindigkeit (km/h)	165
Beschleunigung 0–100 km/h (sec)	12,7
Verbrauch (Liter/100 km)	9,4 D
Tankinhalt (Liter)	87
Kofferraumvolumen	620

LandCruiser J15 TEC	
Typ /Baujahr	LandCruiser TEC 7–Sitzer / 2011
Zylinder / Bauart	4, Reihe
Bohrung x Hub (mm)	96 x 103
Hubrau^m	2.982
Leistung (kW/PS)	140 (190) bei 3.400/min
Max. Drehmoment (Nm)	420 Nm / 1.600/min
Verdichtung	21,2
Gemischaufbereitung	Common-Rail, Turbolader
Ventile / Steuerung	4 / dohc
Batterie	2 x 12 V 65 Ah
Antrieb	permanent Allrad
Getriebe	5–Gang-Automatik
Übersetzungen	3,520 / 2,042 / 1,4 / 1,000 / 0,716 / R 3,22
Radaufhängung vorn	Doppelquerlenker
Radaufhängung hinten	Starr, Mehrlenker
Lenkung	Zahnstangen, elektrisch servounterstützt
Bremsen	Scheiben, innenbelüftet, ABS, EBD, BA
Abmessungen (L x B x H mm)	4.760 x 1.885 x 1.835
Radstand (mm)	2.790
Spur vorn/hinten (mm)	1585 / 1585
Felgen	7,5 J x 18
Reifen	265/60 R 18
Leergewicht (kg)	2.285
Zul. Gesamtgewicht	2.990
Höchstgeschwindigkeit (km/h)	175
Beschleunigung 0–100 km/h (sec)	11
Verbrauch (Liter/100 km)	8,7 D
Tankinhalt (Liter)	87
Kofferraumvolumen	104–1.833

LandCruiserJ5 Diesel Station	
Typ /Baujahr	LandCruiser J5 Diesel / 1977
Zylinder / Bauart	4, Reihe
Bohrung x Hub (mm)	95 x 105
Hubraum cm³	2.975
Leistung (kW/PS/min)	56 (76) bei 3.600
Max. Drehmoment (Nm/min)	191 / 2.200
Verdichtung	21,0
Gemischaufbereitung	Register-Fallstromvergaser
Ventile / Steuerung	2 / ohv
Batterie	2 x 12 V 70 Ah
Antrieb	Heck, Vorderräder zuschaltbar, Zwischengetriebe
Getriebe	4 Gang
Übersetzungen	4,925 / 2,643 / 1,519 / 1,000 / R 4,925
Radaufhängung vorn	Starrachse, Blattfedern, Stoßdämpfer
Radaufhängung hinten	Starrachse, Blattfedern, Stoßdämpfer
Lenkung	Kugelumlauf
Bremsen	Trommeln
Abmessungen (L x B x H mm)	4.675 x 1.735 x 1.865
Radstand (mm)	2.700
Spur vorn/hinten (mm)	1.405 / 1.400
Felgen	5,5 F x 16
Reifen	7,50–16 / 6
Leergewicht (kg)	1.980
Zul. Gesamtgewicht	2.600
Höchstgeschwindigkeit (km/h)	122
Beschleunigung 0–100 km/h (sec)	k.A.
Verbrauch (Liter/100 km)	13,5–20,5 D
Tankinhalt (Liter)	82
Kofferraumvolumen (Liter)	k.A.

LandCruiser J6 Benzin Station	
Typ /Baujahr	LandCruiser J6 Benzin / 1982
Zylinder / Bauart	6 Reihe
Bohrung x Hub (mm)	94 x 101,6
Hubraum cm³	4.230
Leistung (kW/PS/min)	88 (120) bei 3.600
Max. Drehmoment (Nm/min)	275 / 1.600
Verdichtung	7,8
Gemischaufbereitung	Fallstrom-Registervergaser
Ventile / Steuerung	2 / ohv
Batterie	12 V 70 Ah
Antrieb	Hinterräder, Vorderräder zuschaltbar, Zwischengetriebe, Differenzial
Getriebe	4–Gang
Übersetzungen	4,843 / 2,619 / 1,516 / 1,000 / R 4,843
Radaufhängung vorn	Starrachse, Blattfedern, Stoßdämpfer
Radaufhängung hinten	Starrachse, Blattfedern, Stoßdämpfer
Lenkung	Zahnstangen, Servo
Bremsen	Scheiben vorn, Trommeln hinten
Abmessungen (L x B x H mm)	4.675 x 1.800 x 1.800
Radstand (mm)	2.730
Spur vorn/hinten (mm)	1.475 / 1.460
Felgen	5,5 F x 16
Reifen	205 SR 16
Leergewicht (kg)	1.950
Zul. Gesamtgewicht (kg)	2.630
Höchstgeschwindigkeit (km/h)	149
Beschleunigung 0–100 km/h (sec)	28
Verbrauch (Liter/100 km)	17,8 S
Tankinhalt (Liter)	90
Kofferraumvolumen (Liter)	k.A.

LandCruiser J6 TD Station	
Typ /Baujahr	LandCruiser J6 TD VX / 1988
Zylinder / Bauart	6, Reihe
Bohrung x Hub (mm)	91 x 102
Hubraum cm³	3.980
Leistung (kW/PS/min)	100 (136) bei 3.500 / min
Max. Drehmoment (Nm/min)	315 / 1.800 / min
Verdichtung	18,6
Gemischaufbereitung	Reihen-Einspritzpumpe, Turbolader
Ventile / Steuerung	2 / ohv
Batterie	2 x 12 V 80 Ah
Antrieb	Hinterr., Vorderr. zuschaltbar, Zwischengetriebe, Differenzialsperre
Getriebe	4–Gang
Übersetzungen	4,843 / 2,618 / 1,516 / 1,000 / R 4,843
Radaufhängung vorn	Starrache, Blattfedern, Stabilisator, Teleskopstoßdämpfer
Radaufhängung hinten	Starrache, Blattf. , Teleskopstoßd.
Lenkung	Kugelumlauf, Servo
Bremsen	Scheiben, innenbelüftet vorn, Trommeln hinten
Abmessungen (L x B x H mm)	4.750 x 1.800 x 1.800
Radstand (mm)	2.730
Spur vorn/hinten (mm)	1.515 / 1.500
Felgen	6 J x 16
Reifen	205 SR 16
Leergewicht (kg)	2.140
Zul. Gesamtgewicht	2.800
Höchstgeschwindigkeit (km/h)	155
Beschleunigung 0–100 km/h (sec)	17,5
Verbrauch (Liter/100 km)	10,5 D
Tankinhalt (Liter)	90
Kofferraumvolumen (Liter)	k.A.

LandCruiser J8 TD Station

Typ /Baujahr	LandCruiser J8 TD / 1990
Zylinder / Bauart	6, Reihe
Bohrung x Hub (mm)	94 x 100
Hubraum cm^3	4.164
Leistung (kW/PS/min)	123 (167) bei 3.600 / min
Max. Drehmoment (Nm/min)	360 / 1.800 / min
Verdichtung	18,6
Gemischaufbereitung	Verteiler-Einspritzpumpe, Turbolader
Ventile / Steuerung	2 / ohc
Batterie	2 x 12 V 80 Ah
Antrieb	Perm. Allrad, Zentraldiff. sperrbar, Differenzialsperre
Getriebe	5–Gang
Übersetzungen	4,081 / 2,294 / 1,490 / 1,000 / 0,881 / R 4,843
Radaufhängung vorn	Starrache, Schraubenf, Schubstreben, Panhardstab, Stabi, Stoßd.
Radaufhängung hinten	Starrache, Schraubenf, Stabi, Schubstreben, Panhardstab, Stoßd.
Lenkung	Kugelumlauf, servounterstützt
Bremsen	S. innenbel v., S. hinten
Abmessungen (L x B x H mm)	4.780 x 1.900 x 1.890
Radstand (mm)	2.850
Spur vorn/hinten (mm)	1.575 / 1.580
Felgen	7 JJ x 15
Reifen	265 / 75 R 15
Leergewicht (kg)	2.300 (2.340)
Zul. Gesamtgewicht	2.960
Höchstgeschwindigkeit (km/h)	165
Beschleunigung 0–100 km/h (sec)	16,0 (16,8)
Verbrauch (Liter/100 km)	12,4 (13,3) D
Tankinhalt (Liter)	95
Kofferraumvolumen (Liter)	832

LandCruiser J8 Station

Typ /Baujahr	LandCruiser J8 / 1995
Zylinder / Bauart	6, Reihe
Bohrung x Hub (mm)	100 x 95
Hubraum cm^3	4.477
Leistung (kW/PS)	152 (205) vei 4.400
Max. Drehmoment (Nm)	360 / 3.200 / min
Verdichtung	18,6
Gemischaufbereitung	EFI
Ventile / Steuerung	4 / dohc
Batterie	2 x 12 V 64 Ah
Antrieb	Permanent Allrad, Achsdifferenziale sperrbar, Zentraldiff. m. Visco-Kupplung
Getriebe	4–Gang-Automatik
Übersetzungen	2,950 / 1,530 / 1,000 / 0,765 / R 2,678
Radaufhängung vorn	Starrache, Schraubenf., Stabi., Zugstreben, Panhardstab, Stoßd.
Radaufhängung hinten	Starrache, Schraubenf., Stabi., Zugstreben, Panhardstab, Stoßd.
Lenkung	Kugelumlauf, Servo
Bremsen	Scheiben, innenbel. v., ABS
Abmessungen (L x B x H mm)	4.780 x 1.930 x 1.890
Radstand (mm)	2.850
Spur vorn/hinten (mm)	1.595 / 1.600
Felgen	8 JJ x 16
Reifen	275 / 70 R 16
Leergewicht (kg)	2.260
Zul. Gesamtgewicht (kg)	3.060
Höchstgeschwindigkeit (km/h)	170
Beschleunigung 0–100 km/h (sec)	16,8
Verbrauch (Liter/100 km)	14,1 S
Tankinhalt (Liter)	95
Kofferraumvolumen (Liter)	832

Landcruiser 100 Station

Typ /Baujahr	LandCruiser 100 TD / 1998
Zylinder / Bauart	6, Reihe
Zylinder / Bauart	94 x 100
Bohrung x Hub (mm)	4.164
Leistung (kW/PS)	150 (204) bei 3.400 / min
Max. Drehmoment (Nm)	430 / 2.800 / min
Verdichtung	18,6x
Gemischaufbereitung	Verteiler-Einspritzpumpe, Direkteinspritzung, Turbolader
Ventile / Steuerung	4 / dohc
Batterie	2 x 12 V 64 Ah
Antrieb	Permanent Allrad, Achsdifferenziale sperrbar, Zentraldiff. m. Visco-Kupplung
Getriebe	5–Gang
Übersetzungen	4,081 / 2,294 / 1,490 / 1,000 / 0,881 / R 4,313
Radaufhängung vorn	McPherson-F., Querl., Stabi.
Radaufhängung hinten	Starrachse, Schraubenfedern, Längslenker, Stoßdämpfer
Lenkung	Zahnstangen, servounterstützt
Bremsen	Scheiben, innenbelüftet, ABS
Abmessungen (L x B x H mm)	4.890 x 1.940 x 1.880
Radstand (mm)	2.850
Spur vorn/hinten (mm)	1.620 / 1.615
Felgen	8 JJ x 16
Reifen	275 / 70 R 16
Leergewicht (kg)	2.495 x
Zul. Gesamtgewicht	3.260
Höchstgeschwindigkeit (km/h)	170 / 175
Beschleunigung 0–100 km/h (sec)	13,6
Verbrauch (Liter/100 km)	11,1 D
Tankinhalt (Liter)	96
Kofferraumvolumen (Liter)	1.318

LandCruiser 100 V8 Station

Typ /Baujahr	LandCruiser 100 V8 / 1998
Zylinder / Bauart	V8
Bohrung x Hub (mm)	94 x 84
Hubraum cm^3	4.663
Leistung (kW/PS)	173 (235) bei 4.800 / min
Max. Drehmoment (Nm)	434 / 3.400 / min
Verdichtung	9,6
Gemischaufbereitung	EFI-Jetronic
Ventile / Steuerung	4 / dohc
Batterie	2 x 12 V 64 Ah
Antrieb	Permanent Allrad, Achsdiff. sperrbar, Zentraldiff. m. Visco-Kupplung
Getriebe	4–Gang-Automatik
Übersetzungen	2,950 / 1,530 / 1,000 / 0,765 / R 2,678
Radaufhängung vorn	McPherson-Federbeine, Querlenker, Stabilisator
Radaufhängung hinten	Starrachse, Schraubenfedern, Längslenkbar, Stoßdämpfer
Lenkung	Zahnstangen, servounterstützt
Bremsen	Scheiben, innenbel., ABS
Abmessungen (L x B x H mm)	4.890 x 1.940 x 1.880
Radstand (mm)	2.850
Spur vorn/hinten (mm)	1.620 / 1.615
Felgen	8 JJ x 16
Reifen	275 / 70 R 16
Leergewicht (kg)	275 / 70 R 16
Zul. Gesamtgewicht (kg)	3.260
Höchstgeschwindigkeit (km/h)	175
Beschleunigung 0–100 km/h (sec)	11,7
Verbrauch (Liter/100 km)	16,6 S
Tankinhalt (Liter)	96
Kofferraumvolumen (Liter)	1.318

LandCruiser 100 50th Anniversary

Typ /Baujahr	LandCruiser 100 4,2 TD / 2001
Zylinder / Bauart	6, Reihe
Bohrung x Hub (mm)	94 x 100
Hubraum cm^3	4.164
Leistung (kW/PS/min)	150 (204) bei 3.400 / min
Max. Drehmoment (Nm/min)	430 Nm / 3.200
Verdichtung	18,8
Gemischaufbereitung	Direkteinspritzung, Turbolader
Ventile / Steuerung	4 / ohc
Batterie	2 x 12 V 160 Ah
Antrieb	Permanent Allrad, Achsdiff. sperrbar, Zentraldiff. mit Visco-Kupplung
Getriebe	4–Gang-Automatik
Übersetzungen	2,950 / 1,530 / 1,000 / 0,765 / R 2,678
Radaufhängung vorn	McPherson-Federbeine, Querlenker, Stabilisator
Radaufhängung hinten	Mehrlenker-Hinterachse, hydropneum. Höhenverst., regelbare Dämpfung
Lenkung	Zahnstangen, servounterstützt
Bremsen	Scheiben, innenbel., ABS
Abmessungen (L x B x H mm)	4.890 x 1.940 x 1.880
Radstand (mm)	2.850
Spur vorn/hinten (mm)	1.620 / 1.615
Felgen	8 JJ x 16
Reifen	275 / 70 R 16
Leergewicht (kg)	2.525
Zul. Gesamtgewicht	3.260
Höchstgeschwindigkeit (km/h)	175
Beschleunigung 0–100 km/h (sec)	13,1
Verbrauch (Liter/100 km)	12,6 D
Tankinhalt (Liter)	96
Kofferraumvolumen (Liter)	1.318

LandCruiser V8 Executive

Typ /Baujahr	LandCruiser V8 Executive / 2012
Zylinder / Bauart	V8
Bohrung x Hub (mm)	86 x 96
Hubraum	4.461
Leistung (kW/PS)	200 (272) bei 3.600/min
Max. Drehmoment (Nm)	650 Nm / 1.600
Verdichtung	18,8
Gemischaufbereitung	Common-Rail, Turbolader
Ventile / Steuerung	4 / ohc
Batterie	2 x 12 V 160 Ah
Antrieb	Allrad permanent, Achsdiff. sperrbar, Zentraldiff mit Viskokupplung
Getriebe	6–Gang-Automatik
Übersetzungen	3,333 / 1,960 / 1,353 / 1,000 / 0,728 / 0,588 / R 3,061
Radaufhängung vorn	Doppelquerlenker
Radaufhängung hinten	Starr, Mehrlenker
Lenkung	Zahnstangen, elektrisch servounterstützt
Bremsen	Scheiben innenbelüftet, ABS, EBD, BA
Abmessungen (L x B x H mm)	4.950 x 1.910 x 1.970
Radstand (mm)	2.850
Spur vorn/hinten (mm)	1.640/1.635
Felgen	8 JJ x 20
Reifen	285/50 R 20
Leergewicht (kg)	2.525
Zul. Gesamtgewicht	3.260
Höchstgeschwindigkeit (km/h)	210
Beschleunigung 0–100 km/h (sec)	8,9
Verbrauch (Liter/100 km)	9,5 D
Tankinhalt (Liter)	93
Kofferraumvolumen (Liter)	655–2.320

4–Runner V6	
Typ /Baujahr	4–Runner V6 / 1990
Zylinder / Bauart	V6
Bohrung x Hub (mm)	87,5 x 82
Hubraum cm³	2.959
Leistung (kW/PS/min)	105 (143) bei 4.600 / min
Max. Drehmoment (Nm/min)	240 / 3.400
Verdichtung	9,0
Gemischaufbereitung	EFI
Ventile / Steuerung	2 / dohc
Batterie	12 V 60 Ah
Antrieb	Hinterräder, Vorderräder zuschaltbar, Sperrdifferenzial mit begrenztem Schlupf hinten
Getriebe	5–Gang
Übersetzungen	3,830 / 2,062 / 1,436 / 1,000 / 0,838 / R 4,220
Radaufhängung vorn	Doppeldreiecksl, Drehstabfedern, Stabi., Gasdruckstoßdämpfer
Radaufhängung hinten	Starrachse, Zugstreben, Blattf., Gasdruckstoßdämpfer
Lenkung	Kugelumlauf, servounterstützt
Bremsen	Scheiben vorn, Trommel hinten
Abmessungen (L x B x H mm)	4.470 x 1.690 x 1.745
Radstand (mm)	2.625
Spur vorn/hinten (mm)	1.430 / 1.425
Felgen	6 JJ x 15
Reifen	215 R 15
Leergewicht (kg)	1.745
Zul. Gesamtgewicht (kg)	2.430
Höchstgeschwindigkeit (km/h)	165
Beschleunigung 0–100 km/h (sec)	15,3 N
Verbrauch (Liter/100 km)	13,9
Tankinhalt (Liter)	71
Kofferraumvolumen (Liter)	491

RAV4 3–Türer	
Typ /Baujahr	RAV4 3–Türer / 1994
Zylinder / Bauart	4, Reihe
Bohrung x Hub (mm)	86 x 86
Hubraum	1.998
Leistung (kW/PS)	95 (129) bei 5.600
Max. Drehmoment (Nm)	175 / 4.600
Verdichtung	9,8
Gemischaufbereitung	TCCS-Multipoint-Einspritzung
Ventile / Steuerung	4 / dohc
Batterie	12 V 36 Ah
Antrieb	Allrad permanent, Zentraldifferenzial, a.W. Torsen-Differenzial)
Getriebe	5–Gang
Übersetzungen	3,833 7 1,913 / 1,258 / 0,918 / 0,775 / R 3,583
Radaufhängung vorn	McPherson-Federbeine, Dreiecksquerlenker, Stabilisator
Radaufhängung hinten	Mehrlenker, Schraubenfedern, Gasdruckstoßdämpfer
Lenkung	Zahnstangen, servounterstützt
Bremsen	Scheiben, innenbel. v., Trommel h.. a.W. ABS
Abmessungen (L x B x H mm)	3.705 x 1.695 x 1.655
Radstand (mm)	2.200
Spur vorn/hinten (mm)	1.460 / 1.465
Felgen	6 JJ x 16
Reifen	215 / 70 R 16
Leergewicht (kg)	1.150–1.180
Zul. Gesamtgewicht	1.565
Höchstgeschwindigkeit (km/h)	170
Beschleunigung 0–100 km/h (sec)	10,1
Verbrauch (Liter/100 km)	9,1 S
Tankinhalt (Liter)	58
Kofferraumvolumen (Liter)	173

RAV4 5–Türer	
Typ /Baujahr	RAV4 5–Türer / 1995
Zylinder / Bauart	4, Reihe
Bohrung x Hub (mm)	86 x 86
Hubraum cm³	1.998
Leistung (kW/PS)	95 (129) bei 5.600
Max. Drehmoment (Nm)	175 / 4.600
Verdichtung	9,8
Gemischaufbereitung	TCCS-Multipoint-Einspritzung
Ventile / Steuerung	4 / ohc
Batterie	12 V 36 Ah
Antrieb	Allrad permanent, Zentraldifferenzial, a.W. Torsen-Differenzial)
Getriebe	5–Gang
Übersetzungen	3,833 / 1,913 / 1,258 / 0,918 / 0,775 / R 3,583
Radaufhängung vorn	McPherson-Federbeine, Dreiecksquerlenker, Stabilisator
Radaufhängung hinten	Mehrlenker, Schraubenfedern, Gasdruckstoßdämpfer
Lenkung	Zahnstangen, servounterstützt
Bremsen	Scheiben, innenbel. v., Trommel h.. a.W. ABS
Abmessungen (L x B x H mm)	4.115 X 1.695 x 1.660
Radstand (mm)	2.410
Spur vorn/hinten (mm)	1.460 / 1.465
Felgen	6 JJ x 16
Reifen	215 / 70 R 16
Leergewicht (kg)	1.220–1.250
Zul. Gesamtgewicht (kg)	1.710
Höchstgeschwindigkeit (km/h)	170
Beschleunigung 0–100 km/h (sec)	10,4
Verbrauch (Liter/100 km)	9,3 S
Tankinhalt (Liter)	58
Kofferraumvolumen (Liter)	409

RAV4 1,8 4x2 3–Türer	
Typ /Baujahr	RAV4 1,8 4x2 3–Türer / 2001
Zylinder / Bauart	4, Reihe
Bohrung x Hub (mm)	79 x 91,5
Hubrau^{m}	1.794
Leistung (kW/PS)	92 (125) bei 6.000 / min
Max. Drehmoment (Nm)	161 / 4.200 / min
Verdichtung	10,0
Gemischaufbereitung	TCCS-Multipoint-Einspritzung
Ventile / Steuerung	4 / dohc, WT-i
Batterie	12 V 45 Ah
Antrieb	Vorderräder
Getriebe	5–Gang
Übersetzungen	3,545 / 1,905 / 1,310 / 0,864 / R 3,250
Radaufhängung vorn	McPherson-Federbeine, Dreiecksquerlenker, Stabilisator
Radaufhängung hinten	Mehrlenker, Schraubenfedern, Gasdruckstoßdämpfer, Stabilisator
Lenkung	Zahnstangen, servounterstützt
Bremsen	Scheiben, innenbel. v., ABS, EBD
Abmessungen (L x B x H mm)	3.805 x 1.735 x 1.685
Radstand (mm)	2.280
Spur vorn/hinten (mm)	1.510 / 1.500
Felgen	6,5 J x 16
Reifen	215 / 70 R 16
Leergewicht (kg)	1.200–1.310
Zul. Gesamtgewicht	1.595
Höchstgeschwindigkeit (km/h)	175
Beschleunigung 0–100 km/h (sec)	12,2
Verbrauch (Liter/100 km)	7,4 S
Tankinhalt (Liter)	57
Kofferraumvolumen (Liter)	150–230 (verschiebbare Rücksitze

RAV4 2,0 4x4 5–Türer	
Typ /Baujahr	RAV4 2,0 4x4 5–Türer / 2001
Zylinder / Bauart	4, Reihe
Bohrung x Hub (mm)	86 x 96
Hubrau^{m}	1.998
Leistung (kW/PS)	110 (150) bei 6.000 / min
Max. Drehmoment (Nm)	192 / 4.000 / min
Verdichtung	9,8
Gemischaufbereitung	EFI
Ventile / Steuerung	4 / dohc, WT-i
Batterie	12 V 45 Ah
Antrieb	Allrad permanent
Getriebe	5–Gang
Übersetzungen	3,833 / 2,045 / 1,333 / 1,028 / R 3,583
Radaufhängung vorn	McPherson-F., Dreiecksquerl., Stabi.
Radaufhängung hinten	Mehrlenker, Schraubenfedern, Stabilisator, Gasdruckstoßdämpfer
Lenkung	Zahnstangen, servounterstützt
Bremsen	S. innenbel. v., ABS, EBD
Abmessungen (L x B x H mm)	4.200 x 1735 x 1.715
Radstand (mm)	2.490
Spur vorn/hinten (mm)	1.505 / 1.495
Felgen	6,5 J x 16 (7 JJ x 16 Special / Limited)
Reifen	215 / 70 R 16; (235 / 60 R 16 Special / Limited)
Leergewicht (kg)	1.350–1.460
Zul. Gesamtgewicht	1.825
Höchstgeschwindigkeit (km/h)	185
Beschleunigung 0–100 km/h (sec)	10,6
Verbrauch (Liter/100 km)	8,8
Tankinhalt (Liter)	57
Kofferraumvolumen (Liter)	400–520 (verschiebbare Rücksitze)

RAV4 2.2 D-Cat Executive	
Typ /Baujahr	RAV4 2.2 D-CAT Executive / 2006
Zylinder / Bauart	4, Reihe
Bohrung x Hub (mm)	86 x 96
Hubraum cm3	2.331
Leistung (kW/PS/min)	130 (177) bei 3.600 / min
Max. Drehmoment (Nm/min)	400 / 2.000 / min
Verdichtung	15,8
Gemischaufbereitung	Common-Rail, Turbolader, Ladeluftkühler, Abgasrückführung, Speicherkat, Oxikat
Ventile / Steuerung	4 / dohc
Batterie	12 V 80 Ah
Antrieb	Vorderräder, automatisch Allrad
Getriebe	6–Gang
Übersetzungen	3,818 / 1,913 / 1,218 / 0,880 / 0,809 / 0,711 / R 4,139
Radaufhängung vorn	McPherson-F., Dreiecksquerl., Stabi.
Radaufhängung hinten	Mehrlenker, Schraubenfedern, Gasdruckstoßdämpfer, Stabilisator
Lenkung	Zahnstange, elektrisch
Bremsen	Scheiben (innenbel. vorn), ABS, EBD, BA
Abmessungen (L x B x H mm)	4.315 x 1.855 x 1.685
Radstand (mm)	2.560
Spur vorn/hinten (mm)	1.560 / 1.560
Felgen	6,5 J x 16
Reifen	215 / 70 R 16
Leergewicht (kg)	1.670
Zul. Gesamtgewicht (kg)	2.190
Höchstgeschwindigkeit (km/h)	200
Beschleunigung 0–100 km/h (sec)	9,3
Verbrauch (Liter/100 km)	7,0 D
Tankinhalt (Liter)	60
Kofferraumvolumen (Liter)	450–586 (verschiebbare Rücksitze)

RAV4 2.2 D-4D

Typ /Baujahr	RAV4 2.2 D-4D 4x2 / 2010
Zylinder / Bauart	4, Reihe
Bohrung x Hub (mm)	86 x 96
Hubraum cm3	2.231
Leistung (kW/PS/min)	110 (150) bei 3.600/min
Max. Drehmoment (Nm/min)	340 Nm / 2.000/min
Verdichtung	15,7
Gemischaufbereitung	Common-Rail, Turbolader
Ventile / Steuerung	4 / dohc
Batterie	12 V 80 Ah
Antrieb	Vorderräder
Getriebe	6-Gang
Übersetzungen	3,818 / 1,913 / 1,218 / 0,88 / 0,809 / 0,711 / R 4,139
Radaufhängung vorn	McPherson-Federbeine, Längslenker, Querlenker
Radaufhängung hinten	Doppelquerlenker, Längslenker, Zugstrebe
Lenkung	Zahnstangen, elektrisch servounterstützt
Bremsen	Scheiben, innenbelüftet v., ABS, EBD, BA
Abmessungen (L x B x H mm)	4.365 x 1.815 x 1.685
Radstand (mm)	2.560
Spur vorn/hinten (mm)	1560 / 1560
Felgen	7 J x 17
Reifen	225/65 R17
Leergewicht (kg)	1.620
Zul. Gesamtgewicht (kg)	2.140
Höchstgeschwindigkeit (km/h)	190
Beschleunigung 0–100 km/h (sec)	10
Verbrauch (Liter/100 km)	6,0 D
Tankinhalt (Liter)	60
Kofferraumvolumen (Liter)	586

Hilux 1.8

Typ /Baujahr	Hilux 1.8 / 1989
Zylinder / Bauart	4, Reihe
Bohrung x Hub (mm)	86 x 78
Hubraum cm³	1.812
Leistung (kW/PS/min)	61 (83) bei 4.800
Max. Drehmoment (Nm/min)	140 / 2.800
Verdichtung	8,8
Gemischaufbereitung	Register-Fallstromvergaser
Ventile / Steuerung	2 / ohv
Batterie	12 V 60 Ah
Antrieb	Hinterräder
Getriebe	5-Gang
Übersetzungen	4,452 / 2,398 / 1,414 / 1,000 / 0,802 / R 4,472
Radaufhängung vorn	Dreiecksquerlenker, Längslenker, Drehstabfedern, Stabilisator, Stoßdämpfer
Radaufhängung hinten	Starrachse, Blattfedern, Stoßdämpfer
Lenkung	Kugelumlauf
Bremsen	Scheiben, innenbelüftet vorn, Trommeln hinten
Abmessungen (L x B x H mm)	4.725 x 1.650 x 1.555
Radstand (mm)	2.850
Spur vorn/hinten (mm)	1.355 / 1.370
Felgen	5,5 J x 14
Reifen	185 R 14
Leergewicht (kg)	1.265
Zul. Gesamtgewicht	2.305
Höchstgeschwindigkeit (km/h)	150
Beschleunigung 0–100 km/h (sec)	23,1
Verbrauch (Liter/100 km)	10,0 N
Tankinhalt (Liter)	56
Lademaße (L x B)	2.160 x 1.465

Hilux 2.4 Diesel

Typ /Baujahr	Hilux 2.4 Diesel / 1989
Zylinder / Bauart	4, Reihe
Bohrung x Hub (mm)	92 x 92
Hubraum cm³	2.446
Leistung (kW/PS/min)	61 (83) bei 4.200
Max. Drehmoment (Nm/min)	165 / 2.400
Verdichtung	22,2
Gemischaufbereitung	Verteiler-Einspritzpumpe
Ventile / Steuerung	2 / ohc
Batterie	12 V 65 Ah
Antrieb	Hinterräder
Getriebe	5-Gang
Übersetzungen	3,928 / 2,142 / 1,397 / 1,000 / 0,851 / R 4,743
Radaufhängung vorn	Dreiecksquerlenker, Längslenker,Drehstabfedern, Stabilisator, Stoßdämpfer
Radaufhängung hinten	Starrachse, Blattfedern, Stoßdämpfer
Lenkung	Kugelumlauf
Bremsen	Scheiben, innenbelüftet vorn, Trommeln hinten
Abmessungen (L x B x H mm)	4.725 x 1.650 x 1.555
Radstand (mm)	2.850
Spur vorn/hinten (mm)	1.355 / 1.370
Felgen	5,5 J x 14
Reifen	185 R 14
Leergewicht (kg)	1.355
Zul. Gesamtgewicht	2.395
Höchstgeschwindigkeit (km/h)	145
Beschleunigung 0–100 km/h (sec)	24
Verbrauch (Liter/100 km)	9,3
Tankinhalt (Liter)	56
Lademaße (L x B)	2.160 x 1.465

Hilux 4x4 Xtracab

Typ /Baujahr	Hilux 4x4 Xtracab / 1994
Zylinder / Bauart	4, Reihe
Bohrung x Hub (mm)	92 x 92
Hubraum cm³	2.446
Leistung (kW/PS/min)	58 (79) bei 4.000
Max. Drehmoment (Nm/min)	163 / 2.500
Verdichtung	22,2
Gemischaufbereitung	Verteiler-Einspritzpumpe
Ventile / Steuerung	2 / ohc
Batterie	12 V 60 Ah
Antrieb	Hinterräder, Vorderradantrieb zuschaltbar, Freilaufnaben vorn, Hinterachsdifferenzial
Getriebe	5-Gang
Übersetzungen	3,928 / 2,142 / 1,397 / 1,000 / 0,851 / R 4,743
Radaufhängung vorn	Dreiecksquerlenker, Längslenker, Drehstabfedern, Stabilisator, Gasdruck-Stoßdämpfer
Radaufhängung hinten	Starrachse, Blattfedern, Stoßdämpfer
Lenkung	Kugelumlauf, servountertsützt
Bremsen	Scheiben, innenbel. v., Trommel h.
Abmessungen (L x B x H mm)	4.905 x 1.690 x 1.735
Radstand (mm)	3.095
Spur vorn/hinten (mm)	1.430 / 1.450
Felgen	6 J x 16
Reifen	205 R 16
Leergewicht (kg)	1.685
Zul. Gesamtgewicht	2.515
Höchstgeschwindigkeit (km/h)	135
Beschleunigung 0–100 km/h (sec)	17,5
Verbrauch (Liter/100 km)	11,1 D
Tankinhalt (Liter)	65
Lademaße (L x B)	1.870 x 1.450

Hilux 4x4 Double Cab Special TD

Typ /Baujahr	Hilux 4x4 Double Cab Special TD / 1999
Zylinder / Bauart	4, Reihe
Bohrung x Hub (mm)	92 x 92
Hubraum cm³	2.446
Leistung (kW/PS/min)	66 (90) bei 3.500
Max. Drehmoment (Nm/min)	218 / 2.500
Verdichtung	22,1
Gemischaufbereitung	Verteilereinspritzpumpe, Turbolader
Ventile / Steuerung	2 / ohc
Batterie	12 V 65 Ah
Antrieb	Heckantrieb, Vorderradantrieb zuschaltbar, Freilaufnaben vorn, Hinterachsdifferenzial
Getriebe	5-Gang
Übersetzungen	3,954 / 2,141 / 1,384 / 1,000 / 0,850 / R 4,091
Radaufhängung vorn	Dreiecksquerlenker, Längslenker, Drehstabf., Stabi.
Radaufhängung hinten	Starrachse, Zugstreben Blattfedern,Gasdruck-Stoßdämpfer
Lenkung	Kugelumlauf, servounterstützt
Bremsen	Scheiben, innenbel. v., Trommel h.
Abmessungen (L x B x H mm)	4.725 x 1.690 x 1.785
Radstand (mm)	2.860
Spur vorn/hinten (mm)	1.440 / 1.425
Felgen	6 J x 16
Reifen	205 R 16
Leergewicht (kg)	1.755–1.825
Zul. Gesamtgewicht	2.515
Höchstgeschwindigkeit (km/h)	135
Beschleunigung 0–100 km/h (sec)	17,2
Verbrauch (Liter/100 km)	11,1 D
Tankinhalt (Liter)	60

Hilux 2,5 Double Cab Sol

Typ /Baujahr	Hilux 2,5 Double Cab Sol 4x4 / 2005
Zylinder / Bauart	4, Reihe
Bohrung x Hub (mm)	92 x 93,8
Hubraum cm³	2.494
Leistung (kW/PS/min)	88 (120) bei 3.600 / min
Max. Drehmoment (Nm/min)	325 / 2.000 / min
Verdichtung	17,4
Gemischaufbereitung	Common-Rail, Turbolader, Ladeluftkühler, Abgasrückführung, Oxikat
Ventile / Steuerung	4 / dohc
Batterie	12 V 80 Ah
Antrieb	Allrad permanent
Getriebe	5-Gang
Übersetzungen	4,313 / 2,330 / 1,436 / 1,000 / 0,838 / R 4,220
Radaufhängung vorn	Dreiecksquerl., Schraubenf., Stabi., Gasdruck-Stoßd.
Radaufhängung hinten	Starrachse, Blattfedern, Gasdruck-Stoßdämpfer
Lenkung	Zahnstangen, Servo
Bremsen	Scheiben (innenbel.) vorn, Trommeln hinten, ABS
Abmessungen (L x B x H mm)	5.025 x 1.835 x 1.810
Radstand (mm)	3.085
Spur vorn/hinten (mm)	1.540 / 1.540
Felgen	7 JJ x 15
Reifen	255 / 65 R 15
Leergewicht (kg)	1.860
Zul. Gesamtgewicht (kg)	2.705
Höchstgeschwindigkeit (km/h)	155
Beschleunigung 0–100 km/h (sec)	15,2
Verbrauch (Liter/100 km)	8,3 D
Tankinhalt (Liter)	80

NUTZFAHRZEUGE

Hilux 4x4 Double Cab

Typ /Baujahr	Hilux Double Cab 3.0 D-4D 4x4 Life / 2011
Zylinder / Bauart	4, Reihe
Bohrung x Hub (mm)	96 x 103
Hubraum cm³	2.982
Leistung (kW/PS/min)	126/171 bei 3.600/min
Max. Drehmoment (Nm/min)	360 Nm / 1.400/min
Verdichtung	15
Gemischaufbereitung	Common-Rail, Turbolader
Ventile / Steuerung	4 / dohc
Batterie	2 x 12 V 65 Ah
Antrieb	Allrad permanent
Getriebe	5-Gang-Automatik
Übersetzungen	3,520 / 2,042 / 1,4 / 1,000 / 0,716 / R 3,24
Radaufhängung vorn	Dreiecksquerl., Schraubenf., Stabi., Gasdruck-Stoßd.
Radaufhängung hinten	Starrachse, Blattfedern, Gasdruck-Stoßdämpfer
Lenkung	Zahnstangen, Servo
Bremsen	Scheiben, innenbelüftet, Trommel, ABS, EBD, BA
Abmessungen (L x B x H mm)	5.260 x 1.835 x 1.850
Radstand (mm)	3.085
Spur vorn/hinten (mm)	1540 / 1540
Felgen	7 J x 15
Reifen	255/70 R15
Leergewicht (kg)	2.055
Zul. Gesamtgewicht	2.730
Höchstgeschwindigkeit (km/h)	175
Beschleunigung 0–100 km/h (sec)	12
Verbrauch (Liter/100 km)	8,7 D
Tankinhalt (Liter)	80
Lademaße (L x B)	104–1.833

HiAce Kombi (Kasten)

Typ /Baujahr	HiAce Kombi (Kasten) / 1978
Zylinder / Bauart	4, Reihe
Bohrung x Hub (mm)	80,5 x 78
Hubraum cm³	1.587
Leistung (kW/PS/min)	49 (66) bei 5.000
Max. Drehmoment (Nm/min)	123 / 3.000
Verdichtung	8,5
Gemischaufbereitung	Registervergaser
Ventile / Steuerung	2 / ohv
Batterie	12 V 60 Ah
Antrieb	Hinterräder
Getriebe	4–Gang
Übersetzungen	4,86 / 2,99 / 1,68 / 1,00 / R 5,01
Radaufhängung vorn	Doppelquerlenker, Schraubenfedern, Stabilisator, Stoßdämpfer
Radaufhängung hinten	Starrachse, Blattfedern, Stoß-dämpfer
Lenkung	Kugelumlauf
Bremsen	Scheiben, innenbel. v., Trommel h.
Abmessungen (L x B x H mm)	4.340 x 1.690 x 19.15
Radstand (mm)	2.340
Spur vorn/hinten (mm)	1.430 x 1.400
Felgen	5,5 J x 14
Reifen	185 R 14
Leergewicht (kg)	1.425 (1.400)
Zul. Gesamtgewicht	2.400
Höchstgeschwindigkeit (km/h)	125
Beschleunigung 0–100 km/h (sec)	k.A.
Verbrauch (Liter/100 km)	10,5 N
Tankinhalt (Liter)	58
Lademaß (LxBxH)	2.680 x 1.520 x 1.325

HiAce Kombi (Kasten kurz)

Typ /Baujahr	HiAce Kombi (Kasten) kurz / 1982
Zylinder / Bauart	4, Reihe
Bohrung x Hub (mm)	86 x 78
Hubraum cm³	1.812
Leistung (kW/PS/min)	58 (79) bei 4.800
Max. Drehmoment (Nm/min)	144 / 2.600
Verdichtung	8,8
Gemischaufbereitung	Register-Fallstromvergaser
Ventile / Steuerung	2 / ohv
Batterie	12 V 60 Ah
Antrieb	Hinterräder
Getriebe	4–Gang
Übersetzungen	4,452 / 2,398 / 1,414 / 1,000 / R 4,452
Radaufhängung vorn	Doppelquerlenker, Schubstrebe, Drehstabfederung, Stabilisator, Stoßdämpfer
Radaufhängung hinten	Starrachse, Blattfedern, Stoßdämpfer
Lenkung	Kugelumlauf
Bremsen	Scheiben, innenbel. v., Trommel h.
Abmessungen (L x B x H mm)	4.425 x 1.720 x 1.930
Radstand (mm)	2.340
Spur vorn/hinten (mm)	1.440 / 1.400
Felgen	5,5 J x 14
Reifen	185 R 14
Leergewicht (kg)	1.480
Zul. Gesamtgewicht	2.460
Höchstgeschwindigkeit (km/h)	130
Beschleunigung 0–100 km/h (sec)	k.A.
Verbrauch (Liter/100 km)	11,8 N
Tankinhalt (Liter)	60
Lademaß (LxBxH)	2.720 x 1.525 x 1.300

HiAce Kasten lang Diesel

Typ /Baujahr	HiAce Kasten lang Diesel / 1989
Zylinder / Bauart	4, Reihe
Bohrung x Hub (mm)	92 x 92
Hubraum cm³	2.446
Leistung (kW/PS/min)	55 (75) bei 3.900
Max. Drehmoment (Nm/min)	164 / 2.400
Verdichtung	22,2
Gemischaufbereitung	Verteiler-Einspritzpumpe
Ventile / Steuerung	2 / ohc
Batterie	12 V 130 Ah
Antrieb	Hinterräder
Getriebe	5–Gang
Übersetzungen	4,452 / 2,619 / 1,517 / 1,000 / 0,854 / R 4,472
Radaufhängung vorn	Doppelquerl., Längszugstrebe, Drehstabf., Stabi., Stoßdämpfer
Radaufhängung hinten	Starrachse, Blattfedern, Stoßdämpfer
Lenkung	Zahnstangen, servounterstützt
Bremsen	Scheiben, innenbelüftet vorn, Trommeln hinten
Abmessungen (L x B x H mm)	4.830 x 1.690 x 1.930
Radstand (mm)	2.590
Spur vorn/hinten (mm)	1.510 / 1.430
Felgen	5,5 J x 14
Reifen	1185 R 14
Leergewicht (kg)	1.670
Zul. Gesamtgewicht (kg)	2.700
Höchstgeschwindigkeit (km/h)	130
Beschleunigung 0–100 km/h (sec)	30
Verbrauch (Liter/100 km)	10,8 D
Tankinhalt (Liter)	60
Lademaß (LxBxH)	Kasten: 3.020 x 1.525 x 1.300

HiAce GL 8–Sitzer Minibus

Typ /Baujahr	HiAce GL 8–Sitzer Minibus / 2000
Zylinder / Bauart	4, Reihe
Bohrung x Hub (mm)	95 x 95
Hubraum cm³	2.694
Leistung (kW/PS/min)	105 (143) bei 4.800
Max. Drehmoment (Nm/min)	227 / 3.600
Verdichtung	9,5
Gemischaufbereitung	EFI, D-Jetronic
Ventile / Steuerung	2 / ohc
Batterie	12 V 70 Ah
Antrieb	Hinterräder
Getriebe	5–Gang
Übersetzungen	3,928 / 2,142 / 1,397 / 1,000 / 0,851 / R 4,743
Radaufhängung vorn	Dreiecksquerl., Querl, Schubstr, Querstabi., Drehstabf.
Radaufhängung hinten	Schräglenker, Schraubenfedern
Lenkung	Zahnstange. servounterstützt
Bremsen	Scheiben, innenbel. v., Trommel h., ABS
Abmessungen (L x B x H mm)	4.715 x 1.800 x 1.985
Radstand (mm)	2.985
Spur vorn/hinten (mm)	1.560 / 1.540
Felgen	5,5 JJ x 15
Reifen	195 / 70 R 15
Leergewicht (kg)	1.825
Zul. Gesamtgewicht	2.550
Höchstgeschwindigkeit (km/h)	170
Beschleunigung 0–100 km/h (sec)	17,6
Verbrauch (Liter/100 km)	13,1 N
Tankinhalt (Liter)	75
Kofferraumvolumen (Liter)	884

LiteAce 8–Sitzer Kombi

Typ /Baujahr	LiteAce 8–Sitzer Kombi / 1982
Zylinder / Bauart	4, Reihe
Bohrung x Hub (mm)	75 x 73
Hubraum cm³	1.290
Leistung (kW/PS/min)	42 (57) bei 5.200
Max. Drehmoment (Nm/min)	93 / 3.400
Verdichtung	9,0
Gemischaufbereitung	Fallstrom-Register
Ventile / Steuerung	2 / ohv
Batterie	12 V 45 Ah
Antrieb	Hinterräder
Getriebe	4–Gang
Übersetzungen	3,674 / 2,114 / 1,403 / 1,000 / R 4,183
Radaufhängung vorn	Doppelquerlenker, Drehstabfe-derung, Stabil, Stoßdämpfer
Radaufhängung hinten	Starrachse, Blattfedern, Stabilisator, Stoßdämpfer
Lenkung	Kugelumlauf
Bremsen	Scheiben, innenbel. v, Trommeln h
Abmessungen (L x B x H mm)	3.965 x 1.625 x 1.765
Radstand (mm)	2.080
Spur vorn/hinten (mm)	1.350 / 1.345
Felgen	4,5 J x 14
Reifen	175 SR 14 (165 R 14)
Leergewicht (kg)	1.120 (1.095)
Zul. Gesamtgewicht	1.780 (1.860)
Höchstgeschwindigkeit (km/h)	125
Beschleunigung 0–100 km/h (sec)	25,0
Verbrauch (Liter/100 km)	9,9 N
Tankinhalt (Liter)	48
Kofferraumvolumen (Liter)	k.A.

LEXUS

Lexus CT 200h

Typ /Baujahr	Lexus CT 200h / 2011
Antriebssystem	Hybrid
Zylinder / Bauart	4, Reihe
Bohrung x Hub (mm)	80,5 x 88,3
Hubraum cm³	1.798
Leistung (kW/PS)	73 (99) / 4.800
Max. Drehmoment (Nm)	142/2.800
Verdichtung	13,4
Gemischaufbereitung	L-Jetronic
Ventile / Steuerung	4 / dohc, WT-i
Batterie	12 V 45 Ah
Elektromotor	Permanenterregter Synchronmotor
Systemleistung (kW/PS)	100/136
Batterie	Nickel-Metallhybrid
Antrieb	Vorderräder
Getriebe	E-CVT
Radaufhängung vorn	McPherson, Doppelquerlenker
Radaufhängung hinten	Torsionslenker
Lenkung	Zahnstange, elektrisch unterstützt
Bremsen / Fahrdynamikregelsysteme	Regenerativ zur Energierückgewinnung. Scheiben innenbelüftet vorn, ABS, EBD, BA, , VSC, TRC
Abmessungen (L x B x H mm)	4.320 x 1.765 x 1.430
Radstand (mm)	2.730
Spur vorn/hinten (mm)	1.535 / 1.530
Felgen	5J x 15
Reifen	195/65 R15
Leergewicht (kg)	1.370–1.410
Zul. Gesamtgewicht	1.790
Beschleunigung 0–100 km/h (sec)	10,3
Verbrauch (Liter/100 km)	3,8 S
Tankinhalt (Liter)	45
Kofferraumvolumen (Liter)	375

Lexus IS 200

Typ /Baujahr	Lexus IS 200 / 1993
Zylinder / Bauart	6, Reihe
Bohrung x Hub (mm)	75 x 75
Hubraum cm³	1988
Leistung (kW/PS)	114 (155) bei 6.200
Max. Drehmoment (Nm)	195 / 4.600
Verdichtung	10,0 : 1
Gemischaufbereitung	Einspritzung
Ventile / Steuerung	4 / DOHC, WT-i
Antrieb	Hinterräder
Getriebe	6-Gang
Übersetzungen	3,874 / 2,175 / 1,484 / 1,223 / 1,000 / 0,869 / R 3,672
Radaufhängung vorn	Doppeldreiecksquerlenker, Querstabilisator, Schraubenfedern, Gasdruckstoßdämpfer
Radaufhängung hinten	Doppeldreiecksquerlenker, Querstabilisator, Schraubenfedern, Gasdruckstoßdämpfer
Lenkung	Zahnstangen, servounterstützt
Bremsen	Scheiben, innenbelüftet vorn, ABS
Abmessungen (L x B x H mm)	4400 x 1720 x 1420 mm
Radstand (mm)	2.670
Spur vorn/hinten (mm)	1495 / 1485
Felgen	6.5 x 16
Reifen	205 / 55 R 16
Leergewicht (kg)	1360–1440
Zul. Gesamtgewicht (kg)	1820
Höchstgeschwindigkeit (km/h)	215 (205)
Beschleunigung 0–100 km/h (sec)	9,5 (11,2)
Verbrauch (Liter/100 km)	9,7 (9,8) Sw
Tankinhalt (Liter)	70
Kofferraumvolumen (Liter)	400

IS 300 Sportcross

Typ /Baujahr	Lexus IS 300 Sportcross / 2001
Zylinder / Bauart	6, Reihe
Bohrung x Hub (mm)	86 x 86
Hubraum cm³	2997
Leistung (kW/PS)	157 (214) bei 5.800
Max. Drehmoment (Nm)	288 / 3.800
Verdichtung	10,0
Gemischaufbereitung	Einspritzung
Ventile / Steuerung	4 / DOHC, WT-i
Antrieb	Hinterräder
Getriebe	5-Gang, Torsen-Differenzial
Übersetzungen	3,357 / 2,180 / 1,424 / 1,000 / 0,753 / R 3,431
Radaufhängung vorn	Doppeldreiecksquerlenker, Querstabilisator, Schraubenfedern, Gasdruckstoßdämpfer
Radaufhängung hinten	Doppeldreiecksquerlenker, Querstabilisator, Schraubenfedern, Gasdruckstoßdämpfer
Lenkung	Zahnstangen, servounterstützt
Bremsen / Fahrdynamikregelsysteme	Scheiben, vorn innenbel., ABS, EBD, BA,VSC, TRC
Abmessungen (L x B x H mm)	4505 x 1725 x 1430
Radstand (mm)	2670
Spur vorn/hinten (mm)	1495 / 1475
Felgen	7,0 JJ x 17 v. / 7,5 JJ x 17 h.
Reifen	215 / 55 R 17 v. / 225 / 45 R 17 h
Leergewicht (kg)	1615–1690
Zul. Gesamtgewicht (kg)	1990
Höchstgeschwindigkeit (km/h)	230
Beschleunigung 0–100 km/h (sec)	8,4
Verbrauch (Liter/100 km)	11,2 S
Tankinhalt (Liter)	70
Kofferraumvolumen (Liter)	380–1050

Lexus IS 220d

Typ /Baujahr	Lexus IS 220d / 2005
Zylinder / Bauart	4, Reihe
Bohrung x Hub (mm)	86 x 96
Hubraum cm³	2.331
Leistung (kW/PS/min)	130 (177) bei 3.600 / min
Max. Drehmoment (Nm/min)	400 / 2.000 / min
Verdichtung	15,8
Gemischaufbereitung	Common-Rail, Turbolader, Ladeluftkühler, Abgasrückführung, Speicherkat, Oxikat
Ventile / Steuerung	4 / dohc
Batterie	12 V 80 Ah
Antrieb	6-Gang
Getriebe	5,323 / 2,644 / 1,605 / 1,219 / 0,728 / R 4,525
Radaufhängung vorn	Doppelquerlenker, Schraubenfedern, Gasdruckstoßdämpfer, Stabilisator
Radaufhängung hinten	Mehrlenker, Schraubenfedern, Gasdruckstoßdämpfer, Stabilisator
Lenkung	Zahnstange, elektrisch
Bremsen / Fahrdynamikregelsysteme	Scheiben, innenbelüftet vorn, ABS, EBD, BA, VSC, TRC
Abmessungen (L x B x H mm)	4.575 x 1.800 x 1.440
Radstand (mm)	2.730
Spur vorn/hinten (mm)	1.535 / 1.535
Felgen	7,0 JJ x 16
Reifen	2405 / 55 R 16
Leergewicht (kg)	1.660
Zul. Gesamtgewicht (kg)	2.075
Höchstgeschwindigkeit (km/h)	220
Beschleunigung 0–100 km/h (sec)	8,9
Verbrauch (Liter/100 km)	6,3 D
Tankinhalt (Liter)	65
Kofferraumvolumen (Liter)	378

Lexus IS F

Typ /Baujahr	Lexus IS F / 2009
Zylinder / Bauart	V8
Bohrung x Hub (mm)	94,0 x 89,5
Hubraum cm³	4.969
Leistung (kW/PS)	311 / 423 bei 6.600
Max. Drehmoment (Nm)	505 Nm bei 5.200
Verdichtung	11.8
Gemischaufbereitung	Saugrohr-/Direkteinspritzung
Ventile / Steuerung	4 / dohc, WT-i
Batterie	12 V 48 Ah
Antrieb	Hinterräder
Getriebe	8-Gang-Automatik
Übersetzungen	4,60 / 2,72 / 1,86 / 1,46 / 1,23 / 1,00 / 0,82 / R 3,672
Radaufhängung vorn	Doppeldreiecksquerlenker, Querstabilisator, Schraubenfedern, Gasdruckstoßdämpfer
Radaufhängung hinten	Mehrlenker, Querstabilisator, Schraubenfedern, Gasdruckstoßdämpfer
Lenkung	Zahnstangen, elektr. Servounterstützt
Bremsen / Fahrdynamikregelsysteme	Scheiben innenbelüftet, gelocht, ABS, VDMI, EBD, BA, VSC, TRC
Abmessungen (L x B x H mm)	4.660 x 1.850 x 1.415
Radstand (mm)	2.730
Spur vorn/hinten (mm)	1.560 / 1.525
Felgen	8J x 19 v., 9J x 19 h.
Reifen	225/40 R19 v., 255/35 R19 h.
Leergewicht (kg)	1.775
Zul. Gesamtgewicht (kg)	2.120
Höchstgeschwindigkeit (km/h)	270
Beschleunigung 0–100 km/h (sec)	4,8
Verbrauch (Liter/100 km)	11,6 S
Tankinhalt (Liter)	64
Kofferraumvolumen (Liter)	478

Lexus IS 250C

Typ /Baujahr	Lexus IS 250C / 2011
Zylinder / Bauart	6, Reihe
Bohrung x Hub (mm)	83 x 77
Hubraum cm³	2.500
Leistung (kW/PS)	153 /208 bei 6.400
Max. Drehmoment (Nm)	252 Nm bei 4.800
Verdichtung	12
Gemischaufbereitung	Saugrohr-/Direkteinspritzung
Ventile / Steuerung	4 / dohc, Dual WT-i
Batterie	12 V 48 Ah
Antrieb	Hinterräder
Getriebe	6-Gang-Automatik
Übersetzungen	3,358 / 2,06 / 1,404 / 1,000 / 0,713 / 0,582 / R 3,168
Radaufhängung vorn	Doppeldreiecksquerlenker, Querstabilisator, Schraubenfedern, Gasdruckstoßdämpfer
Radaufhängung hinten	Mehrlenker, Querstabilisator, Schraubenfedern, Gasdruckstoßd.
Lenkung	Zahnstangen, elektr. Servounterstützt
Bremsen / Fahrdynamikregelsysteme	Scheiben innenbelüftet, ABS, EBD, BA, VSC, TRC
Abmessungen (L x B x H mm)	4.635 x 1.800 x 1.415
Radstand (mm)	2.730
Spur vorn/hinten (mm)	1.535 / 1.535
Felgen	8J x 18 v., 8,5J x 18 h.
Reifen	225/40 R18 v., 255/40 R18 h.
Leergewicht (kg)	1.730
Zul. Gesamtgewicht (kg)	2.075
Höchstgeschwindigkeit (km/h)	210
Beschleunigung 0–100 km/h (sec)	9
Verbrauch (Liter/100 km)	9,2 S
Tankinhalt (Liter)	65
Kofferraumvolumen (Liter)	420–165

Lexus GS 300	
Typ /Baujahr	Lexus GS 300 / 1993
Zylinder / Bauart	6, Reihe
Bohrung x Hub (mm)	86 x 86
Hubraum cm³	2997
Leistung (kW/PS)	156 (212) bei 5.800
Max. Drehmoment (Nm)	275 / 4.800
Verdichtung	10,0
Gemischaufbereitung	Einspritzung
Ventile / Steuerung	4 / DOHC
Batterie	12 V 55 Ah
Antrieb	Hinterräder
Getriebe	4-Gang-Automatik
Übersetzungen	2,804 / 1,531 / 1,000 / 0,753 / R 2,393
Radaufhängung vorn	McPherson-Federbeine, Dreiecksquerlenker, L-Lenker, Querstabilisator
Radaufhängung hinten	McPherson-Federbeine, Dreiecksquerlenker, Längslenker, Querstabilisator
Lenkung	Zahnstangen, servounterstützt
Bremsen	Scheiben, innenbel., ABS
Abmessungen (L x B x H mm)	4965 x 1795 x 1425
Radstand (mm)	2780
Spur vorn/hinten (mm)	1535 / 1515
Felgen	7,5 JJ x 16
Reifen	225 / 55 R 16
Leergewicht (kg)	1.720
Zul. Gesamtgewicht (kg)	2.120
Höchstgeschwindigkeit (km/h)	230
Beschleunigung 0–100 km/h (sec)	8,3
Verbrauch (Liter/100 km)	10,7 S
Tankinhalt (Liter)	80
Kofferraumvolumen (Liter)	404

Lexus GS 300 T3	
Typ /Baujahr	Lexus GS 300 T3 / 1995
Zylinder / Bauart	6, Reihe
Bohrung x Hub (mm)	86 x 86
Hubraum cm³	2997
Leistung (kW/PS)	161 (219) bei 5.900
Max. Drehmoment (Nm)	282 / 5.200
Verdichtung	10,0
Gemischaufbereitung	Einspritzung
Ventile / Steuerung	4 / DOHC
Batterie	12 V 55 Ah
Antrieb	Hinterräder
Getriebe	4-Gang-Automatik
Übersetzungen	2,804 / 1,531 / 1,000 / 0,753 / R 2,393
Radaufhängung vorn	McPherson-Federbeine, Dreiecksquerlenker, L-Lenker, Querstabilisator
Radaufhängung hinten	McPherson, Dreiecksquerlenker, Längslenker, Querstabilisator
Lenkung	Zahnstangen, servounterstützt
Bremsen	Scheiben, innenbel., ABS
Abmessungen (L x B x H mm)	4965 x 1795 x 1325
Radstand (mm)	2780
Spur vorn/hinten (mm)	1535 / 1515
Felgen	8,5 JJ x 18 v. / 10 J x 18 h.
Reifen	245 / 40 R 1 ZR 18 v. / 275 / 35; ZR 18
Leergewicht (kg)	1.720
Zul. Gesamtgewicht (kg)	2.120
Höchstgeschwindigkeit (km/h)	230
Beschleunigung 0–100 km/h (sec)	8,8
Verbrauch (Liter/100 km)	10,9 S
Tankinhalt (Liter)	80
Kofferraumvolumen (Liter)	404

Lexus GS 300	
Typ /Baujahr	Lexus GS 300 / 1997
Zylinder / Bauart	6, Reihe
Bohrung x Hub (mm)	86 x 86
Hubraum cm³	2997
Leistung (kW/PS)	163 (222) bei 5.800
Max. Drehmoment (Nm)	298 / 3.800
Verdichtung	10,5
Gemischaufbereitung	Einspritzung
Ventile / Steuerung	4 / DOHC, WTi
Batterie	12 V 55 Ah
Antrieb	Hinterräder
Getriebe	5-Gang-Automatik
Übersetzungen	3,357 / 2,180 / 1,424 / 1,000 / 0,753 / R 3,431
Radaufhängung vorn	Dreiecksquerl., Doppelquerlenker, Stabilisator, Schraubenf., Gasdruck-Hydraulikd.
Radaufhängung hinten	Dreiecksquerl., Doppelquerlenker, Stabilisator, Schraubenf., Gasdruck-Stoßdämpfer
Lenkung	Zahnstangen, servounterstützt
Bremsen / Fahrdynamiks.	S., innenbel.,ABS, TRC, VSC
Abmessungen (L x B x H mm)	4805 x 1800 x 1445
Radstand (mm)	2800
Spur vorn/hinten (mm)	1535 / 1510
Felgen	7,5 JJ x 16
Reifen	225 / 55 R 16
Leergewicht (kg)	1.665
Zul. Gesamtgewicht (kg)	2.120
Höchstgeschwindigkeit (km/h)	230
Beschleunigung 0–100 km/h (sec)	8,3
Verbrauch (Liter/100 km)	11,4 S
Tankinhalt (Liter)	75
Kofferraumvolumen (Liter)	515

Lexus GS 430	
Typ /Baujahr	Lexus GS 430 / 2000
Zylinder / Bauart	V8
Bohrung x Hub (mm)	91 x 82,5
Hubraum cm³	4293
Leistung (kW/PS)	208 (283) bei 5.600
Max. Drehmoment (Nm)	417 / 3.500
Verdichtung	10,5
Gemischaufbereitung	Einspritzung
Ventile / Steuerung	4 / DOHC, WTi
Batterie	12 V 65 Ah
Antrieb	Hinterräder
Getriebe	5-Gang-Automatik
Übersetzungen	3,357 / 2,180 / 1,424 / 1,000 / 0,753 / R 3,431
Radaufhängung vorn	Dreiecksquerlenker, Doppelquerlenker, Stabilisator, Schraubenf., Gasdruck-Stoßdämpfer
Radaufhängung hinten	Dreiecksquerl., Doppelquerl., Stabi., Schraubenf., Gasdruck-Stoßdämpfer
Lenkung	Zahnstangen, servounterstützt
Bremsen / Fahrdynamiks.	Scheiben, innenbel., ABS, TRC, VSC, BA
Abmessungen (L x B x H mm)	4805 x 1800 x 1445
Radstand (mm)	2800
Spur vorn/hinten (mm)	1535 / 1505
Felgen	8,0 JJ x 17
Reifen	235 / 45 ZR 17
Leergewicht (kg)	1765–1820
Zul. Gesamtgewicht (kg)	2.145
Höchstgeschwindigkeit (km/h)	250
Beschleunigung 0–100 km/h (sec)	6,3
Verbrauch (Liter/100 km)	12,3 S
Tankinhalt (Liter)	75
Kofferraumvolumen (Liter)	510

Lexus GS 430 Executive	
Typ /Baujahr	Lexus GS 430 Executive / 2005
Zylinder / Bauart	V8
Bohrung x Hub (mm)	91 x 82,5
Hubraum cm³	4.293
Leistung (kW/PS/min)	208 (283) bei 5.600 / min
Max. Drehmoment (Nm/min)	417 / 3.500 / min
Verdichtung	10,5
Gemischaufbereitung	Dohc, Dual WT-i, DIS
Ventile / Steuerung	4 / dohc
Batterie	12 V 65 Ah
Antrieb	Hinterräder
Getriebe	6-Gang-Automatik
Übersetzungen	3,296 / 1,958 / 1,348 / 1,000 / 0,725 / 0,582 / R 2,951
Radaufhängung vorn	Doppelquerlenker, Spiralfedern, Gasdruck-Stoßdämpfer, Stabilisator, ASV
Radaufhängung hinten	Alu-Mehrlenker, Spiralfedern, Gasdruck-Stoßdämpfer, Stabilisator, ASVr
Lenkung	Zahnstange, elektrisch
Bremsen / Fahrdynamiks.	Scheiben, innenbelüftet, ABS, EBD, BA, VDIM, TRC
Abmessungen (L x B x H mm)	4.825 x 1.820 x 1.430
Radstand (mm)	2.850
Spur vorn/hinten (mm)	1.535 / 1.540
Felgen	8,0 JJ x 18
Reifen	245 / 40 R 18
Leergewicht (kg)	1.770
Zul. Gesamtgewicht (kg)	2.160
Höchstgeschwindigkeit (km/h)	250
Beschleunigung 0–100 km/h (sec)	6,1
Verbrauch (Liter/100 km)	11,4 S
Tankinhalt (Liter)	71
Kofferraumvolumen (Liter)	430

Lexus GS 450h	
Typ /Baujahr	Lexus GS 450h / 2012
Antriebssystem	Hybrid
Zylinder / Bauart	V6
Bohrung x Hub (mm)	87,5 x 83
Hubraum cm³	3.456
Leistung (kW/PS)	215 (292) / 6.000
Max. Drehmoment (Nm)	352/4.500
Verdichtung	13,0
Gemischaufbereitung	L-Jetronic
Ventile / Steuerung	4 / dohc, WT-i
Batterie	12 V 45 Ah
Elektromotor	Permanenterregter Synchronmotor
Systemleistung (kW/PS)	254/345
Batterie	Nickel-Metallhybrid
Antrieb	Hinterräder
Getriebe	E-CVT
Radaufhängung vorn	McPherson-F., Doppelquerlenker
Radaufhängung hinten	Mehrlenker
Lenkung	Servo, elektrisch
Bremsen / Fahrdynamiks.	Regenerativ zur Energierückgewinnung. Scheiben innenb., ABS, EBD, BA, VSC, VDMI, TRC
Abmessungen (L x B x H mm)	4.850 x 1.840 x 1.455
Radstand (mm)	2.850
Spur vorn/hinten (mm)	1.550/1.600
Felgen	7.5 J x 17
Reifen	225/50 R 17
Leergewicht (kg)	1.855
Zul. Gesamtgewicht	2.305
Höchstgeschwindigkeit km/h	250
Beschleunigung 0–100 km/h (sec)	5,9
Verbrauch (Liter/100 km)	5,9 S
Tankinhalt (Liter)	66
Kofferraumvolumen	445

Lexus LS 400

Typ /Baujahr	Lexus GS 400 / 1990
Zylinder / Bauart	V8
Bohrung x Hub (mm)	87,5 x 82,5
Hubraum cm³	3969
Leistung (kW/PS)	180 (245) bei 5.400
Max. Drehmoment (Nm)	350 / 4.400
Verdichtung	10,0
Gemischaufbereitung	Einspritzung
Ventile / Steuerung	4 / DOHC
Batterie	12 V 64 Ah
Antrieb	Hinterräder
Getriebe	4–Gang-Automatik, ECTi-Steuerung m. Programmwahl
Übersetzungen	2,531 / 1,531 / 1,000 / 0,753 / R 1,880
Radaufhängung vorn	McPherson, Dreiecksquerl., Schubstreben, Querstabilisator,
Radaufhängung hinten	McPherson, Dreiecksquerl., Schubstreben, Querstabilisator
Lenkung	Zahnstangen, servounterstützt
Bremsen / Fahrdynamikregelsysteme	Scheiben, innenbel.,ABS, TRC , VSC, BA
Abmessungen (L x B x H mm)	5005 x 1820 x 1425
Radstand (mm)	2815
Spur vorn/hinten (mm)	1565 / 1555
Felgen	6,5 JJ x 15
Reifen	205 / 65 ZR 15
Leergewicht (kg)	1720–1780
Zul. Gesamtgewicht (kg)	2215
Höchstgeschwindigkeit (km/h)	250
Beschleunigung 0–100 km/h (sec)	8,5
Verbrauch (Liter/100 km)	11,1 S
Tankinhalt (Liter)	85
Kofferraumvolumen (Liter)	450

Lexus LS 400

Typ /Baujahr	Lexus LS 400 / 1994
Zylinder / Bauart	V8
Bohrung x Hub (mm)	87,5 x 82,5
Hubraum cm³	3969
Leistung (kW/PS)	194 (264) bei 5.400
Max. Drehmoment (Nm)	365 / 4.000
Verdichtung	10,4
Gemischaufbereitung	Einspritzung
Ventile / Steuerung	4 / DOHC
Batterie	12 V 55 Ah
Antrieb	Hinterräder
Getriebe	4–Gang-Automatik. ECTi-Steuerung m. Programmwahl
Übersetzungen	2,531 / 1,531 / 1,000 / 0,753 / R 1,880
Radaufhängung vorn	McPherson-Dreiecksquerl., Schubstreben, Querstabilisator
Radaufhängung hinten	McPherson-Dreiecksquerl., Schubstreben, Querstabilisator
Lenkung	Zahnstangen, servounterstützt
Bremsen / Fahrdynamikregelsysteme	Scheiben, innenbel., ABS, TRC, VSC, BA
Abmessungen (L x B x H mm)	5005 x 1380 x 1435
Radstand (mm)	2850
Spur vorn/hinten (mm)	1570 / 1570
Felgen	7,0 JJ x 16
Reifen	225 / 60 R 16
Leergewicht (kg)	1720–1780
Zul. Gesamtgewicht (kg)	2185
Höchstgeschwindigkeit (km/h)	250
Beschleunigung 0–100 km/h (sec)	7,5
Verbrauch (Liter/100 km)	10,5 S
Tankinhalt (Liter)	85
Kofferraumvolumen (Liter)	463

Lexus LS 400

Typ /Baujahr	Lexus LS 400 / 1998
Zylinder / Bauart	V8
Bohrung x Hub (mm)	87,5 x 82,5
Hubraum cm³	3969
Leistung (kW/PS/min)	209 (282) bei 5.900
Max. Drehmoment (Nm/min)	398 / 4.100
Verdichtung	10,5
Gemischaufbereitung	Einspritzung
Ventile / Steuerung	4 / dhc
Batterie	12 V 64 Ah
Antrieb	Hinterräder
Getriebe	4–Gang-Automatik, ECTi-Steuerung m. Programmwahl
Übersetzungen	2,531 / 1,531 / 1,000 / 0,753 / R 1,880
Radaufhängung vorn	McPherson-Dreiecksquerl., Schubstreben, Querstabilisator
Radaufhängung hinten	McPherson-Dreiecksquerl., Schubstreben, Querstabilisator
Lenkung	Zahnstangen, servounterstützt
Bremsen / Fahrdynamikregelsysteme	Scheiben, innenbel., ABS, TRC, VSC, BA
Abmessungen (L x B x H mm)	4995 x 1830 x 1435
Radstand (mm)	2850
Spur vorn/hinten (mm)	1565 / 1555
Felgen	7,0 JJ x 16
Reifen	225 / 60 R 16
Leergewicht (kg)	1780–1815
Zul. Gesamtgewicht (kg)	2.245
Höchstgeschwindigkeit (km/h)	250
Beschleunigung 0–100 km/h (sec)	6,9
Verbrauch (Liter/100 km)	12,2 S
Tankinhalt (Liter)	85
Kofferraumvolumen (Liter)	463

Lexus LS 430

Typ /Baujahr	Lexus LS 430 / 2000
Zylinder / Bauart	V8
Bohrung x Hub (mm)	91 x 82,5
Hubraum cm³	4.293
Leistung (kW/PS/min)	207 (282) bei 5.600
Max. Drehmoment (Nm/min)	417 / 3.500
Verdichtung	10,5
Gemischaufbereitung	Einspritzung
Ventile / Steuerung	4 / ohc, WT-i
Batterie	12 V 65 Ah
Antrieb	Hinterräder
Getriebe	5–Gang-Automatik
Übersetzungen	3,357 / 2,180 / 1,424 / 1,000 / 0,753 / R 3,431
Radaufhängung vorn	Doppeldreiecksquerlenker, Querstabilisator, Luftfederung m. autom. Niveauausgleich
Radaufhängung hinten	Dreiecksquerlenker, Querstabilisator oben, Schubstrebe, Luftfederung mit Niveausgleich
Lenkung	Zahnstangen, servounterstützt
Bremsen / Fahrdynamikregelsysteme	Scheiben, vorn innen, belüftet, ABS, EBD, BA, VSC, TRC
Abmessungen (L x B x H mm)	5005 x 1830 x 1470
Radstand (mm)	2925
Spur vorn/hinten (mm)	1575 / 1575
Felgen	7.5 JJ x 17
Reifen	225 / 55 R 17
Leergewicht (kg)	1905–1995
Zul. Gesamtgewicht (kg)	2.350
Höchstgeschwindigkeit (km/h)	250
Beschleunigung 0–100 km/h (sec)	6,7
Verbrauch (Liter/100 km)	12,0 S
Tankinhalt (Liter)	84
Kofferraumvolumen (Liter)	552

Lexus LS 460

Typ /Baujahr	Lexus LS 460 / 2007
Zylinder / Bauart	V8
Bohrung x Hub (mm)	94 x 83
Hubraum cm³	4.608
Leistung (kW/PS/min)	280 (380) bei 6.400 / min
Max. Drehmoment (Nm/min)	493 / 4.100 / min
Verdichtung	11,8
Gemischaufbereitung	DIS
Ventile / Steuerung	4 / dohc, Dohc, Dual VVTi
Batterie	12 V 85 Ah
Antrieb	Hinterräder
Getriebe	8–Gang-Automatik
Übersetzungen	4,596 / 2,724 / 1,863 / 1,464 / 1,232 / 1,00 / 0,824 / 0,685 / R 2,176
Radaufhängung vorn	Doppeldreiecksquerlenker elektr. gesteuert Luftfederung mit autom. Niveauregulierung
Radaufhängung hinten	Alu-Mehrlenker, elektr. gesteuert. Luftfederung mit autom. Niveau-regulierung
Lenkung	Zahnstange, elektrisch
Bremsen / Fahrdynamikregelsysteme	Scheiben innenbel., (ECB), ABS, EBD, BA, VDIM, TRC, VSC
Abmessungen (L x B x H mm)	5.030 x 1.875 x 1.465
Radstand (mm)	2.970
Spur vorn/hinten (mm)	1.615 / 1.620
Felgen	7,5 J x 18
Reifen	235 / 50 R 18
Leergewicht (kg)	2.020
Zul. Gesamtgewicht (kg)	2.160
Höchstgeschwindigkeit (km/h)	250
Beschleunigung 0–100 km/h (sec)	6,1
Verbrauch (Liter/100 km)	11,4 S
Tankinhalt (Liter)	84
Kofferraumvolumen (Liter)	505

Lexus LS 600 h L

Typ /Baujahr	Lexus LS 600h L / 2007
Antriebssystem	Hybrid-System THS
Zylinder / Bauart	V8
Bohrung x Hub (mm)	94 x 89,5
Hubraum cm³	4.969
Leistung (kW/PS/min)	290 (394) bei 6.400 / min
Max. Drehmoment (Nm/min)	520 / 4.000 / min
Verdichtung	11,8
Gemischaufbereitung	DIS
Ventile / Steuerung	4 / dohc, Dohc, Dual VVT-i
Elektromotor	Permanenterregter Synchronmotor
Systemleistung (kW/PS)	327 / 445
Antrieb	Allrad
Getriebe	E-CVT
Radaufhängung vorn	Doppelquerlenker, elektr. gesteuert. Luftfed. mit autom. Niveauregulierung
Radaufhängung hinten	Alu-Mehrlenker, elektr.gesteuert, Luftfederung mit autom. Niveaureg.
Lenkung	Zahnstange, elektrisch
Bremsen / Fahrdynamikregelsysteme	Regenerativ zur Energierückgewin-nung, Scheiben vorn / hinten innen-belüftet, ABS, EBD, TRC, VSC, VDIM
Abmessungen (L x B x H mm)	5150 x 1.1875 x 1.480
Radstand (mm)	3.090
Spur vorn/hinten (mm)	1.610 / 1.610
Felgen	8,0 J x 19
Reifen	245 / 55 R 19
Leergewicht (kg)	3,230
Zul. Gesamtgewicht (kg)	2.750
Höchstgeschwindigkeit (km/h)	250
Beschleunigung 0–100 km/h (sec)	6,3
Verbrauch (Liter/100 km)	9,3 S
Tankinhalt (Liter)	84
Kofferraumvolumen (Liter)	330

Lexus SC 430	
Typ /Baujahr	Lexus SC 430 / 2001
Zylinder / Bauart	V8
Bohrung x Hub (mm)	91 x 82,5
Hubraum cm³	4.293
Leistung (kW/PS/min)	210 (286) bei 5.600
Max. Drehmoment (Nm/min)	419 / 3.500
Verdichtung	10,5
Gemischaufbereitung	Einspritzung
Ventile / Steuerung	4 / ohc, WT-i
Batterie	12 V 65 Ah
Antrieb	Hinterräder
Getriebe	5-Gang Automatik
Übersetzungen	3,357 / 2,180 / 1,424 / 1,000 / 0,753 / R 3,431
Radaufhängung vorn	Doppelquerlenker, Schraubenf., Gasdruckstoßd., Stabilisator
Radaufhängung hinten	Doppelquerlenker, Schraubenfedern, Gasdruckstoßdämpfer, Stabilisator
Lenkung	Zahnstangen, servounterstützt
Bremsen / Fahrdynamikregelsysteme	Scheiben, vorn innenbel., ABS, EBD, BA, VSC, TRC
Abmessungen (L x B x H mm)	4515 x 1825 x 1370
Radstand (mm)	2620
Spur vorn/hinten (mm)	1550 / 1535
Felgen	8.0 JJ x 18
Reifen	245 / 40 R 18
Leergewicht (kg)	1815–1865
Zul. Gesamtgewicht (kg)	2110
Höchstgeschwindigkeit (km/h)	250
Beschleunigung 0–100 km/h (sec)	6,4
Verbrauch (Liter/100 km)	12,0 S
Tankinhalt (Liter)	75
Kofferraumvolumen (Liter)	321

Lexus RX 300	
Typ /Baujahr	Lexus RX 300 / 2000
Zylinder / Bauart	V8
Bohrung x Hub (mm)	87,5 x 83
Hubraum cm³	2995
Leistung (kW/PS/min)	148 (201) bei 5.600
Max. Drehmoment (Nm/min)	283 / 4.400
Verdichtung	10,5
Gemischaufbereitung	Einspritzung
Ventile / Steuerung	4 / ohc, WT-i
Batterie	12 V 65 Ah
Antrieb	Permanenter Allradantrieb, Visco-Kupplung für Zentraldifferenzial
Getriebe	4-Gang-Automatik
Übersetzungen	3,938 / 2,194 / 1,411 / 1,019 / R 3,141
Radaufhängung vorn	McPherson-Federbeine, Stabilisator
Radaufhängung hinten	McPherson-Federbeine, Stabilisator
Lenkung	Zahnstangen, servounterstützt
Bremsen / Fahrdynamikregelsysteme	Scheibenbremsen, innenbelüftet vorn; ABS, EBD
Abmessungen (L x B x H mm)	4580 x 1815 x 1660
Radstand (mm)	2615
Spur vorn/hinten (mm)	1565 / 1550
Felgen	6,5 J x 16
Reifen	215 / 70 R 16
Leergewicht (kg)	1.865–1.915
Zul. Gesamtgewicht (kg)	2270
Höchstgeschwindigkeit (km/h)	180
Beschleunigung 0–100 km/h (sec)	9,2
Verbrauch (Liter/100 km)	13,0 S
Tankinhalt (Liter)	75
Kofferraumvolumen (Liter)	489

Lexus RX 300	
Typ /Baujahr	Lexus RX 300 / 2003
Zylinder / Bauart	V6
Bohrung x Hub (mm)	87,5 x 83
Hubraum cm³	2.995
Leistung (kW/PS/min)	150 kW (204 PS) bei 5.600 / min
Max. Drehmoment (Nm/min)	283 Nm bei 4.500 / min
Verdichtung	10,5
Gemischaufbereitung	EFI
Ventile / Steuerung	4 / DOHC, WT-i
Batterie	12 V 65 AH
Antrieb	Permanenter Allradantrieb, Visco-Kupplung für Zentraldifferenzial
Getriebe	5-Gang-Automatik Tipmatic
Übersetzungen	4,235 / 2,360 / 1,517 / 1,047 / 0,756 / R 3,378
Radaufhängung vorn	McPherson-Federbeine, Stabilisator.
Radaufhängung hinten	McPherson-Federbeine, Stabilisator
Lenkung	Zahnstangen, servounterstützt
Bremsen / Fahrdynamikregelsysteme	Scheibenbremsen, innenbelüftet vorn; ABS, EBD, TRC, VSC, BA
Abmessungen (L x B x H mm)	4.740 x 1.845 x 1.675
Radstand (mm)	2.720
Spur vorn/hinten (mm)	1.580 / 1.570.
Felgen	6,5 J x 16
Reifen	215 / 70 R 16
Leergewicht (kg)	1.910–1.990
Zul. Gesamtgewicht (kg)	2.380
Höchstgeschwindigkeit (km/h)	200
Beschleunigung 0–100 km/h (sec)	9,0
Verbrauch (Liter/100 km)	12,2 S
Tankinhalt (Liter)	72
Kofferraumvolumen (Liter)	439–1.180

Lexus RX 450h	
Typ /Baujahr	Lexus RX 450h / 2012
Antriebssystem	Hybrid
Zylinder / Bauart	V6
Bohrung x Hub (mm)	87,5 x 83
Hubraum cm³	3.456
Leistung (kW/PS/min)	183/249 bei 6.000
Max. Drehmoment (Nm)	317 Nm bei 4.800
Verdichtung	10,5
Gemischaufbereitung	L-Jetronic
Ventile / Steuerung	4 / dohc, WT-i
Batterie	12 V 65 Ah
Elektromotor	Permanenterregter Synchronmotor
Systemleistung (kW/PS)	220/299
Batterie	Nickel-Metallhybrid
Antrieb	Allrad, elektrisch
Getriebe	E-CVT
Radaufhängung vorn	McPherson-Federbeine, Doppelquerl.
Radaufhängung hinten	Mehrlenker
Lenkung	Servo, elektrisch
Bremsen / Fahrdynamikregelsysteme	Regenerativ zur Energierückgewinnung. Scheiben innenbelüftet, ABS, EBD, BA, VSC, VDIM, TRC
Abmessungen (L x B x H mm)	4.770 x 1.880 x 1.685
Radstand (mm)	2.740
Spur vorn/hinten (mm)	1.630/1.620
Felgen	7.5 J x 18
Reifen	235/60 R 18
Leergewicht (kg)	2.185
Zul. Gesamtgewicht	2.700
Höchstgeschwindigkeit km/h	200
Beschleunigung 0–100 km/h (sec)	7,8
Verbrauch (Liter/100 km)	6.3 S
Tankinhalt (Liter)	65
Kofferraumvolumen (Liter)	446–1570

Lexus LFA	
Typ /Baujahr	Lexus LFA / 2010
Zylinder / Bauart	V10
Bohrung x Hub (mm)	88 x 79
Hubraum cm³	4.805
Leistung (kW/PS/min)	412 (560) bei 8.700
Max. Drehmoment (Nm/min)	480 / 6.800
Verdichtung	12
Gemischaufbereitung	EFI
Ventile / Steuerung	4 / dohc
Batterie	12 V 48 Ah
Antrieb	Hinterräder
Getriebe	6-Gang sequentiell
Übersetzungen	3,231 / 2,188 / 1,609 / 1,233 / 0,970 / 0.795 / R 3,417
Radaufhängung vorn	McPherson-Federbeine, Doppelquerlenker, Querstabilisator
Radaufhängung hinten	Mehrlenker, Querstabilisator
Lenkung	Zahnstangen, elektrisch servounterstützt
Bremsen / Fahrdynamikregelsysteme	Scheiben Karbon-Keramik, innenbelüftet und gelocht, ABS, BA, EBD, TRC, VSC
Abmessungen (L x B x H mm)	4.505 x 1.895 x 1.220
Radstand (mm)	2.605
Spur vorn/hinten (mm)	1.580 / 1.570
Felgen	9,5J x 20 v., 11,5J x 20 h.
Reifen	265/35 R20 v., 305/30 R20 h.
Leergewicht (kg)	1.480
Zul. Gesamtgewicht (kg)	1.700
Höchstgeschwindigkeit (km/h)	325
Beschleunigung 0–100 km/h (sec)	3,7
Verbrauch (Liter/100 km)	14,4 S
Tankinhalt (Liter)	61
Kofferraumvolumen (Liter)	

Abkürzungsverzeichnis

Die Fülle der Daten machte es mitunter unumgänglich, Abkürzungen zu benutzen. Deswegen wurden, je nach Platzverhältnissen, verschiedene Nennungen verwendet.

ABS Antiblockiersystem

BA Brems-Assistent

dohc Ventile hängend, Antrieb durch zwei obenliegende Nockenwellen

EBD Elektronische Bremskraftverteilung

EFI Elektronische Benzineinspritzung

h. hinten

innenbel. innenbelüftet

Lim. Limousine

LB Liftback (Schrägheck)

McPherson McPherson-Federbein

ohv Ventile hängend, Antrieb durch untenliegende Nockenwelle und Stößel

ohc Ventile hängend, Antrieb durch obenliegende Nockenwelle

Querl. Querlenker

S. Scheibenbremsen

Schraubenf. Schraubenfeder

Stabi. Stabilisator

sv Ventile stehend, Antrieb durch untenliegende Nockenwelle

T. Trommelbremsen

TRC Antischlupfregelung

v. vorn

VSC Fahrzeugstabilitätsprogramm

WT-i variables Ventilsteuerungssystem

VDIM= Fahrdynamik-Regelsystem

GT 86